中核集团核科学与技术研究生规划教材

核工业与人工智能

侯艳丽　彭桂力　杨洪梅◎编著

哈尔滨工程大学出版社
Harbin Engineering University Press

内容简介

本书系统地阐述了人工智能的基本原理、实现技术及应用,介绍了人工智能在核工业研究领域的应用与发展。全书共 8 章,分为 3 个部分:第 1 部分(1~3 章)为人工智能基础,介绍了人工智能概述、自然语言与机器学习算法;第 2 部分(4~5 章)为人工智能的应用技术,详细介绍了人工智能在机器视觉、机器人技术、智慧城市和智能制造中的应用;第 3 部分(6~8 章)为人工智能在核工业中的应用,介绍了人工智能在核燃料探测、核电站、核检测机器人和核应急救援等研究领域的应用与发展。

本书强调先进性、实用性和可读性,可作为高等工科院校计算机、人工智能、核技术等相关专业的研究生教材,也适合人工智能、核工业相关领域及对该领域感兴趣的读者阅读,亦可供相关高校计算机与核工业专业教师、研究生和技术人员参考。

图书在版编目(CIP)数据

核工业与人工智能 / 侯艳丽,彭桂力,杨洪梅编著
. — 哈尔滨 : 哈尔滨工程大学出版社, 2024.1
ISBN 978-7-5661-4170-5

Ⅰ. ①核… Ⅱ. ①侯… ②彭… ③杨… Ⅲ. ①人工智能-应用-原子能工业-研究 Ⅳ. ①TL-39

中国国家版本馆 CIP 数据核字(2024)第 042967 号

核工业与人工智能
HEGONGYE YU RENGONG ZHINENG

选题策划　石　岭
责任编辑　张　昕　丁　伟
封面设计　李海波

出版发行　哈尔滨工程大学出版社
社　　址　哈尔滨市南岗区南通大街 145 号
邮政编码　150001
发行电话　0451-82519328
传　　真　0451-82519699
经　　销　新华书店
印　　刷　哈尔滨午阳印刷有限公司
开　　本　787 mm×1 092 mm　1/16
印　　张　29
字　　数　759 千字
版　　次　2024 年 1 月第 1 版
印　　次　2024 年 1 月第 1 次印刷
书　　号　ISBN 978-7-5661-4170-5
定　　价　128.00 元
http://www.hrbeupress.com
E-mail:heupress@hrbeu.edu.cn

编著委员会

前　言

　　人工智能(artificial intelligence)是研究用于模拟人的智能的理论、方法及应用的一门新思想、新理论、新成就和新技术的科学。它是计算机科学的一个分支,用于了解智能,生产与人类智能相似的智能机器。该领域的研究包括智能机器人、语音识别、图像识别和自然语言处理等。其应用涉及工学、农学、生物学、医学、信息学、计算机科学等众多领域。

　　核工业是第三次科学技术革命的产物,是一个国家在能源、科技、国土安全等领域的重要组成部分,也是国家综合实力的象征。它是核能开发、利用的综合性新兴工业部门,包括放射性地质勘探、核燃料元件制造、各种类型反应堆、核电站、乏燃料后处理、放射性废物的处理与处置等。

　　随着研究的深入,人工智能在核领域的智能化程度会越来越高,其和大数据在核电领域的应用有着巨大前景,探索其在核电领域的应用方案,将促进核电行业向数字化、网络化、智能化发展。大量的智能机器人应用于核安全领域中,将使得核工业的安全更加有保障;核辐射探测机器人主要承担图像侦察和辐射侦察,用于处置核事故。

　　本书是我们在多年为计算机专业和核工程专业的研究生教授人工智能在核工业应用课程基础上编写的,本书系统、全面地涵盖了核工业与人工智能的相关知识,既简明扼要地介绍了这一学科的基础知识,也对其在核工业的应用加以介绍,可以帮助研究者扎扎实实打好基础。本书特色鲜明、内容易读易学,强调先进性、实用性和可读性,可作为高等工科院校计算机、人工智能、核技术等相关专业的研究生教材,也适合人工智能、核工业相关领域及对该领域感兴趣的读者阅读,亦可供相关高校计算机与核工业专业教师、研究生和技术人员参考。

　　为了适应研究者不同层级教学和实际工程应用的需要,全书共8章,分为3个部分:第1部分(1~3章)为人工智能基础,介绍了人工智能概述、自然语言与机器学习算法;第2部分(4~5章)为人工智能的应用技术,详细介绍了人工智能在机器视觉、机器人技术、智慧城市和智能制造中的应用;第3部分(6~8章)为人工智能在核工业中的应用,介绍了人工智能在核燃料探测、核电站、核检测机器人和核应急救援等研究领域的应用与发展。书中编写了一定数量的例题和习题。这些题目主要围绕教学内容的重点和难点展开,具有一定的典型性、示范性和启发性,能更好地引导学生掌握本课程的主要理论和基本概念,培养学生解决工程中实际问题的能力。

　　侯艳丽负责全书的策划、组织工作,并负责编写第 3、4、5 章;彭桂力、杨洪梅负责编写第 1、2、6、7、8 章,并承担全书的核稿工作。在编写过程中,周远、回江贤、杨子建、宋杰、刘启超、冯悦勇、曹恩勇等为本书的编写提供了大量帮助。

　　借此机会,感谢核工业学院、核工业研究生部、中国原子能科学研究院、国家建筑工程技术研究中心、中国建筑科学研究院有限公司和天津城建大学的领导和专家们对本书编写给予的支持、指导和关怀,同时也感谢哈尔滨工程大学出版社对本书出版给予的大量帮助!

　　由于编著者水平有限,书中缺陷和不足之处在所难免,另外人工智能在核工业研究领域的应用面宽广,在内容编排、取舍上难免有考虑不周之处,希望广大读者批评指正。

编著者

2023 年 11 月

目　录

第 1 章　人工智能概述

人工智能主要研究用人工的方法和技术,模仿、延伸和扩展人的智能,实现机器智能。它是在计算机科学、控制论、信息论、神经心理学、哲学、语言学等多学科研究的基础上发展起来的综合性很强的交叉学科。自 1956 年人工智能诞生以来,其在很多领域得到了广泛的应用,目前已经取得了很多丰硕的成果。本章将对人工智能做简单的介绍,主要包括人工智能的发展历程、研究内容、应用领域、发展现状及其在核工业中的应用。

1.1　人工智能的定义和起源

1.1.1　人工智能的定义

1956 年四位年轻学者:麦卡锡(McCarthy J)、明斯基(Minsky M)、罗切斯特(Rochester N)和香农(Shannon C)共同发起和组织召开了用机器模拟人类智能的夏季专题讨论会。会议邀请了包括数学、神经生理学、精神病学、心理学、信息论和计算机科学领域的 10 名学者参加,为期两个月。部分参会人员合影如图 1-1 所示,此次会议在美国新罕布什尔州的达特茅斯学院召开,也称为达特茅斯夏季讨论会。

图 1-1　达特茅斯夏季讨论会期间的合影

会议上,科学家运用数理逻辑和计算机的成果,提供关于形式化计算和处理的理论,模拟人类某些智能行为的基本方法和技术,构造具有一定智能的人工系统,让计算机去完成需要人的智力才能胜任的工作。其中明斯基的神经网络模拟器、麦卡锡的搜索法、西蒙（Simon H）和纽厄尔（Newell A）的"逻辑理论家"成为讨论会的三个亮点。麦卡锡提议用"人工智能"作为这一交叉学科的名称，将其定义为制造智能机器的科学与工程，标志着人工智能学科的诞生。

人工智能的英文表示是"artificial intelligence"，简称 AI。从字面上看，人工智能就是用人工的方法在计算机上实现人的智能，或者说是人们使计算机具有类似于人的智能。但要给人工智能这个科学名词下一个准确的定义却是很困难的，至今人工智能尚无统一的定义。不同科学或学科背景的学者对人工智能有不同的理解，并提出不同的观点或定义。

从实用观点来看，人工智能是一门知识工程学，以知识为对象，研究知识的获取、知识的表示方法和知识的使用。

广义的人工智能学科是模拟、延伸和扩展人的智能，研究与开发各种机器智能和智能机器的理论、方法与技术的综合性学科。

尽管学术界有各种各样的说法和定义，但人工智能是在计算机科学、控制论、信息论、心理学、语言学等多种学科相互渗透的基础上发展起来的一门新兴边缘学科，主要研究用机器（主要是计算机）来模仿和实现人类的智能行为，包括计算机实现智能的原理、制造类似于人脑智能的计算机等，使计算机能实现更高层次的应用。人工智能是极具挑战性的领域，伴随着大数据、类脑计算和深度学习等技术的发展，人工智能的研究浪潮又一次被掀起。目前信息技术、互联网等领域几乎所有主题和热点，如搜索引擎、智能硬件、机器人、无人机和工业 4.0，其发展突破的关键环节都与人工智能有关。

1.1.2　人工智能的起源

人类对智能机器的梦想和追求可以追溯到 3 000 多年前。早在我国西周时代（前1046—前771 年），就流传有关巧匠偃师献给周穆王艺伎的故事。东汉（25—220 年）张衡发明的指南车是世界上最早的机器人雏形。

古希腊斯吉塔拉人亚里士多德（前384—前322 年）的《工具论》，为形式逻辑奠定了基础。布尔（Boole）创立的逻辑数系统，用符号语言描述了思维活动中推理的基本法则，被后世称为"布尔代数"。这些理论基础对人工智能的创立发挥了重要作用。

丘奇（Church）、图灵（Turing）和其他一些学者也有很多关于人工智能计算本质的思想萌芽。早在 20 世纪 30 年代，他们就开始探索形式推理概念与即将发明的计算机之间的联系，建立起关于计算和符号处理的理论。而且，在计算机产生之前，丘奇和图灵就已发现，数值计算并不是计算的主要方面，它们仅仅是解释机器内部状态的一种方法。1950 年，图灵提出图灵测试，并将"计算"定义为：应用形式规则，对未加解释的符号进行操作。图 1-2给出了图灵测试的示意图，将一个人与一台机器置于一个房间中，而与另外一个人分隔开来，并把后一个人称为询问者。询问者不能直接见到屋中任一方，也不能与他们说话，因此他不知道到底哪一个实体是机器，只可以通过一个类似终端的文本设备与他们联系。然后让询问者仅通过这个设备进行提问，并通过得到的答案辨别出哪个是机器，哪个是人。如果询问者不能区别出机器和人，那么根据图灵的理论，就可以认为这个机器是智能的。

被称为"人工智能之父"的图灵，不但创造了一个简单的非数字计算模型，而且直接证明了计算机可能以某种被认为是智能的方式进行工作，这就是人工智能思想的萌芽。

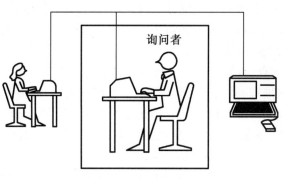

图 1-2 图灵测试

1.2 人工智能的学派和应用

1.2.1 人工智能的学派

在人工智能 60 多年的研究过程中,由于人们对智能本质的理解和认识不同,形成了人工智能研究的多种途径。不同的研究途径具有不同的学术观点,相应采用不同的研究方法,形成了不同的研究学派。目前人工智能主要的研究学派有符号主义、连接主义和行为主义等。符号主义方法以物理符号系统假设和有限合理性原理为基础;连接主义方法以人工神经网络模型为核心;行为主义方法侧重研究感知–行动的反应机制。

1. 符号主义学派

符号主义学派又称为逻辑主义(Logicism)、心理学派(Psychlogism)或计算机学派(Computerism)。该学派认为人工智能源于数理逻辑。数理逻辑在 19 世纪得到迅速发展,到 20 世纪 30 年代开始用于描述智能行为。计算机诞生以后,又在计算机上实现了逻辑演绎系统,其代表的成果为启发式程序 LT(逻辑理论家),人们使用它证明了 38 个数学定理,从而表明了人类可利用计算机模拟人类的智能活动。符号主义学派的主要理论基础是物理符号系统假设。符号主义学派将符号系统定义为如下三个组成部分:

(1)一组符号:对应于客观世界的某些物理模型。

(2)一组结构:由以某种方式相关联符号的实例所构成。

(3)一组过程:作用于符号结构上而产生另一些符号结构,这些作用包括创建、修改、消除等。

在这个定义下,一个物理符号系统就是能够逐步生成一组符号的产生器。任何一个系统,如果它能表现出智能,则它必定能执行 6 种基本操作,即输出符号、输入符号、存储符号、复制符号、建立符号结构、条件性迁移。反之,任何一个系统,如果能执行这 6 种操作,那么它就能表现出智能。

在物理符号的假设下,符号主义认为:

(1)人具有智能,人就是一个物理符号系统,人的认知是符号,人的认知过程就是符号操作过程。

（2）计算机也是一个物理符号系统，故它必定可以表现出智能。

（3）能够用计算机来模拟人的智能行为，即可用计算机的符号操作来模拟人的认知过程。其实质就是，认为人的思维是可操作的。

符号主义的基本观点是：知识是信息的一种形式，是构成智能的基础，人工智能的核心问题是知识表示、知识推理和知识运用。知识可用符号表示，也可用符号进行推理。符号主义就是在这种假设之下，建立起基于知识的人类智能和机器智能的核心理论体系。

"经典的人工智能"是在符号主义观点指导下开展研究的。其研究又可以分为认知学派和逻辑学派。认知学派以西蒙、明斯基和纽厄尔等为代表，从人的思维活动出发，利用计算机进行宏观功能模拟。逻辑学派以麦卡锡和尼尔逊（Nilsson）等为代表，主张用逻辑来研究人工智能，即用形式化的方法来描述客观世界。

2. 连接主义学派

基于神经元和神经网络的连接机制和学习算法的人工智能学派是连接主义（Connectionism），亦称为结构模拟学派。这种方法研究具有进行非程序的、可适应环境变化的、类似人类大脑风格的信息处理方法的本质和能力。这种学派的主要观点认为，大脑是一切智能活动的基础，因而从大脑神经元及其连接机制出发进行研究，弄清大脑的结构以及它进行信息处理的过程和机理，可望揭示人类智能的奥秘，从而真正实现人工智能在机器上的模拟。

该方法的主要特征表现在：以分布式的方式存储信息，以并行方式处理信息，具有自组织、自学习能力，适合于模拟人的形象思维，可以比较快地得到一个近似解。正是这些特征，使得神经网络为人们在利用机器加工处理信息方面提供了一种全新的方法和途径。但是这种方法不适用于模拟人们的逻辑思维过程，并且人们发现，已有的模型和算法也存在一定的问题，理论上的研究也有一定的难点，因此单靠连接机制解决人工智能的全部问题也是不现实的。

连接主义的代表性成果是 1943 年麦卡洛克（McCulloch）和皮兹（Pitts）提出的一种神经元的数学模型，即 M-P 模型，并由此组成一种前馈网络，如图 1-3 所示。可以说 M-P 模型是人工神经网络最初的模型，开创了神经计算的时代，为人工智能创造了一条用电子装置模拟人脑结构和功能的新途径。此后，神经网络理论和技术研究的不断发展，及其在图像处理、模式识别等领域的重要突破，为实现连接主义的智能模拟创造了条件。

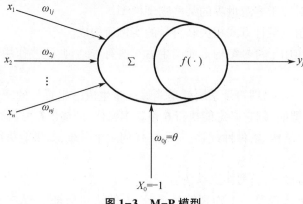

图 1-3　M-P 模型

3. 行为主义学派

行为主义学派又称为进化主义学派(Evolutionism)或控制论学派(Cyberneticsism),其原理为控制论及"感知-动作"型控制系统。行为主义学派提出了智能行为的"感知-动作"模式,认为:

(1)知识的形式化表达和模型化方法是人工智能的重要障碍之一;

(2)智能取决于感知和行动,应直接利用机器对环境作用,然后以环境对作用的响应为原型;

(3)智能行为只能体现在世界中,通过与周围环境交互而表现出来;

(4)人工智能可以像人类智能一样逐步进化,分阶段发展和增强。

行为主义是控制论向人工智能领域的渗透,它的理论基础是控制论。它把神经系统的工作原理与信息论联系起来,着重研究模拟人在控制过程中的智能行为和作用,如自寻优、自适应、自校正、自镇定、自学习和自组织等控制论系统,并进行控制论动物的研究。这一学派的代表首推美国人工智能专家布鲁克斯(Brooks)。1991 年 8 月在悉尼召开的第 12 届国际人工智能联合会议上,布鲁克斯作为大会"计算机与思维"奖的得主,通过讨论人工智能、计算机、控制论、机器人等问题的发展情况,并以他在麻省理工学院多年进行人造动物机器的研究与实践和他所提出的"假设计算机体系结构"研究为基础,发表了"没有推理的智能"一文,对传统的人工智能提出了批评和挑战,提出了无需知识表示和知识推理的智能行为的观点。

布鲁克斯的行为主义学派否定智能行为来源于逻辑推理及其启发式的思想,认为对人工智能的研究不应把精力放在知识表示和编制推理规则上,而应着重研究在复杂环境下对行为的控制。这种思想对人工智能主流派传统的符号主义思想是一次冲击和挑战。行为主义学派的代表作首推布鲁克斯等人研制的六足行走机器人,它是一个基于"感知-动作"模式的模拟昆虫行为的控制系统,是一个由 150 个传感器和 23 个执行器构成的、能够像蝗虫一样行走的机器人。

行为主义思想提出后引起了人们广泛的关注,有人认为布鲁克斯的"机器虫"在行为上的成功并不能产生高级控制行为,让机器从昆虫的智能进化到人类的智能只是一种幻想。尽管如此,行为主义学派的兴起,表明了控制论和系统工程的思想将进一步影响人工智能的发展。

上述三种研究方法从不同侧面研究了人的自然智能,与人脑的思维模型有着对应的关系。粗略地划分,可以认为符号主义研究抽象思维,连接主义研究形象思维,而行为主义研究感知思维。表 1-1 中,总结归纳了三大研究学派在起源、技术和应用等方面的特点。研究人工智能的三大学派、三种途径各有所长,要取长补短,综合集成。

表 1-1 人工智能的三大学派

学派分类	符号主义	连接主义	行为主义
别名	逻辑主义、心理学派、计算机学派	结构模拟学派	进化主义、控制论学派
思想起源	数理逻辑	仿生学	控制论
认知基源	符号	神经元	动作
主要原理	物理符号系统	人工神经网络	控制论、感知-控制系统

表 1-1（续）

学派分类	符号主义	连接主义	行为主义
代表成果	1957 年纽威尔数学定理 证明程序 LT	神经元数学模型	布鲁克斯六足 行走机器人
研究领域	知识工程、专家系统	机器学习、深度学习	智能机器人、智能控制
发展阶段	1956 年提出人工智能概念， 20 世纪 80 年代快速发展， 20 世纪 90 年代开始发展缓慢	1943 年开始， 70 年代至 80 年代低潮， 90 年代快速发展至今	20 世纪末开始出现 并快速发展
代表人物	纽厄尔、西蒙（Simon） 和尼尔逊（Nilsson）	霍普菲尔德（Hopfield）、 鲁梅尔哈特（Rumelhart）、 罗森布拉特（Rosenblatt）	维纳（Wiener）、 麦卡洛克（McCulloch） 和布鲁克斯

1.2.2　人工智能的应用

1. 自然语言处理

语言处理也是人工智能的早期研究领域之一，并引起进一步的重视。能够从内部数据库回答用英语提出的问题的程序已经被编写出，这些程序通过阅读文本材料和建立内部数据库，能够把句子从一种语言翻译为另一种语言，执行用英语给出的指令和获取知识等。有些程序甚至能够在一定程度上翻译从话筒输入的口头指令（而不是从键盘输入计算机的指令）。尽管这些语言系统并不像人们在语言行为中所做的那样好，但是它们能够适合某些应用。那些能够回答一些简单询问的和遵循一些简单指示的程序是这方面的初期成就，它们与机器翻译初期出现的故障一起，促使整个人工智能语言方法的彻底变革。

自然语言处理是用机器处理人类语言的理论和技术。它作为语言信息处理技术的一个高层次的重要研究方向，一直是人工智能领域的核心课题。由于自然语言的多义性、上下文有关性、模糊性、非系统性和环境密切相关性以及涉及知识面广等原因，自然语言处理研究困难重重。自然语言处理的研究希望机器能够执行人类所期望的某些语言功能。

自然语言有两种基本的形式：口语和书面语。书面语比口语结构性要强，并且噪声也比较小。口语信息包括很多语义上不完整的子句，听众如果对关于演讲主题的主观知识不是很了解，有时就可能无法理解这些口语信息。书面语理解包括词法、语法和语义分析，而口语理解还需要加上语音分析。

自然语言理解就是一个研究如何让计算机理解人类自然语言的领域。具体地说，它要达到如下三个目标：

（1）计算机能正确理解人们用自然语言输入的信息，并能正确回答输入信息中的有关问题。

（2）对输入信息，计算机能产生相应的摘要，能用不同词语复述输入信息的内容。

（3）计算机能把某一种自然语言自动翻译为另一种自然语言。例如把英语翻译成汉语，或把汉语翻译成英语等。

2. 逻辑推理与定理证明

逻辑推理是人工智能研究中最持久的子领域之一，早期的逻辑演绎研究工作与问题和难题的求解联系得相当密切。基于形式化数学逻辑的推理具有极大的吸引力,很多重要的问题采用这种方法,比如设计和验证逻辑电路、验证计算机程序的正确性,以及控制复杂系统。已经开发出的程序能够借助对事实数据库的操作来"证明"断定,其中每个事实由分立的数据结构表示,就像数学逻辑中由分立公式表示一样。与人工智能的其他技术的不同之处是,这些方法能够完整、一致地加以表示。也就是说,只要本原事实是正确的,那么程序就能够证明这些从事实得出的定理,而且也仅仅是证明这些定理。

对数学中臆测的定理寻找一个证明或反证,确实称得上是一项智能任务。为此不仅需要有根据假设进行演绎的能力,还需要某些直觉技巧。例如为了求证主要定理而猜测应当首先证明哪一个引理。一个熟练的数学家运用他的(以大量专门知识为基础的)判断力能够精确地推测出某个学科领域内哪些前人已证明的定理在当前的证明中是有用的,并把他的主问题分解为若干子问题,以便独立地处理它们。有几个定理证明程序已在有限的程度上具有某些这样的技巧。1976年7月,美国的阿佩尔(Appel K)等人合作解决了长达124年之久的难题——四色定理,他们用三台大型计算机,花去1 200 h CPU时间,并对中间结果人为反复修改500多处。四色定理的成功证明曾轰动计算机界。

自动证明定理的吸引力主要在于逻辑的严谨性和广泛性。因为它是一个形式化系统,所以是逻辑使其自动化。这种系统可以处理非常广泛范围内的问题,只要把问题描述和背景信息表示为逻辑公理,把问题的实例表示为要证明的定理。这就是自动证明定理和数学推理系统的基础。

早期很多编写定理证明程序的人员都无法开发出可以一致地求解各种复杂问题的系统。这是因为任何一定复杂度的逻辑系统都不能产生无限数量的可证明定理,缺少强大的技术(启发)来引导搜索,自动定理证明程序在碰到正确解之前要证明数量非常庞大的无关定理。为了克服这种低效性,很多人认为纯粹正式的、依据句法的引导搜索方法在处理如此庞大空间时具有固有的缺欠,唯一可选的方法是依赖人类在求解问题时使用的特别的策略。这就是开发专家系统的基本思想,而且已经证实是行之有效的。

此外,定理证明领域已经通过设计强大的启发式算法享受到了成功的喜悦,这些启发式算法主要依赖评估逻辑表达式的句法形式,从而降低搜索空间的复杂度,而不必求助大多数人类问题求解程序所使用的特别技术。对自动证明定理保持浓厚兴趣的另一个原因是,这样的系统并不一定是在没有任何人类帮助的情况下独立解决极其复杂的问题。很多现代的定理证明程序往往是充当智能助手的,人类完成要求更高的任务,把大的问题分解为子问题,并设计出合适的启发式算法来搜索解空间。然后让定理证明程序完成比较简单但仍需一定技巧的任务,比如证明引理、验证较小的推测,并完成人类列出的证明要点。

3. 模式识别

计算机硬件的迅速发展、计算机应用领域的不断开拓,迫切地要求计算机能更有效地感知诸如声音、文字、图像、温度、震动等人类赖以发展自身、改造环境所运用的信息资料。但就一般意义来说,目前计算机却无法直接感知它们,键盘、鼠标等外部设备对于这样五花八门的外部世界显得无能为力。纵然电视摄像机、图文扫描仪、话筒等硬设备业已解决了上述非电信号的转换,并与计算机联机,但由于其识别技术不高,而未能使计算机真正知道所采录的究竟是什么信息。计算机对外部世界感知能力的低下,成为开拓计算机应用领域的瓶颈,也与其高超的运算能力形成强烈的对比。于是,着眼于拓宽计算机的应用领域,提高其感知外部信息能力的学科——模式识别(pattern recognition)便得到迅速发展。

模式识别是指对表征事物或现象的各种形式的信息进行处理和分析,以便对事物或现象进行描述、辨认、分类和解释的过程。模式是信息赖以存在和传递的形式,诸如波谱信号,图形、文字、物体的形状,行为的方式和过程的状态等,都属于模式的范畴。人们通过模式感知外部世界的各种事物或现象,这是获取知识、形成概念和做出反应的基础。人们生产和生活都离不开模式识别:到幼儿园接小孩,要辨认哪个是自己的孩子;医生看病,通过检查、化验做出病情诊断;森林发生虫灾,育林工人要先找到受到虫灾的森林,再播撒农药。这些都是模式识别。但人工智能所研究的模式识别是指用计算机代替人类或帮助人类感知模式,是对人类感知外界功能的模拟,研究的是计算机模式识别系统,也就是使一个计算机系统具有模拟人类通过感官接收外界信息、识别和理解周围环境的感知能力。

实验表明,人类接收外界信息的80%以上来自视觉,10%左右来自听觉。所以,早期的模式识别研究工作集中在对文字和二维图像的识别方面,并取得了不少成果。自20世纪60年代中期起,机器视觉方面的研究工作开始转向解释和描述复杂的三维景物这一更困难的课题上。罗伯斯特(Robest)于1965年发表的论文,奠定了分析由棱柱体组成的物景的方向,迈出了用计算机把三维图像解释成三维物景的一个单眼视图的第一步,即所谓的积木世界。

机器识别接着由积木世界进入识别更复杂的物景和在复杂环境中寻找目标以及室外物景分析等方面的研究。目前研究的热点是活动目标的识别和分析,它是景物分析走向实用化研究的一个标志。

模式识别是一个不断发展的新学科,它的理论基础和研究范围也在不断发展。早在20世纪50年代末60年代初随着生物医学对人类大脑的初步认识,模拟人脑构造的计算机实验即人工神经网络方法就已经开始。目前模式识别学科正处于大发展的阶段,随着信息技术应用的普及,模式识别呈现多样性和多元化趋势,可以在不同的概念粒度上进行,其中生物特征识别成为模式识别研究的活跃领域,包括语音识别、文字识别、图像识别和人物景象识别等。生物特征的身份识别技术,如指纹(掌纹)身份识别、人脸身份识别、签名识别、虹膜识别和行为姿态身份识别也成为研究的热点,通过小波变换、模糊聚类、遗传算法、贝叶斯(Bayesian)理论、支持向量机等方法进行图像分割、特征提取、分类、聚类和模式匹配,使得身份识别技术成为确保经济安全、社会安全的重要工具。

4. 专家系统

一般来说,专家系统(expert system)是一类具有专门知识和经验的计算机智能程序系统,其内部具有大量专家水平的某个领域知识与经验,能够利用人类专家的知识和思维来解决该领域的问题。也就是说,专家系统应用人工智能技术,根据某个领域一个或多个人类专家提供的知识和经验进行推理和判断,模拟人类专家的决策过程,以解决那些需要专家决定的复杂问题。通过对人类专家的问题求解能力的建模,采用人工智能中的知识表示和知识推理技术来解决通常由专家才能解决的复杂问题,达到与专家同等解决问题能力的水平。这种基于知识的系统设计方法是以知识库和推理机为中心而展开的,即

专家系统=知识库+推理机

它把知识与系统中其他部分分离开来。专家系统强调的是知识而不是方法。很多问题没有基于算法的解决方案,或算法方案太复杂,采用专家系统可以利用人类专家拥有的丰富知识,使问题得以解决,因此专家系统也称为基于知识的系统(knowledge-based systems)。一般来说,一个专家系统应该具备以下三个要素:

（1）具备某个应用领域的专家级知识；

（2）能模拟专家的思维；

（3）能达到专家级的解决问题的水平。

专家系统是一种计算机程序，但与一般程序相比，又有不同之处，具体如表1-2所示。

表1-2　专家系统与一般程序的区别

专家系统	一般程序
"知识+推理＝系统"	"数据+算法＝程序"
主要是符号推理	主要是数值计算
启发式搜索	算法搜索
控制机构与同领域知识分离	控制与信息集成在一起
易于修改、更新与扩大	难以修改
可处理病态结构问题	可处理良态结构问题
允许出现可以接受的答案	要求正确的答案
通常给出令人满意的答案	寻求最优解

发展专家系统的关键是表达和运用专家知识，即来自人类专家的并已被证明对解决有关领域内的典型问题是有用的事实和过程。专家系统和传统的计算机程序最本质的不同之处在于专家系统所要解决的问题一般没有算法解，并且经常要在不完全、不精确或不确定的信息基础上做出结论。专家系统可以解决的问题一般包括解释、预测、诊断、设计、规划、监视、修理、指导和控制等。高性能的专家系统也已经从学术研究开始进入实际应用研究。

近年来，在专家系统或"知识工程"的研究中已经出现了成功和有效地应用人工智能技术的趋势。有代表性的是，用户与专家系统进行"咨询对话"，就像与具有某方面经验的专家进行对话一样：解释他的问题，建议用户进行某些试验以及向专家系统提出询问以求得到有关解答等。目前的实验系统，在咨询任务如化学和地质数据分析、计算机系统结构、建筑工程以及医疗诊断等方面，其质量已经达到很高的水平。可以把专家系统看作人类专家（他们用"知识获取模型"与专家系统进行人机对话）和人类用户（他们用"咨询模型"与专家系统进行人机对话）之间的媒介。在人工智能这一领域中，还有许多研究集中在使专家系统具有解释它们的推理能力，从而使咨询更好地为用户所接受，又能帮助人类专家发现系统推理过程中出现的差错。

当前的研究涉及有关专家系统设计的各种问题。这些系统是在某个领域的专家（他可能无法明确表达他的全部知识）与系统设计者之间经过艰苦的反复交换意见之后建立起来的。现有的专家系统都局限在一定范围内，而且没有人类那种能够知道自己什么时候可能出错的感觉。

新的研究包括应用专家系统来教初学者以及请教有经验的专业人员。比如自动咨询系统向用户提供特定学科领域内的专家结论。在已经建立的专家咨询系统中，有能够诊断疾病的（包括中医诊断智能机），估计潜在石油等矿藏的，研究复杂有机化合物结构的，以及提供使用其他计算机系统的参考意见的，等等。

随着人工智能整体水平的提高,专家系统也获得发展。正在开发的新一代专家系统有分布式专家系统和协同式专家系统等。在新一代专家系统中,不但采用基于规则的方法,而且采用基于模型的原理。

5. 机器学习

学习是人类智能的主要标志和获得知识的基本手段。机器学习(自动获取新的事实及新的推理算法)是使计算机具有智能的根本途径。正如香克(Shank R)所说:"一台计算机若不会学习,就不能称为具有智能的。"此外,机器学习还有助于发现人类学习的机理和揭示人脑的奥秘。所以这是一个始终得到重视,理论正在创立,方法日臻完善,但远未达到理想境地的研究领域。

学习是人类具有的一种重要的智能行为,但至今还没有一个精确的、能被公认的学习的定义。这一方面是由于来自不同学科,例如神经学、认知心理学、计算机科学等的研究人员,分别从不同的角度对学习给出了不同的解释;另一方面,也是最重要的原因是,学习是一个多侧面、综合性的心理活动,它与记忆、思维、知觉、感觉等多种心理行为都有着密切联系,使得人们难以把握学习的机理与实质,因而无法给出确切的定义。

目前,对"学习"的定义有较大影响的观点主要有:

(1)学习是系统改进其性能的过程。这是西蒙关于"学习"的观点。1980年他在卡内基梅隆大学召开的机器学习研讨会上做了"为什么机器应该学习"的发言。在此发言中,他把学习定义为:学习是系统中的任何改进,这种改进使得系统在重复同样的工作或进行类似的工作时,能完成得更好。这一观点在机器学习研究领域中有较大的影响,学习的基本模型就是基于这一观点建立起来的。

(2)学习是获取知识的过程。这是专家系统研究人员提出的观点。由于知识获取一直是专家系统建造中的困难问题,因此他们把机器学习与知识获取联系起来,希望通过对机器学习的研究,实现知识的自动获取。

(3)学习是技能的获取。这是心理学家关于如何通过学习获得熟练技能的观点。人们通过大量实践和反复训练可以改进机制和技能,就像骑自行车、弹钢琴等,都是这样。但是,学习并不只是获得技能,它只是学习的一个方面。

(4)学习是事物规律的发现过程。在20世纪80年代,由于对智能机器人的研究取得了一定的进展,同时又出现了一些发现系统,于是人们开始把学习看作从感性知识到理性知识的认识过程,从表层知识到深层知识的转化过程,即发现事物规律、形成理论的过程。

综合上述各种观点,可以将学习定义为:学习是一个有特定目的的知识获取过程,其内在行为是获取知识、积累经验、发现规律;外部表现是改进性能、适应环境、实现系统的自我完善。

机器学习就是研究如何使计算机具有类似于人的学习能力,使它能通过学习自动地获取知识。计算机可以直接向书本学习,通过与人谈话和对环境的观察学习,在实践中实现自我完善。机器学习使计算机能模拟人的学习行为,自动地通过学习获取知识和技能,不断改善性能,实现自我完善。

作为人工智能的一个研究领域,机器学习主要研究以下三方面问题:

(1)学习机理。这是对人类学习机制的研究,即人类获取知识、技能和抽象概念的能力。通过这一研究,将从根本上解决机器学习中的问题,对开发机器学习系统具有重要意义。

（2）学习方法。研究人类的学习过程，探索各种可能的学习方法，建立起独立于具体应用领域的通用学习算法。机器学习方法的构造是在对生物学习机理进行简化的基础上，用计算的方法进行再现的。

（3）学习系统。根据特定任务的要求，研究智能系统的建造，解决专门的实际问题，并开发完成这些专门任务的学习系统。

从计算机算法角度研究机器学习问题，与生物学、医学和生理学，从生物、生理功能角度研究生物界，特别是人类学习问题有着密切的联系。最近国际上新兴的脑机交互（brain-computer interface，BCI）就是从大脑中直接提取信号，并经过计算机处理加以应用。

6. 人工神经网络

由于冯·诺依曼（von Neumann J）体系结构的局限性，数字计算机存在一些尚无法解决的问题。例如，基于逻辑思维的知识处理，在一些比较简单的知识范畴内能够建立比较清楚的理论框架，部分地表现出人的某些智能行为；但是，在视觉理解、直觉思维、常识与顿悟等问题上显得力不从心。这种做法与人类智能活动有许多重要差别。传统的计算机不具备学习能力，无法快速处理非数值计算的形象思维等问题，也无法求解那些信息不完整、不确定性和模糊性的问题。人们一直在寻找新的信息处理机制，神经网络计算就是其中之一。

研究结果已经证明，用神经网络处理直觉和形象思维信息具有比传统处理方式好得多的效果。神经网络的发展有着非常广阔的科学背景，是众多学科研究的综合成果。神经生理学家、心理学家与计算机科学家共同研究得出的结论是：人脑是一个功能特别强大、结构异常复杂的信息处理系统，其基础是神经元及其互联关系。因此，对人脑神经元和人工神经网络的研究，可能创造出新一代人工智能机——神经计算机。

人工神经网络是一个用大量简单处理单元经广泛连接而组成的人工网络，用来模拟大脑神经系统的结构和功能。早在1943年，神经和解剖学家麦卡洛克和数学家皮兹就提出了神经元的数学模型（M-P模型），从此开创了神经科学理论研究的时代。20世纪60年代至70年代，由于神经网络研究自身的局限性，其研究陷入了低潮。特别是著名人工智能学者明斯基等人在1969年以批评的观点编写的很有影响的《感知器》一书，直接导致了神经网络的研究进入萧条时期。具有讽刺意味的是，Bryson和Ho在1969年就已经提出了BP算法。到20世纪80年代，人们对神经网络的研究取得了突破性进展，特别是鲁梅尔哈特和麦克莱兰（McClelland）等人于1985年提出多层前向神经网络的BP学习算法，霍普菲尔德提出霍普菲尔德神经网络模型，有力地推动了神经网络的研究，由此又使人工神经网络的研究进入一个新的发展时期，取得了许多研究成果。

现在，神经网络已经成为人工智能中一个极其重要的研究领域，在模式识别、图像处理、组合优化、自动控制、信息处理、机器人学等领域获得日益广泛的应用。对神经网络模型、算法、理论分析和硬件实现的大量研究，为神经网络计算机走向应用提供了物质基础。人们期望神经计算机能够重建人脑的形象，极大地提高信息处理能力，在更多方面取代传统的计算机。

7. 博弈

诸如下棋、打牌、战争等一类竞争性的智能活动称为博弈（game playing）。下棋不仅要求参赛者具有超凡的记忆能力、丰富的下棋经验，而且要求其具有很强的思维能力，能对瞬息万变的随机情况迅速地做出反应,及时采取有效的措施。对于人类来说,博弈是一种智能性很强的竞争活动,这是自然界中的普遍现象。它不仅存在于下棋之中,还存在于政治、经济、军事和生物竞争之中,博弈的参加者可以是个人、集体、一类生物或机器,他们都力图用自己的"智力"击败对手。在人工智能中大多以下棋为例来研究博弈规律,它是一个典型的智力问题,这是因为:

(1)下棋规则很容易在计算机中表示;

(2)多数棋类比赛的规律是十分复杂的,没有一种简单的方法可以计算出正确的棋步,计算机必须用与人大致相似的方法来进行游戏;

(3)人类有许多下棋专家,他们的经验和批评可以帮助下棋程序不断改进提高;

(4)通过人、机之间的比赛可以直观、方便地判定机器的"智力"水平。

著名的博弈程序有:塞缪尔设计的跳棋(Checkers)程序,它在 1962 年获得美国的州级冠军;格林布莱特(R. Grenblatt)等人设计的国际象棋(Chess)程序,它在 1967 年赢得了美国一个州的 D 级业余比赛的银杯,比分达 1 720 分,现在已是美国象棋协会的名誉会员,登记表上的名字是麦克·哈克-6(Mac-Hack Six);阿特金斯(Atkins)等人设计的国际象棋程序比麦克·哈克-6 更强,估计可得 1 750 分,它在英国被列为第 500 名棋手;围棋(Go)是非常难的棋,有人也编制了博弈程序,据说可以达到初学者水平。其他简单棋类(如三度游戏、十五子棋和骨牌等)的博弈程序更多。

人工智能研究博弈的目的并不是让计算机与人进行下棋、打牌之类的游戏,而是通过对博弈的研究来检验某些人工智能技术是否能实现对人类智慧的模拟,促进人工智能技术更进一步地研究。俄罗斯人工智能学者亚历山大·克隆罗德认为"象棋是人工智能中的果蝇",其将象棋在人工智能研究中的作用类比于果蝇在生物遗传研究中作为实验对象所起的作用。博弈为人工智能提供了一个很好的试验场所,人工智能中的许多概念方法都是从博弈程序中提炼出来的。博弈中的许多研究成果现已用于军事指挥和经济决策系统之中。

8. 机器人

人工智能研究日益受到重视的另一个分支是机器人,其中包括对操作机器人装置程序的研究。这个领域所研究的问题,从机器人手臂的最佳移动到实现机器人目标的动作序列的规划方法,无所不包。我们可以将机器人理解为:机器人是一种在计算机控制下的可编程的自动机,根据所处的环境和作业的需要,它具有至少一项或多项拟人功能,如抓取或移动功能,或两者兼而有之,另外还可能不同程度地具有某些环境感知功能(如视觉、力觉、触觉、接近觉等)以及语音功能乃至逻辑思维、判断决策功能等,从而使它能在环境中代替人进行作业。所以机器人具有以下特性:

(1)机器人是模仿人或动物肢体动作的机器,能像人那样使用工具和机械。

(2)机器人具有智力或感觉与识别能力。一般玩具机器人没有感觉和识别能力,不属于真正的机器人。

(3)直接对外界工作。机器人要完成一定的工作,对外界产生作用。

因此,机器人技术具有很广泛的内容,凡是用机器人技术和现有机器相结合而产生的新一代机器都可以看作"机器人",也就是所谓的"机器人化的机器"。尽管已经建立了一些比较复杂的机器人系统,不过目前正在工业上运行的成千上万台机器人,都是一些按预先编好的程序执行某些重复作业的简单装置。一些并不复杂的动作控制问题,如移动式机器人的机械动作控制问题,表面上看并不需要很多智能,即使是个小孩,也能在周围环境中顺利操纵电灯开关、玩具积木和餐具等物品。然而人类几乎下意识就能完成的这些任务，要是由机器人来实现，就要求机器人具备在求解需要较多智能的问题时所用到的能力。

目前机器人学中控制技术的研究还是以控制理论的反馈概念为基础的，也就是说，迄今为止，机器人上的"智能"是由应用反馈控制产生的。但是，反馈控制并不是建立在人工智能的基础上，而是属于经典控制理论的范畴。反馈控制有其局限性，因为数学模型及其实现有众多的约束。而人工智能则有许多对环境和周围相关事物产生响应的方法，这些方法要比用经典控制技术得到的响应灵活得多。按照经典控制理论，对不同的相关事物的响应取决于被数学化的输入，而对于人工智能技术，则可以采用诸如自然语言输入、知识和其他非数学符号输入等。

智能机器人是这样一类机器人：机器人本身能认识工作环境、工作对象及其状态，它根据人给予的指令和"自身"认识外界的结果来独立地决定工作方法，利用操作机构和移动机构实现任务目标，并能适应工作环境的变化。智能机器人应该具备四种机能：运动机能——施加于外部环境的相当于人的手、脚的动作机能；感知机能——获取外部环境信息以便进行自我行动监视的机能；思维机能——求解问题的认识、推理、判断机能；人机通信机能——理解指示命令、输出内部状态，与人进行信息交换的机能。由此可见，智能机器人的"智能"特征就在于它具有与外部世界（对象、环境和人）相协调的工作机能。从控制方式看，智能机器人具有不同于工业机器人的"示教-再现"以及操纵机器人的"操纵"方式，是一种"认知-适应"的方式。

具有运动机能说明智能机器人不是一个单纯的软件体，它具备可以完成作业的机构和驱动装置。例如，可以把物体由一个位置运送到另一位置，可以去维修某一设备，可以拆除危险品，可以在太空或水下采集样品和进行人想做的其他任何作业。

具有思维机能的智能机器人并不是简单地由人以某种方式命令它干什么，它就会干什么，而是其自身具有解决问题的能力，或者它会通过学习，自己找到解决问题的办法。例如，它可以根据设计，为一个复杂机器找到零件的装配办法及顺序，指挥执行机构（即运动部分）去装配完成这个机器。

具有感知机能是指智能机器人具备发现、认识和描述外部环境和自身状态的能力。如装配作业，它要能找到和识别所要的工件，能为机器人的运动找到道路，发现并测量障碍物，发现和认识到危险等。人们很自然地把思维能力视为智能，其实，智能机器人是一个由复杂的软、硬件组成并具有多种功能的综合体。感知能力是智能的一个很重要的组成部分，以至于有人把感知外部环境的能力就视为智能。

随着智能机器人研究工作的不断深入，越来越多的各式传感器在机器人上得到应用，信息融合、规划、问题求解、运动学与动力学计算等单元技术不断提高，这使得智能机器人整体智能能力不断增强，同时也使其系统结构变得复杂。智能机器人的研究和应用体现出广泛的学科交叉，涉及众多的课题，如机器人体系结构、机构、控制、智能、视觉、触觉、力觉、听觉、机器人装配、恶劣环境下的机器人以及机器人语言等。机器人已在各种工业、农业、商业、旅游业、空中和海洋以及国防等领域获得越来越广泛的应用。

机器人和机器人学的研究促进了许多人工智能思想的发展。它所带来的一些技术可用来模拟世界的状态，用来描述从一种世界状态转变为另一种世界状态的过程。它对于怎样产生动作序列的规划以及怎样监督这些规划的执行有了一种较好的理解。复杂的机器人控制问题迫使人们发展一些方法，先在抽象和忽略细节的高层进行规划，然后再逐步在细节越来越重要的低层进行规划。

目前，机器人已经活跃在各种生产线，涉及自动化、金属加工、食品和塑料等诸多行业。亚马逊机器人物流系统中，机器人取代仓库工人，从早到晚不断地抬起150磅（68.04 kg）的重物，分好类，然后装上卡车。柯马（COMAU）公司开发的生产线上分布着250个机器人，没有一个工人。每个工位的机器人相互合作，对从生产线源头进入的汽车空壳进行焊接、上底板、上螺丝等。目前，该公司已经实现了用机器人生产机器人。

9. 分布式人工智能与智能体

分布式人工智能（distributed artificial intelligence，DAI）研究一组分布的、松散耦合的智能体（agent）如何运用它们的知识、技能和信息，为实现各自的或全局的目标协同工作。分布式人工智能是分布式计算与人工智能结合的结果。分布式人工智能系统以鲁棒性作为控制系统质量的标准，并具有互操作性，即不同的异构系统在快速变化的环境中，具有交换信息和协同工作的能力。

分布式人工智能的研究目标是要创建一种描述自然系统和社会系统的精确概念模型。DAI中的智能不能独立存在，只能在团体协作中实现，因而其主要研究问题是各智能体之间的合作与对话，包括分布式问题求解（distributed problem solving，DPS）和多智能体系统（multi-agent system，MAS）两个领域。分布式问题求解把一个具体的问题划分为多个相互合作和知识共享的模块或者节点，多智能体系统则研究各智能体之间行为的协调。这两个研究领域都要研究知识、资源和控制的划分问题。分布式问题求解往往含有一个全局的概念模型、问题和成功标准，而多智能体系统则含有多个局部的概念模型、问题和成功标准。多智能体系统更能够体现人类的社会智能，具有更大的灵活性和适应性，更适合开放和动态的世界环境，成为人工智能领域的研究热点。

20世纪90年代以来，互联网的迅速发展为新的信息系统、决策系统和知识系统的发展提供了极好的条件，它们在规模、范围和复杂程度上增加极快，分布式人工智能技术的开发与应用越来越成为这些系统成功的关键。

分布式人工智能的研究可以追溯到20世纪70年代末期。早期分布式人工智能的研究主要是分布式问题求解，其目标是创建大粒度的协作群体，它们之间共同工作以对某一问题进行求解。1983年，休伊特（Hewitt C）和他的同事们研制了基于ACTOR模型的并发程序设计系统。ACTOR模型提供了分布式系统中并行计算理论和一组专家或ACTOR获得智能行为的能力。1991年，Hewitt提出开放信息系统语义，指出竞争、承诺、协作和协商等性质应作为分布式人工智能的科学基础，试图为分布式人工智能的理论研究提供新的基础。1983年，马萨诸塞大学的莱塞（Lesser V R）等研制了分布式车辆监控测试系统DVMT。1987年，加瑟（Gasser L）等研制了MACE系统，这是一个实验型的分布式人工智能系统开发环境。MACE中每一个计算单元都称作智能体，它们具有知识表示和推理能力，智能体之间通过消息传送进行通信。

20世纪90年代以来，智能体和多智能体系统成为分布式人工智能研究的主流。智能体可以看作一个自动执行的实体，它通过传感器感知环境，通过效应器作用于环境。智能体的BDI模型，是基于智能体的思维属性建立的一种形式模型，其中B表示belief（信念），D表示desire（愿望），I表示intention（意图）。多智能体系统即由多个智能体组成的系统，研究的核心是如何在一群自主的智能体之间进行行为的协调。多智能体系统可以构成一个智能体的社会，其形式包括群体、团队、组织和联盟等，具有更大的灵活性和适应性，更适合开放和动态的世界环境,成为当今人工智能研究的热点。

10. 智能互联网

如果说计算机的出现为人工智能的实现提供了物质基础,那么互联网的产生和发展则为人工智能提供了更加广阔的空间,成为当今人类社会信息化的标志。互联网已经成为越来越多人的"数字图书馆",人们普遍使用谷歌、百度等搜索引擎,为自己的日常工作和生活服务。

语义 Web(semantic Web)追求的目标是让 Web 上的信息能够被机器所理解,从而实现 Web 信息的自动处理,以适应 Web 信息资源的快速增长,更好地为人类服务。语义 Web 提供了一个通用的框架,允许跨越不同应用程序、企业和团体的边界共享和重用数据。语义 Web 是 W3C 领导下的协作项目,有大量研究人员和业界伙伴参与。语义 Web 以资源描述框架(RDF)为基础。RDF 以 XML 作为语法、URI 作为命名机制,将各种不同的应用集成在一起。

语义 Web 成功地将人工智能的研究成果应用到互联网,包括知识表示、推理机制等。人们期待未来的互联网是一本按需索取的百科全书,可以定制搜索结果,可以搜索隐藏的 Web 页面,可以考虑用户所在的位置,可以搜索多媒体信息,甚至可以为用户提供个性化服务。

11. 智能信息检索

随着科学技术的迅速发展,"知识爆炸"的情况出现了。对国内外种类繁多和数量巨大的科技文献的检索远非人力和传统检索系统所能胜任,研究智能信息检索系统具有重要的理论意义和实际应用价值。

智能信息检索系统的设计者们将面临以下几个问题。首先,建立一个能够理解以自然语言陈述的询问系统本身就存在不少问题。其次,即使能够通过规定某些机器能够理解的形式化询问语句来回避语言理解问题,也仍然存在一个如何根据存储的事实演绎出答案的问题。再次,理解询问和演绎答案所需要的知识都可能超出该学科领域数据库所表示的知识。常识往往是需要的,但在学科领域的数据库中常常被忽略掉。因此,怎样表示和应用常识是采用人工智能方法的信息检索系统设计问题之一。

综合来看,智能信息检索系统应具有下述功能:

(1)能理解自然语言,允许用户使用自然语言提出检索要求和询问。

(2)具有推理能力,能根据数据库存储的事实,推理产生用户要求和询问的答案。

(3)系统拥有一定的常识性知识,根据这些常识性知识和专业知识能演绎推理出专业知识中没有包含的答案。例如,某单位的人事档案数据库中有下列事实:"张强是采购部工作人员""李明是采购部经理"。如果系统具有"部门经理是该部门工作人员的领导"这一常识性知识,就可以对问题"谁是张强的领导"演绎推理出答案"李明"。

12. 智能控制

智能控制理论是人工智能和自动控制交叉的产物,也是对传统控制的继承和发展。智能控制的基本特点是不依赖或少依赖被控对象数学模型,而主要利用人的操作经验、知识和推理能力以及控制系统的性能和状态进行控制操作。智能控制并不否定传统控制,智能控制与传统控制各有所长,它们的结合可形成优势互补的控制系统,如专家系统与传统控制方法相结合形成一种递阶智能控制系统,其中专家系统完成组织级、协调级的智能调度,而执行级用传统控制方法作为对对象的直接控制。

智能控制思想最早是由美国普渡大学的傅京孙(Fu K S)教授于20世纪60年代中期提出的,他率先提出把人工智能的启发式推理规则用于学习系统。孟德尔(Mendel)于1966年在空间飞行器的学习控制中应用了人工智能技术,并提出了"人工智能控制"的新概念;同年,莱昂德斯(Leondes)和孟德尔首次使用了"智能控制"(intelligent control)一词,并把记忆、目标分解等技术用于学习控制系统。这一时期出现了智能控制思想的早期萌芽,常被称为智能控制的孕育期。

智能控制把人工智能技术引入控制领域,建立智能控制系统。国内外众多的研究者投身其中,并取得一些成果。经过20年努力,到20世纪80年代中叶,智能控制新学科的形成条件已经逐渐成熟。1985年8月,IEEE在美国纽约召开了新一届智能控制学术讨论会。会上集中讨论了智能控制原理和智能控制系统的结构。1987年1月,在美国费城由IEEE控制系统学会和计算机学会联合召开了智能控制国际学术讨论会。会议的举办体现了智能控制的长足进展,也说明了高新技术的发展要求重新考虑自动控制科学及其相关领域。这次会议的举办表明,智能控制已作为一门新学科,出现在国际科学舞台上。

智能控制具有以下两个显著的特点:

(1)智能控制是同时具有知识表示的非数学广义世界模型和传统数学模型混合表示的控制过程,也往往是含有复杂性、不完全性、模糊性或不确定性以及不存在已知算法的过程,并以知识进行推理,以启发来引导求解过程;

(2)智能控制的核心是高层控制,即组织级控制,其任务在于对实际环境或过程进行组织,即决策与规划,以实现广义问题求解。

智能控制系统的智能可归纳为以下几个方面:

(1)先验智能:有关控制对象及干扰的先验知识,可以从一开始就考虑到控制系统的设计中。

(2)反应性智能:在实时监控、辨识及诊断的基础上,对系统及环境变化的正确反应能力。

(3)优化智能:包括对系统性能的先验性优化及反应性优化。

(4)组织与协调智能:表现为对并行耦合任务或子系统之间的有效管理与协调。

智能控制的开发,目前认为有以下途径:

(1)基于专家系统的专家智能控制;

(2)基于模糊推理和计算的模糊控制;

(3)基于人工神经网络的神经网络控制;

(4)综合以上三种方法的综合型智能控制。

进入20世纪90年代,关于智能控制的研究论文、著作、会议、期刊大量涌现,应用对象也更加广泛,从工业过程控制、机器人控制、航空航天器控制到故障诊断、管理决策等均有涉及,并取得了较好的效果。

13. 智能制造

智能制造技术(Intelligent manufacturing technology,IMT)是制造技术、自动化技术、系统工程与人工智能等学科互相渗透、互相交织而形成的一门综合性技术,它应用人工智能技术实现产品生命周期(包括产品设计、制造、装配、销售到产品报废等)各个环节的智能化,如CAD/CAPP/CAM的智能化。智能制造自20世纪80年代末提出以来就一直受到很多国家的重视,一些发达国家相继推出了具体的研究和发展计划,将智能制造视为 21 世纪的制造技术和尖端科学。

关于智能制造的含义,有众多说法。

美国纽约大学的 Wright P K 教授与卡内基梅隆大学的 Bourne D A 教授于 1988 年出版了智能制造领域的第一部专著 *Manufacturing Intelligence*,提出智能制造的目的是:通过集成知识工程、制造软件系统、机器人视觉和机器人控制来对制造技工的技能与专家知识进行建模,以使智能机器在没有人工干预的情况下进行小批量生产。

日本通产省机械信息产业局元岛直树先生认为:"在具有国际可互换性的基础上,使订货、销售、开发、设计、生产、物流、经营等部门分别智能化,并按照能灵活应对制造环境变化等原则,使整个企业网络集成化。"

智能制造主要研究开发的目标是:

(1)企业整个制造工作的全面智能化,取代部分人的脑力劳动,强调整个企业生产经营过程大范围的自组织能力;

(2)信息制造智能的集成和共享。

美国艾奥瓦大学工业工程系 Andrew Kusiak 教授在他所编《智能制造系统》一书中写道:"制造技术和计算技术的迅速发展带来了很多新问题。要解决这些问题,需要用现代的工具和方法。人工智能为解决复杂的工业问题提供了一套最适宜的工具。"

综合上面一些学者对智能制造的看法和分析,可以认为智能制造是指将专家系统、模糊推理、人工神经网络等人工智能技术应用于制造中,解决多种复杂的决策问题,提高制造系统的水平和实用性。人工智能的作用是代替熟练工人的技艺,具有学习工程技术人员实践经验和知识的能力,并用以解决生产实际问题,从而将工人、工程技术人员多年来积累起来的丰富而又宝贵的实际经验保存下来,并能在生产实际中长期发挥作用。因此,目前各国正在纷纷研究开发发挥人的创造能力和具有人的智能(和技能)的制造系统。

智能制造技术是指利用计算机模拟制造业人类专家的分析、判断、推理、构思和决策等智能活动,并将这些智能活动与智能机器有机地融合起来,将其贯穿于整个制造企业的各个子系统(经营决策、采购、产品设计、生产计划、制造装配、质量保证和市场销售等),以实现整个制造企业经营运作的高度柔性化和高度集成化,从而取代或延伸制造环境中人类专家的部分脑力劳动,并对制造业人类专家的智能信息进行收集、存储、完善、共享、继承与发展,是一种极大地提高生产效率的先进制造技术。

智能制造系统(intelligent manufacturing system,IMS)是基于智能制造技术,综合应用人工智能技术、信息技术、自动化技术、制造技术、并行工程、生命科学、现代管理技术和系统工程理论与方法,在国际标准化和互换性的基础上,使得整个企业制造系统中的各个子系统分别智能化,并使制造系统成为网络集成的高度自动化的制造系统。

由于智能制造技术能够实现制造系统运作的高度柔性化和高度集成化,因此是一种能极大提高生产效率的先进制造技术。近年来,各国积极开展智能制造的研究开发工作,并把研究重点放在以下两个方面:

(1)智能制造理论与系统设计技术

智能制造概念的正式提出至今时间还不长,其理论基础与技术体系尚处于形成过程中,其精确内涵和关键设计技术仍需要进一步研究。在这方面,研究的主要内容包括智能制造的概念体系、智能制造系统的体系结构、开发环境、设计方法以及各种评价技术等。

（2）智能制造技术与系统

智能制造技术包括智能设计，生产经营的智能决策，生产过程的智能规划、调度与控制，智能质量控制，底层智能制造执行单元以及实现"智能化孤岛"集成等技术。与这些技术相对应的是一些面向特定应用的智能制造系统，如生产经营决策支持系统、智能控制系统、智能机器人、智能数控机床、自动导引车等。近年来，国外正在积极开展这方面的研究。

1.3　人工智能的现状与发展

1.3.1　人工智能的现状

借助互联网和大数据技术，人工智能技术正在颠覆和重构世界政治、经济、文化、社会格局，深刻影响和改变人们的生活。迄今为止，人工智能凭借对海量数据的收集、挖掘和分析能力，在商业创新、生物医学、政府决策等多领域取得了令人瞩目的成就，如医疗大数据的收集、传递、分析、互联可以助力多学科会诊，无人机技术在航拍、地理国情监测以及救灾救援等方面能够协助政府进行科学有效的分析和管理。即使在公认为智力游戏的围棋与体现人类逻辑思维和语言风格的辩论领域，人工智能都战绩不俗。这标志着人工智能技术能够在规则活动中通过构建系统严谨的认知模式战胜人类，在单一的抽象博弈智能层面克服人类社会的"知识积累性壁垒"局限，以集成优势战胜天赋极高的自然个体，即以无穷多的作为程序的口诀和案例战胜人的有限经验。鉴于人工智能的发展速度和跨界影响力越来越大，国务院于2017年印发的《新一代人工智能发展规划》指出，要将人工智能发展提升到国家战略的高度以占据战略主动权。可以推测人工智能技术在未来必将成为国家和企业的核心竞争力，得到大规模研发、推广和应用。目前，人工智能在相关技术领域的研究也取得了实质进展。

1. 机器博弈

2016年3月，谷歌AlphaGo机器人在围棋比赛中以4:1的成绩击败了世界冠军李世石（图1-4），下棋招法超出人类对围棋博弈规律的理解，扩展了围棋多年以来积累的知识体系。2017年初，AlphaGo的升级版Master横扫全球60位顶尖高手。2018年，谷歌的Deepmind团队发布AlphaGo Zero，该程序能够在无任何人类输入的条件下，三天自我博弈490万盘棋局学会围棋，并以100∶0的成绩击败AlphaGo。由于围棋被认为是非常复杂的棋类游戏，因此AlphaGo Zero被视为人工智能突破性的进展。

2. 模式识别

作为人工智能最具应用价值的技术之一，识别技术已发展成熟，甚至超出人类水平。在人脸识别方面，运用深度学习进行人证比对（验证证件持有人与证件照片是否一致），在万分之一的误识率下，正确率已经超过98%；在图像识别方面，ImageNet大规模视觉识别挑战（ILSVRC）要求准确地描述每张图片上是什么，结果显示，人类的误差率为5%，而运用深度神经网络的统计学习模型的误差率从2012年的16%降低到2015年的3.5%。2019年，葡萄牙研究人员采用卷积神经网络（convolutional neural networks，CNN）模仿人类和其他哺乳动物大脑理解周围世界，证明了该网络可以自学并识别个体运动。其中，识别斑马鱼和苍蝇的准确率都在99%以上。在语音识别方面,2017年,谷歌大脑和Speech团队联合发布最新端到端自动语音识别系统,将词错率降至5.6%,接近人类水平。2017年,苹果公司推出的智能私人助理Siri和微软公司推出的个人智能助理微软Cortana(小娜)已经能够与人聊天,如图1-5和图1-6所示。2018年,科大讯飞提出了引领性的全新语音识别框架——深度全序列卷积神经网络(DFCNN),进一步提高语音转写的准确率,引领语音识别技术的发展。同时,科大讯飞的端到端技术在国际口语机器翻译评测比赛(International Workshop on Spoken Language Translation,IWSLT)中,以在英德方向语音翻译任务上端到端模型(End-to-End Model)的显著优势,获得世界第一。另外,科大讯飞也以自动语音转换与翻译技术助力北京2022年冬奥会,如图1-7所示。

图1-4　AlphaGo与李世石的博弈

图1-5　Siri

图 1-6 微软小娜

图 1-7   科大讯飞助力北京 2022 年冬奥会

3. 机器翻译

深度学习将机器翻译提升到新的水平。2016 年 6 月,谷歌公司的谷歌神经网络机器翻译(GNMT)系统,采用深度学习技术克服整句翻译难题,使出错率下降 70%,在部分应用场景下接近专业人员的翻译水平。同年 11 月,谷歌多语种神经网络机器翻译系统上线,能在103 个语种间互译。2017 年 4 月,谷歌翻译改用基于"注意力"机制的翻译架构,使机器翻译水平再创新高。同年 5 月,Facebook 公司依托先进图形处理器硬件系统,结合卷积神经网络,开发出新的语言翻译系统,处理速度是谷歌翻译的 9 倍。

4. 认知推理

2011 年,IBM 研制的深度问答系统(Deep QA)沃森超级计算机(图 1-8)在美国知识抢答竞赛节目《危险边缘》中,以 3 倍分数优势战胜了人类顶尖知识问答高手,刷新机器认知极限。2015 年,美国马里兰大学研究人员开发出一种新系统,使机器人在观看 YouTube 网站上"如何烹饪"系列视频后,无须人工干预,即可解析视频信息,理解、掌握示范要领,并利用新获取的信息识别、抓取和正确运用厨具进行烹饪,进一步提高机器对场景及事件的认知水平。

图 1-8　沃森超级计算机

5. 社会计算

机器能够更高效、快速处理海量的数据。从 1997 年深蓝基于规则的暴力搜索战胜国际象棋冠军,到 2016 年得益于大数据提供了海量学习素材的 AlphaGo 攻克围棋,人工智能的计算能力提高了 3 万倍,远超人类计算能力。

美国、中国、日本、韩国及欧盟等国家和组织对人工智能技术高度重视,基于国家战略布局,通过政策和资金扶持等方式推动语音识别、深度学习、图像识别等产业的布局和发展,其中 IBM、微软、Facebook、谷歌、百度等企业发展迅速,目前正基于人工智能技术与整体解决方案逐步形成开源平台,最终将形成完整的产业应用生态系统。

人工智能从诞生以来,理论和技术日益成熟,应用领域也不断扩大,可以设想,未来人工智能带来的科技产品,将会是人类智慧的"容器"。人工智能可以对人的意识、思维的信息过程进行模拟。人工智能不是人的智能,但能像人那样思考,也可能超过人的智能。总体来说,人工智能研究的一个主要目标是使机器能够胜任一些通常需要人类智能才能完成的复杂工作。人工智能的出现和不断发展,将会让我们步入一个全新的时代,必将改变生活的方方面面。

1.3.2　人工智能的发展

人工智能的发展历史,可大致分为孕育期、形成期、低潮期、兴旺期、复兴期和爆发期。

1. 孕育期(1956 年以前)

人工智能的孕育期大致可以认为是在 1956 年以前的时期。这一时期的主要成就是数理逻辑、自动机理论、控制论、信息论、神经计算和电子计算机等学科的建设和发展,为人工智能的诞生奠定了理论和物质基础。这一时期的主要贡献包括：

（1）1936 年，图灵创立了理想计算机模型的自动机理论，提出了以离散量的递归函数作为智能描述的数学基础，给出了基于行为主义的测试机器是否具有智能的标准，即图灵测试。

（2）1943 年，心理学家麦卡洛克和数理逻辑学家皮兹在《数学生物物理公报》（*Bulletin of Mathematical Biophysics*）上发表了关于神经网络的数学模型。这个模型，现在一般称为M-P 神经网络模型。他们总结了神经元的一些基本生理特性，提出神经元形式化的数学描述和网络的结构方法，从此开创了神经计算的时代。

（3）1945 年，冯·诺依曼提出了存储程序概念。1946 年，他研制成功的第一台电子计算机 ENIAC，为人工智能的诞生奠定了物质基础。

（4）1948 年，香农发表了《通信的数学理论》，这标志着一门新学科——信息论的诞生。他认为人的心理活动可以采用信息的形式进行研究，并提出了描述心理活动的数学模型。

（5）1948 年，维纳创立了控制论。它是一门研究和模拟自动控制的生物和人工系统的学科，标志着人们根据动物心理和行为科学进行计算机模拟研究和分析的基础已经形成。

2. 形成期（1956—1969 年）

人工智能的形成期大约从 1956 年到 1969 年。这一时期的主要成就包括 1956 年在美国达特茅斯大学召开的为期两个月的学术研讨会，会上提出了"人工智能"这一术语，标志着这门学科的正式诞生；还阐述了在定理机器证明、问题求解、LISP 语言、模式识别等关键领域的重大突破。这一时期的主要贡献如下：

（1）1956 年纽厄尔和西蒙的"逻辑理论家"程序，该程序模拟了人们用数理逻辑证明定理时的思维规律。该程序证明了怀特海德（Whitehead）和卢素（Russell）的《数学原理》一书中第二章中的 38 条定理，后来经过改进，又于 1963 年证明了该章中的全部 52 条定理。这一工作受到了人们的高度评价，被认为是计算机模拟人的高级思维活动的一项重要成果，是人工智能的真正开端。

（2）1956 年塞缪尔（Samuel）研制了跳棋程序，该程序具有学习功能，能够从棋谱中学习，也能在实践中总结经验，提高棋艺。它在 1959 年打败了塞缪尔本人，又在 1962 年打败了美国一个州的跳棋冠军。这是模拟人类学习过程的一次卓有成效的探索，是人工智能的一个重大突破。

（3）1958 年麦卡锡提出表处理语言 LISP，它不仅可以处理数据，还可以方便地处理符号，成为人工智能程序设计语言的重要里程碑。目前 LISP 语言仍然是人工智能系统重要的程序设计语言和开发工具。

（4）1960 年，纽厄尔、肖（Shaw）和西蒙等研制了通用问题求解程序 GPS，它是对人们求解问题时的思维活动的总结。他们发现人们求解问题时的思维活动包括三个步骤：制订出大致的步骤；根据记忆中的公理、定理和解题步骤，按计划实施解题过程；在实施解题过程中，不断进行方法和目的的分析，修正计划。其中他们首次提出了启发式搜索的概念。

（5）1965 年，鲁宾孙（Robinson J A）提出归结法，被认为是一个重大的突破，也在定理证明的研究方面掀起了又一次高潮。

（6）1968 年，斯坦福大学的费根鲍姆（Feigenbaum E A）等成功研制了化学分析专家系统 DENDRAL，被认为是专家系统的萌芽，是人工智能研究从一般思维探讨到专门知识应用的一次成功尝试。

（7）知识表示采用了奎廉（Quillian J R）提出的特殊的结构：语义网络。明斯基在 1968 年从信息处理的角度对语义网络的使用做出了很大的贡献。

此外，这一阶段还有很多其他的成就，如 1956 年乔姆斯基（Chomsky N）提出的文法体系等。正是这些成就，使得人们对这一领域寄予了过高的期望。1958 年，卡内基梅隆大学的西蒙预言，不出 10 年计算机就会成为国际象棋的世界冠军，但是一直到了 1998 年这一预言才成为现实。20 世纪 60 年代，麻省理工学院一位教授提道："在今年夏天，我们将开发出电子眼。"然而直到今天，仍然没有通用的计算机视觉系统可以很好地理解动态变化的场景。70 年代，很多人相信大量的机器人很快会从工厂进入家庭。然而直到今天，服务机器人才开始进入家庭。

3. 低潮期（1966—1973 年）

人工智能快速发展了一段时间后，遇到了很多困难，遭受了很多挫折。如鲁宾孙的归结法的归结能力是有限的，证明两个连续函数之和还是连续函数时，推了 10 万步还没有推出来。

人们曾以为只要用一部字典和某些语法知识即可快速地解决自然语言之间的互译问题，结果发现并不那么简单，甚至闹出了笑话。如英语句子 The spirit is willing but the flesh is weak.（心有余而力不足。）译成俄语再译成英语竟成了 The wine is good but the meat is spoiled.（酒是好的，肉变质了。）这里遇到的问题是单词的多义性问题。那么为什么人类翻译家可以翻译好这些句子，而机器却不能呢？他们的差别在哪里呢？主要原因在于翻译家在翻译之前首先要理解这个句子，但机器只是靠快速检索、排列词序等一套办法进行翻译，并不能"理解"这个句子，所以错误在所难免。1966 年，美国国家研究委员会一份顾问委员会的报告指出"还不存在通用的科学文本机器翻译，也没有很近的实现前景"。所有美国政府资助的学术性翻译项目都被取消了。

罗森布拉特于 1957 年提出了感知器，它是一个具有一层神经元、采用阈值激活函数的前向网络。通过对网络权值的训练，它可以实现对输入矢量的分类。感知器收敛定理使罗森布拉特的工作取得圆满的成功。20 世纪 60 年代，感知器神经网络似乎可以做任何事。1969 年，明斯基和佩珀特（Papert S）合著的《感知器》一书中利用数学理论证明了单层感知器的局限性，引起全世界范围削减神经网络和人工智能的研究经费，使得人工智能走向低谷。

4. 兴旺期（1969—1988 年）

1965 年，斯坦福大学的计算机科学家费根鲍姆和化学家勒德贝格（Lederberg J）合作研制出 DEN-DRAL 系统。1972—1976 年，费根鲍姆又成功开发出医疗专家系统 MYCIN。此后，许多著名的专家系统相继研发成功，其中较具代表性的有探矿专家系统 PROSPECTOR、青光眼诊断治疗专家系统 CASNET、钻井数据分析专家系统 ELAS 等。20 世纪 80 年代，专家系统的开发趋于商品化，创造了巨大的经济效益。

1977 年，费根鲍姆在第五届国际人工智能联合会议上提出知识工程的新概念。他认为，"知识工程是人工智能的原理和方法，为那些需要专家知识才能解决的应用难题提供求解的手段。恰当运用专家知识的获取、表达和推理过程的构成与解释，是设计基于知识的系统的重要技术问题"。知识工程是一门以知识为研究对象的学科，它将具体智能系统研究中那些共同的基本问题抽取出来，作为知识工程的核心内容，使之成为指导具体研制各类智能系统的一般方法和基本工具。

知识工程的兴起,确立了知识处理在人工智能学科中的核心地位,使人工智能摆脱了纯学术研究的困境;使人工智能的研究从理论转向应用,从基于推理的模型转向知识的模型;使人工智能的研究走向了实用。

为了适应人工智能和知识工程发展的需要,日本在1981年宣布了第五代电子计算机的研制计划。其研制的计算机的主要特征是具有智能接口、知识库管理和自动解决问题的能力,并在其他方面具有人的智能行为。这一计划的提出,形成了一股热潮,促使世界上重要的国家都开始制订对新一代智能计算机的开发和研制计划,使人工智能进入一个基于知识的兴旺时期。

5. 复兴期(1986年至今)

1982年,美国加州工学院物理学家霍普菲尔德(Hopfield J J)使用统计力学的方法来分析网络的存储和优化特性,提出了离散的神经网络模型,从而有力地推动了神经网络的研究。1984年霍普菲尔德又提出了连续神经网络模型。

20世纪80年代,神经网络复兴的真正推动力是反向传播算法的重新研究。该算法最早由Bryson和Ho于1969年提出。1986年,鲁梅尔哈特(Rumelhart D E)和麦克莱伦德(McClelland J L)等提出并行分布处理(parallel distributed processing,PDP)的理论,致力于认知的微观结构的探索,其中多层网络的误差传播学习法,即反向传播算法广为流传,引起人们极大的兴趣。世界上许多国家掀起了神经网络研究的热潮。从1985年开始,专门讨论神经网络的学术会议规模逐步扩大。1987年在美国召开了第一届神经网络国际会议,并发起成立国际神经网络学会(INNS)。

6. 爆发期(1993年至今)

20世纪90年代,随着计算机网络、计算机通信等技术的发展,关于智能体(agent)的研究成为人工智能的热点。1993年,肖哈姆(Shoham Y)提出面向智能体的程序设计。1995年,罗素(Russell S)和诺维格(Norvig P)出版了《人工智能》一书,提出"将人工智能定义为对从环境中接收感知信息并执行行动的智能体的研究"。所以,智能体应该是人工智能的核心问题。斯坦福大学计算机科学系的海斯-罗斯(Hayes-Roth B)在IJCAI'95的特约报告中谈道:"智能体既是人工智能最初的目标,也是人工智能最终的目标。"

在人工智能研究中,智能体概念的回归并不仅仅是因为人们认识到了应该把人工智能各个领域的研究成果集成为一个具有智能行为概念的"人",更重要的原因是人们认识到了人类智能的本质是一种社会性的智能。要对社会性的智能进行研究,构成社会的基本构件"人"的对应物"智能体"理所当然地成为人工智能研究的基本对象,而社会的对应物"多智能体系统"也成为人工智能研究的基本对象。

我国的人工智能研究起步较晚。智能模拟纳入国家计划的研究始于1978年。1984年智能计算机及其系统的全国学术讨论会召开。1986年起智能计算机系统、智能机器人和智能信息处理(含模式识别)等重大项目列入国家高技术研究发展计划(863计划)。1997年起,智能信息处理、智能控制等项目又列入国家重点基础研究发展计划(973计划)。进入21世纪后,在《国家中长期科学和技术发展规划纲要(2006—2020年)》中,"脑科学与认知科学"已列入八大前沿科学问题。信息技术将继续向高性能、低成本和智能化等主要方向发展,寻求新的计算与处理方式和物理实现是未来信息技术领域面临的重大挑战。

1981 年起,我国相继成立了中国人工智能学会(CAAI)、全国高校人工智能研究会、中国计算机学会人工智能与模式识别专业委员会、中国自动化学会模式识别与机器智能专业委员会、中国软件行业协会人工智能协会、中国智能机器人专业委员会、中国计算机视觉与智能控制专业委员会以及中国智能自动化专业委员会等学术团体。1987 年《模式识别与人工智能》杂志创刊。1989 年中国人工智能联合会议(CJCAI)首度召开。2006 年《智能系统学报》和《智能技术》杂志创刊。2011 年 *International Journal of Intelligence Science* 国际刊物创刊。

中国的科技工作者已在人工智能领域取得了具有国际领先水平的创造性成果。其中,吴文俊院士关于几何定理证明的"吴氏方法"最为突出,已在国际上产生重大影响,并荣获 2001 年国家科学技术最高奖励。现在,我国已有数以万计的科技人员和大学师生从事不同层次的人工智能研究与学习。人工智能研究已在我国深入开展,它必将为促进其他学科的发展和我国的现代化建设做出新的重大贡献。

1.4 人工智能与核工业

1.4.1 人工智能在核工业中的应用

核工业是高科技战略产业,是国家安全的重要基石。我国已建立起包括铀矿地质勘探、铀矿采冶、铀纯化、铀浓缩、元件制造、核电、乏燃料后处理、放射性废物处理处置等环节的完整核工业体系,核工业已经成为军地结合产业的标杆。作为我国核工业自主创新、集成创新和机制创新成果并拥有完整自主知识产权的三代核电技术"华龙一号"核电机组,也已成为我国在"一带一路"建设中核电走出去的一张亮丽的国家名片,如图 1-9 所示。

图 1-9 "华龙一号"核电机组

核电行业是高科技国家战略产业的关键环节,我国核能行业协会就核电运行数据予以

公布和分析,核工业发展已经成为推动"一带一路"建设的关键。核电领域中应用智能技术具有重要的实践意义:

(1)智能技术匹配网络化处理手段、数字化技术等,能更好地提升核电行业的质量水平和发展速度,打造更加完整的智能发展规划模式,确保核电领域各行业能践行国家战略发展目标,提高综合收益。

(2)核电领域中应用人工智能,能在扩大操作范围的同时实现行业内相关工作内容的深度融合,优化数字化、自动化水平,为行业向着智能时代迈进提供保障。

(3)核电领域应用人工智能技术还能为核电设备全生命周期智能化管理提供支持,促进产业技术的迭代发展和更新变革,通过科创项目的建设,打造运维领域核心能力,在检修工期全面提高效率,进而缩减工期,创收更多的直接经济效益和间接经济效益,实现传统的运维生产方式的换代。

核工程中人工智能的应用主要包括核电站设备的研究和开发,控制反应堆和运行自动化,运行与维修支援系统,智能报警及其显示,智能机器人和事故故障管理等系统以及系统的故障诊断等。近年来,经过人类的不断研究,通过系统完全性的分析,人工智能技术在正确评估核电站安全性能和审视核电站等领域已经取得进展,并以此为基点创造出更多的专家系统。比如:

(1)故障诊断。通过目前已发布的资料来看,诊断故障方面的专家系统可分为两种:其一是用于核电站正常运行监测的工作;其二是用于系统故障诊断以及核电站设备的监测工作。

(2)运行与维修支援系统。开发运行与维修支援系统不仅可以对异常情况进行检测,还可以对故障进行排除。

(3)智能预警以及对其映现。在核电站出现异常的情况下,经常显示出很多预警资料。为了摆脱过量的资源占用以得到正确的响应,一些发达国家开发了智能预警以及对其映现出来的专家系统。

(4)智能机器人。核电站运营过程中的机器设备以及在核电站出现问题和问题故障处理解决后一些过程中使用的许多机器设备,都存在放射性。这些设备将对运行人员在操作放射性污染零件、检查以及对设备进行维修时造成无法避免的辐射伤害。为了不让工作人员受到辐射伤害,几位专家研发了核反应专用的人工智能以及远程工作系统。图1-10和图1-11所示为两种应用于核电站的智能机器人。

(5)故障维修系统。在核电站故障处理的领域里研究及使用的人工智能专家系统分为两种:一种是在应急情况下由操控室人员操控核电站的支护设备;另一种是在操控室外领导并且联合机构的援助设备。

1.4.2　人工智能在核工业中的发展前景

核工程中人工智能技术仍需要不断进行发展、研究和完善。虽然人工智能技术通过系统的彻底判辨,在评估核电站安全性能和审视核电站等方面已有初步成果,并以此为基点创造出了许多专家系统,但是这些专家系统在正式投入使用之前,仍需进行多次试验,当其在核电站或者全尺寸模拟机上运行良好时,才可以正式投入使用。

人工智能在核工业中的应用前景十分广阔,智能技术在整个核能行业中应用广泛,从上游的全数字化铀矿勘察开采,到一体化核电智能设计与制造数字平台,再到核电站的退役,智能技术覆盖核能行业全产业链。比如在核燃料勘探采集、核装备制造、核电工程、核电运营、核电安全、核技术服务与应用、核电机器人、核设施退役等方面,都值得继续发展、研究和完善。

图1-10 核电站管道防腐作业机器人

图1-11 核电站应急机器人

智能技术与核电行业的深度融合拥有丰富的内涵：一方面，智能技术能够切实提高核电行业的智能化、数字化、自动化水平，对助推核电行业迈向智能时代、增强我国核电的核心竞争力、推动经济高质量发展具有重要意义；另一方面，核电行业作为高科技产业，为渗透到核电设备全生命周期的各种智能技术提供了广泛的应用空间和发展方向，促使智能技术实现技术更新迭代和产业升级。这两方面相辅相成，互相促进，达到质与量的共同升华，而非单纯地简单叠加。加快人工智能在核工业领域的推广与应用，未来核工业一定会在人工智能技术的推动下迎来更高速、更安全的发展。

1.5 本章小结

本章首先讨论了什么是人工智能的问题。人工智能是研究可以理性地进行思考和执行动作的计算模型的学科，它是人类智能在计算机上的模拟。人工智能作为一门学科，经历了孕育期、形成期、低潮期和兴旺期等阶段，并且还在不断发展。尽管人工智能也创造出了一些实用系统，但不得不承认这些远未达到人类的智能水平。

知识表示、推理、学习、智能搜索和数据与知识的不确定性处理是人工智能的基本研究领域，人工智能的典型应用领域包括自然语言处理、逻辑推理与定理证明、模式识别、专家系统、机器学习、人工神经网络、博弈、机器人、分布式人工智能与智能体、智能互联网、智能信息检索、智能控制和智能制造等。

人工智能的研究途径主要有以符号处理为核心的方法、以网络连接为主的连接机制方法，以及以感知和动作为主的行为主义方法等，这些方法的集成和综合已经成为当今人工智能研究的一个趋势。

推动人工智能在核电领域的应用发展，是大数据时代必备的基础工作，也是核电企业当前技术瓶颈的有效突破口。核能发展虽然历经波折，但总体而言依然具有广阔的前景，特别是蓬勃发展、不断更新迭代的智能技术与核电深度融合，既为核电行业的深刻变革提供了核心驱动，也为核电的稳定性、可靠性提供了技术保障。

习　　题

1. 什么是人工智能？它的发展经历了哪些阶段？

2. 什么是图灵测试？

3. 人工智能有哪些主要的学派？各有什么特点？

4. 人工智能有哪些主要的应用领域？

5. 什么是专家系统？它与一般程序软件有什么不同？

6. 什么是模式识别？有哪些常见的识别技术？

7. 机器学习主要研究哪些方面的内容？

8. 什么是分布式人工智能？

9. 什么是智能机器人？它应该具有哪些机能？

10. 智能控制有什么特点？

11. 核电领域中已经创造出了哪些方面的专家系统？

12. 智能技术与核电行业的深度融合主要体现在哪里？

参 考 文 献

[1] 史忠植.人工智能[M].北京:机械工业出版社,2016.

[2] 朱福喜,杜友福,夏定纯.人工智能引论[M].武汉:武汉大学出版社,2006.

[3] 蔡瑞英,李长河.人工智能[M].武汉:武汉理工大学出版社,2003.

[4] 蔡自兴,徐光祐.人工智能及其应用[M].2版.北京:清华大学出版社,1996.

[5] 史忠植,王文杰.人工智能[M].北京:国防工业出版社,2007.

[6] 王万良.人工智能及其应用[M].3版.北京:高等教育出版社,2016.

[7] 姚锡凡,李旻.人工智能技术及应用[M].北京:中国电力出版社,2008.

[8] 肖心民,沙睿.人工智能在核能行业发展应用初探[J].中国信息化,2017(12):10-12.

[9] 易鑫文,谢芬,冯荣健.核工程中人工智能技术的应用展望[J].当代化工研究,2020
    (8):11-12.

[10] 王谦,刘洋.智能技术在核电领域中的应用探究[J].中国设备工程,2021(17):
    148-149.

[11] 郑晓,李国栋.智能技术在核电领域中的应用探究[J].中小企业管理与科技,2021
    (14):192-194.

[12] 赵海江,唐华,肖波,等.人工智能和大数据在核电领域的应用研究[J].中国核电,
    2019,12(3):247-251.

[13] 杨笑千,郭捷,唐华,等.大数据、人工智能在核工业领域的应用前景分析[J].信息通
    信,2020,33(2):266-268.

[14] 杨卫丽.浅析国外人工智能技术发展现状与趋势[J].无人系统技术,2019,2(4):
    54-58.

[15] 吕俭,洪媛娣,董星月.人工智能的技术反思与伦理困境:综述与展望[J].重庆文理学
    院学报(社会科学版),2021,40(5):98-107.

[16] 苏若祺.人工智能的发展及应用现状综述[J].电子世界,2018(3):84,86.

[17] 吕伟,钟臻怡,张伟.人工智能技术综述[J].上海电气技术,2018,11(1):62-64.

[18] 姜国睿,陈晖,王姝歆.人工智能的发展历程与研究初探[J].计算机时代,2020(9):7-
    10,16.

第2章 人工智能的基础(自然语言)

自然语言理解就是关于如何让计算机理解人类自然语言的一个研究领域,其在应用和理论两个方面都具有重要的意义。知识是智能的基础,为了使计算机具有智能,能模拟人类的智能行为,就必须使它具有知识,但知识需要用适当的模式表示出来才能存储到计算机中,因此,知识表示成为人工智能中的一个十分重要的研究课题。知识图谱(knowledge graph)本质上是一种揭示实体之间关系的语义网络,随着智能信息服务应用的不断发展,知识图谱已广泛应用于智能搜索、智能问答、个性化推荐等领域。本章将对人工智能的基础做简单的介绍,主要包括自然语言理解的概念、自然语言处理的层次及应用、知识表示的方法、知识图谱的架构及应用等内容。

2.1 自然语言概述

2.1.1 自然语言理解的概念

自然语言是指人类语言集团的本族语,如汉语、英语等,它是相对于人造语言,如 C 语言、Java 语言等计算机语言而言的。语言是思维的载体,是人际交流的工具,人类历史上以语言文字形式记载和流传的知识占知识总量的 80%以上。就计算机应用而言,有 85%左右的应用都是用于语言文字的信息处理的。在信息化社会中,语言信息处理的技术水平和每年所处理的信息总量已成为衡量一个国家现代化水平的重要标志之一。

由于自然语言的多义性、上下文相关性、模糊性、非系统性、环境相关性等,关于自然语言理解至今尚无一致的定义。从微观角度看,自然语言理解是指从自然语言到机器内部的一个映射。从宏观角度看,自然语言理解是指机器能够执行人类所期望的某种语言功能,这些功能主要包括如下几个方面:

(1)回答问题。机器能正确地回答用自然语言输入的有关问题。

(2)文摘生成。机器能产生输入文本的摘要。

(3)释义。机器能用不同的词语和句型来复述用户输入的自然语言信息。

(4)翻译。机器能把一种语言翻译成另外一种语言。

如果计算机能够理解、处理自然语言,人机之间的信息交流能够以人们所熟悉的本族语言来进行,那将是计算机技术的一项重大突破。另外,由于创造和使用自然语言是人类高度智能的表现,因此对自然语言处理的研究也有助于揭开人类高度智能的奥秘,深化对语言能力和思维本质的认识。

2.1.2 自然语言理解的发展历史

自然语言理解的研究历程,可以分为以下几个时期。

1. 萌芽时期

自然语言理解的研究可以追溯到20世纪40年代末50年代初。随着第一台计算机问世,英国的安德鲁·唐纳德·布恩(Andrew Donald Booth)和美国的瓦伦·韦弗(Warren Weaver)就开始了机器翻译方面的研究。美国、苏联等国展开的俄英互译研究工作开启了自然语言理解研究的早期阶段。在这一时期,艾弗拉姆·诺姆·乔姆斯基(Avram Noam Chomsky)提出了形式语言和形式文法的概念,把自然语言和程序设计语言置于相同的层面,用统一的数学方法来解释和定义。乔姆斯基建立的转换生成文法TG在语言学界引起了很大的轰动,使得语言学的研究进入定量研究的阶段。乔姆斯基所建立的文法体系,仍然是目前自然语言理解中文法分析所必须依赖的文法体系。但是,乔姆斯基的理论还不能处理极其复杂的自然语言问题。

由于20世纪50年代单纯地使用规范的文法规则,再加上当时计算机处理能力低下,机器翻译工作没有取得实质性进展。

2. 以关键词匹配技术为主的时期

从20世纪60年代开始,已经产生一些自然语言理解系统,用来处理受限的自然语言子集。这些人机对话系统可以作为专家系统、办公自动化及信息检索等系统的自然语言人机接口,具有很大的实用价值。但这些系统大都没有真正意义上的文法分析,而主要依靠关键词匹配技术来识别输入句子的意思。1968年,伯特伦·拉斐尔(Bertram Raphael)在美国麻省理工学院完成的语义信息检索系统SIR,能记住用户通过英语告诉它的事实,然后对这些事实进行演绎,回答用户提出的问题。约瑟夫·维森鲍姆(Joseph Weizenbaum)在美国麻省理工学院设计的ELIZA系统,能模拟一位心理医生(机器)同一位患者(用户)的谈话。在这些系统中,事先存放了大量包含某些关键词的模式,每个模式都与一个或多个解释(又称响应式)相对应。系统将当前输入的句子同这些模式逐个匹配,一旦匹配成功便立即得到对这个句子的解释,而不再考虑句子中那些非关键词成分对句子意思的影响。是否匹配成功只取决于语句模式中包含的关键词及其排列次序,非关键词不能影响系统的理解。所以,基于关键词匹配的理解系统并非真正的自然语言理解系统,它既不懂文法,又不懂语义,只是一种近似匹配技术。这种方法的最大优点是允许输入的句子不遵循规范的文法。这种方法的主要缺点是由于技术的不精确性,往往会出现错误的分析。

3. 以句法–语义分析技术为主的时期

20世纪70年代后,自然语言理解的研究在句法–语义分析技术方面取得了重要进展,出现了若干有影响的自然语言理解系统。例如,1972年美国BBN公司伍兹(Woods W)负责设计的LUNAR,是第一个允许用户用普通英语同计算机对话的人机接口系统,用于协助地质学家查找、比较和评价阿波罗11号飞船带回来的月球标本的化学分析数据;同年,威诺格拉德(Winograd T)设计的SHEDLU系统,是一个在"积木世界"中进行英语对话的自然语言理解系统,把句法、推理、上下文和背景知识灵活地结合于一体,模拟一个能够操纵桌子上一些积木玩具的机器人手臂,用户通过人机对话方式命令机器人放置那些积木块,系统通过屏幕给出回答并显示现场的相应情景。

4. 基于知识的自然语言理解发展时期

20世纪80年代后,自然语言理解研究借鉴了许多人工智能和专家系统中的思想,引入了知识的表示和推理机制,使自然语言处理系统不再局限于单纯的语言句法和词法的研究,提高了系统处理的正确性,从而出现了一批商品化的自然语言人机接口和机器翻译系统。例如,美国人工智能公司(AIC)生产的英语人机接口 Intellect,美国弗雷公司生产的人机接口 Themis。在自然语言理解研究的基础上,机器翻译走出了低谷,出现了一些具有较高水平的机器翻译系统。例如,美国的 META 系统,美国乔治伦敦大学的机译系统 SYSTRAN,欧盟在其基础上实现了英、法、德、西、意及葡等多语对译。

5. 基于大规模语料库的自然语言理解发展时期

由于自然语言理解中知识的数量巨大,特别是由于它们高度的不确定性和模糊性,要想把处理自然语言所需的知识都用现有的知识表示方法明确表达出来是不可能的。为了处理大规模的真实文本,研究人员提出了语料库语言学(corpus linguistics)。语料库语言学认为语言学知识的真正源泉是生活中大规模的资料,我们的任务是使计算机能够自动或半自动地从大规模语料库中获取处理自然语言所需的各种知识。

20 世纪 80 年代,英国莱斯特(Leicester)大学 Leech 领导的 UCREL 研究小组,利用已带有词类标记的语料库,经过统计分析得出了一个反映任意两个相邻标记出现频率的"概率转移矩阵"。他们设计的 CLAWS 系统依据这种统计信息(而不是系统内存储的知识),对 LOB 语料库的一百万词的语料进行词类的自动标注,准确率达 96%。CLAWS 系统的成功使许多研究人员相信,基于语料库的处理思想能够在工程上、在宽广的语言覆盖面上解决大规模真实文本处理这一极其艰巨的课题,即使还达不到传统处理方法的水平,至少也是对传统处理方法一个强有力的补充。

目前市场上已经出现了一些可以进行一定自然语言处理的商品软件,但要让机器能像人类那样自如地运用自然语言,仍是一项长远的任务。

2.1.3　自然语言处理过程的层次

语言虽然表示成一连串文字符号或一串声音流,但其内部是一个层次化的结构,从语言的构成中就可以清楚地看出这种层次性。文字表达的句子的层次是"词素→词或词形→词组或句子",而声音表达的句子的层次是"音素→音节→音词→音句",其中每个层次都受到文法规则的制约。因此,语言的处理过程也应当是一个层次化的过程。

许多现代语言学家把语言处理过程分为三个层次:词法分析、句法分析、语义分析。虽然这样划分的层次之间并非是完全隔离的,但这种层次化的划分更好地体现了语言本身的构成,并在一定程度上使得自然语言处理系统的模块化成为可能。对于更高层次的语言处理,在进行语义分析后,还应当进行语用分析。语用分析就是研究语言所存在的外界环境对语言使用所产生的影响。

如果接收到的是语音流,那么在上述三个层次之前还应当加入一个语音分析层。构成单词发音的最小独立单元是音素。对于一种语言,例如英语,必须将声音的不同单元识别出来并分组。在分组时,应该确保语言中的所有单词都能被区分,两个不同的单词最好由不同的音素组成。

音素可能由于上下文不同而发音不同。例如:单词 three 中音素 th 的发音不同于 then 中 th 的发音。相同音素的这些不同变异称为音素变体。有时,抽取读音的差别将其归入音位的通用分组中是很方便的。音位写在斜线中间,例如:/th/是一个音位,依据上下文的不同而有不同读音。单词可以在音位层表示,若需要更多信息,可在音素变体层表示。

1. 语音分析

语音分析就是根据音位规则，从语音流中区分出一个个独立的音素，再根据音位形态规则找出一个个音节及其对应的词素或词。

词语以声波传送。语音分析系统首先传送声波这种模拟信号，并从中抽取诸如能量、频率等特征；然后将这些特征映射为称为音素的单个语音单元；最后将音素序列转换成单词序列。

语音的产生是将单词映射为音素序列，然后传送给语音合成器，单词的声音通过说话者从语音合成器发出。

2. 词法分析

词法分析是从句子中切分出单词，找出词汇的各个词素，从中获得单词的语言学信息并确定单词的词义。

不同的语言对词法分析有不同的要求，例如，英语和汉语就有较大的差距。在英语中，因为单词之间是以空格自然分开的，切分一个单词很容易，所以找出句子的各个词汇就很方便。但是，由于英语单词有词性、数、时态、派生及变形等变化，要找出各个词素就复杂得多，需要对词尾或词头进行分析。如 importable，可以是 im-port-able 或 import-able，这是因为 im、port、able 这三个都是词素。

一方面，词法分析可以从词素中获得许多有用的语言学信息，这些信息对于句法分析是非常有用的。如英语中构成词尾的词素 s 通常表示名词复数或动词第三人称单数，ly 通常是副词的后缀，而 ed 通常是动词的过去分词等。另一方面，一个词可以有许多的派生、变形，如 work 可变化出 works、worked、working、worker、workable 等。如果将这些派生的、变形的词全放入词典，将会产生非常庞大的数据量。实际上它们的词根只有一个，自然语言理解系统中的电子词典一般只放词根，并支持词素分析，这样可以大大压缩电子词典的规模。

下面是一个英语词法分析的算法，可以对那些按英语文法规则变化的英语单词进行分析：

```
repeat
    look for word in dictionary
    if not found
    then modify the word
    Until word is found or no further modification possible
```

其中，word 是一个变量，初始值就是当前的单词。例如，对于单词 catches、ladies 可以进行如下的分析：

catches	ladies	词典中查不到
catche	ladie	修改1：去掉 s
catch	ladi	修改2：去掉 e
	lady	修改3：把 i 变成 y

这样，在修改 2 的时候，就可以找到 catch；在修改 3 的时候，就可以找到 lady。

英语词法分析的难度在于词义判断，因为单词往往有多种解释，仅仅依靠查词典常常无法判断。例如，对于单词 diamand 有三种解释：菱形，边长均相等的四边形；棒球场；钻石。要判定单词的词义只能依靠句子中其他相关单词和词组的分析。例如下面的句子：

John saw Susan's diamond shining from across the room.

该句中 diamond 的词义必定是钻石,因为只有钻石才能发光,而菱形和棒球场是不发光的。

作为对照,汉语中的每个字就是一个词素,所以要找出各个词素是相当容易的,但要切分出各个词就非常困难,不仅需要构词的知识,还需要解决可能遇到的切分歧义。例如"我们研究所有东西",可以是"我们—研究所—有东西",也可以是"我们—研究—所有—东西"。

3. 句法分析

句法分析主要有两个作用:一是对句子或短语结构进行分析,以确定构成句子的各个词、短语之间的关系以及各自在句子中的作用等,并将这些关系用层次结构加以表达;二是对句法结构规范化。句法分析是由专门设计的分析器进行的,其过程就是构造句法树的过程,将每个输入的合法语句转换为一棵句法分析树。

(1)短语结构语法

短语结构语法和乔姆斯基语法是描述自然语言和程序设计语言强有力的形式化工具,可用于在计算机上对被分析的句子形式化描述和分析。

短语结构语法 G 的形式化定义如下:

$$G=(T,N,S,P)$$

其中,T 是终结符的集合,终结符是指被定义的那个语言的词(或符号)。N 是非终结符号的集合,这些符号不能出现在最终生成的句子中,是专门用来描述语法的。显然,T 和 N 不相交,T 和 N 共同组成符号集 V,因此有 $V=T\cup N,T\cap N=\varnothing$。S 是起始符,它是集合 N 中的一个成员。P 是产生式规则集。每条产生式规则具有如下的形式:$a\rightarrow b$,这里 $a\in V^{+},b\in V^{*}$,$a\neq b$,V^{+} 表示 V^{*} 中除空符号串 $\varnothing$ 之外的一切符号串的集合,V^{*} 表示由 V 中的符号所构成的全部符号串(包括空符号串 $\varnothing$)的集合。

在一部短语结构语法中,基本运算就是把一个符号串重写为另一个符号串。如果 $a\rightarrow b$ 是一条产生式规则,就可以通过用 b 来置换 a,重写任何一个包含子串 a 的符号串,这个过程记作"$\Rightarrow$"。所以,如果 $u,v\in V^{*}$,有 $uav\Rightarrow ubv$,就说 uav 直接产生 ubv,或 ubv 由 uav 直接推导得出。以不同的顺序使用产生式规则,就可以从同一符号产生许多不同的串。由一部短语结构语法定义的语言 L(G)就是可以从起始符 S 推导出的符号串 W 的集合。即一个符号串要属于 L(G),必须满足以下两个条件:

①该符号串只包含终结符;

②该符号串能根据语法 G 从起始符 S 推导出来。

由上面的定义可以看出,采用短语结构语法所定义的某种语言是由一系列产生式规则组成的。下面给出一个简单的短语结构语法示例。

G=(T,N,S,P)

T ={the,man,killed,a,deer,likes}

N ={S,NP,VP,N,ART,V,Prep,PP}

S=S

P:①S→NP+VP

②NP→N

③NP→ART+N

④VP→V

⑤VP→V+NP

⑥RT→the │ a

⑦N→man │ deer

⑧→killed │ likes

（2）乔姆斯基形式语法

①无约束短语结构语法（又称0型语法）

如果没有对短语结构语法的产生式规则的两边做更多的限制,仅要求 x 中至少含有一个非终结符——成为乔姆斯基体系中生成能力最强的一种形式语法,即无约束短语结构语法。

$$x \to y, x \in V^+, y \in V^*$$

0型语法是非递归的语法,即无法在读入一个符号串后最终判断出这个字符串是否为由这种语法所定义的语言中的一个句子。因此,0型语法很少用于自然语言处理。

②上下文有关语法（1型语法）

上下文有关语法是一种满足以下约束的短语结构语法:对于每一条形式为 x→y 的产生式,y 的长度（即符号串 y 中的符号个数）总是大于或等于 x 的长度,而且 $x, y \in V^*$。

例如:AB→CDE 是上下文有关语法中一条合法的产生式,但 ABC→DE 不是。

这一约束可以保证上下文有关语法是递归的,即如果编写一个程序,在读入一个符号串后能最终判断出这个字符串是否为由这种语法所定义的语言中的一个句子。

自然语言是上下文有关的语言,上下文有关语言需要用1型语法描述。语法规则允许其左部有多个符号（至少包括一个非终结符）,以指示上下文相关性,即上下文有关指示对非终结符进行替换时,需要考虑该符号所处的上下文环境。但要求规则的右部符号的个数不少于左部,以确保语言的递归性。对于产生式:

$$aAb \to ayb, A \in N, y \neq \emptyset, a 和 b 不能同时为 \emptyset$$

当用 A 替换时,只有在上下文为 a 和 b 时才可进行。

不过在实际中,由于上下文无关语言的句法分析远比上下文有关语言有效,人们希望在增强上下文无关语言的句法分析的基础上,实现自然语言的自动理解,后面将要介绍的 ATN 就是基于这种思想实现的一种自然语言句法分析技术。

③上下文无关语法（2型语法）

在上下文无关语法中,每一条规则都采用如下形式:

$$A \to x$$

其中,$A \in N, x \in V^*$,即每条产生式规则的左侧必须是一个单独的非终结符。在这种体系中,规则被应用时不依赖于符号 A 所处的上下文,因此称为上下文无关语法。

④正则语法（3型语法）

正则语法又称为有限状态语法,只能生成非常简单的句子。正则语法有两种形式:左线性语法和右线性语法。在一部左线性语法中,所有规则必须采用如下形式:

$$A \to Bt \quad 或 \quad A \to t$$

其中 $A, B \in N, t \in T$,即 A、B 都是单独的非终结符,t 是单独的终结符。而在一部右线性语法中,所有规则必须采用如下形式:

$$A \to tB \quad 或 \quad A \to t$$

（3）句法分析树

在对一个句子进行分析的过程中,如果把分析句子各成分间关系的推导过程用树形图表示出来,那么这种图称为句法分析树。例如,对于图2-1所示的语法结构,该语法属于上下文无关语法,利用该语法对下面的句子进行分析:

The man killed a deer.

由重写规则1开始得到下面的分析过程:

S→NP+VP

→ART+N+VP

→The man+VP

→The man+V+NP

→The man killed+NP

→The man killed+ART+N

→The man killed a deer

上述例子描述了一个自上向下的推导过程,该过程开始于起始符S,然后不断选择合适的重写规则,用该规则的右部代替左部,最后得到完整的句子。另一种形式的推导称为自下向上的过程,该过程开始于所要分析的句子,然后用重写规则的左部代替右部,直至到达起始符S。

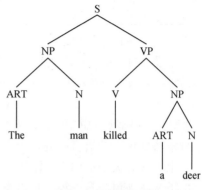

图2-1　句法分析树

对应的句法分析树如图2-1所示。在句法分析树中,初始符号总是出现在树根上,终止符则出现在叶上。

(4)转移网络

转移网络在自动机理论中用来表示语法。句法分析中的转移网络由节点和带有标记的弧组成,节点表示状态,弧对应于符号,基于该符号,可以实现从一个给定的状态转移到另一个状态。重写规则和相应的转移网络如图2-2所示。

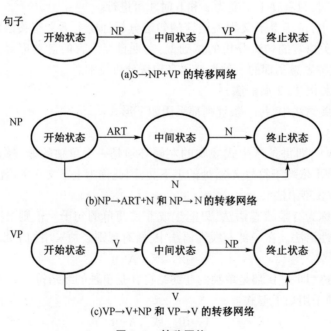

图2-2　转移网络

为了用转移网络分析一个句子,首先从句子 S 开始启动转移网络,如果句子的表示形式和转移网络的部分结构(NP)匹配,则控制会转移到与 NP 相关的网络部分。这样,转移网络进入中间状态,然后接着检查 VP 短语。在 VP 的转移网络中,假设整个 VP 匹配成功,则控制会转移到终止状态并结束。句子"The man laughed."的状态转移网络如图 2-3 所示。

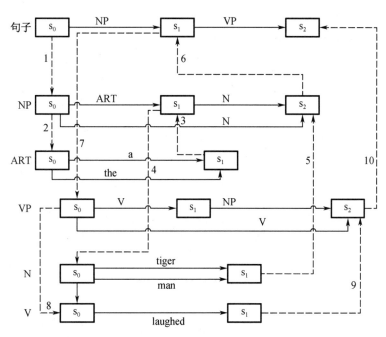

图 2-3　"The man laughed."的状态转移网络

注:虚线上的字表示转移的顺序。

图 2-3 所示的转移网络含有 10 个线段,表示了网络中状态的控制流。首先,当控制在句子的 S_0 发现 NP,则它会通过虚线 1 移动到 NP 转移网络。如果在 NP 转移网络的 S_0 又发现了 ART,则通过虚线 2 进入 ART 网络,从 ART 网络选择"the",然后通过虚线 3 返回 NP 转移网络的 S_1。现在,在 NP 转移网络的 S_1 找到 N,则通过虚线 4 移动到转移网络 N 的初始节点 S_0。该过程一直这样进行下去,直到通过虚线 10 抵达句子的转移网络的 S_2。对转移网络的遍历并不总是像图 2-3 所示的那样顺利,当控制使匹配进入错误的状态,导致句子和转移网络无法匹配时,就会引起回溯。

为了说明转移网络中的回溯,表示句子"Dogs bark."的转移网络如图 2-4 所示,因为句子中没有冠词,所以需要将控制从 ART 的 S_0 回溯到 NP 的 S_0。

(5)扩充转移网络

扩充转移网络(augmented transition network,ATN)是 20 世纪 70 年代由伍兹提出来的,曾应用于他著名的 LUNAR 系统中,后来,Kaplan 对其做了一些改进。ATN 语法属于一种增强型的上下文无关语法,即用上下文无关语法描述句子语法结构,并同时提供有效的方式将各种理解语句所需的知识加到分析系统中,以增强分析功能,从而使得应用 ATN 的句法分析程序具有分析上下文有关语言的能力。

ATN 主要是通过对转移网络中的弧附加了过程而得到的。当通过一个弧时,附加在该弧上的过程就会被执行。这些过程的主要功能是:对语法特征进行赋值;检查数(Number)或人称(第一、第二或第三人称)条件是否满足,并据此判断允许或不允许转移。

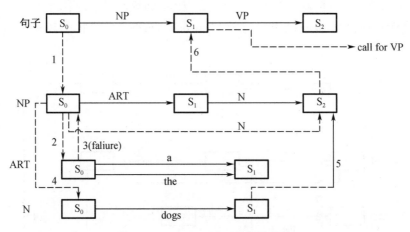

图 2-4 "Dogs bark."的转移网络

ATN 由一组网络构成,每个网络都有一个网络名,每条弧上的条件扩展为条件加上操作。这种条件和操作采用寄存器的方法来实现,在分析树的各个成分结构上都放上寄存器,用来存放句法功能和句法特征,条件和操作将不断地对它们进行访问和设置。ATN 弧上的标记也可以是其他网络的标记名,因此,ATN 是一种递归网络。

ATN 的每个节点都有一个寄存器。每个寄存器由两部分构成:上半部分是句法特征寄存器,下半部分是句法功能寄存器。在句法特征寄存器中,每一维特征都由一个特征名、一组特征值以及一个缺省值来表示。如"数"的特征维可有两个特征值"单数"和"复数",缺省值可以是空值。英语中动词的形式可以用一维特征来表示:

Form:present,past,present-participle,past-participle. Default:present.

句法功能寄存器则反映了句法成分之间的关系和功能。

如图 2-5 所示,就是一个简单的名词短语的扩充转移网络。

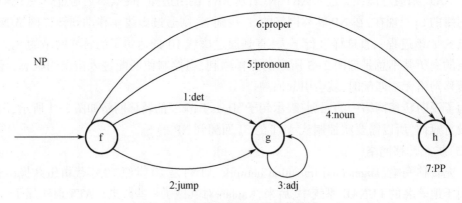

图 2-5 名词短语的扩充转移网络

网络中弧上的条件 C 和操作 A 如下所示:

NP-1:f $\xrightarrow{\text{det}}$ g　　　　　　　// 当前词为限定词,网络状态由 f 转移至 g

A:Number← ＊.Number	// 使 NP 的特征"数"的特征值等于当前输入限定词的特征"数"的特征值
NP-2:f $\xrightarrow{\text{jump}}$ g	// 网络状态直接由 f 转移至 g,不对应句法成分和输入词汇
NP-3:g $\xrightarrow{\text{adj}}$ g	// 当前词为形容词,进入子网络,本层网络状态不变
NP-4:g $\xrightarrow{\text{noun}}$ h	// 当前词为名词,网络状态由 g 转移至 h
C:Number= ＊.Number or Ø	// 如果当前名词数与 NP 的数相同或者 NP 的数为空
A:Number← ＊.Number	// 使 NP 的特征"数"的特征值等于当前输入名词的特征"数"的特征值
NP-5:f $\xrightarrow{\text{pronoun}}$ h	// 当前词为代词,网络状态由 f 转移至 h
C:Number= ＊.Number or Ø	// 如果当前名词数与 NP 的数相同或者 NP 的数为空
A:Number← ＊.Number	// 使 NP 的特征"数"的特征值等于当前输入代词的特征"数"的特征值
NP-6:f $\xrightarrow{\text{proper}}$ h	// 当前词为专有名词,网络状态由 f 转移至 h
A:Number← ＊.Number	// 使 NP 的特征"数"的特征值等于当前输入专用词的特征"数"的特征值
NP-7:h $\xrightarrow{\text{PP}}$ h	// 进入子网络,子网络即介词短语网络,本层网络状态不变,使网络具有递归性

该扩充转移网络的网络名为 NP,用来检查其中的数的一致问题。其中用到的特征是 Number(数),它有 singular(单数)和 plural(复数)两个值,缺省值是 Ø(空)。C 是弧上的条件,A 是弧上的操作,＊ 是系统当前正在处理的词,proper 是专有名词,det 是限定词,PP 是介词短语,＊.Number 是当前词的"数"。

网络 NP 可以是其他网络的一个子网络,也可以包含其他网络,如其中的 PP 就是一个子网络,这就是网络的递归性。弧 NP-1 将当前词的 Number 放入当前 NP 的 Number 中,而弧 NP-4 则要求当前 noun 与 NP 的 Number 相同时,或者 NP 的 Number 为空时,将 noun 作为 NP 的 Number,这就要求 det 的数和 noun 的数是一致的。因此,this book、the book、the books、these books 都可顺利通过这一网络,但是 this books 或 these book 就无法通过。

如果当前 NP 是一个代词(pronoun)或者专有名词(proper),那么网络就从 NP-5 或 NP-6 通过,这时 NP 的数就是代词或专有名词的数。PP 是一个修饰前面名词的介词短语,一旦名词到达 PP 弧就会马上转入子网络 PP。

4. 语义分析

句法分析通过后并不等于已经理解了所分析的句子,至少还需要进行语义分析,把分析得到的句法成分与应用领域中的目标表示相关联,才能产生正确、唯一的理解。简单的做法就是依次使用独立的句法分析程序和语义解释程序。这样做的问题是,在很多情况下,语法分析和语义分析相分离,常常无法决定句法的结构。ATN 允许把语义信息加进句法分析,并充分支持语义解释。为有效地实现语义分析,并能与句法分析紧密结合,研究者给出了进行语义分析的多种方法,这里主要介绍语义文法和格文法(case grammar)。

（1）语义文法

语义文法是将文法知识和语义知识组合起来,以统一的方式定义为文法规则集。语义文法是上下文无关的,形态上与面向自然语言的常见文法相同,只是不采用 NP、VP 和 PP 等表示句法成分的非终止符,而是使用能表示语义类型的符号,从而可以定义包含语义信息的文法规则。

下面给出一个关于舰船信息的例子,从中可以看出语义文法在语义分析中的作用。

S→PRESENT the ATTRIBUTE of SHIP

PRESENT→what is │ can you tell me

ATTRIBUTE→length │ class

SHIP→the SHIPNAME │ CLASSNAME class ship

SHIPNAME→Huanghe │ Changjiang

CLASSNAME→carrier │ submarine

上述重写规则从形式上看与上下文无关文法是一样的。其中,用全是大写英文字母表示的单词代表非终止符,全是小写英文字母表示的单词代表终止符。这里可以看出,PRESENT 在构成句子时,后面必须紧跟着单词 the,这种单词之间的约束关系显然表示语义信息。用语义文法分析句子的方法与普通的句法分析文法类似,特别是同样可以用 ATN 对句子做语义文法分析。

语义文法不仅可以排除无意义的句子,还具有较高的效率,对语义没有影响的句法问题可以忽略。但是该方法也有一些不足之处。实际应用时需要的文法规则数量往往很大,因此一般只适用于严格受到限制的领域。

（2）格文法

格文法是由费尔蒙(Fillmore C J)提出的,主要是为了找出动词和跟它处在结构关系中的名词的语义关系,同时也涉及动词或动词短语与其他各种名词短语之间的关系。也就是说,格文法的特点是允许以动词为中心构造分析结果,尽管文法规则只描述句法,但分析结果产生的结构却相应于语义关系,而非严格的句法关系。例如,英语句子:

Mary hit Bill

的格文法分析结果可以表示为

（hit（Agent Mary）

（Dative Bill））

这种表示结构称为格文法。在格表示中,一个语句包含的名词词组和介词词组均以它们与句子中动词的关系来表示,称为格。上面的例子中 Agent 和 Dative 都是格,而像"（Agent Mary）"这样的基本表示称为格结构。

在传统语法中,格仅表示一个词或短语在句子中的功能,如主格、宾格等,反映的也只是词尾的变化规则,故称为表层格。在格文法中,格表示的语义方面的关系,反映的是句子中包含的思想、观念等,称为深层。与短语结构语法相比,格文法对于句子的深层语义有着更好的描述。无论句子的表层形式如何变化,如主动语态变为被动语态、陈述句变为疑问句、肯定句变为否定句等,其底层的语义关系、各名词成分所代表的格关系不会发生相应的变化。例如,被动句"Bill was hit by Mary."与上述主动句具有不同的句法分析树(图 2-6),但格表示完全相同,说明这两个句子的语义相同,并实现多对一的源-目的映射。

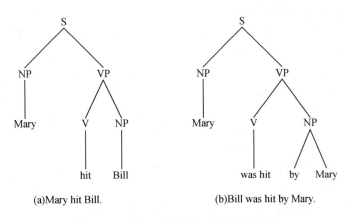

(a)Mary hit Bill.　　　　　　(b)Bill was hit by Mary.

图 2-6　主动句和被动句的句法分析树

格文法和类型层次相结合，可以从语义上对 ATN 进行解释。类型层次描述了层次中父子之间的子集关系，或者说，父节点比子节点更一般。根据层次中事件或项的特化（specialized）/泛化（generalized）关系，类型层次在构造有关动词及其宾语的知识，或者确定一个名词或动词的意义时非常有用。

在类型层次中，为了解释 ATN 的意义，动词具有关键的作用，因此可以使用格文法，通过动作实施的工具或手段（instrument）来描述动作主体（agent）的动作。例如，动词"laugh"可以是通过动作主体的嘴唇来描述的一个动作，它可以带给自己或他人乐趣。因此，laugh可以表示为下面的格框架，如图 2-7 所示。

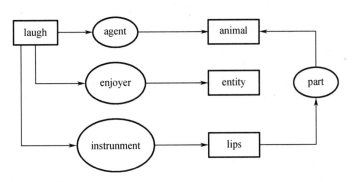

图 2-7　动词"laugh"的格框架

在图 2-7 中，矩形表示世界的描述，两个矩形之间的关系用椭圆表示。为了对 ATN 进行语义解释，需要指出：

①当从 ATN 中的句子 S 开始分析时，需要确定名词短语和动词短语以得到名词和动词的格框架表示。将名词和对应格框架中的主语（动作主体）关联在一起。

②当处理名词短语时，需要确定名词，确定冠词的数特征（单数还是复数），并将动作的制造者和名词相关联。

③当处理动词短语时，需要确定动词。如果动词是及物的，则找到与其对应的名词短语，并说明它为动词的施加对象。

④当处理动词时，检索它的格框架。

⑤当处理名词时,检索它的格框架。

格文法是一种有效的语义分析方法,有助于删除句法分析的歧义性,并且易于使用。格表示易于用语义网络表示法描述,从而多个句子的格表示相互关联形成大的语义网络,以便开发句子间的关系,理解多句构成的上下文,并用于回答问题。

5. 语用分析

对理解自然语言来说,句法和语义分析是基础,但并不足够。语用概念在自然语言理解中同样重要。例如,考虑下面的对话:

对话 1:Did you read the AI book by Prof. Konar? The last chapter on robotics is interesting.

对话 2:Mr. Zhang's house was robbed last week. They have taken all the ornaments Mrs. Zhang possessed.

对话 3:John has a red car. Jim want it for a picnic.

在上述 3 个例子中,第一个句子声称一个事实或一个询问,"The last chapter"是指 Konar 的书的最后一章。第二个句子直接或间接说出一个事实,主语"They"对应于抢掠者。第三个句子中的"it"是指 John 的汽车。因此,这说明为了表示部分或全部的实体和动作,常常使用一个单词或词组指代它。

语用分析与知识、上下文和推理等因素有关。维诺格拉德(Winograd T)认为语言是一个讲话者和听者之间关于一个共同的世界的一种通信手段。语言是一种社会交际工具,研究语言必须研究其社会功能。维诺格拉德认为语义理论必须在如下 3 个平面上描述关系:确定词的意义;确定词组在句法结构中的意义;一个自然语言的句子绝不应被孤立地解释。一种语义理论必须描述一个句子的意义如何依赖于它的上下文。语义理论必须涉及语言学背景(说话的上下文)和现实社会背景(即与非语言学事实的知识的相互作用),语义理论必须与句法和语言的逻辑方面(演绎推理)相联系。正是基于这些观点,即语法、语义和语用学相互作用的观点,1970 年,维诺格拉德成功地研究了被称为"绝技"的自然语言对话系统 SHRDLU,实现了人与计算机之间的灵活对话。这项创举震动了当时的人工智能界。他的博士学位论文《理解自然语言》(*Understanding Natural Language*)被评为 1971 年 ACM 优秀论文。

自维诺格拉德的研究成果问世以来,自然语言理解成为人工智能研究的中心课题,很多人都认识到在自然语言处理中"理解"的必要性。为了使机器理解语言不只是考虑句法,还要(甚至优先)考虑语义,利用知识,引进一般社会的知识,以及利用上下文信息,把所有语法、语义和语用这些因素灵活地结合起来,对句子进行适当的分析和解释是非常必要的。换言之,语法、语义和语用相互作用的观点,部分地反映了自然界和人类社会事物的本来面貌。为了实现语用上下文分析,需要认真考虑下面的问题:

(1)关注对话的有关部分。当理解自然语言时,分析程序应该能够集中注意力于知识库中和分析句子相关的部分。这些知识库可以用来消除句子中不同部分之间的含糊性。例如,对于上面第一个对话句子"The last chapter on robotics is interesting."中的名词短语,知识库应该能够标出名词短语"The last chapter",并能与一本书联系起来,确定出它的意义。因此,这里需要这种强调"部分–全部"的关系,并且需要检查可以激活的相关规则。

(2)对个体的信念进行建模。为了加入一个对话中,程序应该能够对个体的信念进行建模。例如,Bel(A,P)可以表示 A 相信命题 P 为真时,Bel(A,P)为真;K(A,P)表示 A 知道 P 为真时,K(A,P)为真。

(3)识别出用于理解的目标和计划。理解自然语言的语用部分是识别出其他参与者的目标,以及为了实现该目标的计划。

(4)言语动作。这是指说话者希望实现的通信动作。因为言语动作说明的是对话者之间通过言语所表达的一种动作,因此可以根据这些对话,确定出说话者的目标和计划,并执行某个任务。

2.1.4 语料库

1. 语料库语言学

传统的句法-语义分析技术,所采取的主要研究方法是基于规则的方法,也就是说,将理解自然语言所需的各种知识用规则的形式加以表达,然后再进行分析推理达到理解的程度。这主要是因为语言学家首先是从规则着手,而不是从统计角度来认识和处理语言的。由于自然语言理解的复杂性,各种知识的"数量"浩瀚无际,并且具有高度的不确定性和模糊性,利用规则不可能完全准确地表达理解自然语言所需的各种知识,另外,规则实际上面向语言的使用者,若将它面向机器,则分析结果始终不尽如人意。由于机器翻译强调理解,单纯依靠规则方法,也曾经使机器翻译一度陷入低谷。

1990 年 8 月,在赫尔辛基召开的第 13 届国际计算机语言学大会上,大会组织者表示处理大规模真实文本将是今后一个相当长时期内的战略目标。为实现战略目标的转移,需要在理论、方法和工具等方面实行重大的革新。这种建立在大规模真实文本处理基础上的研究方法将自然语言处理的研究推向一个崭新的阶段。理解自然语言所需的各种知识恰恰蕴含在大量的真实文本中,通过对大量真实文本进行分析处理,可以从中获取理解自然语言所需的各种知识,建立相应的知识库,从而实现以知识为基础的智能型自然语言理解系统。研究语言知识所用的真实文本称为语料,大量的真实文本即构成语料库。要想从语料库中获取理解语言所需的各种知识,就必须对语料库进行适当的处理与加工,使之由生语料变为有价值的熟语料。这样,就形成了一门新的学科——语料库语言学(Corpus Linguistics),它可用于对自然语言理解进行研究。

这里以 WordNet 为例来说明如何构造语料库以及语料库中所包括的语义信息。WordNet 是 1990 年由普林斯顿大学的米勒(Miller G A)等设计和构造的。一部 WordNet 词典有近 95 600 个词形(51 500 个单词和 44 100 个搭配词)和 70 100 个词义,分为五类:名词、动词、形容词、副词和虚词,按语义而不是词性来组织词汇信息。在 WordNet 词典中,名词有 57 000 个,含有 48 800 个同义词集,分成 25 类文件,平均深度 12 层。最高层为根概念,不含有固有名词。

知网(HowNet)是董振东研制的以汉语和英语的词语所代表的概念为描述对象,以揭示概念与概念之间以及概念所具有的属性之间的关系为基本内容的常识知识库。公布的中文信息结构库包含:

(1)信息结构模式:271 个。

(2)句法分布式:49 个。

(3)句法结构式:58 个。

(4)实例:11 000 个词语。

(5)总字数:中文 60 000 字。

传统的词典通常是把各类不同的信息放入一个词汇单元中加以解释,包括拼音、读音、词形变化及派生词、词根、短语、时态变换的定义及说明、同义词、反义词、特殊用法注释,偶尔还有图示或插图,包含着相当可观的信息存储。但是,它还有一些不足,特别是用在自然语言理解时传统词典的信息存储量更显得不够。

例如,对于名词"树",传统的词典一般解释为:一种大型的、木制的、多年生长的、具有明显树干的植物。基本上是上位词加上辨别特征。但是该解释还缺少一些其他信息,例如:

(1)没有谈到树有根、有植物纤维壁组成的细胞,甚至也没有提及它们是生命的组织形式。但是在 WordNet 中,只要查一下它的上位词"植物",就可以找到这些信息。

(2)树的定义没有包括对等词的信息,不能推测其他种类的植物存在的可能性。

(3)对各种树都感兴趣的读者,除了查遍词典,没有其他办法。

(4)每个人对树都有自己的认识,而词典的编撰者又没有将其写在树的定义中。如树包括树皮、树枝,树由种子生长而成等。

可以看出,普通词典中遗漏的大部分是关于构造性的信息而不是事实性的信息。

WordNet 是按一定结构组织起来的语义类词典,主要特征表现在:

(1)整个名词组成一个继承关系。WordNet 有着严格的层次关系,这样一个单词可以把它所有前辈的一般性上位词的信息都继承下来,可以提供全局性的语义关系,具有 IS-A(父子继承)关系。

(2)动词是一个语义网。动词大概是最难以研究的词汇,在动词词典中,很少有真正的同义动词。表达动词的意义对任何词汇语言学来说都是困难的。WordNet 不进行成分分析,而进行关系分析。这一点是计算语言学界所热衷的课题。与以往的语义分析方法不同,这种关系讨论的是动词间的纵向关系,即词汇蕴含关系。

WordNet 基于名词和动词以及其他词性的关系进行词类间的纵向分析,在国际计算语言学界有很大的影响。但是,它也有不足之处,如对横向关系还没有加以考虑。

从上面可以看出,传统的词典和语料库是不一样的。为了对自然语言理解进行研究,需要优先考虑的问题主要是大规模真实语料库的建设和大规模、信息丰富的机读词典的编制方法的研究。

大规模真实文本处理的数学方法主要是统计方法,大规模的经过不同深度加工的真实文本语料库的建设是基于统计性质的基础,如果没有这样的语料库,统计方法只能是无源之水,从真实语料中获取自然语言的有关知识只能是一种理想。所以如何设计语料库、如何对生语料进行不同深度的加工以及加工语料的方法等,正是语料库语言学要深入研究的方向。

规模为几万、十几万甚至几十万的词,含有丰富的信息(如包含词的搭配信息、语法信息)的计算机可用词典对自然语言处理的重要性是很明显的。采用什么样的词典结构,包含词的哪些信息,如何对词进行选择,如何以大规模语料为资料建立词典,即如何从大规模语料中获取词等都需要进行深入的研究。

基于大规模真实文本处理的语料库语言学,与传统的基于句法-语义分析的方法比较,有以下特点:

(1)试验规模的不同。以往的自然语言处理系统多数都是利用精心选择过的少数例子来进行试验,而现在要处理的则是从多种出版物上收录的数以百万计的真实文本。这种处理在深度方面虽然可能不够,但针对特定的任务还是有实用价值的。

（2）语法分析的范围要求不同。由于真实文本的复杂性(其中甚至有不合语法的句子),对所有的句子都要求完全的语法分析几乎是不可能的。同时由于具体文章的数量极大,还有处理速度方面的要求。因此,目前的多数系统往往不要求进行完全的分析,而只要求对必要的部分进行分析。

（3）处理方法的不同。以往的系统主要依赖语言学的理论和方法,即基于规则的方法;而新的基于大规模真实文本处理而开发的系统,同时还依赖于对大量文本的统计性质分析。统计学的方法在新研制的系统中起到很大的作用。

（4）所处理的文本涉及的领域不同。以往的系统往往只针对某一较窄的领域,而现在的系统则适合较宽的领域,甚至是与领域无关的,即系统工作时并不需要用到与特定领域有关的领域知识。

（5）对系统评价方式的不同。对系统的评价不再是只用少量的人为设计的例子对系统进行评价,而是根据系统的应用要求,对其性能进行评价,即用真实文本进行较大规模的、客观的和定量的评价,不仅要注意系统的质量,同时也要注意系统的处理速度。

（6）系统所面向的应用不同。以前的某些系统可能适合对"故事"性的文本进行处理,而大规模真实语料的自然语言理解系统要走向实用化,需要对大量的、真实的新闻语料进行处理。

（7）文本格式的不同。以往处理的文本只是一些纯文本,而现在要面向真实的文本。真实文本大多是经过文字处理软件处理以后含有排版信息的文本。因此,如何处理含有排版信息的文本应当受到重视。

2. 统计方法的应用

20世纪90年代,自然语言理解的研究在基于规则的技术中引入语料库的方法,其中包括统计方法、基于实例的方法和通过语料加工手段使语料库转化为语言知识库的方法等。使用统计的方法,使机器翻译的正确率达到60%,汉语切分的正确率达到70%,汉语语音输入的正确率达到80%,这是对传统语言学的严峻挑战。许多研究人员相信,基于语料库的统计模型(如n-gram模型、Markov模型和向量空间模型)不仅能胜任词类的自动标注任务,也能应用到句法和语义等更高层次的分析上。这种方法有希望在工程上、在宽广的语言覆盖面上解决大规模真实文本处理这一极其艰巨的课题,至少也能对基于规则的自然语言处理系统提供一种强有力的补充机制。

当前语言学处理的一个总的趋势是部分分析代替全分析,部分理解代替全理解,部分翻译代替全翻译。从大规模真实语料库中获取语言信息知识的方法一般是数学上的统计方法,并基于此构造了大量的语料库。统计方法就是这样一种"部分分析代替全分析"趋势中的产物。统计方法应用初期,其主要成果比较集中在词层的处理上,比如汉语分词、词性标注等。但是在句法层次的语言分析方面,统计方法的应用目前还正在研究。另外,统计方法在理解自然语言时主要是与分析方法相结合使用的。

随着语料库语言学的快速发展,一个值得注意的研究方法是,随机语言模型的建模工作正在由基本的线性词汇统计转向结构化的句法领域,尝试以此为基础解决句法结构的歧义性问题。结构化语言模型的基本思想是,根据语料统计信息建立一定的优先评价机制,对输入句子的分析结果进行概率计算,从而得到概率意义上的最优分析结构。

最初出现的结构化语言模型是20世纪60年代末在语音识别研究中提出的概率上下文

无关文法(probabilistic context free grammar,PCFG),但是直到 1979 年巴克(Backer L F)提出的 Inside-Outside 算法解决了 PCFG 文法的参数自动获取问题以后,其才得到进一步的研究,并取得了一些有用的成果,如更为有效的 PCFG 分析技术、改进的 IO 算法、针对大型文法分析的概率剪枝技术等。

PCFG 模型的不足在于其词汇化程度很差,模型参数仅能得到微弱的上下文信息,整个系统具有很大的熵。随着大规模带标语料库尤其是具有结构化标注信息的树库的建立,研究者开始使用各种有监督的学习机制,构造更为复杂的语言模型,如基于决策树的方法、基于词汇关联信息的语言模型等。

除了随机结构化语言模型以外,加大语言处理基本单元的粒度也是重要的发展趋势。在这种研究中,多义的单词加大到单义的语段(chunk)这个层次,并给予中心词标注,目的是简化处理的句型,化解机器翻译的歧义问题。

由于从大规模语料获取知识的统计模型并不十分完善,因而从语料库中采集、整理、表示和应用知识仍然比较困难。因此,尽管基于大规模语料库的方法为自然语言处理领域带来了成果,但从理论方法的角度考虑,这些方法都是统计学中的方法和一些其他的"简单"方法或技巧。而这些方法目前在自然语言处理中的应用,经过许多研究人员的努力,似乎已将它们的潜能发挥到了极致。因此,自然语言处理所面临的一个问题就是,要取得新的、更大的、实质性的进展,是有待于在理论上实现重大突破呢?还是在已有方法的基础上进行改良、优化或者综合呢?目前的看法尚不一致,更多的语言学家倾向于前一种意见,而更多的工程师则倾向于后一种意见;另外的一些学者则认为,将基于语言知识和逻辑推理的规则性方法与基于大规模真实语料库的统计性方法相结合,才能使自然语言的处理取得更大的成功。

尽管语料库语言学的诞生为自然语言处理研究带来了新的生机,但如何对语料库进行更为有效的加工和处理、如何从中抽取语言知识、如何在自然语言理解的方法上实现突破等问题,还需不断地进行深入研究。

3. 汉语语料库加工

书面汉语不同于英语、法语、德语等语言,词与词之间没有空格。在汉语自然语言处理中,凡是涉及句法、语义的研究项目,都要以词为基本单位来进行。句法研究组词成句的规律,没有词就无所谓组词成句,因而也就无所谓句法了。语义是语言中概念与概念之间的关系,而词是表达概念的,没有词也就无所谓语义研究了。因此,词是汉语语法和语义研究的中心问题,也是汉语自然语言处理的关键问题。

目前,对大规模汉语语料库的加工主要包括自动分词和标注,其中标注包括词性标注和词义标注。这里只就汉语自动分词及标注的方法进行简单概述。

(1)汉语自动分词

①汉语自动分词的方法

汉语自动分词的方法以基于词典的机械匹配分词法为主。近年来,也有人提出无词典分词法、基于专家系统和人工神经网络的分词方法。这里主要介绍常用的基于词典的机械匹配分词法,如表 2-1 所示。

a. 最大匹配法。最大匹配法(maximum matching method),有时也称作正向最大匹配法,简称 MM 方法。其思想是,在计算机磁盘中存放一个分词用词典,从待切分的文本中按从左到右的顺序截取一个定长的汉字字符串,通常为 6~8 个汉字(或长度为词典中的最大词长），这个字符串的长度称作最大词长。将这个具有最大词长的字符串与词典中的词进行匹配，若匹配成功，则可确定这个字符串为词，计算机程序的指针向后移动，与给定最大词长相应个数的汉字继续进行匹配；否则，把该字符串从右边逐次减去一个汉字，再与词典中的词进行匹配，直到成功为止。

b. 逆向最大匹配法。逆向最大匹配法（reverse maximum macthing method），简称 RMM 方法。这种方法的基本原理与 MM 方法相同，所不同的是分词时对待切分文本的扫描方向。MM 方法从待切分文本中截取字符串的方向是从左到右，而 RMM 方法则是从右到左。在与词典匹配不成功时，将所截取的汉字串从左到右逐次减去一个汉字，再与词典中的词进行匹配，直到匹配成功为止。实验表明，RMM 方法的切词正确率要比 MM 方法的高。

c. 逐词遍历匹配法。逐词遍历匹配法是把词典中存放的词按由长到短的顺序，逐个与待切分的语料文本进行匹配，直到把文本中的所有词都切分出来为止。由于这种方法要把词典中的每一个词都匹配一遍，需要花费很多时间，算法的时间复杂度相应增加，切词速度较慢，切词的效率不高。

表 2-1 基于词典的机械匹配分词法

名称	基本原理
最大匹配法（MM 方法）	按照从左到右的顺序截取一个定长的汉字字符串，将具有最大词长的字符串与词典中的词进行匹配，若不成功，则从右侧逐次减去一个汉字，再进行匹配，直至成功
逆向最大匹配法（RMM 方法）	按照从右到左的顺序截取一个定长的汉字字符串，将具有最大词长的字符串与词典中的词进行匹配，若不成功，则从左侧逐次减去一个汉字，再进行匹配，直至成功
逐词遍历匹配法	把词典中存放的词按由长到短的顺序，逐个与待切分的文本进行匹配，直至所有词都切分出来为止

以上三种方法是最基本的机械性切词方法。还有一些方法是在这三种方法基础上的一些改进，包括双向扫描法、设立切分标志法、最佳匹配法等。

②汉语自动分词的难点

汉语分词在汉语自然语言理解中起着举足轻重的作用。尽管经过多年的研究，汉语分词技术取得了很大的成绩，但与实际应用的要求仍有很大的距离。主要原因是在分词时，语言学家靠的是"语感"，没有什么形式的定义。普通人的语感和专家的语感有所不同，前者"宽"，后者"严"，研究古文训诂的专家则更"严"，他们常会将作为"词"的那些成分进行再次分解。

因此，在汉语中，词的概念问题是分词的难点之一。在汉语语言学中，有关"词"的概念还没有完全弄清。"词是什么"（词的抽象定义）及"什么是词"（词的具体界定），这两个基本问题一直没有定论，从而致使至今仍没有一个公认的、具有权威性的分词用词表。主要的困难表现在两个方面：一方面是单字词与语素之间的区别；另一方面是词与短语（词组）的区别。

汉语自动分词的其他难点主要有：

a. 分词过程中的歧义问题。歧义字段在中文文本中是普遍存在的,歧义切分是自动分词中不可避免的现象,是自动分词中一个比较棘手的问题。对歧义字段的处理水平直接影响着自动分词系统的分词准确率。在中文文本中,歧义字段的表现形式一般有两种:一种是交集型歧义字段;另一种是多义型歧义字段。

b. 未登录词的识别问题。未登录词是指没有在词典中出现,在汉语文本中又应该当作一个词将其分开的那些字符串。包括中外人名、中外地名、机构组织名、事件名、缩略语、派生词、各种专业术语以及在不断发展和约定俗成的一些新词语。未登录词种类繁多、规模宏大,对它们识别正确与否直接影响着分词系统的正确率。目前对于这些词语的自动辨识尽管做了不少的研究,但要想达到实际应用的要求,仍有不少困难。

(2)汉语词性标注

①词性标注的意义

词性标注就是在给定句子中判定每个词的语法范畴,确定其词性并加以标注的过程。设定词性的词汇是构造语段的基础,但是词性兼类是英汉机器翻译中典型的歧义现象,如果预料的词性能自动标注,那么歧义问题就好解决了。在自然语言处理中,研究词性自动标注的目的主要是:为对文本进行语法分析或句法分析等更高层次的文本加工提供基础,以便在文摘、自动校对和 OCR 识别后处理等应用系统开发中提高准确率;通过对标注过的语料进行统计分析等处理,可以抽取蕴含在文本中的语言知识,为语言学的研究提供可靠的数据;同时,又可以进一步运用这些知识,改进词性标注系统,提高词性标注系统的准确率。

②词性标注的难点

词性标注的难点主要是兼类词的自动词类歧义排除。所谓兼类词是指那些具有两类或两类以上的句法分布特征的词,或简单地说那些具有两个或两个以上词性的词就称为兼类词。

由于汉语不像英语等印欧系语言,是一种没有词的形态的变化语言,词的类别不能像印欧语言那样直接由词的形态来判断,再加上常用词的兼类现象严重等因素,要确定一个词在文本中的词性有时是很困难的,甚至不同的人对同一个词在文本中的词性判定都不一,更何况使用机器来标注。所以,利用计算机实现词性的自动标注,其难点就是采用什么样的算法或方法,依靠文本的上下文环境来确定一个词在文本中的词性。

③词性标注的方法

词性标注的方法主要就是兼类词的歧义排除方法。目前的方法主要有两大类:一类是基于概率统计模型的词性标注方法;另一类是基于规则的词性标注方法。

a. 基于概率统计模型的词性标注的代表性系统是 CLAWS 系统。它采用统计模型来消除兼类词歧义,使自动标注的准确率达到 96%。1988 年,德汝斯(DeRose S J)对 CLAWS 系统做了一些改进,利用线性规划的方法来降低系统的复杂性,提出了 VOLSUNGA 算法,大大提高了处理效率,使自动词性标注的正确率达到了实用的水平。基于语料库的统计方法目前不但用于词性自动标注,而且已应用到句法和语义等更高层次的分析上。

b. 基于规则的词性标注的代表性系统是格林纳(Greene)和鲁宾(Robin)出于语言学的目的,于 1977 年设计的词性标注系统 TAGGIT。它采用基于上下文框架规则的方法,使用了具有 86 个标记的标记集和用于排除兼类词歧义的 3 300 条上下文框架规则,对美国的 BROWN 语料库进行标记,准确率为 77%。但是基于规则的方法是十分繁杂的,编写和维护也是一个很大的问题。1992年,美国宾州大学的勃里勒(Brill)提出了一种基于转换的错误驱动学习机制,从带标语料库中自动获取转换规则以用于词性的自动标注,所建立的基于规则的词性标注系统的标注准确率大大提高,获得了与基于概率统计模型同样高的准确率。

(3)汉语词义标注

①词义标注的意义

词义标注就是对文本中的每个词根据其所属上下文给出它的语义编码,这个编码可以是词典释义文本中的某个义项号,也可以是义类词典中相应的义类编码。自动词义标注就是利用计算机通过逻辑推理机制,依据文本的上下文环境,对词的词义进行自动判断,选择词的某一正确义项并加以标注的过程。研究词义自动标注除了对语言学研究有重要意义外,在自然语言处理的很多领域都有非常重要的作用,如语音合成、情报检索、机器翻译、自动校对和OCR识别后处理等。所以,词义自动标注是当前自然语言信息处理研究的一个热门课题。

②词义标注的难点

与词性标注的难点类似,词义标注的难点就是对多义词的歧义排除。不论是汉语还是英语,一词多义的现象普遍存在,要确定一个词的词义一定要依据上下文环境,如果没有上下文环境,即使是人,也很难确定一个词的词义,更何况由计算机来实现标注。所以,利用计算机实现词义的自动标注,其难点就是采用什么样的方法,依据文本的上下文环境来实现文本中词义的歧义排除。

③词义标注的方法

目前,多义词排歧的研究尚处于初级阶段。英语的多义词排歧方法主要有人工智能方法、基于词典的方法和基于语料库的方法。近年来,概率统计模型在词性标注方面的成功以及网络技术的发展,使得语料库在选材入库上易于实现,越来越多的研究转向了基于语料库的概率统计方法。

2.1.5 自然语言处理的应用

1. 机器翻译

(1)机器翻译方法概述

人类对机器翻译系统的研究开发已经持续了50多年。起初,机器翻译系统主要是基于双语字典进行直接翻译,几乎没有句法结构分析。直到20世纪80年代,一些机器翻译系统采用了间接方法。在这些方法中,源语言文本被分析转换成抽象表达形式,随后利用一些程序,通过识别词结构(词法分析)和句子结构(句法分析)解决歧义问题。其中一种方法将抽象表达设计为一种与具体语种无关的"中间语言",可以作为许多自然语言的中介。这样,翻译就分成两个阶段:从源语言到中间语言,从中间语言到目标语言。另一种更常用的间接方法是将源语言表达转换成目标语言的等价表达形式。这样,翻译便分成三个阶段:分析输入文本并将它表达为抽象的源语言;将源语言转换成抽象的目标语言;生成目标语言。

机器翻译系统可以分成下列几种类型:

①直译式机器翻译系统

直译式机器翻译系统(direct translation MT systems)通过快速的分析和双语词典,将原文译出,并且重新排列译文的词汇,以符合译文的句法。直译式机器翻译系统如图2-8 所示。

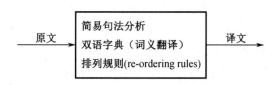

图 2-8　直译式机器翻译系统

多数著名的大型机器翻译系统本质上是直译式系统,如 Systran、Logos 和 Fujitsu Atlas;其次是改进的直译式系统,这些系统与其父辈不同,是高度模块化的系统,很容易被修改和扩展。例如著名的 Systran 系统在开始设计时只能完成从俄文到英文的翻译,但现在已经可以完成很多语种之间的互译。Logos 开始只针对德语到英语的翻译,而现在可以将英语翻译成法语、德语、意大利语,以及将德语翻译成法语和意大利语。只有 Fujitsu Atlas 系统至今仍局限于英日、日英的翻译。

②规则式机器翻译系统

规则式机器翻译系统(rule-based MT systems)是先分析原文内容,产生原文的句法结构,再转换成译文的句法结构,最后生成译文。规则式机器翻译系统通过识别、标注兼类多义词的词类,对多义词意义进行排歧;对某些同类词性的多义词再按其词法规则不同消除歧义。当前主流的机器翻译系统还是规则式机器翻译系统,如图 2-9 所示。

③中介语式机器翻译系统

中介语式机器翻译系统(inter-lingual MT systems)类似转换式系统,但此系统是先生成一种中介的表达方式,而非特定语言的结构,再由中介的表达式转换成译文。程序语言的编译常采取此策略。中介语式机器翻译系统如图 2-10 所示。

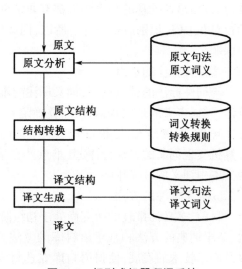

图 2-9　规则式机器翻译系统

最重要的大型中介语式机器翻译系统是 METAL。20 世纪 80 年代初,德国西门子公司提供了大部分资金支持开发 METAL,直到 80 年代末其才面市。目前最有名的两个中介语式机器翻译系统是 Grenoble 的 Ariane 和欧共体资助的 Eurotra。Ariane 有望成为法国国家机器翻译系统;而 Eurotra 无疑是最复杂的机器翻译系统之一,经过西欧许多国家数百名研究人员近 10 年的努力,目前仍未能开发出实用系统。20 世纪 80 年代末,日本政府出资支持开发用于亚洲语言之间互译的中间语言系统,中国、泰国、马来西亚和印度尼西亚等国的研究人员均参加了这一研究。

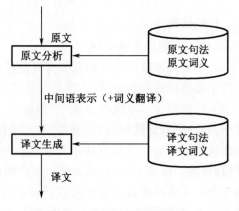

图 2-10　中介语式机器翻译系统

④知识库式机器翻译系统

知识库式机器翻译系统（knowledge-based MT systems）是建立一个翻译需要的知识库，构成翻译专家系统。但由于知识库的建立十分困难，因此目前此类研究多半有限定范围，并且使用知识获取工具（knowledge acquisition），自动或半自动地大量收集相关知识，以充实知识库的内容。

⑤统计式机器翻译系统

1994 年，IBM 公司的 Berger A、Brown P 等发表了著名的论文 *The Candide System of Machine Translation*。他们用统计方法和各种不同的对齐技术，给出了统计式机器翻译系统（statistics-based MT systems）Candide。

源语言中任何一个句子都可能与目标语言中某些句子相似，这些句子的相似程度可能都不相同，统计式机器翻译系统能找到最相似的句子。

⑥范例式机器翻译系统

范例式机器翻译系统（example-based MT systems）是将过去的翻译结果当成范例，产生一个范例库。在翻译一段文字时，参考范例库中近似的例子，并处理差异处。

实际的机器翻译系统往往是混合式机器翻译系统（hybrid MT systems），即同时采用多种翻译策略，以达到正确翻译的目标。

范例式机器翻译就是对被翻译的源语句通过翻译实例数据库检索出要翻译的目标语句。范例式机器翻译系统主要包括两部分工作：一是建立翻译实例数据库；二是翻译的操作检索算法。这里介绍适宜词语检索和完全实例检索的直接映射式字符检索算法。

a. 若干规定与处理

A. Σ 是字母符号的有限集，Σ^* 表示由 Σ 中元素所生成的字符串集合，词语 $K \in \Sigma^*$。在计算机内部，每一个字符均有确定的 ASCII 码，且可以转换成十进制正整数。

B. 词语 K（字符串），可分划成单一字符 $K_1, K_2, \cdots, K_d$（d 为字符个数），并能分别求出它们的 ASCII 码十进制值，实施命令是 LEN、MID、ASC 等。

LEN(K$)：求字符串（词语）长度。

MID$(K$, I, 1)：分划字符串中第 I 个字符。

ASC($K_i$$)：求一个字符（K_i）的 ASCII 码十进制值。

实施 B 后，对任一待检索词语 K_i（$i = 1, 2, \cdots, N$），已分划成 ≤ 255 的正整数 $K_{i1}, K_{i2}, \cdots, K_{id}$（一个字符 ASCII 码的十进制数值 ≤ 255）。

C. 映射关系集 $F = \{F_j \mid j = d, d-1, \cdots, 1\}$ 由下式表示：

$$F_d = K_{i1} + K_{i2} + \cdots + K_{id}, \cdots, F_2 = F_{i1+} F_{i2}, F_1 = K_{i1}$$

映射要建立这样的关系：如果 $F_d \leftarrow K_i$ 映射是单一的，那么可建立一个检索字（词语为 K_i）与附加数组空间单元 $R(F_d)$ 的索引关系。反之，若有 ASCII 码十进制之和相同的词语，这时试探 $F_{d-1} \leftarrow K_i$ 是否是单一的，只要词语不同，一定可以在 $F_j \leftarrow K_i$（$j \geq 1$）找到这种单一关系。

为了获得 $F_d, F_{d-1}, \cdots, F_1$，必须对一个词语（字符串）求长度、分划，求每一个字符的 ASCII 码十进制值，求和：

$$d \leftarrow \text{LEN}(K$)$$
$$\text{do i from 1 to d}$$
$$K$_i \leftarrow \text{MID$}(K$, i, 1)$$

$$K_i \leftarrow ASC(K\$_i)$$
$$F_i \leftarrow F_{i-1} + K_i$$

b. 预处理算法

根据以上规定和处理,预处理算法如下:

步骤 1:将词语 K_i(初值 $i=1$)分划成单一字符 $K_{i1}, K_{i2}, \cdots, K_{id}$。

步骤 2:求 $K_{i1}, K_{i2}, \cdots, K_{id}$ 的 ASCII 码十进制数值(最大值为 255),求和产生 F_d, $F_{d-1}, \cdots, F_1$。

步骤 3:开辟 $d \times 255, (d-1) \times 255, \cdots, 1 \times 255$ 个存储空间 $R_d, R_{d-1}, \cdots, R_1$,进行下列计算:

A. 让 F_d 值与 R_d 空间地址值 L 相对应,$L \leftarrow F_d$。计数器 $P_{Ld} \leftarrow P_{Ld+1}$,($P_{Ld}, P_{Ld-1}, \cdots, P_{L1}$ 初值赋 0)。

B. 若 $P_{Ld} > 1$,在 R_{d-1} 空间中,$L \leftarrow F_{d-1}$,且 $P_{Ld-1} \leftarrow P_{Ld-1} + 1$;若 $P_{Ld-1} > 1$,在 R_{d-2} 空间中,$L \leftarrow F_{d-2}, \cdots$。

C. 若 $P_{Lj} = 1 (j \geq 1)$,把 K_j 的词语原始存储地址填入 $R_j(L)$ 中。

步骤 4:$i \leftarrow i+1$,重复步骤 1~步骤 3,直至 $i = N$ 为止。

c. 检索算法

预处理算法中,词语与 R 空间形成了唯一对应关系,为检索提供了捷径。检索算法实际上是预处理算法的逆运算。检索算法如下:

步骤 1:给定待检索词语 K,分划成单一字符 $K_1, K_2, \cdots, K_d$。

步骤 2:求 $K_{i1}, K_{i2}, \cdots, K_{id}$ 的 ASCII 码十进制数值,求和产生 $F_d, F_{d-1}, \cdots, F_1$。

步骤 3:①若 $P_j(F_j) > 1$,转步骤②;若 $P_j(F_j) \leq 1$,转步骤 4(j 的初值赋 d)。

②若 $j \leftarrow j+1, j > 1$,转步骤①;

步骤 4:$P_j(F_j) = 1$,$R_j(F_j)$ 为索引地址成功检索。

$P_j(F_j) < 1$,$R_j(F_j)$ 中无地址,检索失败退出。

(2)翻译记忆

由于还没有一种机器翻译产品的效果能让人满意,对于专业翻译来说,目前广泛采用翻译记忆(translation memory,TM)技术。与期望完全替代人工翻译的机器翻译技术不同,翻译记忆实际只是起辅助翻译的作用,也就是计算机辅助翻译(computer aided translation,CAT)。

翻译记忆是一种通过计算机软件来实现的专业翻译解决方案,与机器翻译有着本质的区别。以欧盟为例,每天都有大量的文件需要翻译成各成员国的文字,翻译工作量极大,自1997 年采用德国塔多思(TRADOS)公司的翻译记忆软件以来,欧盟的翻译工作效率大大提高。如今,欧盟、国际货币基金组织等国际组织,微软、SAP、Oracle 和德国大众等跨国企业以及许多世界级翻译公司和本地化公司都以翻译记忆软件作为信息处理的基本工具。

翻译记忆的基本原理是:用户利用已有的原文和译文,建立起一个或多个翻译记忆库,在翻译过程中,系统将自动搜索翻译记忆库中相同或相似的翻译资源(如句子、段落等),给出参考译文,使用户避免无谓的重复劳动,只需专注于新内容的翻译。翻译记忆库的同时在后台不断学习和自动储存新的译文,这种技术变得越来越“聪明”。

由于翻译记忆实现的是原文和译文的比较和匹配,因此能够支持多语种之间的双向互译。以德国塔多思公司为例,该公司的产品基于 UNICODE(统一字符编码),支持 55 种语言,其中 SDL Trados 软件可以连接全球各地的 SDL 翻译记忆库,翻译中遇到已有翻译结果的单词、句子或片段时，参照数据库中组内成员的翻译结果即可，实现了同一译本中术语统一化，进而提高译文质量。

2. 语音识别

（1）语音识别的概念

语音识别指用语音实现人与计算机之间的交互，主要包括语音识别（speech recognition）、自然语言理解和语音合成（speech synthesis）。语音识别是完成语音到文字的转换。自然语言理解是完成文字到语义的转换。语音合成是用语音方式输出用户想要的信息。

现在已经有许多场合允许使用者用语音对计算机发出命令，但是，目前还仅仅是使用有限词汇的简单句子，计算机还无法接受复杂句子的语音命令，实现这一目标还需要研究基于自然语言理解的语音识别技术。

相对于机器翻译，语音识别是更加困难的问题。机器翻译系统的输入通常是印刷文本，计算机能清楚地区分单词和单词串；而语音识别系统的输入是语音，其复杂度要大得多，而且口语有很多的不确定性。人与人进行交流时，往往是根据上下文提供的信息猜测对方所说的是哪一个单词，还可以根据对方使用的音调、面部表情和手势等来得到很多信息，特别是说话者会经常更正所说过的话，也会使用不同的词来重复某些信息。

按照服务对象划分，针对某个用户的语音识别系统，称为特定人工作方式；针对任何人的语音识别系统，则称为非特定人工作方式。通俗地说，特定人的语音识别是要识别说话人是谁，而非特定人语音识别是要识别说的什么话。

（2）语音识别的基本过程

下面简单介绍语音识别的基本过程，其包括语音信号的采集与预处理、特征参数的提取与识别等，如图2-11所示。

①语音信号采集与预处理

语音识别过程包括从一段连续声波中采样，将每个采样值量化，得到声波的压缩数字化表示。采样值位于重叠的帧中，对于每一帧，抽取出一个描述频谱内容的特征向量，然后根据语音信号的特征识别语音所代表的单词。

a.语音信号的采集

语音信号采集是语音信号处理的前提。语音通常通过话筒输入计算机。话筒将声波转换为电压信号，然后通过 A/D 转换装置（如声卡）进行采样，从而将连续的电压信号转换为计算机能够处理的数字信号。

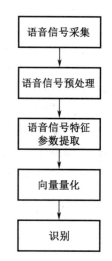

图2-11　语音识别的基本过程

目前多媒体计算机已经非常普及，声卡、音箱、话筒等已是个人计算机的必备之物。其中声卡是计算机对语音信号进行加工的重要部件，它具有对信号滤波、放大、A/D 转换和 D/A 转换等功能。而且，现在操作系统都附带录音软件，通过它可以驱动声卡采集语音信号并保存为语音文件。对于现场环境不好，或者空间受到限制，特别是对于许多专用设备，目前广泛采用基于单片机、DSP 芯片的语音信号采集与处理系统。

b. 语音信号的预处理

语音信号在采集后首先要进行滤波、A/D 转换,预加重(preemphasis)和端点检测等预处理,然后才能进入识别、合成、增强等实际应用。

滤波的目的有两个:一是抑制输入信号各频域分量中频率超出 $f_s/2$ 的所有分量(f_s 为采样频率),以防止混叠干扰;二是抑制 50 Hz 的电源工频干扰。因此,滤波应该是一个带通滤波器。

A/D 转换将语音模拟信号转换为数字信号。A/D 转换中要对信号进行量化,量化后的信号值与原信号值之间的差值为量化误差,又称为量化噪声。

预加重处理的目的是提升高频部分的信号质量,使信号的频谱变得平坦,保持在低频到高频的整个频带中,能用同样的信噪比求频谱,以便于频谱分析。

端点检测是从包含语音的一段信号中确定出语音的起点和终点。有效的端点检测不但能使处理时间减到最小,而且能排除无声段的噪声干扰。目前主要有两类方法:利用语音信号的时域特征方法,其利用音量和过零率进行端点检测,计算量小,但会对气音造成误判,不同的音量计算也会造成检测结果不同;利用语音信号的频域特征方法,其利用声音的频谱的变异和熵进行检测,计算量较大。

②语音信号特征参数的提取与识别

人说话的频率在 10 kHz 以下(每秒 10 000 个周期)。根据香农采样定理,为了使采样数据包含所需单词的信息,计算机每秒得到的样本数量应是需要记录的最高语音频率的 2 倍以上。一般将信号分割成若干块,信号的每个块称为帧,为了保证可能落在帧边缘的重要信息不会丢失,应该使帧有重叠。例如,当使用 20 kHz 的采样频率时,标准的一帧为 10 ms,包含 200 个采样值。

声波有两个主要特征:振幅和频率。为了能够看清楚声波中包含的主要频率波形,通常将采样信号经过傅里叶变换得到相应的频谱,再从频谱中看出波形中不同音素相匹配的主控频率组成成分。话筒等语音输入设备可以采集到声波形状。虽然声音的波形包含了所需单词的信息,但用肉眼观察声波的波形得不到多少信息。所以,需要从采样数据中抽取那些能够帮助辨别单词的特征信息。在语音识别中,常用线性预测编码(linear prediction coding,LPC)技术抽取语音特征。线性预测分析的基本思想是:语音信号采样点之间存在相关性,可用过去的若干采样点线性组合预测现在和将来的采样点值。线性预测系数可以通过使预测信号和实际信号之间的均方误差最小来唯一确定。语音线性预测系数作为语音信号的一种特征参数,已广泛应用于语音处理各个领域。

③向量量化

向量量化(vector quantization,VQ)技术是 20 世纪 70 年代后期发展起来的一种数据压缩和编码技术。向量量化的基本原理是:将若干个标量数据组成一个向量(或者是从一帧语音数据中提取的特征向量)在多维空间给予整体量化,从而可以在信息量损失较小的情况下压缩数据量。

在标量量化中整个动态范围被分成若干个小区间,每个小区间有一个代表值,对于一个输入的标量信号,量化时落入小区间的值就用这个代表值代替。因为这时的信号量是一维的标量,所以称为标量量化。而向量量化的概念是用线性空间的观点,把标量改为一维的向量,对向量进行量化,与标量量化一样把向量空间分成若干个小区域,每个小区域寻找一个代表向量,量化时落入小区域的向量就用这个代表向量代替。

④识别

当提取声音特征集合以后，就可以识别这些特征所代表的单词，重点关注单个单词的识别。识别系统的输入是从语音信号中提取出的特征参数，如LPC预测编码参数，当然，单词对应于字母序列。语音识别所采用的方法一般有模板匹配法、随机模型法和概率语法分析法三种。这三种方法都建立在最大似然决策贝叶斯判决的基础上。

a. 模板匹配法

在训练阶段，用户将词汇表中的每个词依次说一遍，并且将其特征向量作为模板存入模板库。在识别阶段，将输入语音的特征向量序列依次与模板库中的每个模板进行相似度比较，将相似度最高者作为识别结果输出。

b. 随机模型法

随机模型法是目前语音识别研究的主流。其突出的代表是隐马尔可夫模型（hidden markov model, HMM）。语音信号可以看成一种信号过程，它在足够短的时间段上的信号特征近似于稳定，而总的过程可看成相对稳定的某一特性依次过渡到另一特性。HMM则用概率统计的方法来描述这样一种时变的过程。

c. 概率语法分析法

这种方法用于大长度范围的连续语音识别。语音学家通过研究不同的语音语谱图及其变化发现，虽然不同的人说同一些语音时，相应的语谱及其变化有种种差异，但是总有一些共同的特点足以使他们区别于其他语音，即语音学家提出的"区别性特征"。另一方面，人类的语言要受词法、语法、语义等约束，人在识别语音的过程中充分应用了这些约束以及对话环境的有关信息。于是，将语音识别专家提出的"区别性特征"与来自构词、句法、语义等语用约束相互结合，就可以构成一个"由底向上"或"自顶向下"的交互作用的知识系统，不同层次的知识可以用若干规则来描述。

除了上面三种语音识别方法外，还有许多其他的识别方法，例如基于人工神经网络的语音识别方法是当前研究的一个热点。目前用于语音识别研究的神经网络有BP神经网络、kohonen特征映射神经网络、科大讯飞的深度全序列卷积神经网络（DFCNN）（图2-12）等，可见语音识别技术具有广阔的发展前景。

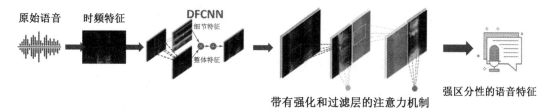

图2-12 科大讯飞的语音识别技术

2.2　知　识　表　示

2.2.1　知识

知识是人类在实践中认识客观世界（包括人类自身）的规律性的东西。知识是经过加工的信息，包括事实、信念和规则。知识一般可分为陈述性知识、过程性知识和控制性知识。

1. 陈述性知识

陈述性知识，也称为描述性知识，是描述客观事物的特点及其关系的知识。陈述性知识主要包括三个层次：符号表征、概念和命题。

符号表征是最简单的陈述性知识。所谓符号表征指的是代表一定事物的符号。例如，学生所学习的英语单词的词形、数学中的数字、物理公式中的符号、化学元素的符号等，都是符号表征。

概念是对一类事物本质特征的反映，是较为复杂的陈述性知识。

命题是指一个陈述的语义，是对事物之间关系的陈述。我们把用语言、符号或式子表达的，并且可以判断真假的陈述句叫作命题。其中判断为真的语句叫作真命题，判断为假的语句叫作假命题。例如，"北京是中国的首都"就是一个真命题。

2. 过程性知识

过程性知识，也称为程序性知识，是关于问题求解的操作步骤和过程的知识。这类知识主要用来解决"做什么"和"如何做"的问题，可用来进行操作和实践。

过程性知识与陈述性知识的区别主要有以下几个方面：

（1）陈述性知识是"是什么"的知识，以命题及其命题网络来表征；过程性知识是"怎样做"的知识，以产生式等来表征。

（2）陈述性知识是一种静态的知识，它的激活是输入信息的再现；而过程性知识是一种动态的知识，它的激活是信息的变形和操作。

（3）陈述性知识激活的速度比较慢，是一个有意的过程，需要学习者对有关事实进行再认识或再现；而过程性知识激活的速度很快，是一种自动化了的信息变形的活动。

3. 控制性知识

控制性知识，也称为控制策略，是有关各种处理过程的策略和结构的知识，用于选择问题求解的方法和技巧，协调整个问题求解的过程。

从计算机程序组织来看，一般智能系统可以看成三级结构，即数据级、知识库级和控制级。数据级是关于求解的特殊问题及其当前状态的陈述性知识。知识库级是具体领域问题求解的知识，它常常是一种过程，说明怎样操纵数据来达到问题求解，反映动作的过程。控制级是过程性知识的控制策略，相应于控制性知识或元知识。

2.2.2　知识表示

知识表示（knowledge representation）就是将人类知识形式化或者模型化。实际上就是对知识的一种描述，或者说是一组约定，一种计算机可以接受的用于描述知识的数据结构。

对于多数大型而复杂的基于知识的系统,常常包含多种不同的问题求解活动,不同的活动往往需要不同的知识,是以统一的方式表示所有的知识,还是以不同的方式表示不同的知识,这是建造基于知识的系统时所面临的一个选择。统一的知识表示方法在知识获取和知识库维护上具有简易性,但是处理效率较低。而不同的知识表示方法处理效率较高,但是知识难以获取,知识库难以维护。因此在实际中如何选择和建立合适的知识表示方法,通常可以从以下几个方面来考虑:

1. 充分表示领域知识

知识表示模式的选择和确定往往要受到领域知识自然结构的制约,要视具体情况而定。确定一个知识表示模式时,首先应该考虑的是它能否充分地表示领域知识。为此,需要深入了解领域知识的特点以及每一种表示模式的特征,以便做到"对症下药"。例如,在医疗诊断领域,其知识一般具有经验性、因果性的特点,适合于用产生式表示法来表示;而在设计类(如机械产品设计)领域,由于一个部件一般由多个子部件组成,部件与子部件既有相同的属性又有不同的属性,即它们既有共性又有特性,因而在进行知识表示时,应该把这个特点反映出来,此时单用产生式模式来表示就不能反映出知识间的这种结构关系,这就需要把框架表示法与产生式表示法结合起来。

2. 有利于对知识的利用

知识的表示与利用是密切相关的两个方面。"表示"的作用是将领域内的相关知识形式化并用适当的内部形式存储到计算机中,而"利用"是使用这些知识进行推理,求解现实问题。显然,"表示"的目的是"利用",而"利用"的基础是"表示"。为了使一个智能系统能有效地求解领域内的各种问题,除了必须具备足够的知识外,还必须使其表示形式便于对知识的利用。合适的表示方法应该便于对知识的利用,能方便、充分、有效地组织推理,确保推理的正确性,提高推理的效率。如果一种表示模式过于复杂或者难于理解,使推理不便于进行匹配、冲突消解及不确定性的计算等处理,就势必影响到推理效率,从而降低系统求解问题的能力。

3. 便于对知识的组织、维护与管理

对知识的组织与表示方法是密切相关的,不同的表示方法对应于不同的组织方式,这就要求在设计或选择知识表示方法时,应充分考虑将要对知识进行的组织方式。另外,在一个智能系统初步建成后,经过对一定数量实例的运行,可能会发现其知识在质量、数量或性能方面存在某些问题,此时或者需要增补一些新知识,或者需要修改甚至删除某些已有的知识。在进行这些工作时,又需要进行多方面的检测,以保证知识的一致性、完整性等,这称为对知识的维护与管理。在确定知识的表示模式时,应充分考虑维护与管理的方便性。

4. 便于理解与实现

一种知识表示模式应是人们容易理解的,这就要求它符合人们的思维习惯,实现上更加方便。如果一种表示模式不便于在计算机上实现,那它就没有任何实用价值。

目前常用的知识表示方法有谓词逻辑、产生式系统、框架、语义网络、面向对象、脚本和本体等,下面将分别予以介绍。

2.2.3 谓词逻辑

逻辑在知识的形式化表示和机器自动定理证明方面发挥了重要的作用,其中最常用的逻辑是谓词逻辑,命题逻辑可以看作是谓词逻辑的一种特殊形式。本节主要介绍与谓词逻辑相关的定义和定理,以及基于谓词逻辑的知识表示。

定义 2.1 命题

命题是具有真假意义的语句。

命题逻辑就是研究命题和命题之间关系的符号逻辑系统。通常用大写字母 P、Q、R、T 等来表示命题。如

$$P:今天天气好$$

P 就是表示"今天天气好"这个命题的名。表示命题的符号称为命题标识符,P 就是命题标识符。如果一个命题标识符表示确定的命题,就称为命题常量;如果命题标识符只表示任意命题的位置标志,就称为命题变元。因为命题变元可以表示任意命题,所以它不能确定真值,故命题变元不是命题。当命题变元 P 用一个特定的命题取代时,P 才能确定真值,这时也称为对 P 进行指派。当命题变元表示原子命题时,该变元称为原子变元。

用命题逻辑可以表示简单的逻辑关系和推理。例如,用 R 表示"今天天气好",用 S 表示"去旅游",则命题公式"R→S"表示"如果今天天气好,就去旅游",即如果前提条件 R"今天天气好"成立,就可以得到结论 S"去旅游"。

命题逻辑的表示方法非常简单,但具有一定的局限性,只能表示由事实组成的世界,无法表示不同对象的相同特征。1879 年,德国弗雷格(Frege F L G)出版的《概念语言》,建立了量词理论,给出了第一个严密的逻辑公理体系。1884 年,他又出版了《算术基础》等著作,试图把数学建立在逻辑的基础上,把谓词和量词引入逻辑系统形成谓词逻辑,大大扩展了逻辑的表达能力。

在谓词逻辑中,命题是用谓词来表示的。谓词形如 $P(x_1, x_2, \cdots, x_n)$,其中 P 是谓词符号,表示个体的属性、状态或关系;$x_1, x_2, \cdots, x_n$,称为谓词的参量或项,通常表示个体对象。有 n 个参量的谓词称为 n 元谓词。例如,Student(x) 是一元函数,表示"x 是学生";Less(x, y) 是二元谓词,表示"x 小于 y"。一般一元谓词表达了个体的性质,而多元谓词表达了个体之间的关系。

如果谓词 P 中的所有个体都是个体常量、变元或函数,则称该谓词为一阶谓词;如果某个个体本身又是一个一阶谓词,则称 P 为二阶谓词;以此类推。

个体变元的取值范围称为个体域。个体域可以是无限的,也可以是有限的。把各种个体域综合在一起作为讨论范围的域称为全总个体域。

下面对一阶谓词逻辑中常用的概念给予定义。

定义 2.2 项

(1)个体常量和个体变量都是项。

(2)若 f 是 n 元函数符号,而 $t_1, t_2, \cdots, t_n$ 是项,则 $f(t_1, t_2, \cdots, t_n)$ 是项。

(3)只有有限次使用①②得到的符号串才是项。

可见,项是把个体常量、个体变量和函数统一起来的概念。

定义 2.3 原子公式

设 P 为 n 元谓词符号,$t_1, t_2, \cdots, t_n$ 都是项,则称 P$(t_1, t_2, \cdots, t_n)$ 为原子谓词公式,简称原

子公式或者原子。

为了刻画谓词和个体之间的关系，在谓词逻辑中引入了两个量词：

（1）一个是全称量词（$\forall x$），它表示"对个体域中所有（或任意一个）个体 x"，读为"对所有的 x"，"对每个 x"或"对任一 x"。

（2）另一个是存在量词（$\exists x$），它表示"在个体域中存在个体 x"，读为"存在 x"，"对某个 x"或"至少存在一个 x"。$\forall$ 和 $\exists$ 后面跟着的 x 叫作量词的指导变元或作用变元。

谓词逻辑可以由原子和五种逻辑连接词（否定：$\neg$、合取：$\wedge$、析取：$\vee$、蕴含：$\rightarrow$、等价：$\leftrightarrow$），再加上量词来构造复杂的符号表达式。这就是谓词逻辑中的公式。

定义 2.4　一阶谓词逻辑的合式公式（简称公式）

可递归定义如下：

（1）原子谓词是合式公式（也称为原子公式）。

（2）若 P、Q 是公式，则（$\neg P$）、（$P \wedge Q$）、（$P \vee Q$）、（$P \rightarrow Q$）、（$P \leftrightarrow Q$）都是合式公式。

（3）若 P 是合式公式，x 是任一个体变元，则（$\forall x$）P、（$\exists x$）P 也都是合式公式。

（4）任何合式公式都由有限次应用①②来产生。

在谓词逻辑中，由于公式中可能含有个体常量、个体变元以及函数，因此不能像命题公式那样直接通过真值指派给出解释，必须首先考虑个体常量和函数在个体域中的取值，然后才能针对常量和函数的具体取值为谓词分别指派真值。

在给出一阶逻辑公式的一个解释时，需要规定两件事情：公式中个体的定义域和公式中出现的常量、函数符号、谓词符号的定义。

定义 2.5　设 D 为谓词公式 P 的非空个体域，若对 P 中的个体常量、函数和谓词按如下规定赋值：

（1）为每个个体常量指派 D 中的一个元素。

（2）为每个 n 元函数指派一个从 D^n 到 D 的映射，其中

$$D^n = \{ (x_1, x_2, \cdots, x_n) \mid x_1, x_2, \cdots, x_n \in D \}$$

（3）为每个 n 元谓词指派一个从 D^n 到 $\{ T, F \}$ 的映射。

则称这些指派为公式 P 在 D 上的一个解释。

定义 2.6　合取范式

若干个互不相同的析取项的合取称为一个合取范式。设 A 为如下形式的谓词公式：

$$Q_1 \wedge Q_2 \wedge \cdots \wedge Q_n$$

其中，$Q_i (i = 1, 2, \cdots, n)$ 是形如 $L_1 \vee L_2 \vee \cdots \vee L_m$ 的析取式，$L_j (j = 1, 2, \cdots, m)$ 为原子公式或其否定，则 A 称为合取范式。

例如：

$$(P \vee Q \vee \neg R) \wedge (\neg P \vee Q \vee R) \wedge (\neg P \vee \neg Q \vee R) \wedge (\neg P \vee \neg Q \vee \neg R)$$

就是一个合取范式。

定义 2.7　析取范式

若干个互不相同的合取项的析取称为一个析取范式。设 A 为如下形式的谓词公式：

$$Q_1 \vee Q_2 \vee \cdots \vee Q_n$$

其中，$Q_i (i = 1, 2, \cdots, n)$ 是形如 $L_1 \wedge L_2 \wedge \cdots \wedge L_m$ 的合取式，$L_j (j = 1, 2, \cdots, m)$ 为原子公式或其否定，则 A 称为析取范式。

例如：

$$(\neg P \wedge \neg Q \wedge R) \vee (\neg P \wedge Q \wedge R) \vee (P \wedge Q \wedge \neg R) \vee (P \wedge Q \wedge R)$$

就是一个析取范式。

例2-1 设个体域 $D = \{1, 2\}$，求公式 $G = (\forall x)(\exists y)P(x, y)$ 在 D 上的解释，并指出在每一种解释下公式 G 的真值。

解 由于公式 G 没有包含个体常量和函数，因此可以直接为谓词指派真值，设

$P(1,1)$	$P(1,2)$	$P(2,1)$	$P(2,2)$
T	F	T	F

这就是公式 G 在 D 上的一个解释。从这个解释可以看出：

当 $x = 1, y = 1$ 时，$P(x, y)$ 的真值为 T；

当 $x = 2, y = 1$ 时，$P(x, y)$ 的真值也为 T。

即对 x 在 D 上的任意取值，都存在 $y = 1$，使得 $P(x, y)$ 的真值为 T。因此在该解释下，公式 G 的真值为 T。

需要注意的是，一个谓词公式在其个体域上的解释不是唯一的。例如，对于公式 G，若给出另一组真值指派如下：

$P(1,1)$	$P(1,2)$	$P(2,1)$	$P(2,2)$
T	T	F	F

这也是公式 G 在 D 上的一个解释。从这个解释可以看出：

当 $x = 1, y = 1$ 时，$P(x, y)$ 的真值为 T；

当 $x = 2, y = 1$ 时，$P(x, y)$ 的真值为 F。

同样：

当 $x = 1, y = 2$ 时，$P(x, y)$ 的真值为 T；

当 $x = 2, y = 2$ 时，$P(x, y)$ 的真值为 F。

即对 x 在 D 上的任意取值，不存在一个 y，使得 $P(x, y)$ 的真值为 T。因此在该解释下，公式 G 的真值为 F。

实际上，G 在 D 上共有 16 种解释，这里就不一一列举了。

一个公式的解释的个数通常有任意多个，由于个体域 D 可以随意规定，而对一个给定的个体域 D，对公式中出现的常量、函数符号和谓词符号的定义也是随意的，因此谓词公式的真值都是针对某一个解释而言的，它可能在某一个解释下为真，而在另一个解释下为假。

谓词逻辑适合于表示事物的状态、属性和概念等事实性知识，也可以用来表示事物间具有确定因果关系的规则性知识。对于事实性知识，可以使用谓词公式中的析取符号与合取符号连接起来的谓词公式来表示，如对于下面句子：

张三是一名计算机系的学生，他喜欢编程序

可以用谓词公式表示为

Computer(张三) $\wedge$ Like(张三, Programming)

其中,Computer(x)表示 x 是计算机系的学生,Like(x,y)表示 x 喜欢 y,都是谓词。

对于规则性知识,通常使用由蕴含符号连接起来的谓词公式来表示。例如,对于

$$如果\ x,则\ y$$

用谓词公式表示为

$$x \rightarrow y$$

在使用谓词逻辑表示知识时,一般可以基于下面几步来进行:

(1)定义谓词及个体,确定每个谓词及个体的确切含义;

(2)根据所要表达的事物或概念,为每个谓词中的变元赋予特定的值;

(3)根据所要表达的知识的语义,用适当的连接符号将各个谓词连接起来,形成谓词公式。

例 2-2　化下述自然数公理为公式:

(1)每个数都存在一个且仅存在一个直接后继数;

(2)每个数都不以 0 为直接后继数;

(3)每个不同于 0 的数都存在一个且仅存在一个直接前启数。

解　首先定义谓词和函数。

设函数 $f(x)$ 和 $g(x)$ 分别表示 x 的直接后继数和 x 的直接前启数,谓词 $E(x,y)$ 表示"x 等于 y"。那么上述自然数公理可表示为

(1)$(\forall x)(\exists y)(E(y,f(x)) \wedge (\forall z)(E(z,f(x)) \rightarrow E(y,z)))$

(2)$\neg((\exists x)E(0,f(x)))$

(3)$(\forall x)(\neg E(x,0) \rightarrow ((\exists y)(E(y,g(x)) \wedge (\forall z)(E(z,g(x)) \rightarrow E(y,z)))))$

例 2-3　如图 2-13 所示为一个数字电路图 C_1,有三个输入、两个输出,包含两个 XOR 门、两个 AND 门和一个 OR 门。用谓词逻辑对该电路进行描述和分析。

解　首先定义谓词和函数如下:

Type(x):表示门的类型的函数,这里其值域为{XOR,AND,OR}。

Out(x,Gate)、In(x,Gate):表示门 Gate 的第 x 个输入或输出端口的函数。

Connected(Terminal 1,Terminal 2):两个端口连接性的谓词。

Signal(Terminal):端口 Terminal 的信号值,其值域为{ON,OFF}。

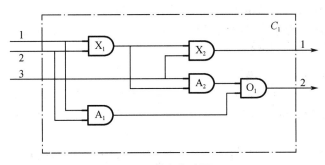

图 2-13　数字电路图 C_1

基于上面谓词和函数的定义,需要给出关于电路的领域性知识,可用下述通用性规则描述。

R_1:如果两个端口相连,那么它们具有相同的信号值。

$$\forall t_1 \forall t_2 (\text{Connected}(t_1, t_2) \rightarrow \text{Signal}(t_1) = \text{Signal}(t_2))$$

R_2:每个端口的信号或者是 ON 或者是 OFF(但不会既是 ON 又是 OFF)。

$$\forall t (\text{Signal}(t) = \text{ON} \lor \text{Signal}(t) = \text{OFF})$$

$$\text{ON} \neq \text{OFF}$$

R_3:连接性是可交换的。

$$\forall t_1 \forall t_2 (\text{Connected}(t_1, t_2) \leftrightarrow \text{Connected}(t_2, t_1))$$

R_4:OR 门输出为 ON 当且仅当其至少一个输入为 ON。

$$\forall g (\text{Type}(g) = \text{OR} \rightarrow$$
$$\text{Signal}(\text{Out}(1, g)) = \text{ON} \leftrightarrow \exists n \, \text{Signal}(\text{In}(n, g)) = \text{ON})$$

R_5:AND 门的输出为 OFF 当且仅当其至少一个输入为 OFF。

$$\forall g (\text{Type}(g) = \text{AND} \rightarrow$$
$$\text{Signal}(\text{Out}(1, g)) = \text{OFF} \leftrightarrow \exists n \, \text{Signal}(\text{In}(n, g)) = \text{OFF})$$

R_6:XOR 门输出为 ON 当且仅当其输入是不同的。

$$\forall g (\text{Type}(g) = \text{XOR} \rightarrow$$
$$\text{Signal}(\text{Out}(1, g)) = \text{ON} \leftrightarrow \text{Signal}(\text{In}(1, g)) \neq \text{Signal}(\text{In}(2, g)))$$

这样图示的电路 C_1,可以描述如下:

门的分类为

$\text{Type}(X_1) = \text{XOR}, \text{Type}(X_2) = \text{XOR},$

$\text{Type}(A_1) = \text{AND}$

$\text{Type}(A_2) = \text{AND}$

$\text{Type}(O_1) = \text{OR}$

门之间的连接性描述为

$\text{Connected}(\text{Out}(1, X_1), \text{In}(1, X_2)), \text{Connected}(\text{In}(1, C_1), \text{In}(1, X_1))$

$\text{Connected}(\text{Out}(1, X_1), \text{In}(2, A_2)), \text{Connected}(\text{In}(1, C_1), \text{In}(1, A_1))$

$\text{Connected}(\text{Out}(1, A_2), \text{In}(1, O_1)), \text{Connected}(\text{In}(2, C_1), \text{In}(2, X_1))$

$\text{Connected}(\text{Out}(1, A_1), \text{In}(2, O_1)), \text{Connected}(\text{In}(2, C_1), \text{In}(2, A_1))$

$\text{Connected}(\text{Out}(1, X_2), \text{Out}(1, C_1)), \text{Connected}(\text{In}(3, C_1), \text{In}(2, X_2))$

$\text{Connected}(\text{Out}(1, O_1), \text{Out}(2, C_1)), \text{Connected}(\text{In}(3, C_1), \text{In}(1, A_2))$

基于上面的描述,就可以对电路进行分析。例如,在电路 C_1 的输入是什么的情况下,电路的第 1 个输出为 OFF,第 2 个输出为 ON。

这个问题可表示为

$$\exists i_1 \exists i_2 \exists i_3 (\text{Signal}(\text{In}(1, C_1)) = i_1 \land \text{Signal}(\text{In}(2, C_1)) = i_2 \land \text{Signal}(\text{In}(3, C_1)) =$$
$$i_3 \land \text{Signal}(\text{Out}(1, C_1)) = \text{OFF} \land \text{Signal}(\text{Out}(2, C_1)) = \text{ON})$$

答案为

$$(i_1 = \text{ON} \land i_2 = \text{ON} \land i_3 = \text{OFF}) \lor (i_1 = \text{ON} \land i_2 = \text{OFF} \land i_3 = \text{ON}) \lor (i_1 = \text{OFF} \land i_2 = \text{ON} \land i_3 = \text{ON})$$

逻辑知识表示的主要特点是建立在形式化的逻辑基础上,并利用了逻辑方法研究推理的规律,即条件和结论之间蕴含的关系。逻辑表示方法的主要优点如下:

(1)严格性。一阶谓词逻辑具有完备的逻辑推理算法,可以保证其推理过程和结果的正确性,可以比较精确地表达知识。

(2)通用性。命题逻辑和谓词逻辑是通用的形式逻辑系统,具有通用的知识表示方法和推理规则,有很广泛的应用领域。

(3)自然性。命题逻辑和谓词逻辑采用的是一种接近于自然语言的形式语言表达知识并进行推理的,易于被人接受。

(4)明确性。逻辑表示法对如何由简单陈述句构造复杂的陈述句有明确的规定,各个语法单元(如连接词、量词等)和合式公式定义严格。对于用逻辑方法表示的知识,可以按照一种标准的方法进行解释,因此这种知识表示方法明确、易于理解。

(5)模块性。在逻辑表示法中,各条知识都是相互独立的,它们之间不直接发生关系,便于知识的模块化表示,具有易于计算机实现的推理算法。

谓词逻辑知识表示方法具有充分的表示能力,但是也有不足之处:

(1)效率低。形式推理使推理的过程太冗长,效率低。在推理过程中可能会出现"组合爆炸"。

(2)灵活性差。不便于表达启发式知识和不精确的知识。

2.2.4　产生式系统

1. 产生式表示法

产生式表示法又称为产生式规则(production rule)表示法。

"产生式"这一术语是由美国数学家波斯特(Post E)在1943年首先提出来的。他根据串替代规则提出了一种称为波斯特机的计算模型,模型中的每一条规则称为一个产生式。在此之后,几经修改与充实,产生式如今已被用到多个领域中。例如用它来描述形式语言的语法,表示人类心理活动的认知过程等。1972年纽厄尔和西蒙在研究人类的认知模型中开发了基于规则的产生式系统。目前它已成为人工智能中应用最多的一种知识表示模型,许多成功的专家系统都用它来表示知识。例如,费根鲍姆等人研制的化学分子结构专家系统DENDRAL,肖特里菲等人研制的诊断感染性疾病的专家系统MYCIN等。

(1)产生式表示法的主要优点

①自然性

产生式表示法用"如果……,则……"的形式表示知识,这是人们常用的一种表达因果关系的知识表示形式,既直观、自然,又便于进行推理。正是由于这一原因,才使得产生式表示法成为人工智能中最重要且应用最多的一种知识表示方法。

②模块性

产生式是规则库中最基本的知识单元,它们同推理机构相对独立,而且每条规则都具有相同的形式,这就便于对其进行模块化处理,为知识的增、删、改等操作带来了方便,为规则库的建立和扩展提供了可管理性。

③有效性

产生式表示法既可表示确定性知识,又可表示不确定性知识;既有利于表示启发式知识,又可方便地表示过程性知识。目前已建造成功的专家系统大部分是用产生式来表达其过程性知识的。

④清晰性

产生式有固定的格式。每一条产生式规则都是由前提与结论(操作)这两部分组成的,而且每一部分所含的知识量都比较少。这就既便于对规则进行设计,又易于对规则库中知识的一致性及完整性进行检测。

（2）产生式表示法的主要缺点

①效率不高

在产生式系统求解问题的过程中，首先要用产生式的前提部分与综合数据库中的已知事实进行匹配，从规则库中选出可用的规则，此时选出的规则可能不止一个，这就需要按一定的策略进行"冲突消解"，然后把选中的规则启动执行。因此，产生式系统求解问题的过程是一个反复进行"匹配—冲突消解—执行"的过程。鉴于规则库一般都比较庞大，而匹配又是一件十分费时的工作，因此其工作效率不高，而且大量的产生式规则容易引起组合爆炸。

②不能表达具有结构性的知识

产生式适合于表达具有因果关系的过程性知识，是一种非结构化的知识表示方法，所以，对具有结构关系的知识无能为力，它不能把具有结构关系的事物间的区别与联系表示出来。后面介绍的框架表示法可以解决这方面的问题。因此，产生式表示法既可以独立作为一种知识表示模式，又经常与其他表示法结合起来表示特定领域的知识。例如，在专家系统 PROSPECTOR 中使产生式与语义网络相结合，在 Aikins 中使产生式与框架表示法相结合，等等。

（3）产生式表示法适合表示的知识

由上述关于产生式表示法的特点，可以看出产生式表示法适合于表示具有下列特点的领域知识：

①由许多相对独立的知识元组成的领域知识，彼此间关系不密切，不存在结构关系。例如化学反应方面的知识。

②具有经验性及不确定性的知识，而且相关领域中对这些知识没有严格、统一的理论。例如医疗诊断、故障诊断等方面的知识。

③领域内相关问题的求解过程可被表示为一系列相对独立的操作，而且每个操作可被表示为一条或多条产生式规则。

2. 产生式

产生式通常用于表示事实、规则以及它们的不确定性度量，适合于表示事实性知识和规则性知识。

（1）确定性规则知识的产生式表示

确定性规则知识的产生式表示的基本形式是

$$IF \quad P \quad THEN \quad Q$$

或者

$$P \rightarrow Q$$

其中，P 是产生式的前提，用于指出该产生式是否可用的条件；Q 是一组结论或操作，用于指出当 P 所指示的条件满足时，应该得出的结论或应该执行的操作。整个产生式的含义是：如果前提 P 被满足，则可得到结论 Q 或执行 Q 所规定的操作。例如：

$$r_4:IF \text{ 动物会飞} \quad AND \quad \text{会下蛋} \quad THEN \text{ 该动物是鸟}$$

就是一个产生式。其中，r_4 是该产生式的编号，"动物会飞 AND 会下蛋"是前提 P，"该动物是鸟"是结论 Q。

（2）不确定性规则知识的产生式表示

不确定性规则知识的产生式表示的基本形式是

$$IF \quad P \quad THEN \quad Q（置信度）$$

或者

$$P \rightarrow Q（置信度）$$

例如,在专家系统 MYCIN 中有这样一条产生式:

> IF　本微生物的染色斑是革兰氏阴性,
>
> 　　本微生物的形状呈杆状,
>
> 　　病人是中间宿主
>
> THEN　该微生物是绿脓杆菌,置信度为 0.6

它表示当前提中列出的各个条件都得到满足时,结论"该微生物是绿脓杆菌"可以相信的程度为 0.6。这里,用 0.6 指出了知识的强度。

(3)确定性事实性知识的产生式表示

确定性事实一般用三元组表示,基本形式是

$$（对象,属性,值）$$

或者

$$（关系,对象1,对象2）$$

例如,老李年龄是 40 岁,表示为(Li,Age,40)。老李和老王是朋友,表示为(Friend,Li,Wang)。

(4)不确定性事实性知识的产生式表示

不确定性事实一般用四元组表示,基本形式是

$$（对象,属性,值,置信度）$$

或者

$$（关系,对象1,对象2,置信度）$$

例如,老李年龄很可能是 40 岁,表示为(Li,Age,40,0.8)。老李和老王不大可能是朋友,表示为(Friend,Li,Wang,0.1)。

产生式又称为规则或产生式规则;产生式的"前提"有时又称为"条件""前提条件""前件""左部"等;其"结论"部分有时称为"后件"或"右部"等。今后将不加区分地使用这些术语,不再做单独说明。

产生式与谓词逻辑中的蕴含式的基本形式相同,但蕴含式只是产生式的一种特殊情况,理由如下:

①除逻辑蕴含外,产生式还包括各种操作、规则、变换、算子、函数等。例如,"如果炉温超过上限,则立即关闭风门"是一个产生式,但不是一个蕴含式。产生式描述了事物之间的一种对应关系(包括因果关系和蕴含关系),其外延十分广泛。逻辑中的逻辑蕴含式和等价式,程序设计语言中的文法规则,数学中的微分和积分公式,化学中分子结构式的分解变换规则,甚至体育比赛中的规则,国家的法律条文,单位的规章制度等,都可以用产生式表示。

②蕴含式只能表示确定性知识,其真值或者为真,或者为假;而产生式不仅可以表示确定性知识,还可以表示不确定性知识。决定一条知识是否可用,需要检查当前前是否有已知事实可与前提中所规定的条件匹配。对谓词逻辑的蕴含式来说,其匹配总要求是精确的。在产生式表示知识的系统中,匹配可以是精确的,也可以是不精确的,只要按某种算法求出的相似度落在预先指定的范围内就认为是可匹配的。

由于产生式与蕴含式存在这些区别,导致它们在处理方法及应用等方面都有较大的

差别。

为了严格地描述产生式,下面用巴科斯范式(Backus Normal Form,BNF)给出它的形式描述及语义:

<产生式>∷=<前提>→<结论>

<前提>∷=<简单条件>|<复合条件>

<结论>∷=<事实>|<操作>

<复合条件>∷=<简单条件>AND<简单条件>[AND<简单条件>…]|<简单条件>OR<简单条件>[OR<简单条件>…]

<操作>∷=<操作名>[(<变元>,…)]

其中,符号"∷="表示"定义为";符号"|"表示"或者是";符号"[ ]"表示"可缺省"。

3. 产生式系统

把一组产生式放在一起,让它们互相配合、协同作用,一个产生式生成的结论可以供另一个产生式作为已知事实使用,以求得问题的解,这样的系统称为产生式系统。

一般来说,一个产生式系统由规则库、综合数据库、控制系统(推理机)三部分组成。它们之间的关系如图2-14所示。

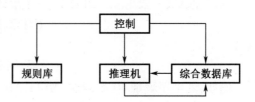

图 2-14　产生式系统的基本结构

(1)规则库

用于描述相应领域内知识的产生式集合称为规则库。显然,规则库是产生式系统求解问题的基础,其知识是否完整、一致,表达是否准确、灵活,对知识的组织是否合理等,将直接影响到系统的性能。因此,需要对规则库中的知识进行合理的组织和管理,检测并排除冗余及矛盾的知识,保持知识的一致性。采用合理的结构形式,可使推理避免访问那些与求解当前问题无关的知识,从而提高求解问题的效率。

(2)综合数据库

综合数据库又称为事实库、上下文、黑板等。它是一个用于存放问题求解过程中各种当前信息的数据结构,例如问题的初始状态、原始证据、推理中得到的中间结论及最终结论。当规则库中某条产生式的前提可与综合数据库的某些已知事实匹配时,该产生式就被激活,并把它推出的结论放入综合数据库中,作为后面推理的已知事实。显然,综合数据库的内容是在不断变化的。

(3)控制系统

控制系统又称为推理机。它由一组程序组成,负责整个产生式系统的运行,实现对问题的求解。粗略地说,推理机要做以下几项工作:

①按一定的策略从规则库中选择可用规则与综合数据库中的已知事实进行匹配。所谓匹配,是指把规则的前提条件与综合数据库中的已知事实进行比较,如果两者一致或者近似一致,且满足预先规定的条件,则称匹配成功,相应的规则可被使用;否则称为匹配不成功。

②冲突消解。匹配成功的规则可能不止一条,这称为发生了冲突。此时,推理机构必须调用相应的解决冲突策略进行消解,以便从匹配成功的规则中选出一条执行。

③执行规则。如果某一规则的右部是一个或多个结论,则把这些结论加入到综合数据

库中;如果规则的右部是一个或多个操作,则执行这些操作。对于不确定性知识,在执行每一条规则时,还要按一定的算法计算结论的不确定性。

④检查推理终止条件。检查综合数据库中是否包含了最终结论,以决定是否停止系统的运行。

4. 产生式系统的例子——动物识别系统

下面以一个动物识别系统为例,介绍产生式系统求解问题的过程。这个动物识别系统是识别虎、金钱豹、斑马、长颈鹿、企鹅、鸵鸟、信天翁等七种动物的产生式系统。

首先根据这些动物识别的专家知识,建立如下规则库:

r_1:	IF	该动物有毛发	THEN	该动物是哺乳动物
r_2:	IF	该动物有奶	THEN	该动物是哺乳动物
r_3:	IF	该动物有羽毛	THEN	该动物是鸟
r_4:	IF	该动物会飞	AND	会下蛋
			THEN	该动物是鸟
r_5:	IF	该动物吃肉	THEN	该动物是食肉动物
r_6:	IF	该动物有犬齿	AND	有爪
			AND	眼盯前方
			THEN	该动物是食肉动物
r_7:	IF	该动物是哺乳动物	AND	有蹄
			THEN	该动物是有蹄类动物
r_8:	IF	该动物是哺乳动物	AND	是咀嚼反刍动物
			THEN	该动物是有蹄类动物
r_9:	IF	该动物是哺乳动物	AND	该动物是食肉动物
			AND	是黄褐色
			AND	身上有斑点
			THEN	该动物是金钱豹
r_{10}:	IF	该动物是哺乳动物	AND	该动物是食肉动物
			AND	是黄褐色
			AND	身上有黑色条纹
			THEN	该动物是虎
r_{11}:	IF	该动物是有蹄类动物	AND	有长脖子
			AND	有长腿
			AND	身上有暗斑点
			THEN	该动物是长颈鹿
r_{12}:	IF	该动物是有蹄类动物	AND	身上有黑色条纹
			THEN	该动物是斑马
r_{13}:	IF	该动物是鸟	AND	有长脖子
			AND	有长腿
			AND	不会飞
			AND	有黑白二色
			THEN	该动物是鸵鸟

r_{14}:	IF	该动物是鸟	AND	会游泳
			AND	不会飞
			AND	有黑白二色
			THEN	该动物是企鹅
r_{15}:	IF	该动物是鸟	AND	善飞
			THEN	该动物是信天翁

由上述产生式规则可以看出,虽然该系统是用来识别 7 种动物的,但它并不是简单地只设计 7 条规则,而是设计了 15 条。其基本想法是,首先根据一些比较简单的条件,如"有毛发""有羽毛""会飞"等对动物进行比较粗的分类,如"哺乳动物""鸟"等,然后随着条件的增加,逐步缩小分类范围,最后给出识别 7 种动物的规则。这样做有两个好处:一是当已知的事实不完全时,虽不能推出最终结论,但可以得到分类结果;二是当需要增加对其他动物(如牛、马等)的识别时,规则库中只需增加关于这些动物个性方面的知识,如 r_9 至 r_{15} 那样,而对 r_1 至 r_8 可直接利用,这样增加的规则就不会太多。$r_1, r_2, \cdots, r_{15}$ 分别是对各产生式规则所做的编号,以便于对它们引用。

设在综合数据库中存放有下列已知事实:

该动物身上有暗斑点,长脖子,长腿,奶,蹄

并假设综合数据库中的已知事实与规则库中的知识是从第一条(即 r_1)开始逐条进行匹配的,则当推理开始时,推理机构的工作过程是:

(1)从规则库中取出第一条规则 r_1,检查其前提是否可与综合数据库中的已知事实匹配成功。由于综合数据库中没有"该动物有毛发"这一事实,所以匹配不成功,不能被用于推理。然后取第二条规则 r_2 进行同样的工作。显然,r_2 的前提"该动物有奶"可与综合数据库中的已知事实"该动物有奶"匹配。再检查 r_3 至 r_{15} 均不能匹配。因为只有 r_2 一条规则被匹配,所以 r_2 被执行,并将其结论部分"该动物是哺乳动物"加入到综合数据库中。并且将 r_2 标注已经被选用过的记号,避免下次再被匹配。

此时综合数据库的内容变为:

该动物特征有暗斑点,长脖子,长腿,奶,蹄,哺乳动物

检查综合数据库中的内容,没有发现要识别的任何一种动物,所以要继续进行推理。

(2)分别用 r_1、r_3、r_4、r_5、r_6 与综合数据库中的已知事实进行匹配,均不成功。但当用 r_7 与之匹配时,获得了成功。再检查 r_8 至 r_{15},均不能匹配。因为只有 r_7 一条规则被匹配,所以执行 r_7 并将其结论部分"该动物是有蹄类动物"加入到综合数据库中,并且将 r_7 标注已经被选用过的记号,避免下次再被匹配。

此时综合数据库的内容变为:

该动物特征有暗斑点,长脖子,长腿,奶,蹄,哺乳动物,有蹄类动物

检查综合数据库中的内容,没有发现要识别的任何一种动物,所以还要继续进行推理。

(3)在此之后,除已经匹配过的 r_2、r_7 外,只有 r_{11} 可与综合数据库中的已知事实匹配成功,所以将 r_{11} 的结论加入到综合数据库中,此时综合数据库的内容变为

该动物身上有暗斑点,长脖子,长腿,奶,蹄,哺乳动物,有蹄类动物,长颈鹿

检查综合数据库中的内容,发现要识别的对象之一长颈鹿已经包含在了综合数据库中,所以推出了"该动物是长颈鹿"这一最终结论。至此,问题的求解过程就结束了。

上述问题的求解过程是一个不断地从规则库中选择可用规则与综合数据库中的已知

事实进行匹配的过程，规则的每一次成功匹配都使综合数据库增加了新的内容，并朝着问题的解决方向前进了一步，这一过程称为推理，是专家系统中的核心内容。当然，上述过程只是一个简单的推理过程，后面将对推理的有关问题展开全面的讨论。

可以使用普通编程语言（如 C、C++）中的 if 语句实现产生式系统，但当产生式规则较多时会产生新的问题。例如，检查哪条规则被匹配需要很长时间遍历所有规则。因此，采用快速算法（如 RETE）匹配规则触发条件的专用产生式系统已经被开发出来。这种系统内嵌了消解多个冲突的算法。近年来，开发了专门用于计算机游戏开发的 RC++，它是 C++语言的超集，加入了控制角色行为的产生式规则，提供了反应式控制器的专用子集。

2.2.5　框架

1975 年美国著名的人工智能学者明斯基提出了框架理论。该理论认为人们对现实世界中各种事物的认识都是以一种类似于框架的结构存储在记忆中的。当面临一个新事物时，就从记忆中找出一个合适的框架，并根据实际情况对其细节加以修改、补充，从而形成对当前事物的认识。例如，一个人走进一个教室之前就能依据以往对"教室"的认识，想象到这个教室一定有四面墙，有门、窗，有天花板和地板，有课桌、凳子、讲台、黑板等。尽管他对这个教室的大小、门窗的个数、桌凳的数量、颜色等细节还不清楚，但对教室的基本结构是可以预见到的。因为他通过以往看到的教室，已经在记忆中建立了关于教室的框架。该框架不仅指出了相应事物的名称（教室），还指出了事物各有关方面的属性（如有四面墙，有课桌，有黑板……），通过对该框架的查找就很容易得到教室的各个特征。他在进入教室后，经观察得到了教室的大小、门窗的个数、桌凳的数量、颜色等细节，把它们填入到教室框架中，就得到了教室框架的一个具体事例。这是他关于这个具体教室的视觉形象，称为事例框架。

框架表示法是一种结构化的知识表示方法，现已在多种系统中得到应用。

1. 框架的一般结构

框架（frame）是一种描述所论对象（一个事物、事件或概念）属性的数据结构。

一个框架由若干个被称为"槽"（slot）的结构组成，每一个槽又可根据实际情况划分为若干个"侧面"。一个槽用于描述所论述对象某一方面的属性，一个侧面用于描述相应属性的一个方面。槽和侧面所具有的属性值分别被称为槽值和侧面值。在一个用框架表示知识的系统中一般都含有多个框架，一个框架一般都含有多个不同槽、不同侧面，分别用不同的框架名、槽名及侧面名表示。无论是对框架、槽或侧面，都可以为其附加上一些说明性的信息，一般是一些约束条件，用于指出什么样的值才能填入到槽和侧面中去。

下面给出框架的一般表示形式：

<框架名>

槽名 1：	侧面名$_{11}$	侧面值$_{111}$,侧面值$_{112}$,…,侧面值$_{11p_1}$
	侧面名$_{12}$	侧面值$_{121}$,侧面值$_{122}$,…,侧面值$_{12p_2}$
	⋮	
	侧面名$_{1m}$	侧面值$_{1m1}$,侧面值$_{1m2}$,…,侧面值$_{1mp_m}$

槽名 2：	侧面名$_{21}$	侧面值$_{211}$，侧面值$_{212}$，$\cdots$，侧面值$_{21p_1}$
	侧面名$_{22}$	侧面值$_{221}$，侧面值$_{222}$，$\cdots$，侧面值$_{22p_2}$
$\vdots$	$\vdots$	
	侧面名$_{2m}$	侧面值$_{2m1}$，侧面值$_{2m2}$，$\cdots$，侧面值$_{2mp_m}$
槽名 n：	侧面名$_{n1}$	侧面值$_{n11}$，侧面值$_{n12}$，$\cdots$，侧面值$_{n1p_1}$
	侧面名$_{n2}$	侧面值$_{n21}$，侧面值$_{n22}$，$\cdots$，侧面值$_{n2p_2}$
$\vdots$	$\vdots$	
	侧面名$_{nm}$	侧面值$_{nm1}$，侧面值$_{nm2}$，$\cdots$，侧面值$_{nmp_m}$
约束：	约束条件$_1$	
	约束条件$_2$	
	$\vdots$	
	约束条件$_n$	

由上述表示形式可以看出，一个框架可以有任意有限数目的槽，一个槽可以有任意有限数目的侧面，一个侧面可以有任意有限数目的侧面值。槽值或侧面值既可以是数值、字符串、布尔值，也可以是一个满足某个给定条件时要执行的动作或过程，还可以是另一个框架的名字，从而实现一个框架对另一个框架的调用，表示出框架之间的横向联系。约束条件是任选的，当不指出约束条件时，表示没有约束。

除了原始类型的值以外，还可以有"缺省"值（default value）、"如果需要"值（if-neededvalue）、"如果加入"值（if-added value）。将这些值分别填入相应的侧面中，这样每个槽可以表示为：

SLOT(槽)　VALUE（值侧面）

　　　　　DEFAULT（缺省值侧面）

　　　　　IF-NEEDED（如果需要值侧面）

　　　　　IF-ADDED（如果加入值侧面）

"缺省"值：当缺少有关事物的信息，同时又无直接反面证据时，就假设按照惯例或者一般情况下的填充值。例如，不知道张三的身高，又没有证据说明张三身材矮小，则"缺省"值可以按照男子的平均身高。

"如果需要"值：过程信息。例如，不知道张三的体重，但知道他的身高，根据经验可以从身高求得体重的近似值，则"如果需要"值可以按照身高计算体重的经验公式。

"如果加入"值：应该做什么的信息。槽中的信息所包含的类型并不是固定的，其数量也不是受限制的，设计者可以根据需要加以考虑。例如，怎样使用这个框架，预计下一步将发生什么情况，以及当情况与预计不符时应做些什么等；还可以表现为复杂的条件，反映多个框架对应的事情之间的关系。

2. 用框架表示知识的例子

下面举些例子，说明框架的建立方法。

例 2-4　教师框架

框架名:<教师>

　姓名:单位(姓、名)

　年龄:单位(岁)

　性别:范围(男、女)

　　缺省:男

　职称:范围(教授、副教授、讲师、助教)

　　缺省:讲师

　部门:单位(系、教研室)

　住址:<住址框架>

　工资:<工资框架>

　开始工作时间:单位(年、月)

　截止时间:单位(年、月)

　　缺省:现在

　　该框架共有 9 个槽,分别描述了"教师"9 个方面的情况,或者说关于"教师"的 9 个属性。在每个槽里都指出了一些说明性的信息,用于对槽的填值给出某些限制。"范围"指出槽的值只能在指定的范围内挑选,例如对"职称"槽,其槽值只能是"教授""副教授""讲师""助教"中的某一个,不能是别的,如"工程师"等;"缺省"表示当相应槽不填入槽值时,就以缺省值作为槽值,这样可以节省一些填槽的工作。例如对"性别"槽,当不填入"男"或"女"时,就默认它是"男",这样对男性教师就可以不填这个槽的槽值。

　　对于上述框架,当把具体的信息填入槽或侧面后,就得到了相应框架的一个事例框架。例如把某教师的一组信息填入"教师"框架的各个槽,就可得到:

框架名:<教师-1>

　姓名:夏冰

　年龄:36

　性别:女

　职称:副教授

　部门:计算机系软件教研室

　住址:<adr-1>

　工资:<sal-1>

　开始工作时间:1988,9

　截止时间:1996,7

例 2-5 教室框架

框架名:<教室>

    墙数:

    窗数:

    门数:

    座位数:

    前墙:<墙框架>

    后墙:<墙框架>

    左墙:<墙框架>

    右墙:<墙框架>

    门:<门框架>

    窗:<窗框架>

    黑板:<黑板框架>

    天花板:<天花板框架>

    讲台:<讲台框架>

该框架共有 13 个槽,分别描述了"教室"13 个方面的情况或者属性。

例 2-6 关于自然灾害的新闻报道中所涉及的事实经常是可以预见的,这些可预见的事实就可以作为代表所报道的新闻中的属性。例如,将下列一则地震消息用框架表示:"某年某月某日,某地发生 6.0 级地震,若以膨胀注水孕震模式为标准,则三项地震前兆中的波速比为 0.45,水氡含量为 0.43,地形改变为 0.60。"

解 地震消息框架如图 2-15 所示。"地震框架"也可以是"自然灾害框架"的子框架,"地震框架"中的值也可以是一个子框架,图中的"地形改变"就是一个子框架。

3. 框架表示法的特点

(1)结构性

框架表示法最突出的特点是便于表达结构性知识,能够将知识的内部结构关系及知识间的联系表示出来,因此它是一种结构化的知识表达方法。这是产生式不具备的,产生式系统中的知识单位是产生规则,这种知识单位太小而难于处理复杂问题,也不能将知识间的结构关系表示出来。产生式规则只能表示因果关系,而框架表示法不仅可以通过 Infer 槽或者 Possible-reason 槽表示因果关系,还可以通过其他槽表示更复杂的关系。

(2)继承性

框架表示法通过使槽值为另一个框架的名字实现框架间的联系,建立起可表示复杂知识的框架网络。在框架网络中,下层框架可以继承上层框架的槽值,也可以进行补充和修改,这样不但减少了知识的冗余,而且较好地保证了知识的一致性。

(3)自然性

框架表示法与人在观察事物时的思维活动是一致的,比较自然。

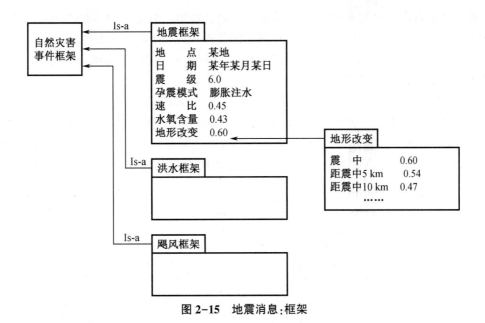

图 2-15　地震消息：框架

2.2.6　语义网络

1. 语义网络

语义网络（semantic network）是一种出现比较早的知识表示形式，在人工智能中得到了比较广泛的应用。语义网络最早是 1968 年奎廉（Quillian）在他的博士论文中作为人类联想记忆的一个显式心理学模型提出的。1972 年，西蒙正式提出语义网络的概念，讨论了它和一阶谓词的关系，并将语义网络应用到自然语言理解的研究中。

语义网络是一种采用网络形式表示人类知识的方法。一个语义网络是一个带标识的有向图。其中，带有标识的节点表示问题领域中的物体、概念、事件、动作或者态势。在语义网络知识表示中，节点一般划分为实例节点和类节点两种类型。节点之间带有标识的有向弧表示节点之间的语义联系，是语义网络组织知识的关键。

2. 基本命题的语义网络表示

由于语义联系的丰富性，不同应用系统所需的语义联系的种类及其解释也不尽相同。比较典型的语义系有：

（1）以个体为中心组织知识的语义联系

①实例联系

实例联系用于表示类节点与所属实例节点之间的联系，通常标识为 ISA。例如，"张三是一名教师"可以表示为如图 2-16 所示的语义网络。

图 2-16　ISA 联系的例子

一个实例节点可以通过 ISA 与多个类节点相连接，多个实例节点也可通过 ISA 与一个类节点相连接。

对概念进行有效分类有利于语义网络的组织和理解。将同一类实例节点中的共性成分在它们的类节点中加以描述,可以减少网络的复杂程度,增强知识的共享性;而不同的实例节点通过与类节点的联系,可以扩大实例节点之间的相关性,从而将分立的知识片段组织成语义丰富的知识网络结构。

②泛化联系

泛化联系用于表示一种类节点(如鸟)与更抽象的类节点(如动物)之间的联系,通常用AKO(a kind of)表示。通过AKO可以将问题领域中的所有类节点组织成一个AKO层次网络。图2-17给出了动物分类系统中的部分概念类型之间的AKO联系描述。

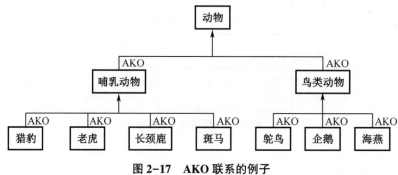

图 2-17　AKO 联系的例子

泛化联系允许低层类型继承高层类型的属性,这样可以将共享属性抽象到较高层次。由于这些共享属性不在每个节点上重复,因此减少了对存储空间的要求。

③聚集联系

聚集联系用于表示某一个体与其组成成分之间的联系,通常用 part-of 表示。聚集联系基于概念的分解性,将高层概念分解为若干低层概念的集合。这里,可以把低层概念看作高层概念的属性。例如,"两只手是人体的一部分"表示为如图2-18所示的语义网络。

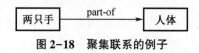

图 2-18　聚集联系的例子

④属性联系

属性联系用于表示个体、属性及其取值之间的联系。通常用有向弧表示属性,用这些弧指向的节点表示各自的值。如图 2-19 所示,约翰的性别是男性,年龄为 30 岁,身高 180 cm,职业是程序员。

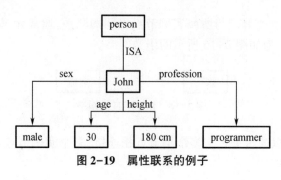

图 2-19　属性联系的例子

（2）以谓词或关系为中心组织知识的语义联系

设有 n 元谓词或关系 $R(\arg_1,\arg_2,\cdots,\arg_n)$，$\arg_1$ 取值为 $a_1,a_2,\cdots,\arg_n$ 取值为 a_n，把 R 化成等价的一组二元关系如下：

$$\arg_1(R,a_1),\arg_2(R,a_2),\cdots,\arg_n(R,a_n)$$

因此，只要把关系 R 也作为语义节点，其对应的语义网络便可以表示为如图 2-20 所示的形式。

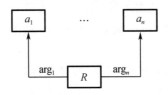

图 2-20　关系语义网络表示

与个体节点一样，关系节点同样划分为实例关系节点和类关系节点两种。实例关系节点与类关系节点之间关系为 ISA。

3. 连接词在语义网络中的表示方法

任何具有表达谓词公式能力的语义网络，除具备表达基本命题的能力外，还必须具备表达命题之间的与、或、非以及蕴含关系的能力。

（1）合取

在语义网络中，合取命题通过引入与节点来表示。事实上这种合取关系网络就是由与节点引出的弧构成的多元关系网络。例如命题

$$\mathrm{give}(\mathrm{John},\mathrm{Mary},\text{“War and Peace”}) \wedge \mathrm{read}(\mathrm{Mary},\text{“War and Peace”})$$

可以表示为如图 2-21 所示的带与节点的语义网络。

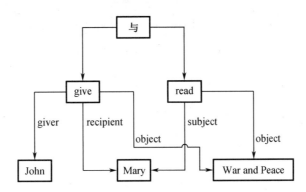

图 2-21　带与节点的语义网络的例子

（2）析取

析取命题通过引入或节点表示。例如命题

John is a programmer or Mary is a lawyer.

可以表示为如图 2-22 所示的带或节点的语义网络。

其中，OC_1、OC_2 为两个具体的职业关系，分别对应 John 为 programmer 及 Mary 为 lawyer。

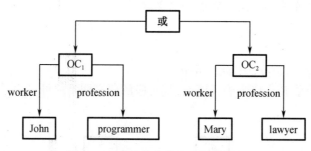

图 2-22　带或节点语义网络的例子

在命题的与、或关系相互嵌套的情况下,明显地标识与、或节点,对于正确地构造和理解语义网络的含义是非常有用的。

(3)否定

在语义网络中,对于基本联系的否定,可以直接采用 ¬ ISA, ¬ AKO 及 ¬ part-of 的有向弧来标注,对于一般情况,则需要通过引进非节点来表示。例如命题

$$\neg \text{give}(\text{John}, \text{Mary}, \text{“War and Peace”}) \wedge \text{read}(\text{Mary}, \text{“War and Peace”})$$

可以表示为如图 2-23 所示的带非节点的语义网络。

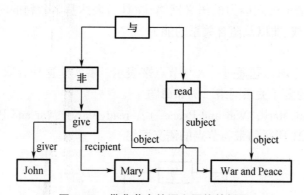

图 2-23　带非节点的语义网络的例子

(4)蕴含

在语义网络中,通过引入蕴含关系节点来表示规则中前提条件和结论之间的因果联系。从蕴含关系节点出发,一条弧指向命题的前提条件,记为 ANTE;另一条弧指向该规则的结论,记为 CONSE。

如规则"如果车库起火,那么用 CO_2 或沙来灭火",可以表示为如图 2-24 所示的带蕴含节点的语义网络。

图中,event 1 表示特指的车库起火事件,它是一般事件的一个实例。任一事件包含地点属性(loc)及事件状态属性(state)。在抽象的 EVENT 类型节点中,用 A 表示一个地点,它是地点(ADDRESS)类的一个实例;用 S 表示一个状态,它是状态(STATE)类的一个实例。

4. 变元和量词在语义网络中的表示方法

存在量词在语义网络中直接用 ISA 弧表示,而全称量词就要用分块方法来表示。例如命题

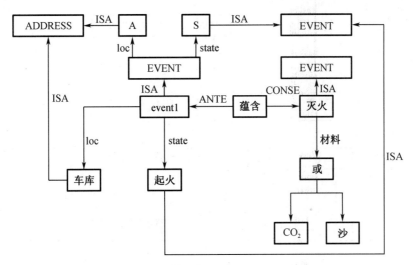

图 2-24　带蕴含节点的语义网络的例子

The dog bit the postman.

这句话意味着所涉及的是存在量词。如图 2-25 所示，图（a）给出了相应的语义网络。网络中 D 节点表示一特定的狗，P 表示一特定的邮递员，B 表示一特定的咬人事件。咬人事件 B 包括两部分：一部分是攻击者；另一部分是受害者。节点 D、B 和 P 都用 ISA 弧与概念节点 DOG、BITE 以及 POSTMAN 相连，因此表示的是存在量词。

如果进一步表示

Every dog has bitten a postman.

这个事实，用谓词逻辑可表示为

$$(\forall x)\mathrm{DOG}(x) \rightarrow (\exists y)[\mathrm{POSTMAN}(y) \wedge \mathrm{BITE}(x,y)]$$

上述谓词公式中包含全称量词。用语义网络来表达知识的主要困难之一是如何处理全称量词。解决这个问题的一种方法是把语义网络分割成空间分层集合。每一个空间对应于一个或几个变量的范围。图（b）是上述事实的语义网络。其中，空间 S_1 是一个特定的分割，表示一个断言：

A dog has bitten a postman.

因为这里的狗应是指每一条狗，所以把这个特定的断言认作断言 G。断言 G 有两部分：第一部分是断言本身，说明所断定的关系，称为格式（FORM）；第二部分代表全称量词的特殊弧 ∀，一根 ∀ 弧可表示一个全称量化的变量。GS 节点是一个概念节点，表示具有全称量化的一般事件，G 是 GS 的一个实例。在这个实例中，只有一个全称量化的变量 D，这个变量可代表 DOGS 这类物体中的每一个成员，而其他两个变量 B 和 P 仍被理解为存在量化的变量。换句话说，这样的语义网络表示对每一条狗存在一个咬人事件 B 和一个邮递员 P，使得 D 是 B 中的攻击者，而 P 是受害者。

为进一步说明分割如何表示量化变量，可考虑如何表示下述事实：

Every dog has bitten every postman.

这时只需对图（b）做简单修改，用 ∀ 弧与节点 P 相连。这样做的含义是每条狗咬了每个邮递员，如图（c）所示。

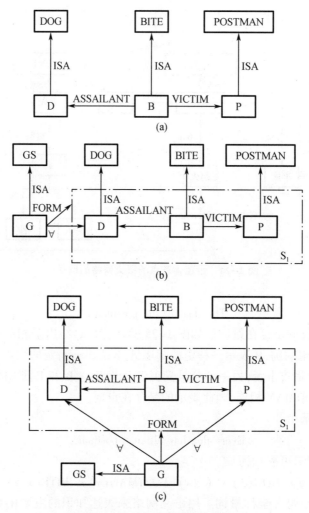

图 2-25　量词在语义网络中的表示

5. 语义网络表示法示例

下面给出两个语义网络表示法的例子。

例 2-7　如图 2-26 所示是关于桌子描述的语义网络。该语义网络中包含实例、泛化、聚集和属性四种联系。

解　由图可见,以个体为中心来组织知识,其节点一般都是名词性个体或概念,并通过 ISA、AKO、part-of 等基本联系以及属性联系作为有向弧来描述有关节点概念之间的语义联系。

例 2-8　设有如图 2-27 所示的动物分类网络片段,现在要求证明小贝贝是灰色的。

解　由于在事实网络中不存在从"小贝贝"指向"灰色"的 color 弧,因此不能得到显式匹配。为此,沿分类网络 ISA 弧向上移到"大象"的节点,在那里有一条通向"灰色"的 color 弧,因而匹配是成功的。这里,网络匹配过程中利用了小贝贝继承大象 color 属性的性质。

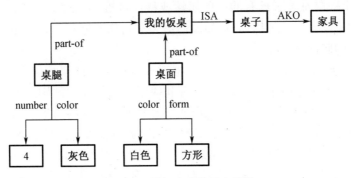

图 2-26 描述桌子的语义网络

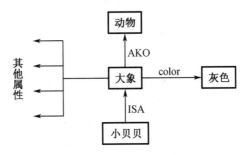

图 2-27 证明小贝贝是灰色的网络

2.2.7 面向对象

面向对象的知识表示法的研究起源于 20 世纪七八十年代。1980 年施乐公司推出了面向对象编程语言 Smalltlak-80,推动了各种不同风格和不同用途的面向对象的研究和问世,尤其是 C++和 Java,其已发展成应用最为广泛的主流编程语言,面向对象技术也已成为面向对象的编程方法学。面向对象程序设计方法以信息隐藏和抽象数据类型概念为基础,既提供了一般到特殊的演绎手段,又提供了从特殊到一般的归纳形式(如类等),是目前主要的软件(特别是基于知识的人工智能软件)开发方法。面向对象方法学的主要观点如下:

(1)认为世界由各种"对象"组成,任何事物都是对象,是某对象类的元素;复杂的对象可由相对简单的对象以某种方法组成。甚至整个世界也可从一些最原始的对象开始,通过层层组合而成。从这个意义上讲,整个世界可认为是一个最复杂的对象。

(2)所有对象被分成各种对象类,每个对象类都定义了所谓"方法"(method),它们实际上可视为允许作用于该类对象上的各种操作。对该类中的对象的操作都可由应用相应的"方法"于该对象来实现。这种操作在面向对象的方法学中被称为"送一个消息(message)给某对象"。

(3)对象之间除了互递消息的联系之外,不再有其他联系,一切局部于对象的信息和实现方法等都被封装在相应对象类的定义中,在外面是不可见的,即所谓"封装"的概念。所以对象类是模块化的,它们的优点是类间联系少、具有相对独立性和类中凝聚力大,这正符合了软件工程的基本原则。

(4)对象类将按"类""子类"与"超类"等概念构成一种层次关系(或树形结构)。在这种层次结构中,上一层对象所具有的一些属性或特征可被下一层对象继承,除非在下一层对象中对相应的属性做了重新描述(以新属性值为准),从而避免了描述中的信息冗余。这称为对象类之间的属性继承关系。

从本质上看,面向对象知识表示方法与框架表示方法有许多相似之处,如层次分类和特性继承机制等。但由于应用目标不同,实现和使用方式有较大区别。框架表示法旨在支持知识的陈述性表示,强调事物的结构化描述和对人思维方式的模拟。面向对象表示法则强调信息的结构化处理,注重信息和信息处理的封装和程序设计的模块化。

另外,一般来说对象是作用者(objects act),而框架是被作用者(frames are acted upon)。即对象是自解释的,而框架是被解释的。对象包含程序层,对外部进来的数据进行缓冲。在传统上框架是不含有封装思想的,框架在专家系统中作为内部的存储结构。专家系统的推理机对框架进行推理,而对象可以执行其自己的动作。

2.2.8 脚本

脚本(script)是一种结构化的表示,被用来描述特定上下文中固定不变的事件序列。脚本最先是由沙克(Schank R C)和他的研究小组设计的,用来作为一种把概念依赖结构组织为典型情况描述的手段。自然语言理解系统使用脚本来根据系统要理解的情况组织知识库。

1. 脚本描述

脚本一般由以下几部分组成:

(1)进入条件(entry conditions),也就是要调用这个脚本必须满足的条件描述。例如营业的饭店和有一些钱的饥饿顾客。

(2)结局(results),也就是脚本一旦终止就成立的事实。例如,顾客吃饱了同时钱少了,饭店老板的钱增多了。

(3)道具(props),也就是支持脚本内容的各种"东西"。这可能包括桌子、服务员以及菜单。道具集合支持合理的默认假定:饭店被假定为拥有桌子和椅子,除非特别说明。

(4)角色(roles),也就是各个参与者所执行的动作。服务员拿菜单、上菜以及拿账单,顾客点菜、食用以及付账。

(5)场景(scenes),香克把脚本分解成一系列场景,每一场景呈现脚本的一段。在饭店中有进入、点菜和食用等场景。

脚本就像一个电影剧本一样,一场一场地表示一些特定事件的序列。一个脚本建立起来后,如果该脚本适合于某一给定的事件,则通过脚本可以预测没有明显提及的事件的发生,并能给出已明确提到的事件之间的联系。

2. 概念依赖关系

作为脚本要素的语义含义的基本"片段",是用概念依赖关系来表示的。1972年香克提出了概念依赖理论,作为表示短语和句子的意思,为计算机提供常识知识以利于推理,从而达到对语言的自动理解。概念依赖理论的基本原理如下:

(1)对于任何两个意思相同的句子,不管语言如何,都应仅有一种概念依赖意思的表示;

(2)概念依赖表示由非常少量的语义原构成,语义原包括原动作和原状态(与属性值有关）；

（3）隐式句子中的任何信息必须形成表示这个句子意思的显式表示。

概念依赖理论有以下三个层面：

（1）概念依赖层面→动作基元，包括

物理世界的基本动作＝{抓 GRASP，移动 MOVE，传递 TRANS，去 GO，推 PROPEL，吸收 INGEST，撞击 HIT}；

精神世界的基本动作＝{心传 MTRANS，概念化 CONCEPTUALIZE，心建 MBUILD}；

手段或工具的基本动作＝{闻 SMELL，看 LOOK-AT，听 LISTEN-TO，说 SPEAK}。

（2）剧本→描写常见场景中的一些基本固定的成套动作（由动作基元构成）。

（3）计划→其每一步由剧本构成。

下面介绍香克的概念依赖关系，他把概念分为下列范畴：

（1）PP：一种概念名词，只用于物理对象，也叫作图像生成者。例如，人物、物体等都是 PP，还包括自然界的风雨雷电和思维着的人类大脑（把大脑看成一个产生式系统）。

（2）PA：物理对象的属性，它和它的值合在一起描述物理对象。

（3）ACT：一个物理对象对另一个物理对象实施的动作，也可能是一个物理对象自身的动作，包括物理动作和精神动作（如批评）。

（4）LOC：一个绝对位置（按"宇宙坐标"确定），或相对位置（相对于一个物理对象）。

（5）TIME：一个时间点或时间片，也分绝对或相对时间两种。

（6）AA：一个动作（ACT）的属性。

（7）VAL：各类属性的值。

香克采用下列方法形成新的概念体（conceptualization）：

（1）一个演员（能动的物理对象），加上一个动作（ACT）。

（2）上述概念加上任选的下列修饰：

①一个对象（若 ACT 为物理动作，则为一个物理对象；若 ACT 为精神动作，则为另一个概念）。

②一个地点或一个接收者（如 ACT 发生在两个物理对象之间，则表示有某个物理对象或概念体传到了另一个物理对象那里；如 ACT 发生在两个地点之间，则表示对象的新地点）。

③一个手段（本身也是一个概念）。

（3）一个对象加上此对象的某一属性的值。

（4）概念和概念之间以某种方式组合起来，形成新的概念，例如，用因果关系组合起来。

本来，香克的目标是要把所有的概念都原子化，但事实上，他只做了对动作（ACT）的原子化。他将 ACT 分为 11 种：

（1）PROPEL：应用物理力量于一对象，包括推、拉、打和踢等。

（2）GRASP：一个演员抓起一个物理对象。

（3）MOVE：演员身体的一部分变换空间位置，如抬手、踢腿、站起和坐下等。

（4）PTRANS：物理对象变换位置，如走进、跑出、上楼和跳水等。

（5）ATRANS：抽象关系的改变，如传递（持有关系改变）、赠送（所有关系改变）和革命（统治关系改变）等。

（6）ATTEND：用某个感觉器官获取信息，如用目光搜索、竖起耳朵听等。

（7）INGEST：演员把某个东西吸入体内，如吃、喝和服药等。

（8）EXPEL：演员把某个东西送出体外，如呕吐、落泪、便溺和吐痰等。

（9）SPEAK：演员产生一种声音，包括唱歌、奏乐、号啕、抽泣和尖叫等。

（10）MTRANS：信息的传递，如交谈、讨论和打电话等。

（11）MBUILD：由旧信息形成新信息，如怒从心头起、恶向胆边生、眉头一皱、计上心来之类。

在定义这 11 种原子动作时，香克有一个基本的思想，这些原子概念主要不是用于表示动作本身，而是表示动作的结果，并且是本质的结果，因此也可以认为是这些概念的推理。例如，"X 通过 ATRANS 把 Y 从 W 处转到 Z 处"包含如下推论：

（1）Y 原来在 W 处；

（2）Y 现在到了 Z 处（不再在 W 处）；

（3）通过 ATRANS 实现了 X 的某种目的；

（4）如果 Y 是一种好的东西，则意味着事情向有利于 Z 而不利于 W 的方向变化，否则相反；

（5）如果 Y 是一种好的东西，则意味着 X 做此动作是为了 Z 的利益，否则相反。

一类重要的句子是因果链，香克和他的同事制定了一些用于概念依赖理论的规则。5 种重要规则如下：

（1）动作可以导致状态的改变；

（2）状态可以启动动作；

（3）状态可以消除动作；

（4）状态（或者动作）可以启动精神事件；

（5）精神事件可以是动作的原因。

这些是关于世界的知识的基本部分，概念依赖包括每种（和组合）称为因果连接的速记表示。在概念依赖理论中，隐式句子中的任何信息必须形成表示这个句子意思的显式表示。例如，句子"John eats the ice cream with a spoon."（约翰用汤匙吃冰激凌。）的概念依赖表示如图 2-28 所示。图中 D 和 I 矢量分别表示方向和使用说明依赖。注意，这个例子中，嘴是作为概念化部分进入图中的，即使它没有出现在原来句子中。这是概念依赖和句子语法分析产生的导出树之间的基本差别。

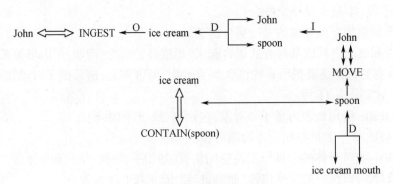

图 2-28　隐式信息的表示

2.2.9　本体

本体（ontology）原是一个哲学术语，称作本体论，意义为"关于存在的理论"，特指哲学的分支学科，研究自然存在以及现实的组成结构。它试图回答"什么是存在""存在的性质是什么"等。从这个观点出发，本体论是指这样一个领域，它确定客观事物总体上的可能的状态，确定每个客观事物的结构所必须满足的个性化的需求。本体论可以定义为有关存在的一切形式和模式的系统。

在信息科学领域，美国斯坦福大学知识系统实验室（KSL）的格鲁伯（Gruber T R）在1993年指出："本体是概念化的一个显式的规范说明或表示。"这是第一个在信息科学领域被广泛接受的本体的正式定义。博斯特（Borst W）对格鲁伯的本体定义稍微做了一点修改，认为本体可定义为"被共享的概念化的一个形式的规格说明"。

本体是用于描述或表达某一领域知识的一组概念或术语。它可以用来组织知识库较高层次的知识抽象，也可以用来描述特定领域的知识。把本体看作描述某个领域的知识实体，而不是描述知识的途径。例如，Cyc 常将它对某个领域知识的表示称为本体。也就是说，表示词汇提供了一套用于描述领域内事实的术语，而使用这些词汇的知识实体是这个领域内事实的集合。但是，它们之间的这种区别并不明显。本体被定义为描述某个领域的知识，通常是一般意义上的知识领域，它使用上面提到的表示性词汇。这时，一个本体不仅仅是词汇表，而是整个上层知识库（包括用于描述这个知识库的词汇）。这种定义的典型应用是 Cyc 工程，它以本体定义其知识库，为其他知识库系统所用。Cyc 是一个超大型的、多关系型知识库和推理引擎。

在人工智能领域，本体研究特定领域知识的对象分类、对象属性和对象间的关系，它为领域知识的描述提供术语，本体应该包含如下的含义：

（1）本体描述的是客观事物的存在，代表了事物的本质。

（2）本体独立于对本体的描述。任何对本体的描述，包括人对事物在概念上的认识、人对事物用语言的描述，都是本体在某种媒介上的投影。

（3）本体独立于个体对本体的认识。本体不会因为个人认识的不同而改变，它反映的是一种能够被群体所认同的一致的"知识"。

（4）本体本身不存在与客观事物的误差，因为它就是客观事物的本质所在。但对本体的描述，即以任何形式或自然语言写出的本体，作为本体的一种投影，可能会与本体本身存在误差。

（5）描述的本体代表了人们对某个领域的知识的公共观念。这种公共观念能够被共享和重用，进而消除不同人对同一事物理解的不一致性。

（6）对本体的描述应该是形式化的、清晰的和无二义的。

根据本体在主题上的不同层次，将本体分为顶层本体（top-level ontology）、领域本体（domain ontology）、任务本体（task ontology）和应用本体（application ontology），如图2-29所示。其中，顶层本体研究通用的概念，如空间、时间、事件和行为等，这些概念独立于特定的领域，可以在不同的领

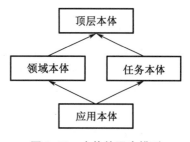

图2-29　本体的层次模型

域中共享和重用。处于第二层的领域本体则研究特定领域(如图书、医学等)下的词汇和术语,对该领域进行建模。与其同层的任务本体则主要研究可共享的问题求解方法,其定义了通用的任务和推理活动。领域本体和任务本体都可以引用顶层本体中定义的词汇来描述自己的词汇。处于第三层的应用本体描述具体的应用,它可以同时引用特定的领域本体和任务本体中的概念。

2.3　知　识　图　谱

2.3.1　知识图谱的发展历史

2012 年 5 月,Google 公司明确地提出知识图谱的概念并构建一个大规模的知识图谱,开启知识图谱研究的先河。从此,知识图谱便在自然语言处理的研究中普及开来,成为自然语言处理研究的一个重要内容。

Google 公司构建了知识图谱之后,又在 2012 年发布了包含 507 亿实体的大规模知识图谱,不少互联网公司很快跟进,纷纷构建各自的知识图谱。例如,微软公司建立了 Probase,百度公司建立了"知心",搜狗公司建立了"知立方"。金融、医疗、司法、教育、出版等各个行业也纷纷建立了各自垂直领域的知识图谱,大大地提高了这些行业的智能化水平。亚马逊(Amazon)、亿贝(eBay)、脸书(Facebook)、国际商业机器公司(IBM)、领英(LinkedIn)、优步(Uber)等公司相继发布开发知识图谱的公告。2013 年,中国中文信息学会开始每年主办全国中文知识图谱研讨会(CCKG, 2013—2015)和全国知识图谱与语义计算大会(CKS,2016—2020),推动了研究界和工业界的学术交流。2017 年,教育部对我国学科目录进行了调整,首次设置知识图谱作为学科方向,将其定位为大规模知识工程,归属于人工智能学科范畴。2019 年,世界顶级 NLP 大会 ACL 一次性收录高质量知识图谱论文 30 多篇,成为知识图谱技术飞速发展的一年。2021 年,华为云知识图谱软件、大规模中英文跨语言知识图谱平台、科技情报知识图谱平台等首批 13 家单位产品颁发了知识图谱产品认证证书。由此可见,国内外研究的良好环境加速了知识图谱研究和应用的新进程。

2.3.2　知识图谱的概述

知识图谱也称为知识域可视化或知识域映射地图,是显示科学知识的发展进程与结构关系的一系列各种不同的图形。它用可视化技术描述知识资源及其载体,挖掘、分析、构建、绘制和显示知识及它们之间的相互联系。知识图谱用节点(vertex)表示语义符号,用边(edge)表示符号与符号之间的语义关系,构成了一种通用的语义知识形式化描述框架。在计算机中,节点和边这样的符号都可以通过"符号具化"(symbol grounding)的方式表征物理世界和认知世界中的对象,并作为不同个体对认知世界中信息和知识进行描述和交换的桥梁。知识图谱这种使用统一形式的知识描述框架便于知识的分享和学习,因而知识图谱受到自然语言处理研究者的普遍欢迎。

知识图谱知识库的建立是整个智能搜索的核心,涉及很多关键技术:首先是知识图谱中实体及实体间关系的建立。为了防止不常用的知识数据的爆炸式增长,谷歌的知识图谱在 Freebase 的原始数据模式的基础上剔除了一些自定义的数据模式,并加入了从谷歌查询词记录中抽取出的实体概念。用户的真实查询记录可以帮助谷歌很好地理解用户真正关注哪些实体，以及对于每个实体，用户真正感兴趣的属性。其次，实体抽取不是一件易事。抽取是指从无结构或半结构的 Web 文档中提取结构化的信息，并将其关联到某个实体概念（例如地址、电话号码、价格、股票号码等）。一个实体的所有信息分散在多个 Web 文档中，如何剔除噪声，排除歧义，将所有相关的可靠信息链接到同一个实体存在很大挑战。谷歌采用多种机器学习算法对实体进行链接匹配。最后，需要很好地组织和存储抽取的实体与关系信息，使其能够被迅速地访问或操作。为达到此目的，谷歌用 MapReduce 将所有实体进行索引，并使用自然语言处理工具对其进行处理。

2.3.3 知识图谱的分类

1. 早期知识库

早期知识库通常由相关领域专家人工构建，准确率和利用价值高，但存在构建过程复杂、需要领域专家参与、资源消耗大、覆盖范围小等局限性。典型的早期知识库包含 Word Net、Concept Net 等。

Word Net 是由普林斯顿大学认知科学实验室从 1985 年开始开发的词典知识库，主要用于词义消歧。Word Net 主要定义了名词、动词、形容词和副词之间的语义关系。例如名词之间的上下位关系中，"Canine" 是 "Dog" 的上位词。Word Net 包含超过 15 万个词和 20 万个语义关系。

Concept Net 是一个常识知识库，源于麻省理工学院媒体实验室在 1999 年创立的 OMCS（Open Mind Common Sense）项目。Concept Net 采用了非形式化、类似自然语言的描述，侧重于词与词之间的关系。Concept Net 由三元组形式的关系型知识构成，已经包含近 2 800 万个关系描述。

2. 开放知识图谱

开放知识图谱类似于开源社区的数据仓库，允许任何人在遵循开源协议和开放性原则的前提下进行自由的访问、使用、修改和共享，典型代表为 Freebase、Wikidata 等。

Freebase 是 Meta Web 从 2005 年开始研发的开放共享的大规模链接知识库。Freebase 作为谷歌知识图谱的数据来源之一，包含多种话题和类型的知识，包括人类、媒体、地理位置等信息。Freebase 基于 RDF 三元组模型，底层采用图数据库存储，包含约 4 400 万个实体，以及 29 亿相关的事实。

Wikidata 是一个开放、多语言的大规模链接知识库，由维基百科从 2012 年开始研发。Wikidata 以三元组的形式存储知识条目，其中每个三元组代表一个条目的陈述，例如 "Beijing" 的条目描述为 "Beijing, is the capital of, China"。Wikidata 包含超过 2 470 万个知识条目。

3. 中文常识知识图谱

与英文百科数据相比，中文百科数据结构更为多样，语义内涵更为丰富，且包含的结构化、半结构化数据有限，为知识图谱的构造提出了更大的挑战。当前，中文常识知识图谱的主要代表为 Zhishi.me、CN-DBpedia 等。

Zhishi.me 采用与 DBpedia 类似的方法，从百度百科、互动百科和维基百科中提取结构化知识，并通过固定的规则将它们之间的等价实体链接起来。Zhishi.me 包含超过 1 000 万个实体和 1.25 亿个三元组。

CN-DBpedia 是一个大规模的中文通用知识图谱,由复旦大学于 2015 年开始研发。CN-DBpedia 主要从中文百科类网站(如百度百科、互动百科、中文维基百科等)中提取信息,并且对提取的知识进行整合、补充和纠正,极大地提高了知识图谱的质量。CN-DBpedia 包含 940 万个实体和 8 000 万个三元组。

4. 领域知识图谱

领域知识图谱面向军事、公安、交通、医疗等特定领域,用于复杂的应用分析或辅助决策,具有专家参与度高、知识结构复杂、知识质量要求高、知识粒度细等特点。典型的领域知识图谱包括 IBM Watson Health 医疗知识图谱、海致星图金融知识图谱、海信"交管云脑"交通知识图谱等。

例如,"星河"知识图谱作为一个军事知识图谱,具有暗网数据、互联网数据、传统数据库、军事书籍等多种数据来源。"星河"知识图谱按军事事件类型和实体类型进行划分,包括 88 个国家和 6 大作战空间的武器装备,共 10 万余装备实体数据、330 个军事本体类别。

2.3.4 知识图谱的架构

1. 逻辑架构

逻辑架构包括模式层和数据层。如图 2-30 所示,模式层在数据层之上,是知识图谱的逻辑基础和概念模型。主要内容为知识的数据结构,包括实体(entity)、关系(relation)、属性(attribute)等知识类的层次结构和层级关系定义,约束数据层的具体知识形式,通常采用本体库进行管理,引入本体是为了知识的复用和共享,涉及的本体包括概念、属性以及概念之间的关系,可以对

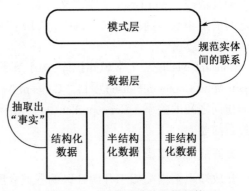

图 2-30 知识图谱的逻辑架构

知识结构进行描述。因此,本体库可以看成结构化知识库的模板,具备精炼且标准的特点。在复杂的知识图谱中,一般通过额外添加规则或公理表示更复杂的知识约束关系。

数据层是以事实(fact)三元组等知识为单位,存储具体的数据信息。知识图谱一般以三元组 $G=\{E,R,F\}$ 的形式表示。其中,E 表示实体集合 $\{e_1,e_2,\cdots,e_E\}$,实体 e 是知识图谱中最基本的组成元素,指代客观存在并且能够相互区分的事物,可以是具体的人、事、物,也可以是抽象的概念。R 表示关系集合 $\{r_1,r_2,\cdots,r_R\}$,关系 r 是知识图谱中的边,表示不同实体间的某种联系。F 表示事实集合 $\{f_1,f_2,\cdots,f_F\}$,每一个事实 f 又被定义为一个三元组 $(h,r,t)\in f$。其中,h 表示头实体,r 表示关系,t 表示尾实体。例如,事实的基本类型可以用三元组表示为(实体,关系,实体)和(实体,属性,属性值)等有向图结构,其中,(实体,关系,实体)三元组以单向箭头表示非对称关系,以双向箭头表示对称关系;(实体,属性,属性值)三元组以单向箭头表示实体的属性,由实体指向属性值。在事实中,实体一般指特定的对象或事物,如具体的某个国家或某本书籍等;关系表示实体间的某种外在联系;属性和属性值表示一个实体或概念特有的参数名和参数值。

2. 技术架构

（1）构建技术

构建大规模、高质量的通用知识图谱或基于行业数据的领域知识图谱，实现大量知识的准确抽取和快速聚合，需要运用多种高效的知识图谱构建技术。

如图2-31所示，知识图谱是通过知识抽取（knowledge extraction，KE）、知识融合（knowledge fusion，KF）、知识加工（knowledge processing，KP）和知识更新（knowledge update，KU）等构建技术，从原始数据（包括结构化数据、半结构化数据和非结构化数据）和外部知识库中抽取知识事实。根据知识的语义信息进行知识的融合、加工，再通过知识更新技术保障知识图谱的时效性，最终得到完整的知识图谱。

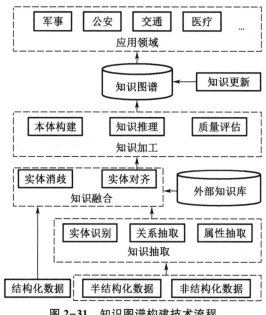

图2-31 知识图谱构建技术流程

①知识抽取

知识抽取是知识图谱构建的首要任务，通过自动化或半自动化的知识抽取技术，从原始数据中获得实体、关系及属性等可用知识单元，为知识图谱的构建提供知识基础。

早期知识抽取主要是基于规则的知识抽取，通过人工预先定义的知识抽取规则，实现从文本中抽取知识的三元组信息；但是这种传统方法主要依赖具备领域知识的专家手工定义规则，当数据量增大时，规则构建耗时长、可移植性差，难以应对数据规模庞大的知识图谱构建。

相比早期基于规则的知识抽取，基于神经网络的知识抽取将文本作为向量输入，能够自动发现实体、关系和属性特征，适用于处理大规模知识，已成为知识抽取的主流方法。

知识抽取的三类主要任务：

a. 实体识别。实体识别，即命名实体识别（named entity recognition，NER），是自然语言处理和知识图谱领域的基础任务。其目的是从海量的原始数据（如文本）中准确提取人物、地点、组织等命名实体信息。实体识别的准确率影响了后续的关系抽取等任务，决定了知识图谱构建的质量。

b.关系抽取。关系抽取(RE)是知识图谱领域的研究重点,也是知识抽取中的核心内容。通过获取实体之间的某种语义关系或关系的类别,自动识别实体对及联系这一对实体的关系所构成的三元组。

c.属性抽取。属性抽取是知识库构建和应用的基础,通过从不同信息源的原始数据中抽取实体的属性名和属性值,构建实体的属性列表,形成完整的实体概念,实现知识图谱对实体的全面刻画。属性抽取方法一般可分为传统的监督、无监督和半监督属性抽取,基于神经网络的属性抽取和其他类型(如元模式、多模态等)的属性抽取。

②知识融合

知识融合是融合各个层面的知识,包括融合不同知识库的同一实体、多个不同的知识图谱、多源异构的外部知识等,并确定知识图谱中的等价实例、等价类及等价属性,实现对现有知识图谱的更新。如表 2-2 所示,知识融合的主要任务包含实体对齐(entity alignment, EA)和实体消歧(entity disambiguation, ED)。

表 2-2　知识融合的主要任务、目的和方法

任务	目的	方法
实体对齐	发现语义相同的实体	基于嵌入表示的实体对齐
实体消歧	消除实体在不同文本中的不同语义	结合高质量特征或上下文相似度辅助消歧

a.实体对齐。实体对齐是知识融合阶段的主要工作,旨在发现不同知识图谱中表示相同语义的实体。一般而言,实体对齐方法可分为传统概率模型、机器学习和神经网络等类别。

b.实体消歧。实体消歧是根据给定文本,消除不同文本中实体指称的歧义(即一词多义问题),将其映射到实际的实体上。根据有无目标知识库划分,实体消歧主要有命名实体聚类消歧和命名实体链接消歧等方法。

③知识加工

知识加工是在知识抽取、知识融合的基础上,对基本的事实进行处理,形成结构化的知识体系和高质量的知识,实现对知识的统一管理。知识加工的具体步骤包括本体构建(ontology construction, QC)、知识推理(knowledge reasoning, KR)和质量评估(quality evaluation, QE),如表 2-3 所示。

表 2-3　知识加工的任务、目的和方法

任务	目的	方法
本体构建	构建知识数据模型和层次体系	人工编辑、实体相似度自动计算、实体关系自动抽取等
知识推理	推断未知知识,对知识图谱进行补全	逻辑规则、嵌入表示、神经网络
质量评估	保障知识的高质量	设置奖励机制或剔除低质量样本

a.本体构建。本体构建是指在模式层构建知识的概念模板,规范化描述指定领域内的概念及概念之间的关系,其过程又包括概念提取和概念间关系提取两部分。根据构建过程

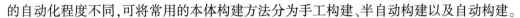

的自动化程度不同,可将常用的本体构建方法分为手工构建、半自动构建以及自动构建。

b.知识推理。知识推理是针对知识图谱中已有事实或关系的不完备性,挖掘或推断出未知或隐含的语义关系。一般而言,知识推理的对象可以为实体、关系和知识图谱的结构等。知识推理主要有逻辑规则、嵌入表示和神经网络三类方法。

c.质量评估。知识图谱质量评估通常在知识抽取或融合阶段进行,对知识的置信度进行评估,保留置信度高的知识,有效保障知识图谱质量。质量评估的研究目的通常为提高知识样本的质量,提升知识抽取的效果,增强模型的有效性。

④知识更新

知识更新是随着时间的推移或新知识的增加,不断迭代更新知识图谱的内容,保障知识的时效性。知识更新有模式层更新和数据层更新两种层次,包括全面更新和增量更新两种方式,如表2-4所示。

表2-4 知识更新的层次和方式

更新类别	更新类型	更新内容
更新层次	模式层更新	知识类更新,如概念、实体、关系、属性等
	数据层更新	具体知识(如三元组)更新
更新方式	全面更新	将新知识与原知识全部结合,重新构建图谱
	增量更新	将新知识作为输入数据,加入现有知识图谱中

知识更新层次:

a.模式层更新。当新增的知识中包含了概念、实体、关系、属性及其类型变化时,需要在模式层中更新知识图谱的数据结构,包括对实体、概念、关系、属性及其类型的增、删、改操作。一般而言,模式层更新需要人工定义规则来表示复杂的约束关系。

b.数据层更新。数据层更新主要是指新增实体或更新现有实体的关系、属性值等信息,更新对象为具体的知识(如三元组),更新操作一般通过知识图谱构建技术自动化完成。在进行更新前,需要经过知识融合、知识加工等步骤,保证数据的可靠性和有效性。

知识更新方式:

a.全面更新。全面更新指将更新知识与原有的全部知识作为输入数据,重新构建知识图谱,其方法操作简单,但消耗资源多。

b.增量更新。增量更新只以新增的知识作为输入数据,在已有的知识图谱基础上增加知识,消耗的资源较少,但是技术实现较为困难,且需要大量的人工定义规则。

(2)构建方法

知识图谱的构建方法有两种:自底向上和自顶向下的构建方法。

①自底向上的构建方法

如图2-32所示,首先,从各类数据源中提取实体、关系和属性,添加到图谱的数据层;然后,对数据层知识进行组织归纳并抽象为概念;最终,构建模式层。

②自顶向下的构建方法

如图2-33所示,首先从顶层开始构建本体概念,该阶段通常由领域专家结合经验和智慧从高质量的数据源中提取和构建本体,完成术语提取、规则定义等,即构建图谱的模式层。之后进行实例填充,从各类数据源中进行信息抽取,再经过知识融合、知识加工、质量评估等过程,将抽取的实体、属性、关系等填充到模式层本体中,完成数据层的构建。

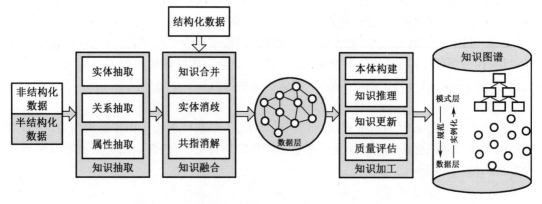

图 2-32　自底向上的构建方法

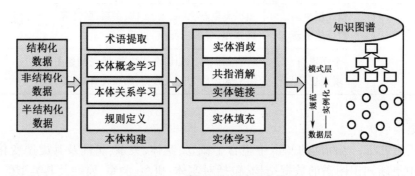

图 2-33　自顶向下的构建方法

2.3.5　知识图谱的应用

知识图谱能够赋予信息明确的结构和语义,使计算机可以直观地理解、处理、整合和显示这些信息,更加接近于人类的认知思维。目前已在语义搜索、知识问答、推荐与决策方面以及各类垂直行业中落地实践。

1. 语义搜索

语义搜索旨在从语义层次上理解用户的检索需求,寻找与之匹配的资源。比如在使用搜索引擎搜索"缅甸的首都"时,返回结果中排首位的是"内比都"。

语义搜索包括基于文档的信息检索和基于知识图谱的语义搜索。基于文档的信息检索属于轻量级语义搜索,通常采用字面值一一对应或字符串相似度等资源召回方式。其缺点是无法处理同名、别名和复杂情形。基于知识图谱的语义搜索属于重量级语义搜索,能够对语义进行显式和形式化建模。传统的语义搜索引擎,采用将问题拆分成关键词、使用限定符号等方法。基于知识图谱的语义搜索能处理更加复杂的问题,而无须采用以上方法,并且能够更清晰地理解用户的查询意图,返回相关度高、质量好的资源,使得语义搜索在工业界及学术界的优势越发显著。

2. 知识问答

知识问答（knowledge base question answering，KBQA）是一种将问题带入知识库寻求答案的问答系统。知识问答能将用户输入的问题转换为客观世界的实体，而非抽象的字符串。即将自然语言问题通过不同的方法映射为结构化查询，然后在知识图谱中获取答案。

知识问答包括基于语法规则的问答和基于知识图谱的问答。传统的问答系统基于大量的语法规则，由于缺乏泛化能力，在搭建新领域问答系统时，需要重新定义规则。基于知识图谱的问答提供了实体之间详细的关系，有助于进一步实现隐式推理，提高问答质量，提高问答速度，适应更通用的场景，使推理具有更强的解释性。未来，基于知识图谱的问答系统可以实现从单轮问答到多轮交互。

3. 推荐与决策

推荐系统是解决信息过载的一个有效方法，可以向没有明确目的的用户推荐可能感兴趣的项目列表。基于知识图谱的方法能够实现个性化推荐，并且使推荐具有可解释性。

传统的推荐系统主要考虑用户序列偏好，却忽略了用户细致偏好，如用户具体喜欢哪个物品的哪些属性等；而知识图谱提供了实体与实体之间更深层次、更长范围的关联，增强了推荐算法的挖掘能力，提高了准确性和多样性，并可以有效弥补交互信息的稀疏或缺失（冷启动问题）。

决策系统主要以决策主题为中心，通过构建决策主题相关知识库、模型库和研究方法库，为决策主题提供全方位、多层次的决策支持和知识服务。知识图谱可以帮助决策沉淀出规则，提高决策模型的准确性和关联性。

2.4　本章小结

自然语言理解是指机器能够执行人类所期望的某种语言功能。本章首先对自然语言的概念、发展历史进行了简要介绍；其次从自然语言处理的层次上，对语音分析、词法分析、句法分析、语义分析、语用分析和语料库方面进行了介绍。这些都是一些基本的技术或方法，要真正用来解决实际问题，达到比较好的效果，如对句子翻译、文本翻译以及语言环境的处理，还有很多问题需要突破。经过自然语言研究人员的长期努力，针对一定应用、有相当自然语言处理能力的实用系统已经出现，典型的例子有多语种数据库和专家系统的自然语言接口、全文信息检索系统、机器翻译系统、自动文摘系统和自动问答系统等。

知识是有关信息关联在一起形成的信息结构，具有相对正确性、不确定性、可表示性和可利用性等特点。本章讨论的知识表示法都是面向符号的知识表示方法。在这些表示方法中，谓词逻辑、产生式系统表示法属于非结构化的知识表示范畴，语义网络、框架、面向对象和脚本技术属于结构化的知识表示范畴。这些表示方法各有其长处，分别适用于不同的情况。

知识图谱秉承语义网的宗旨，优化搜索结果，使其具有语义性的知识库系统。知识图谱智能化搜索在现有搜索结果的基础上额外提供了更详细的结构化信息，其目的是使用户仅通过一步搜索就可以得到想获取的所有知识，从而减少了浏览其他网站的麻烦。与基于关键词匹配的传统网络搜索引擎相比，图谱搜索能够支持更自然、更复杂的查询输入，并针对查询直接给出答案。与搜索引擎关键词自动补足功能类似,图谱搜索会在用户输入时同步预测用户搜索意图,并根据用户选择进行查询扩展。

习 题

1. 什么是自然语言理解?它的发展经历了哪些阶段?

2. 自然语言处理过程的层次有哪些?

3. 转移网络和 ATN 的工作原理是什么?

4. 什么是语义文法?什么是格文法?各有什么特点?

5. 什么是语料库?语料库语言学与基于句法-语义分析的方法比较,有哪些特点?

6. 汉语语料库加工包括哪些内容?

7. 机器翻译系统有哪些类型?

8. 什么是翻译记忆?其基本原理是什么?

9. 语音识别的过程一般包括哪些步骤?

10. 什么是知识?可以分为哪几种类型?

11. 什么是知识表示?如何选择知识表示方法?

12. 产生式表示法的优点有哪些?

13. 产生式的基本形式是什么?它与谓词逻辑中蕴含式有什么共同处和不同处?

14. 产生式系统由哪几部分组成?

15. 产生式系统中,推理机的工作有哪些?在产生式推理过程中,如果发生策略冲突,如何解决?

16. 框架的一般表示形式是什么?

17. 框架表示法的特点是什么?

18. 根据本体在主题上的不同层次,可将本体分为哪几种?

19. 什么是知识图谱?它的架构包括什么?

20. 什么是知识融合?其主要任务是什么?

21. 什么是知识加工?其主要任务是什么?

22. 知识图谱的构建方法有哪些?

23. 写出下列句子的句法分析树:

(1)The boy smoked a cigarette.

(2)The cat ran after a rat.

(3)She used a fountain pen to write her biography.

24. 用转移网络分析:The man reacted sharply.

25. 用格结构表示下列句子:

(1)The plane flew above the clouds.

(2)John flew to New York.

26. 设有下列语句,请用相应的谓词公式把它们表示出来:

(1)有的人喜欢梅花,有的人喜欢菊花,有的人既喜欢梅花又喜欢菊花。

(2)有人每天下午都去打篮球。

（3）要想出国留学，必须通过英语考试。

（4）并不是所有的学生选修了生物和历史。

（5）只有一个学生的语文和数学考试都不及格。

27. 把下列语句表示成语义网络描述：

（1）All men are mortal.

（2）Every cloud has a silver lining.

（3）All branch managers of DEC participate in a profit-sharing plan.

28. 用语义网络表示下列知识：

（1）所有的鸽子都是鸟。

（2）所有的鸽子都有翅膀。

（3）信鸽是一种鸽子，它有翅膀。

29. 对下列命题分别写出它们的语义网络：

(1) 每个学生都有一台计算机。

(2) 孙老师从 2 月至 7 月给计算机专业讲"网络技术"课程。

(3) 刘洋是电脑公司的经理，他 35 岁，住在南内环街 65 号。

参 考 文 献

[1] 史忠植.人工智能[M].北京:机械工业出版社,2016.

[2] 朱福喜,杜友福,夏定纯.人工智能引论[M].武汉:武汉大学出版社,2006.

[3] 蔡瑞英,李长河.人工智能[M].武汉:武汉理工大学出版社,2003.

[4] 蔡自兴,徐光祐.人工智能及其应用[M].2 版.北京:清华大学出版社,1996.

[5] 史忠植,王文杰.人工智能[M].北京:国防工业出版社,2007.

[6] 王万良.人工智能及其应用[M].3 版.北京:高等教育出版社,2016.

[7] 姚锡凡,李旻.人工智能技术及应用[M].北京:中国电力出版社,2008.

[8] 刘巍,陈霄,陈静,等.知识图谱技术研究[J].指挥控制与仿真,2021,43(6):6-13.

[9] 田玲,张谨川,张晋豪,等.知识图谱综述:表示、构建、推理与知识超图理论[J].计算机
    应用,2021,41(8):2161-2186.

[10] 周贞云,邱均平.面向人工智能的我国知识图谱研究的分布特点与发展趋势[J].情报
    科学,2022,40(1):184-192.

第3章 机器学习

机器学习（machine learning, ML）作为一门涉及多领域的交叉学科，涉及概率论、统计学、微积分、代数学和算法复杂度理论等多门学科。它通过让计算机自动"学习"的算法来实现人工智能，是人类在人工智能领域展开的积极探索。

机器学习是利用计算机辅助工具来为人类创造价值，是一个新的领域，它是实现人工智能与生产生活有机结合而兴起的一门学科，如计算机科学（人工智能、理论计算机科学）、数学（概率和数理统计、信息科学、控制理论）、心理学（人类问题求解和记忆模型）、生物学、遗传学（遗传算法、连接主义）和哲学等。

机器学习有下面几种定义。

（1）机器学习是一门人工智能的科学，该领域的主要研究对象是人工智能，特别是如何在经验学习中改善具体算法的性能。

（2）机器学习是对能通过经验自动改进的计算机算法的研究。

（3）机器学习是用数据或以往的经验，优化计算机程序的性能标准。

机器学习专门研究计算机怎样模拟或实现人类的学习行为，以获取新的知识或技能，重新组织已有的知识结构使之不断改善自身的性能。

3.1 机器学习简介

机器学习实际上已经存在了几十年或者也可以认为存在了几个世纪。追溯到 17 世纪，贝叶斯、拉普拉斯关于最小二乘法和马尔可夫链的推导，这些构成了机器学习广泛使用的工具和基础。1950 年（艾伦·图灵提议建立一个学习机器）到 2021 年初（深度学习在实际应用方面取得了很大进展，如 2012 年的 AlexNet，2014 年的生成式对抗网络），机器学习的研究应用有了很大的进展，如图 3-1 所示。

从广义上来说，机器学习就是一种能够赋予机器学习的能力，以此让它完成直接编程无法完成的功能的方法。但从实践意义上来说，机器学习就是一种通过利用数据，训练出模型，然后使用模型进行预测的方法。

3.1.1 机器学习的发展历程

从 20 世纪 20 年代人们开始研究机器学习以来，不同时期研究目标和途径并不相同，可以划分为四个阶段。

第一阶段从 20 世纪 50 年代中叶到 60 年代中叶，这个时期主要研究"有无知识的学习"，这类方法主要是研究系统的执行能力。这个时期主要通过改变机器的环境及其相应性能参数来检测系统所反馈的数据，就好比给系统一个程序，通过改变它们的自由空间作用，系统将会受到程序的影响而改变自身的组织，最终这个系统将会选择一个最优的环境生存。在这个时期最具有代表性的研究就是 Samuet 的下棋程序。但这种机器学习的方法还远远不能满足人类的需要。

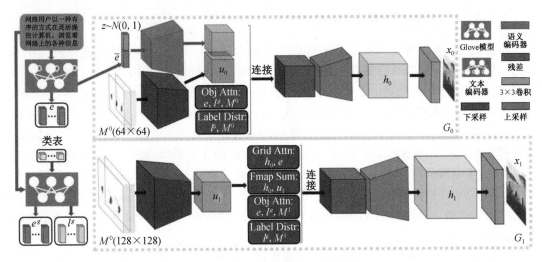

图 3-1 生成式对抗网络

第二阶段从 20 世纪 60 年代中叶到 70 年代中叶,这个时期主要研究将各个领域的知识植入系统里,主要目的是通过机器模拟人类学习的过程,同时还采用了图结构及其逻辑结构方面的知识进行系统描述。在这一研究阶段,主要是用各种符号来表示机器语言,研究人员在进行实验时意识到学习是一个长期的过程,从这种系统环境中无法学到更加深入的知识,因此研究人员将各专家学者的知识加入系统里,经过实践证明这种方法取得了一定的成效。在这一阶段具有代表性的工作有 Hayes-Roth 和 Winson 的结构学习系统方法。

第三阶段从 20 世纪 70 年代中叶到 80 年代中叶,称为复兴时期。在此期间,人们从学习单个概念扩展到学习多个概念,探索不同的学习策略和学习方法,且在本阶段已开始把学习系统与各种应用结合起来,并取得了很大的成功。同时,专家系统在知识获取方面的需求也极大地刺激了机器学习的研究和发展。在出现第一个专家学习系统之后,示例归纳学习系统成为研究的主流,自动知识获取成为机器学习应用的研究目标。1980 年,在美国的卡内基梅隆大学召开了第一届机器学习国际研讨会,标志着机器学习研究已在全世界兴起。此后,机器学习开始得到了大量的应用。*Strategic Analysis and Information System* 国际杂志连续三期刊登有关机器学习的文章。1984 年,由 Simon 等 20 多位人工智能专家共同撰文编写的文集 *Machine Learning* 第二卷出版,国际杂志 *Machine Learning* 创刊,更加显示出机器学习突飞猛进的发展趋势。这一阶段代表性的工作有 Mostow 的指导式学习、Lenat 的数学概念发现程序、Langley 的 BACON 程序及其改进程序。

第四阶段从 20 世纪 80 年代中叶到现在,是机器学习的最新阶段。这个时期的机器学习具有如下特点:

(1)机器学习已成为新的边缘学科,它综合应用了心理学、生物学、神经生理学、数学、自动化和计算机科学等,形成了机器学习理论基础。

(2)融合了各种学习方法,且形式多样的集成学习系统研究正在兴起。

(3)机器学习与人工智能各种基础问题的统一性观点正在形成。

(4)各种学习方法的应用范围不断扩大,一部分应用研究成果已转化为商品。

（5）与机器学习有关的学术活动空前活跃。

3.1.2 机器学习的研究现状

机器学习是人工智能及模式识别领域的共同研究热点，其理论和方法已被广泛应用于解决工程应用和科学领域的复杂问题。2010 年的图灵奖获得者为哈佛大学的 Leslie Valiant 教授，其获奖工作之一是建立了概率近似正确(probably approximate correct, PAC)学习理论；2011 年的图灵奖获得者为加州大学洛杉矶分校的 Judea Pearl 教授，其主要贡献为建立了以概率统计为理论基础的人工智能方法；2018 年图灵奖获得者为深度学习"三巨头"，分别是：蒙特利尔大学的 Yoshua Bengio 教授，其主要贡献为提出序列的概率建模、高维词嵌入与注意力机制、生成对抗网络；多伦多大学名誉教授 Geoffrey Hinton，其主要贡献是提出卷积神经网络、改进反向传播算法、拓宽神经网络的视角；纽约大学的 Yann LeCun 教授，其主要贡献是提出反向传播、玻尔兹曼机(BM)、对卷积神经网络的修正。这些研究成果都促进了机器学习的发展和繁荣。

机器学习是研究怎样使用计算机模拟或实现人类学习活动的科学，是人工智能中最具智能特征、最前沿的研究领域之一。自 20 世纪 80 年代以来，机器学习作为实现人工智能的途径，在人工智能界引起了广泛关注，特别是近十几年来，机器学习领域的研究工作发展很快，它已成为人工智能的重要课题之一。机器学习不仅在基于知识的系统中得到应用，而且在自然语言理解、非单调推理、机器视觉、模式识别等许多领域也得到了广泛应用。一个系统是否具有学习能力已成为是否"智能"的一个标志。机器学习的研究方向主要分为两类：第一类是传统机器学习的研究，该类研究主要是研究学习机制，注重探索，模拟人的学习机制；第二类是大数据环境下机器学习的研究，该类研究主要是研究如何有效利用信息，注重从巨量数据中获取隐藏的、有效的、可理解的数据。

1. 传统机器学习的研究现状

传统机器学习的研究方向主要包括决策树、随机森林(RF)、人工神经网络(artifical neural network, ANN)、贝叶斯学习等方面的研究。

决策树是机器学习常见的一种方法。20 世纪末期，机器学习研究者 J. Ross Quinlan 将 Shannon 的信息论引入决策树算法中，提出了 ID3 算法。1984 年 I. KononenKo、E. RosKar 和 I. BratKo 在 ID3 算法的基础上提出了 AS-SISTANT Algorithm，这种算法允许类别的取值之间有交集。同年，A. Hart 提出了 Chi-Squa 统计算法，该算法采用了一种基于属性与类别关联程度的统计量。1984 年 L. Breiman、C. Ttone、R. Olshen 和 J. Freidman 提出了决策树剪枝概念，极大地改善了决策树的性能。

1984 年 L. Breiman 在决策树中使用 CCP(代价复杂剪枝)方法，该方法将目标函数加入了复杂的衡量标准。1993 年 J. Ross Quinlan 在 ID3 算法的基础上提出了一种改进算法，即 C4.5 算法。C4.5 算法克服了 ID3 算法属性偏向的问题增加了对连续属性的处理，通过剪枝，在一定程度上避免了"过度适合"现象。但该算法将连续属性离散化时，需要遍历该属性的所有值，降低了效率，并且要求训练样本集驻留在内存，不适合处理大规模数据集。2010 年 Xie 提出一种改进的 CART 算法，该算法是描述给定预测向量 X 条件分布变量 Y 的一个灵活方法，已经在许多领域得到了应用。CART 算法可以处理无序的数据，采用基尼系数作为测试属性的选择标准。CART 算法生成的决策树精确度较高，但是当其生成的决策树复杂度超过一定程度后，随着复杂度的提高，分类精度会降低，所以该算法建立的决策树不宜太复杂。

2007年房祥飞表述了一种SLIQ(决策树分类)算法,这种算法的分类精度与其他决策树算法不相上下,但其执行的速度比其他决策树算法快,它对训练样本集的样本数量以及属性的数量没有限制。SLIQ算法能够处理大规模的训练样本集,具有较好的伸缩性;执行速度快而且能生成较小的二叉决策树。SLIQ算法允许多个处理器同时处理属性表,从而实现了并行性。但是SLIQ算法依然不能摆脱主存容量的限制。2000年RajeevRaSto等提出了PUBLIC算法,该算法是对尚未完全生成的决策树进行剪枝,因而提高了效率。

近几年模糊决策树也得到了蓬勃发展,研究者考虑到属性间的相关性提出了分层回归算法、约束分层归纳算法和功能树算法,这三种算法都是基于多分类器组合的决策树算法,它们对属性间可能存在的相关性进行了部分实验和研究,但是这些研究并没有从总体上阐述属性间的相关性是如何影响决策树性能。此外,还有很多其他的算法,如J. Zhang于2014年提出的一种基于粗糙集的优化算法、Wang R在2015年提出的基于极端学习树的算法模型等。

随机森林作为机器学习重要算法之一,是一种利用多个树分类器进行分类和预测的方法。近年来,随机森林算法研究的发展十分迅速,已经在生物信息学、生态学、医学、遗传学、遥感地理学等多领域开展了应用性研究。

人工神经网络是一种具有非线性适应性信息处理能力的算法,可克服传统人工智能方法对于如模式、语音识别,非结构化信息处理等方面的缺陷。早在20世纪40年代人工神经网络已经受到关注,并随后得到迅速发展。

贝叶斯学习是机器学习较早的研究方向,其方法最早起源于英国数学家托马斯·贝叶斯在1763年所证明的一个关于贝叶斯定理的一个特例。经过多位统计学家的共同努力,贝叶斯统计在20世纪50年代之后逐步建立起来,成为统计学中一个重要的组成部分。

2. 大数据环境下机器学习的研究现状

大数据的价值体现主要集中在数据的转向以及数据的信息处理能力等等。在产业发展的今天,大数据时代的到来,对数据的转换、处理和存储等带来了更好的技术支持。产业升级和新产业诞生形成了一种推动力量,让大数据能够针对可发现事物的程序进行自动规划,实现人类用户与计算机信息之间的协调。另外现有的许多机器学习方法是建立在内存理论基础上的。大数据还无法装载进计算机内存的情况下,诸多算法的处理是无法进行,因此需要新的机器学习算法,以适应大数据处理的需要。大数据环境下的机器学习算法,依据一定的性能标准,对学习结果的重要程度可以予以忽视。采用分布式和并行计算的方式进行分治策略的实施,可以规避掉噪声数据和冗余带来的干扰,降低存储耗费,同时提高学习算法的运行效率。

随着大数据时代各行业对数据分析需求的持续增加,通过机器学习高效地获取知识,已逐渐成为当今机器学习技术发展的主要推动力。大数据时代的机器学习更强调"学习本身是手段",机器学习成为一种支持和服务技术。如何基于机器学习对复杂多样的数据进行深层次的分析,更高效地利用信息成为当前大数据环境下机器学习研究的主要方向。所以,机器学习越加朝着智能数据分析的方向发展,并已成为智能数据分析技术的一个重要源泉。另外,在大数据时代,随着数据产生速度的持续加快,数据的体量有了前所未有的增长,而需要分析的新的数据种类也在不断涌现,如文本的理解、文本情感的分析、图像的检索和理解、图形和网络数据的分析等。这使得大数据机器学习和数据挖掘等智能计算技术在大数据智能化分析处理应用中具有极其重要的作用。在 2014 年 12 月中国计算机学会（CCF）大数据专家委员会上,通过数百位大数据相关领域学者和技术专家投票推选出的"2015 年大数据十大热点技术与发展趋势"中,结合机器学习等智能计算技术的大数据分析技术被推选为大数据领域第一大研究热点和发展趋势;在 2017 年和 2018 年的"大数据十大热点技术与发展趋势"中,机器学习继续成为大数据智能分析的核心技术,在连续两年的投票中拔得头筹。

3.1.3　机器学习的方式

机器学习的一个正式定义是由计算机科学家 Tom M. Mitchell 提出的:如果机器能够获得经验并且能利用他们,在以后的类似经验中能够提高它的表现,这就称为机器学习。尽管这个定义是直观的,但是他完全忽略了经验如何转换成未来行动的过程,当然学习总是说起来容易做起来难。虽然人类大脑从出生就自然地能够学习,但计算机学习的必要条件必须要明确给出,基于这个原因,尽管理解机器学习的理论不是严格必需的,但这个基础还是有助于理解、区分和实现机器学习算法。

"机器学习"这个名字有点妨碍理解,改成"统计模型训练"更合适,因为机器学习的过程不是让机器读书识字,而是更接近于马戏团里的动物训练。但不妨深入考虑,人一般无法与动物直接沟通,那训练员是怎样做到与动物配合无间的。

具体过程很复杂,但说起来很简单,就是利用反馈激励机制。譬如训练海豹,训练员给海豹一个信号要它拍手,最开始海豹不知道要做什么,它可能做出各种动作,如点头、扭动身体,但只要它无意中做出了拍手的动作,训练员就会奖励它一条鱼。海豹希望吃到鱼,但它没有那么聪明,无法立即明白听到信号只要拍手就能吃鱼,需要训练员花费大量的时间,不断给它反馈。久而久之,海豹形成了条件反射,听到信号就拍手,这时训练就成功了。

机器学习的过程与此类似,所以机器学习的一项主要工作就叫作"训练模型"。虽然"训练"这个词在机器学习中常见,但感觉还是无法与机器很好地契合,那么再换个词,就是"拟合"。拟合是机器学习的主要工作,在了解机器学习的知识之前,你也许已经接触过很多算法,譬如冒泡排序算法或 MD5 消息摘要算法,它们和机器学习算法有一个很大的区别,即这些算法的结果值是"算"出来的,只要确定了输入,输出就是一个定数。而机器学习算法的结果是"猜"出来的,猜的结果受很多因素影响。

如果给机器学习算法总结一个本质,最符合的就是一个"猜"字。机器学习的过程就是不断回答两个问题:"猜是什么"和"猜中没有"。这两个问题推动着学习过程不断进行,根据"猜是什么"的结果回答"猜中没有",再根据"猜中没有"的结果回答"猜是什么"。这如同"猜数字"游戏,游戏规则很简单,首先裁判选定一个数字,接着参赛选手也报一个数字,裁判回答他猜大了或猜小了,不断重复这个过程,直到最后猜中。

接下来,游戏内容不变,引入两个机器学习的术语——"算法模型"和"损失函数",现在只要简单地把这两个术语当作两个名字。把参赛选手替换成"算法模型",把裁判的回答替换成"损失函数",那么猜数字的过程就是一个完整的机器学习过程:算法模型输出一个数值,损失函数经过计算,回馈一个偏差结果,算法模型根据这个偏差结果进行调整,再输出一个数值,周而复始,直到正确为止。这就是机器学习的学习过程,这个过程在机器学习里称作"拟合",如图 3-2 所示。

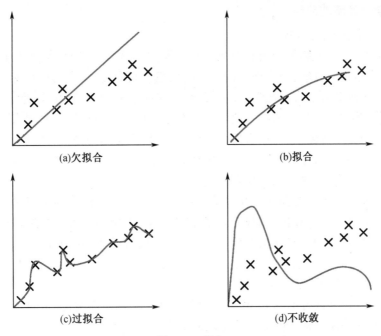

图 3-2 拟合

拟合可以说是机器学习中最重要的概念之一,甚至有人认为机器学习算法中所谓的"学习",本质就是拟合数据。在机器学习中,除了拟合外还有两个很重要的概念,分别为"欠拟合"和"过拟合":欠拟合很好理解,就是学得还不像,算法模型的预测准确性不够;过拟合则正好相反,就是学得太过了。刚接触机器学习,"过拟合"概念不好理解,一般会认为算法模型当然是预测得越准越好,如果只对照"欠拟合"的解释,会认为过拟合意味着模型良好。

过拟合指的是算法模型的泛化性不好,算法模型通常通过一些具体的数据集进行训练,这些数据集称为训练集,由于采集方法等一些外部因素的硬性存在,训练集数据的分布情况可能与真实环境的分布情况略有不同,如果算法模型太注重细节,反而会导致真正运用于真实环境中时预测精度下降。

过拟合中所谓的"过",其实是相对训练集而言的,算法模型的训练最终还是以真实环境,而不是训练集中的预测精度为衡量标准。其实无论学习者是人还是机器,基础的学习过程都是类似的。这一过程可以分解为如下四个相关部分:

(1)数据存储:利用观测值、记忆存储,以及回忆来提供进一步推理的事实依据。

(2)抽象化:设计把数据转换成更宽泛的表示和概念。

(3)一般化:应用抽象的数据来创建知识和推理,从而使行动具有新的背景。

(4)评估:提供反馈机制来衡量学习的知识的用处,给出潜在的改进之处。

3.1.4 机器学习的分类

几十年来,研究发表的机器学习的方法种类很多,根据强调侧重点的不同可以有多种分类方法。

1. 基于学习策略的分类

(1)模拟人脑的机器学习

①符号学习：模拟人脑的宏观心理级学习过程，以认知心理学原理为基础，以符号数据为输入，以符号运算为方法，用推理过程在图或状态空间中搜索，学习的目标为概念或规则等。符号学习的典型方法有记忆学习、示例学习、演绎学习、类比学习、解释学习等。

②神经网络学习：模拟人脑的微观生理级学习过程，以脑和神经科学原理为基础，以人工神经网络为函数结构模型，以数值数据为输入，以数值运算为方法，用迭代过程在系数向量空间中搜索，学习的目标为函数。典型的网络学习有权值修正学习、拓扑结构学习。

(2)直接采用数学方法的机器学习

直接采用数学方法的机器学习主要有统计机器学习。统计机器学习是基于对数据的初步认识以及学习目的的分析，选择合适的数学模型，拟定超参数，并输入样本数据，依据一定的策略，运用合适的学习算法对模型进行训练，最后运用训练好的模型对数据进行分析预测。

统计机器学习三个要素：

①模型：模型在未进行训练前，其可能的参数是多个甚至无穷的，故可能的模型也是多个甚至无穷的，这些模型构成的集合就是假设空间。

②策略：即从假设空间中挑选出参数最优的模型的准则。模型的分类或预测结果与实际情况的误差（损失函数）越小，模型就越好，那么策略就是误差最小。

③算法：即从假设空间中挑选模型的方法（等同于求解最佳的模型参数）。机器学习的模型参数求解通常都会转化为最优化问题，故学习算法通常是最优化算法，例如最速梯度下降法、牛顿法以及拟牛顿法等。

2. 基于学习方式的分类

(1)监督学习（有导师学习）：输入数据中有导师信号，以概率函数、代数函数或人工神经网络为基函数模型，采用迭代计算方法，学习结果为函数。

(2)无监督学习（无导师学习）：输入数据中无导师信号，采用聚类方法，学习结果为类别。典型的无导师学习有发现学习、聚类、竞争学习等。

(3)强化学习（增强学习）：以环境反馈（奖/惩信号）作为输入，以统计和动态规划技术为指导的一种学习方法。

3. 基于数据形式的分类

(1)结构化学习：以结构化数据为输入，以数值计算或符号推演为方法。典型的结构化学习有神经网络学习、统计学习、决策树学习、规则学习。

(2)非结构化学习：以非结构化数据为输入。典型的非结构化学习有类比学习、案例学习、解释学习、文本挖掘、图像挖掘、Web 挖掘等。

4. 基于学习目标的分类

(1)概念学习：学习的目标和结果为概念，或者说这是一种为了获得概念的学习。典型的概念学习主要有示例学习。

(2)规则学习：学习的目标和结果为规则，或者说这是一种为了获得规则的学习。典型的规则学习主要有决策树学习。

(3)函数学习：学习的目标和结果为函数，或者说这是一种为了获得函数的学习。典型的函数学习主要有神经网络学习。

(4)类别学习:学习的目标和结果为对象类,或者说这是一种为了获得类别的学习。典型的类别学习主要有聚类分析。

(5)贝叶斯网络学习:学习的目标和结果是贝叶斯网络,或者说这是一种为了获得贝叶斯网络的学习,其又可分为结构学习和多数学习。

3.1.5 机器学习的应用步骤

到目前为止,已经在理论上讲述了机器学习的方式。为了把机器学习应用到真实世界的任务中,将这一过程划分为七个步骤,不管是什么任务,任何机器学习算法都能由这七个步骤来实施。

1. 收集数据

数据收集过程包括收集算法,用来生成可行动知识的学习材料。

开发机器学习模型,第一步是收集可用于模型的相关数据。大多数情况下,数据需要组合成文本文件、电子表格或者数据库这样的单一数据源。收集数据是机器学习过程的基础,选择错误的功能或专注于数据集的有限类型条目等错误可能会使模型完全失效。这就是当收集数据时必须考虑准确、全面的原因,因为在此阶段所犯的错误将随着后续阶段的进行而扩大。

2. 准备数据

任何机器学习项目的质量很大程度上取决于它使用的数据的质量。

数据收集完成后,下一步就是准备数据以供使用。此阶段的重点是识别并最小化数据集中的任何潜在偏差。首先将数据随机化,这是因为不希望对象与目标的选择有任何关系。此外,需要检查数据集是否具有偏向性,这将有助于识别和纠正潜在的偏见。

数据准备的另一个主要组成部分是将数据集分成两部分。较大的部分(约80%)将用于训练模型,而较小的部分(约20%)用于评估。这很重要,因为如果在训练和评估中使用相同的数据集将无法公平评估模型在实际场景中的性能。除了拆分数据外,还需要采取其他措施来完善数据集,包括删除重复的条目,丢弃不正确的数据等。

在数据探索实践中了解更多的数据信息及细微之处是很重要的,因此还需要额外准备用于学习过程的数据,包括修复或者清理所谓的"杂乱"数据,删除不必要的数据,重新编码数据从而符合学习者期望的输入类型。为模型准备充分的数据可以提高其效率,可以帮助减少模型的盲点,从而提高预测的准确性。因此,审议和检查数据集是非常有意义的,可以对其进行微调以产生更好和有意义的结果。

3. 选择模型

在准备好用于分析的数据后,很可能已经有了希望从数据中学习到什么的设想。具体的机器学习任务会有与之相配合的算法,算法将以模型的形式来表现数据。

由数据科学家开发的各种现有模型可以用于不同的目的,这些模型在设计时考虑了不同的目标。可以在三大类中探索机器学习模型的选择。第一类是监督学习模型,在这样的模型中,结果是已知的,因此需要不断改进模型本身,直到输出达到所需的精度水平。如果结果未知就需要分类,则使用第二类无监督学习,无监督学习的示例包括 K-MEANS 和 Apriori 算法。第三类是强化学习,它着重于在反复试验的基础上做出更好的决策,通常在商业环境中使用。

4. 模型训练

机器学习过程的核心是模型的训练,大量的"学习"在此阶段完成。

如果从数学角度查看模型,则输入将具有系数,这些系数称为特征权重,同时还有一个常数或 y 轴截距,这是所谓的模型偏差,确定其值的过程是反复试验。最初,为它们选择随机值并提供输入。将模型输出与实际输出进行比较,并通过尝试不同的权重和偏差值来最小化差异。

5. 模型评估

在训练好模型之后,需要对其进行测试,以查看其在现实环境中能否正常运行,这就是为什么将用于评估而创建的数据集的一部分用于检查模型的熟练程度的原因。模型评估时将模型置于一个场景中,在该场景中遇到的情况并非其训练的一部分。

由于每个机器学习模型都将产生一个问题的有偏的解决方法,所以评估算法从经验中学习的优劣是很重要的。根据使用模型的类型,应能用一个测试数据集来评估模型的准确性,或者可能需要针对目标应用设计模型性能的检测标准。

在商业应用中,评估非常重要,评估使数据科学家可以检查他们是否设定了可实现的目标。如果结果不令人满意,则要重新检查先前的步骤,以便找出模型性能不佳的根本原因。如果评估未正确完成,则该模型可能无法出色地实现其所需完成的商业目的。这可能意味着设计和销售模型的公司可能会失去客户的良好信誉。这也可能会损害公司的声誉,因为在信任公司关于机器学习模型的敏锐度时,未来的客户可能会犹豫不决。因此,评估模型对于避免上述不良影响至关重要。

6. 超参数调整

如果模型评估成功,则进入超参数调整步骤,此步骤试图改善在评估步骤中获得的积极结果。可以采用不同的方法来改进模型,其中之一是重新训练步骤,并使用训练数据集的多次扫描来训练模型,这将会提高准确性,因为训练的持续时间越长,暴露的问题越多,越会进一步改善模型的质量。解决该问题的另一种方法是优化提供给模型的初始值,随机初始值通常会产生较差的结果,因为它们是通过尝试和错误逐渐完善的。然而如果可以提出更好的初始值,或者使用分布,那么结果可能会更好。还可以使用其他参数来完善模型,但是该过程比逻辑过程更直观,因此没有确定的方法。

当模型实现其目标时,首先需要进行超参数调整,寻求机器学习模型来解决各自的问题时,可以从多个选项中进行选择,但它们更有可能被产生最准确结果的方法所吸引。这就是为什么要确保机器学习模型的商业成功,超参数调整是必不可少的步骤。一个模型中,有很多参数,有些参数可以通过训练获得,比如 Logistic 模型中的权重。但有些参数,通过训练无法获得,被称为"超参数",比如学习率等。

7. 预测

机器学习过程的最后一步是预测,在此阶段认为模型已准备就绪,可以用于实际应用。该模型不受人为干扰,并根据其数据集和训练得出结论,其所面临的挑战仍然是在不同的相关场景下其性能是否能胜过或至少与人类判断相匹配,如果需要更好的性能,就需要利用更加高效的方法来提高模型的性能,有时候需要更换为完全不同的模型,也可能需要补充其他的数据,或者类似于上面第二个步骤中所做的那样,进行一些额外的数据准备工作。

预测步骤是最终用户在各自行业中使用机器学习模型时看到的内容,这一步凸显了为什么许多人认为机器学习是各个行业的未来,复杂但执行良好的机器学习模型可以改善持有者的决策过程。做出决定时,人类只能处理一定数量的数据和相关因素,但机器学习模型可以处理和链接大量数据,这些链接使模型可以获得独特的见解,如果采用通常的人工方法,则可能无法做到。在完成这些步骤以后,如果模型性能令人满意,就能将它应用到其他的任务中。有些情况下,为了预测(也可能是实施预测),可能需要模型给出预测分数。例如,预测财务数据、对市场或者研究给出有用的见解,或者使用诸如邮件或飞机飞行之类的任务实现自动化。部署的模型无论成功或者失败,它们都可能为训练下一代的模型提供进一步的数据。

3.1.6　机器学习的应用前景

机器学习应用广泛,无论是在军事领域还是民用领域,都有机器学习算法施展的机会,主要包括以下几个方面。

1. 数据分析与挖掘

"数据挖掘"和"数据分析"通常被相提并论,并在许多场合被认为是可以相互替代的术语。关于数据挖掘,现在已有多种不同文字表述但含义接近的定义,例如"识别出巨量数据中有效的、新颖的、潜在有用的、最终可理解的模式的非平凡过程";百度百科将数据分析定义为:数据分析是指用适当的统计方法对收集来的大量第一手资料和第二手资料进行分析,以求最大化地开发数据资料的功能,发挥数据的作用,它是为了提取有用信息和形成结论而对数据加以详细研究和概括总结的过程。无论是数据分析还是数据挖掘,都是帮助人们收集、分析数据,使之成为信息,并做出判断,因此可以将这两项合称为"数据分析与挖掘"。如图 3-3 所示。

数据分析与挖掘技术是机器学习算法和数据存取技术的结合,利用机器学习提供的统计分析、知识发现等手段分析海量数据,同时利用数据存取机制实现数据的高效读写。机器学习在数据分析与挖掘领域中拥有无可取代的地位,2012 年 Hadoop 进军机器学习领域就是一个很好的例子。

2012 年,Cloudera 收购 Myrrix 共创 Big Learning,从此,机器学习俱乐部多了一名新会员。Hadoop 和便宜的硬件使得大数据分析更加容易,随着硬盘和 CPU 越来越便宜,以及开源数据库和计算框架的成熟,创业公司甚至个人都可以进行 TB 级以上数据量的复杂计算。

图 3-3　数据挖掘

Myrrix 从 Apache Mahout 项目演变而来,是一个基于机器学习的实时可扩展的集群和推荐系统。Myrrix 创始人 Owen 在其文章中提道:机器学习已经是一个有几十年历史的领域了,为什么大家现在这么热衷于这项技术,因为大数据环境下,更多的数据使机器学习算法表现得更好,机器学习算法能从数据海洋提取更多有用的信息;Hadoop 使收集和分析数据的成本降低,学习的价值提高。Myrrix 与 Hadoop 的结合是机器学习、分布式计算和数据分析与挖掘的联姻,这三大技术的结合让机器学习应用场景呈爆炸式的增长,这对机器学习来说是一个千载难逢的好机会。

2. 模式识别

模式识别起源于工程领域,而机器学习起源于计算机科学,这两个不同学科的结合带来了模式识别领域的调整和发展。模式识别研究主要集中在两个方面:

(1)研究生物体(包括人)是如何感知对象的,属于认识科学的范畴。

(2)在给定的任务下,如何用计算机实现模式识别的理论和方法,这是机器学习的长项,也是机器学习研究的内容之一。

模式识别的应用领域广泛,包括计算机视觉、医学图像分析、光学文字识别、自然语言处理语音、手写识别、生物特征识别、文件分类和搜索引擎等,而这些领域也正是机器学习大展身手的舞台,因此模式识别与机器学习的关系越来越密切,以至于国外很多书籍把模式识别与机器学习综合在一本书里讲述。

人脸识别技术的发展就是模式识别的一个很好的例子。近年来,人脸识别技术已经有了很大发展,人脸检测技术的提出是人机交互研究发展的需要。人机交互方式经过第一代的单一文本形式到第二代的图形用户界面的发展,正在向以人为本的方向发展。人们提出了智能人机接口的概念,希望计算机具有或部分具有人的某些智能,人同计算机的交流变得像人与人之间的交流一样轻松自如。

用户是人机界面中的主体,计算机作为一种"智能体"参与了人类的通信活动。在现代社会中,传统的身份鉴定方式(例如口令、信用卡、身份卡等),存在携带不便、容易遗漏,或者由于使用过多、使用不当而损坏、不可读和密码易被破解等诸多问题,已不能很好地满足各种安全需要,并且显得越来越不适应现代科技的发展和社会的进步。因此,人们希望有一种更加可靠的办法来进行身份鉴定。生物特征识别技术给这一切带来可能,该技术是通过利用个体特有的生理和行为特征来达到身份识别和(或)个体验证目的的一门科学。尽管人们可能会遗忘或丢失他们的卡片或忘记密码,但是却不可能遗忘或者丢失他们的生物特征,如人脸、指纹、虹膜、掌纹或声音等。

在模式识别技术中,近年来以人脸为特征的识别技术发展十分迅速。相对而言,人脸识别是一种更直接、更方便、更友好、更容易被人们接受的非侵犯性识别方法。作为人脸自动识别系统的第一步,人脸检测技术有着十分重要的作用。

3. 在生物信息学中的应用

随着基因组和其他测序项目的不断发展,生物信息学研究的重点正逐步从积累数据转移到如何解释这些数据。在未来,生物学的新发现将极大地依赖于我们在多个维度和不同尺度下对多样化的数据进行组合和关联的分析能力,而不再仅仅依赖于对传统领域的继续关注。序列数据将与结构和功能数据、基因表达数据、生化反应通路数据、表现型和临床数据等一系列数据相互集成。如此大量的数据,在生物信息的获取、存储、处理、浏览及可视化等方面,都对理论、算法和软件的发展提出了迫切的需求。另外,由于基因组数据本身的复杂性也同样对理论、算法和软件的发展提出了迫切的需求。而机器学习方法,例如神经网络、遗传算法、决策树和支持向量机等正适合于这种数据量大、含有噪声并且缺乏统一理论的领域。

机器学习方法在生物信息学中已经有着十分广泛而成功的应用,如 DNA 序列比对、基因及其功能预测、蛋白质结构预测等。神经网络很早就在生物序列分析领域中获得了应用,1982 年,Stormo 等将以氨基酸序列作为输入向量的感知器用于大肠杆菌核糖体结合位点的预测。1988 年,Qian 等发表了一篇用神经网络模型预测蛋白质二级结构的论文,也使得神经网络得到了足够的重视和真正广泛的应用。1993 年,Borodovsky 等用马尔科夫模型构造了基因发现和基因分析程序 Genemark,是统计学习理论应用于基因预测领域的一个非常成功的例子。21 世纪以后机器学习在生物信息学中的应用也很多:如 Cheng 等用双聚类方法来分析 DNA 微阵列数据;Long 等用方差分析和贝叶斯统计框架方法来分析大肠杆菌中的基因表达等。

3.2　监　督　学　习

3.2.1　监督学习简介

监督学习是指利用一组已知类别的样本调整分类器的参数,使其达到所要求性能的过程,也称为监督训练或有导师学习。在监督学习中,每个例子都是由一个输入对象(通常为矢量)和一个期望的输出值(也称为监督信号)组成。

监督学习的流程:首先选择一个适合目标任务的数学模型,然后将一部分已知的"问题和答案"(即训练集)给机器去学习,机器总结出了自己的"方法论",最后人类把"新的问题"(测试集)给机器,让它去解答。

1. 监督学习中需要注意的问题

(1)偏置方差权衡:一般来说,偏置和方差之间有一个权衡,偏置较低的学习算法必须"灵活",这样才能够很好地匹配数据。但如果学习算法过于灵活,它将匹配每个不同的训练数据集,这样会有很高的方差。许多监督学习方法的一个关键方面是它们能够调整这个偏置和方差之间的权衡(用户可以通过提供一个偏置/方差参数进行调整)。

(2)输入空间的维数:如果输入特征向量具有较高的维数,那么学习问题是很困难的,即使真函数仅依赖于一个小数目的特征。这是因为存在许多"额外"的混淆,使其具有高方差,因此对于高的输入维数,通常需要调整分类器,使其具有低方差和高偏置。在实践中,如果能够从输入数据中手动删除与任务不相关的特征,这将有可能改善该学习功能的准确性。

2. 监督学习主要解决的问题

监督学习主要解决回归和分类,二者分别对应着定量输出和定性输出。

(1)回归:简单地说,就是由已知数据通过计算得到一个明确的值,像 $y = f(x)$ 就是典型的回归关系。常说的线性回归就是根据已有的数据返回一个线性模型,如 $y = ax + b$ 就是一种线性回归模型。

(2)分类:由已知数据(已标注的)通过计算得到一个类别。比如现在知道小曹身高182 cm,平均每厘米质量为 0.5 kg,通过计算得到他的体重为 91 kg,这个过程叫回归。根据计算结果得出一个结论,小曹体型超重,这个过程就属于分类。

不管是分类,还是回归,其本质是一样的,都是对输入做出预测,并且都是监督学习。简而言之,分类或回归就是根据特征,分析输入的内容,判断它的类别或者预测其值。

3. 回归和分类的应用

(1)回归问题的应用场景:回归问题通常是用来预测一个值,如预测房价、未来的天气情况等。例如一个产品的实际价格为 500 元,通过回归分析预测值为 499 元,则认为这是一个比较好的回归分析。

(2)分类问题的应用场景:分类问题是用于给事物打上一个标签,通常结果为离散值。例如判断一幅图片上的动物是一只猫还是一只狗,分类通常是建立在回归之上,分类的最后一步通常要使用分类函数判断其所属类别。

4. 如何选择模型

实际应用中可根据图 3-4 所示的监督学习模型分类来选择合适的模型。

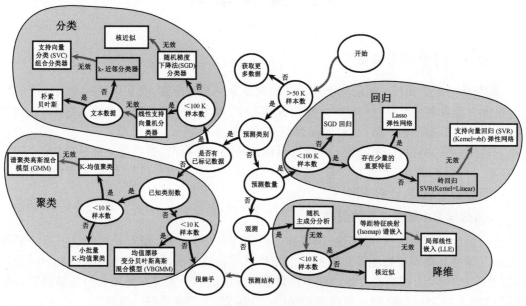

图 3-4　监督学习模型分类

5. 监督学习的算法

常用的监督学习算法如表 3-1 所示,下面将重点介绍几个算法。

表 3-1　监督学习常用算法

模型	学习任务
逻辑回归	分类
朴素贝叶斯	分类
决策树	分类
k-近邻(KNN)	分类
线性回归	数值预测
回归树	数值预测
模型树	数值预测
神经网络	双重用处
支持向量机	双重用处

(1)朴素贝叶斯:朴素贝叶斯分类器(NBC)是应用最为广泛的分类算法之一。NBC 假设了数据集属性之间是相互独立的,常用于文本分类。

(2)决策树:决策树算法采用树形结构,使用层层推理来实现最终的分类。决策树通常由根节点、内部节点、叶节点三个元素构成。ID3、C4.5、CART 是决策树常用的三种典型算法。

(3)支持向量机:支持向量机把分类问题转化为寻找分类平面的问题,并通过最大化分类边界点距离分类平面的距离来实现分类。支持向量机可以解决高维问题,也能够解决小样本下的机器学习问题。

(4)逻辑回归:逻辑回归是用于处理因变量为分类变量的回归问题,常见的是二分类或二项分布问题,也可以用于处理多分类问题。它实际上是属于一种分类方法,用来表示某件事情发生的可能性。逻辑回归实现简单,分类时计算量非常小、速度很快、存储资源低,主要应用于工业问题。

(5)线性回归:线性回归是处理回归任务最常用的算法之一,该算法的形式十分简单,它期望使用一个超平面拟合数据集(只有两个变量的时候就是一条直线)。线性回归建模速度快,不需要很复杂的计算,在数据量大的情况下运行速度依然很快,同时可以根据系数给出每个变量的理解和解释。

(6)回归树:回归树就是用树模型做回归问题,每一片叶子都输出一个预测值。回归树通过将数据集重复分割为不同的分支而实现分层学习,分割的标准是最大化每一次分离的信息增益。这种分支结构让回归树很自然地学习到非线性关系。

(7)k-近邻:k-近邻算法是最简单的机器学习算法。该方法的思路是:在特征空间中,如果一个样本附近的 k 个最近(即特征空间中最邻近)样本的大多数属于某一个类别,则该样本也属于这个类别。

(8)神经网络:神经网络从信息处理角度对人脑神经元网络进行抽象,建立某种模型,按不同的连接方式组成不同的网络。

常见的算法有:k-近邻算法、决策树、朴素贝叶斯、支持向量机、神经网络。

3.2.2　k-近邻算法

1. k-近邻算法简介

k-近邻算法是一种常用的监督学习方法,其工作机制简单,给定测试样本,基于某种距离度量找出训练集中与其最靠近的 k 个训练样本,然后基于这 k 个"邻居"的信息来进行预测。通常,在分类任务中可使用"投票法",即选择这 k 个样本中出现最多的类别标记作为预测结果;在回归任务中可使用"平均法",即将这 k 个样本的实值输出标记的平均值作为预测结果。另外还可基于距离远近进行加权平均或加权投票,距离越近的样本权重越大。

k-近邻学习是"懒惰学习"的典型代表,此类学习技术在训练阶段仅仅是把样本保存起来,训练时间开销为零,待收到测试样本后再进行处理;那些在训练阶段就对样本进行学习处理的方法,称为"急切学习"。

2. k-近邻算法原理

k-近邻算法的核心思想是未标记样本的类别,由距离其最近的 k 个邻居投票来决定。具体地,假设现有一个已标记好的数据集,此时有一个未标记的数据样本,那么任务就是预测出这个数据样本所属的类别。k-近邻的原理是，计算待标记样本和数据集中每个样本的距离，取距离最近的 k 个样本，待标记的样本所属类别就由这 k 个距离最近的样本投票产生。如图 3-5 所示为 k-近邻算法的示例，当 $k=3$ 时，红星将被归为 Class B；当 $k=6$ 时，红星将被归为 Class A。

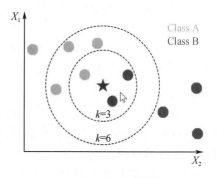

图 3-5　k-近邻算法

3. k-近邻算法的基本特点

k-近邻算法作为一种非常典型的分类监督学习算法，它的整体思想简单，效果强大，可以用来解决多分类问题和回归问题。虽然 k-近邻算法能够较好地解决回归问题，但也有很多的缺点，具体有如下几个方面：

（1）效率低下，对于每一个预测数据都需要 $O(mn)$ 的时间复杂度，可以对其利用树结构进行优化，不过即使优化之后其效率也是比较低下的。

（2）高度数据相关，一旦数据中存在一些误差数据（最近周边的几个数据出错），则其准确度就会很难保证，很容易出现错误的预测结果。

（3）数据预测结果不具备可解释性，预测结果只是来自测试数据最近的点的属性，整体上很难解释，也导致了很难进行后续的改进和发展。

（4）维数灾难，随着数据维度的增加，看似"非常接近"的两个点之间的距离会越来越远；当然可以对其进行降维，不过对于整体算法的影响很大。

4. k-近邻算法分析

k-近邻算法使用的模型实际上是对特征空间的划分。k 值的选择、距离度量和分类决策规则是该算法的三个基本要素：

（1）k 值的选择会对算法的结果产生重大影响。k 值较小意味着只有与输入实例较近的训练实例才会对预测结果起作用，但容易发生过拟合；如果 k 值较大，优点是可以减小学习的估计误差，但缺点是学习的近似误差增大，这时与输入实例较远的训练实例也会对预测起作用，使预测发生错误。在实际应用中，k 值一般选择一个较小的数值，通常采用交叉验证的方法来选择最优的 k 值。

（2）距离度量一般采用 L_p 距离，当 $p=2$ 时，即为欧氏距离，在度量之前，应该将每个属性的值规范化，这样有助于防止具有较大初始值域的属性比具有较小初始值域的属性的权重大。

（3）该算法中的分类决策规则往往是多数表决，即由输入实例的 k 个最邻近的训练实例中的多数类决定输入实例的类别。

KNN 算法不仅可以用于分类，还可以用于回归。算法通过找出一个样本的 k 个最近邻居，将这些邻居的属性的平均值赋给该样本，就可以得到该样本的属性。更有用的方法是将不同距离的邻居对该样本产生的影响赋予不同的权值，如权值与距离成反比。该算法在分类时一个主要的不足，即当样本不平衡时，如一个类的样本容量很大，而其他类样本容量很小时，有可能导致当输入一个新样本时，该样本的 k 个邻居中大容量类的样本占多数。该算法只计算"最近的"邻居样本，某一类的样本数量很大，那么这类样本可能从未接近目标样本，或者这类样本很靠近目标样本。无论怎样，数量并不能影响运行结果。对于这种情况,可以采用权值的方法(和该样本距离小的邻居权值大)来改进。

该方法的另一个不足之处是计算量较大,因为对每一个待分类的样本都要计算它到全体已知样本的距离,才能求得它的 k 个最近邻点。对此,目前常用的解决方法是事先对已知样本点进行剪辑,事先去除对分类作用不大的样本。该算法比较适用于样本容量比较大的类域的自动分类,而那些样本容量较小的类域的分类问题采用这种算法比较容易产生误分。

实现 k-近邻算法时,主要考虑的问题是如何对训练数据进行快速 k-近邻搜索,这在特征空间维数大及训练数据容量大时非常必要。

例 3-1　如图 3-6 所示,有两类不同的样本数据,分别用小正方形和小三角形表示,而图正中间的那个圆所标示的数据则是待分类的数据。也就是说,现在不知道中间那个圆所标示的数据是从属于哪一类(小正方形或小三角形),下面就要解决这个问题,给这个圆分类。

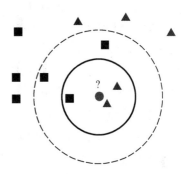

图 3-6　k-近邻算法例图

判别图中圆是属于哪一类数据,要从它的邻居下手。从图中还能看到:

如果 $k=3$,圆的最近的 3 个邻居是 2 个小三角形和 1 个小正方形,少数从属于多数,基于统计的方法,判定这个待分类点属于小三角形一类。

如果 $k=5$,圆的最近的 5 个邻居是 2 个小三角形和 3 个小正方形,还是少数从属于多数,基于统计的方法,判定这个待分类点属于小正方形一类。

由此看到,当无法判定当前待分类点是从属于已知分类中的哪一类时,可以依据统计学的理论看它所处的位置特征,衡量它周围邻居的权重,而把它归为(或分配)到权重更大的那一类,这就是 k-近邻算法的核心思想。

3.2.3　决策树

1. 决策树简介

决策树算法是一种常见的机器学习方法,它首先对数据进行处理,利用归纳算法生成可读的规则和决策树,然后使用决策对新数据进行分析。决策树方法最早产生于 20 世纪 60 年代。到 70 年代末,由 J Ross Quinlan 提出了 ID3 算法,此算法的目的在于减少树的深度,但是忽略了对叶子数目的研究。C4.5 算法在 ID3 算法的基础上进行了改进,对预测变量的缺失值处理、剪枝技术、派生规则等方面做了较大改进,既适合于分类问题,又适合于回归问题。

决策树是一种基本的分类与回归方法。一般决策树包含一个根节点、若干个内部节点和若干个叶节点;叶节点对应于决策结果,其他每个节点则对应于一个属性测试,每个节点包含的样本集合根据属性测试的结果被划分到子节点中,根节点包含样本全集,从根节点到每个叶节点的路径对应了一个判定测试序列。决策树学习的目的是产生一个泛化能力强,即处理未见示例能力强的决策树,其基本流程遵循简单且直观的"分而治之"策略。决策树模型呈树形结构,在分类问题中,表示基于特征对例子进行分类的过程。它可以认为是 if-then 规则的集合,也可以认为是定义在特征空间与类空间上的条件概率分布。其主要优点是模型具有可读性,分类速度快。

决策树学习的目标是根据给定的训练数据集合构建一个决策树模型,使它能够对实例进行正确的分类。决策树学习的本质是从训练数据中归纳出一组分类规则,而与训练数据不相矛盾的决策树(即能够对训练数据进行正确分类的)可能有多个,也可能一个也没有。决策树学习是由训练数据集估计条件概率模型,选择的条件概率模型应该不仅对训练数据有较好的拟合,而且对未知数据有较好的预测(泛化能力)。

决策树的生成是一个递归过程。在决策树基本算法中,有三种情形会导致递归返回:

(1)当前节点包含的样本全属于同一类别,无须划分;

(2)当前属性集为空,或是所有样本在所有属性上取值相同,无法划分;

(3)当前节点包含的样本集合为空,不能划分。

在第(2)种情形下,把当前节点标记为叶节点,并将其类别设定为该节点所含样本最多的类别;在第(3)种情形下,同样把当前节点标记为叶节点,但将其类别设定为其父节点所含样本最多的类别。注意这两种情形的处理实质不同:情形(2)是在利用当前节点的后验分布,而情形(3)则是把当前节点的父节点的样本分布作为该节点的先验分布。

2.决策树原理

(1)树以代表训练样本的单个节点为开始。

(2)如果样本都在同一个类,则该节点成为树叶,并用该类标记。

(3)否则算法选择最有分类能力的属性作为决策树的当前节点。

(4)根据当前决策节点属性取值的不同,将训练样本数据集分为若干子集,每个取值形成一个分枝,有几个取值就形成几个分枝。针对上一步得到的一个子集,重复进行先前步骤,形成每个划分样本上的决策树。一旦一个属性出现在一个节点上,就不必在该节点的任何后代考虑它。

(5)递归划分步骤仅当下列条件之一成立时停止。

给定节点的所有样本属于同一类;没有剩余属性可以用来进一步划分样本。在这两种情况下,使用多数表决,将给定的节点转换成树叶,并以样本中元组个数最多的类别作为类别标记,同时也可以存放该节点样本的类别分布;如果某一分支,没有满足该分支中已有分类的样本,则以样本的多数类创建一个树叶。

3.决策树基本特点

决策树的优点在于易于理解和实现,人们在学习过程中不需要使用者了解很多的背景知识,这同时是它能够直接体现数据的特点,只要通过解释后都有能力去理解决策树所表达的意义。对于决策树,数据的准备往往是简单或者是不必要的,而且能够同时处理数据型和常规型属性,在相对短的时间内能够针对大型数据源得出可行且效果良好的结果;易于通过静态测试来对模型进行评测,测定模型可信度。如果给定一个观察的模型,那么根据所产生的决策树很容易推出相应的逻辑表达式。

决策树的缺点在于:

(1)对于连续性的字段,比较难预测;

(2)对于有时间顺序的数据,需要很多预处理的工作;

(3)当类别太多时,错误可能就会增加得比较快;

(4)一般的算法分类时,只是根据一个字段来分类。

4. 决策树的划分选择

决策树的关键是如何选择最优划分属性。一般而言,随着划分过程不断进行,希望决策树的分支节点所包含的样本尽可能属于同一类别,即节点的"纯度"越来越高。

(1)信息增益

"信息熵"是度量样本集合纯度最常用的一种指标。假定当前样本集合 D 中第 k 类样本所占的比例为 $p_k(k=1,2,\cdots,|y|)$,则 D 的信息熵定义为

$$\mathrm{Ent}(D) = -\sum_{k=1}^{|y|} p_k\log_2 p_k \qquad (3-1)$$

$\mathrm{Ent}(D)$ 的值越小,则 D 的纯度越高。

假定离散属性 α 有 V 个可能的取值 $\{\alpha^1,\alpha^2,\cdots,\alpha^V\}$,若使用 α 来对样本集合 D 进行划分,则会产生 V 个分支节点,其中第 V 个分支节点包含了 D 中所有在属性 α 上取值为 α^V 的样本,记为 D^V 。可根据式(3-1)计算出 D^V 的信息熵,考虑到不同的分支节点所包含的样本数不同,给分支节点赋予权重 $|D^V|/|D|$,即样本数越多的分支节点的影响越大,于是可计算出用属性 α 对样本集合 D 进行划分所获得的"信息增益":

$$\mathrm{Gain}(D,\alpha) = \mathrm{Ent}(D) - \sum_{v=1}^{V} \frac{|D^V|}{|D|}\mathrm{Ent}(D^V) \qquad (3-2)$$

一般而言,信息增益越大,则意味着使用属性 α 来进行划分所获得的"纯度提升"越大。因此,可用信息增益来进行决策树的划分属性选择。ID3 决策树学习算法就是以信息增益为准则来选择划分属性。

(2)增益率

实际上,信息增益准则对可取值数目较多的属性有所偏好,为减小这种偏好可能带来的不利影响,C4.5 决策树算法不直接使用信息增益,而是使用"增益率"来选择最优划分属性。采用与式(3-2)相同的符号表示,增益率定义为

$$\mathrm{Gain}_{\mathrm{ratio}(D,\alpha)} = \frac{\mathrm{Gain}(D,\alpha)}{\mathrm{IV}(\alpha)} \qquad (3-3)$$

式中

$$\mathrm{IV}(\alpha) = -\sum_{v=1}^{V} \frac{|D^V|}{|D|}\log_2 \frac{|D^V|}{|D|} \qquad (3-4)$$

称为属性 α 的"固有值"。属性 α 的可能取值数目越多(即 V 越大),则 $\mathrm{IV}(\alpha)$ 的值通常会越大。

需要注意的是增益率准则对可取值数目较少的属性有所偏好,因此,C4.5 算法并不是直接选择增益率最大的候选划分属性,而是使用了一个启发式:先从候选划分属性中找出信息增益高于平均水平的属性,再从中选择增益率最高的。

(3)基尼系数

CART 决策树使用"基尼系数"来选择划分属性,采用与式(3-2)相同的符号表示,数据集 D 的纯度可用基尼值来度量:

$$\begin{aligned}\mathrm{Gini}(D) &= \sum_{k=1}^{|y|}\sum_{k'\neq k} p_k p_{k'} \\ &= 1 - \sum_{k=1}^{|y|} p_k^2 \end{aligned} \qquad (3-5)$$

直观来说,Gini(D)反映了从数据集 D 中随机抽取两个样本,其类别标记不一致的概率。因此,Gini(D)越小,则数据集 D 的纯度越高。

采用与式(3-2)相同的符号表示,属性 α 的基尼系数定义为

$$\text{Gini\_index}(D,\alpha) = \sum_{v=1}^{V} \frac{|D^V|}{|D|} \text{Gini}(D^V) \tag{3-6}$$

于是,可在候选属性集合 A 中,选择使划分后基尼系数最小的属性作为最优划分属性,即 $\alpha_* = \arg_{\alpha \in A} \min \text{Gini\_index}(D,\alpha)$。

5. 剪枝处理

剪枝是决策树学习算法对付过拟合的主要手段。在决策树学习中,为了尽可能正确地分类训练样本,节点划分过程将不断重复,有时会造成决策树分支过多,这时就可能因训练样本学得"太好"了,以至于把训练集自身的一些特点当作所有数据都具有的一般性质而导致过拟合。因此,可通过主动去掉一些分支来降低过拟合的风险。

决策树剪枝的基本策略有"预剪枝"和"后剪枝"。预剪枝是指在决策树生成过程中,对每个节点在划分前先进行估计,若当前节点的划分不能带来决策树泛化性能提升,则停止划分并将当前节点标记为叶节点;后剪枝则是先从数据集生成一颗完整的决策树,然后自底向上地对非叶节点进行考察,若将该节点对应的子树替换为叶节点能带来决策树泛化性能提升,则将该子树替换为叶节点。

6. 决策树算法

（1）ID3 算法

输入:训练数据集 D,特征集 A,阈值 ε;输出:决策树 T

①若 D 中所有实例属于同一类 CK,则 T 为单节点树,并将类 CK 作为该节点的类标记,返回 T。

②若 $A = \varnothing$,则 T 为单节点树,并将 D 中实例数最大的类 CK 作为该节点的类标记,返回 T。

③否则,计算 A 中各特征对 D 的信息增益,选择信息增益最大的特征 AK。

④如果 Ag 的信息增益小于阈值 ε,则 T 为单节点树,并将 D 中实例数最大的类 CK 作为该节点的类标记,返回 T。

⑤否则,对 Ag 的每一种可能值 α_i,依 $Ag = \alpha_i$ 将 D 分割为若干非空子集 D_i,将 D_i 中实例数最大的类作为标记,构建子节点,由节点及其子树构成树 T,返回 T。

⑥对第 i 个子节点,以 D_i 为训练集,以 $A - \{Ag\}$ 为特征集合,递归调用。

⑦重复步骤①到步骤⑤,得到子树 T_i,返回 T_i。

（2）C4.5 算法

C4.5 算法继承了 ID3 算法的优点,并在以下几方面对 ID3 算法进行了改进:

①用信息增益率来选择属性,克服了用信息增益选择属性时偏向选择取值多的属性的不足。

②在树构造过程中进行剪枝。

③能够完成对连续属性的离散化处理。

④能够对不完整数据进行处理。

C4.5 算法的优点:产生的分类规则易于理解,准确率较高。其缺点是:在构造树的过程

中,需要对数据集进行多次的顺序扫描和排序,因而导致算法的低效。此外,C4.5 算法只适合于能够驻留于内存的数据集,当训练集大到无法在内存容纳时程序无法运行。

具体算法步骤如下:

①创建节点 N;

②如果训练集为空,在返回节点 N 标记为 Failure;

③如果训练集中的所有记录都属于同一个类别,则以该类别标记节点 N;

④如果候选属性为空,则返回 N 作为叶节点,标记为训练集中最普通的类;

⑤对于每个候选属性 attribute_list;

⑥若候选属性是连续的;

⑦则对该属性进行离散化;

⑧选择候选属性 attribute_list 中具有最高信息增益率的属性 D;

⑨标记节点 N 为属性 D;

⑩对每个属性 D 的一致值 d;

⑪由节点 N 长出一个条件为 $D=d$ 的分支;

⑫设 s 是训练集中 $D=d$ 的训练样本的集合;

⑬若 s 为空;

⑭加上一个树叶,标记为训练集中最普通的类;

⑮否则加上一个有 C4.5 $(R - \{D\}, C, s)$ 返回的点。

(3)CART 算法

CART 算法是一种非参数分类和回归方法。CART 模型最早由 Breiman 等提出,已经在统计领域和数据挖掘技术中普遍使用。它采用与传统统计学完全不同的方式构建预测准则,它是以二叉树的形式给出,易于理解、使用和解释。由 CART 模型构建的预测树在很多情况下比常用的统计方法构建的代数学预测准则更加准确,且数据越复杂、变量越多,算法的优越性就越显著。

分类和回归首先利用已知的多变量数据构建预测准则,进而根据其他变量值对一个变量进行预测。在分类中,人们往往先对某一客体进行各种测量,然后利用一定的分类准则确定该客体归属哪一类。例如,给定某一化石的鉴定特征,预测该化石属哪一科、哪一属,甚至哪一种。另外一个例子是,已知某一地区的地质和物化探信息,预测该区是否有矿。回归则与分类不同,它被用来预测客体的某一数值,而不是客体的归类。例如,给定某一地区的矿产资源特征,预测该地区的资源量。

CART 算法由以下两步组成:

(1)决策树生成,基于训练数据集生成决策树,生成的决策树要尽量大;

(2)决策树剪枝,用验证数据集对已生成的树进行剪枝并选择最优子树,这时用损失函数最小作为剪枝的标准。

7. 应用领域

决策树归纳方法在各个方面已经有了广泛的应用,并且有了许多成熟的系统。但是目前决策树算法在应用上只是取得初步成果,还有大量的理论和方法需要深入研究。

国内外文献中对决策树算法研究主要有以下三个方面:一是对大数据集的适应性,ID3、C4.5、C5.0 等算法都限制训练样本驻留内存,这一限制制约了算法的可伸缩性,是决策树应用中必须面对和解决的关键问题。这方面的尝试很多,比较有代表性的研究是 SLIQ、

SPRINT、雨林等算法,它们强调了决策树对大训练集的适应性。二是与其他数据挖掘算法结合,例如粗糙集、贝叶斯、关联规则等。三是对原有算法的改进,例如属性选择、叶子数目、属性和类标签的多值问题、树的整体性能优化等。

例 3-2　图 3-7 所示为一棵结构简单的决策树,用于预测贷款用户是否具有偿还贷款的能力。贷款用户主要具备三个属性:是否拥有房产,是否结婚,平均月收入。每一个内部节点都表示一个属性条件判断,叶子节点表示贷款用户是否具有偿还能力。例如:用户甲没有房产,没有结婚,月收入 5 000 元。通过决策树的根节点判断,用户甲符合右边分支(拥有房产为"否");再判断是否结婚,用户甲符合左边分支(是否结婚为"否");然后判断月收入是否大于 4 000 元,用户甲符合左边分支(月收入大于 4 000 元),该用户落在"可以偿还"的叶子节点上。所以预测用户甲具备偿还贷款能力。

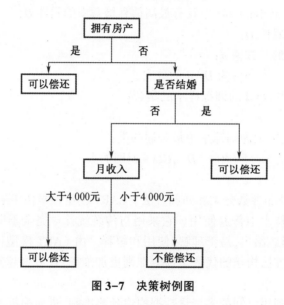

图 3-7　决策树例图

3.2.4　朴素贝叶斯

1. 朴素贝叶斯算法简介

朴素贝叶斯算法是基于贝叶斯定理与特征条件独立假设的分类方法。最为广泛的两种分类模型是决策树模型和朴素贝叶斯模型。和决策树模型相比,朴素贝叶斯分类器发源于古典数学理论,有着坚实的数学基础,以及稳定的分类效率。同时,朴素贝叶斯分类器模型所需估计的参数很少,对缺失数据不太敏感,算法也比较简单。理论上,朴素贝叶斯分类器模型与其他分类方法相比具有最小的误差率,但是实际上并非总是如此,这是因为朴素贝叶斯分类器模型假设属性之间相互独立,这个假设在实际应用中往往是不成立的,这给朴素贝叶斯分类器模型的正确分类带来了一定影响。

贝叶斯算法:贝叶斯算法是以贝叶斯定理为基础,使用概率统计的知识对样本数据集进行分类。由于其有着坚实的数学基础,贝叶斯分类算法的误判率是很低的。贝叶斯算法的特点是结合先验概率和后验概率,既避免了只使用先验概率的主观偏见,也避免了单独使用样本信息的过拟合现象。贝叶斯分类算法在数据集较大的情况下表现出较高的准确率,同时算法本身也比较简单。

朴素贝叶斯算法是在贝叶斯算法的基础上进行了相应的简化,即假定给定目标值时属性之间相互条件独立,也就是说没有哪个属性变量对于决策结果来说占有较大的比重,也没有哪个属性变量对于决策结果占有较小的比重。虽然这个简化方式在一定程度上降低了贝叶斯分类算法的分类效果,但是在实际的应用场景中,极大地简化了贝叶斯算法的复杂性。

2. 朴素贝叶斯法原理

朴素贝叶斯分类是以贝叶斯定理为基础并且假设特征条件之间相互独立的方法,先通过已给定的训练集,以特征词之间独立作为前提假设,学习从输入到输出的联合概率分布,再基于学习到的模型,输入 X 求出使得后验概率最大的输出 Y。

设有样本数据集 $D = \{d_1, d_2, \cdots, d_n\}$,对应样本数据的特征属性集为 $X = \{x_1, x_2, \cdots, x_d\}$,类变量为 $Y = \{y_1, y_2, \cdots, y_n\}$,即 D 可以分为 y_m 类别。其中 $x_1, x_2, \cdots, x_d$ 相互独立且随机,则 Y 的先验概率 $P_{\text{post}} = P(Y)$,Y 的后验概率 $P_{\text{post}} = P(Y|X)$,由朴素贝叶斯算法可得,后验概率可以由先验概率设 $P_{\text{post}} = P(Y)$,证据 $P(X)$、类条件概率 $P(Y|X)$ 计算出:

$$P(Y|X) = \frac{P(Y)P(X|Y)}{P(X)} \tag{3-7}$$

朴素贝叶斯算法基于各特征之间相互独立,在给定类别为 y 的情况下,上式可以进一步表示为下式:

$$P(X|Y=y) = \prod_{i=1}^{d} P(x_i|Y=y) \tag{3-8}$$

由于 $P(X)$ 的大小是固定不变的,因此在比较后验概率时,只比较上式的分子部分即可。因此可以得到一个样本数据属于类别 y_i 的朴素贝叶斯计算:

$$P(y_i|x_1, x_2, \cdots, x_d) = \frac{P(y_i) \prod_{j=1}^{d} P(x_j|y_i)}{\prod_{j=1}^{d} P(x_i)} \tag{3-9}$$

3. 朴素贝叶斯算法基本特点

朴素贝叶斯算法假设了数据集属性之间是相互独立的,因此算法的逻辑性十分简单,并且算法较为稳定,当数据呈现不同的特点时,朴素贝叶斯的分类性能不会有太大的差异。当数据集属性之间的关系相对比较独立时,朴素贝叶斯分类算法会有较好的效果。

属性独立性的条件同时也是朴素贝叶斯分类器的不足之处。数据集属性的独立性在很多情况下是很难满足的,因为数据集的属性之间往往都存在着相互关联,如果在分类过程中出现这种问题,会导致分类的效果大大降低。

4. 朴素贝叶斯算法应用领域

文本分类是数据分析和机器学习领域的一个基本问题,文本分类已广泛应用于网络信息过滤、信息检索和信息推荐等多个方面。数据驱动分类器学习一直是近年来的热点,方法很多,比如神经网络、决策树、支持向量机、朴素贝叶斯等,相对于其他精心设计的更复杂的分类算法,朴素贝叶斯分类算法是学习效率和分类效果较好的分类器之一。直观的文本分类算法,也是最简单的贝叶斯分类器,具有很好的可解释性,朴素贝叶斯算法特点是假设所有特征的出现相互独立互不影响,每一特征同等重要。但事实上这个假设在现实世界中并不成立:首先,相邻的两个词之间的必然联系,不能独立;其次,对一篇文章来说,其中的某一些代表词就确定它的主题,不需要通读整篇文章,查看所有词。所以需要采用合适的方法进行特征选择,这样朴素贝叶斯分类器才能达到更高的分类效率。

朴素贝叶斯算法在文字识别,图像识别方向有着较为重要的作用。现实生活中朴素贝叶斯算法应用广泛,如文本分类、垃圾邮件的分类、信用评估、钓鱼网站检测等。

3.2.5 支持向量机

1. 支持向量机简介

SVM 方法是建立在统计学习模型理论的 VC 维理论和结构风险最小原理基础上的,根据有限的样本信息在模型的复杂性(即对特定训练样本的学习精度)和学习能力(即无错误地识别任意样本的能力)之间寻求最佳折中,以求获得最好的推广能力。支持向量机是一类按监督学习方式对数据进行二元分类的广义线性分类器,其决策边界是对学习样本求解的最大边距超平面(图 3-8)。SVM 使用铰链损失函数计算经验风险并在求解系统中加入了正则化项以优化结构风险,是一个具有稀疏性和稳健性的分类器。SVM 于 1964 年被提出,在 20 世纪 90 年代后得到快速发展并衍生出一系列改进和扩展算法,在人像识别、文本分类等模式识别问题中得到应用。

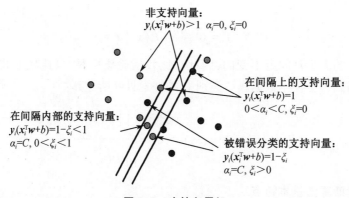

图 3-8　支持向量机

直观上看,应该找到位于两类训练样本"最中间"的划分超平面,即图 3-8 中间的斜线,因为该划分超平面对训练样本局部扰动的"容忍"性最好。例如,由于训练集的局限性或噪声的因素,训练集外的样本可能比图 3-8 中的训练样本更接近两个类的分隔界,这将使许多划分超平面出现错误,而图示中间的超平面受影响最小。换言之,这个划分超平面所产生的分类结果是最鲁棒的,对未见示例的泛化能力最强。

当面对数据而又缺乏理论模型时,统计分析方法是最先采用的方法,然而传统的统计方法只有在样本数量趋于无穷大时才能有理论上的保证,而在实际应用中样本数目通常都是有限的,甚至是小样本,对此基于大数定律的传统统计方法难以取得理想的效果。

Vapnik 等提出的统计学习理论是一种专门的小样本理论,它避免了人工神经网络等方法的网络结构难于确定、过学习和欠学习以及局部极小等问题,被认为是目前针对小样本的分类、回归等问题的最佳理论,这一方法数学推导严密,理论基础坚实。基于这一理论,近年提出的 SVM 方法,为解决非线性问题提供了一个新思路。

早在 20 世纪 60 年代,Vapnik 就已完成了统计学习的基本理论建设,如经验风险最小化原则下统计学习一致性的条件(收敛性、收敛的可控性和收敛与概率测度定义的无关性,号称机器学习理论的"三个里程碑")、关于统计学习方法推广能力的界的理论以及在此基础上建立的小样本归纳推理原则等。直到 20 世纪 90 年代中期,实现统计学习理论和原则的实用化算法——SVM 方法才被逐渐提出,并在模式识别等人工智能领域成功应用,受到广泛关注。

2. 支持向量机原理

(1)线性分类

①线性可分性

在分类问题中给定输入数据和学习目标:$X = \{X_1, X_2, \cdots, X_N\}$,$y = \{y_1, y_2, \cdots, y_N\}$,其中输入数据的每个样本都包含多个特征由此构成特征空间 $X_i = \{X_1, X_2, \cdots, X_N\} \in X$,而学习目标为二元变量 $y = \{-1, 1\}$ 表示负类和正类。若输入数据所在的特征空间存在作为决策边界的超平面将学习目标按正类和负类分开,并使任意样本的点到平面距离大于等于 1:

$$\text{Decision boundary:} \boldsymbol{w}^T \boldsymbol{X} + b = 0 \tag{3-10}$$

$$\text{Point to plane distance:} y_i(\boldsymbol{w}^T \boldsymbol{X} + b) \geqslant 1 \tag{3-11}$$

所有在上间隔边界上方的样本属于正类,在下间隔边界下方的样本属于负类。两个间隔边界的距离 $\boldsymbol{d} = \dfrac{2}{\|\boldsymbol{w}\|}$ 被定义为边距,位于间隔边界上的正类和负类样本为支持向量。

②损失函数

在一个分类问题不具有线性可分性时,使用超平面作为决策边界会带来分类损失,即部分支持向量不再位于间隔边界上,而是进入了间隔边界内部,或落入决策边界的错误一侧。损失函数可以对分类损失进行量化,其按数学意义可以得到的形式是 0-1 损失函数:

$$L(p) = \begin{cases} 0, & p < 0 \\ 1, & p \geqslant 0 \end{cases} \tag{3-12}$$

0-1 损失函数不是连续函数,不利于优化问题的求解,因此通常的选择是构造代理损失函数。可用的选择包括铰链损失函数、Logistic 损失函数、指数损失函数,其中 SVM 使用的是铰链损失函数:$L(p) = \max(0, 1)$ 对替代损失的相合性研究表明,当代理损失是连续凸函数,并在任意取值下是 0-1 损失函数的上界,则求解代理损失最小化所得结果也是 0-1 损失最小化的解。

③经验风险与结构风险

按统计学习理论,分类器在经过学习并应用于新数据时会产生风险,风险的类型可分为经验风险[式(3-13)]和结构风险[式(3-14)]:

$$\text{Empirical risk:} \epsilon = \sum_{i=1}^{N} L(p_i) = \sum_{i=1}^{N} L[f(\boldsymbol{X}_i, \boldsymbol{w}), y_i] \tag{3-13}$$

$$\text{Structural risk:} \Omega(f) = \|\boldsymbol{w}\|^p \tag{3-14}$$

式中,f 表示分类器。经验风险由损失函数定义,描述了分类器所给出的分类结果的准确程度;结构风险由分类器参数矩阵的范数定义,描述了分类器自身的复杂程度以及稳定程度,复杂的分类器容易产生过拟合,因此是不稳定的。若一个分类器通过最小化经验风险和结构风险的线性组合以确定其模型参数:

$$L = \|\boldsymbol{w}\|^p + C \sum_{i=1}^{N} L\left|f(\boldsymbol{X}_i, \boldsymbol{w}), y_i\right| \tag{3-15}$$

$$\boldsymbol{w} = \underset{w}{\mathrm{argmin}} \, L \tag{3-16}$$

则对该分类器的求解是一个正则化问题。式中常数 C 是正则化系数,当 $p=2$,该式被称为 L2 正则化或 TiKhonov 正则化。SVM 的结构风险按 $p=2$ 表示,在线性可分问题下,硬边界 SVM 的经验风险可以归 0,因此其是一个完全最小化结构风险的分类器;在线性不可分问题中,软边界 SVM 的经验风险不可归 0,因此其是一个 L2 正则化分类器,最小化结构风险和经验风险的线性组合。

（2）核方法

一些线性不可分的问题可能是非线性可分,即特征空间存在超曲面将正类和负类分开。使用非线性函数可以将非线性可分问题从原始的特征空间映射至更高维的希尔伯空间,从而转化为线性可分问题,此时作为决策边界的超平面表示如下: $\boldsymbol{w}^{\mathrm{T}}\boldsymbol{\Phi}(\boldsymbol{x}) + b = 0$。式中 $\boldsymbol{\Phi}: \boldsymbol{x} \rightarrow H$ 为映射函数。由于映射函数具有复杂的形式,难以计算其内积,因此可使用核方法,即定义映射函数的内积为核函数: $k(\boldsymbol{x}_1, \boldsymbol{x}_2) = \boldsymbol{\Phi}(\boldsymbol{x}_1)^{\mathrm{T}}\boldsymbol{\Phi}(\boldsymbol{x}_2)$ 以回避内积的显式计算。

常见的核函数:在构造核函数后,验证其对输入空间内的任意格拉姆矩阵为半正定矩阵是困难的,因此通常的选择是使用现成的核函数。表 3-2 给出了一些核函数的例子,其中未做说明的参数均是该核函数的超参数。

表 3-2　核函数

名称	解析式
多项式核	$k(\boldsymbol{x}_1, \boldsymbol{x}_2) = (\boldsymbol{x}_1^{\mathrm{T}}\boldsymbol{x}_2)^n$
径向基函数核	$k(\boldsymbol{x}_1, \boldsymbol{x}_2) = \mathrm{e}^{\left(-\frac{\|x_1 - x_2\|^2}{2\sigma^2}\right)}$
拉普拉斯核	$k(\boldsymbol{x}_1, \boldsymbol{x}_2) = \mathrm{e}^{\left(-\frac{\|x_1 - x_2\|}{\sigma}\right)}$
Sigmoid 核	$k(\boldsymbol{x}_1, \boldsymbol{x}_2) = \tanh\left[\alpha(\boldsymbol{x}_2^{\mathrm{T}}) - b\right], a, b > 0$

当多项式核的阶为 1 时,其被称为线性核,对应的非线性分类器退化为线性分类器。RBF 核也被称为高斯核,其对应的映射函数将样本空间映射至无限维空间。核函数的线性组合和笛卡儿积也是核函数,此外对于特征空间内的函数 $g(\boldsymbol{x})$, $g(\boldsymbol{x}_1)k(\boldsymbol{x}_1, \boldsymbol{x}_2)g(\boldsymbol{x}_2)$ 也是核函数。

3. 支持向量机基本特点

（1）稳定性与稀疏性

SVM 的优化问题同时考虑了经验风险和结构风险最小化,因此具有稳定性。从几何观点,SVM 的稳定性体现在其构建超平面决策边界时要求边距最大,因此间隔边界之间有充裕的空间包容测试样本。SVM 使用铰链损失函数作为代理损失函数,铰链损失函数的取值特点使 SVM 具有稀疏性,即其决策边界仅由支持向量决定,其余的样本点不参与经验风险最小化。在使用核方法的非线性学习中,SVM 的稳定性和稀疏性在确保了可靠求解结果的同时降低了核矩阵的计算量和内存开销。

（2）与其他线性分类器的关系

SVM 是一个广义线性分类器，通过在 SVM 的算法框架下修改损失函数和优化问题可以得到其他类型的线性分类器，例如将 SVM 的损失函数替换为 Logistic 损失函数就得到了接近于 Logistic 回归的优化问题。SVM 和 Logistic 回归是功能相近的分类器，二者的区别在于 Logistic 回归的输出具有概率意义，也容易扩展至多分类问题，而 SVM 的稀疏性和稳定性使其具有良好的泛化能力并在使用核方法时计算量更小。

（3）作为核方法的性质

SVM 不是唯一可以使用核技巧的机器学习算法，Logistic 回归、岭回归和线性判别分析也可通过核方法得到核 Logistic 回归、核岭回归和核线性判别分析方法。因此 SVM 是广义上核学习的实现之一。

4. 支持向量机算法

（1）线性 SVM

①硬边距

给定输入数据和学习目标 $X = \{X_1, X_2, \cdots, X_N\}$，$y = \{y_1, y_2, \cdots, y_N\}$，硬边界 SVM 是在线性可分问题中求解最大边距超平面的算法，约束条件是样本点到决策边界的距离大于等于 1。硬边界 SVM 可以转化为一个等价的二次凸优化问题进行求解："

$$\max_{w,b} \frac{2}{\|w\|} \Leftrightarrow \min_{w,b} \frac{1}{2}\|w\|^2$$

$$\text{s. t. } y_i(w^T X_i + b) \geq 1, \text{s. t. } y_i(w^T X_i + b) \geq 1 \tag{3-17}$$

由上式得到的决策边界可以对任意样本进行分类：$\text{sign}[y_i(w^T X_i + b)]$。注意到虽然超平面法向量 w 是唯一优化目标，但学习数据和超平面的截距通过约束条件影响了该优化问题的求解。硬边距 SVM 是正则化系数取 0 时的软边距 SVM。

②软边距

在线性不可分问题中使用硬边距 SVM 将产生分类误差，因此可在最大化边距的基础上引入损失函数构造新的优化问题。SVM 使用铰链损失函数，沿用硬边界 SVM 的优化问题形式，软边距 SVM 的优化问题有如下表示：

$$\min_{w,b} \frac{1}{2}\|w\|^2 + C\sum_{i=1}^{N} \varepsilon_i$$

$$\text{s. t. } y_i(w^T X_i + b) \geq 1 - \varepsilon_i, \varepsilon_i \geq 0 \tag{3-18}$$

求解上述软边距，SVM 通常利用其优化问题的对偶性，$\alpha = \{\alpha_1, \alpha_2, \cdots, \alpha_N\}$，$\mu = \{\mu_1, \mu_2, \cdots, \mu_N\}$ 可得到拉格朗日函数：

$$L(w, b, \varepsilon, \alpha, \mu) = \frac{1}{2}\|w\|^2 + C\sum_{i=1}^{N} \alpha_i[1 - \varepsilon_i - y_i(w^T X_i + b)] - \sum_{i=1}^{N} \mu_i \varepsilon_i \tag{3-19}$$

（2）非线性 SVM

在解决模式识别问题时，经常遇到非线性可分模式的情况。支持向量机的方法是将输入向量映射到一个高维特征向量空间，如果选用的映射函数适当且特征空间的维数足够大，则大多数非线性可分模式在特征空间中可以转化为线性可分模式。非线性 SVM 有如下优化问题：

$$\min_{w,b} \frac{1}{2}\|w\|^2 + C\sum_{i=1}^{N} \varepsilon_i$$

$$\text{s. t. } y_i \left[\boldsymbol{w}^{\mathrm{T}} \varPhi(\boldsymbol{X}_i) + b \right] \geqslant 1 - \varepsilon_i, \varepsilon_i \geqslant 0 \tag{3-20}$$

类比软边距 SVM,非线性 SVM 有如下对偶问题:

$$\max_{\alpha} \sum_{i=1}^{N} \alpha_i - \frac{1}{2} \sum_{i=1}^{N} \sum_{i=1}^{N} \left[\alpha_i y_i \varPhi(\boldsymbol{X}_i)^{\mathrm{T}} \varPhi(\boldsymbol{X}_j) y_i \alpha_j \right]$$

$$\text{s. t. } \sum_{i=1}^{N} \alpha_i y_i = 0, 0 \leqslant \alpha_i \leqslant C \tag{3-21}$$

间隔内部 $k(\boldsymbol{X}_i, \boldsymbol{X}_j) = \varPhi(\boldsymbol{X}_i)^{\mathrm{T}} \varPhi(\boldsymbol{X})$ 或被错误分类:

$$h(\boldsymbol{\alpha}, \beta) = - \sum_{i=1}^{N} \alpha_i + \frac{1}{2} \sum_{i=1}^{N} \sum_{j=1}^{N} (\alpha_i \boldsymbol{Q} \alpha_j) + \sum_{i=1}^{N} I(-\alpha_i) + \sum_{i=1}^{N} I(\alpha_i - C) + \beta \sum_{i=1}^{N} \alpha_i y_i$$

$$\tag{3-22}$$

$$I(x) = - \frac{1}{t} \log(-x), \ \boldsymbol{Q} = y_i (\boldsymbol{X}_i)^{\mathrm{T}} (\boldsymbol{X}_j) y_i \tag{3-23}$$

即该样本是支持向量。由此可见,软边距 SVM 决策边界的确定仅与支持向量有关,使用铰链损失函数使得 SVM 具有稀疏性。

(3)概率 SVM

概率 SVM 可以视为 Logistic 回归和 SVM 的结合,SVM 由决策边界直接输出样本的分类,概率 SVM 则通过 Sigmoid 函数计算样本属于其类别的概率。具体地,在计算标准 SVM 得到学习样本的决策边界后,概率 SVM 通过缩放和平移参数

$$\max_{\boldsymbol{w}, b} \frac{1}{2} \|\boldsymbol{w}\|^2 + C \sum_{i=1}^{N} e_i^2, e_i = y_i - (\boldsymbol{w}^{\mathrm{T}} \boldsymbol{X}_i + b)$$

$$\text{s. t. } y_i (\boldsymbol{w}^{\mathrm{T}} \boldsymbol{X}_i + b) \geqslant 1 - e_i \tag{3-24}$$

对决策边界进行线性变换,并使用极大似然估计得到的值,将样本到线性变换后超平面的距离作为 Sigmoid 函数的输入得到概率。在通过标准 SVM 求解决策边界后,概率 SVM 的改进可表示如下:

$$\max_{\boldsymbol{w}, b} \frac{1}{2} \|\boldsymbol{w}\|^2 + C \sum_{i=1}^{N} e_i^2, e_i = y_i - (\boldsymbol{w}^{\mathrm{T}} \boldsymbol{X}_i + b)$$

$$\text{s. t. } y_i (\boldsymbol{w}^{\mathrm{T}} \boldsymbol{X}_i + b) \geqslant 1 - e_i \tag{3-25}$$

式中第一行的优化问题实际上是缩放和平移参数的 Logistic 回归,需要使用梯度下降算法求解,这意味着概率 SVM 的运行效率低于标准 SVM。在通过学习样本得到缩放和平移参数的极大似然估计后,将参数应用于测试样本可计算 SVM 的输出概率。

(4)多分类 SVM

标准 SVM 是基于二元分类问题设计的算法,无法直接处理多分类问题。利用标准 SVM 的计算流程有序地构建多个决策边界可以实现样本的多分类,通常的实现为"一对多"和"一对一"。一对多 SVM 对 m 个分类建立 m 个决策边界,每个决策边界判定一个分类对其余所有分类的归属;一对一 SVM 是一种投票法,其计算流程是对 m 个分类中的任意 2 个建立决策边界,即共有 $\begin{bmatrix} 0 & -\boldsymbol{y}^{\mathrm{T}} \\ \boldsymbol{y} & \boldsymbol{X}^{\mathrm{T}} \boldsymbol{X} + \boldsymbol{C}^{-1} \boldsymbol{I} \end{bmatrix} \begin{bmatrix} b \\ \alpha \end{bmatrix} = \begin{bmatrix} 0 \\ 1 \end{bmatrix}$ 个决策边界,样本的类别按其对所有决策边界的判别结果中得分最高的类别选取。一对多 SVM 通过对标准 SVM 的优化问题进行修改可以实现一次迭代计算所有决策边界。

（5）支持向量回归

将 SVM 由分类问题推广至回归问题可以得到支持向量回归（support vector regression，SVR），此时 SVM 的标准算法也被称为支持向量分类（support vector classification，SVC）。SVC 中的超平面决策边界是 SVR 的回归模型：$\varepsilon,\varepsilon^*$。SVR 具有稀疏性，若样本点与回归模型足够接近，即落入回归模型的间隔边界内，则该样本不计算损失，对应的损失函数被称为 ε-不敏感损失函数：

$$\max_{w,b} \frac{1}{2}\|w\|^2 + C\sum_{i=1}^{N}(\varepsilon_i + \varepsilon_i^*) \quad \begin{cases} \text{s.t. } y_i - f(\boldsymbol{X}) \leqslant \epsilon + \varepsilon_i \\ f(\boldsymbol{X}) - y_i \leqslant \epsilon + \varepsilon_i^* \\ \varepsilon \geqslant 0, \varepsilon^* \geqslant 0 \end{cases} \tag{3-26}$$

式中，$\boldsymbol{\alpha}$、$\boldsymbol{\alpha}^*$、$\boldsymbol{\mu}$、$\boldsymbol{\mu}^*$ 是决定间隔边界宽度的超参数。可知，不敏感损失函数与 SVC 使用的铰链损失函数相似，在原点附近的部分取值被固定为 0。类比软边距 SVM，SVR 是如下形式的二次凸优化问题：

$$L(w,b,\varepsilon,\varepsilon^*,\alpha,\alpha^*,\mu,\mu^*) = \frac{1}{2}\|w\|^2 + C\sum_{i=1}^{N}(\varepsilon_i + \varepsilon_i^*) - \sum_{i=1}^{N}\mu_i\varepsilon_i - \sum_{i=1}^{N}\mu_i^*\varepsilon_i^* +$$
$$\sum_{i=1}^{N}\alpha_i[f(X_i)i - y_i - \epsilon - \varepsilon_i] + \sum_{i=1}^{N}\alpha_i^*[f(X_i)i - y_i - \epsilon - \varepsilon_i^*] \tag{3-27}$$

使用松弛变量

$$\max_{\alpha,\alpha^*} \sum_{i=1}^{N}[y_i(\alpha_i^* - \alpha_i) - \epsilon(\alpha_i^* + \alpha_i)] - \frac{1}{2}\sum_{i=1}^{N}\sum_{j=1}^{N}[(\alpha_i^* - \alpha_i)]$$
$$\text{s.t. } \sum_{i=1}^{N}(\alpha_i^* - \alpha_i) = 0, 0 \leqslant \alpha_i, \alpha_i^* \leqslant C \tag{3-28}$$

表示 ε-不敏感损失函数的分段取值后可得

$$\begin{cases} \alpha_i\alpha_i^* = 0, \varepsilon_i\varepsilon_i^* = 0 \\ (C - \alpha_i)\varepsilon_i = 0, (C - \alpha_i^*)\varepsilon_i^* = 0 \\ \alpha_i[f(\boldsymbol{X}) - y_i - \epsilon - \varepsilon_i] = 0 \\ \alpha_i^*[y_i - f(\boldsymbol{X}) - \epsilon - \varepsilon_i^*] = 0 \end{cases} \tag{3-29}$$

类似于软边距 SVM，通过引入拉格朗日乘子：

$$f(\boldsymbol{X}) = \sum_{i=1}^{m}(\alpha_i^* - \alpha_i)\boldsymbol{X}_i^{\mathrm{T}}\boldsymbol{X} + b \tag{3-30}$$

可得到其拉格朗日函数和对偶问题：

$$\max_{w,b} \frac{1}{2}\|w\|^2 + C\sum_{i=1}^{L}\varepsilon_i + C\sum_{i=1}^{N}\min(\eta, \eta^*)$$
$$\begin{cases} \text{s.t. } y_i(\boldsymbol{w}^{\mathrm{T}}\boldsymbol{X}_i + b) \geqslant 1 - \varepsilon_i, & \varepsilon_i \geqslant 0 \\ \boldsymbol{w}^{\mathrm{T}}\boldsymbol{X}_j + b \geqslant 1 - \eta, & \eta_j \geqslant 0 \\ -(\boldsymbol{w}^{\mathrm{T}}\boldsymbol{X}_j + b) \geqslant 1 - \eta^*, & \eta_j^* \geqslant 0 \end{cases} \tag{3-31}$$

其中对偶问题有如下 KK^{T} 条件：L、N 对该对偶问题进行求解，可以得到 SVR 的形式为 η、η^*，SVR 可以通过核方法得到非线性的回归结果。此外最小二乘支持向量机可以按与 SVR 相似的方法求解回归问题。

5. 支持向量机应用领域

虽然 SVM 方法在理论上具有很突出的优势,但与其理论研究相比,应用研究仍相对比较滞后,目前只有较有限的试验研究报道,且多属仿真和对比试验。SVM 的应用应该是一个大有作为的方向。

在模式识别方面最突出的应用研究是贝尔实验室对美国邮政手写数字库进行的试验,如图 3-9 所示。人工识别平均错误率是 2.5%,用决策树方法识别错误率是 16.2%,两层神经网络中错误率最小的是 5.9%,专门针对该特定问题设计的 5 层神经网络错误率为 5.1%(其中利用了大量先验知识),而用多项式项学习机、径向基函数网络、两层感知器为核函数的三种 SVM 方法,识别的错误率分别为 4.0%、4.1% 和 4.2%,且其中直接采用了 16×16 的字符点阵作为 SVM 的输入,并没有进行专门的特征提取。试验一方面说明了 SVM 方法较传统方法有明显的优势,另一方面也说明了不同的 SVM 方法可以得到性能相近的结果。试验还观察到,三种 SVM 求出的支持向量中有 80% 以上是重合的,它们都只是总样本中很少的一部分,说明支持向量本身对不同方法具有一定的不敏感性。除此之外,麻省理工学院用 SVM 进行的人脸检测试验也取得了较好的效果,可以较好地学会在图像中找出可能的人脸位置。其他有报道的试验领域还包括文本识别、人脸识别、三维物体识别、遥感图像分析等。

图 3-9　美国邮政手写数字库

3.2.6　神经网络

神经网络技术是 20 世纪末迅速发展起来的一门高新技术,由于神经网络具有良好的非线性映射能力、自学习适应能力和并行信息处理能力,因此为解决不确定非线性系统的建模和控制问题提供了一条新的思路,因而吸引了国内外众多的学者和工程技术人员从事神经网络控制的研究,并取得了丰硕成果,提出了许多成功的理论和方法,使神经网络控制逐步发展成为智能控制的一个重要分支。

神经网络控制的基本思想就是从仿生学角度,模拟人神经系统的运作方式,使机器具有人脑一样的感知、学习和推理能力。它将控制系统看成是由输入到输出的一个映射,利用神经网络的学习能力和适应能力实现系统的映射特性,从而完成对系统的建模和控制。从理论上讲,基于神经网络的控制系统具有一定的学习能力,能够更好地适应环境和系统特性的变化,非常适合于复杂系统的建模和控制。特别是当系统存在不确定性因素时,更体现了神经网络的优越性。

神经网络在控制领域受到重视主要归功于它的非线性映射能力、自学习适应能力、联想记忆能力、并行信息处理方式及其良好的容错性能。应用神经网络时,人们总期望它具有非常快的全局收敛特性、大范围的映射泛化能力和较少的实现代价。

　　早期关于非线性控制系统的研究是针对一些特殊的、基本的系统,其中代表性的理论有:相平面法、描述函数法、绝对稳定性理论、Lyapunov 稳定性理论、输入输出稳定性理论等,自 20 世纪 80 年代以来,非线性科学越来越受到人们的重视,数学中的非线性分析、非线性泛函及物理学中的非线性动力学,发展都很迅速。与此同时,非线性系统理论也得到了蓬勃发展,有更多的控制理论专家转入非线性系统的研究之中。

　　人们常说的神经网络指的是 ANN, ANN 是由多个简单的处理单元(即神经元)彼此按某种方式相互连接而成的计算系统,该系统通过对外部输入信息的动态响应来处理信息,是以大脑的生理研究成果为基础模拟生物神经网络进行信息处理的一种数学模型,其目的在于模拟大脑的某些机理与机制,实现一些特定的功能。人工神经网络模型主要考虑网络连接的拓扑结构、神经元的特征、学习规则等。

1. 神经网络简介

　　目前,神经网络的研究内容十分广泛,这也反映出其具有多学科交叉技术领域的特点。其中主要研究工作概括为以下四个方面:

　　(1)生物原型研究:从生理学、心理学、脑科学、病理学、解剖学等生物科学方面研究神经细胞、神经系统、神经网络的生物原型结构及其功能机理。

　　(2)理论模型的研究与建立:在生物原型研究的基础上建立神经元、神经网络的理论模型,其中包括知识模型、概念模型、数学模型、物理化学模型等。

　　(3)网络模型及其算法研究:在理论模型研究的基础上建立具体的神经网络模型,以实现计算机仿真,其中包括网络学习算法的研究。这方面的工作也称为技术模型研究。

　　(4)神经网络应用系统研究:在网络模型和算法研究的基础上,通过神经网络组成实际的应用系统,例如,完成某类信号处理或模式识别的功能、制造机器人、构建专家系统等。

　　一方面,神经网络因其有大规模并行、分布式存储和处理、容错性、自组织和自适应能力以及联想功能等特点,已成为解决问题的强有力的工具,特别是非常适合处理同时考虑诸多因素和条件的、不精确的信息处理问题。例如,面对缺乏物理理解和统计理解、数据由非线性机制产生、观察的数据中存在着统计变化等棘手问题时,神经网络往往能够提供较为有效的解决方法。另一方面,神经网络对突破现有科学技术的瓶颈,更深入地探索研究非线性等复杂现象具有非常重大的意义。此外,神经网络理论在 21 世纪的应用也取得了令人瞩目的发展,特别是在信息处理、智能控制、模式识别、非线性优化、生物医学工程等方面都有重要的应用例子。根据 Mritin. T. Hagen 等的归纳总结,神经网络在实际生活中也有着诸多应用。例如,汽车自动驾驶系统、汽车调度和路线系统、动画和特效设计、产品优化、货币价格预测、脑电图和心电图分析、石油和天然气的勘探等。相信随着神经网络研究的进一步深入和拓展,特别是作为一种智能方法与其他学科技术领域更为紧密的结合,神经网络将具有更为广阔的应用前景。

　　①神经网络概念:人工神经网络简称神经网络,称作连接模型,它是由大量的、非常简单的处理单元(神经元)彼此按某种方式互连而成的复杂网络系统,它通过对人脑的抽象、简化和模拟反映人脑功能的基本特性,是一个高度复杂的非线性动力学系统。神经网络的研究是以人脑的生理结构为基础来研究人的智能行为,模拟人脑信息处理能力。神经网络的发展与数理科学、神经科学、计算机科学、人工智能、信息科学、分子生物学、控制论、心理学等相关,因此,神经网络是一门特别活跃的边缘交叉学科。它是一种模仿动物神经网络

行为特征,进行分布式并行信息处理的算法数学模型。这种网络依靠系统的复杂程度,通过调整内部大量节点之间相互连接的关系,从而达到处理信息的目的。神经网络控制的基本思想:就是从仿生学角度模拟人脑神经系统的运作方式,使机器具有和人脑一样的感知、学习和推理功能,将控制系统看成是一个由输入到输出的映射,利用神经网络的学习能力和适应能力来实现系统的映射特性,从而完成对系统的建模和控制。为了更好地理解什么是神经网络,下面简单介绍人脑结构。

人的神经系统可看作三个阶段系统,如图 3-10 描绘的框图,系统的中央是人脑,由神经网络表示,它连续地接收信息,感知它并做出适当的决定,图中有两组箭头,从左到右的箭头表示携带信息的信号通过系统向前传输,从右到左的箭头表示系统中的反馈。感受器把人体或外界环境的刺激转换成电冲击,对神经网络(大脑)传送信息,神经网络的效应器将电冲击通过神经网络转换为可识别的响应作为系统输出。

图 3-10　神经网络模型

人脑神经系统的基本单元是神经细胞,即生物神经元,人脑神经系统约由 10^{11} 个神经元构成,每个神经元与约 10^4 个其他神经元相连接。神经细胞与人体中其他细胞的关键区别在于神经细胞具有产生、处理和传递信号的能力。一个神经元的构造主要包括细胞体、树突、轴突和突触,如图 3-11 所示。

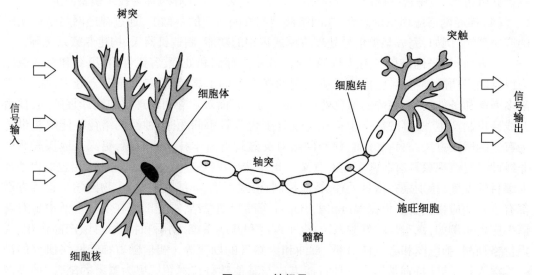

图 3-11　神经元

细胞体:由细胞核、细胞质和细胞膜等组成。树突:从细胞体延伸出来像树枝一样向四处分散开来的许多突起,称之为树突,其作用是感受其他神经元的传递信号。轴突:一般每个神经元从细胞体伸出一根粗细均匀、表面光滑的突起,长度从几微米到 1 m 左右,称为轴突,它的功能是传出来自细胞体的神经信息。在高等动物的神经细胞中,大多数神经元都有轴突。突触:轴突末端有许多细的分枝,称之为神经末梢,每一根神经末梢可以与其他神经元连接,其连接的末端称为突触。

　　神经元之间的连接是靠突触实现的,主要有:轴突与树突、轴突与细胞体、轴突与轴突、树突与树突等连接形式。神经细胞单元的信息是宽度和幅度都相同的脉冲串,若某个神经细胞兴奋,其轴突输出的脉冲串的频率就高;若某个神经细胞抑制,其轴突输出的脉冲串的频率就低,甚至无脉冲发出。根据突触对下一个神经细胞的功能活动的影响,突触又可分为兴奋性的和抑制性的两种。兴奋性的突触可能引起下一个神经细胞兴奋,抑制性的突触使下一个神经细胞抑制。神经细胞的细胞膜将细胞体内外分开,从而使细胞体内外有不同的电位,一般内部电压比外部低,其内外电位差称为膜电位。突触使神经细胞的膜电位发生变化,且电位的变化是可以累加的,该神经细胞膜电位是它所有突触产生的电位总和。当该神经细胞的膜电位升高到超过一个阈值时,会产生一个脉冲,从而总和的膜电位直接影响该神经细胞兴奋发放的脉冲数。突出传递信息需要一定的延迟,对于温血动物,延迟时间为 0.3~1.0 ms。一般每个神经细胞的轴突连接 100~1 000 个其他神经细胞,神经细胞的信息就是这样从一个神经细胞传到另一个神经细胞,且这种传播是正向的,不允许逆向传播。

　　②神经网络的发展:神经网络主要经过早期阶段、过渡期、新高潮期、热潮期四个阶段。

　　a. 早期阶段指的是 1913 年到 20 世纪 60 年代末,60 年代中期神经网络的研究处于低潮,在这期间研究人员提出了许多神经元模型和学习规则。1913 年人工神经系统的第一个实践是由 Rrussell 描述的水力装置;1943 年美国心理学家 McCulloch 与数学家 Pitts 合作,提出了 M-P 模型;1949 年心理学家 Hebb 提出了突触联系效率可变的假设,这种假设就是调整权值;1957 年 Rosenblatt 设计制作了著名的感知器;1962 年 Widrow 和 Hof 提出了自适应线性元件网络。

　　b. 20 世纪 60 年代末到 70 年代为过渡期,这期间神经网络研究进入了低潮。人们开始发现感知器存在一些缺陷,例如它不能解决异或问题,因而使研究工作陷入了谷底。难能可贵的是,在这一时期,仍有众多学者在极端艰难的环境下持之以恒地对神经网络进行研究。例如,Grossberg 提出了自适应共振理论,Kohenen 提出了自组织映射,FuKushima 提出了神经认知机网络理论,Anderson 提出了盒中脑状态(BSB)模型,Webos 提出了误差逆传播(BP)理论,日本 Kunihiko Fukushima 提出的认知机模型和日本东京大学的 Shin Nakano 提出的联想记忆模型等。

　　c. 新高潮期指的是 20 世纪 80 年代,这一时期主要是 Hopfield 神经网络模型引入了"计算能量函数"的概念,给出了网络稳定性判断依据,有力地推动了神经网络的研究与发展。

　　d. 热潮期指的是 20 世纪 80 年代后期,1986 年 Rumelhart 和 MCelland 等提出并行分布处理(PDP)的理论,与此同时还提出了多层次网络的误差反向传播学习算法,简称 BP 算法。这种算法从实践上证明神经网络具有很强的运算能力,可以完成许多学习任务,解决许多具体问题。自 1986 年以来,在控制领域,神经网络与传统控制技术相结合取得了许多令人鼓舞的结果,神经网络理论的应用研究已经渗透到各个领域,并在智能控制、模式识别、自适应滤波和信号处理、非线性优化传感技术和机器人、生物医学工程等方面取得了令人鼓舞的进展,这些成就进一步加强了人们对神经网络系统的认识,引起了世界许多国家的科学家、研究机构及企业人士的关注,也促进不同学科的科学工作者联合起来,从事神经网络理论、技术开发及应用于现实的研究。

2. 神经网络原理

人工神经网络首先要以一定的学习准则进行学习,然后才能工作。现以人工神经网络对"A""B"两个字母的识别为例进行说明,规定当"A"输入网络时,应该输出"1",而当输入为"B"时,输出为"0"。

所以网络学习的准则应该是:如果网络做出错误的判决,则通过网络的学习,应使得网络减少下次犯同样错误的可能性。首先,给网络的各连接权值赋予(0,1)区间内的随机值,将"A"所对应的图像模式输入给网络,网络将输入模式加权求和、与门限比较、再进行非线性运算,得到网络的输出。在此情况下,网络输出为"1"和"0"的概率各为50%,也就是说是完全随机的。这时如果输出为"1"(结果正确),则使连接权值增大,以便使网络再次遇到"A"模式输入时,仍然能做出正确的判断。

普通计算机的功能取决于程序中给出的知识和能力。显然,对于智能活动要通过总结编制程序将十分困难。人工神经网络也具有初步的自适应与自组织能力。在学习或训练过程中改变突触权重值,以适应周围环境的要求。同一网络因学习方式及内容不同可具有不同的功能。人工神经网络是一个具有学习能力的系统,可以发展知识,以致超过设计者原有的知识水平。通常,它的学习训练方式可分为两种,一种是有监督或称有导师的学习,这时利用给定的样本标准进行分类或模仿;另一种是无监督学习或称为无导师学习,这时只规定学习方式或某些规则,则具体的学习内容随系统所处环境(即输入信号情况)而异,系统可以自动发现环境特征和规律性,具有更近似人脑的功能。

神经网络就像是一个爱学习的孩子,教给他的知识他是不会忘记而且会学以致用的。把学习集(Learning Set)中的每个输入加到神经网络中,并告诉神经网络输出应该是什么分类。在全部学习集都运行完成之后,神经网络就根据这些例子总结出自己的想法,到底他是怎么归纳的就是一个黑盒了,如图3-12所示。之后就可以把测试集(Testing Set)中的测试例子用神经网络来分别做测试,如果测试通过(比如80%或90%的正确率),那么神经网络就构建成功了。

图 3-12　黑盒测试

神经网络是通过对人脑的基本单元——神经元的建模和连接来探索模拟人脑神经系统功能的模型,并研制一种具有学习、联想、记忆和模式识别等智能信息处理功能的人工系统。神经网络的一个重要特性是它能够从环境中学习,并把学习的结果分布存储于网络的突触连接中。神经网络的学习是一个过程,在其所处环境的激励下,相继给网络输入一些样本模式,并按照一定的规则(学习算法)调整网络各层的权值矩阵,待网络各层权值都收敛到一定值,学习过程结束,然后就可以用生成的神经网络来对真实数据做分类。

3. 神经网络基本特点

在学习神经网络特点之前,先了解神经网络的计算能力和性质。

（1）大规模并行分布结构。

（2）神经网络学习能力以及由此而来的泛化能力。泛化是指神经网络对不在训练(学习)集中的数据可以产生合理的输出。这两种信息处理能力让神经网络可以解决一些当前还不能处理的复杂的(大型)问题。但是在实践中,神经网络不能单独做出解答,它们需要被整合在一个协调一致的系统工程方法中。具体来讲,一个复杂问题往往被分解成若干相对简单的任务,而神经网络则处理与其能力相符的子任务。

（3）非线性。一个人工神经元可以是线性或者是非线性的。一个由非线性神经元互连而成的神经网络,其自身是非线性的,并且非线性是一种分布于整个网络中的特殊性质。

（4）输入输出映射。有监督学习或有导师学习是一个学习的流行范例,涉及使用带标号的训练样本或任务例子对神经网络的突触权进行修改。每个样本由一个唯一的输入信号和相应的期望响应组成。从一个训练集中随机选取一个样本给网络,网络就调整它的突触权值(自由参数),以最小化期望响应和由输入信号以适当的统计准则产生的实际响应之间的差别。使用训练集中的例子很多,重复神经网络的训练,直到网络达到没有显著的突触权值修正的稳定状态为止。先前使用过的例子可能还要在训练期间以不同顺序重复使用,因此对当前问题,网络通过建立输入/输出映射从例子中进行学习。

（5）适应性。神经网络嵌入了一个调整自身突触权值以适应外界变化的能力。特别是一个在特定运行环境下接受训练的神经网络,对环境条件不大的变化可以容易地进行重新训练。而且,当它在一个时变环境(即它的统计特性随时间变化)中运行时,网络突触权值就可以设计成随时间变化。用于模式识别、信号处理和控制的神经网络与它的自适应能力耦合,就可以变成能进行自适应模式识别、自适应信号处理和自适应控制的有效工具。

（6）证据响应。在模式识别问题中,神经网络可以设计成既能提供不限于选择哪一个特定模式的信息,也能提供决策的置信度的信息。后者可以用来拒判那些出现得过于模糊的模式。

（7）背景的信息。神经网络的特定结构和激发状态代表知识。网络中每一个神经元都潜在地受到网络中所有其他神经元全局活动的影响。因此,背景信息自然由每一个神经网络处理。

（8）容错性。一个以硬件形式实现后的神经网络有天生容错的潜质,或者鲁棒计算的能力,亦即它的性能在不利条件下逐渐下降。比如,一个神经元或它的连接损坏了,存储模式的回忆在质量上被削弱。但是,由于网络信息存储的分布特性,在网络的总体响应严重恶化之前这种损坏是分散的。因此原则上,一个神经网络的性能显示了一个缓慢恶化而不是灾难性的失败。虽然存在一些关于鲁棒性计算的经验证据,但通常它是不可控的,为了确保网络事实上的容错性,有必要在设计训练网络的算法时采用正确的度量。

（9）超大规模集(very-large-scale-integrated, VLSI)实现,神经网络的大规模并行性使它具有快速处理某些任务的潜在能力,这一特性使得神经网络很适合用 VLSI 实现。VLSI 的一个特殊优点是提供一个以高度分层的方式捕捉真实复杂性行为的方法。

（10）分析和设计的一致性。基本上,神经网络作为信息处理器具有通用性,即涉及神经网络应用的所有领域都使用同样记号。这种特征以不同的方式表现出来:

①不管形式如何,神经元在所有的时间网络中都代表一个相同部分;

②这种共性使得在不同应用中的神经网络共享相同的理论和学习算法成为可能;

③模块化网络可以用模块的无缝集成来实现。

基于以上能力和性质,神经网络具有以下特点:

（1）分布式存储信息。其信息的存储分布在不同的位置,神经网络是用大量神经元之间的连接及对各连接权值的分布来表示特定的信息,从而使网络在局部网络受损或输入信号因各种原因发生部分畸变时,仍然能够保证网络的正确输出,提高网络的容错性和鲁棒性。

（2）并行协同处理信息。神经网络中的每个神经元都可以根据接收到的信息进行独立的运算和处理,并输出结果,同一层中的各个神经元的输出结果可被同时计算出来,然后传输给下一层做进一步处理,这体现了神经网络并行运算的特点。这一特点使网络具有非常强的实时性。虽然单个神经元的结构极其简单,功能有限,但大量神经元构成的网络系统所能实现的行为是极其丰富的。

（3）信息处理与存储合二为一。神经网络的每个神经元都兼有信息处理和存储功能,神经元之间连接强度的变化,既反映了对信息的记忆,同时又与神经元对激励的响应一起反映了对信息的处理。

（4）对信息的处理具有自组织、自学习的特点,便于联想、综合和推广。神经网络的神经元之间的连接强度用权值大小来表示,这种权值可以通过对训练样本的学习而不断变化,而且随着训练样本量的增加和反复学习,这些神经元之间的连接强度会不断增加,从而提高神经元对这些样本特征的反应灵敏度。

4. 神经网络算法

在神经网络的结构确定后,关键的问题是设计一个学习速度快、收敛性好的学习算法。接下来将分别从前馈神经网络、反馈神经网络、随机神经网络、自组织神经网络和卷积神经网络介绍相关算法。

（1）前馈神经网络

①前馈神经网络简介

前馈神经网络是一种最简单的神经网络,各神经元分层排列。每个神经元只与前一层的神经元相连,接收前一层的输出,并输出给下一层,各层间没有反馈。前馈神经网络是应用最广泛、发展最迅速的人工神经网络之一。相关研究从 20 世纪 60 年代开始,理论研究和实际应用达到了很高的水平。

前馈神经网络,简称前馈网络,是人工神经网络的一种。前馈神经网络采用一种单向多层结构,其中每一层包含若干个神经元。在此种神经网络中,各神经元可以接收前一层神经元的信号,并产生输出到下一层。第 0 层叫输入层,最后一层叫输出层,其他中间层叫作隐含层(或隐藏层、隐层)。隐含层可以是一层,也可以是多层。整个网络中无反馈,信号从输入层向输出层单向传播,可用一个有向无环图表示。典型的多层前馈神经网络如图 3-13 所示。

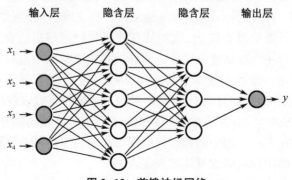

图 3-13　前馈神经网络

a.结构设计。对于前馈神经网络结构设计,通常采用的方法有三类:直接定型法、修剪法和生长法。直接定型法设计一个实际网络对修剪法设定初始网络有很好的指导意义;修剪法由于要求从一个足够大的初始网络开始,注定了修剪过程将是漫长而复杂的,更为不幸的是,前馈训练只是最速下降优化过程,它不能保证对于超大初始网络一定能收敛到全局最小或是足够好的局部最小。因此,修剪法并不总是有效的。生长法似乎更符合人的认识事物、积累知识的过程,具有自组织的特点,生长法可能更有前途,更有发展潜力。

b.分类。前馈神经网络有单层和多层之分。

单层前馈神经网络:单层前馈神经网络是最简单的一种人工神经网络,其只包含一个输出层,输出层上节点的值(输出值)通过输入值乘以权重值直接得到。以其中一个元进行讨论,其输入到输出的变换关系为

$$s_j = \sum_{i=1}^{n} \boldsymbol{w}_{ij} \boldsymbol{x}_i - \boldsymbol{\theta}_j \tag{3-32}$$

$$y_j = f(s_j) = \begin{cases} 1, s_j \geq 0 \\ 0, s_j < 0 \end{cases} \tag{3-33}$$

式中,$\boldsymbol{x} = \{x_1, x_2, x_3, \cdots, x_n\}^{\mathrm{T}}$ 是输入特征向量,$\boldsymbol{w}_{ij}$ 是 $\boldsymbol{x}_i$ 到 $\boldsymbol{y}_j$ 的连接权,输出量 $\boldsymbol{y}_j = (j=1, 2, \cdots, m)$ 是按照不同特征的分类结果。

多层前馈神经网络:多层前馈神经网络有一个输入层,中间有一个或多个隐含层,有一个输出层。多层感知器网络中的输入与输出变换关系为

$$s_i^{(q)} = \sum_{j=0}^{n_{p-1}} w_{ij}^{(q)} x_j^{(q-1)}, \ x_0^{(q-1)} = \theta_i^{(q)}, w_{i0}^{(q-1)} = -1 \tag{3-34}$$

$$x_i^{(q)} = f(s_i^{(q)}) = \begin{cases} 1, s_i^{(q)} \geq 0 \\ -1, s_i^{(q)} < 0 \end{cases}, i = 1, 2, \cdots, n_p; j = 1, 2, \cdots, n_{q-1}; q = 1, 2, \cdots, Q$$

$$\tag{3-35}$$

这时每一层相当于一个单层前馈神经网络,如对于第 q 层,它形成一个 n_{q-1} 维的超平面。它对该层的输入模式进行线性分类,但是由于多层的组合,最终可以实现对输入模式的较复杂的分类。

c.特点。前馈神经网络结构简单,应用广泛,能够以任意精度逼近任意连续函数及平方可积函数,而且可以精确实现任意有限训练样本集。从系统的观点看,前馈网络是一种静态非线性映射,通过简单非线性处理单元的复合映射,可获得复杂的非线性处理能力。从计算的观点看,前馈网络缺乏丰富的动力学行为。大部分前馈网络都是学习网络,其分类能力和模式识别能力一般都强于反馈网络。

②BP 神经网络

BP 神经网络就是多层前向网络(图 3-14)。

如图 3-14 所示,设 BP 神经网络具有 m 层。第一层称为输入层,最后一层称为输出层,中间各层称为隐含层。标示"+1"的圆圈称为偏置节点,没有其他单元连向偏置单元,偏置单元没有输入,它的输出总是+1。输出层起缓冲存储器的作用,把数据源加到网络上,因此,输入层的神经元的输入与输出关系一般是线性函数。隐含层中各个神经元的输入与输出关系一般为非线性函数。隐含层 k 与输出层中各个神经元的非线性输入与输出关系记为 $f_k(k = 2, \cdots, m)$。由第 $k-1$ 层的第 j 个神经元到第 k 层的第 i 个神经元的连接权值为 w_{ij}^k,

并设第 k 层中第 i 个神经元输入的总和为 u_i^k ，输出为 y_i^k ，则各变量之间的关系为

$$y_i^k = f_k(u_i^k)$$

$$u_i^k = \sum_j w_{ij}^{k-1} y_j^{k-1}, \quad k = 2, \cdots, m \tag{3-36}$$

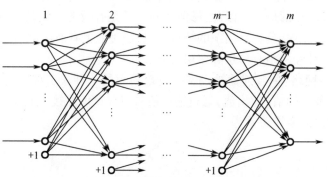

图 3-14   BP 神经网络结构

当 BP 神经网络输入数据 $X = [x_1, x_2, \cdots, x_{p1}]^T$（设输入层由 p_1 个神经元），从输入层依次经过各隐层节点，可得到输出数据 $Y = [y_1^m, y_2^m, \cdots, y_{pm}^m]^T$（设输出层有 p_m 各神经元）。因此可以把 BP 神经网络看成是一个从输入到输出的非线性映射。

给定 N 组输入输出样本为 $\{X_i, Y_i\}$，$i = 1, 2, \cdots, N$。如何调整 BP 神经网络的权值，使 BP 神经网络输入为样本 X_i 时，输出为样本 Y_i ，这就是 BP 神经网络的学习问题。

BP 学习算法最早是由 Werbos 在 1974 年提出的。Rumelhart 等于 1985 年发展了 BP 学习算法，实现了 Minsky 多层感知器的设想。

BP 学习算法是通过反向学习过程时误差最小，因此选择目标函数为

$$\min J = \frac{1}{2} \sum_{j=1}^{P_m} (y_j^m - y_j)^2 \tag{3-37}$$

即选择神经网络权值使期望输出 y_j 与神经网络实际输出 y_j^m 之差的平方和最小。

这种学习算法实际上是求目标函数 J 的极小值，约束条件是式（3-37），可以利用非线性规划中的"最速下降法"，使权值沿目标函数的负梯度方向改变，因此，神经网络权值的修正量为

$$\Delta w_{ij}^{k-1} = -\varepsilon \frac{\partial J}{\partial w_{ij}^{k-1}}, \quad \varepsilon > 0 \tag{3-38}$$

式中，ε 为学习步长，一般小于 0.5。

下面推导 BP 学习算法，先求 $\dfrac{\partial J}{\partial w_{ij}^{k-1}}$ ：

$$\frac{\partial J}{\partial w_{ij}^{k-1}} = \frac{\partial J}{\partial u_i^k} \frac{\partial u_i^k}{\partial w_{ij}^{k-1}} = \frac{\partial J}{\partial u_i^k} \frac{\partial}{\partial w_{ij}^{k-1}} \left(\sum_j w_{ij}^{k-1} y_j^{k-1} \right) = \frac{\partial J}{\partial u_i^k} y_j^{k-1} \tag{3-39}$$

记

$$d_i^k = \frac{\partial J}{\partial u_i^k}, \quad k = 2, 3, \cdots, m \tag{3-40}$$

则

$$\Delta w_{ij}^{k-1} = -\varepsilon d_i^k y_j^{k-1}, \ k = 2,3,\cdots,m \tag{3-41}$$

下面推导计算 d_i^k 的公式：

$$d_i^k = \frac{\partial J}{\partial u_i^k} = \frac{\partial J}{\partial y_i^k}\frac{\partial y_i^k}{\partial u_i^k} = \frac{\partial J}{\partial y_i^k}f_k'(u_i^k) \tag{3-42}$$

分两种情况求 $\dfrac{\partial J}{\partial y_i^k}$ ：

第一种情况：对输出层（第 m 层）的神经元，即 $k=m$，$y_i^k = y_i^m$，由误差定义式得

$$\frac{\partial J}{\partial y_i^k} = \frac{\partial J}{\partial y_i^m} = y_i^m - y_{si} \tag{3-43}$$

则

$$d_i^m = (y_i^m - y_{si})f_m'(u_i^m) \tag{3-44}$$

第二种情况：若 i 为隐单元层 k，则有

$$\frac{\partial J}{\partial y_i^k} = \sum_l \frac{\partial J}{\partial u_i^{k+1}}\frac{\partial u_i^{k+1}}{\partial y_i^k} = \sum_l d_l^{k+1} w_{li}^k \tag{3-45}$$

则

$$d_i^k = f_k'(u_i^k)\sum_l d_l^{k+1} w_{li}^k \tag{3-46}$$

综上所述，BP 学习算法可以归纳为

$$\Delta w_{ij}^{k-1} = -\varepsilon d_i^k y_j^{k-1} \tag{3-47}$$

$$d_i^m = (y_i^m - y_{si})f_m'(u_i^m) \tag{3-48}$$

$$d_i^k = f_k'(u_i^k)\sum_l d_l^{k+1} w_{li}^k, \ k = m-1, m-2,\cdots,2 \tag{3-49}$$

从以上公式可以看出，求第 k 层的误差信号 d_i^k，需要上一层的 d_l^{k+1}。因此，误差函数的求取是一个基于输出层的反向传播的递归过程，所以称为反向传播学习算法。用过多个样本的学习，修改权值，不断减少偏差，最后达到满意的结果。

在 BP 算法实现时，还要注意下列问题：

a. 训练数据预处理。预处理过程包含一系列的线性的特征比例变换，将所有的特征变换到 $[0,1]$ 或者 $[-1,1]$ 区间内，使得在每个训练集上，每个特征的均值为 0，并且具有相同的方差。预处理过程也称为尺度变换，或者规格化。

b. 后处理过程。当应用神经网络进行分类操作时，通常将输出值编码成所谓的名义变量，具体的值对应类别标号。在一个更多的类别时，应当为每个类别分配一个代表类别决策的名义输出值。例如对于一个三类分类问题，可以设置三个名义输出，每个名义输出取值为 $\{+1, -1\}$，对应的各个类别决策为 $\{+1, -1, -1\}$，$\{-1, +1, -1\}$，$\{-1, -1, +1\}$。利用阈值可以将神经网络的输出值变换成为合适的名义输出值。

c. 初始权重的影响及设置。和所有梯度下降算法一样，初始权值对 BP 神经网络的最终解有很大的影响。虽然全部设置为 0 显得比较自然，但从式（3-47）可以看出这将导致很不理想的结果。如果输出层的权值全部为 0，则反向传播误差也将为 0，输出层前面的权值将不会改变。因此一般以一个均值为 0 的随机分布设置 BP 神经网络的初始权重。

（2）反馈神经网络

①反馈神经网络简介

反馈神经网络是一种将输出经过时移再接入输入层的神经网络系统。在这种网络中，每个神经元同时将自身的输出信号作为输入信号反馈给其他神经元，它需要工作一段时间才能达到稳定。Hopfield 神经网络是反馈网络中最简单且应用广泛的模型，它具有联想记忆的功能，如果将 Lyapunov 函数定义为巡游函数，Hopfield 神经网络还可以用来解决快速寻优问题。

从 20 世纪 60 年代初到 80 年代初，神经网络的研究处于"冰河期"，到了 20 世纪 80 年代中期，美国加州理工学院生物物理学家霍普菲尔德（J. J. Hopfiled）在神经网络建模及应用方面的开创性成果，在全世界范围内重新掀起了神经网络的研究热潮。

1982 年和 1984 年，霍普菲尔德先后提出离散型 Hopfiled 神经网络和连续性 Hopfiled 神经网络，引入"计算能量函数"的概念，给出了网络稳定性判据，尤其是给出了 Hopfiled 神经网络的电子电路实现，为神经计算机的研究奠定了基础，同时开拓了神经网络用于联想记忆和优化计算的新途径，从而有力地推动了神经网络的研究。这两种模型是目前最重要的神经优化计算模型。

②离散型 Hopfiled 神经网络

Hopfiled 神经网络（HNN）是全互联反馈神经网络，它的每一个神经元都和其他神经元相连接。具有 N 个神经元的离散型 Hopfiled 神经网络，可由一个 $N \times N$ 阶矩阵 $w = [w_{ij}]_{N \times N}$ 和一个 N 维行向量 $\theta = [\theta_1, \theta_2, \cdots, \theta_N]^T$ 所唯一确定，记为 HNN $= (w, \theta)$，其中 w_{ij} 为从第 j 个神经元的输出到第 i 个神经元的输入之间的连接权值，表示神经元 i 和 j 的连接强度，且 $w_{ji} = w_{ij}$，$w_{ii} = 0$；θ_i 表示神经元 i 的阈值。若用 $v_i(k)$ 表示 k 时刻神经元所处状态，那么神经元 i 的状态随时间变化的规律（又称演化律）为二值硬限器：

$$v_i(k+1) = \begin{cases} 1, u_i(k) \geq 0 \\ 0, u_i(k) < 0 \end{cases} \qquad (3-50)$$

或者双极硬限器：

$$v_i(k+1) = \begin{cases} 1, u_i(k) \geq 0 \\ -1, u_i(k) < 0 \end{cases} \qquad (3-51)$$

式中

$$u_i(k) = \sum_{\substack{j=1 \\ j \neq i}}^{n} w_{ij} v_i(k) - \theta_i \qquad (3-52)$$

Hopfield 神经网络可以是同步工作方式，也可以是异步工作方式。即神经元更新既可以同步（并行）进行，也可以是异步（串行）进行。在同步进行时，神经网络中所有神经元的更新同时进行。在异步进行时，在同一时刻只有一个神经元更新，而且这个神经元在网络中每个神经元都更新之前不会再次更新。在异步更新时，神经元的更新顺序可以是随机的。

Hopfield 神经网络中的神经元相互作用，不断演化。如果神经网络在演化过程中，从某一时刻开始，神经网络中的所有神经元的状态不再改变，则称该神经网络是稳定的。

Hopfield 神经网络是高维非线性动力学系统，可能有若干个稳定状态，从任一初始状态开始运动，总可以达到某个稳定状态。这些稳定状态可以通过改变各个神经元之间的连接权值得到。

稳定性是 Hopfield 神经网络的最重要的特性。下面分析 Hopfield 神经网络的稳定性。

Hopfield 神经网络是一个多输入多输出带阈值的二态非线性动力学系统,所以类似于 Lyapunov 稳定性分析方法,在 Hopfield 神经网络中,也可以构造一种 Lyapunov 函数,在满足一定的参数条件下,该函数值在网络运行过程中不断降低,最后趋于稳定的平衡状态。Hopfield 引入这种能量函数作为网络计算求解的工具,因此,常常称为计算能量函数。

离散型 Hopfield 神经网络的计算能量函数定义为

$$E = -\frac{1}{2}\sum_{i=1}^{N}\sum_{\substack{j=1\\j\neq i}}^{N}w_{ij}v_iv_j + \sum_{i=1}^{N}\theta_iv_i \tag{3-53}$$

式中,v_i、v_j 是各个神经元的输出。

下面考察第 m 个神经元的输出变化前后,计算能量函数 E 值的变化。设 $v_m = 0$ 时的计算能量函数值为 E_1,则有

$$E_1 = -\frac{1}{2}\sum_{i=1}^{N}\sum_{\substack{j=1\\j\neq i}}^{N}w_{ij}v_iv_j + \sum_{i=1}^{N}\theta_iv_i \tag{3-54}$$

将 $i = m$ 项分出来,并注意到 $v_m = 0$:

$$E_1 = -\frac{1}{2}\sum_{i=1}^{N}\sum_{\substack{j=1\\j\neq i}}^{N}w_{ij}v_iv_j + \sum_{\substack{i=1\\i\neq m}}^{N}\theta_iv_i \tag{3-55}$$

类似地,设 $v_m = 1$ 时的计算能量函数值为 E_2,则有

$$E_2 = -\frac{1}{2}\sum_{i=1}^{N}\sum_{\substack{j=1\\j\neq i}}^{N}w_{ij}v_iv_j + \sum_{\substack{i=1\\i\neq m}}^{N}\theta_iv_i - \sum_{\substack{j=1\\j\neq m}}^{N}w_{mj}v_j + \theta_m \tag{3-56}$$

当神经元状态由 0 变为 1 时,计算能量函数 E 值的变化量 ΔE 为

$$\Delta E = E_2 - E_1 = -\left(\sum_{\substack{j=1\\j\neq m}}^{N}w_{mj}v_j - \theta_m\right) \tag{3-57}$$

Hopfield 网络状态变化分析的核心是对每个网络的状态定义一个能量 E,任意一个神经元节点状态发生变化时,能量 E 都将减小,即意味着 ΔE 总是负值。

由于此时神经元的输出由 0 变为 1,因此满足神经元兴奋条件,即

$$\sum_{\substack{j=1\\j\neq m}}^{N}w_{mj}v_j - \theta_m > 0 \tag{3-58}$$

则由式(3-57),得 $\Delta E < 0$。

当神经元状态由 1 变为 0 时,计算能量函数 E 值的变化量 ΔE 为

$$\Delta E = E_1 - E_2 = -\left(\sum_{\substack{j=1\\j\neq m}}^{N}w_{mj}v_j - \theta_m\right) \tag{3-59}$$

由于此时神经元的输出由 1 变为 0,因此

$$\sum_{\substack{j=1\\j\neq m}}^{N}w_{mj}v_j - \theta_m < 0 \tag{3-60}$$

也得 $\Delta E < 0$。

综上所述,神经元状态变化时总有 $\Delta E < 0$,这表明神经网络在运行过程中能量将不断降低,最后趋于稳定的平衡状态。

（3）随机神经网络

①随机神经网络简介

前面讨论的两种网络都为确定性的网络,组成它们的神经元均为确定性的,即给定神经元的输入及其输出就是确定的,但在生物神经元中由于有各种各样的干扰,这实际上是很难实现的。同时人工神经元的硬件实现也会有各种扰动,从而带来某些不确定性,因此讨论随机神经元就显得非常有必要。

随机神经网络向神经网络引进随机变化,一类是在神经元之间分配随机过程传递函数,一类是给神经元随机权重。这使得随机神经网络在优化问题中非常有用,因为随机的变换避免了局部最优。由随机传递函数建立的随机神经网络通常被称为玻尔兹曼机。随机神经网络在风险控制、肿瘤学和生物信息学相关领域均有应用。

在概率论概念中,随机过程是随机变量的集合。若一随机系统的样本点是随机函数,则称此函数为样本函数,这一随机系统全部样本函数的集合是一个随机过程。实际应用中,样本函数的一般定义在时间域或者空间域。随机过程的例子如股票和汇率的波动、语音信号、视频信号、体温的变化,反对法随机运动如布朗运动、随机徘徊等等。首先讨论与随机神经网络密切相关的模拟退火算法和玻尔兹曼机,为以后分析随机神经网络做好理论上的准备。

模拟退火算法(simulated annealing,SA)最早的思想是由 N. Metropolis 等于 1953 年提出。1983 年,S. Kirkpatrick 等成功地将退火思想引入组合优化领域。它是基于蒙特卡罗迭代求解策略的一种随机寻优算法,其出发点是基于物理中固体物质的退火过程与一般组合优化问题之间的相似性。模拟退火算法从某一较高初温出发,伴随温度参数的不断下降,结合概率突跳特性在解空间中随机寻找目标函数的全局最优解,即在局部最优解能概率性地跳出并最终趋于全局最优。模拟退火算法是一种通用的优化算法,理论上算法具有概率的全局优化性能,目前已在工程中得到了广泛应用,诸如超大规模集成电路(VLSI)、生产调度、控制工程、机器学习、神经网络、信号处理等领域。

模拟退火算法是通过赋予搜索过程一种时变且最终趋于零的概率突跳性,从而可有效避免陷入局部极小并最终趋于全局最优的串行结构的优化算法。

模拟退火算法原理:模拟退火算法来源于固体退火原理,将固体加温至充分高,再让其徐徐冷却,加温时,固体内部粒子随温升变为无序状,内能增大,而徐徐冷却时粒子渐趋有序,在每个温度都达到平衡态,最后在常温时达到基态,内能减为最小。根据 Metropolis 准则,粒子在温度 T 时趋于平衡的概率为 $e[-\Delta E/(KT)]$,其中 E 为温度 T 时的内能,ΔE 为其改变量,K 为玻尔兹曼常数。用固体退火模拟组合优化问题,将内能 E 模拟为目标函数值 f,温度 T 演化成控制参数 t,即得到解组合优化问题的模拟退火算法:由初始解 i 和控制参数初值 t 开始,对当前解重复"产生新解→计算目标函数差→接受或舍弃"的迭代,并逐步衰减 t 值,算法终止时的当前解即为所得近似最优解。这是基于蒙特卡罗迭代求解法的一种启发式随机搜索过程。退火过程由冷却进度表控制,包括控制参数的初值 t 及其衰减因子 Δt、每个 t 值时的迭代次数 L 和停止条件 S。

模拟退火算法的模型:模拟退火算法可以分解为解空间、目标函数和初始解三部分。

模拟退火的基本思想:

a.初始化,初始温度 T(充分大),初始解状态 S(算法迭代的起点),每个 T 值的迭代次数 L;

b. 对 $K=1,\cdots,L$ 做第③至第⑥步;

c. 产生新解 S';

d. 计算增量 $\Delta T=C(S')-C(S)$,其中 $C(S)$ 为评价函数;

e. 若 $\Delta T<0$ 则接受 S' 作为新的当前解,否则以概率 $\exp(-\Delta T/T)$ 接受 S' 作为新的当前解;

f. 如果满足终止条件则输出当前解作为最优解,结束程序,终止条件通常取为连续若干个新解都没有被接受时;

g. T 逐渐减少,且 $T>0$,然后转至第②步。

模拟退火算法的步骤:模拟退火算法新解的产生和接受可分为四个步骤:第一步是由一个产生函数从当前解产生一个位于解空间的新解;为便于后续的计算和接受,减少算法耗时,通常选择由当前新解经过简单地变换即可产生新解的方法,如对构成新解的全部或部分元素进行置换、互换等,注意到产生新解的变换方法决定了当前新解的邻域结构,因而对冷却进度表的选取有一定的影响。第二步是计算与新解所对应的目标函数差。因为目标函数差仅由变换部分产生,所以目标函数差的计算最好按增量计算。事实表明,对大多数应用而言,这是计算目标函数差的最快方法。第三步是判断新解是否被接受,判断的依据是一个接受准则,最常用的接受准则是 Metropolis 准则,即若 $\Delta T<0$,则接受 S' 作为新的当前解 S,否则以概率 $\exp(-\Delta T/T)$ 接受 S' 作为新的当前解 S。第四步是当新解被确定接受时,用新解代替当前解,这只需将当前解中对应于产生新解时的变换部分予以实现,同时修正目标函数值即可。此时,当前解实现了一次迭代。可在此基础上开始下一轮试验。而当新解被判定为舍弃时,则在原当前解的基础上继续下一轮试验。

模拟退火算法与初始值无关,算法求得的解与初始解状态 S(算法迭代的起点)无关;模拟退火算法具有渐近收敛性,已在理论上被证明是一种以概率收敛于全局最优解的全局优化算法,模拟退火算法具有并行性。

②玻尔兹曼机

玻尔兹曼机是随机神经网络和递归神经网络的一种,由 Hinton 和 Sejnowski 在 1985 年发明。它由玻尔兹曼分布得名,该分布用于玻尔兹曼机的抽样函数。玻尔兹曼机可被视作随机过程的,可生成相应的 Hopfield 神经网络。它是最早能够学习内部表达,并能表达和(给定充足的时间)解决复杂的组合优化问题的神经网络。但是,没有特定限制连接方式的玻尔兹曼机目前为止并未被证明对机器学习的实际问题有什么用。所以它目前只在理论上显得有趣。然而,由于局部性和训练算法的赫布性质,以及它们和简单物理过程相似的并行性,如果连接方式是受约束的[即受限玻尔兹曼机(restricted boltzmann machine,RBM)],学习方式在解决实际问题上将会足够高效。

赫布性质:赫布理论是一个神经科学理论,解释了在学习的过程中脑中的神经元所发生的变化。赫布理论描述了突触可塑性的基本原理,即突触前神经元向突触后神经元的持续重复的刺激,可以导致突触传递效能的增加。

受限玻尔兹曼机是一种可通过输入数据集学习概率分布的随机生成神经网络。RBM最初由发明者 Smolensky 于 1986 年命名为簧风琴,但直到 Hinton 及其合作者在 21 世纪中叶发明快速学习算法后,受限玻尔兹曼机才变得知名。

受限玻尔兹曼机是玻尔兹曼机的一种特殊拓扑结构。玻尔兹曼机的原理起源于统计物理学,是一种基于能量函数的建模方法,能够描述变量之间的高阶相互作用,玻尔兹曼机的学习算法较复杂,但所建模型和学习算法有比较完备的物理解释和严格的数理统计理论作基础。玻尔兹曼机是一种对称耦合的随机反馈型二值单元神经网络,由可见层和多个隐含层组成,网络节点分为可见单元和隐单元,用可见单元和隐单元来表达随机网络与随机环境的学习模型,通过权值表达单元之间的相关性。

正如其名字,受限玻尔兹曼机是一种玻尔兹曼机的变体,但限定模型必须为二分图。模型中包含对应输入参数的输入可见单元和对应训练结果的隐单元,每条边必须连接一个可见单元和一个隐单元。(与此相对,"无限制"玻尔兹曼机包含隐单元间的边,使之成为递归神经网络。)这一限定使得相比一般玻尔兹曼机更高效的训练算法成为可能,特别是基于梯度的对比分歧算法。受限玻尔兹曼机也可被用于深度学习网络,具体地,深度信念网络可使用多个 RBM 堆叠而成,并可使用梯度下降法和反向传播算法进行调优。以 Hinton 和 Ackley 两位学者为代表的研究人员从不同领域以不同动机同时提出玻尔兹曼机。Smolensky 提出的 RBM 由一个可见神经元层和一个隐神经元层组成,由于隐含层神经元之间没有相互连接并且隐含层神经元独立于给定的训练样本,这使直接计算依赖数据的期望值变得容易,可见层神经元之间也没有相互连接,通过从训练样本得到的隐含层神经元状态上执行马尔可夫链抽样过程,来估计独立于数据的期望值,并行交替更新所有可见层神经元和隐含层神经元的值。如图 3-15 所示为玻尔兹曼机和受限玻尔兹曼机的结构。

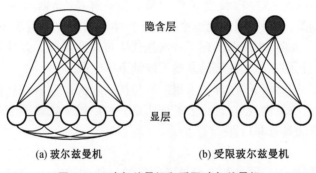

隐含层

显层

(a) 玻尔兹曼机　　　　　　　(b) 受限玻尔兹曼机

图 3-15　玻尔兹曼机和受限玻尔兹曼机

玻尔兹曼机是由 Hinton 和 Sejnowski 提出的一种随机递归神经网络,可以看作一种随机生成的 Hopfield 网络,是能够通过学习数据的固有内在表示解决困难学习问题的最早的人工神经网络之一,因样本分布遵循玻尔兹曼分布而命名为玻尔兹曼机。玻尔兹曼机由二值神经元构成,每个神经元只取 1 或 0 这两种状态,状态 1 代表该神经元处于接通状态,状态 0 代表该神经元处于断开状态。在下面的讨论中单元和节点的意思相同,均表示神经元。

a. 受限玻尔兹曼机结构:标准的受限玻尔兹曼机由二值(布尔/伯努利)隐含层和可见层单元组成。权重矩阵 $\boldsymbol{W}=(w_{i,j})$ 中的每个元素指定了隐含层单元 h_j 和可见层单元 v_i 之间边的权重。此外对于每个可见层单元 v_i 有偏置 a_i,对于每个隐含层单元 h_j 有偏置 b_j 以及在这些定义下,一种受限玻尔兹曼机配置(即给定每个单元取值)的"能量" $(\boldsymbol{v},\boldsymbol{h})$ 被定义为

$$E(\boldsymbol{v},\boldsymbol{h}) = -\sum_i a_i v_i - \sum_j b_j h_j - \sum_i \sum_j h_j w_{i,j} v_i \qquad (3\text{-}61)$$

或者用矩阵的形式表示如下:

$$E(\boldsymbol{v},\boldsymbol{h}) = -\boldsymbol{a}^{\mathrm{T}}\boldsymbol{v} - \boldsymbol{b}^{\mathrm{T}}\boldsymbol{h} - \boldsymbol{h}^{\mathrm{T}}\boldsymbol{W}\boldsymbol{v} \qquad (3\text{-}62)$$

这一能量函数的形式与霍普菲尔德神经网络相似。在一般的玻尔兹曼机中,隐含层和

可见层之间的联合概率分布由能量函数给出：

$$P(\boldsymbol{v}, \boldsymbol{h}) = \frac{1}{Z} e^{-E(\boldsymbol{v}, \boldsymbol{h})} \tag{3-63}$$

由于 RBM 为一个二分图，层内没有边相连，因而隐含层是否激活在给定可见层节点取值的情况下是条件独立的。类似地，可见层节点的激活状态在给定隐含层取值的情况下也条件独立。亦即，对 m 个可见层节点和 n 个隐含层节点，可见层的配置 $\boldsymbol{v}$ 对于隐含层配置 $\boldsymbol{h}$ 的条件概率如下：

$$P(\boldsymbol{v} \mid \boldsymbol{h}) = \prod_{i=1}^{m} P(v_i \mid \boldsymbol{h}) \tag{3-64}$$

类似地，$\boldsymbol{h}$ 对于 $\boldsymbol{v}$ 的条件概率为

$$P(\boldsymbol{h} \mid \boldsymbol{v}) = \prod_{j=1}^{n} P(h_j \mid \boldsymbol{v}) \tag{3-65}$$

令 σ 代表逻辑函数，则单个节点的激活概率为

$$P(h_j = 1 \mid \boldsymbol{v}) = \sigma\left(b_j + \sum_{i=1}^{m} w_{i,j} v_i\right) \text{ 和 } P(v_i = 1 \mid \boldsymbol{h}) = \sigma\left(\alpha_i + \sum_{j=1}^{n} w_{i,j} h_j\right) \tag{3-66}$$

b. 受限玻尔兹曼机训练算法：受限玻尔兹曼机的训练目标是针对某一训练集 $\boldsymbol{V}$，最大化概率的乘积。其中 $\boldsymbol{V}$ 被视为一矩阵，每个行向量作为一个可见单元向量 $\boldsymbol{v}$：

$$\operatorname{argmax}_{\boldsymbol{w}} \prod_{\boldsymbol{v} \in \boldsymbol{V}} P(\boldsymbol{v}) \tag{3-67}$$

或者，等价地，最大化 $\boldsymbol{V}$ 的对数概率期望：

$$\operatorname{argmax}_{\boldsymbol{w}} \left[\sum_{\boldsymbol{v} \in \boldsymbol{V}} \log P(\boldsymbol{v}) \right] \tag{3-68}$$

训练受限玻尔兹曼机，即最优化权重矩阵 $\boldsymbol{W}$，最常用的算法是 Hinton 提出的对比分歧（contrastive divergence，CD）算法。这一算法最早被用于训练 Hinton 提出的"专家积"模型。这一算法在梯度下降的过程中使用吉布斯采样完成对权重的更新，与训练前馈神经网络中利用反向传播算法类似。基本的针对一个样本的单步对比分歧（CD–1）步骤可被总结如下：

A. 取一个训练样本 $\boldsymbol{v}$，计算隐含层节点的概率，在此基础上从这一概率分布中获取一个隐含层节点激活向量的样本 $\boldsymbol{h}$；

B. 计算 $\boldsymbol{v}$ 和 $\boldsymbol{h}$ 的外积，称为"正梯度"；

C. 从 $\boldsymbol{h}$ 获取一个重构的可见层节点的激活向量样本 $\boldsymbol{v}'$，此后从 $\boldsymbol{v}'$ 再次获得一个隐含层节点的激活向量样本 $\boldsymbol{h}'$；

D. 计算 $\boldsymbol{v}'$ 和 $\boldsymbol{h}'$ 的外积，称为"负梯度"。

使用正梯度和负梯度的差以一定的学习率更新权重 $w_{i,j}$：$\Delta w_{i,j} = (\boldsymbol{v} \boldsymbol{h}^{\mathrm{T}} - \boldsymbol{v}' \boldsymbol{h}'^{\mathrm{T}})$。偏置 $\boldsymbol{a}$ 和 $\boldsymbol{b}$ 也可以使用类似的方法更新。

c. 受限玻尔兹曼机功能：深信任网络（deep belief network，DBN）和深玻尔兹曼机（deep Boltzmann machine，DBM），由多层神经元组成，已经应用于许多机器学习任务中，能够很好地解决一些复杂问题，在一定程度上提高了学习性能。深神经网络由许多受限玻尔兹曼机堆栈构成，RBM 的可见层神经元之间和隐含层神经元之间假定无连接。深神经网络用层次无监督贪婪预训练方法分层预训练 RBM，将得到的结果作为监督学习训练概率模型的初始值，学习性能得到很大改善。无监督特征学习就是将 RBM 的复杂层次结构与大量数据集

之间实现统计建模。无监督预训练使网络获得高阶抽象特征,并且提供较好的初始权值,将权值限定在对全局训练有利的范围内,使用层与层之间的局部信息进行逐层训练,注重训练数据自身的特性,能够减少对学习目标过拟合的风险,并避免深神经网络中误差累积传递过长的问题。RBM 由于表示力强、易于推理等优点被成功用作深神经网络的结构单元使用,在近些年受到广泛关注。作为实际应用,RBM 的学习算法已经在 MNIST 和 NORB 等数据集上显示出优越的学习性能。RBM 的学习在深度神经网络的学习中占据核心的地位。

d. 受限玻尔兹曼机应用:BM 及其模型已经成功应用于协同滤波、分类、降维、图像检索、信息检索、语言处理、自动语音识别、时间序列建模、文档分类、非线性嵌入学习、暂态数据模型学习和信号与信息处理等任务。受限玻尔兹曼机在降维、分类、协同过滤、特征学习和主题建模中得到了应用。根据任务的不同,受限玻尔兹曼机可以使用监督学习或无监督学习的方法进行训练。

(4) 自组织神经网络

自组织神经网络是一种采用无监督竞争学习机制的人工神经网络,通过自组织地调整网络参数与结构去发现输入数据的内在规律。

生物研究表明,人脑细胞各部分的功能并不相同。不同区域的脑细胞控制人体不同部位的运动。同样,处于不同区域的细胞对来自某一方面刺激信号的敏感程度也不一样。这种特定细胞对特定信号的特别反应能力似乎是由后来的经历和训练形成的。在生物神经系统中,存在着一种侧抑制现象,即一个神经细胞兴奋以后,会对周围其他神经细胞产生抑制作用。这种抑制作用会使神经细胞之间出现竞争,其结果是某些获胜,而另一些则失败。表现形式是获胜神经细胞兴奋,失败神经细胞抑制。自组织(竞争型)神经网络就是模拟上述生物神经系统功能的人工神经网络。

脑神经科学研究表明,传递感觉的神经元排列是按某种规律有序进行的,这种排列往往反映所感受的外部刺激的某些物理特征。例如,在听觉系统中,神经细胞和纤维是按照其最敏感的频率分布而排列的。为此,Kohonen 认为,神经网络在接受外界输入时,将会分成不同的区域,不同的区域对不同的模式具有不同的响应特征,即不同的神经元以最佳方式响应不同性质的信号激励,从而形成一种拓扑意义上的有序图。这种有序图也称之为特征图,实际上是一种非线性映射关系,它将信号空间中各模式的拓扑关系几乎不变地反映在这张图上,即各神经元的输出响应上。由于这种映射是通过无监督的自适应过程完成的,所以也称它为自组织特征图。

在这种网络中,输出节点与其邻域其他节点广泛相连,并相互激励。输入节点和输出节点之间通过强度 $W_{ij}(t)$ 相连接。$W_{ij}(t)$ 通过某种规则,不断地调整,使得在稳定时,每一邻域的所有节点对某种输入具有类似的输出,并且这聚类的概率分布与输入模式的概率分布相接近。自组织神经网络最大的优点是自适应权值,使寻找最优解极为方便,但同时,在初始条件较差时,易陷入局部极小值。

自组织神经网络的结构及其学习规则与其他神经网络相比有自己的特点。在网络结构上,它一般是由输入层和竞争层构成的两层网络;两层之间各神经元实现双向连接,而且网络没有隐含层。有时竞争层各神经元之间还存在横向连接。在学习规则上,它模拟生物神经元之间的兴奋、协调与抑制、竞争作用的信息处理的动力学原理来指导网络的学习与工作,而不像多层神经网络(MLP)那样是以网络的误差作为算法的准则。竞争型神经网络构成的基本思想是网络的竞争层各神经元竞争对输入模式响应的机会,最后仅有一个神经元成为竞争的胜者,这一获胜神经元则表示对输入模式的分类。因此,很容易把这样的结果和聚类联系在一起。

由此介绍一下竞争学习的概念。竞争学习是人工神经网络的一种学习方式。人工神经网络的信息处理功能是由网络单元的输入和输出特性、网络的拓扑结构、连接权和神经元的阈值所决定。在网络结构固定时,学习过程则归结为修改连接权。人工神经网络的学习方式有多种。竞争学习是指网络单元群体中所有单元相互竞争对外界刺激模式响应的权利。竞争取胜的单元的连接权向着对这一刺激模式竞争更有利的方向变化。相对来说,竞争取胜的单元抑制了竞争失败单元对刺激模式的响应。这种自适应学习,使网络单元具有选择接受外界刺激模式的特性。竞争学习的更一般形式是不仅允许单个胜者出现,而是允许多个胜者出现,学习发生在胜者集合中各单元的连接权上。

①自组织映射网络发展历程

1981年,科霍恩(Kohonen)教授提出一种自组织特征映射网络,该网络的出发点是模拟大脑皮层中具有自组织特征的神经信号传送过程,属于无导师学习的竞争型神经网络。科霍恩认为,一个生物神经网络在接受外界输入模式时,将会分为不同的对应区域,各区域对输入模式具有不同的响应特征,而且这个过程是自动完成的。以此为基础,科霍恩创建了自组织映射神经网络(SOFM),自组织映射网络亦称为Kohonen网络。

SOFM的生物学基础是侧抑制现象,这种侧抑制使神经细胞之间呈现出竞争,一个兴奋程度最强的神经细胞对周围神经细胞有明显的抑制作用,其结果使周围神经细胞兴奋度减弱,从而该神经网络是这次竞争的"胜者",而其他神经细胞在竞争中失败;生物神经网络接受外界的特定时空信息时,神经网络的特定区域兴奋,而且类似的外界信息在对应区域是连续映像的。SOFM经训练后,其竞争层神经元,功能类似的相互靠近,功能不同的相距较远,这与生物神经网络的组织构造非常类似。

a.SOFM的基本原理:当某类模式输入时,输出层某节点得到最大刺激而获胜,获胜节点周围的节点因侧向作用也受到刺激。这时网络进行一次学习操作,获胜节点及周围节点的连接权值向量朝输入模式的方向做相应的修正。当输入模式类别发生变化时,二维平面上的获胜节点也从原来节点转移到其他节点。这样,网络通过自组织方式用大量样本数据来调整其连接权值,最后使得网络输出层特征图能够反映样本数据的分布情况。网络上层为输出节点,按某种形式排成了一个邻域结构。对于输出层中的每个神经元,规定它的领域结构,即那些节点在它的邻域内和它在那些节点的邻域内。SOFM的一个重要特点是具有拓扑特性,即最终形成的以输出权矢量所描述的特征映射能反映输入的模式的分布。输入节点处于下方,若输入向量有n个元素,则输入端n个元素,所有输入节点到所有输出节点都有权值连接,而输出节点相互之间也有可能是局部连接的。它的拓扑结构如图3-16所示。

SOFM一个典型的特性就是可以在一维或者二维的处理单元阵列上形成输入信号的特征拓扑分布,SOFM具有抽取输入信号模式特征的能力。其中应用较多的二维阵列模型由四部分组成:处理单元阵列,用于接受事件输入,并且形成对这些信号的判别函数;比较选择机制,用于比较判别函数,并选择一个具有最大函数输出值的处理单元;局部互连作用,用于同时激励

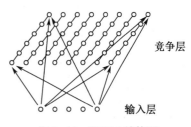

图3-16　SOFM结构图

被选择的处理单元及其最邻近的处理单元；自适应过程，用于修正被激励的处理单元的参数，以增加其对应于特定输入的判别函数的输出值。

自提出以来，SOFM 得到快速发展和不断改进，已广泛应用于样本分类、排序和样本检测等及工程、金融、医疗、军事等领域，并成为其他人工神经网络的基础。其实际应用包括：模式识别、过程和系统分析、机器人、通信、数据挖掘以及知识发现等。

b. SOFM 的主要特性：自组织排序性质，即拓扑保持能力；自组织概率分布性质；以若干神经元同时反映分类结果，具有容错性；具有自联想功能。

c. SOFM 的主要功能：实现数据压缩、编码和聚类。

②自组织神经网络算法

网络训练的过程就是某个输出节点能对某一类模式做出特别的反映以代表该模式类。所不同的是，这里规定了二维平面上相邻的节点能对实际模式分布中相近的模式类做出特别的反映。这样，当某类数据模式输入时，对其某一输出节点给予最大的刺激。当输入模式从一个模式区域移到相邻的模式区域时，二维平面上的获胜节点也从原来的节点移到其相邻的节点。因此，从 Kohonen 网络的输出状况，不但能判断输入模式所属的类别并使输出节点代表某一模式，还能够得到整个数据区域的大体分布情况，即从样本数据中抓到所有数据分布的大体本质特征。

为了能使二维输出平面上相邻的输出节点对相近的输入模式类别特别反应，在训练过程中定义获胜节点的邻域节点。假设本次获胜节点为 i^*，节点 i^* 在 t 时刻的邻域节点用 N_i^* 表示，包含以节点 i^* 为中心而距离不超过某一半径的所有节点。训练的初始阶段，不但对获胜节点做权值调整，也对其较大范围内的几何邻近节点做相应的调整，而随着训练过程的进行，与输出节点相连的权向量也越来越接近其代表的模式类。这时，对获胜节点进行较细微的权值调整时，只对其几何邻接交界的节点进行相应调整。直到最后，只对获胜节点本身做细微的权值调整。在训练过程结束后，几何上相近的输出节点所连接的权向量既有联系又有区别，保证了对于某一类输入模式，获胜节点能做出最大响应，而相邻节点做出较大响应。几何上相邻的节点代表特征上相近的模式类别。

网络训练算法：

a. 初始化，赋予 N 个输入神经元到输出神经元较小的连接权值，选取输出神经元 j 邻接神经元的集合 s_j。其中，$s_j(0)$ 表示时刻 $t=0$ 的神经元 j 的邻接神经元的集合，$s_j(t)$ 表示 t 时刻 j 的邻接神经元的集合，$s_j(t)$ 随着时间的增长而不断缩小。

b. 提供新的输入模式 $\boldsymbol{X}$。

c. 计算欧氏距离 d_j，即输入样本与每个输入神经元 j 之间的距离，并计算出一个具有最小距离的神经元 j^*，即确定某个单元 K，使得对于任意的 j 都有 $d_K=\min(d_j)$。

$$d_j = \|\boldsymbol{X} - \boldsymbol{W}_j\| = \sqrt{\sum_{i=1}^{N}\left[X_i(t) - w_{ij}(i)\right]^2} \tag{3-69}$$

d. 给出一个周围的邻域 $s_k(t)$。

e. 按照下式修正输出神经元 j^* 及其邻接神经元的权值，其中，α 为一个增益项，并随时间变化逐渐下降到零，一般取 $\alpha(t) = \dfrac{1}{t}$ 或 $\alpha(t) = 0.2\left(\dfrac{1-t}{10\,000}\right)$。

$$w_{ij}(t+1) = w_{ij}(t) + \alpha(t)\left[x_i(t) - w_{ij}(t)\right] \tag{3-70}$$

f. 计算输出 o_k，$o_k = f(\min_j\|\boldsymbol{X} - \boldsymbol{W}_j\|)$ 式中，$f(\cdot)$ 一般为 0-1 函数或其他非线性函数。

g. 提供新的学习样本来重复上述学习过程。

(5)卷积神经网络

①卷积神经网络介绍

卷积神经网络(CNN)是一类特殊的人工神经网络,区别于神经网络其他模型(如 BP 神经网络、玻尔兹曼机等),其最主要的特点是卷积运算操作(convolution operators)。因此,CNN 在诸多领域应用特别是图像相关任务上表现优异,诸如,图像分类、图像语义分割、图像检索、物体检测等计算机视觉问题。此外,随着 CNN 研究的深入,如自然语言处理中的文本分类,软件工程数据挖掘中的软件缺陷预测等问题都在尝试利用卷积神经网络解决,并取得了相比传统方法甚至其他深度网络模型更优的预测效果。

总体来说,卷积神经网络是一种层次模型(hierachical model),其输入是原始数据,如 RGB 图像、原始音频数据等。卷积神经网络通过卷积操作、池化操作和非线性激活函数映射等一系列操作的层层堆叠,将高层语义信息逐层由原始数据输入层中抽取出来,逐层抽象,这一过程便是"前馈运算"。其中,不同类型操作在卷积神经网络中一般称作"层":卷积操作对应"卷积层",池化操作对应"池化层",等等。最终,卷积神经网络的最后一层将其目标任务(分类、回归等)形式化为目标函数。计算预测值与真实值之间的误差或损失,利用反向传播算法将误差或损失由最后一层逐层向前反馈,更新每层参数,并在更新参数后再次前馈,如此往复,直到网络模型收敛,从而达到模型训练的目的。

更通俗讲,卷积神经网络如同搭积木的过程[如式(3-71)],将卷积等操作层作为"基本单元"依次"搭"在原始数据上,逐层"堆砌",以损失函数的计算[式(3-72)中的 z]作为过程结束,其中每层数据形式是一个三维张量。具体地,在计算机视觉应用中,卷积神经网络的数据层通常是 RGB 颜色空间的图像:H 行,W 列,3 个通道(分别是 R,G,B)记作 $\boldsymbol{x}^1$。$\boldsymbol{x}^1$ 经过第一层操作可得 $\boldsymbol{x}^2$,对应第一层操作中的参数记为 $\boldsymbol{w}^1$;$\boldsymbol{x}^2$ 作为第二层操作层 $\boldsymbol{w}^2$ 的输入,可得 $\boldsymbol{x}^3$……直到 $L-1$ 层,此时网络输出为 $\boldsymbol{x}^L$。在上述的过程中,理论上每层操作层可谓单独卷积操作、池化操作、非线性映射或其他操作/变换,当然也可以是不同形式操作/变换的组合。

$$\boldsymbol{x}^1 \rightarrow \boldsymbol{w}^1 \rightarrow \boldsymbol{x}^2 \rightarrow \cdots \rightarrow \boldsymbol{x}^{L-1} \rightarrow \boldsymbol{w}^{L-1} \rightarrow \boldsymbol{x}^L \rightarrow \boldsymbol{w}^L \rightarrow z \tag{3-71}$$

最终,整个网络以损失函数的计算结束。若 y 是输入 x^1 对应的真实标记,则损失函数表示为

$$z = \mathscr{L}(\boldsymbol{x}^L, \boldsymbol{y}) \tag{3-72}$$

其中,函数 $\mathscr{L}(\cdot)$ 中的参数即 $\boldsymbol{w}^L$。事实上,可以发现对于层中的特定操作,其参数 $\boldsymbol{w}^i$ 是可以为空的,如池化操作、无参的非线性映射以及无参损失函数的计算等。实际应用中,对于不同任务,损失函数的形式也随之改变。以回归问题为例,常用的 L_2 损失函数即可作为卷积网络的目标函数,此时有 $z = \mathscr{L}_{\text{regression}}(\boldsymbol{x}^L, \boldsymbol{y}) = \dfrac{1}{2}\|\boldsymbol{x}^L - \boldsymbol{y}\|^2$;若对于分类问题,网络的目标函数常采用交叉熵损失函数,$z = \mathscr{L}_{\text{regression}}(\boldsymbol{x}^L, \boldsymbol{y}) = -\sum_i y_i \log p_i$,其中 $p_i = \dfrac{\exp(x_i^L)}{\sum_{j=1}^{C} \exp(x_i^L)}$

$(i = 1, 2, \cdots, C)$,C 为分类任务类别数。显然无论回归问题还是分类问题,在计算 z 前,均需要通过合适的操作得到与 $\boldsymbol{y}$ 同维度的 $\boldsymbol{x}^L$,方可正确计算样本预测的损失/误差值。

无论训练模型时计算误差还是模型训练完毕后获得样本预测,卷积神经网络的前馈运

算都较直观。同样以图像分类任务为例,假设网络已训练完毕,即其中参数 $w^1,\cdots,w^{L-1}$ 已收敛到某最优解,此时可用此网络进行图像类别预测。预测过程实际就是一次网络的前馈运算:将测试集图像作为网络输入 x^1 送进网络,之后经过第一层操作 w^1 可得 x^2……以此类推,直至输出 $x^L \in \mathbb{R}^C$。在利用交叉熵损失函数训练后得到的网络中,x^L 的每一维可表示 x^1 分别隶属 C 个类别的后验概率。如此,可通过下式得到输入图像 x^1 对应的预测标记:

$$\arg\max_i x_i^L \tag{3-73}$$

②卷积层

卷积层是卷积神经网络中的基础操作,甚至在网络最后起分类作用的全连接层在工程实现时也是由卷积操作代替的。

卷积层的功能是对输入数据进行特征提取,其内部包含多个卷积核,组成卷积核的每个元素都对应一个权重系数和一个偏差量,类似于一个前馈神经网络的神经元。卷积层内每个神经元都与前一层中位置接近的区域的多个神经元相连,区域的大小取决于卷积核的大小,被称为"感受野",其含义可类比视觉皮层细胞的感受野。卷积核在工作时,会规律地扫过输入特征,在感受野内对输入特征做矩阵元乘法求和并叠加偏差量:

$$
\begin{aligned}
\boldsymbol{Z}^{l+1}(i,j) &= (\boldsymbol{Z}^l \otimes w^{l+1})(i,j) + b \\
&= \sum_{k=1}^{K_l} \sum_{x=1}^{f} \sum_{y=1}^{f} \left[\boldsymbol{Z}^l(s_0 i + x, s_0 j + y) w_k^{l+1}(x,y) \right] + b, \\
&\quad (i,j) \in \{0,1,\cdots,L_{l+1}\} \quad L_{l+1} = \frac{L_l + 2p - f}{s_0} + 1
\end{aligned}
\tag{3-74}
$$

式中,求和部分等价于求解一次交叉相关;b 为偏差量;$\boldsymbol{Z}^l$ 和 $\boldsymbol{Z}^{l+1}$ 分别表示第 $l+1$ 层的卷积输入和输出,也被称为特征图;L_{l+1} 为 $\boldsymbol{Z}^{l+1}$ 的尺寸,这里假设特征图长宽相同;$\boldsymbol{Z}(i,j)$ 对应特征图的像素;k 为特征图的通道数;f、s_0 和 p 是卷积层参数,分别对应卷积核大小、卷积步长和填充层数。如图 3-17、图 3-18 所示为一维、二维卷积操作示例。

图 3-17　一维卷积示例

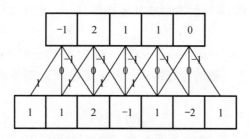

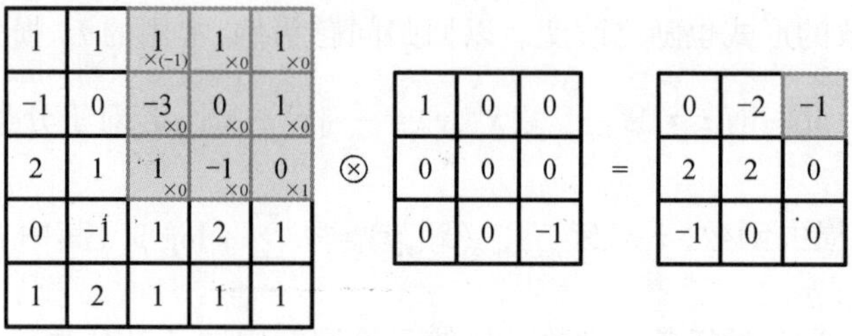

图 3-18　二维卷积示例

上式以二维卷积核作为例子,一维或三维卷积核的工作方式与之类似。理论上卷积核也可以先翻转 $180°$,再求解交叉相关,其结果等价于满足交换律的线性卷积,但这样做在增加求解步骤的同时并不能为求解参数取得便利,因此线性卷积核使用交叉相关代替了卷积。

特殊地,当卷积核是大小 $f = 1$,步长 $s_0 = 1$ 且不包含填充的单位卷积核时,卷积层内的交叉相关计算等价于矩阵乘法,并由此在卷积层间构建了全连接网络:

$$Z^{l+1} = \sum_{k=1}^{K_l} \sum_{x=1}^{f} \sum_{y=1}^{f} (Z_{i,j,k}^l w_k^{l+1}) + b = w_{l+1}^T Z^{l+1} + b \tag{3-75}$$

由单位卷积核组成的卷积层也被称为网中网或者多层感知器卷积层。单位卷积核可以在保持特征图尺寸的同时减少图的通道数从而降低卷积层的计算量。完全由单位卷积核构建的卷积神经网络是一个包含参数共享的多层感知器。

在线性卷积的基础上,一些卷积神经网络使用了更为复杂的卷积,包括平铺卷积、反卷积和扩张卷积(或转置卷积)。平铺卷积的卷积核只扫过特征图的一部分,剩余部分由同层的其他卷积核处理,因此卷积层间的参数仅被部分共享,有利于神经网络捕捉输入图像的旋转不变特征。反卷积将单个的输入激励与多个输出激励相连接,对输入图像进行放大。由反卷积和向上池化层构建的卷积神经网络在图像语义分割领域有较多应用,也被用于构建卷积自编码器。扩张卷积在线性卷积的基础上引入扩张率以提高卷积核的感受野,从而获得特征图的更多信息,在面向序列数据使用时有利于捕捉学习目标的长距离依赖。使用扩张卷积的卷积神经网络主要用于自然语言序列领域,例如机器翻译、语音识别等。

卷积层参数包括卷积核大小、步长、核填充,三者共同决定了卷积层输出特征图的尺寸,是卷积神经网络的超参数。其中卷积核大小可以指定为小于输入图像尺寸的任意值,卷积核越大,可提取的输入特征越复杂。

卷积步长定义了卷积核相邻两次扫过特征图时位置的距离,卷积步长为 1 时,卷积核会逐个扫过特征图的元素,步长为 n 时会在下一次扫描跳过 $n-1$ 个像素。

由卷积核的交叉相关计算可知,随着卷积层的堆叠,特征图的尺寸会逐步减小,例如,16×16 的输入图像在经过单位步长、无填充的 5×5 的卷积核后,会输出 12×12 的特征图。为此填充是在特征图通过卷积核之前人为增大其尺寸以抵消计算中尺寸收缩影响的方法。常见的填充方法为按 0 填充和重复边界值填充。填充依据其层数和目的可分为四类。

a. 有效填充:即完全不使用填充,卷积核只允许访问特征图中包含完整感受野的位置。输出的所有像素都是输入中相同数量像素的函数。使用有效填充的卷积被称为“窄卷积”,窄卷积输出的特征图尺寸为 $\dfrac{L-f}{s} + 1$。

b. 相同填充/半填充:只进行足够的填充来保持输出和输入的特征图尺寸相同。相同填充下特征图的尺寸不会缩减但输入像素中靠近边界的部分相比于中间部分对于特征图的影响更小,即存在边界像素的欠表达。使用相同填充的卷积被称为“等长卷积”。

c. 全填充:进行足够多的填充使得每个像素在每个方向上被访问的次数相同。步长为 1 时,全填充输出的特征图尺寸为 $L + f - 1$,大于输入值。使用全填充的卷积被称为“宽卷积”。

d. 任意填充:介于有效填充和全填充之间,属人为设定的填充,较少使用。

卷积层中包含激励函数以协助表达复杂特征,其表示形式如下:

$$A^l_{i,j,k} = f(Z^l_{i,j,k}) \tag{3-76}$$

类似于其他深度学习算法,卷积神经网络通常使用线性整流函数(rectified linear unit, ReLU),其他类似 ReLU 的变体包括有斜率的 ReLU、参数化的 ReLU、随机化的 ReLU、指数线性单元等。在 ReLU 出现以前,Sigmoid 函数和双曲正切函数也有被使用。

激励函数操作通常在卷积核之后,一些使用预激活技术的算法将激励函数置于卷积核之前。在一些早期的卷积神经网络研究,如 LeNet-5 中,激励函数在池化层之后。

③池化层

在卷积层进行特征提取后,输出的特征图会被传递至池化层进行特征选择和信息过滤。池化层包含预设定的池化函数,其功能是将特征图中单个点的结果替换为其相邻区域的特征图统计量。池化层选取池化区域与卷积核扫描特征图步骤相同,由池化大小、步长和填充控制。

L_p 池化是一类受视觉皮层内阶层结构启发而建立的池化模型,其一般表示形式为

$$A^l_k(i,j) = \Big[\sum_{x=1}^{f} \sum_{y=1}^{f} A^l_k(s_0 i + x, s_0 j + y) \Big]^{\frac{1}{p}} \tag{3-77}$$

式中,步长 s_0、像素 (i,j) 的含义与卷积层相同;p 是预指定参数。当 $p = 1$ 时,L_p 池化在池化区域内取均值,被称为均值池化;当 $p \to \infty$ 时,L_p 池化区域内取极大值,被称为极大池化(max pooling)。均值池化和极大池化是在卷积神经网络的设计中长期使用的池化方法,二者以损失特征图的部分信息或尺寸为代价保留图像的背景和纹理信息。此外 $p = 2$ 时的 L_2 池化在一些工作中也有使用。

随机池化和混合池化是 L_p 池化概念的延伸。随机池化会在其池化区域内按特定的概率分布随机选取一值,以确保部分数据的激烈信号能够进入下一个构筑。混合池化可以表示为均值池化(L_1)和极大池化(L_∞)的线性组合:

$$A^l_k = \lambda L_1(A^l_k) + L_\infty(A^l_k), \lambda \in [0,1] \tag{3-78}$$

有研究表明,相比于均值和极大池化,混合池化和随机池化具有正则化的功能,有利于避免卷积神经网络出现过拟合。

谱池化是基于快速傅里叶变换(FFT)的池化方法,可以和 FFT 卷积一起用于构建 FFT 的卷积神经网络。在给定特征图尺寸 $\mathbb{R}_{m \times m}$ 和池化层输出尺寸 $\mathbb{R}_{n \times n}$ 时,谱池化对特征图的每个通道分别进行离散傅里叶变换(DFT),并从频谱中心截取 $n \times n$ 大小的序列进行 DFT 逆变换得到池化结果。谱池化有滤波功能,可以在保存输入特征的低频变化信息的同时,调整特征图的大小。基于成熟的 FFT 算法谱池化能够以很小的计算量完成。

④全连接层

卷积神经网络中的全连接层等价于传统前馈神经网络中的隐含层。全连接层位于卷积神经网络隐含层的最后部分,并只向其他全连接层传递信号。特征图在全连接层中会失去空间拓扑结构,被展开为向量并激励函数。

按表征学习观点,卷积神经网络中的卷积层和池化层能够对输入数据进行特征提取,全连接层的作用则是对提取的特征进行非线性组合以得到输出,即全连接层本身不被期望具有特征提取能力,而是试图利用现有的高阶特征完成学习目标。

在一些卷积神经网络中,全连接层的功能可由全局均值池化取代,全局均值池化会将特征图每个通道的所有值取平均,即若有 $7 \times 7 \times 256$ 的特征图,全局均值池化将返回一个 256 的向量,每个元素都是 7×7,步长为 7,无填充的均值池化。

⑤卷积神经网络经典结构

a. AlexNet

AlexNet 是 2012 年 ILSVRC 图像分类和物体识别算法的优胜者,也是 LetNet-5 之后受到人工智能领域关注的现代化卷积神经网络算法。AlexNet 的隐含层由 5 个卷积层、3 个池化层和 3 个全连接层组成,按如下方式构建:

$(11 \times 11) \times 3 \times 96$ 的卷积层(步长为 4,无填充,ReLU),3×3 极大池化(步长为 2,无填充),局部响应归一化(LRN);

$(5 \times 5) \times 96 \times 256$ 的卷积层(步长为 1,相同填充,ReLU),3×3 极大池化(步长为 2,无填充),LRN;

$(3 \times 3) \times 256 \times 384$ 的卷积层(步长为 1,相同填充,ReLU);

$(3 \times 3) \times 384 \times 384$ 的卷积层(步长为 1,相同填充,ReLU);

$(3 \times 3) \times 384 \times 256$ 的卷积层(步长为 1,相同填充,ReLU),3×3 极大池化(步长为 2,无填充),LRN;

3 个全连接层,神经元数量为 4 096,4 096 和 1 000。

AlexNet 在卷积层中选择 ReLU 作为激励函数,使用了随机失活和数据增强技术,这些策略在其后的卷积神经网络中被保留和使用。

b. GoogleNet

GoogleNet 是 2014 年 ILSVRC 图像分类算法的优胜者,是首个以 Inception 模块进行堆叠形成的大规模卷积神经网络。GoogleNet 共有四个版本:Inception v1、Inception v2、Inception v3、Inception v4,这里以 Inception v1 为例进行介绍。Inception v1 的 Inception 模块分为四部分:

N_1 个 $(1 \times 1) \times C$ 的卷积核;

B_3 个 $(1 \times 1) \times C$ 的卷积核(BN,ReLU),N_3 个 $(3 \times 3) \times 96$ 的卷积核(步长为 1,相同填充,BN,ReLU);

B_5 个 $(1 \times 1) \times C$ 的卷积核(BN,ReLU),N_5 个 $(5 \times 5) \times 16$ 的卷积核(步长为 1,相同填充,BN,ReLU);

3×3 的极大池化(步长为 1,相同填充),N_p 个 $(1 \times 1) \times C$ 的卷积核(BN,ReLU)。

在此基础上,对于 3 通道的 RGB 图像输入,Inception v1 按如下方式构建:

$(7 \times 7) \times 3 \times 64$ 的卷积层(步长为 2,无填充,BN,ReLU),3×3 的极大池化(步长为 1,相同填充),LRN;

$(3 \times 3) \times 64 \times 192$ 的卷积层(步长为 1,相同填充,BN,ReLU),LRN,3×3 的极大池化(步长为 2,相同填充);

Inception 模块($N_1 = 64, B_3 = 96, N_3 = 128, B_5 = 16, N_5 = 32, N_p = 32$)

Inception 模块($N_1 = 128, B_3 = 128, N_3 = 192, B_5 = 32, N_5 = 96, N_p = 64$)

3×3 的极大池化(步长为 2,相同填充)

Inception 模块($N_1 = 192, B_3 = 96, N_3 = 208, B_5 = 16, N_5 = 48, N_p = 64$)

旁支:5×5 均值池化(步长为 3,无填充)

Inception 模块($N_1 = 160, B_3 = 112, N_3 = 224, B_5 = 24, N_5 = 64, N_p = 64$)

Inception 模块($N_1 = 128, B_3 = 128, N_3 = 256, B_5 = 24, N_5 = 64, N_p = 64$)

Inception 模块($N_1 = 112, B_3 = 144, N_3 = 288, B_5 = 32, N_5 = 64, N_p = 64$)

旁支:5×5均值池化(步长为3,无填充)

Inception 模块($N_1 = 256, B_3 = 160, N_3 = 320, B_5 = 32, N_5 = 128, N_p = 128$)

Inception 模块($N_1 = 384, B_3 = 192, N_3 = 384, B_5 = 48, N_5 = 128, N_p = 128$)

全局均值池化,1个全连接层,神经元数量为1 000,权重40%随机失活。

GoogleNet 中 Inception 模块启发了一些更为现代的算法,例如2017年提出的Xception。Inception v1 的另一特色是其隐含层中的两个旁支输出,旁支和主干的所有输出会通过指数归一化函数得到结果,对神经网络起正则化的作用。

c. VGGNet

VGGNet 是牛津大学视觉几何团队开发的一组卷积神经网络算法,包括 VGG-11、VGG-11-LRN、VGG-13、VGG-16 和 VGG-19。其中 VGG-16 是2014年 ILSVRC 物体识别算法的优胜者,其规模是 AlexNet 的2倍以上并拥有规律的结构,这里以 VGG-16 为例介绍其构筑。VGG-16 的隐含层由13个卷积层、3个全连接层和5个池化层组成,按如下方式构建:

(3×3)×3×64 的卷积层(步长为1,相同填充,ReLU),(3×3)×64×64 的卷积层(步长为1,相同填充,ReLU),2×2 的极大池化(步长为2,无填充);

(3×3)×64×128 的卷积层(步长为1,相同填充,ReLU),(3×3)×128×128 的卷积层(步长为1,相同填充,ReLU),2×2 的极大池化(步长为2,无填充);

(3×3)×128×256 的卷积层(步长为1,相同填充,ReLU),(3×3)×256×256 的卷积层(步长为1,相同填充,ReLU),(3×3)×256×256 的卷积层(步长为1,相同填充,ReLU),2×2 的极大池化(步长为2,无填充);

(3×3)×256×512 的卷积层(步长为1,相同填充,ReLU),(3×3)×512×512 的卷积层(步长为1,相同填充,ReLU),(3×3)×512×512 的卷积层(步长为1,相同填充,ReLU),2×2 的极大池化(步长为2,无填充);

(3×3)×512×512 的卷积层(步长为1,相同填充,ReLU),(3×3)×512×512 的卷积层(步长为1,相同填充,ReLU),2×2 的极大池化(步长为2,无填充);

VGGNet 构筑中仅使用3×3的卷积核并保存卷积层中输出特征图尺寸不变,通道数加倍,池化层中输出的特征图尺寸减半,简化了神经网络的拓扑建构并取得了良好的效果。

5. 神经网络应用领域

(1)信息处理领域

神经网络作为一种新型智能信息处理系统,其应用贯穿信息的获取、传输、接收与加工利用等各个环节,这里仅列举几个方面的应用。

①信号处理:神经网络广泛应用于自适应信号处理和非线性信号处理中。

②模式识别:模式识别涉及模式的预处理变换和将一种模式映射为其他类型的操作,神经网络在这两个方面都有许多成功的应用。

③数据压缩:在数据传送与存储时,数据压缩至关重要。神经网络可对待传送(或待存储)的数据提取模式特征,只将该特征传出(或存储),接收后(或使用时)再将其恢复成原始模式。

(2)自动化领域

20世纪80年代以来,神经网络和控制理论与控制技术相结合,发展为自动控制领域的一个前沿学科——神经网络控制。它是智能控制的一个重要分支,为解决复杂的非线性、不确定、不确知系统的控制问题开辟了一条新的途径。神经网络用于控制领域,已取得以下主要进展。

①系统辨识:在自动控制问题中,系统辨识的目的是建立被控对象的数学模型。多年来控制领域对于复杂的非线性对象的辨识,一直未能很好地解决。神经网络所具有的非线性特性和学习能力,使其在系统辨识方面有很大的潜力,为解决具有复杂的非线性、不确定性和不确知对象的辨识问题开辟了一条有效途径。

②神经控制器:由于控制器在实时控制系统中起着"大脑"的作用,神经网络具有自学习和自适应等智能特点,因而非常适合作控制器。

③智能检测:所谓智能检测一般包括干扰量的处理、传感器输入输出特性的非线性补偿、零点和量程的自动校正以及自动诊断等。这些智能检测功能可以通过传感元件和信号处理元件的功能集成来实现。随着智能化程度的提高,功能集成型已逐渐发展为功能创新型,如复合检测、特征提取及识别等,而这类信息处理问题正是神经网络的强项。

(3)工程领域

20世纪80年代以来,神经网络的理论研究成果已在众多的工程领域取得了丰硕的应用成果。

①汽车工程:汽车在不同状态参数下运行时,能获得最佳动力性与经济性的挡位称为最佳挡位。由于神经网络具有良好的非线性映射能力,通过学习优秀驾驶员的换挡经验数据,可自动提取蕴含在其中的最佳换挡规律。神经网络在汽车刹车自动控制系统中也有成功的应用,该系统能在给定刹车距离、车速和最大减速度的情况下,以人体能感受到的最小冲击实现平稳刹车,而不受路面坡度和车重的影响。随着国内外对能源短缺和环境污染问题的日趋关切,燃油消耗率和排烟度愈来愈受到人们的关注。神经网络在载重车柴油机燃烧系统方案优化中的应用,有效地降低了油耗和排烟度,获得了良好的社会经济效益。

②军事工程:神经网络同红外搜索与跟踪系统配合后可以发现与跟踪飞行器。一个成功的例子是,利用神经网络检测空间卫星的动作状态是稳定、倾斜、旋转还是摇摆,正确率可达95%。利用声呐信号判断水下目标是潜艇还是礁石是军事上常采用的办法。借助神经网络的语音分类与信号处理上的经验对声呐信号进行分析研究,对水下目标的识别率可达90%。密码学研究一直是军事领域中的重要研究课题,利用神经网络的联想记忆特点可设计出密钥分散保管方案;利用神经网络的分类能力可提高密钥的破解难度;利用神经网络还可设计出安全的保密开关,如语音开关、指纹开关等。

③化学工程:20世纪80年代中期以来,神经网络在制药、生物化学、化学工程等领域的研究与应用蓬勃开展,取得了不少成果。例如,在光谱分析方面,应用神经网络在红外光谱、紫外光谱、折射光谱和质谱与化合物的化学结构间建立某种确定的对应关系方面的成功应用实例比比皆是。此外,还有将神经网络用于判定化学反应的生成物;用于判定钾、钙、硝酸、氯等离子的浓度;用于研究生命体中某些化合物的含量与其生物活性的对应关系等大量应用实例。

④水利工程:近年来,我国水利工程领域的科技人员已成功地将神经网络的方法用于水力发电过程辨识和控制、河川径流预测、河流水质分类、水资源规划、混凝土性能预估、拱坝优化设计、预应力混凝土桩基等结构损伤诊断、砂土液化预测、岩体可爆破性分级及爆破效应预测、岩土类型识别、地下工程围岩分类、大坝等工程结构安全监测、工程造价分析等许多实际问题中。

（4）核工业领域

核工业作为高科技战略产业，既是国家安全的重要基石，又是科技强国建设的重要先导和支撑。应该抓住人工智能发展的重要机遇期，从整个核产业链出发，探索人工智能尤其是深度学习技术融合应用的需求和场景，大力推动人工智能在全产业链的深度融合、创新应用和转型驱动，实现全产业链智慧核能，引领国际核科技发展。神经网络在核工业领域的主要应用还是进行模式识别、故障诊断、关键参数预测等。神经网络的生成功能、决策功能在这一领域使用较少。在神经网络爆发性发展十多年来，我国神经网络理论和应用研究正在飞速发展，与核领域的交叉融合也是整个行业的发展战略，未来必将在这方面取得突破性进展。

（5）医学领域

①检测数据分析：许多医学检测设备的输出数据都是连续波形的形式，这些波的极性和幅值常常能够提供有意义的诊断依据。神经网络在这方面的应用非常普遍，一个成功的应用实例是用神经网络进行多道脑电棘波的检测。

②生物活性研究：用神经网络对生物学检测数据进行分析，可提取致癌物的分子结构特征，建立分子结构和致癌活性之间的定量关系，并对分子致癌活性进行预测。

③医学专家系统：专家系统在医疗诊断方面有许多应用。虽然专家系统的研究与应用取得了重大进展，但由于知识"爆炸"和冯·诺依曼计算机的"瓶颈"问题使其应用受到严重挑战。以非线性并行分布式处理为基础的神经网络为专家系统的研究开辟了新的途径，利用其学习功能、联想记忆功能和分布式并行信息处理功能，来解决专家系统中的知识表示，知识获取和并行推理等问题取得了良好效果。

（6）经济领域

①信贷分析：在这类问题中，信用评估机构要针对不同申请公司的各自特点提出信用评价，判断失误经常发生，给信贷机构带来巨大损失。采用神经网络评价系统不仅评价结果具有较高的可信度，而且可以避免由信贷分析人员的主观好恶和人情关系造成的错误。

②市场预测：市场预测问题可归结为对影响市场供求关系的诸多因素的综合分析，以及对价格变化规律的掌握。应用神经网络进行市场预测的一类实例是期货市场的神经网络预测。

3.3　无监督学习

3.3.1　无监督学习简介

现实生活中常常会有这样的问题：缺乏足够的先验知识，导致难以人工标注类别或进行人工类别标注的成本太高，所以希望计算机能够替代人工完成这些工作，或至少提供一些帮助。根据类别未知（没有被标记）的训练样本解决模式识别中的各种问题，称之为无监督学习。

下面通过与监督学习的对比来理解无监督学习：

（1）监督学习是一种目的明确的训练方式；而无监督学习则是没有明确目的的训练方式。

（2）监督学习需要给数据打标签；而无监督学习不需要给数据打标签。

（3）监督学习由于目标明确，所以可以衡量效果；而无监督学习几乎无法量化效果如何。

（4）无监督学习是一种机器学习的训练方式，它本质上是一个统计手段，在没有标签的数据里可以发现一些潜在结构的一种训练方式。

3.3.2　聚类和降维

下面将介绍两种主流的无监督学习方式，分别是聚类和降维。

典型例子——聚类

聚类算法一般有五种方法，最主要的是划分方法和层次方法两种。划分聚类算法通过优化评价函数把数据集分割为 K 个部分，它需要 K 作为输入参数。典型的划分聚类算法有 K-MEANS 算法，K-中心算法（K-MEDOIDS 算法）、随机搜索聚类算法（CLARANS 算法）。层次聚类由不同层次的分割聚类组成，层次之间的分割具有嵌套的关系。它不需要输入参数，这是它优于划分聚类算法的一个明显的特点，其缺点是终止条件必须具体指定。典型的分层聚类算法有综合层次聚类算法（BIRCH 算法）、DBSCAN 算法和 CURE 算法等。

1. 聚类概念

将物理或抽象对象的集合分成由类似的对象组成的多个类的过程称为聚类。由聚类所生成的簇是一组数据对象的集合，这些对象与同一个簇中的对象彼此相似，与其他簇中的对象相异。"物以类聚，人以群分"，在自然科学和社会科学中，存在着大量的分类问题。聚类分析又称群分析，它是研究（样品或指标）分类问题的一种统计分析方法。聚类分析起源于分类学，但是聚类不等于分类。聚类与分类的不同在于，聚类所划分的类是未知的。聚类分析内容非常丰富，有系统聚类法、有序样品聚类法、动态聚类法、模糊聚类法、图论聚类法、聚类预报法等。在数据挖掘中，聚类也是很重要的一个概念。

2. 聚类基本要求

（1）可伸缩性

许多聚类算法在小于 200 个数据对象的小数据集合上工作得很好。但是，一个大规模数据库可能包含几百万个对象，在这样的大数据集合样本上进行聚类可能会导致有偏的结果，因此，需要以具有高度可伸缩性的聚类算法来处理不同类型的数据。

（2）发现任意形状的聚类

许多聚类算法基于欧氏距离或者曼哈顿距离度量来决定聚类。基于这样的距离度量的算法趋向于发现具有相近尺度和密度的球状簇。但是，一个簇可能是任意形状的。因此，提出能发现任意形状簇的算法是很重要的。

（3）用于决定输入参数的领域知识最小化

许多聚类算法在聚类分析中要求用户输入一定的参数，例如希望产生的簇的数目。聚类结果对于输入参数十分敏感。参数通常很难确定，特别是对于包含高维对象的数据集来说。这不仅加重了用户的负担，也使得聚类的质量难以控制。因此，领域知识最小化对于保证聚类质量具有重要的意义。

（4）处理"噪声"数据的能力

绝大多数现实中的数据库都包含了孤立点、缺失或者错误的数据。一些聚类算法对于这样的数据敏感,可能导致低质量的聚类结果。因此,提高处理噪声数据的能力对于提升聚类结果的质量有重要意义。

(5)对于输入记录的顺序不敏感

一些聚类算法对于输入数据的顺序是敏感的。例如,同一个数据集合,当以不同的顺序交给同一个算法时,可能生成差别很大的聚类结果。因此,开发对数据输入顺序不敏感的算法具有重要的意义。

(6)高维度

一个数据库或者数据仓库可能包含若干维或者属性。许多聚类算法擅长处理低维的数据,可能只涉及二到三维。人类的眼睛在最多三维的情况下能够很好地判断聚类的质量。在高维空间中聚类数据对象是非常有挑战性的,特别是考虑到这样的数据可能分布非常稀疏,而且高度偏斜。因此,在聚类算法中开展高维度数据处理工作的研究具有十分重要的意义。

(7)基于约束的聚类

现实世界的应用可能需要在各种约束条件下进行聚类。假设你的工作是在一个城市中为给定数目的自动提款机选择安放位置,为了做出决定,你可以对住宅区进行聚类,同时考虑如城市的河流和公路网,每个地区的客户要求等情况。要找到既满足特定的约束,又具有良好聚类特性的数据分组是一项具有挑战性的任务。

(8)可解释性和可用性

用户希望聚类结果是可解释的,可理解的,可用的。也就是说,聚类可能需要和特定的语义解释和应用相联系。因此,在应用目标的影响下,如何进行聚类方法的选择也成为一个重要的研究课题。

3. 聚类方法的分类

很难对聚类方法提出一个简洁的分类,因为这些类别可能重叠,从而使得一种方法具有几类的特征,尽管如此,对于各种不同的聚类方法提供一个相对有组织的描述依然是有用的,为聚类分析计算方法主要有如下几种:

(1)划分方法

给定一个有 N 个元组或者记录的数据集,用分裂法构造 K 个分组,每一个分组就代表一个聚类,$K<N$。而且这 K 个分组满足下列条件:

①每个分组至少包含一个数据记录。

②每个数据记录属于且仅属于一个分组;对于给定的 K,算法首先给出一个初始的分组方法,以后通过反复迭代的方法改变分组,使得每次改进之后的分组方案都较前一次好。所谓好的标准就是:同一分组中的记录越近越好,而不同分组中的记录越远越好。使用这个基本思想的算法有 K-MEANS 算法、K-MEDOIDS 算法、CLARANS 算法。

大部分划分方法是基于距离的。给定要构建的分区数 K,划分方法首先创建一个初始化划分。然后,它采用一种迭代的重定位技术,通过把对象从一个组移动到另一个组来进行划分。一个好的划分的一般准备是:同一个簇中的对象尽可能相互接近或相关,而不同的簇中的对象尽可能远离或不同。还有许多评判划分质量的其他准则。传统的划分方法可以扩展到子空间聚类,而不是搜索整个数据空间。当存在很多属性并且数据稀疏时,这是有用的。为了达到全局最优,基于划分的聚类可能需要穷举所有可能的划分,计算量极大。实际上,大多数应用都采用了流行的启发式方法,如 K-均值和 K-中心算法渐近地提高聚类质量,逼近局部最优解。这些启发式聚类方法很适合发现中小规模的数据库中的球状簇。为了发现具有复杂形状的簇和对超大型数据集进行聚类,需要进一步扩展基于划分的方法。

（2）层次方法

这种方法对给定的数据集进行层次似的分解,直到满足某种条件为止。具体又可分为"自底向上"和"自顶向下"两种方案。例如在"自底向上"方案中,初始时每个数据记录都组成一个单独的组,在接下来的迭代中,它把那些相互邻近的组合并成一个组,直到所有的记录组成一个分组或者某个条件满足为止。代表算法有 BIRCH 算法、CURE 算法、CHAMELEON 算法等。

层次聚类方法可以是基于距离的,或基于密度或连通性的。层次聚类方法的一些扩展也考虑了子空间聚类。层次方法的缺陷在于,一旦一个步骤(合并或分裂)完成,它就不能被撤销。这个严格规定是有用的,因为不用担心不同选择的组合数目,它将产生较小的计算开销。然而这种技术不能更正错误的决定。已经提出了一些提高层次聚类质量的方法。

（3）基于密度的方法

基于密度的方法与其他方法的一个根本区别是它不是基于各种各样的距离的,而是基于密度的。这样就能克服基于距离的算法只能发现"类圆形"的聚类的缺点。这种方法的指导思想是,只要一个区域中的点的密度大过某个阈值,就把它加到与之相近的聚类中去。代表算法有 DBSCAN 算法、OPTICS 算法、DENCLUE 算法等。

（4）基于网格的方法

这种方法首先将数据空间划分成为有限个单元(cell)的网格结构,所有的处理都是以单个的单元为对象的。这么处理的一个突出的优点就是处理速度很快,通常这是与目标数据库中记录的个数无关的,它只与把数据空间分为多少个单元有关。代表算法有 STING 算法、CLIQUE 算法、WAVE-CLUSTER 算法。很多空间数据挖掘问题,使用网格通常都是一种有效的方法。因此,基于网格的方法可以和其他聚类方法集成。

（5）基于模型的方法

基于模型的方法给每一个聚类假定一个模型,然后去寻找能够很好地满足这个模型的数据集,这样一个模型可能是数据点在空间中的密度分布函数或者其他。它的一个潜在的假定就是目标数据集是由一系列的概率分布所决定的,通常有两种尝试方向:统计的方案和神经网络的方案。当然聚类方法还有传递闭包法、布尔矩阵法、直接聚类法、相关性分析聚类和基于统计的聚类方法等。

4. 聚类算法

聚类涉及数据点的分组。给定一组数据点,可以使用聚类算法将每个数据点划分为一个特定的组。理论上,同一组中的数据点应该具有相似的属性和/或特征,而不同组中的数据点应该具有高度不同的属性和/或特征。在数据科学中,可以使用聚类分析从数据中获得一些有价值的见解。本书将研究四种流行的聚类算法,分别是 K-均值聚类算法、DBSCAN 聚类算法、高斯混合模型的期望最大化聚类和层次聚类算法。

典型例子——降维

（1）降维的概念

降维是通过单幅图像数据的高维化,对单幅图像转化为高维空间中的数据集合进行的一种操作。若原特征空间是 D 维的,现希望降至 $D-1$ 维的。机器学习领域中所谓的降维就是指采用某种映射方法,将原高维空间中的数据点映射到低维度的空间中。降维的本质是学习一个映射函数 $f:x{\to}y$,其中 x 是原始数据点的表达,目前最多使用向量表达形式。y 是数据点映射后的低维向量表达,通常 y 的维度小于 x 的维度(当然提高维度也是可以的)。f 可能是显式的或隐式的、线性的或非线性的。

(2)降维的运用

降维通过将单幅图像数据的高维化,使单幅图像转化为高维空间中的数据集合,对其进行非线性降维,寻求其高维数据流形本征结构的一维表示向量,将其作为图像数据的特征表达向量,从而将高维图像识别问题转化为特征表达向量的识别问题,大大降低了计算的复杂程度,减少了冗余信息所造成的识别误差,提高了识别的精度。而且将非线性降维方法(如 Laplacian Eigenmap 方法)应用于图像数据识别问题,在实际中是可行的,在计算上是简单的,可大大改善常用方法(如 k-近邻方法)的效能,获得更好的识别效果。此外,该方法对于图像数据是否配准是不敏感的,可对不同大小的图像进行识别,这大大简化了识别的过程。

目前大部分降维算法用于处理向量表达的数据,也有一些降维算法用于处理高阶张量表达的数据。之所以使用降维后的数据表示是因为在原始的高维空间中,包含有冗余信息以及噪声信息,在实际应用例如图像识别中造成了误差,降低了准确率;而通过降维,希望减少冗余信息所造成的误差,提高识别的精度。又或者希望通过降维算法来寻找数据内部的本质结构特征。

5. 降维的分类

降维方法:降维方法分为线性和非线性降维,非线性降维又分为基于核函数和基于特征值的方法。

(1)线性降维方法

主成分分析算法(principal components analysis,PCA)、独立成分分析算法(independent component analysis,ICA)、线性判别式分析算法(linear discriminant analysis,LDA)、局部保持投影(locality preserving projections,LPP)、LFA。

(2)非线性降维方法

①基于核函数的非线性降维方法:KCPA、KICA、KDA。

②基于特征值的非线性降维方法(流型学习):等距特征映射(isometric mapping,ISOMAP);局部线性嵌入算法(locally linear embedding,LLE)、局部切空间排列(local tangent space alignment,LTSA)、LE、LPP、MVU。

本书将具体介绍四种在机器学习中常用的降维算法,分别是主成分分析算法、线性判别分析、局部线性嵌入、拉普拉斯特征映射(Laplacian Eigenmap)。

3.3.3　K-MEANS 聚类算法

1. K-MEANS 聚类算法概念

K-MEANS 聚类算法(K 均值聚类算法)是一种迭代求解的聚类分析算法,其步骤是预将数据分为 K 组,则随机选取 K 个对象作为初始的聚类中心,然后计算每个对象与各个种子聚类中心之间的距离,把每个对象分配给距离它最近的聚类中心。聚类中心以及分配给它们的对象就代表一个聚类。每分配一个样本,聚类的聚类中心就会根据聚类中现有的对象被重新计算。这个过程将不断重复直到满足某个终止条件。终止条件可以是没有(或最小数目)对象被重新分配给不同的聚类,没有(或最小数目)聚类中心再发生变化,误差平方和局部最小。图 3-19 所示为 K-MEANS 聚类图示。

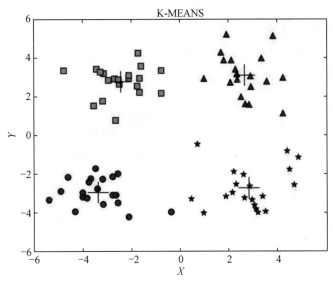

图 3-19　K-MEANS 聚类图示

K-MEANS 聚类是著名的划分聚类算法,因简洁和高效而成为所有聚类算法中使用最广泛的。给定一个数据点集合和需要的聚类数目 K,K 由用户指定,K-MEANS 聚类算法根据某个距离函数反复把数据分入 K 个聚类中。

给定样本集 $D = \{x_1, x_2, \cdots, x_m\}$,K-MEANS 聚类算法针对聚类所得簇划分 $C = \{C_1, C_2, \cdots, C_k\}$ 最小化平方误差

$$E = \sum_{I=1}^{K} \sum_{x \in C_i} \| x - \mu_i \|_2^2 \tag{3-79}$$

式中,$\mu_i = \dfrac{1}{|C_i|} \sum_{x \in C_i} x$ 是簇 C_i 的均值向量。直观来看,上式在一定程度上刻画了簇内样本围绕均值向量的紧密程度,E 值越小,则簇内样本相似度越高。

最小化式(3-79)并不容易,找到它的最优解需考察样本集 D 所有可能的簇划分,这是一个 NP 难问题。因此,K-MEANS 聚类算法采用了贪心策略,通过迭代优化近似求解式(3-79)。

2. K-MEANS 聚类算法的步骤

首先,选择一些类/组来使用并随机地初始化它们各自的中心点。中心点是与每个数据点向量相同长度的向量;每个数据点通过计算点与每个组中心之间的距离进行分类,然后将这个点分类为最接近它的组;基于这些分类点,通过取组中所有向量的均值来重新计算组中心;对一组迭代重复这些步骤。

L-MEDIANS 是另一种与 K-MEANS 有关的聚类算法,除了使用均值的中间值来重新计算组中心点以外,这种方法对离群值的敏感度较低(因为使用中值),但对于较大的数据集来说,它要慢得多,因为在计算中值向量时,每次迭代都需要进行排序。K-MEANS 均值聚

类是使用最大期望算法求解的高斯混合模型在正态分布的协方差为单位矩阵,且隐变量的后验分布为一组狄拉克 δ 函数时所得到的特例。

3.3.4 DBSCAN 聚类算法

1. DBSCAN 聚类算法概念

DBSCAN(density-based spatial clustering of applications with noise)是一种比较有代表性的基于密度的聚类算法,类似于均值转移聚类算法。图 3-20 所示为 DBSCAN 笑脸聚类。

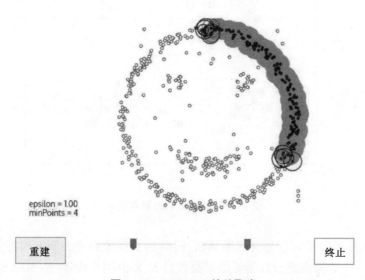

图 3-20 DBSCAN 笑脸聚类

DBSCAN 聚类算法基于一组"邻域"参数来刻画样本分布的紧密程度。给定数据集 $D = \{x_1, x_2, \cdots, x_m\}$,定义下面这几个概念:

ϵ-邻域:对 $x_j \in D$,其 ϵ-邻域包含样本集 D 中与 x_j 的距离不大于 ϵ 的样本,即 $N_{\epsilon}(x_j) = \{x_i \in D \mid \text{dist}(x_i, x_j) \leqslant \epsilon\}$。

密度直达:若 x_i 与 x_j 的 ϵ-邻域中,x_i 是核心对象,则称 x_j 由 x_i 密度直达。

密度可达:对 x_i 与 x_j,若存在样本序列 $p_1, p_2, \cdots, p_n$,其中 $p_1 = x_1$,$p_n = x_n$,且 p_{i+1} 由 p_i 密度直达,则称 x_j 由 x_i 密度可达。

密度相连:对 x_i 与 x_j,若存在 x_k 使得 x_j 与 x_i 均由 x_k 密度可达,则称 x_i 与 x_j 密度相连。

基于这些概念,DBSCAN 将"簇"定义为:由密度可达关系导出的最大的密度相连样本集合。形式化地说,给定邻域参数,簇 $C \subseteq D$ 是满足以下性质的非空样本子集:

$$连接性:x_i \in C, x_j \in C \rightarrow x_i \text{ 与 } x_j \text{ 密度相连} \tag{3-80}$$

$$最大性:x_i \in C, x_j \text{ 由 } x_i \text{ 密度可达} \Rightarrow x_j \in C \tag{3-81}$$

于是,DBSCAN 算法先任选数据集中的一个核心对象为"种子",再由此出发确定相应的聚类簇,算法先根据给定的邻域参数找出所有核心对象;再以任一核心对象为出发点,找出由其密度可达的样本生成聚类簇,直到所有核心对象均被访问过为止。

2. DBSCAN 笑脸聚类步骤

(1)DBSCAN 以一个从未访问过的任意起始数据点开始。这个点的邻域是用距离 ε(所

有在 ε 距离内的点都是邻点)来提取的。

(2)如果在这个邻域中有足够数量的点,那么聚类过程就开始了,并且当前的数据点成为新聚类中的第一个点。否则,该点将被标记为噪声(稍后这个噪声点可能会成为聚类的一部分)。在这两种情况下,这一点都被标记为"访问"。

(3)对于新聚类中的第一个点,其 ε 距离附近的点也会成为同一聚类的一部分。这一过程使在 ε 邻近的所有点都属于同一个聚类,然后重复所有刚刚添加到聚类组的新点。

(4)重复步骤(2)和步骤(3)的过程,直到聚类中的所有点都被确定,即在聚类附近的所有点都已被访问和标记。

(5)一旦完成了当前的聚类,就会检索并处理一个新的未访问点,这将导致进一步的聚类或噪声的发现。这个过程不断地重复,直到所有的点都被标记为访问。因为在所有的点都被访问过之后,每一个点都被标记为属于一个聚类或者是噪声。

DBSCAN 笑脸聚类算法的优势:它不需要一个预设定的聚类数量;它将异常值识别为噪声,而不像均值偏移聚类算法,即使数据点非常不同,它也会将它们放入一个聚类中;此外,它还能很好地找到任意大小和任意形状的聚类。

DBSCAN 笑脸聚类算法的劣势:当聚类具有不同的密度时,它的性能不像其他聚类算法那样好。这是因为当密度变化时,距离阈值 ε 和识别邻近点的 minPoints 的设置会随着聚类的不同而变化。这种缺点也会出现在非常高维的数据中,因为距离阈值 ε 变得难以估计。

3.3.5 高斯混合模型的期望最大化聚类

1. 高斯混合模型的期望最大化聚类概念

高斯混合模型比 K-MEANS 更具灵活性。使用高斯混合模型,可以假设数据点是高斯分布的;比起说它们是循环的,这是一个不那么严格的假设。这样就有两个参数来描述聚类的形状:平均值和标准差。以二维为例,这意味着聚类可以采用任何形式的椭圆形状(因为在 x 和 y 方向上都有标准差)。因此,每个高斯分布可归属于一个单独的聚类。

为了找到每个聚类的高斯分布的参数(例如平均值和标准差),将使用一种叫作期望最大化(EM)的优化算法。如图 3-21 所示,可看到高斯混合模型是被拟合到聚类上的,然后可以继续进行期望的过程——使用高斯混合模型实现最大化聚类。

高斯混合聚类采用概率模型来表达聚类原型。首先介绍高斯分布的定义,对 n 维样本空间 X 中的随机向量 $\boldsymbol{x}$,若 $\boldsymbol{x}$ 服从高斯分布,其概率密度函数为

$$p(\boldsymbol{x}) = \frac{1}{(2\pi)^{\frac{n}{2}} \boldsymbol{\Sigma}^{\frac{1}{2}}} e^{-\frac{1}{2}(\boldsymbol{x}-\boldsymbol{\mu})^{\mathrm{T}}\boldsymbol{\Sigma}^{-1}(\boldsymbol{x}-\boldsymbol{\mu})} \tag{3-82}$$

式中,$\boldsymbol{\mu}$ 是 n 维均值向量;$\boldsymbol{\Sigma}$ 是 $n \times n$ 的协方差矩阵。由上式可看出,高斯分布完全由均值向量 $\boldsymbol{\mu}$ 和协方差矩阵 $\boldsymbol{\Sigma}$ 这两个参数确定,为了明确显示高斯分布与相应参数的依赖关系,将概率密度函数记为 $p(\boldsymbol{x} \mid \boldsymbol{\mu}, \boldsymbol{\Sigma})$。

定义高斯混合分布

$$p_{\mathrm{M}}(\boldsymbol{x}) = \sum_{i=1}^{k} \alpha_i \cdot p(\boldsymbol{x} \mid \boldsymbol{\mu}_i, \boldsymbol{\Sigma}_i) \tag{3-83}$$

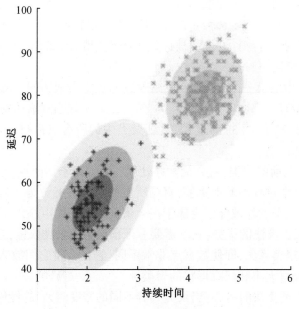

图 3-21　高斯混合模型

该分布共由 k 种混合成分组成,每种混合成分对应一个高斯分布。其中,μ_i 与 Σ_i 是第 i 个高斯混合成分的参数,而 $\alpha_i > 0$ 为对应的"混合系数",$\sum\limits_{i=1}^{k} \alpha_i = 1$。

假设样本的生成过程由高斯混合分布给出:首先,根据 $\alpha_1, \alpha_2, \cdots, \alpha_k$ 定义的先验分布选择高斯混合成分,其中 α_i 为选择第 i 个混合成分的概率;然后,根据被选择的混合成分的概率密度函数进行采样,从而生成相应的样本。

若训练集 $D = \{x_1, x_2, \cdots, x_m\}$ 由上述过程生成,令随机变量 $z_j \in \{1, 2, \cdots, k\}$ 表示生成样本 x_j 的高斯混合成分,其取值未知。显然 z_j 的先验概率 $P(z_j = i)$ 对应于 $\alpha_i (i = 1, 2, \cdots, k)$。根据贝叶斯定理,$z_j$ 的后验分布对应于

$$p_{\text{M}}(z_j = i \mid x_i) = \frac{P(z_j = i) p_{\text{M}}(x_j \mid z_j = i)}{p_{\text{M}}(x_j)} = \frac{\alpha_i p(x_j \mid \mu_i, \Sigma_i)}{\sum\limits_{i=1}^{k} \alpha_i \cdot p(x_j \mid \mu_i, \Sigma_i)} \tag{3-84}$$

换言之,$p_{\text{M}}(z_j = i \mid x_i)$ 给出了样本 x_j 由第 i 个高斯混合成分生成的后验概率。为方便叙述,将其简记为 $\gamma_{ji}(i = 1, 2, \cdots, k)$。

当高斯混合分布已知时,高斯混合聚类将把样本集 D 划分为 k 个簇 $C = (C_1, C_2, \cdots, C_K)$,每个样本 x_i 的簇记为 λ_j:

$$\lambda_j = \text{argmax}_{i \in (i = 1, 2, \cdots, k)} \gamma_{ji} \tag{3-85}$$

因此,从原型聚类的角度来看,高斯混合聚类是采用概率模型(高斯分布)对原型进行刻画,簇划分由原型对应后验概率确定。

2. 高斯混合模型的期望最大化聚类步骤

(1)首先选择聚类的数量(如 K-MEANS 所做的那样),然后随机初始化每个聚类的高斯分布参数。通过快速查看数据,可以尝试为初始参数提供良好的猜测。注意,在图 3-21 中可以看到,这并不是 100% 的必要,因为高斯开始时的表现非常不好,但是很快就被优

化了。

（2）给定每个聚类的高斯分布，计算每个数据点属于特定聚类的概率。一个点离高斯中心越近，它就越有可能属于那个聚类。这应该是很直观的，因为有一个高斯分布，假设大部分的数据都离聚类中心很近。

（3）基于这些概率，为高斯分布计算一组新的参数，这样就能最大限度地利用聚类中的数据点的概率。使用数据点位置的加权和来计算这些新参数，权重是属于该特定聚类的数据点的概率。

步骤（2）和（3）迭代地重复，直到收敛，在那里，分布不会从迭代到迭代这个过程中变化很多。

高斯混合模型的特点：使用高斯混合模型有两个关键的优势。首先，高斯混合模型在聚类协方差方面要比 K-MEANS 灵活得多；根据标准差参数，聚类可以采用任何椭圆形状，而不是局限于圆形。K-MEANS 实际上是高斯混合模型的一个特例，每个聚类在所有维度上的协方差都接近 0。其次，根据高斯混合模型的使用概率，每个数据点可以有多个聚类。因此，如果一个数据点位于两个重叠的聚类的中间，通过 $x\%$ 属于 1 类，而 $y\%$ 属于 2 类，可以简单地定义它的类。

3.3.6　层次聚类算法

1. 层次聚类算法概念

层次聚类算法实际上分为两类：自上而下和自下而上。自下而上的算法在一开始就将每个数据点视为一个单一的聚类，然后依次合并（或聚集）类，直到所有类合并成一个包含所有数据点的单一聚类。因此，自下而上的层次聚类称为合成聚类或 HAC。聚类的层次结构用一棵树（或树状图）表示。树的根是收集所有样本的唯一聚类，而叶子是只有一个样本的聚类。

AGNES 是一种采用自下而上聚合策略的层次聚类算法。它先将数据集中的每个样本看作一个初始聚类簇，然后在算法运行的每一步中找出距离最近的两个聚类簇进行合并，该过程不断重复，直至达到预设的聚类簇个数。这里的关键是如何计算聚类簇之间的距离。实际上，每个簇是一个样本集合，因此，只需采用关于集合的某种距离即可。例如，给定聚类簇 C_i 与 C_j，可通过下面的式子来计算距离：

最小距离：
$$d_{\min}(C_i, C_j) = \min_{x \in C_i, z \in C_j} \mathrm{dist}(x, z) \tag{3-86}$$

最大距离：
$$d_{\max}(C_i, C_j) = \max_{x \in C_i, z \in C_j} \mathrm{dist}(x, z) \tag{3-87}$$

平均距离：
$$d_{\mathrm{avg}}(C_i, C_j) = \frac{1}{|C_i \| C_j|} \sum_{x \in C_i} \sum_{z \in C_j} \mathrm{dist}(x, z) \tag{3-88}$$

显然，最小距离由两个簇的最近样本决定，最大距离由两个簇的最远样本决定，而平均距离则由两个簇的所有样本共同决定。当聚类簇距离由 $d_{\min}$、$d_{\max}$ 或 d_{avg} 计算时，AGNES 算法被相应地称为单链接、全链接或均链接算法。

2. 合成聚类步骤

（1）首先将每个数据点作为一个单独的聚类进行处理。如果数据集有 X 个数据点，那么就有了 X 个聚类，然后选择一个度量两个聚类之间距离的距离度量。作为一个示例，使用平均连接（average linkage）聚类，它定义了两个聚类之间的距离，即第一个聚类中的数据点和第二个聚类中的数据点之间的平均距离。

（2）在每次迭代中，将两个聚类合并为一个。将两个聚类合并为具有最小平均连接的组，例如根据选择的距离度量，这两个聚类之间的距离最小，因此是最相似的，应该组合在一起。

（3）重复步骤（2）直到到达树的根。通过这种方式选择出最终需要多少个聚类，仅需设定何时停止合并聚类，即可停止建造这棵树。

层次聚类算法不要求指定聚类的数量，甚至可以选择哪个聚类看起来最好。此外，该算法对距离度量的选择不敏感；它们的工作方式都很好，而对于其他聚类算法，距离度量的选择是至关重要的。层次聚类方法的一个特别好的用例是，当底层数据具有层次结构时，你可以恢复层次结构；而其他的聚类算法无法做到这一点。层次聚类的优点是以低效率为代价的，因为它具有 $O(n^3)$ 的时间复杂度，与 K-MEANS 和高斯混合模型的线性复杂度不同。

3.3.7 主成分分析算法（PCA）

1. 主成分分析算法概念

PCA 技术，即主成分分析技术，又称主分量分析技术，旨在利用降维的思想，把多指标转化为少数几个综合指标。在统计学中，主成分分析是一种简化数据集的技术。它是一个线性变换。这个变换把数据变换到一个新的坐标系统中，使得任何数据投影的第一大方差在第一个坐标上（称为第一主成分），第二大方差在第二个坐标上（称为第二主成分），以此类推。主成分分析经常用于减少数据集的维数，同时保持数据集对方差贡献最大的特征。这是通过保留低阶主成分，忽略高阶主成分做到的。这样低阶成分往往能够保留住数据的最重要方面。但是，这也不是绝对的，要视具体应用而定。

PCA 是最常用的线性降维方法，它的目标是通过某种线性投影，将高维的数据映射到低维的空间中表示，并期望在所投影的维度上数据的方差最大，一次使用较少的数据维度，同时保留住较多的原数据点的特性。通俗地理解，如果把所有的点都映射到一起，那么几乎所有的信息（如点和点之间的距离关系）都丢失了；而如果映射后方差尽可能地大，那么数据点就会分散开来，以此来保留更多的信息。可以证明，PCA 是丢失原始数据信息最少的一种线性降维方式。

设 n 维向量 w 为目标子空间的一个坐标轴方向（称为映射向量），最大化数据映射后的方差有

$$\max_w \frac{1}{m-1} \sum_{i=1}^{m} \left[w^T(x_i - \bar{x}) \right]^2 \qquad (3-89)$$

式中，m 是数据例子的个数；x_i 是数据例子 i 的向量表达；x 的平均值是所有数据例子的平均向量。定义 W 为包含所有映射向量为列向量的矩阵，经过线性代数变换，可以得到如下优化目标函数：

$$\min_w \text{tr}(w^T A w), \text{ s.t. } w^T w = I \qquad (3-90)$$

式中，tr 表示矩阵的迹；A 是数据协方差矩阵，$A = \frac{1}{m-1} \sum_{i=1}^{m} (x_i - \bar{x})(x_i - \bar{x})^T$。容易得出，最优的 W 是由数据协方差矩阵前 K 个最大的特征值对应的特征向量作为列向量构成的。这些特征向量形成一组正交基并且最大限度地保留了数据中的信息。PCA 的输出就是 $Y =$

$W'X$,将 X 的原始维度降低到了 K 维。

PCA 追求的是在降维之后能够最大化地保持数据的内在信息,并通过衡量投影方向上的数据方差的大小来衡量该方向的重要性。但是这样投影以后对数据的区分作用并不大,反而可能使得数据点糅杂在一起无法区分。这也是 PCA 存在的一个最大问题,导致使用 PCA 在很多情况下的分类效果并不好。具体如图 3-22 所示,若使用 PCA 将数据点投影至一维空间上时,PCA 会选择 2 轴,这使得原本很容易区分的两簇点被糅杂在一起而变得无法区分;而这时若选择 1 轴将会得到很好的区分结果。

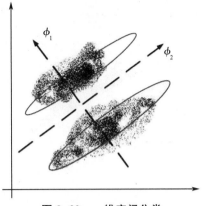

图 3-22 一维空间分类

2. 变换的步骤

(1)第一步计算矩阵 X 的样本的协方差矩阵 S(此为不标准 PCA,标准 PCA 计算相关系数矩阵 C);

(2)第二步计算协方差矩阵 S(或 C)的特征向量 $e_1,e_2,\cdots,e_N$ 和特征值 $t=1,2,\cdots,N$;

(3)第三步投影数据到特征向量张成的空间之中。利用公式 $\text{newBV}_{i,p}=\sum_{k=1}^{n}e_i\text{BV}_{i,k}$,式中 BV 值是原样本中对应维度的值。

PCA 的目标是寻找 $r(r<n)$ 个新变量,使它们反映事物的主要特征,压缩原有数据矩阵的规模,将特征向量的维数降低,挑选出最少的维数来概括最重要特征。每个新变量是原有变量的线性组合,体现原有变量的综合效果,具有一定的实际含义。这 r 个新变量称为"主成分",它们可以在很大程度上反映原来 n 个变量的影响,并且这些新变量是互不相关的,也是正交的。通过主成分分析,压缩数据空间,将多元数据的特征在低维空间里直观地表示出来。

3.3.8 线性判别分析(LDA)

1. 线性判别分析概念

LDA 是一种监督学习的降维技术,也就是说它的数据集的每个样本是有类别输出的。这点和 PCA 不同。PCA 是不考虑样本类别输出的无监督降维技术。LDA 的思想可以用一句话概括,就是"投影后类内方差最小,类间方差最大"。意思就是要将数据在低维度上进行投影,投影后希望每一种类别数据的投影点尽可能地接近,而不同类别的数据的类别中心之间的距离尽可能地大。可能如此描述还较为抽象,首先看最简单的情况。假设有两类数据,分别为红色和蓝色,如图 3-23 所示,这些数据特征为二维,希望将这些数据投影到一维的一条直线上,让每一种类别数据的投影点尽可能地接近,而红色和蓝色数据中心之间的距离尽可能地大。

首次,从直观上可以看出,图(b)比图(a)的投影效果好,因为图(b)的两组数据均较为集中,且类别之间的距离明显。图(a)则在边界处数据混杂。以上就是 LDA 的主要思想,当然在实际应用中,数据是多个类别的,原始数据一般也超过二维,投影后一般不是直线,而是一个低维的超平面。将上面直观的内容转化为可以度量的问题之前,先了解一些必要的数学基础知识,这些在后面讲解具体 LDA 原理时会用到。

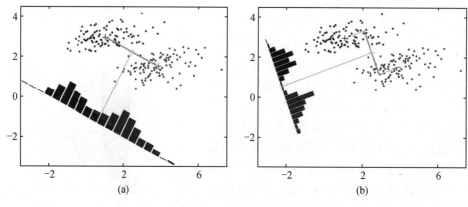

图 3-23　LDA 分类

2. 瑞利商和广义瑞利商

首先来看瑞利商的定义。瑞利商是指这样的函数 $R(\boldsymbol{A}, \boldsymbol{X})$：

$$R(\boldsymbol{A}, \boldsymbol{x}) = \frac{\boldsymbol{x}^{\mathrm{H}} \boldsymbol{A} \boldsymbol{x}}{\boldsymbol{x}^{\mathrm{H}} \boldsymbol{x}} \tag{3-91}$$

其中 $\boldsymbol{x}$ 为非零向量，而 $\boldsymbol{A}$ 为 $n \times n$ 的 Hermitan 矩阵。所谓 Hermitan 矩阵，就是满足共轭转置矩阵和自己相等的矩阵，即 $\boldsymbol{A}^{\mathrm{H}} = \boldsymbol{A}$。如果矩阵 $\boldsymbol{A}$ 是实矩阵，则满足 $\boldsymbol{A}^{\mathrm{T}} = \boldsymbol{A}$ 的矩阵即为 Hermitan 矩阵。瑞利商 $R(\boldsymbol{A}, \boldsymbol{x})$ 有一个非常重要的性质，即它的最大值等于矩阵 $\boldsymbol{A}$ 最大的特征值，而最小值等于矩阵 $\boldsymbol{A}$ 最小的特征值，也就是满足：

$$\lambda_{\min} \leqslant \frac{\boldsymbol{x}^{\mathrm{H}} \boldsymbol{A} \boldsymbol{x}}{\boldsymbol{x}^{\mathrm{H}} \boldsymbol{x}} \leqslant \lambda_{\max} \tag{3-92}$$

具体的证明这里就不给出了。当向量 $\boldsymbol{x}$ 是标准正交基，即满足 $\boldsymbol{x}^{\mathrm{H}} \boldsymbol{x} = 1$ 时，瑞利商退化为 $R(\boldsymbol{A}, \boldsymbol{x}) = \boldsymbol{x}^{\mathrm{H}} \boldsymbol{A} \boldsymbol{x}$，这个形式在谱聚类和 PCA 中都有出现。以上就是瑞利商的内容，现在再看看广义瑞利商。广义瑞利商是指这样的函数 $R(\boldsymbol{A}, \boldsymbol{B}, \boldsymbol{x})$：

$$R(\boldsymbol{A}, \boldsymbol{x}) = \frac{\boldsymbol{x}^{\mathrm{H}} \boldsymbol{A} \boldsymbol{x}}{\boldsymbol{x}^{\mathrm{H}} \boldsymbol{B} \boldsymbol{x}} \tag{3-93}$$

其中 $\boldsymbol{x}$ 为非零向量，而 $\boldsymbol{A}$、$\boldsymbol{B}$ 为 $n \times n$ 的 Hermitan 矩阵；$\boldsymbol{B}$ 为正定矩阵，它的最大值和最小值通过标准化就可以转化为瑞利商的格式。令 $\boldsymbol{x} = \boldsymbol{B}^{-1/2} \boldsymbol{x}'$，则分母转化为

$$\boldsymbol{x}^{\mathrm{H}} \boldsymbol{B} \boldsymbol{x} = \boldsymbol{x}'^{\mathrm{H}} (B^{-\frac{1}{2}})^{\mathrm{H}} \boldsymbol{B} \boldsymbol{B}^{-\frac{1}{2}} \boldsymbol{x}' = \boldsymbol{x}'^{\mathrm{H}} \boldsymbol{B}^{-\frac{1}{2}} \boldsymbol{B} \boldsymbol{B}^{-\frac{1}{2}} \boldsymbol{x}' = \boldsymbol{x}'^{\mathrm{H}} \boldsymbol{x}' \tag{3-94}$$

而分子转化为

$$\boldsymbol{x}^{\mathrm{H}} \boldsymbol{A} \boldsymbol{x} = \boldsymbol{x}'^{\mathrm{H}} \boldsymbol{B}^{-\frac{1}{2}} \boldsymbol{A} \boldsymbol{B}^{-\frac{1}{2}} \boldsymbol{x}' \tag{3-95}$$

此时的 $R(\boldsymbol{A}, \boldsymbol{B}, \boldsymbol{x})$ 转化为 $R(\boldsymbol{A}, \boldsymbol{B}, \boldsymbol{x}')$：

$$R(\boldsymbol{A}, \boldsymbol{B}, \boldsymbol{x}') = \frac{\boldsymbol{x}'^{\mathrm{H}} \boldsymbol{B}^{-\frac{1}{2}} \boldsymbol{A} \boldsymbol{B}^{-\frac{1}{2}} \boldsymbol{x}'}{\boldsymbol{x}'^{\mathrm{H}} \boldsymbol{x}'} \tag{3-96}$$

利用前面的瑞利商的性质，可以很快地知道，$R(\boldsymbol{A}, \boldsymbol{B}, \boldsymbol{x}')$ 的最大值为矩阵 $\boldsymbol{B}^{-1/2} \boldsymbol{A} \boldsymbol{B}^{-1/2}$ 的最大特征值，或者说为矩阵 $\boldsymbol{B}^{-1} \boldsymbol{A}$ 的最大特征值，而最小值为矩阵 $\boldsymbol{B}^{-1} \boldsymbol{A}$ 的最小特征值。

3. LDA 原理

二类 LDA 原理：现在回到 LDA 原理上，在讲到了 LDA 希望投影后同一种类别数据的投

影点尽可能地接近,而不同类别数据的类别中心之间的距离尽可能地大,但是这只是一个感官的度量。现在首先从比较简单的二类 LDA 入手,严谨地分析 LDA 的原理。假设数据集 $D = \{(x_1, y_1), (x_2, y_2), \cdots, (x_m, y_m)\}$,其中任意样本 x_i 为 n 维向量,$y_i \in \{0, 1\}$。定义 N_j $(j = 0, 1)$ 为第 j 类样本的个数,$X_j(j = 0, 1)$ 为第 j 类样本的集合,而 $\mu_j(j = 0, 1)$ 为第 j 类样本的均值向量,定义 $\Sigma_j(j = 0, 1)$ 为第 j 类样本的协方差矩阵。μ_j 的表达式为

$$\mu_i = \frac{1}{N_j} \sum_{x \in X_j} x \ (j = 0, 1) \tag{3-97}$$

Σ_j 的表达式为

$$\Sigma_j = \sum_{x \in X_j} (x - \mu_i)(x - \mu_i)^T (j = 0, 1) \tag{3-98}$$

由于是两类数据,因此只需要将数据投影到一条直线上即可。假设投影直线是向量 w,则对任意一个样本 x_i,它在直线 w 上的投影为 $w^T x_i$,对于两个类别的中心点 μ_0、μ_1,在直线 w 上的投影为 $w^T \mu_0$ 和 $w^T \mu_1$。由于 LDA 需要让不同类别数据的类别中心之间的距离尽可能地大,也就是要最大化 $\|w^T \mu_0 - w^T \mu_1\|$,同时希望同一种类别数据的投影点尽可能地接近,也就是要同类样本投影点的协方差 $w^T \Sigma_0 w$ 和 $w^T \Sigma_1 w$ 尽可能地小,即最小化 $w^T \Sigma_0 w + w^T \Sigma_1 w$。综上所述,优化目标为

$$\operatorname*{argmax}_w J(w) = \frac{\|w^T \cdot \mu_0 - w^T \mu_1\|_2^2}{w^T \Sigma_0 w + w^T \Sigma_1 w} + \frac{w^T(\mu_0 - \mu_1)(\mu_0 - \mu_1)^T w}{w^T(\Sigma_0 + \Sigma_1)w} \tag{3-99}$$

一般定义类内散度矩阵 S_w 为

$$S_w = (\Sigma_0 + \Sigma_1) = \sum_{x \in X_0} (x - \mu_0)(x - \mu_0)^T + \sum_{x \in X_1} (x - \mu_1)(x - \mu_1)^T \tag{3-100}$$

这样优化目标重写为

$$\operatorname*{argmax}_w J(w) = \frac{w^T S_b w}{w^T S_w w} \tag{3-101}$$

上式为广义瑞利商,利用广义瑞利商的性质,可知 $J(w')$ 最大值为矩阵 $S_w^{-1/2} S_b S_w^{-1/2}$ 的最大特征值,而对应的 w' 与 $S_w^{-1/2} S_b S_w^{-1/2}$ 的特征值相同,$S_w^{-1} S_b$ 的特征向量 w 和 $S_w^{-1/2} S_b S_w^{-1/2}$ 的特征向量 w' 满足 $w = S_w^{-1/2} w'$ 的关系。注意到对于二类的时候,$S_b w$ 的方向恒平行于 $\mu_0 - \mu_1$,不妨令 $S_b w = \lambda(\mu_0 - \mu_1)$,将其代入 $(S_w^{-1} S_b)w = \lambda w$,可以得到 $w = S_w^{-1}(\mu_0 - \mu_1)$,也就是说,只要求出原始二类样本的均值和方差,就可以确定最佳的投影方向 w。

多类 LDA 原理:假设数据集 $D = \{(x_1, y_1), (x_2, y_2), \cdots, (x_m, y_m)\}$,其中任意样本 x_i 为 n 维向量,$y_i \in \{C_1, C_2, \cdots, C_K\}$。定义 $N_j(j = 1, 2, \cdots, K)$ 为第 j 类样本的个数,$X_j(j = 1, 2, \cdots, K)$ 为第 j 类样本的集合,而 $\mu_j(j = 1, 2, \cdots, K)$ 为第 j 类样本的均值向量,定义 $\Sigma_j(j = 1, 2, \cdots, K)$ 为第 j 类样本的协方差矩阵。在二类 LDA 里面定义的公式可以很容易地类推到多类 LDA。由于是多类向低维投影,则此时投影到的低维空间就不是一条直线,而是一个超平面。假设投影到低维空间的维度为 d,对应的基向量为 $(w_1, w_2, \cdots, w_d)$,基向量组成的矩阵为 W,其为一个 $n \times d$ 的矩阵。

此时优化目标应该可以变为

$$\frac{w^T S_b w}{w^T S_w w} \tag{3-102}$$

其中 $S_b = \sum\limits_{j=1}^{k} N_j(\boldsymbol{\mu}_j - \boldsymbol{\mu})(\boldsymbol{\mu}_j - \boldsymbol{\mu})^T$，$\boldsymbol{\mu}$ 为所有样本的均值向量。

$$S_w = \sum\limits_{j=1}^{k} S_{wj} = \sum\limits_{j=1}^{k} \sum\limits_{x \in X_j} (\boldsymbol{x} - \boldsymbol{\mu}_j)(\boldsymbol{x} - \boldsymbol{\mu}_j)^T \qquad (3-103)$$

但是存在一个问题，即 $\boldsymbol{w}^T S_b \boldsymbol{w}$ 和 $\boldsymbol{w}^T S_w \boldsymbol{w}$ 都是矩阵，不是标量，无法作为一个标量函数来优化，也就是说，无法直接用二类 LDA 的优化方法。一般来说，可以用一些其他的替代优化目标来实现。常见的一个 LDA 多类优化目标函数定义为

$$\mathrm{argmax}_w J(w) = \frac{\prod_{\mathrm{diag}} \boldsymbol{w}^T S_b \boldsymbol{w}}{\prod_{\mathrm{diag}} \boldsymbol{w}^T S_w \boldsymbol{w}} \qquad (3-104)$$

其中 $\prod_{\mathrm{diag}} A$ 为 A 的主对角线元素的乘积；W 为 $n \times d$ 的矩阵。$J(w)$ 的优化过程可以转化为

$$J(w) = \frac{\prod\limits_{i=1}^{d} \boldsymbol{w}^T S_b \boldsymbol{w}_i}{\prod\limits_{i=1}^{d} \boldsymbol{w}^T S_w \boldsymbol{w}_i} = \prod\limits_{i=1}^{d} \frac{\boldsymbol{w}^T S_b \boldsymbol{w}_i}{\boldsymbol{w}^T S_w \boldsymbol{w}_i} \qquad (3-105)$$

仔细观察上式最右边，这就是广义瑞利商。最大值是矩阵 $S_w^{-1} S_b$ 的最大特征值，最大的 d 个值的乘积就是矩阵 $S_w^{-1} S_b$ 的最大的 d 个特征值的乘积，此时对应的矩阵 $\boldsymbol{w}$ 为这最大的 d 个特征值对应的特征向量张成的矩阵。由于 $\boldsymbol{w}$ 是一个利用样本的类别得到的投影矩阵，因此其降维到的维度 d 的最大值为 $K-1$。为什么最大维度不是类别数 K 呢？因为 S_b 中每个 $\boldsymbol{\mu}_j - \boldsymbol{\mu}$ 的秩为 1，因此协方差矩阵相加后的秩最大为 K（矩阵的秩小于或等于各个相加矩阵的秩的和），但是由于如果知道前 $K-1$ 个 $\boldsymbol{\mu}_j$，那么最后一个 $\boldsymbol{\mu}_K$ 可以由前 $K-1$ 个 $\boldsymbol{\mu}_j$ 线性表示，因此 S_b 的秩最大为 $K-1$，即特征向量最多有 $K-1$ 个。

4. LDA 算法步骤

现在对 LDA 降维的步骤做以总结。

输入：数据集 $D = \{(x_1, y_1), (x_2, y_2), \cdots, (x_m, y_m)\}$，其中任意样本 $\boldsymbol{x}_i$ 为 n 维向量，$y_i \in \{C_1, C_2, \cdots, C_k\}$，降到 d 维。

输出：降维后的样本集。

（1）计算类内散度矩阵 S_w；

（2）计算类间散度矩阵 S_b；

（3）计算矩阵 $S_w^{-1} S_b$；

（4）计算 $S_w^{-1} S_b$ 的最大的 d 个特征值和对应的 d 个特征向量 $(w_1, w_2, \cdots, w_d)$，得到投影矩阵 WW；

（5）对样本集中的每一个样本特征 x_i，转化为新的样本 $z_i = \boldsymbol{w}^T x_i$；

（6）得到输出样本 $D' = \{(z_1, y_1), (z_2, y_2), \cdots, (z_m, y_m)\}$。

以上就是使用 LDA 进行降维的算法流程。实际上 LDA 除了可以用于降维以外，还可以用于分类。一个常见的 LDA 分类基本思想是：假设各个类别的样本数据符合高斯分布，这样利用 LDA 进行投影后，可以利用极大似然估计计算各个类别投影数据的均值和方差，进而得到该类别高斯分布的概率密度函数。当一个新的样本到来后，可以将它投影，然后将投影后的样本特征分别代入各个类别的高斯分布概率密度函数，计算它属于这个类别的概率，最大的概率对应的类别即为预测类别。

5. LDA 与 PCA 的异同点

LDA 用于降维,与 PCA 有很多相同之处,也有很多不同的地方。

相同点:

(1)两者均可以对数据进行降维;

(2)两者在降维时均使用了矩阵特征分解的思想;

(3)两者都假设数据符合高斯分布。

不同点:

(1)LDA 是有监督的降维方法,而 PCA 是无监督的降维方法;

(2)LDA 最多降到类别数 $K-1$ 的维数,而 PCA 没有这一限制;

(3)LDA 除了用于降维,还可以用于分类;

(4)LDA 选择分类性能最好的投影方向,而 PCA 选择样本点投影具有最大方差的方向。

6. LDA 算法的特点

LDA 算法既可以用于降维,又可以用于分类,但是目前来说,主要还是用于降维。在进行图像识别相关的数据分析时,LDA 是一个有力的工具。

LDA 算法的主要优点:

(1)LDA 在降维过程中可以使用类别先验知识,而像 PCA 这样的无监督学习则无法使用类别先验知识;

(2)LDA 在样本分类信息依赖均值而不是方差的时候,优于 PCA 之类的算法。

LDA 算法的主要缺点:

(1)LDA 不适合对非高斯分布样本进行降维,PCA 也有这个问题;

(2)LDA 最多降到类别数 $K-1$ 的维数,如果降低的维度大于 $K-1$,则不能使用 LDA。(当然目前有一些 LDA 的进化版算法可以绕过这个问题)

(3)LDA 在样本分类信息依赖方差而不是均值的时候,降维效果不好;

(4)LDA 可能过度拟合数据。

3.3.9　局部线性嵌入（LLE）

1. 局部线性嵌入概念

LLE 属于流形学习(manifold learning)的一种。流形通常理解起来比较抽象,在 LLE 里,可以简单地将流形看作一个不闭合的曲面,目的是将其展开到低维,一般展开到二维即可,同时数据的结构特征要能够最大限度地得到保持,这个过程就像两个人将流行曲面拉开一样,如图 3-24 所示。

在局部保持数据结构或者说是数据拓扑关系的方法有很多种,不同的保持方法对应不同的流形算法。比如等距映射(ISOMAP)算法在降维后希望保持样本之间的测地距离而不是欧

图 3-24　降维示例

氏距离,因为测地距离更能反映样本之间在流形中的真实距离,如图 3-25 所示。

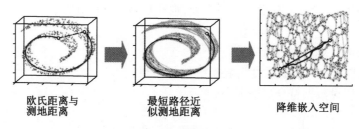

欧氏距离与   最短路径近
测地距离   似测地距离   降维嵌入空间

图 3-25　距离对比

但是等距映射算法存在一个问题,即它要找所有样本全局的最优解,当数据量很大、样本维度很高时,计算非常耗时。鉴于这个问题,LLE 通过放弃寻找全局最优解,只是通过保证局部最优来降维;同时假设样本集在局部是满足线性关系的,进一步减少降维的计算量。

欧氏距离:也称欧几里得度量,指在 m 维空间中两个点之间的真实距离,或者向量的自然长度(即该点到原点的距离)。在二维和三维空间中的欧氏距离就是两点之间的实际距离。

测地距离:指三维空间中两点之间的最短路径。在三维空间从一个点到另一个点的路径有无数种,但是最短路径只有一条,那么这个最短路径的长度就是测地距离。

2. 局部线性嵌入的思想

LLE 假设数据在较小的局部是线性的,也就是说,某个样本可以由它最近邻的几个样本线性表示,离样本远的样本对局部的线性关系没有影响,因此相比等距映射算法,降维的时间复杂度和空间复杂度都有极大的降低。比如有一个样本 x_1,在它的原始高维邻域里用 k-近邻思想找到与它最近的三个样本 x_2、x_3、x_4,然后假设 x_1 可以由 x_2、x_3、x_4 线性表示,即

$$x_1 = w_{12}x_2 + w_{13}x_3 + w_{14}x_4 \tag{3-106}$$

其中 w_{12}、w_{13}、w_{14} 为权重系数。在通过 LLE 降维后,希望 x_1 在低维空间对应的投影 y_1 和 x_2、x_3、x_4 对应的投影 y_2、y_3、y_4 也尽量保持同样的线性关系(局部数据结构不变),即

$$y_1 \approx w_{12}x_2 + w_{13}x_3 + w_{14}x_4 \tag{3-107}$$

也就是说,投影前后线性关系的权重系数 w_{12}、w_{13}、w_{14} 是尽量不变或者最小改变的。

3. 局部线性嵌入算法的原理

对于 LLE 算法,首先要确定邻域大小的选择,即需要多少个邻域样本来线性表示某个样本。假设这个值为 K,可以通过与 KNN 同样的思想利用距离度量(比如欧氏距离)来选择某个样本的 K 个最近邻。

在寻找到某个样本 x_i 的 K 个最近邻之后,就需要找到 x_i 与这 K 个最近邻之间的线性关系,也就是要找到线性关系的权重系数。找线性关系,这显然是一个回归问题。假设有 m 个 n 维样本 $\{x_1, x_2, \cdots, x_m\}$,可以用均方差作为回归问题的损失函数,即

$$J(w) = \sum_{i=1}^{m} \left\| x_i - \sum_{j=1}^{k} w_{ij}x_j \right\|_2^2 \tag{3-108}$$

一般也会对权重系数 w_{ij} 做归一化的限制,即权重系数需要满足:

$$\sum_{i=1}^{k} w_{ij} = 1 \tag{3-109}$$

也就是需要通过上面两个式子求出权重系数。一般可以通过矩阵和拉格朗日子乘法来求解这个最优化问题。对于第一个式子,先将其矩阵化:

$$
\begin{aligned}
J(w) &= \sum_{i=1}^{m} \left\| \boldsymbol{x}_i - \sum_{j=1}^{k} w_{ij} \boldsymbol{x}_j \right\|_2^2 \\
&= \sum_{i=1}^{m} \left\| \sum_{j=1}^{k} w_{ij} \boldsymbol{x}_i - \sum_{j=1}^{k} w_{ij} \boldsymbol{x}_j \right\|_2^2 \\
&= \sum_{i=1}^{m} \left\| \sum_{j=1}^{k} w_{ij} (\boldsymbol{x}_i - \boldsymbol{x}_j) \right\|_2^2 \\
&= \sum_{i=1}^{m} \boldsymbol{w}_j^{\mathrm{T}} (\boldsymbol{x}_i - \boldsymbol{x}_j)^{\mathrm{T}} (\boldsymbol{x}_i - \boldsymbol{x}_j) \boldsymbol{W}_i \\
&= \sum_{i=1}^{m} \boldsymbol{w}_j^{\mathrm{T}} \boldsymbol{Z}_i \boldsymbol{W}_i
\end{aligned}
\tag{3-110}
$$

其中 $\boldsymbol{W}_i = (w_{i1}, w_{i2}, \cdots, w_{iK})$,$\boldsymbol{Z}_i = (\boldsymbol{x}_i - \boldsymbol{x}_j)^{\mathrm{T}}(\boldsymbol{x}_i - \boldsymbol{x}_j)$,约束条件可化为 $\sum_{j=1}^{m} w_{ij} = \boldsymbol{W}_i \mathbf{1}_k$,$\mathbf{1}_k$ 为 k 维全为 1 的向量。接下来利用拉格朗日乘子法对以上式子进行求解:

$$
L(W) = \sum_{I=1}^{m} \boldsymbol{W}_i^{\mathrm{T}} \boldsymbol{Z}_i \boldsymbol{W}_i + \lambda (\boldsymbol{W}_i \mathbf{1}_k - \mathbf{1})
\tag{3-111}
$$

$$
\frac{\partial L(W)}{\partial W} = 2 \boldsymbol{Z}_i \boldsymbol{W}_i + \lambda \mathbf{1}_k = 0
\tag{3-112}
$$

$$
\boldsymbol{W}_i = \lambda \boldsymbol{Z}_i^{-1} \mathbf{1}_k
\tag{3-113}
$$

对 $\boldsymbol{W}_i$ 归一化,则最终的权重系数 $\boldsymbol{W}_i$ 为

$$
\boldsymbol{W}_i = \frac{\boldsymbol{Z}_i^{-1} \mathbf{1}_k}{\mathbf{1}_k^{\mathrm{T}} \boldsymbol{Z}_i^{-1} \mathbf{1}_k}
\tag{3-114}
$$

现在得到了高维的权重系数,希望这些权重系数对应的线性关系在降到低维后一样得到保持。假设 n 维样本集 $\{x_1, x_2, \cdots, x_m\}$ 在低维的 d 维度对应投影为 $\{y_1, y_2, \cdots, y_m\}$,则希望保持线性关系,也就是希望对应的均方差损失函数最小,即最小化损失函数 $J(Y)$ 如下:

$$
\begin{aligned}
J(Y) &= \sum_{i=1}^{m} \left\| \boldsymbol{y}_i - \sum_{j=1}^{k} w_{ij} \boldsymbol{y}_i \right\|_2^2 \\
&= \sum_{i=1}^{m} \| \boldsymbol{Y} \boldsymbol{I}_i - \boldsymbol{Y} \boldsymbol{W}_i \|_2^2 \\
&= \mathrm{tr}(\boldsymbol{Y}^{\mathrm{T}} (\boldsymbol{I} - \boldsymbol{W})^{\mathrm{T}} (\boldsymbol{I} - \boldsymbol{W}) \boldsymbol{Y}) \\
&= \mathrm{tr}(\boldsymbol{Y}^{\mathrm{T}} \boldsymbol{M} \boldsymbol{Y})
\end{aligned}
\tag{3-115}
$$

其中,$\boldsymbol{M} = (\boldsymbol{I} - \boldsymbol{W})^{\mathrm{T}}(\boldsymbol{I} - \boldsymbol{W})$,上式约束条件为 $\sum_{i=1}^{m} \boldsymbol{y}_i = 0$;$\frac{1}{m} \sum_{i=1}^{m} \boldsymbol{y}_i \boldsymbol{y}_i^{\mathrm{T}} = \boldsymbol{I}$,即 $\boldsymbol{Y}^{\mathrm{T}} \boldsymbol{Y} = m \boldsymbol{I}$。接下来利用拉格朗日乘子法对以上式子进行求解:

$$
L(Y) = \mathrm{tr}(\boldsymbol{Y}^{\mathrm{T}} \boldsymbol{M} \boldsymbol{Y}) + \lambda (\boldsymbol{Y}^{\mathrm{T}} \boldsymbol{Y} - m \boldsymbol{I})
\tag{3-116}
$$

与拉普拉斯特征映射相似,要得到最小的 d 维数据集,需要先求出矩阵 $\boldsymbol{M}$ 最小的 d 个非 0 特征值所对应的 d 个特征向量组成的矩阵 $\boldsymbol{Y} = (y_1, y_2, \cdots, y_d)$。

4. 局部线性嵌入算法的步骤

整个 LLE 算法如图 3-26 所示。从图中可以看出,LLE 算法主要分为三步:第一步是求 k-近邻,这个过程使用了和 KNN 算法一样的求最近邻的方法;第二步,求每个样本在邻域

里的 K 个近邻的线性关系,得到线性关系权重系数 W;第三步是利用权重系数在低维里重构样本数据。

具体过程如下:

输入:样本集 $D = \{x_1, x_2, \cdots, x_m\}$,最近邻数 K,降维到的维数 d。

输出:低维样本集矩阵 D'。

(1)令 $i = 1, 2, \cdots, m$,按欧氏距离作为度量,计算与 x_i 最近的 K 个最近邻(x_{i1}, $x_{i2}, \cdots, x_{iK}$);

(2)令 $i = 1, 2, \cdots, m$,求出局部协方差矩阵 $Z_i = (x_i - x_j)^{\mathrm{T}}(x_i - x_j)$,并求出对应的权重系数向量

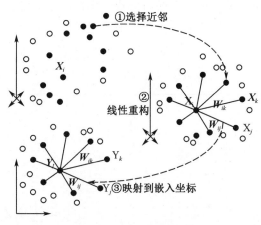

图 3-26　LLE 算法步骤

$$W_i = \frac{Z_i^{-1} \mathbf{1}_k}{\mathbf{1}_k^{\mathrm{T}} Z_I^{-1} \mathbf{1}_K} \tag{3-117}$$

(3)由权重系数向量 W_i 组成权重系数矩阵 W,计算矩阵 $M = (I - W)^{\mathrm{T}}(I - W)$;

(4)计算矩阵 M 的前 $d+1$ 个特征值,并计算这 $d+1$ 个特征值对应的特征向量 $D = \{y_1, y_2, \cdots, y_m\}$;

(5)由第二个特征向量到第 $d+1$ 个特征向量所张成的矩阵即为输出低维样本集矩阵 $D' = \{y_1, y_2, \cdots, y_m\}$。

5. 局部线性嵌入算法的特点

LLE 是广泛使用的图形图像降维方法,它实现简单,但是对数据的流形分布特征有严格的要求。比如不能是闭合流形,不能是稀疏的数据集,不能是分布不均匀的数据集,等等,这些都限制了它的应用。

LLE 算法的主要优点:

(1)可以学习任意维的局部线性的低维流形;

(2)算法归结为稀疏矩阵特征分解,计算复杂度相对较小,容易实现。

LLE 算法的主要缺点:

(1)算法所学习的流形只能是不闭合的,且样本集是稠密均匀的;

(2)算法对最近邻样本数的选择敏感,不同的最近邻数对最后的降维结果有很大影响。

3.3.10　拉普拉斯特征映射

1. 拉普拉斯特征映射的概念

拉普拉斯特征映射是一种不太常见的降维算法,它看问题的角度与常见的降维算法不太相同,是从局部的角度去构建数据之间的关系。具体来讲,拉普拉斯特征映射是一种基于图的降维算法,它希望相互间有关系的点(在图中相连的点)在降维后的空间中尽可能地靠近,从而在降维后仍能保持原有的数据结构。

2. 算法推导

拉普拉斯特征映射通过构建邻接矩阵为 W 的图来重构数据流形的局部结构特征。

邻接矩阵:逻辑结构分为两部分:V 和 E 集合,其中,V 是顶点,E 是边。因此,用一个一维数组存放图中所有顶点数据,用一个二维数组存放顶点间关系(边或弧)的数据,这个二维数组称为邻接矩阵,邻接矩阵又分为有向图邻接矩阵和无向图邻接矩阵。如图 3-27 所示。

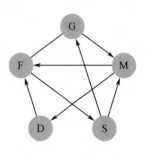

图 3-27 邻接矩阵

其主要思想是,如果两个数据例子 i 和 j 很相似,那么 i 和 j 在降维后目标子空间中应该尽量接近。设数据例子的数目为 n,目标子空间即最终的降维目标的维度为 m。定义 $n \times m$ 大小的矩阵 $\boldsymbol{Y}$,其中每一个行向量 $\boldsymbol{y}_i^{\mathrm{T}}$ 是数据例子 i 在目标 m 维子空间中的向量表示(即降维后的数据例子 i)。目的是让相似的数据样例 i 和 j 在降维后的目标子空间里仍旧尽量接近,故拉普拉斯特征映射优化的目标函数如下:

$$\min \sum_{i,j} \| \boldsymbol{y}_i - \boldsymbol{y}_j \|^2 \boldsymbol{W}_{ij} \tag{3-118}$$

下面开始推导:

$$
\begin{aligned}
\sum_{i=1}^{n} \sum_{j=1}^{n} \| \boldsymbol{y}_i - \boldsymbol{y}_j \|^2 \boldsymbol{W}_{ij} &= \sum_{i=1}^{n} \sum_{j=1}^{n} (\boldsymbol{y}_i^{\mathrm{T}} \boldsymbol{y}_i - 2 \boldsymbol{y}_i^{\mathrm{T}} \boldsymbol{y}_j + \boldsymbol{y}_j^{\mathrm{T}} \boldsymbol{y}_j) \boldsymbol{W}_{ij} \\
&= \sum_{i=1}^{n} (\sum_{j=1}^{n} \boldsymbol{W}_{ij}) \boldsymbol{y}_i^{\mathrm{T}} \boldsymbol{y}_i + \sum_{j=1}^{n} (\sum_{i=1}^{n} \boldsymbol{W}_{ij}) \boldsymbol{y}_j^{\mathrm{T}} \boldsymbol{y}_j + 2 \sum_{i=1}^{n} \sum_{j=1}^{n} \boldsymbol{y}_i^{\mathrm{T}} \boldsymbol{y}_j \boldsymbol{W}_{ij} \\
&= 2 \sum_{i=1}^{n} \boldsymbol{D}_{ii} \boldsymbol{y}_i^{\mathrm{T}} \boldsymbol{y}_i - 2 \sum_{i=1}^{n} \sum_{j=1}^{n} \boldsymbol{y}_i^{\mathrm{T}} \boldsymbol{y}_j \boldsymbol{W}_{ij} \\
&= 2 \sum_{i=1}^{n} (\sqrt{\boldsymbol{D}_{ii}} \boldsymbol{y}_i)^{\mathrm{T}} (\sqrt{\boldsymbol{D}_{ii}} \boldsymbol{y}_i) - 2 \sum_{i=1}^{n} \boldsymbol{y}_i^{\mathrm{T}} (\sum_{j=1}^{n} \boldsymbol{y}_i \boldsymbol{W}_{ij}) \\
&= 2 \mathrm{tr} (\boldsymbol{Y}^{\mathrm{T}} \boldsymbol{D} \boldsymbol{Y}) - 2 \sum_{i=1}^{n} \boldsymbol{y}_i^{\mathrm{T}} (\boldsymbol{Y} \boldsymbol{W}) \\
&= 2 \mathrm{tr} (\boldsymbol{Y}^{\mathrm{T}} \boldsymbol{D} \boldsymbol{Y}) - 2 \mathrm{tr} (\boldsymbol{Y}^{\mathrm{T}} \boldsymbol{W} \boldsymbol{Y}) \\
&= 2 \mathrm{tr} [\boldsymbol{Y}^{\mathrm{T}} (\boldsymbol{D} - \boldsymbol{W}) \boldsymbol{Y}] \\
&= 2 \mathrm{tr} (\boldsymbol{Y}^{\mathrm{T}} \boldsymbol{L} \boldsymbol{Y})
\end{aligned}
\tag{3-119}
$$

其中 $\boldsymbol{W}$ 是图的邻接矩阵,对角矩阵 $\boldsymbol{D}$ 是图的度矩阵 ($\boldsymbol{D}_{ii} = \sum nj = \boldsymbol{W}_{ij}$),$\boldsymbol{L} = \boldsymbol{D} - \boldsymbol{W}$ 称为图的拉普拉斯矩阵。变换后的拉普拉斯特征映射优化的目标函数如下:

$$\min \mathrm{tr} (\boldsymbol{Y}^{\mathrm{T}} \boldsymbol{L} \boldsymbol{Y}) , \mathrm{s.t.} \ \boldsymbol{Y}^{\mathrm{T}} \boldsymbol{L} \boldsymbol{Y} = \boldsymbol{I} \tag{3-120}$$

其中限制条件 s.t. $\boldsymbol{Y}^{\mathrm{T}} \boldsymbol{D} \boldsymbol{Y} = \boldsymbol{I}$ 保证优化问题有解。下面用拉格朗日乘子法对目标函数进行求解:

$$f(\boldsymbol{Y}) = \mathrm{tr} (\boldsymbol{Y}^{\mathrm{T}} \boldsymbol{L} \boldsymbol{Y}) + \mathrm{tr} [\boldsymbol{\Lambda} (\boldsymbol{Y}^{\mathrm{T}} \boldsymbol{D} \boldsymbol{Y} - \boldsymbol{I})] \tag{3-121}$$

$$
\begin{aligned}
\frac{\partial f(\boldsymbol{Y})}{\partial \boldsymbol{Y}} &= \boldsymbol{L} \boldsymbol{Y} + \boldsymbol{L}^{\mathrm{T}} \boldsymbol{Y} + \boldsymbol{D}^{\mathrm{T}} \boldsymbol{Y} \boldsymbol{\Lambda}^{\mathrm{T}} + \boldsymbol{D} \boldsymbol{Y} \boldsymbol{\Lambda} \\
&= 2 \boldsymbol{L} \boldsymbol{Y} + 2 \boldsymbol{D} \boldsymbol{Y} \boldsymbol{\Lambda} \\
&= 0
\end{aligned}
\tag{3-122}
$$

所以有

$$\boldsymbol{L} \boldsymbol{Y} = - \boldsymbol{D} \boldsymbol{Y} \boldsymbol{\Lambda}$$

其中用到了矩阵的迹的求导,具体方法见迹求导。$\boldsymbol{\Lambda}$ 为一个对角矩阵,$\boldsymbol{L}$、$\boldsymbol{D}$ 均为实对称矩阵,其转置与自身相等。对于单独的 $\boldsymbol{y}$ 向量,上式可写为 $\boldsymbol{L} \boldsymbol{y} = \lambda \boldsymbol{D} \boldsymbol{y}$,这是一个广义特征

值问题。通过求得 m 个最小非零特征值所对应的特征向量,即可达到降维的目的。

关于这里为什么要选择 m 个最小非零特征值所对应的特征向量,有学者指出,将 $LY = -DY\Lambda$ 带回 $\min \operatorname{tr}(Y^{\mathrm{T}}LY)$ 中,由于有着约束条件 $Y^{\mathrm{T}}DY = I$ 的限制,可以得到 $\min \operatorname{tr}(Y^{\mathrm{T}}LY) = \min \operatorname{tr}(-\Lambda)$,即为特征值之和。为了目标函数最小化,要选择最小的 m 个特征值所对应的特征向量。

3. 算法步骤

使用时具体步骤如下:

步骤 1,构建图。使用某一种方法来将所有的点构建成一个图,例如使用 KNN 算法,将与每个点最近的 K 个点连上。K 是一个预先设定的值。

步骤 2,确定权重。确定点与点之间的权重大小,例如选用热核函数来确定,如果点 i 和点 j 相连,那么它们关系的权重设定为 $W_{ij} = e^{-\frac{\|x_i - x_j\|^2}{t}}$;另外一种可选的简化设定是 $W_{ij} = 1$,如果点 i 和点 j 相连,否则 $W_{ij} = 0$。

步骤 3,特征映射。计算拉普拉斯矩阵 L 的特征向量与特征值:$Ly = \lambda Dy$,使用最小的 m 个非零特征值对应的特征向量作为降维后的结果输出。

常用的无监督学习算法主要有主成分分析方法(PCA)、等距映射方法、局部线性嵌入方法、拉普拉斯特征映射方法、黑塞局部线性嵌入方法和局部切空间排列方法等。

从原理上来说,PCA 等数据降维算法同样适用于深度学习,但是这些数据降维方法复杂度较高,并且其算法的目标太明确,使得抽象后的低维数据中没有次要信息,而这些次要信息可能在更高层看来是区分数据的主要因素。所以现在深度学习中采用的无监督学习方法通常采用较为简单的算法和直观的评价标准。

3.4 强 化 学 习

强化学习(reinforcement learning,RL),又称再励学习、评价学习或增强学习,是机器学习的范式和方法论之一,用于描述和解决智能体在与环境的交互过程中通过学习策略以达成回报最大化或实现特定目标的问题。

强化学习的常见模型是标准的马尔可夫决策过程(MarKov decision process,MDP)。按给定条件,强化学习可分为基于模式的强化学习和无模式强化学习,以及主动强化学习和被动强化学习。强化学习的变体包括逆向强化学习、阶层强化学习和部分可观测系统的强化学习。求解强化学习问题所使用的算法可分为策略搜索算法和值函数算法两类。深度学习模型可以在强化学习中得到使用,形成深度强化学习。

强化学习理论受到行为主义心理学启发,侧重在线学习并试图在探索与利用间保持平衡。不同于监督学习和非监督学习,强化学习不要求预先给定任何数据,而是通过接收环境对动作的奖励(反馈)获得学习信息并更新模型参数。

1. 强化学习定义

强化学习是智能体(Agent)以"试错"的方式进行学习,通过与环境进行交互获得的奖赏指导行为,目标是使智能体获得最大的奖赏,强化学习不同于连接主义学习中的监督学习,主要表现在强化信号上,强化学习中由环境提供的强化信号是对产生动作的好坏作一种评价(通常为标量信号),而不是告诉强化学习系统(RLS)如何去产生正确的动作。由于外部环境提供的信息很少,RLS 必须靠自身的经历进行学习。通过这种方式,RLS 在行动-评价的环境中获得知识,改进行动方案以适应环境。

2. 强化学习原理

强化学习是由动物学习、参数扰动自适应控制等理论发展而来的,其基本原理是:如果 Agent 的某个行为策略导致环境正的奖赏(强化信号),那么 Agent 以后产生这个行为策略的趋势便会加强。Agent 的目标是在每个离散状态发现最优策略以使期望的折扣和奖赏最大,如图 3-28 所示。

强化学习把学习看作试探评价过程,Agent 选择一个动作用于环境,环境接受该动作后状态发生变化,同时产生一个强化信号(奖或惩)反馈给 Agent,Agent 根据强化信号和环境当前状态再选择下一个动作,选择的原则是使受到正强化(奖)的概率增大。选择的动作不仅影响立即强化值,而且影响环境下一时刻的状态及最终的强化值。

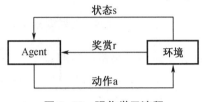

图 3-28　强化学习流程

强化学习系统学习的目标是动态地调整参数,以达到强化信号最大。若已知 r/A 梯度信息,则可直接使用监督学习算法。因为强化信号 r 与 Agent 产生的动作 A 没有明确的函数形式描述,所以梯度信息 r/A 无法得到。因此,在强化学习系统中,需要某种随机单元,使用这种随机单元,Agent 便可在可能的动作空间中进行搜索并发现正确的动作。

3. 强化学习网络模型设计

每一个自主体是由两个神经网络模块组成的,即行动网络和评估网络。

行动网络用于根据当前状态决定下一时刻施加到环境中的最好动作。

对于行动网络,强化学习算法允许它的输出节点进行随机搜索,有了来自评估网络的内部强化信号后,行动网络的输出节点即可有效地完成随机搜索并且大大提高选择好的动作的可能性,同时可以在线训练整个行动网络。

用一个辅助网络来为环境建模,评估网络根据当前状态和模拟环境预测标量值的外部强化信号,这样它可单步和多步预报当前由行动网络施加到环境上的动作强化信号,提前向动作网络提供有关候选动作的强化信号,以及更多的奖惩信息(内部强化信号),以减少不确定性并提高学习速度。

进化强化学习对评估网络使用时序差分预测方法 TD 和反向传播 BP 算法进行学习,而对行动网络进行遗传操作,使用内部强化信号作为行动网络的适应度函数。

网络运算分成两个部分,即前向信号计算和遗传强化计算。在前向信号计算时,对评估网络采用时序差分预测方法,由评估网络对环境建模,可以进行外部强化信号的多步预测。评估网络提供更有效的内部强化信号给行动网络,使它产生更恰当的行动。内部强化信号使行动网络、评估网络在每一步都可以进行学习,而不必等待外部强化信号的到来,从而大大加速了两个网络的学习。

4. 模型设计考虑要素

(1)如何表示状态空间和动作空间。

（2）如何选择建立信号以及如何通过学习来修正不同状态-动作对的值。

（3）如何根据这些值来选择合适的动作。

用强化学习方法研究未知环境下的机器人导航，由于环境的复杂性和不确定性，这些问题变得更复杂。

标准的强化学习，智能体作为学习系统，获取外部环境的当前状态信息 s，对环境采取试探行为 u，并获取环境反馈的对此动作的评价 r 和新的环境状态。如果智能体的某个动作 u 导致环境正的奖赏（立即报酬），那么智能体以后产生这个动作的趋势便会加强；反之，智能体产生这个动作的趋势将会减弱。在学习系统的控制行为与环境反馈的状态及评价的反复的交互作用中，以学习的方式不断修改从状态到动作的映射策略，以达到优化系统性能的目的。

3.4.1 马尔可夫决策过程

1.马尔可夫决策过程原理

马尔可夫决策过程是（MDP）序贯决策的数学模型，用于在系统状态具有马尔可夫性质的环境中模拟智能体可实现的随机性策略与回报。马尔可夫决策过程的得名源自俄国数学家安德雷·马尔可夫，以纪念其为马尔可夫链研究所做的贡献。

（1）序贯决策

序贯决策是指按时间顺序排列起来的各种决策（策略），是用于随机性或不确定性动态系统最优化的决策方法。

（2）马尔可夫性质

马尔可夫性质是概率论中的一个概念。当一个随机过程在给定现在状态及所有过去状态情况下，其未来状态的条件概率分布仅依赖于当前状态。换句话说，在给定现在状态时，它与过去状态（即该过程的历史路径）是条件独立的，那么此随机过程即具有马尔可夫性质。具有马尔可夫性质的过程通常称为马尔可夫过程。

（3）马尔可夫链

马尔可夫链是概率论和数理统计中具有马尔可夫性质且存在于离散的指数集和状态空间内的随机过程，适用于连续指数集的马尔可夫链称为马尔可夫过程，但有时也被视为马尔可夫链的子集，即连续时间马尔可夫链，其与离散时间马尔可夫链相对应，因此马尔可夫链是一个较为宽泛的概念。马尔可夫链可通过转移矩阵和转移图定义，除具有马尔可夫性质外，还可能具有不可约性、常返性、周期性和遍历性。一个不可约和正常返的马尔可夫链是严格平稳的马尔可夫链，拥有唯一的平稳分布。遍历马尔可夫链的极限分布收敛于其平稳分布。马尔可夫链可应用于蒙特卡罗方法中，形成马尔可夫链蒙特卡罗，也可用于动力系统、化学反应、排队论、市场行为和信息检索的数学建模。此外作为结构最简单的马尔可夫模型，一些机器学习算法，例如隐马尔可夫模型、马尔可夫随机场和马尔可夫决策过程以马尔可夫链为理论基础。

MDP 基于一组交互对象，即智能体和环境进行构建，所具有的要素包括状态、动作、策略和奖励。在 MDP 的模拟中，智能体会感知当前的系统状态，按策略对环境实施动作，从而改变环境的状态并得到奖励。奖励随时间的积累称为回报。MDP 的理论基础是马尔可夫链，因此也被视为考虑了动作的马尔可夫模型。在离散时间上建立的 MDP 称为离散时间马尔可夫决策过程（descrete-time MDP），反之则称为连续时间马尔可夫决策过程

（continuous-time MDP）。此外，MDP 存在一些变体，包括部分可观察马尔可夫决策过程、约束马尔可夫决策过程和模糊马尔可夫决策过程。

2. 马尔可夫决策过程发展历程

MDP 的历史可以追溯至 20 世纪 50 年代动力系统研究中的最优控制问题，1957 年，美国学者 Richard Bellman 通过离散随机最优控制模型首次提出了离散时间马尔可夫决策过程。1960 年和 1962 年，美国学者 Ronald A. Howard 和 David Blackwell 提出并完善了求解 MDP 模型的动态规划方法。

进入 20 世纪 80 年代后，学界对 MDP 的认识逐渐由系统优化转为学习。1987 年，美国学者 Paul Werbos 在研究中试图将 MDP 和动态规划与大脑的认识机制相联系。1989 年，英国学者 Chris WatKins 首次在强化学习中尝试使用 MDP 建模。Watkins（1989）在发表其研究成果后得到了机器学习领域的关注，MDP 也由此作为强化学习问题的常见模型而得到应用。

3. 马尔可夫决策过程定义

MDP 是在环境中模拟智能体的随机性策略与回报的数学模型，且环境的状态具有马尔可夫性质。图 3-29 所示为 MDP 流程。

（1）交互对象与模型要素

由定义可知，MDP 包含一组交互对象，即智能体和环境。

智能体是指 MDP 中进行机器学习的代理，可以感知外界环境的状态进行决策，对环境做出动作并通过环境的反馈调整决策。

环境是指 MDP 模型中智能体外部所有

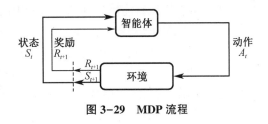

图 3-29 MDP 流程

事物的集合，其状态会受智能体动作的影响而改变，且上述改变可以完全或部分地被智能体感知。环境在每次决策后可能会反馈给智能体相应的奖励。按定义，MDP 包含 5 个模型要素，即状态、动作、策略、奖励和回报，其符号与说明在表 3-3 中给出。

表 3-3　MDP 要素说明

名称	符号	说明
状态 状态空间	S_0	状态是对环境的描述，在智能体做出动作后，状态会发生变化，且演变具有马尔可夫性质。MDP 所有状态的集合是状态空间。状态空间可以是离散或连续的
动作 动作空间	Π_0	动作是对智能体行为的描述，是智能体决策的结果。MDP 所有可能动作的集合是动作空间。动作空间可以是离散或连续的
策略 策略空间	a_0	MDP 的策略是按状态给出动作的条件概率分布，在强化学习的语境下属于随机性策略
奖励 奖励空间	S_1	奖励是智能体给出动作后环境对智能体的反馈，是当前时刻状态、动作和下个时刻状态的标量函数。
回报 回报空间	$r(s_0,a_0,s_1)$	回报是奖励随时间步的积累，在引入轨迹的概念后，回报也是轨迹上所有奖励的总和

在表 3-3 中模型要素的基础上,MDP 按如下方式进行组织:智能体对初始环境 S_1 进行感知,按策略 $i \in [0, \tau]$ 实施动作,环境受动作影响进入新的状态

$$p(s_{i+1} \mid s_i, a_i, \cdots, s_0, a_0) = p(s_{i+1} \mid s_i, a_i) \tag{3-123}$$

并反馈给智能体一个奖励:

$$\boldsymbol{A}_T = \{s_0, a_0, s_1, a_1, r_1, \cdots, s_T, a_T\} \tag{3-124}$$

随后智能体基于 S_0 采取新的策略,与环境持续交互。MDP 中的奖励是需要设计的,设计方式通常取决于对应的强化学习问题。

(2)连续与离散 MDP

MDP 的指数集是时间步 $\Pi(a \mid s)$,并按时间步进行演化。时间步离散的 MDP 称为离散时间马尔科夫决策过程,反之则称为连续时间马尔科夫决策过程,二者的关系可类比连续时间马尔可夫链与离散时间马尔可夫链。

图模型:StMDP 可以用图模型表示,在逻辑上类似于马尔可夫链的转移图。MDP 的图模型包含状态节点和动作节点。状态到动作的边由策略定义,动作到状态的边由环境动力项(参见求解部分)定义。除初始状态外,每个状态都返回一个奖励。

以多臂赌博机为例,多臂赌博机问题的设定如下:给定 K 个不同的赌博机,拉动每个赌博机的拉杆,赌博机会按照一个事先设定的概率掉钱或不掉钱。每个赌博机掉钱的概率不一样。MDP 可以模拟智能体选择赌博机的策略和回报。

在该例子中,MDP 的要素有如下对应:"环境"是 K 个相互独立的赌博机;"状态"是"掉钱"和"不掉钱",根据马尔可夫性质,每次使用赌博机,返回结果都与先前的使用记录无关;"动作"是使用赌博机;"策略"是依据前一次操作的赌博机及其返回状态,选择下一次使用的赌博机;"奖励"是一次使用赌博机后掉钱的金额;回报是多次使用赌博机获得的总收益。与多臂赌博机类似的例子包括广告推荐系统和风险投资组合,在 MDP 建模后,此类问题被视为离散时间步下的纪元式强化学习。

4. 马尔可夫决策过程理论与性质

按定义,MDP 具有马尔可夫性质,按条件概率关系可表示如下:

$$p(\boldsymbol{A}_T) = p(s_0) \prod_{t=0}^{T-1} p(a_i \mid s_i) p(s_{i+1} \mid s_i, a_i) \tag{3-125}$$

即当前时刻的状态仅与前一时刻的状态和动作有关,与其他时刻的状态和动作条件无关。等式右侧的条件概率称为 MDP 的状态间的转移概率。马尔可夫性质是所有马尔可夫模型共有的性质,但相比于马尔可夫链,MDP 的转移概率加入了智能体的动作,其马尔可夫性质也与动作有关。MDP 的马尔可夫性质是其被应用于强化学习问题的原因之一,强化学习问题在本质上要求环境的下一个状态与所有的历史信息(包括状态、动作和奖励)有关,但建模时采用马尔可夫假设可以在对问题进行简化的同时保留主要关系,此时环境的单步动力学就可以对其未来的状态进行预测。因此即便一些环境的状态信号不具有马尔可夫性质,其强化学习问题也可以使用 MDP 建模。

(1)轨迹

在此基础上,类比马尔可夫链中的样本轨道,可定义 MDP 的轨迹:

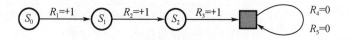

即环境由初始状态：

$$G = R_1 + \gamma R_2 + \gamma^2 R_3 + \cdots = \sum_{k=0}^{\infty} \gamma^k R_{k+1} \tag{3-126}$$

按给定策略 $\gamma \in [0,1]$ 演进至当前状态

$$\lim_{n \to \infty} \sum_{k=0}^{\infty} \gamma^k = \frac{1}{1-\gamma} \tag{3-127}$$

的所有动作、状态和奖励的集合。由于 MDP 的策略和状态转移具有随机性，因此其模拟得到的轨迹是随机的，且该轨迹出现的概率有如下表示：

$$G_i = R_i + \gamma R_{i+1} + \gamma R_{i+2} + \cdots = R_i + \gamma G_{i+1} \tag{3-128}$$

一般地，MDP 中两个状态间的轨迹可以有多条，此时由 Chapman-Kolmogorov 等式可知，两个状态间的 n 步转移概率是所有轨迹出现概率的和。

（2）折现

GiMDP 的时间步可以是有限或无限的。时间步有限的 MDP 存在一个终止状态，该状态被智能体触发后，MDP 的模拟完成了一个纪元并得到回报。与之相对应，环境中没有终止状态的 MDP 可拥有无限的时间步，其回报也会趋于无穷。在对实际问题建模时，除非无限时间步的 MDP 有收敛行为，否则考虑无穷远处的回报是不适合的，也不利于 MDP 的求解。为此，可引入折现机制并得到折现回报：$A = \{s_i, a_i, r_i, s_{i+1}, a_{i+1}, r_{i+1}, \cdots\}$。

$J = E_{\pi(\theta)}[G(A_\mathrm{T})]$ 为一常数，称为折现系数。由几何级数的极限可知，无限时间步 MDP 的折现回报是有限的：$\Pi(\theta) = \Pi(a|s)$ 因此折现回报在考虑了无穷远处奖励的同时，使 MDP 的求解变得可行。此外为便于计算，折现回报可以表示为递归形式：$J(\theta)$ 式中 θ 的下标表示轨迹开始的时间步，对应轨迹 S_i 的回报。

（3）值函数

MDP 的每组轨迹都对应一个（折现）回报。由于 MDP 的策略和状态转移都是条件概率，因此在考虑模型的随机性后，轨迹的折现回报可以由其数学期望表示，该数学期望被称为目标函数：

$$J(\theta) = E_{p(s_i)}[E_{\pi(\theta)}[G_i | s_i]] \tag{3-129}$$

MDP 的轨迹依赖于给定的策略，因此目标函数也是控制策略 $V_\pi(s_i)$ 的参数的函数：$\Pi(\theta)$。例如，若策略由其他机器学习模型（如神经网络）给出，则参数是权重系数。此外对状态收敛的无限时间步 MDP，其目标函数也可以是其进入平稳分布时单个时间步的奖励的数学期望。

$$V_\pi(s_i) = E_{\pi(\theta)}[G_i | s_i] = E_{\pi(\theta)}\left[\sum_{k=i}^{T} \gamma^k R_{k+1} | s_i\right] \tag{3-130}$$

（4）状态值函数

在 MDP 模拟的一个纪元中，目标函数与初始状态：

$$\begin{aligned}
V_\pi(s_i) &= E_{\pi(\theta)}[G_i | s_i] = E_{\pi(\theta)}[R_i + \gamma G_{i+1} | s_i] \\
&= \sum_{a_i} \pi(\alpha_i | s_i) \sum_{s_{i+1}, R_i} p(s_{i+1}, R_i | s_i, a_i)\{R_i + \gamma E_{\pi(\theta)}[G_{i+1} | s_{i+1}]\} \\
&= \sum_{a_i} \pi(\alpha_i | s_i) \sum_{s_{i+1}, R_i} p(s_{i+1}, R_i | s_i, a_i)[R + \gamma V_\pi(s_{i+1})
\end{aligned} \tag{3-131}$$

按定义，目标函数可有如下展开：$\Pi(a|s)$ 目标函数中包含初始状态的条件数学期望被定义为状态值函数：$p(S_{i+1} | a_i, s_i)$，即智能体由初始状态开始，按策略 $R(s_i, a_i, S_{i+1})$ 决定

后续动作所得回报的数学期望。

$p(s_{i+1},R_i|s_i,a')$ 式中的数学期望同时考虑了策略的随机性和环境的随机性,为求解值函数,式(3-131)可通过折现回报的递归形式改写为贝尔曼方程:$Q_\pi(s_i,a_i)$。上式后两行中的第一个求和表示对策略的随机求数学期望,第二个求和表示对环境,包括状态和奖励的随机性求期望(参见动作值函数)。说明性地,这两个求和将时间步内所有可能的动作、状态和奖励加权求和。由贝尔曼方程的性质可知,给定 MDP 的策略 s_i、转移概率 $\Pi(\theta)$,状态值函数可以按迭代的方式进行计算。

(5)动作值函数

状态值函数中的条件概率:

$$Q_\pi(s_i,a_i)=E_{\pi(\theta)}[G_i|s_i]=\sum_{s_{i+1},R_i}p(s_{i+1},R_i|s_i,a_i)[R_i+\gamma V_\pi(s_{i+1})] \tag{3-132}$$

表示环境对动作的响应,该项也称为环境动力项。环境动力项不受智能体控制,其数学期望可以定义为动作值函数或 Q 函数:

$$V_\pi(s_i)=\sum_a \pi(a_i|s_i)Q_\pi(s_i,a_i) \tag{3-133}$$

$$Q_\pi(s_i,a_i)=\sum_a p(s_{i+1},R_i|s_i,a_i)[R_i+\gamma\sum_{a_{i+1}}\pi(a_{i+1}|s_{i+1})Q_\pi(s_{i+1},a_{i+1})] \tag{3-134}$$

s_i,a_i 表示智能体由给定的状态 s_{i+1} 和动作开始,并按策略 s_i 决定后续动作所得到的回报数学期望:a^*。式(3-134)为动作值函数的贝尔曼方程,式中关于 $Q_\pi(s_i,a_i)>V_\pi(s_i)$ 的动作值函数包含了 $\Pi(a|s)$ 的状态值函数,联合上式与动作值函数的贝尔曼方程可以得到二者的相互关系:$\Pi(a^*|s_i)$。式中第二行是另一种形式的动作值函数贝尔曼方程。上式表明,给定策略值函数和动作值函数的贝尔曼方程,可以得到动作值函数的贝尔曼方程。状态值函数和动作值函数是一些 MDP 算法需要使用的目标函数的变体,其实际意义是对策略的评估。例如对于状态 $\pi(\theta)=\{\pi_1,\pi_2,\cdots,\pi_\tau\}$,若有一个新的动作:

$$\theta=\text{argmax}_\theta J(\theta) \tag{3-135}$$

使得 $p(s_{i+1},R_i|s_i,a_i)$,则实施新动作比当前策略存在 $s,\pi=\text{argmax}_a Q(s,a)$ 给出的动作要好,因此可通过算法增加新动作所对应的策略 $V_\pi(s_i)$。

5. 马尔可夫决策过程算法

在 MDP 模型建立后,强化学习算法能够求解一组贯序策略:

$$Q_\pi(s_i,a_i)\approx Q_\pi(s_i,a_i)=\frac{1}{N}\sum_{n=1}^N G_i^{(n)} \tag{3-136}$$

使得目标函数,即智能体的折现回报取全局最大值:$\Omega(o|s,a)$。按求解途径,MDP 适用的强化学习算法分为两类:值函数算法和策略搜索算法。值函数算法通过迭代策略的值函数求得全局最优;策略搜索算法则通过搜索策略空间得到全局最优。

(1)动态规划

作为贝尔曼最优化原理的推论,有限时间步的 MDP 至少存在一个全局最优解,且该最优解是确定的,可使用动态规划求得。使用动态规划求解的 MDP 属于"基于模型的强化学习",因为要求状态值函数和动作值函数的贝尔曼方程已知,而后者等价于 MDP 的环境不是"黑箱",其环境动力项 o 是已知的。MDP 的动态规划分为策略迭代和值迭代两种,其核心思想是最优化原理:最优策略的子策略在一次迭代中也是以该状态出发的最优策略,因此在迭代中不断选择该次迭代的最优子策略能够收敛至 MDP 的全局最优。

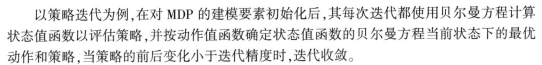

以策略迭代为例,在对 MDP 的建模要素初始化后,其每次迭代都使用贝尔曼方程计算状态值函数以评估策略,并按动作值函数确定状态值函数的贝尔曼方程当前状态下的最优动作和策略,当策略的前后变化小于迭代精度时,迭代收敛。

(2)随机模拟

以蒙特卡罗方法和时序差分学习为代表的 MDP 算法属于"无模型的强化学习",适用于 MDP 的环境动力项未知的情形。在 MDP 的转移概率未知时,状态值函数无法参与优化,因此随机模拟方法通过生成随机数直接估计动作值函数的真实值并求解 MDP。对给定的初始状态和动作,蒙特卡罗方法按 N 次随机游走试验所得回报的平均估计动作值函数:在动作值函数的随机游走收敛后,蒙特卡罗方法按策略迭代寻找最优动作并迭代完成 MDP 的求解。蒙特卡罗方法在总体上是一个泛用性好但求解效率低下的算法,按确定策略采样的蒙特卡罗方法收敛缓慢,在本质上是智能体对环境的单纯"试错"。一些引入了探索机制的改进版本,例如 ϵ-贪心算法也需要采样整个轨迹后才能评估和改进策略,在求解复杂 MDP 时会带来相当大的计算开销。

时序差分学习可视为蒙特卡罗方法和动态规划的结合。在使用采样方法估计动作值函数时,时序差分学习将采样改写为贝尔曼方程的形式,以更高的效率更新动作值函数的取值。求解 MDP 可用的时序差分学习算法包括 SARSA 算法和 Q 学习算法,二者都利用了 MDP 的马尔可夫性质,但前者的改进策略和采样策略是同一个策略,因此被称为同策略算法,而后者采样与改进分别使用不同策略,因此被称为异策略算法。

(3)策略搜索算法

策略搜索可以在策略空间直接搜索 MDP 的最优策略来完成求解。策略搜索算法的常见例子包括 REINFORCE 算法和演员–评论员算法。REINFORCE 算法使用随机梯度上升求解(可微分的)策略函数的参数使得目标函数最大,一些 REINFORCE 算法的改进版本通过引入基准线来加速迭代的收敛。演员–评论员算法是一种结合策略搜索和时序差分学习的方法。其中"演员"是指策略函数,即学习一个策略来得到尽量高的回报;"评论员"是状态值函数,其对当前策略的值函数进行估计,即评估演员的好坏。借助于值函数,演员–评论员算法可以单步更新参数。

(4)约束马尔可夫决策过程

约束马尔可夫决策过程(constrained MDP,CMDP)是对智能体施加了额外限制的 MDP。在 CMDP 中,智能体不仅要实施策略和获得回报,还要确保环境状态的一些指标在要求范围内。例如在基于 MDP 的投资组合问题中,智能体除了要求最大化投资回报,也要求限制投资风险;在交通管理中,智能体除了最大化车流量,也要求限制车辆的平均延迟和特定路段的车辆通行种类。相比于 MDP,CMDP 中智能体的每个动作都对应多个(而非一个)奖励。此外,由于约束的引入,CMDP 不满足贝尔曼最优化原理,其最优策略是对初始状态敏感的,因此 CMDP 无法使用动态规划求解。离散 CMDP 的常见解法是线性规划。

(5)模糊马尔可夫决策过程

模糊马尔可夫决策过程(fuzzy MDP,FMDP)是使用模糊动态规划求解的 MDP 模型,是 MDP 的推广之一。FMDP 的求解方法属于值函数算法,其中策略评估部分与传统的动态规划方法相同,但策略改进部分使用了模糊推理,即值函数被用作模糊推理的输入,策略的改进是模糊推理系统的输出。

（6）部分可观察马尔可夫决策过程

在一些设定中，智能体无法完全观测环境的状态，此类 MDP 称为部分可观察马尔可夫决策过程（partially observable MDP，POMDP）。POMDP 是一个马尔可夫决策过程的泛化。POMDP 与 MDP 的马尔可夫性质相同，但是 POMDP 框架下智能体只能知道部分状态的观测值。比如在自动驾驶中，智能体只能感知传感器采集的有限的环境信息。与 MDP 相比，POMDP 包含两个额外的模型要素：智能体的观测概率和观测空间。

3.4.2 学习自动机

在强化学习方法中，学习自动机（learning automata，LA）是较为普通的方法。这种系统的学习机制包括两个模块：学习自动机和环境。学习过程是从环境产生的刺激开始的。自动机跟库所接收到的刺激对环境做出反应，环境接收到该反应后对其做出评估，并向自动机提供新的刺激。学习系统根据自动机上次的反应和当前的输入自动地调整其参数。学习自动机的学习模式如图 3-30 所示。这里延时模块用于保证上次的反应和当前的刺激同时进入学习系统。

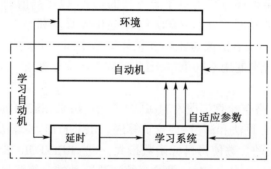

图 3-30　学习自动机的学习模式

学习自动机是通过与随机环境不断进行交互来调整自己的，也就是说，其通过与环境不断进行交流获得经验来改善自己的行为，从而在可选择的动作中选择该环境下最优的动作，而最优的动作也就是在当前环境下，能得到环境奖励的概率最大的动作。

1. 学习自动机简介

从心理学上来说，学习就是通过以往的行为以及因此所获得的经验来改善当前的行为。为了模拟生物的学习过程，Testlin 等最先提出了学习自动机的数学模型。其通过与随机环境不断进行交互来优化自身，从而在备选的动作集合中选择当前环境下最优的动作。最优的动作被定义为当前的环境下得到环境奖励概率最大的动作。

学习自动机的概念从提出以来，经历了几十年的发展，其算法的收敛速度已经得到很大的提高。近年来，学习自动机的研究，不仅在于提升学习自动机的算法本身，还大量涉及如何将学习自动机应用于解决各种实际问题。例如，在分布式计算中，将学习自动机部署于各个节点，各节点所分配的任务由对应的学习自动机依据客观环境（主要为单节点运算能力和节点间的通信强度）进行优化配置，最大限度地提升分布式计算各节点的运算能力。在无线传感器网络中，通过在路由节点中配置学习自动机，能有效地判断自身和相邻节点多变的通信环境，选择最佳链路，降低传输成本，保证通信质量。在人工智能方面，学习自动机可用来模拟个体在集体中的行为,以帮助管理者进行决策。例如:在老师和学生的教与学中,老师可通过模拟学生的学习过程更加合理地安排教学活动;在教练和篮球队员的指导与训练中,教练可根据队员的训练与比赛状态来确定队员的训练安排。

2. 学习自动机定义

学习自动机是机器学习中的一类算法,运行在概率空间中,通过不断与未知环境进行交互来学习最优值。学习自动机根据环境反馈情况(奖励或惩罚)来调整每个动作被选中的概率分布,并使概率值最终收敛到最佳动作。一个典型的学习自动机由一个四元组 $\{A,B,P,T\}$ 定义,而所处的环境是一个三元组 $\{A,B,D\}$。其中:

A 代表可选动作集合 $\{a_1,a_2,\cdots,a_n\}$,最终学习自动机将收敛到其中一个动作。

B 代表环境的反馈值,在 S 型环境中,B 是一个连续值,通常介于 0 到 1 之间;在 Q 型环境中,B 是几个固定值;在 P 型环境中,B 是 0 或者 1;而在连续动作的学习自动机(CALA)中,B 值较特殊,其数值跟所需优化的函数值大小有关。

P 代表每个动作被选中的概率 $\{p_1,p_2,\cdots,p_n\}$,在每次迭代中,P 的分布会改变,受到环境奖励的动作概率会增加,而没有受到环境奖励(或者受到环境惩罚)的动作概率会降低,最终某个动作的概率值接近 1,而其他动作的概率值接近 0,这就是学习自动机的收敛状态。

T 代表学习自动机的概率更新策略,决定了不同自动机模型的性质,有 RP、RI、IP 三种基本模式。

D 代表环境对每个动作的奖励概率,如果 D 是固定不变的,则称环境是稳定的随机环境;如果 D 随时间变化,则称环境是非稳定的随机环境。

3. 学习自动机分类及特点

学习自动机作为一种强化学习的模型,最早用于模拟生物的学习过程,1961 年由 Testlin 提出,被称为固定结构学习自动机(fixed structure stochastic automata,FSSA)。固定结构学习自动机可以有多个动作,而每个动作都会映射到有限个状态中,学习自动机根据环境的反馈在不同的状态之间转移。以两个动作的学习自动机为例,每个动作有 N 个状态:当学习自动机处于前 N 个状态时,输出动作 α_1;处于后 N 个状态时,输出动作 α_2。除了 Tsetlin 学习自动机外,FSSA 典型的还有 Krylov 学习自动机、Krinsky 学习自动机、IJA 学习自动机和 FSLA 学习自动机。这类早期 FSSA 学习自动机的总体特点是,以转移函数和输出函数描述学习过程所涉及的状态转移关系,且两者的取值均是固定的。

可变结构学习自动机(variable structure stochastic automata,VSSA)是对固定结构学习自动机的改进,其概念也是在 20 世纪 60 年代被提出的。与固定结构的学习自动机每个动作具有有限个状态不同,可变结构学习自动机能根据环境改变自己的状态,也就是说具有无限个状态,且往往将状态直接映射成学习自动机选择不同动作的概率。可变结构学习自动机根据是否具有估计器可以分为两类,第一类是无估计器的学习自动机算法,第二类是有估计器的算法。VSSA 通常由一个概率表示其内部状态的转移,称为行为选择概率向量。就 VSSA 而言,一方面,根据环境的属性,亦即环境是不是平稳的,可将其划分为面向平稳环境的学习自动机和面向非平稳环境的学习自动机。其中,平稳环境是指环境的奖励概率不随时间变化而变化,非平稳环境是指环境的奖励概率随时间变化而变化。另一方面,根据行为集合的属性,亦即行为数量是不是有限的,可将其划分为有限行为集合学习自动机和连续行为集合学习自动机。其中,有限行为集合是指行为数量是有限的,连续行为集合是指行为数量是无限的。整体而言,VSSA 具有结构的灵活性,使得其比 FSSA 具有更快的收敛速度,已经逐渐成为当前学习自动机的主流研究方向。

学习自动机是在概率空间中运行的,不受样本的非均衡性影响,再加上其良好的噪声鲁棒性、全局的优化能力等优点,适用于各种随机环境,可以广泛地应用到博弈论、参数优化、通信网络和图分割等领域。

3.5 本 章 小 结

机器学习是一个研究如何使计算机具有学习能力的领域,其最终目标是使计算机能像人一样进行学习,并且能通过学习获取知识和技能,不断改善性能,实现自我完善。

一个简单的学习模型包括环境、学习单元、知识库和执行单元四个部分。从环境中获得经验,到学习获得结果,这一过程可以分为三种基本的推理策略:归纳、演绎和类比。归纳学习中的变形空间学习可以看作在变形空间中的搜索过程。决策树学习是应用信息论中的方法对一个大的训练集做出分类概念的归纳定义。由于归纳推理通常是在实例不完全的情况下进行的,因此归纳推理是一种主观不充分置信的推理。类比学习是指根据一个已知事物,通过类比去解决另一个未知事物的推理过程,它的基础是相似性。

为了提高机器的智能水平,必须大力开展机器学习的研究,只有机器学习的研究取得进展,人工智能和知识工程才会取得重大突破。今后关于机器学习的研究重点是学习过程的认知模型、机器学习的计算理论、新的学习方法以及综合多种学习方法的机器学习系统等。数据集中知识发现的应用引起人们极大的关注。人工智能和数据库研究人员都认为这是一个极有应用意义的研究领域。近年来,随着计算机网络特别是 Internet 的发展,网络中的信息急剧增长,面向网络的信息服务和大数据挖掘成为当今一个热门的研究方向。

习   题

1. 试证明对于不含冲突数据(即特征向量完全相同但标记不同)的训练集,必存在与训练集一致(即训练误差为 0)的决策树。

2. 试分析使用"最小训练误差"作为决策树划分选择准则的缺陷。

3. 参照图 3-6 在二维空间中给出的实例点,画出 k 为 3 和 6 时的 k-近邻法构成的空间划分,并对其进行比较,体会 k 值选择与模型复杂度及预测准确率的关系。

4. 试证明:二分类任务中两类数据满足高斯分布且方差相同时,线性判别分析产生贝叶斯最优分类器。

5. 试述将线性函数 $f(x)=w^{\mathrm{T}}x$ 用作神经元激活函数的缺陷。

6. 为什么说人工神经网络是一个非线性系统?如果 BP 神经网络中所有节点都为线性函数,那么 BP 神经网络还是一个非线性系统吗?

7. BP 学习算法是什么类型的学习算法?它主要有哪些不足?

8. Hopfield 神经网络优化方法的基本步骤和主要特点是什么?

9. Hopfield 神经网络与 BP 神经网络结构有什么区别?

10. 试讨论线性判别分析与线性核支持向量机在何种条件下等价。

11. 试述高斯核 SVM 与 RBF 神经网络之间的联系。

12. 试设计一个能显著减少 SVM 中支持向量的数目而不显著降低泛化性能的方法。

13. 试编程实现 k 均值算法,设置三组不同的 k 值、三组不同初始中心点,并讨论什么样的初始中心有利于取得好结果。

14. 基于 DBSCAN 的概念定义,若 x 为核心对象,则由 x 密度可达的所有样本构成的集合为 X。试证明:X 满足连接性和最大性。

15. 试设计一种方法为新样本找到 LLE 降维后的低维坐标。

参 考 文 献

[1] 陈海虹,黄彪,刘峰,等. 机器学习原理及应用[M]. 成都:电子科技大学出版社,2017.

[2] 布雷特·兰茨. 机器学习与 R 语言[M]. 李洪成,许金炜,李舰,译. 北京:机械工业出版社,2017.

[3] 李航. 统计学习方法[M]. 北京:清华大学出版社,2012.

[4] 周志华. 机器学习[M]. 北京:清华大学出版社,2016.

[5] 王晓梅. 神经网络导论[M]. 北京:科学出版社,2017.

[6] 何明. 大学计算机基础[M]. 南京:东南大学出版社,2015.

[7] 史忠植. 人工智能[M]. 北京:机械工业出版社,2016.

[8] 李凡长,钱旭培,谢琳,等. 机器学习理论及应用[M]. 合肥:中国科学技术大学出版社,2009.

[9] 王万良. 人工智能导论[M]. 4 版. 北京:高等教育出版社,2017.

第4章 人工智能的应用技术

计算机领域的发展与完善,能够在一定程度上促进中国的经济发展与建设,就目前而言,人工智能技术逐步拓展到了社会各行业领域当中,对各行业领域的生产发展模式改进产生了较为明显的正面作用。我国人工智能产业发展迅速,在智能芯片、智能算法、知识图谱、计算机视觉、自然语言处理等技术方面不断取得突破,为人工智能技术的应用与发展奠定了一定基础。本章主要从计算机视觉、智能机器人、智慧城市以及智能家居四个方面阐述人工智能在相关领域的应用技术。

4.1 计算机视觉

现如今,计算机领域正处于蓬勃发展的阶段,而近年来,随着人工智能这一领域的出现,越来越多的人对此产生了浓厚的兴趣并进行了深入的研究,因此人工智能成为计算机领域的主流学科,无论是在科研还是在学校的课程学习中都得到了广泛应用。作为一个新兴领域,人工智能领域下的计算机视觉技术也在不断蓬勃发展,这一分支领域也引起了广泛的关注,研究者们加深了对计算机视觉及其相关技术的研究,同时也将其付诸实践,应用到各个领域。

计算机视觉是一门研究如何使机器"看"的科学,更进一步地说,就是指用摄像机和电脑代替人眼对目标进行识别、跟踪和测量,并进一步做图形处理,通过电脑处理成更适合人眼观察或传送给仪器检测的图像。作为一门科学学科,计算机视觉研究相关的理论和技术,试图建立能够从图像或者多维数据中获取"信息"的人工智能系统。这里的信息指Shannon 定义的,可以用来帮助做一个"决定"的信息。因为感知可以看作从感官信号中提取信息,所以计算机视觉也可以看作研究如何使人工系统从图像或多维数据中"感知"的科学。

视觉是制造业、检验、文档分析、医疗诊断和军事等各个应用领域中各种智能或自主系统中不可分割的一部分。鉴于它的重要性,一些先进国家如美国把对计算机视觉的研究列为对经济和科学有广泛影响的科学和工程中的重大基本问题,即所谓的重大挑战,计算机视觉的挑战是要为计算机和机器人开发具有与人类水平相当的视觉能力。机器视觉需要图像信号,纹理和颜色建模,几何处理和推理,以及物体建模等处理,一个有能力的视觉系统应该把所有这些处理都紧密地集成在一起。作为一门学科,计算机视觉开始于20 世纪60 年代初,但计算机视觉基本研究中的许多重要进展是在80 年代取得的。计算机视觉与人类视觉密切相关,对人类视觉有一个正确的认识将对计算机视觉的研究非常有益。

计算机视觉就是用各种成像系统代替视觉器官作为输入敏感手段,由计算机来代替大脑完成处理和解释。计算机视觉的最终研究目标就是使计算机能像人那样通过视觉观察和理解世界,具有自主适应环境的能力,要经过长期的努力才能达到这个目标。因此,在实现最终目标以前,人们努力的中期目标是建立一种视觉系统,这个系统能依据视觉敏感和反馈的某种程度的智能完成一定的任务。例如,计算机视觉的一个重要应用领域就是自主车辆的视觉导航,目前还没有条件实现像人那样能识别和理解任何环境,完成自主导航的系统,因此,人们的研究目标是打造一个在高速公路上具有道路跟踪能力,可避免与前方车辆碰撞的视觉辅助驾驶系统。这里要指出的一点是在计算机视觉系统中计算机起代替人脑的作用,但这并不意味着计算机必须按人类视觉的方法完成视觉信息的处理,计算机视觉可以根据计算机系统的特点来进行视觉信息的处理,但是,人类视觉系统是迄今为止人们所知道的功能最强大和完善的视觉系统。如在以下章节中会看到的那样,对人类视觉处理机制的研究将给计算机视觉的研究提供启发和指导。计算视觉(computational vision)是指用计算机信息处理的方法研究人类视觉的机理,建立人类视觉的计算理论,它被认为是计算机视觉中的一个研究领域。

4.1.1　人工智能与计算机视觉

人工智能也叫机器智能,是指人工创造出来的程序所表现出的智能化,可概括为研究智能程序的科学,需要经过学习、分析,做一些与人的行为或思考方式类似的行为。计算机视觉是通过利用计算机和照相机来代替人眼,完成对图像中相关目标的识别,跟踪和检测,经过相关的图像处理技术,生成更适合人眼观看或适用于仪器检测的相关图像的机器视觉处理过程。具体地说,就是计算机能够通过照相机的一些功能与算法,感知不同的环境,对不同的内容进行更加精确的分析。在人工智能领域下,衍生出来许多不同的研究方向,计算机视觉就是其主要研究方向之一,计算机通过理论方法研究,可通过对图像进行处理来获取信息和数据并对其进行分析预测,广泛应用于社会生活中的各个领域。相对于人眼获取的有限信息,计算机视觉的发展极大提升了各个领域中数据信息获取和提取的精确性和准确性,更有利于对产品或图像的判断。

在人工智能领域,计算机视觉与机器视觉技术都是人工智能技术体系的重要分支,两者间存在以下联系:

(1)研究计算机视觉的重点在于软件开发方面,主力开发并探究更优质的图像分析算法。

(2)计算机视觉简要来讲就是使用相关设备、计算机模拟生物视觉,其核心任务就是将采集到的视频、图片信息进行处理,最终得到与之相关的三维信息。

(3)机器视觉技术重点包括软硬件两方面的技术,需要融合镜头控制设备、相关计算流程、图像采集设备等多种元素来开展研究工作。机器视觉技术是一项综合性质的技术,涵盖计算机软硬件技术、数字视频技术、传感器、光学成像、电光源照明、控制、机械工程技术、图像处理等多项要素。

4.1.2　计算机视觉的主要技术

1. 图像分类

在一组测试图像加入前,计算机已有指定的图像分类标签,当对测试图像进行分类操作时,能够较为准确地在已有的图像分类标签中找到并分配给与测试图像相匹配的标签,由此实现图像的分类,返回结果即为该测试图像所分配好的标签。

给定一组各自被标记为单一类别的图像,对一组新的测试图像的类别进行预测,并测量预测的准确性结果,这就是图像分类问题。图像分类问题需要面临以下几个挑战:视点变化、尺度变化、类内变化、图像变形、图像遮挡、照明条件和背景杂斑。

怎样来编写一个图像分类算法呢？

计算机视觉研究人员提出了一种基于数据驱动的方法。该算法并不是直接在代码中指定每个感兴趣的图像类别，而是为计算机每个图像类别都提供许多示例，然后设计一个学习算法，查看这些示例并学习每个类别的视觉外观。也就是说，首先积累一个带有标记图像的训练集，然后将其输入计算机中，由计算机来处理这些数据。因此，可以按照下面的步骤来分解：

（1）输入是由 N 个图像组成的训练集，共有 K 个类别，每个图像都被标记为其中一个类别。

（2）使用该训练集训练一个分类器，来学习每个类别的外部特征。

（3）预测一组新图像的类标签，评估分类器的性能，用分类器预测的类别标签与其真实的类别标签进行比较。

目前较为流行的图像分类架构是卷积神经网络（CNN）——将图像送入网络，然后网络对图像数据进行分类。卷积神经网络从输入"扫描仪"开始，该输入"扫描仪"也不会一次性解析所有的训练数据。比如输入一个大小为 100 * 100 的图像，你也不需要一个有 10 000 个节点的网络层。相反，你只需要创建一个大小为 10 * 10 的扫描输入层，扫描图像的前 10 * 10 个像素。然后，扫描仪向右移动一个像素，再扫描下一个 10 * 10 的像素，这就是滑动窗口。卷积神经网络示意图如图 4-1 所示。

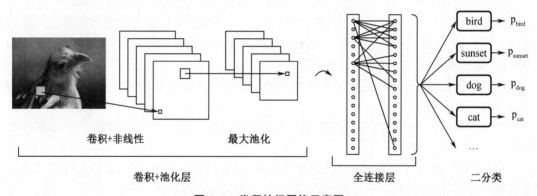

图 4-1　卷积神经网络示意图

输入数据被送入卷积层，而不是普通层。每个节点只需要处理离自己最近的邻近节点，卷积层也随着扫描的深入而趋于收缩。除了卷积层之外，通常还会有池化层。池化是过滤细节的一种方法，常见的池化技术是最大池化，它用大小为 2 * 2 的矩阵传递拥有最多特定属性的像素。

现在，大部分图像分类技术都是在 Image Net 数据集上训练的，Image Net 数据集中包含了约 120 万张高分辨率训练图像。测试图像没有初始注释（即没有分割或标签），并且算法必须产生标签来指定图像中存在哪些对象。

现存的很多计算机视觉算法，都是由牛津、INRIA 和 XRCE 等顶级的计算机视觉团队在 Image Net 数据集上实现的。通常来说，计算机视觉系统使用复杂的多级管道，并且早期阶段的算法都是通过优化几个参数来手动微调的。

第一届 Image Net 竞赛的获奖者是 Alex Krizhevsky，他在神经网络类型基础上，设计了一个深度卷积神经网络。该网络架构除了一些最大池化层外,还包含 7 个隐藏层,前几层是卷积层,最后两层是全连接层。在每个隐藏层内,激活函数为线性的,要比逻辑单元的训练速度更快、性能更好。除此之外,当附近的单元有更强的活动时,它还使用竞争性标准化来压制隐藏活动,这有助于强度的变化。Alex Net 示意图如图 4-2 所示。

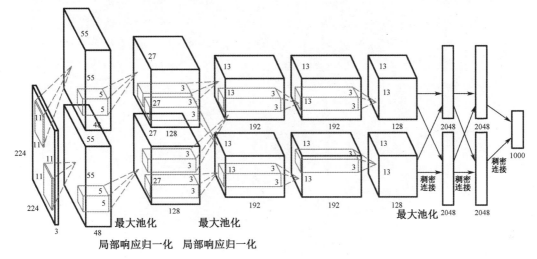

图 4-2　Alex Net 示意图

就硬件要求而言,Alex 在 2 个 Nvidia GTX580GPU(速度超过 1000 个快速的小内核)上实现了非常高效的卷积网络,GPU 非常适合矩阵间的乘法且有非常高的内存带宽。这使它能在一周内完成训练,并在测试时快速地从 10 个块中组合出结果。如果能够以足够快的速度传输状态,就可以将网络分布在多个内核上。

随着时代的发展,内核越来越便宜,数据集越来越大,目前大型神经网络的响应速度要比老式计算机视觉系统更快。在这之后,已经有很多种使用卷积神经网络作为核心,并取得优秀成果的模型,如 Zf Net、Google Net、Vgg Net、Res Net、Dense Net 等。

2. 对象检测

对于不同的测试图像,利用相关的图像处理技术,能够对不同图像选定不同的目标对象,确定该目标对象的位置,对该目标对象确定明显的边界,迅速地帮助研究人员确定其要找到的目标的信息,有利于下一步目标跟踪工作的开展。对象检测如图 4-3 所示。

识别图像中的对象这一任务,通常会涉及为各个对象输出边界框和标签。不同于分类/定位任务,它会对很多对象进行分类和定位,而不仅仅是对各主体对象进行分类和定位。在对象检测中,只有 2 个对象分类类别,即对象边界框和非对象边界框。例如,在汽车检测中,必须使用边界框检测所给定图像中的所有汽车。

如果使用图像分类和定位图像这样的滑动窗口技术,则需要将卷积神经网络应用于图像上的多个不同物体上。由于卷积神经网络会将图像中的每个物体识别为对象或背景,因此我们需要在大量的位置和规模上使用卷积神经网络,但是这需要很大的计算量。

为了解决这一问题,神经网络研究人员建议使用区域(region)这一概念,这样就会找到可能包含对象的"斑点"图像区域,从而使运行速度大大提高。第一种模型是基于区域的卷积神经网络(R-CNN),其算法原理如下:

图4-3 对象检测

（1）在 R-CNN 中,首先使用选择性搜索算法扫描输入图像,寻找其中的可能对象,从而生成大约 2000 个区域建议;

（2）在这些区域建议上运行一个卷积神经网络;

（3）将每个卷积神经网络的输出传给支持向量机（SVM）,使用一个线性回归收紧对象的边界框。

基于区域的卷积神经网络如图 4-4 所示。

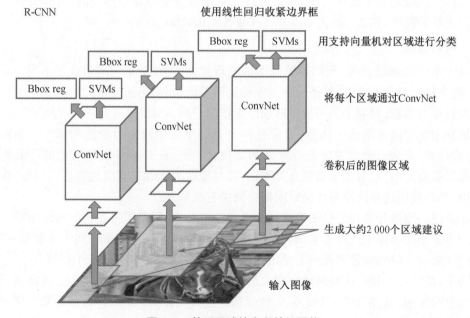

图4-4 基于区域的卷积神经网络

实质上,将对象检测转换为一个图像分类问题也存在一些问题,如:训练速度慢,需要大量的磁盘空间,推理速度也很慢。

R-CNN 的第一个升级版本是 Fast R-CNN,其通过 2 次增强,大大提高了检测速度:

(1)在建议区域之前进行特征提取,因此在整幅图像上只能运行一次卷积神经网络;

(2)用一个 soft max 层代替支持向量机,对用于预测的神经网络进行扩展,而不是创建一个新的模型,如图4-5所示。

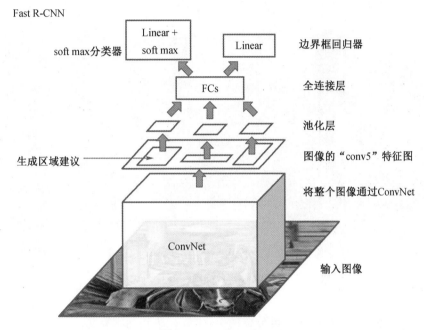

图 4-5　Fast R-CNN

Fast R-CNN 的运行速度要比 R-CNN 快得多,因为在一幅图像上它只能训练一个 CNN。但是,选择性搜索算法生成区域建议仍然要花费大量时间。

Faster R-CNN 是基于深度学习对象检测的一个典型案例。该算法用一个快速神经网络代替了运算速度很慢的选择性搜索算法:通过插入区域提议网络(RPN),来预测来自特征的建议。RPN 决定查看"哪里",这样可以减少整个推理过程的计算量。RPN 快速且高效地扫描每一个位置,来评估在给定的区域内是否需要做进一步处理,其实现方式如下:通过输出 k 个边界框建议,每个边界框建议都有 2 个值——代表每个位置包含目标对象和不包含目标对象的概率。

一旦有了区域建议,就直接将它们送入 Fast R-CNN,并且还添加了一个池化层、一些全连接层、一个 soft max 分类层以及一个边界框回归器。

总之,Faster R-CNN 的速度和准确度更高。值得注意的是,虽然以后的模型在提高检测速度方面做了很多工作,但很少有模型能够大幅度超越 Faster R-CNN。换句话说,Faster R-CNN 可能不是最简单或最快速的目标检测方法,但其仍然是性能最好的方法之一。

近年来,主要的目标检测算法已经转向更快、更高效的检测系统。这种趋势在 You Only Look Once(YOLO)、Single Shot Multi Box Detector(SSD)和基于区域的全卷积网络(R-FCN)算法中尤为明显,这三种算法转向在整个图像上共享计算。因此,这三种算法和上述三种造价较高的 R-CNN 技术有所不同。

3. 目标跟踪

目标跟踪是在不同的图像集合中,对选定的一些目标对象进行跟踪检测的过程,对目标对象进行信息提取,分析并确定其在该图像中的位置、大小等。例如该目标对象的速度、位移、运动轨迹等,结合检测到的结果对该目标对象进行观察分析,预测其下一步行为轨迹,从而对该目标对象进行更高级的检测,目标跟踪常常应用于监控监测、无人驾驶等领域,例如 Uber 和特斯拉等公司的无人驾驶。目标跟踪示例如图 4-6 所示。

图 4-6   目标跟踪示例

根据观察模型,目标跟踪算法可分成两类:生成算法和判别算法。

(1)生成算法使用生成模型来描述表观特征,并将重建误差最小化来搜索目标,如主成分分析算法(PCA)。

(2)判别算法用来区分物体和背景,其性能更稳健,并逐渐成为跟踪对象的主要手段(判别算法也称为 Tracking-by-Detection,深度学习属于这一范畴)。

为了通过检测实现跟踪,检测所有帧的候选对象,并使用深度学习从候选对象中识别想要的对象。有两种可以使用的基本网络模型:堆叠自动编码器(SAE)和卷积神经网络(CNN)。

目前,最流行的使用 SAE 进行目标跟踪的网络是 Deep Learning Tracker(DLT),它使用了离线预训练和在线微调。其过程如下:

(1)离线无监督预训练使用大规模自然图像数据集获得通用的目标对象表示,对堆叠去噪自动编码器进行预训练。堆叠去噪自动编码器在输入图像中添加噪声并重构原始图像,可以获得更强大的特征表述能力。

(2)将预训练网络的编码部分与分类器合并得到分类网络,然后使用从初始帧中获得的正负样本对网络进行微调,来区分当前的对象和背景。DLT 使用粒子滤波作为意向模型(motion model),生成当前帧的候选块。分类网络输出这些块的概率值,即分类的置信度,然后选择置信度最高的块作为对象。

(3)在模型更新中,DLT 使用有限阈值。

鉴于 CNN 在图像分类和目标检测方面的优势,它已成为计算机视觉和视觉跟踪的主流深度模型。一般来说,大规模的卷积神经网络可以作为分类器和跟踪器来训练。具有代表性的基于卷积神经网络的跟踪算法有全卷积网络跟踪器(FCNT)和多域卷积神经网络(MD Net)。

FCNT 充分分析并利用了 VGG 模型中的特征映射,这是一种预先训练好的 ImageNet 数据集,并有如下效果:

(1)卷积神经网络特征映射可用于定位和跟踪;

(2)对于从背景中区分特定对象这一任务来说,很多卷积神经网络特征映射是噪声或不相关的;

(3)较高层编码捕获对象类别的语义概念,而较低层编码更多地具有区域性的特征,来捕获类别内的变形。

因此,FCNT 设计了特征选择网络,在 VGG 网络的卷积 4-3 和卷积 5-3 层上选择最相关的特征映射。为避免噪声的过拟合,FCNT 还为这两个层的选择特征映射单独设计了两个额外的通道(即 S Net 和 G Net):G Net 捕获对象的类别信息;S Net 将该对象从具有相似外观的背景中区分出来。

这两个网络的运作流程如下:都使用第一帧中给定的边界框进行初始化,以获取对象的映射。而对于新的帧,对其进行剪切并传输最后一帧中的感兴趣区域,该感兴趣区域是以目标对象为中心的。最后,通过 S Net 和 G Net,分类器得到两个预测热映射,而跟踪器根据是否存在干扰信息,来决定使用哪张热映射生成的跟踪结果。全卷积网络跟踪器如图 4-7 所示。

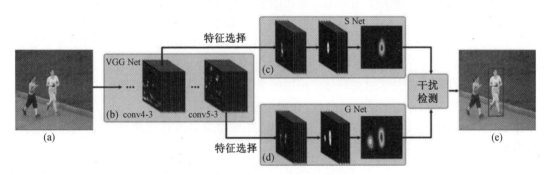

图 4-7　全卷积网络跟踪器

与 FCNT 的思路不同,MD Net 使用视频的所有序列来跟踪对象的移动。上述网络使用不相关的图像数据来减少跟踪数据的训练需求,并且这种想法与跟踪有一些偏差。该视频中一个类的对象可以是另一个视频中的背景,因此,MD Net 提出了"多域"这一概念,它能够在每个域中独立地区分对象和背景,而一个域表示一组包含相同类型对象的视频。

如图 4-8 所示,MD Net 可分为两个部分,即 k 个特定目标分支层和共享层:每个分支包含一个具有 soft max 损失的二进制分类层,用于区分每个域中的对象和背景;共享层与所有域共享,以保证通用表示。

近年来,深度学习研究人员尝试使用不同方法来适应视觉跟踪任务的特征,并且已经探索出很多方法:

(1)应用到诸如循环神经网络(RNN)和深度信念网络(DBN)等其他网络模型;

(2)设计网络结构来适应视频处理和端到端学习,优化流程、结构和参数;

(3)将深度学习与传统的计算机视觉或其他领域的方法(如语言处理和语音识别)相结合。

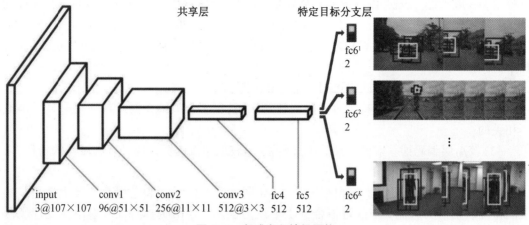

共享层　　　　　　　　特定目标分支层

input　　conv1　　conv2　　conv3　　fc4　fc5
3@107×107　96@51×51　256@11×11　512@3×3　512　512

图4-8　多域卷积神经网络

4. 语义分割

计算机视觉的核心是分割,它将整个图像分成一个个像素组,然后对其进行标记和分类。特别地,语义分割试图在语义上理解图像中每个像素的角色(比如,识别它是汽车、摩托车还是其他的类别)。除了识别人、道路、汽车、树木等之外,还必须确定每个物体的边界。因此,与分类不同,还需要用模型对密集的像素进行预测。

与其他计算机视觉任务一样,卷积神经网络在分割任务上取得了巨大成功。最流行的原始方法之一是通过滑动窗口进行块分类,利用每个像素周围的图像块,对每个像素分别进行分类。但是其计算效率非常低,因为不能在重叠块之间重用共享特征。

解决方案就是加州大学伯克利分校提出的全卷积网络(FCN)。如图4-9所示,该方案提出了端到端的卷积神经网络体系结构,在没有任何全连接层的情况下进行密集预测。这种方法允许针对任何尺寸的图像生成分割映射,并且比块分类算法快得多,几乎后续所有的语义分割算法都采用了这种范式。

但是,这也仍然存在一个问题:在原始图像分辨率上进行卷积运算成本很高。为了解决这个问题,FCN在网络内部使用了下采样层和上采样层:下采样层被称为条纹卷积(striped convolution);而上采样层被称为反卷积(transposed convolution)。

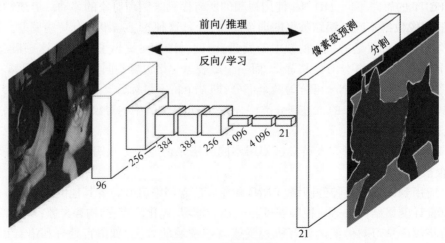

图4-9　全卷积网络

尽管采用了上采样层和下采样层,但由于池化期间的信息丢失,FCN 会生成比较粗糙的分割映射。Seg Net 是一种比 FCN(使用最大池化和编码解码框架)更高效的内存架构。它从更高分辨率的特征映射中引入 shortcut/skip connections,以改善上采样和下采样后的粗糙分割映射。

目前的语义分割研究都依赖于完全卷积网络,如空洞卷积(Dilated Convolutions)、Deep Lab 和 Refine Net。

5. 实例分割

除了语义分割之外,实例分割将不同类型的实例进行分类,比如用 5 种不同颜色来标记 5 辆汽车。分类任务通常来说就是识别出包含单个对象的图像是什么,但在分割实例时,需要执行更复杂的任务。我们会看到多个重叠物体和不同背景的复杂景象,不仅要将这些不同的对象进行分类,还要确定对象的边界、差异和彼此之间的关系,如图 4-10 所示。

图 4-10　实例分割

到目前为止,我们已经看到了如何以多种方式使用卷积神经网络的特征,通过边界框有效定位图像中的不同对象。可以将这种技术进行扩展吗? 也就是说,对每个对象的精确像素进行定位,而不仅仅是用边界框进行定位。Facebook AI 使用 Mask R-CNN 架构对实例分割问题进行了探索。

就像 Fast R-CNN 和 Faster R-CNN 一样,由于 Faster R-CNN 在物体检测方面的效果很好,因此,考虑在 Mask R-CNN 中,通过向 Faster R-CNN 添加一个分支来进行像素级分割,该分支输出一个二进制掩码。该掩码表示给定像素是否为目标对象的一部分。该分支是基于卷积神经网络特征映射的全卷积网络。将给定的卷积神经网络特征映射作为输入,输出为一个矩阵,其中像素属于该对象的所有位置,用 1 表示,其他位置则用 0 表示,这就是二进制掩码。

另外,当在原始 Faster R-CNN 架构上运行且没有做任何修改时,感兴趣池化区域(RoI Pool)选择的特征映射区域或原始图像的区域稍微错开。图像分割具有像素级特性,这与边界框不同,自然会导致结果不准确。Mask R-CNN 通过调整 RoI Pool 来解决这个问题,使用感兴趣区域对齐(RoI Align)方法使其变得更精确。本质上,RoI Align 使用双线性插值来避免舍入误差,这会导致检测和分割不准确。

一旦生成这些掩码,Mask R-CNN 将 RoI Align 与来自 Faster R-CNN 的分类和边界框相结合,以便进行精确的分割。

4.1.3 计算机视觉的应用

1. 医学领域

在现代医疗体系中,计算机视觉技术对医学领域的发展起到很大的作用,同时,计算机视觉技术能够结合生物医学工程,促进多方面多领域的发展,开发出更加新兴且先进的技术。其中最突出的应用领域是医疗计算机视觉和医学图像处理。

计算机视觉通过借助人工智能领域的机器学习、深度学习等算法,结合医生的专业判断,能够对医学影像等医学数据做出更加精准的诊断,同时对医生及病人家属针对检测结果有更加深刻的理解。计算机视觉技术在医学领域的广泛应用主要通过图像处理技术,对医学图像进行处理,提取目标对象,提高图像的清晰度,从而使人们能够更加清晰地看到图像中的相关信息,例如某个医学影像中病变细胞的扩散区域能够被清晰地界定。其次,借助深度学习技术,对医学图像进行分析,经过不断地学习,更加深刻清晰地显示影像中病变区域,结合相关图像处理技术,能够有效地将病变区域分离出来,清晰地显示产生病变细胞的位置、大小及形状,对医生的诊断以及病人对医学影像的理解具有极大的帮助。

计算机硬件以及计算机软件的发展对于医学图像的发展有着重要的影响。传统的医学图像研究重点主要为成像技术、设备等,随着就诊需求的增多,传统的医学图像技术效率低下、准确性低等问题逐渐暴露出来。随着计算机技术的发展,许多计算机技术被广泛应用于医学成像领域,其中计算机视觉相关技术的应用取得了显著的效果。计算机视觉技术主要从处理、分析、理解三个部分协助医学图像的处理。利用计算机视觉技术对图像进行处理能够更加准确地获取医疗诊断的特征信息,缩短诊断时间的同时还有利于提高诊断的准确率。计算机视觉技术在医学图像发展中的应用是一个程序化的过程,在临床应用中首先对医学图像进行数字化处理,再利用计算机数据分析技术来发现病变位置,将病变从正常结构中分离出来。其次,利用计算机视觉技术对病变进行分析处理,明确病变的位置、大小、密度以及形态特征。最后,将处理后的数据传入统计算法中构造统计系统,对于患者的病情进行综合分析,协助医生做出病情诊断。

近年来,伴随着医学图像采集技术的显著改善,医疗设备以更快的影像帧率、更高的影像分辨率和通信技术,实时采集大量的医学影像和传感器数据。基于图像处理技术的医学影像解释方法,也迫切希望得到攻克解决。在医学图像处理中,GPU 首先被引入用于分割和重建,然后用于机器学习。

(1)病变检测

面向疾病预防的病变检测,包括有无病变、病理类型,是健康检查的基础任务。基于计算机的病变检测,是计算机视觉技术在智慧医疗中的重大体现,并且非常适合引入深度学习。在基于计算机的病变检测方法中,一般通过监督学习方法或经典图像处理技术(如过滤和数学形态学),计算并且提取身体部位或器官在健康状态下的特征工程。其中,基于监督学习的机器学习方法,它所使用的训练数据样本,需要专业医师提供全面的病理影像,并手工标注。特征工程计算过程产生的分类器,将特征向量映射到候选者来检测实际病变的概率。

　　基于卷积神经网络(CNN)的病变检测系统,病变检测的准确率提高了13%~34%,而使用非深度学习分类器(例如支持向量机)几乎不可能实现这种程度的提升。CNN由输入层、两个隐藏层和输出层组成,并用于反向传播。在图形工作站出现以前,病变检测系统的特征工程训练过程往往非常耗时。早在1993年,CNN应用于肺结节检测;1995年,CNN应用于乳腺摄影中的微钙化检测;1996年,CNN应用于从乳房X线照片中提取肿块或正常组织的特征区域。病变检测如图4-11所示。

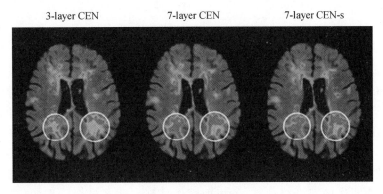

图4-11　病变检测

　　(2)病理图像分割

　　图像分割就是一个根据图像中的相似度计算,把图像分割成若干个同质区域,并且为每个区域进行定性分类的过程。在病理图像分割方面,传统方法只利用颜色等简单特征,开发基于区域的分割方法和基于边界的分割方法,前者依赖于图像的空间局部特征,如灰度、纹理及其他像素统计特性的均匀性等,后者主要是利用梯度信息确定目标的边界。传统方法对图像本身所蕴含的丰富信息利用不足。在分类方法选取中,也大多是基于聚类等简单方法,存在精确性较低及适应范围小的缺陷。多节点、多层次的CNN模型,提取了图像中尽可能多的潜在特征,并对这些特征利用主成分选取方法(primary component analysis,PCA)降维,选出其中的关键特征,然后结合支持向量机(support vector machine,SVM),对病理图像进行像素分割。该方法能更大程度地利用图像本身的信息,提高了图像中细胞分类的准确率。基于卷积神经网络的计算机视觉技术,大大增强了病理图像分割过程的效率和质量。

　　(3)病理图像配准

　　图像配准是多图像融合和三维建模的前提,是决定医学图像融合技术发展的关键技术。在图像认知过程中,单一模态的图像只能提供单个维度的视角,图像中的空间信息难以全方位展示。多种模式或同一模式的多次成像通过配准融合,可以实现感兴趣区域的信息增强和上下文信息补全。在一幅图像上同时表达来自多种成像源的信息,医生就能做出更加准确的诊断或制定出更加合适的治疗方法。医学图像配准过程包括图像的多种处理方法,如定位、旋转、尺寸缩放、拓扑变换,即通过寻找一种空间变换模型,使两幅图像对应点达到空间位置和解剖结构上的映射。如果这种映射过程是一一对应的,即在重叠区域中,一幅图像中的任意像素点在另一幅图像中都有对应点,就称之为配准。目前,基于尺度不变特征转换和卷积神经网络的图像配准模型,是病理图像配准的主要途径,如图4-12

所示。

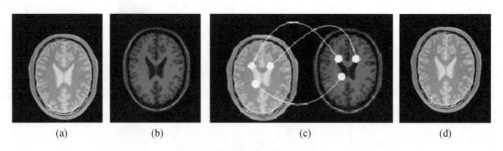

(a)   (b)   (c)   (d)

图4-12　病理图像配准

（4）基于病理图像的三维建模与仿真

传统的病理检测,往往需要从病体切割取样,费时费力,还会损伤病体健康,导致治疗任务加重。基于病理图像的三维建模与可视化,则可以提高病理检查过程,同时消除检查过程对病体的影响。基于图像建模的核心问题是基于图像的几何建模问题,它研究如何从图像中恢复器官组织的实时三维信息,并构建其几何模型,以进行三维渲染和编辑。在图像配准的基础上,基于图像的三维建模方法主要有轮廓法、亮度法、运动法、纹理法。这些方法都需要利用图像像素进行计算,并提取图像特征。前者包含大量的传统图像处理操作,如对图像进行逐点处理,把两幅图像对应像素点的灰度值进行加权求和、灰度取大或者灰度取小等操作。后者基于深度学习,对图像进行特征提取、目标分割等处理,通用性更强。基于病理图像的三维模型与仿真建模,把有价值的生理功能信息与精确的解剖结构结合在一起,可以为临床诊断和治疗提供更加全面和准确的资料。

得益于深度学习技术的快速发展,计算机视觉技术和应用得到了显著进步,并推动了各行业的智能化、信息化发展。由于医疗保健数据的敏感性和权威性,医疗卫生保健领域的深度学习,尤其是医学图像技术,发展速度非常慢。我们需要研究更稳定可靠的、普适的深度学习方法,以便有效地处理复杂的医疗影像数据。当然,随着现代医疗系统的发展和优化,如何系统地引入计算机视觉的最新成果,实现与多学科理论的交叉融合,提升和优化临床治疗水平,医务人员和理论技术人员之间的交流就显得越来越重要。这也是现代智慧医疗应该思索的问题。无论如何,医学图像处理技术作为提升现代医疗诊断和治疗水平的重要工具,使实施风险低、创伤性小的手术方案成为可能,必将在医学信息研究领域发挥更大的作用。

2. 工业领域

计算机视觉技术在工业领域同样应用广泛,在无人驾驶、遥感技术、工业机器人与工业检测等方面的应用较多,其中,最主要的两个计算机视觉技术——视觉检测技术与图像处理技术很好地完成了无损测量,使得工厂产品在生产时得到了很好的保障。同时,在工业领域,采用计算机视觉检测技术,通过结合传感器和各种光源的变换,能够更好地获取图像信息,然后对所获取的信息进行分析,一定程度上提高了工业检测的精确度。再经过图像处理技术速度和能力的提升,在保证图像中目标对象精确度较高的情况下,更好地确定目标对象的位置、大小、形状,可以更好地完成对图像的处理。因此,相对于传统的工业检测方法,计算机视觉技术极大提升了工业生产效率,相关产品相较于以往的产品也更加安全可靠,一定程度上保障了人们对工业产品使用的安全性,提升了大家对现阶段工业领域下各产品的信赖度。

（1）视觉检测技术及其应用

计算机视觉技术在工业领域的应用,首先是在视觉检测技术中,对图像检测数据进行采集处理,需要充分考虑到每个图像检测输出帧的格式,并根据相关用户的信息进行综合分析处理,只有当图像检测过程中获得足够精准的信息数据后,才能使检测结果变得更加准确。其次是想要检测结果图像质量得到稳步提升,就必须考虑对源头图像数据进行预处理,并根据预处理图像技术提供必要的技术条件,从而提升检测的图像质量。最后是借助模型分析的方式,建立一定的能量模板,可以形成对应的模型,有利于更好地对相关检测物体能量进行分析对比,不但可以直接获得比较真实的能量分析效果,还可以获得足够的能量分配。同时在利用这些数据处理时,可以做到对数据结果的前提预测,能够更好地监控这些数据,使数据工作的处理过程得到大幅度提升,才能有效地提高实际数据的检测效率和工作质量,如图 4-13 所示。

视觉检测技术是通过电子器件模拟自然界中生物的视觉系统采集图像,再通过计算机图像处理分析图像中的信息,以完成类似人的视觉系统的对外界信息的感知、建模、参数检测等功能。随着硬件平台的发展,视觉检测技术已经成功应用到工程检测、环境测量、姿态跟踪等领域。

20 世纪 80 年代,就已经有人开始研究利用机器视觉进行工程检测。1999 年,Piotr Olaszek 通过计算机视觉的方法,完成了对桥梁的动态信息分析提取。Wu 等人通过用机器视觉方法分析发动机磨损残骸的图像监测了发动机的磨损状态,并建立模型对发动机的寿命进行了判断。Kim 等人通过在缆绳上放置标靶并拍摄图像进行分析,对缆绳的振动模态信息进行了分析。Che 等人通过在摩托车骑手身上放置标靶进行拍摄跟踪,建立

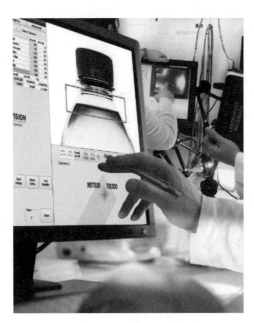

图 4-13 视觉检测

的数据很好地重构了 6 自由度摩托车驾驶姿态模型。美国南加利福尼亚大学的 Wahbeh 等利用高精度摄像机测量了洛杉矶的 Vincent Thomas 大桥桥墩的位移状态,通过频谱分析等方法得到了大桥振动的前两阶主模态频率。韩国世宗大学的 Lee 等人使用视觉检测技术通过粘贴标靶的方法代替了复杂的传感器对桥梁在大型车辆经过时激励发出的振动响应做了有效测量,其误差与安装方法复杂的传统方法之间仅有 3%。由于采用传统方法对桥梁或大型建筑进行测量时安装传感器的步骤极其费时费力,视觉测量这种简单、低成本的测量方法在对大型机构测量上的优势凸显,很快就得到了人们的重视并得以快速发展。

2010 年美国哥伦比亚大学的 Fukuda 提出了基于机器视觉的鲁棒目标搜索算法,与之前对标靶进行的图像采集分析不同,该算法成功脱离了人工标靶的限制,仅通过跟踪大桥上的节点板结构就完成了桥梁振动位移的跟踪测量,更加简化了采集设备的安装复杂度。

随着硬件平台的发展升级,视觉采集装置的性能得到了突飞猛进的发展。相对于传统

的数码相机,现在的摄像机系统在精度、速度上都有了极大的提升。以采集速度指标为例,传统的数码相机采样速度仅在 15 帧左右,而现在很多高速相机极限采集速度甚至超过100 000 fps。硬件的飞速发展使得基于机器视觉的精确测量逐渐拓展到了高速度、高精度的领域中。在这样的基础上进行的视觉测量的研究也逐渐刷新了人们对视觉测量能力边界的认知。日本的石井抱等人通过高速摄像机系统,以 4 000 fps 的采集频率完成了对人体发声时两片声带分别产生的振动的图像绘制;并以此为契机,开发出基于高速视觉的喉镜。Abe Davis 等人更是通过高速摄像系统采集到人说话时身边一些容易发生共振的物体的振动信息,并利用这些信息成功恢复出人说话的声音。

国内近年来也对视觉检测技术进行了大量的研究,并且在很多领域中取得了优良的成果。中国农业大学的凌云等人用机器视觉的方法进行了谷物的品质检测,通过极坐标下的图像处理方法配合 BP 神经网络分类器,很好地完成了对谷物的分类挑选,准确率均达到90%以上。韩伯领等人通过高速 CCD 摄像机对钢轨运动进行了图像采集并进行了实时分析,得到钢轨的水平、竖直方向的位移,进一步推导出轨道车辆的运行姿态。中国矿业大学的张泽琳等通过机器视觉配合神经网络的方法,成功检测出煤粒的密度级。

此外,经济的快速发展推动了大量基础设施的建造,例如道路、桥梁、各种钢结构以及大型设备等,在出厂或后期使用过程中,这些设备表面会出现裂缝。这些裂缝轻则影响美观,重则影响设备的正常使用。为了确保这些设备的使用安全,需要对其进行出厂检测与定期维护。在视觉检测领域,裂纹识别一直是机器视觉领域的重要研究内容,尤其是与之相关的自动检测算法在近年来备受关注。深度学习作为机器学习的一个分支,其在裂纹识别方面已显现出强大的功能和灵活性。以下为基于机器视觉的裂缝识别技术的应用实例:

①高铁钢轨焊缝识别

针对钢轨焊缝位置的不确定性及修磨高精度的要求,利用传感器实现钢轨焊缝的快速识别与精准定位、焊缝修磨品质检测以及磨具的自动标定与补偿;该技术具有智能化程度高、操作方便、适应能力强、效率高等优点,可有效避免工伤事故,降低劳动强度,改善工作环境,方便生产管理,提高资源利用率。高铁钢轨焊缝识别系统可有效改善列车的运行,保持旅客舒适度,减少蛇形运动,减少噪声,降低能耗,减少机车部件和轨道的维修成本,延缓损伤发展的速度,提高钢轨寿命,经济效益和社会效益显著。该成果如果能在全国推广应用,将对全国的高铁、铁路、地铁等产业转型升级带来十分重要的现实意义。

②路面裂缝识别

近年来,我国道路设施建设快速增长,大规模的道路设施建设完成后的养护管理需求激增,而路面裂缝作为路面主要损坏之一,如何高效、客观、精确地检测路面裂缝损坏信息,对路面养护管理工作十分重要。机器学习、深度学习等计算机前沿科学的兴起,带来了更高效准确的路面裂缝图像识别的技术手段,可以准确地识别路面裂缝,提升路面裂缝识别的自动化水平,从而为道路养护决策提供依据,有极大的经济价值和社会意义。

③隧道裂缝识别

近年来随着科技和社会的迅猛发展,隧道建设规模也逐步扩大,极大地方便了人们的日常出行生活,那么随之而来的隧道工程养护维修阶段便显得尤为重要。除此之外,隧道结构中的运行状态和病害的检测也越来越重要。在运营过程中,由于车辆振动会导致隧道表面出现隧道裂缝,以及受到周边荷载扰动和围岩压力变化,裂缝不仅导致混凝土层破坏,无法起到保护内部钢筋的作用,还会引起混凝土的倒塌,从而导致严重的道路安全问题。

引用隧道中计算机视觉的检测技术是隧道行业发展的新趋势。基于计算机的裂缝检测系统通常包括图像采集和图像识别两个部分,图像采集通常通过摄像机以及与其相似设备获取隧道表面的图像,图像识别通常包括图像的预处理、特征提取(图像识别中的一个关键步骤)以及决策优化三个组成部分,其质量直接决定了图像识别的有效性及检测系统的性能优良性,此技术有效克服了长期以来人工检测的弊端。图4-14所示为隧道裂缝快速检测车。

图4-14　隧道裂缝快速检测车

隧道在工程建设和施工使用的整个过程中,如果其岩层性质、土壤温度以及应力等存在多种不可避免的影响因素时,就会产生大量裂缝。目前用于监测雷达裂缝的技术方法主要包括雷达裂缝探测技术法、超声波技术检测法、声波发射技术检测法、光纤传感器等监测技术法以及电子图像信号处理技术检测法。随着现代计算机信息科学和数字图像处理应用技术的不断发展,基于数字图像信号处理的光学检测分析方法,由于具有非常易接触、效率高、便捷直观等诸多优点,现已受到越来越多科研工作者的广泛关注。

影响隧道内部裂缝质量检测的最严重问题在于,隧道裂缝中的图像常常会由于光照不均匀而出现色彩对比度低的情况,极大地影响了地铁隧道内部裂缝的质量检测。那么需要通过灰度腐蚀以及局部直方波形图拉伸这两个关键预处理过程来实时降低所产生的因素的影响,以此来更好地服务于隧道内部裂缝的质量检测。这里同样涉及图像预处理的相关技术。

(2)图像处理技术及应用

图像处理实际上是与计算机视觉并行的人工智能基础领域,两者通常有着很多的技术和应用交叉。数字图像处理技术是将图像信号转换成数字信号并利用计算机对其进行处理,该技术起源于20世纪20年代,20世纪六七十年代随着计算机技术与数字电视技术的普及和发展而迅速发展,在八九十年代才形成独立的科学体系。早期数字图像处理的目的是改善图像的质量。目前该技术已广泛应用于科学研究、工农业生产、生物医学工程、航空航天、军事、机器人产业等多个领域,并在其中发挥着越来越大的作用。

图像是指物体的描述信息,数字图像是一个物体的数字表示,图像处理则是对图像信息进行加工以满足人的视觉心理和应用需求的行为。数字图像处理是指利用计算机或其他数字设备对图像信息进行各种加工和处理,其发展异常迅速,应用领域极为广泛。

对图像进行处理(加工、分析)的目的主要有以下三个:

①提高图像的视感质量,如进行图像的亮度、彩色变换,增强、抑制某些成分,对图像进行几何变换等,以改善图像的质量。

②提取图像中所包含的某些特征或特殊信息,这些被提取的特征或信息往往为计算机分析图像提供便利。提取特征或信息的过程是计算机或计算机视觉的预处理。提取的特征可以包括很多方面,如频域特征、灰度或颜色特征、边界特征、区域特征、纹理特征、形状特征、拓扑特征和关系结构等。

③对图像数据进行变换、编码和压缩,以便于图像的存储和传输。

不管是何种目的的图像处理,都需要由计算机和图像专用设备组成的图像处理系统对图像数据进行输入、加工和输出。

数字图像的处理过程如下:

①图像数字化。通过取样和量化,将一个以自然形态存在的图像变换为适于计算机处理的数字形式。用矩阵的形式来表示图像的各种信息。

②图像增强与复原。图像增强的目的是将图像转换为更适合人和机器分析的形式。常用的增强方法有灰度等级直方图处理、干扰抵制、边缘锐化、伪彩色处理。

图像复原的目的与图像增强相同,其主要原则是消除或减少图像获取和传输过程中造成的图像损伤和退化,这包括图像的模糊、干扰和噪声等,尽可能地获得原来的真实图像。

无论是图像增强还是图像复原,都必须对整幅图像的所有像素进行运算,出于图像像素的大数量考虑,其运算量也十分巨大。

③图像编码。编码的目的是在不改变图像质量的基础上压缩图像的信息量,以满足传输与存储的要求。多采用数字编码技术对图像逐点进行加工。

④图像分割。图像的分割是将图像划分为一些不重叠的区域。每个区域是像素的一个连续集。利用图像的纹理特性,通过把像素分入特定的区域,并寻求区域之间的边界来实现图像的分割。

⑤图像分析。从图像中抽取某些有用的度量、数据和信息,以得到某种数值结果。图像分析用图像分割方法抽取图像的特征,然后对图像进行符号化的描述,这种描述不仅能对图像是否存在某一特定的对象进行回答,还能对图像内容进行详细的描述。

图像处理的各个内容是有联系的,一个实用的图像处理系统往往结合了几种图像处理技术才能得到需要的结果,而图像数字化则是将一个图像变换为适合计算机处理的第一步。图像编码可用于传播和储存图像。图像增强和复原可以是图像处理的最后目的,也可以作为进一步处理的基础。通过图像分割得出的图像特征可以作为最终的结果,同样也可以作为进一步图像分析的基础。

图像分析中,图像质量的好坏直接影响识别算法的设计与效果的精度,因此在图像分析(特征提取、分割、匹配和识别等)前,需要进行处理。图像处理的主要目的是消除图像中无关的信息,恢复有用的真实信息,增强有关信息的可检测性,最大限度地简化数据,从而改进特征提取、图像分割、匹配和识别的可靠性。一般的预处理流程为灰度化、几何变换、图像增强。

图像灰度化处理如图 4-15 所示。在 RGB 模型中,如果 R=G=B,则彩色表示一种灰度颜色,其中 R=G=B 的值叫作灰度值,因此,灰度图像中的每个像素只需一个字节存放灰度值(又称强度值、亮度值),灰度范围为 0~255。一般有分量法、最大值法、平均值法、加权平均法四种方法对彩色图像进行灰度化。分量法将彩色图像中的三分量亮度作为三个灰度图像的灰度值,可根据应用需要选取一种灰度图像;最大值法将彩色图像中的三分量亮度的最大值作为灰度图的灰度值;平均值法将彩色图像中的三分量亮度求平均得到一个灰度值;加权平均法根据重要性及其他指标,将三分量以不同的权值进行加权平均。由于人眼对绿色的敏感度最高,对蓝色的敏感度最低,因此,对 R、G、B 三分量进行加权平均能得到较合理的灰度图像。

(a)   (b)

图 4-15　图像灰度化处理

对彩色图像进行处理时,往往需要依次对三个通道进行处理,时间开销将会很大。因此,为了达到提高整个应用系统处理速度的目的,需要减少所需处理的数据量。

几何变换又称为图像空间变换,通过平移、转置、镜像、旋转、缩放等几何变换对采集的图像进行处理,用于改正图像采集系统的系统误差和仪器位置(成像角度、透视关系乃至镜头自身原因)的随机误差。此外,还需要使用灰度插值算法,因为按照这种变换关系进行计算,输出图像的像素可能被映射到输入图像的非整数坐标上。通常采用的方法有最近邻插值法、双线性插值法和双三次插值法。

图像增强指的是增强图像中的有用信息,它可以是一个失真的过程,其目的是改善图像的视觉效果,针对给定图像的应用场合,有目的地强调图像的整体或局部特性,将原来不清晰的图像变得清晰或强调某些感兴趣的特征,扩大图像中不同物体特征之间的差别,抑制不感兴趣的特征,使之改善图像质量、丰富信息量,加强图像判读和识别效果,满足某些特殊分析的需要。图像增强算法可分成两大类:空间域法和频率域法。

空间域法是一种直接图像增强算法,分为点运算算法和邻域去噪算法。点运算算法即灰度级校正、灰度变换(又称对比度拉伸)和直方图修正等。邻域去噪算法分为平滑和锐化两种。平滑常用算法有均值滤波法、中值滤波法、空域滤波法,锐化常用算法有梯度算子法、二阶导数算子法、高通滤波、掩模匹配法等。

图 4-16 所示为直方图均衡化前后的图像。

由两幅图像处理前后的效果变化可以看出,经过直方图均衡化处理后,图像的细节更加清楚,直方图各灰度等级的分布更加均衡。

频率域法是一种间接图像增强算法。常用的频域增强方法有低通滤波法和高通滤波法。低通滤波器有理想低通滤波器、巴特沃斯低通滤波器、高斯低通滤波器、指数滤波器等。高通滤波器有理想高通滤波器、巴特沃斯高通滤波器、高斯高通滤波器、指数滤波器。

对于这两类算法,空间域法中具有代表性的算法有局部求平均值法和中值滤波法(取局部邻域中的中间像素值)等,它们可用于去除或减弱噪声。频率域法把图像看成一种二维信号,对其进行基于二维傅里叶变换的信号增强。采用低通滤波法(即只让低频信号通过),可去掉图中的噪声;采用高通滤波法,则可增强边缘等高频信号,使模糊的图片变得清晰。

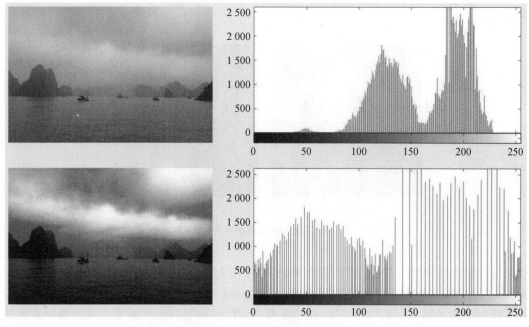

图 4-16　直方图均衡化处理

由于图像处理技术目前已经得到了有效应用,所以随着图像处理技术的不断发展,经过多次图像预视化处理后,将传统图像处理中的二维数值进行边缘化提取显示,并在计算机网络视觉图像技术领域中提取预处理技术节点算法,使处理结果精准化的程序检测稳定性得到提升。

图像是人类获取和交换信息的主要来源,因此,图像处理的应用领域必然涉及人类生活和工作的方方面面。随着人类活动范围的不断扩大,图像处理在工业及其他领域的应用也将随之不断扩大。以下为图像处理在工业及其他领域的具体应用:

①航天和航空技术方面

航天工业是国防科技工业的重要组成部分,数字图像处理技术在航天和航空技术方面的应用,除了喷气推进实验室(jet propulsion laboratory,JPL)对月球、火星照片的处理之外,另一方面的应用是在飞机遥感和卫星遥感技术中。许多国家每天派出很多侦察飞机对地球上其感兴趣的地区进行大量的空中摄影。对通过此种方式得来的照片进行处理分析,以前需要雇用几千人,而现在改用配备有高级计算机的图像处理系统来判读分析,既节省人力,又加快了速度,还可以从照片中提取人工所不能发现的大量有用情报。20 世纪 60 年代末以来,美国及一些国际组织发射了资源遥感卫星(如 LANDSAT 系列)和天空实验室(如 SKYLAB),如图 4-17 所示,由于成像条件受飞行器位置、姿态、环境条件等影响,图像质量不是很高。因此,以如此高的代价进行简单直观的判读来获取图像是不合算的,而必须采用数字图像处理技术。如 LANDSAT 系列陆地卫星采用多波段扫描器(MSS),在 900 km 高空对地球每一个地区以 18 天为一周期进行扫描成像,其图像分辨率大致相当于地面上十几米或 100 米左右(如 1983 年发射的 LANDSAT-4,分辨率为 30 m)。这些图像在空中先处理(数字化、编码)成数字信号存入磁带中,在卫星经过地面站上空时,再高速传送下来,然后由处理中心分析判读。这些图像无论是在成像、存储、传输过程中,还是在判读分析中,都必须采用很多数字图像处理方法。现在世界各国都在利用陆地卫星所获取的图像进行资源调查(如森林调查、海洋泥沙和渔业调查、水资源调查等),灾害检测(如病虫害检测、水火检测、环境污染检测等),资源勘察(如石油勘查、矿产量探测、大型工程地理位置勘探分析等),农业规划(如土壤营养、水分和农作物生长、产量的估算等),城市规划(如地质结构、水源及环境分析等)。我国也陆续开展了以上诸方面的一些实际应用,并取得了良好的效果。在气象预报和对太空其他星球研究方面,数字图像处理技术也发挥了相当大的作用。

图 4-17 SKYLAB 天空实验室

②工业和工程方面

在计算机视觉技术的应用中,图像处理技术对计算机视觉技术有着非常重要的影响,因此利用图像处理技术可以实现对图像的处理和分析,随后结合数据处理的能力,对图像内的相关信息数据进行提取,可以使图像处理技术工作变得更加简单。因此计算机视觉技术在工业领域的应用中,能够将图像处理技术与模板技术结合在一起,从而在很大程度上减少工作中的技术难度,同时结合实际技术要求对图像及时进行预处理,可以提升图像的使用效率,如自动装配线中检测零件的质量并对零件进行分类,印刷电路板疵病检查,弹性力学照片的应力分析,流体力学图片的阻力和升力分析,邮政信件的自动分拣,在一些有毒、放射性环境中识别工件及物体的形状和排列状态,先进的设计和制造技术中采用工业视觉,等等。

③机器人方面

机器视觉作为智能机器人的重要感觉器官,主要进行三维景物理解和识别,是目前处于研究之中的开放课题。机器视觉主要用于军事侦察、危险环境的自主机器人,邮政、医院和家庭服务的智能机器人,装配线工件识别、定位,太空机器人的自动操作等。

④通信工程方面

当前通信的主要发展方向是声音、文字、图像和数据结合的多媒体通信。具体地讲是将电话、电视和计算机以三网合一的方式在数字通信网上传输。其中以图像通信最为复杂和困难,因图像的数据量巨大,如传送彩色电视信号的速率达 100 Mbit/s 以上。要将这样的高速数据实时传送出去,必须采用编码技术来压缩信息的比特量。在一定意义上讲,编码压缩是这些技术成败的关键。除了已应用较广泛的熵编码、DPCM 编码、变换编码外,目前国内外正在大力开发研究新的编码方法,如分行编码、自适应网络编码、小波变换图像压缩编码等。

⑤军事及公共安全方面

在军事方面,图像处理和识别主要用于导弹的精确末制导,各种侦察照片的判读,具有图像传输、存储和显示的军事自动化指挥系统,飞机、坦克和军舰模拟训练系统等;在公共安全方面,图像处理和识别主要用于公安业务图片的判读分析,指纹识别,人脸鉴别,不完整图片的复原,以及交通监控、事故分析等。目前已投入运行的高速公路不停车自动收费系统中的车辆和车牌的自动识别都是图像处理技术成功应用的例子。

⑥文化艺术方面

目前这类应用有电视画面的数字编辑、动画的制作、电子图像游戏、纺织工艺品设计、服装设计与制作、发型设计、文物资料照片的复制和修复、运动员动作分析和评分等,现在已逐渐形成一门新的艺术——计算机美术。

⑦视频和多媒体系统

目前这类应用有电视制作系统中广泛使用的图像处理、变换、合成,多媒体系统中静止图像和动态图像的采集、压缩、处理、存贮和传输等。

⑧电子商务

在当前呼声甚高的电子商务中,图像处理技术的应用有身份认证、产品防伪、水印技术等。

总之,图像处理技术应用领域相当广泛,已在国家安全、经济发展、日常生活中充当越来越重要的角色,对国计民生的作用不可低估。

当前,图像处理面临的主要任务是研究新的处理方法,构造新的处理系统,开拓更广泛的应用领域。图像处理需要进一步研究的问题主要有:

①在进一步提高精度的同时着重解决处理速度问题。如在航天遥感、气象云图处理方面,巨大的数据量和处理速度仍然是主要矛盾之一。

②加强软件研究,开发新的处理方法,特别要注意移植和借鉴其他学科的技术和研究成果,创造新的处理方法。

③加强边缘学科的研究工作,促进图像处理技术的发展。如人的视觉特性、心理学特性等的研究,如果有所突破,将对图像处理技术的发展起到极大的促进作用。

④加强理论研究,逐步形成图像处理科学自身的理论体系。

⑤图像处理领域的标准化。图像的信息量、数据量大,因而图像信息的建库、检索和交流是一个重要的问题。就现有的情况看,软件、硬件种类繁多,交流和使用极为不便,成为资源共享的严重阻碍。应建立图像信息库,统一存放格式,建立标准子程序,统一检索方法。

(3)模板匹配技术及应用

计算机视觉处理技术中的模板匹配技术主要是根据预设模板与工业生产中所需要检测的物体进行匹配对比分析,所得出的结论能够很好地解决源物体自身所存在的问题,而且能够很好地避免其他细小问题产生。计算机视觉技术中的模板匹配技术主要用来分析模板与所检测物体之间的图形相似程度,这种检测技术能够根据预设的模板图像与所需要检测的物体图像之间的相似数来分析这两者之间的相似度。同时,在具体的检测过程中首先要做的就是对所要检测的物体预设模板,这样能够结合实际所要检测的图像与预设模板进行比对,找到其中的相似程度是怎样的,还可以分析出有何不同,最终根据所需要的数据得出最后的真实结果。计算机视觉技术的模板匹配技术还可以通过比较有效的技术进行平移或者不断旋转,对预设模板和所检测的物体进行立体化、全方位的对比,通过一定的相似数值以及不断对比分析出来的结果,就能帮助工业领域的工作人员尽快进行数据核算,更好地分析判断数据的准确性,提高工作人员的处理效率,最关键的是这项技术还有比较强的抗干扰能力,不会受到其他因素的影响,这就在很大程度上提高了数据处理结果的准确性。在对不同点进行集中匹配时,通过适当地选取相关值,可以排除图形轮廓畸变和噪声声带点的匹配结果。

①条码识别

条码识别是模板匹配技术在图像识别中的重要应用之一,如图4-18所示。模板匹配技术的原理是通过一系列的数学函数,找出被搜索图像的相应关系坐标并将其代入数学模型中进行计算。在条码识别过程中,横竖条码均是模板匹配技术中条码识别的重要基础。具体来讲,在一个数轴上加上二维图像的灰度投影,并且将其与数学模型作为基础在特定的数轴上加以匹配,可以有效提高其匹配的概率。在投影过程中可能会出现噪声相互抵消的情况,有助于减少误判和漏判,提

图4-18　条码识别

高了条码识别概率。在应用模板匹配技术进行条码识别中,存在垂直与水平两个方向的图像。具体使用时,可以以其灰度的分布特征为基础,对两个方面的模板和对象进行灰度的投影,并进行序列的匹配,在找出相关值的同时,可以自动列入投影函数中。在模板匹配过程中,模板的投影曲线会呈现上下波动的状态;滑动过程中,在得到具体位置的数值时,也会形成相应的函数序列。由于水平和垂直两个方向的处理方法相同,需要这两个方向均满足相应的匹配条件,才能证明其匹配的图像和样本图像是彼此合适的。

②字符识别

字符识别是模板匹配应用到图像识别中的应用之一。在实施过程中,技术人员需要分别采用不同类型的特征块,将其作为基础模板匹配模型。其中,以特征加权为基础的模板匹配模型需要进行加权操作。作为最基础的模板,其匹配过程中需要对标准模板以及一系列的样本模板采取加权的方法。例如所包含的字符或笔画,都需要经过加权以后接受重新分配。在识别过程中,权重较高的部位需要放置在中心,权重较低的部位可放置在边缘的地区,这样可以更好地平衡两者之间加权,并且可以提高最终的识别效率。而使用特征块作为基础模板,在匹配过程中需要先从切割的模板方面入手,进行一系列切割处理后形成大小一致的模块,可以将统计所包含的若干点进行标准模板的匹配,所包含的特征模块较

少,其工作量也会减少。

光学字符识别(optical character recognition,OCR)是目前应用最为普遍的模式识别。光学字符识别是指电子设备(例如扫描仪或数码相机)检查纸上打印的字符,通过检测暗、亮的模式确定其形状,然后用字符识别方法将形状翻译成计算机文字的过程,即针对印刷体字符,采用光学的方式将纸质文档中的文字转换成为黑白点阵的图像文件,并通过识别软件将图像中的文字转换成文本格式,供文字处理软件进一步编辑加工的技术。光学字符识别从影像到结果输出,须经过影像输入、影像前处理、文字特征抽取、比对识别,最后经人工校正更正错误的文字并输出结果,目前常用于多场景、多语种、高精度的整图文字检测识别,对身份证、银行卡、营业执照等常用卡证的文字内容进行结构化识别,对各类票据进行结构化识别,在教育领域对作业、试卷中的题目、公式及答题区手写内容进行识别等多个方面。

③不变矩图像匹配

不变矩作为一种具有极高浓缩性质的图像特征,有着平移、灰度、尺度等多个不变性。采用不变矩进行图像分析和识别的实验多种多样,用很少的不变矩就可以重新构建并识别原本的图像,减少不必要的误判并提高其精度。具体来讲,在实时图像匹配和识别过程中,以不变矩为特征来检测模板和图像中物体轮廓相似度的测度,可以将遗传算法引入图像匹配识别过程中。用不变矩可有效检测出具有适度平移旋转的变化物体,更能够反映模板和图像之间是否出现有效匹配的情况,所得到的遗传算法在进化的速度上会比传统常规算法更加理想,其精确度也更高。

不变矩的图像匹配在很多领域得到广泛的应用,下面具体分析边缘不变矩图像匹配在列车领域的运用。在列车制动中就需要边缘不变矩匹配来进行列车闸瓦图像的识别,这对保障列车的运行安全起到很大的作用。列车闸瓦的检测系统是由两个部分构成的,即图像采集装置设备和图像分析处理系统。而快速准确地进行闸瓦识别是这一检测技术的重要环节,也是难点所在。先从闸瓦的图像中找到与年轮存在相似特点之处,利用其边缘信息采用改进后的边缘不变矩的匹配方法,来准确地找到识别的闸瓦。

将模板匹配技术应用到图像识别过程中,上述各项识别技术均在相对理想的模板匹配中应用。但在实际应用中会受到其他因素的影响,出现图像识别效率不高的情况。因此,在匹配过程中,要充分考虑噪声等一系列因素,否则很容易出现匹配失败的情况。为了有效克服匹配技术在图像识别中存在的失误,具体使用过程中,可以采用具有动态化的 M 滤波函数,确保得到的匹配点之间能够相互调节,最终构建出更加贴合图像识别技术的数学模型。

3. 电力系统及核电领域

电力系统作为世界上最为庞大的几个系统之一,其安全状况直接关系到广大人民群众的生命财产安全,但是如此庞大的系统在运行过程中难免会出现很多安全隐患,例如失火、漏电、破损等。为了保证电力系统安全稳定地运行,就必须对其中的重要信息数据进行收集整理,在系统运行过程中实现实时监控,并对收集到的异常状况进行及时处理。因此监控系统通过摄像头对设备状态、人员进出、火情监控等的图像监测就显得尤为重要,但是传统通过摄像头监控的方法是人为监控,存在很多弊端。例如,在人员进出的检测中,监管人员往往不能轻易掌握所有人员的信息,会出现遗漏和遮挡问题,并且像伪装和变装这类事情也不能有效地避免。但是通过计算机视觉便可以在无人监管的状态下对异常情况进行报警,通过对不同工作环境下的不同摄像头搭载不同的图像、视频分析算法,可以有效地对电力系统的整个结构的设计进行优化,提高整个系统运行的稳定性以及控制制造和安装成本。

计算机视觉在电力系统中的很多方面有着广泛的应用,主要体现在以下三个方面:

(1)计算机视觉在线监控系统

在线监控系统主要依托普通摄像头,但鉴于普通摄像头精度不高,有时也会采用深度摄像头或红外摄像头。在人员识别中,摄像头捕捉人物面部特征,然后利用特征提取网络对人物面部特征进行提取,再通过分类网络对人物身份进行分类,从而掌握人员具体身份信息。在掌握人员信息后,通过计算机视觉图像算法(例如 ST-GCN、MM Action 等动作识别算法)来实时预测人物动作信息,从而实现在线监控的目的。对于电场中火灾等安全隐患,同样也可以采用计算机视觉算法对其进行训练,通过将训练过的算法搭载到固定摄像头上来达到对火灾的检测预警,再加上红外摄像头对温度的监测可以杜绝火灾隐患,从而保证整个电力系统长期安全地运行。图 4-19 所示为火灾监测预警系统。

图 4-19　火灾监测预警系统

(2)计算机视觉柜面图像分析系统

在电力系统中每一个设备的状态都尤为重要,而设备状态的观察主要靠指示灯的状态,因此可以利用摄像机采集到的指示灯状态画面,结合计算机视觉图像识别技术对状态灯进行识别,例如可以通过目标检测算法 YOLO、SSD 等对指示灯不同状态图像进行训练,利用训练好的算法可以对设备状态进行自动检测。相比于人工巡检,基于计算机视觉的检测方法效率更高,并能及时发现问题。我们只需要一次训练便可对不同厂家、不同型号、不同规格的状态灯进行统一识别,还可在算法的后边加载一些判断规则用来对识别结果做出相应的措施,真正做到智能化识别。

(3)计算机视觉视频分析报警

计算机视觉作为人工智能的重要分支,其不仅能对复杂多变的图像进行识别检测,同时也能对视频直接进行分析监测。对视频的监管需要满足数据库的检索需求,大量的视频监控不利于数据库的储存,所以在视频监控中需要对数据进行精简,去除大量冗余数据并对重点数据进行分析,并研究不同时刻同一监控区域位置的相关性,结合特定用户的需求分析,进行合理的算法安装部署流程和数据显示管理平台的构建。

(4)机器视觉在核电领域的应用

工业智能化的快速发展,推动了机器视觉技术在工业中的应用。在电力系统中,由于核电产业领域的特殊性,机器视觉技术在核电产业领域有着极其重要的应用,该技术提高了核电产业领域的安全性、高效性和经济性。现如今,机器视觉技术在核设备测量、核设备焊接、核燃料棒组装等领域有着十分广泛的应用。

①机器视觉在核设备测量方面的应用

机器视觉在核设备测量方面的应用核设备对质量和精密度要求极高,核心设备制造工艺复杂。在设备加工制造过程中,精确、及时地测量其几何参数,对于提高设备原材料利用率、改善产品质量和提高产品合格率都具有重要作用。传统的接触式测量方法不能满足核设备的制造要求,双目立体视觉技术在核设备几何尺寸测量方面有着广泛的应用。双目立体视觉采用两台CCD工业摄像机,从不同角度同时获取目标物体及周围环境的两幅图像,经过图像处理、摄像机标定等计算出目标物体的三维信息。其基本原理如图4-20所示。

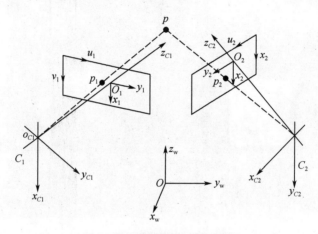

图4-20 双目立体视觉原理图

如图4-20所示,对于空间一点p,在左摄像机C_1成像平面上的投影点为p_1,在右摄像机C_2成像平面上的投影为p_2,直线OC_1p_1上的任意点在成像平面上的投影点都为p_1,因此只由p_1点无法确定p点的深度值,但直线OC_1p_1与直线OC_2p_2的交点唯一,由此可以计算出空间点p的深度值。实际计算时,需要建立图像坐标系、相机坐标系和世界坐标系之间的相互关系,通过坐标变换求解三维坐标点。得到被测物体的三维坐标点后,即可实现测量被测物体的几何参数。

②机器视觉在核设备焊接方面的应用

核电高压容器主要包括核反应堆压力容器、蒸汽发生器、稳压器,被称为核岛的"心脏设备"。核电高压容器的制造需要完成多道关键工序,包括焊缝、焊根、焊筋、坡口、磨削等,对于某些工序加工难度极大,如安注箱与硼注箱瓜瓣焊缝、核电高压容器封头球瓣焊缝及接管相贯焊缝等的磨削加工这样的曲线加工;并且在大型容器焊缝磨削过程中,会产生强烈的火花、高温、烟尘、飞溅和工件热变形等因素,这些因素对轨迹跟踪系统产生强烈的干扰,导致控制系统偏差信号变大,使磨头偏离焊缝。鉴于核电高压容器磨削过程是一个复杂的、动态的具有强烈光热烟雾干扰的过程,采用常规的轨迹跟踪方法并不能完全满足生产过程对焊缝磨削轨迹跟踪检测的要求。在核电高压容器焊缝跟踪中引入机器视觉技术,能够提高焊缝跟踪的可靠性、灵活性和精度。

机器视觉是实现机器人自动化焊接的前提,相比单目视觉的低效、多目视觉的复杂和对系统性能要求高的缺点,多选用双目视觉采集焊缝图像。采集到焊缝图像后,经过图像增强、图像滤波、特征提取、特征识别等操作后,由标定双目摄像机后的矩阵求解焊缝特征点的三维点云,传递给机器人后,机器人根据这些三维坐标信息完成轨迹规划及自动控制。根据三维重建后的点云也可实现测量焊缝几何尺寸(熔宽、余高、熔深),对焊缝成形质量做出评价。

4. 交通领域

基于计算机视觉的智能交通是基于多项高新技术的综合应用,其关键模块涉及视频图像获取、车道线检测、各类车辆检测、行人检测、目标跟踪、行为识别、高性能计算、深度学习等技术。

基于计算机视觉技术,采用 Python 语言、OpenCV 图像视频处理及百度大脑实现对交通场景的智能识别。通过对交通路口的监控视频进行分帧处理,得到大量图片数据,对图片中机动车进行检测,实现路口交通的流量统计;识别图片中闯红灯行为,并对违规车辆车牌、车型、车身颜色等信息进行识别。利用交通智能识别系统,可对公共交通的管理提供极大的便利,对路口过往车辆的流量进行检测;可以判断交通拥堵情况,提高道路的通行能力。对闯红灯的机动车违章行为进行检测识别,可以维护路权的分配规则,减少路口交通冲突与事故发生概率,对于规范交通秩序十分必要。

5. 军事领域

军事上的应用很可能是计算机视觉最大的领域之一。最明显的例子是探测敌方士兵或车辆和导弹制导。更先进的系统为导弹制导、发送导弹的区域,而不是一个特定的目标。现代军事概念,如"战场感知",意味着各种传感器,包括图像传感器,提供了丰富的有关作战的场景以及可用于支持战略决策的信息。在这种情况下,数据的自动处理用于减少复杂性和融合来自多个传感器的信息,以提高可靠性。以下为三个典型的应用领域。

(1)侦察领域

基于光学测量原理,开发非接触微型机器视觉精确测量装置,用于军事侦察。

一般的光学设计图如图 4-21 所示,倾斜相机和成像光轴,使激光扫描面和其光轴的夹角大于 0°,通常其变化范围为 30°~60°。这种设计使光线被遮挡的程度大大减少,但是不满足 scheimpflug 条件,并且激光点与其在 CCD 面阵上的像点并不存在线性关系。为了获得这种线性关系,并且尽可能地满足 scheimpflug 条件(当激光面和光轴的夹角等于 0°时满足 scheimpflug 条件),采用如图 4-22 所示的通用光路设计计算图进行设计和计算。

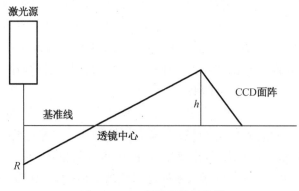

图 4-21 一般的光学设计图

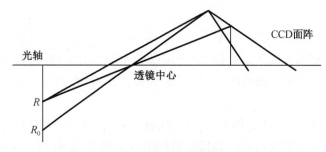

图 4-22 通用视觉光路设计图

（2）智能车辆视觉技术用于军事装备

智能车辆视觉系统：方法一，采用远景视野导航，以曲线模型为其车道拟合模型；方法二，采用近视野导航，以线性模型拟合车道。国内研究都采用方法二，利用一阶差分算子和倾斜抽样策略对拟合算法进行改进，排除光的强弱、树影及其移动等户外光照下的影响。

机器视觉技术可能有效地解决了智能车辆的关键技术难题——导航技术，目前该领域有两个研究方向，一是完全意义上的"视觉技术"，它能模拟人的视觉原理来识别道路。其实现方法是在智能车辆上装两台或多台摄像机，进行图像的 3D 处理，然后根据一定的算法识别前方的道路，从而实现自动导航，另一种研究方向是标识线识别法，即"有线式"视觉导航。它根据路面或者路边的明显路径标识线，通过车载 CCD 摄像机摄取路面图像，经车载计算机处理识别出标识线，通过控制转向系统使实际行驶路线在允许的偏差范围内。

配备智能车辆视觉系统的军事装备可以被广泛应用于两个方面：一是研究可以从事高风险作业，如雷区的勘察和排雷的专用智能机械，实现无人驾驶，减少战时损失；二是开发微型智能化侦察车或者侦察用微型飞行物，进入敌方机密场所和其他人类难以直接进入的作业地获取资料，以完成侦察任务。

将机器视觉技术应用到军用装备，可以针对其技术难题——导航技术，在以下两方面进行深入研究：

①探索完全意义上的"视觉技术"，此技术的关键问题是提高图像 3D 处理的功能，开发更好的图像处理软件；增加用于识别道路的算法的准确率和计算精度，可以致力于这种算法的理论研究，并将成熟的理论程序化。

②通过对智能车辆获得的图像进行滤波边缘处理等，更好地解决图像畸变矫正，减小

方位偏差,建立比较完善的导航参数库。

（3）安全保卫系统

机器视觉检测拥有最大的优先级,自动定时发送切换命令,将摄像机的视频信号切换过来;发送控制命令,将摄像机运行到预置位;通过 MCI 命令捕获图像,自动存为 BMP 格式;自动分析图像,判定是否警告,并将警告信息存储,然后以其他方式通知管理者。

机器视觉技术在视频监视报警系统中的应用可以自然地延伸到军事场合。众所周知,对于部队而言,保密和安全工作重于泰山,尤其是在一些诸如武器库、保密室、档案室、高级领导办公室、作战指挥室等地方。机器视觉技术支持的视频监视系统作为安全措施,可以实现低成本、高效率、智能化防护。

这方面在市场上已经有许多成熟的产品,可以直接选择改进,使系统更趋微型化,提高智能化,在保证其可靠性的前提下,扩展作业范围(如不受天气状况、温度、湿度等影响)。

6. 生物特征识别领域

所谓生物识别技术,是指通过计算机与光学、声学、生物传感器和生物统计学原理等高科技手段密切结合,利用人体固有的生理特性(如指纹、脸像、虹膜等)和行为特征(如笔迹、声音、步态等)来进行个人身份的鉴定。全球生物识别市场结构中,指纹识别的份额达到58%,人脸识别的份额为18%,紧随其后的是新兴的虹膜识别,份额为7%,此外还有与指纹识别类似的掌纹识别,以及静脉识别等。

人脸识别作为一种生物特征识别技术,是计算机视觉领域的典型研究课题。人脸识别不仅可作为计算机视觉、模式识别、机器学习等学科领域理论和方法的验证案例,还在金融、交通、公共安全等行业有广泛的应用价值。特别是近年来,人脸识别技术逐渐成熟,基于人脸识别的身份认证、门禁、考勤等系统开始大量部署。

一套典型的人脸识别系统包括六个步骤:人脸检测、特征点定位、面部子图预处理、特征提取、特征比对和决策。

(1)人脸检测,即从输入图像中判断是否有人脸,如果有的话,给出人脸的位置和大小。作为一类特殊目标,人脸检测可以采用上一节中介绍的基于深度学习的目标检测技术实现。但在此之前,实现该功能的经典算法是 Viola 和 Jones 于 2000 年左右提出的基于 AdaBoost 的人脸检测方法。

(2)特征点定位,即在人脸检测给出的矩形框内进一步找到眼睛中心、鼻尖和嘴角等关键特征点,以便进行后续的预处理操作。理论上,也可以采用通用的目标检测技术来实现对眼睛、鼻子和嘴巴等目标的检测。此外,可以采用回归方法,直接用深度学习方法实现从检测到的人脸子图到这些关键特征点坐标位置的回归。

(3)面部子图预处理,即实现对人脸子图的归一化,主要包括两部分:一是把关键点对齐,即把所有人脸的关键点放到差不多接近的位置,以消除人脸大小、旋转等影响。二是对人脸核心区域子图进行光亮度方面的处理,以消除光强弱、偏光等影响。该步骤的处理结果是一个标准大小(如像素大小)的人脸核心区子图像。

(4)特征提取,是人脸识别的核心,其功能是从步骤(3)输出的人脸子图中提取可以区分不同人的特征。在采用深度学习之前,典型方法是采用"特征设计与提取"及"特征汇聚与特征变换"两个步骤来实现。例如,采用 LBP 特征,最终可以形成由若干区域局部二值模式直方图串接而成的特征。

(5)特征比对,即对两幅图像所提取的特征进行距离或相似度的计算,如欧氏距离、

cosine 相似度等。如果采用的是 LBP 直方图特征,则直方图又是常用的相似度度量。

(6)决策,即对前述相似度或距离进行阈值化。最简单的做法是采用阈值法,相似程度超过设定阈值则判断为相同人,否则为不同人。

人脸识别在具备较高便利性的同时,其安全性也相对弱一些。识别准确率会受到环境的光线、识别距离等多方面因素影响。另外,当用户通过化妆、整容等手段对面部进行一些改变时,也会影响人脸识别的准确性。这些都是当前需要亟待突破的技术难题。

此外基于计算机视觉的生物特征识别技术还有很多,如指纹识别、虹膜识别、掌纹识别、指静脉识别等。其中指纹识别是大家最熟悉,也是相对成熟的。人类手掌及其手指、脚、脚趾内侧表面的皮肤凹凸不平,产生的纹路会形成各种各样的图像。这些皮肤纹路的图像是各不相同,且是唯一的。基于这种唯一性,就可以将一个人同他的掌纹、指纹对应起来,通过将他的掌纹、指纹和预先保存的掌纹、指纹进行比较,便可以验证其真实身份。

指纹识别是生物识别技术的又一应用方式,也是其中必不可少的部分,其可以减少不必要的计算步骤并提高匹配速度。在具体匹配过程中,可以在每个间隔的 M 点搜索下匹配结果的优劣性。此外,在指纹识别过程中,工作人员能够对于不同的参考值位置进行充分的匹配,这种方法的优势之一是能够降低匹配点丢失的概率,提高其匹配的精确度。同时,对于模板所覆盖的若干点范围内采取随机计算的方式,也可以将最终的结果定义成具有突出性质的随机序列。合理的随机序列会降低计算的误差,但在整体的计算过程中并没有具体顺序之分。在经过多次误差排除后,能够更好地满足指纹识别的需求。因此,在当前一些指纹识别的工序中,把匹配基础应用在其中,可以取得满意的效果,得到理想的识别率,实现精准定位。指纹匹配如图 4-23 所示。

此外,人体中具有唯一性的还有手背静脉、指静脉、虹膜特征的生物识别等其他多种生物体特征,它们也可以用于人体识别。

人的眼睛结构由巩膜、虹膜、瞳孔晶状体、视网膜等部分组成。虹膜在胎儿发育阶段形成后,在整个生命历程中将是保持不变的。这些特征决定了虹膜特征的唯一性,同时也决定了身份识别的唯一性。因此,可以将眼睛的虹膜特征作为每个人的身份识别对象。从理论上来讲,虹膜识别的精度较高,但

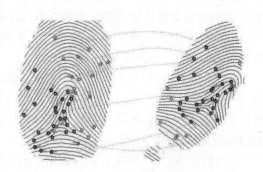

图 4-23 指纹匹配

其需要分辨率较高的摄像头,以及合适的光学条件,成本也较高。因此,其应用主要集中在高端市场,市场应用面较窄。虹膜识别如图 4-24 所示。

掌静脉识别系统的一种方式是通过静脉识别仪取得个人掌静脉分布图,依据专用比对算法从掌静脉分布图中提取特征值;另一种方式是通过红外线 CCD 摄像头获取手指、手掌、手背静脉的图像,将静脉的数字图像存储在计算机系统中,实现特征值存储。静脉识别具有高度防伪、简便易用、快速识别及高度准确四大特点。最为重要的一点是,指静脉识别的特征已被国际公认具有唯一性,且与视网膜相当,在其拒真率(相同结构图,而被算法识别为不同)低于万分之一的情况下,其识假率(不同结构图,而被算法识别为相同)可低于十万分之一。但它同样有着难以规避的缺点:手背静脉仍可能随着年龄和生理的变化而发生变化,永久性尚未得到证实;仍然存在无法成功注册登记的可能;由于采集方式受自身特点的

限制,产品难以小型化;采集设备有特殊要求,设计相对复杂,制造成本高。

图4-24　虹膜识别

7. 遥感领域

遥感技术是指从远距离感知目标反射或自身辐射的电磁波、可见光、红外线,对目标进行探测和识别的技术。人造地球卫星发射成功,大大推动了遥感技术的发展。现代遥感技术主要包括信息的获取、传输、存储和处理等环节。遥感系统是完成上述功能的全套系统,其核心组成部分是获取信息的遥感器。遥感器的种类很多,主要有照相机、电视摄像机、多光谱扫描仪、成像光谱仪、微波辐射计、合成孔径雷达等。传输设备用于将遥感信息从远距离平台(如卫星)传回地面站。信息处理设备包括彩色合成仪、图像判读仪和数字图像处理机等。图4-25所示为遥感地图。

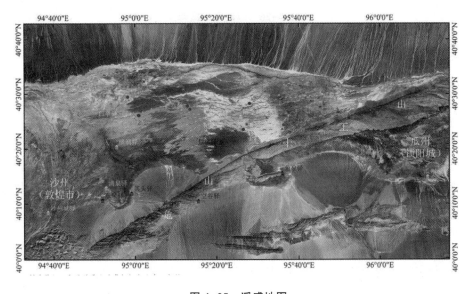

图4-25　遥感地图

通过遥感技术获取的图像识别,已广泛用于军事侦察、导弹预警、军事测绘、海洋监视、气象观测等。在民用方面,遥感技术广泛用于地球资源普查、植被分类、土地利用规划、农作物病虫害和作物产量调查、环境污染监测、海洋研制、地震监测等方面。

8. 图像跟踪及动态行为分析

图像跟踪及动态行为分析是计算机视觉的动态应用,主要内容包括:

(1)运动目标跟踪

运动目标跟踪是计算机视觉中的一个重要问题。在图像所组成的视频中跟踪某一个或多个特定的感兴趣对象,通过目标跟踪可以获得目标图像的参数信息及运动轨迹等。跟踪的主要任务是从当前帧中匹配上一帧出现的感兴趣目标的位置、形状等信息,在连续的视频序列中通过建立合适的运动模型确定跟踪对象的位置、尺度和角度等状态,并根据实际应用需求画出并保存目标运动轨迹,如图4-26所示。

图4-26　运动目标跟踪

运动目标跟踪在军事制导、视觉导航、机器人、智能交通、公告安全等领域有着广泛的应用。例如,在车辆违章抓拍系统中,车辆的跟踪就是必不可少的。在入侵检测中,人、动物、车辆等大型运动目标的检测与跟踪也是整个系统运动的关键所在。目标跟踪是计算机视觉领域一个重要的分支,同时运动目标跟踪为其行为分析提供了基础。

(2)运动目标分析

在对运动目标跟踪后,即可对其进行分析,并最终获得具体语义的结果。运动目标分析是对视频上的运动物体进行跟踪后,获得相应的数据,通过机器学习分析,判断出物体的行为轨迹、目标形态变化,最终获得行为的语义信息。如人体点头行为在设定环境中表示认同对方的意见;而人体摇头行为在设定环境中表示不认同对方的意见。又如人体手势、人体面部表情等人体行为分析最终都可得到其相应的语义信息。同时,通过设置一定的条件和规则,判定物体的异常行为,如车辆逆行分析、人体翻越围墙分析、人体异常行为分析(如行人违规穿越马路分析、行人跌跤分析等)、军事物区遭受入侵分析等。

图像目标行为分析的典型应用领域有:

①智能视频监控领域

智能视频监控是利用计算机视觉技术对视频信号进行处理、分析和理解,并对视频监控系统进行控制,从而使视频监控系统具有像人一样的智能。智能视频监控在民用和军事上都有着广泛的应用,如银行、机场、政府机构等公共场所的无人值守。

②人机交互领域

传统的人机交互是通过计算机键盘和鼠标进行的,然而人们期望通过人类的动作,即人的姿态、表情、手势等行为,计算机能"理解"其意图,从而达到人机交互的目的。

(3)机器人视觉导航

为了能够自主运动,智能机器人需要具备认识和跟踪环境中的物体的功能。在机器人手眼应用中,通过跟踪技术使用安装在机器人身上的摄像机跟踪拍摄的物体,计算其运动轨迹,并进行分析,选择最佳姿态,最终抓取物体。

(4)医学诊断

超声波和核磁共振技术已被广泛应用于病情诊断。例如,跟踪超声波序列图像中心脏的跳动,分析得到心脏病变的规律从而得出正确的医学结论;跟踪核磁共振视频序列中每一帧扫描图像的脑半球,可将跟踪结果用于脑半球的重建,再通过分析获得脑部病变的结果。

(5)自动驾驶领域

在道路交通视频图像序列中对车辆、行人图像进行跟踪与分析,可以预测车辆、行人的活动规律,为汽车无人驾驶提供基本保证。无人驾驶又称自动驾驶,是目前人工智能领域一个比较重要的研究方向,让汽车可以进行自主驾驶,或者辅助驾驶员驾驶,提升驾驶操作的安全性。目前已经有一些公司研发出自动泊车等辅助驾驶功能并投入使用。如谷歌Waymo 无人驾驶汽车;国内也有一些比较好的公司,如百度无人驾驶车已经在一些园区得以应用,如图 4-27 所示,还有图森未来的货运车也完成了多次路测,并已经投入使用。

图 4-27 百度无人驾驶汽车

4.1.4 计算机视觉的发展趋势

计算机视觉作为人工智能的基础技术,其发展趋势将是与其他技术融合推动创新型行业发展。

1. 汽车驾驶方面

20 世纪 70 年代,美国、英国、德国等发达国家开始进行无人驾驶汽车的研究,在可行性和实用性方面都取得了突破性进展。中国从 20 世纪 80 年代开始进行无人驾驶汽车的研究。国防科技大学在 1992 年成功研制出中国第一辆真正意义上的无人驾驶汽车。2005年,首辆城市无人驾驶汽车在上海交通大学研制成功。世界上最先进的无人驾驶汽车已经测试行驶近 50 万千米,其中最后 8 万千米是在没有任何人为安全干预措施下完成的。据汤森路透知识产权与科技最新报告显示,2010 年到 2015 年间,与汽车无人驾驶技术相关的发明专利超过 22 000 件,并且在此过程中,部分企业已崭露头角,成为该领域的行业领导者。无人驾驶汽车是智能汽车的一种,也称为轮式移动机器人。而无人驾驶主要依靠车内的以计算机系统为主的智能驾驶仪来实现无人驾驶的目标,这与计算机视觉是密不可分的。滴滴无人驾驶网约车如图 4-28 所示。

图 4-28 滴滴无人驾驶网约车

除了互联网公司研究的无人驾驶,各大传统汽车公司(如宝马、奥迪等)也在紧锣密鼓地研究自动驾驶技术,自动驾驶最核心的技术就是汽车里的电脑利用摄像头实时产生的图片和视频学习驾驶,此外行人探测、道路识别、模式识别也都离不开计算机视觉。

2. AR、VR 的技术增强

虚拟现实技术(virtual reality,VR),是一种可以创建和体验虚拟世界的计算机仿真系统,它利用计算机生成一种模拟环境,是一种多源信息融合的、交互式的三维动态视景和实体行为的系统仿真,能使用户沉浸到该环境中。

增强现实技术(augmented reality,AR),是一种实时的计算摄影机影像的位置及角度并加上相应图像、视频、3D 模型的技术。这种技术的目标是在屏幕上把虚拟世界套在现实世界并进行互动。

计算机视觉是 VR、AR 搭建视觉呈现模型的基础,提供交互情景交流的核心基础。VR 和 AR 通常应用在游戏上,比如 Pockman GO 等,但是 PS4 的研发团队认为,VR 之所以一开始主要应用在游戏上,是希望大家通过游戏来学习 VR 的"互动规律",让双眼、大脑先适应,之后逐渐应用在医疗卫生领域。有了 VR 和 AR,医护人员在学习新技能、练习手术操作时,即使万一失误,也不会对患者造成危险。

在这个前提下,VR/AR 与医疗的结合将分成三类:

第一类是"做手术"类;

第二类是"医师技能训练"类;

第三类是"患者康复训练"类。

3. 更优秀的图片与视频处理

无论是各种黑科技的美图软件还是各种奇幻的视频处理,其核心技术都是利用计算机视觉进行的降噪、图像分割、图像处理、视频压缩。此外,相机中的人脸追踪,快速对焦,人脸识别无一不与计算机视觉有关。可以预想到,在未来计算机视觉的帮助下,将产生越来越多的"照骗"。

4.2 智能机器人

智能机器人是一个由各种高科技子系统集成的复杂系统,一般包含处理器、传感器、控制器、执行器以及通常装在机器臂末端的各种功能套件等部分。机器人系统复杂,具有跨学科的技术特性,主要包括软件和硬件两大部分,基本囊括了机械、电子、控制及制造加工等技术工程大类。我们从广泛意义上理解所谓的智能机器人,它给人的最深刻的印象是一个独特的进行自控的"活物"。其实,这个自控"活物"的主要器官并没有像真正的人那样微妙而复杂。

智能机器人具备形形色色的内部信息传感器和外部信息传感器,如视觉、听觉、触觉、嗅觉。除具有感受器外,它还有效应器,作为作用于周围环境的手段。这就是筋肉,或称自整步电动机,它们使手、脚、长鼻子、触角等动起来。由此可知,智能机器人至少具备三个要素:感觉要素、反应要素和思考要素。一是感觉要素,用来认识周围环境状态;二是运动要素,对外界做出反应性动作;三是思考要素,根据感觉要素所得到的信息,思考出采用什么样的动作。感觉要素包括能感知视觉、接近觉、距离觉等的非接触型传感器和能感知力、压觉、触觉等的接触型传感器。这些要素实质上相当于人的眼、鼻、耳等五官,它们的功能可以利用诸如摄像机、图像传感器、超声波传感器、激光器、导电橡胶、压电元件、气动元件、行程开关等机电元器件来实现。对运动要素来说,智能机器人需要有一个无轨道型的移动机构,以适应诸如平地、台阶、墙壁、楼梯、坡道等不同的地理环境。它们的功能可以借助轮子、履带、支脚、吸盘、气垫等移动机构来实现。在运动过程中要对移动机构进行实时控制,这种控制不仅包括位置控制,还包括力度控制、位置与力度混合控制、伸缩率控制等。思考要素是智能机器人三个要素中的关键,也是人们赋予机器人的必备要素。思考要素包括判断、逻辑分析、理解等方面的智力活动。这些智力活动实质上是一个信息处理过程,而计算机则是完成这个处理过程的主要手段。

智能机器人能够理解人类语言,并用人类语言同操作者对话,在它自身的"意识"中单独形成了一种使它得以"生存"的外界环境——实际情况的详尽模式。它能分析出现的情况,能调整自己的动作以达到操作者所提出的全部要求,能拟定所希望的动作,并在信息不充分的情况下和环境迅速变化的条件下完成这些动作。当然,要它与人类思维一模一样是不可能办到的。不过,仍然有人试图建立计算机能够理解的某种"微观世界"。图 4-29 所示为美国波士顿动力机器人。

图 4-29　波士顿动力机器人

4.2.1　智能机器人的主要技术

随着人工智能技术的进步,我国机器人产业迎来了蓬勃发展,基于不同的应用场景,在该领域衍生出各类形态不一的智能机器人。从不同的角度,我们可以对智能机器人进行不同的分类。根据智能程度的不同,智能机器人可分为三种:一是传感型机器人,其本身无智能单元,只具备感知和行动的能力,受控于外部计算机;二是交互型机器人,其具有简单的思考和判断能力,但仍需要操作人员在外部进行控制;三是自主型机器人,其具有较强的自主性和适应性,可以不依赖外部控制,根据环境变化,完全自主地做出正确的思考和调整,并可以与人或其他机器人进行信息交流。而按照工作场所的不同,智能机器人又可分为管道、水下、空中、地面机器人等;按照用途的不同,智能机器人可分为家用、医疗、军事机器人等。

由已有的各类智能机器人来看,其关键技术可以从四个方面考虑,分别是传感技术、控制技术、定位导航技术、人机交互技术。

1. 传感技术

传感技术可以使智能机器人拥有视觉、听觉乃至触觉,让智能机器人能够对周围环境和行动目标进行信息采集和检测,再对采集到的数据进行必要的处理,使之成为可以被利用的信息。传感器的种类很多,既有测量距离的数字激光传感器,判断物体存在与否的接近传感器,也有检测物体颜色的颜色光电传感器,测量压力的压力传感器,甚至还有监测机器人姿态角度变化的陀螺仪。这些传感器所起的作用不同,应用的原理也不同,但传感技术的关键基本在于两点:一是新型传感器的研制和开发;二是对已有传感器高效、合理地利用。

　　机器人传感器主要包括机器人视觉、力觉、触觉、接近觉、距离觉、姿态觉、位置觉等传感器，基于机器人视觉研究的重要性和复杂性，一般将机器人视觉研究单独列为一个学科，所以我们讨论的机器人传感技术主要是指机器人非视觉传感技术。与大量使用的工业检测传感器相比，机器人传感器对传感信息的种类和智能化处理的要求更高。无论研究与产业化，均需要有多种学科专门技术和先进的工艺装备作为支撑。

　　临场感技术是以人为中心，通过各种传感器将远端机器人与环境的交互信息（包括视觉、力觉、触觉、听觉等）实时地反馈到本地操作者处，生成与远地环境一致的虚拟环境，使操作者身临其境，从而更加真实地实现对机器人的控制，完成作业任务，如图4-30所示。临场感的实现不仅可以满足高技术领域发展的迫切需求，如空间探索、海洋开发及原子能应用，而且可以广泛地应用于军事领域和民用领域，因此，临场感技术已成为目前机器人传感技术研究的热点之一。

图4-30　临场感技术

　　我国机器人传感器的主要代表如下：

　　（1）六维力/力矩传感器系列

　　六维力传感器是机器人最重要的外部传感器之一，它能同时获取三维空间的全部力分量信息，被广泛用于力/位置控制、轴孔配合、轮廓跟踪及双机器人协调等机器人控制之中。20世纪80年代末，西方巴黎经济统筹委员会还对我国和东欧各国禁运该类产品。中国科学院、国家自然科学基金委、国家"863"计划等先后多次资助该类项目的研究，研究成果包括六维腕力传感器、六维/多维指力传感器、六维/多维脚力传感器等，其中中国科学院合肥智能机械所研制的SAFMS型系列六维腕力/指力传感器已成为国内各智能机器人研究单位的首选，并有少量输出海外。

　　（2）触觉传感器系列

　　触觉传感器通过接触方式去感知目标物的表面形貌特征、接触力信息，进而实现目标识别、判别接触位置以及有无滑动的趋势等，是一种与视觉互补的感觉功能。我国已成功研制光学阵列触觉传感器、触觉临场感实验系统、多功能类皮肤触觉传感器、主动式触觉实验系统、机器人自动抓握和分类物体系统等，这些成果在利用新技术、新工艺、新方法等方面都取得了突破性进展。

（3）位置/姿态传感器系列

位置/姿态传感器用于对机器人和机器人末端执行器的位置和姿态的判断。我国已成功研制出气流式倾角传感器、液体倾角传感器、激光轴角编码器、超声、激光、红外测距传感器等，其中气流式倾角传感器已用于机器人姿态控制；T 58 mm 光学倍频激光轴角编码器，无电细分的原始角分辨率达到 16 200 OP/R，将我国机器人位置传感器的制造技术带入世界先进水平行列。

（4）带有力和触觉临场感的机器人装配作业平台

该平台实现了操作员操作机器人主手，通过远距离的从手完成目标搜索、抓取操作时，有亲临作业现场的力/触感觉；首次实现了六维腕力传感器的动态补偿，使其动态响应小于 5 ms；将运动视觉与超声测距相结合的方法用于机器人作业中的工件识别、定位与抓取，使机器人作业能适应非结构化环境和复杂的工艺过程。

2. 控制技术

控制技术为智能机器人将感知和行动联系起来提供了可能，是智能机器人能够自主完成各项任务的基础。智能机器人的控制技术主要指基于自动控制技术和微机技术的智能控制技术。智能控制技术使机器人的行动更加灵活方便、复杂多样，并能够有效克服随机扰动，增加机器人的自由独立性。现阶段的控制技术由传统控制理论发展而来，并已经有了很大的进步与突破。

机器人的控制系统是指由控制主体（作业指令程序）、控制客体（传感器的反馈信号）和控制媒体（执行机构）组成的具有自身目标和功能的管理系统，该技术的发展及其相关软、硬件技术的进步极大地提升了机器人的性能。

控制系统的主要任务是控制机器人在工作空间中的运动位置、姿态和轨迹、关节力矩、操作顺序及动作的时间等，其基本功能包括示教－再现功能、坐标设置功能、与外围设备的联系功能、位置伺服功能等。

机器人控制技术是机器人为完成指定动作和任务所需的控制策略、方法等，主要包括位置控制、力矩控制和智能控制技术三个方面。

位置控制和力矩控制是智能控制技术产生的基础，其核心包含对速度、加速度、位置和力的控制，并融合了开环系统、PID 反馈系统、控制最优系统等经典的控制技术。作为机器人的基础控制技术，位置及力矩控制技术发展至今相对成熟，且逐步趋于完善。

智能控制作为机器人自主完成感知－控制－执行回路的核心，通过运用综合性技术手段，将人工智能（神经网络、贝叶斯网络、专家系统等）与现代控制理论（最优控制、模糊控制、自适应控制等）相结合，发挥各自优势，进而整体提升机器人的智能化程度与任务完成质量。

随着人们对生活品质的追求和人力成本的增加，越来越多的机器人走进人们的日常生活之中，在为人们的生活提供最大的便利的同时，以私人医生、老师、陪护的身份给人们带来身心的愉悦，目前的典型应用包括家政机器人、陪伴机器人、教育娱乐机器人与医疗康复机器人等。

根据上述应用趋势，未来机器人控制技术的智能化发展方向将主要围绕双向控制技术、语音控制技术、自主控制技术三个方面进行发展。双向控制技术旨在提高机器人控制器的智能化控制能力。语音控制技术可以通过语言交流让机器人完成目标任务，使机器人拥有更大的发展空间。自主控制技术能够让机器人自主完成任务,实现对机器人的自动化控制,是当前的研究重点和目标。

3. 定位导航技术

定位导航技术是实现机器人智能行走的第一步,本质上就是帮助机器人实现自主定位、建图、路径规划及避障等功能。在这里就需要涉及机器人的感知能力,需要借助眼睛(如激光雷达)来帮助机器人完成周围环境的扫描,配合相应的算法,构建有效的地图数据,完成运算,实现机器人的自主定位导航。按照所实现的功能划分,自主定位导航技术主要包含以下内容,如图 4-31 所示。

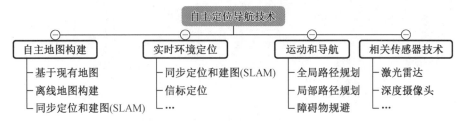

图 4-31　自主定位导航技术分支图

在实现机器人定位导航技术中,目前主要涉及激光 SLAM 及视觉 SLAM,激光 SLAM 主要采用 2D 或 3D 激光雷达,但应用于机器人上主要以 2D 激光雷达为主,通过激光雷达可实时采集周围物体的环境信息,对采集到的物体信息呈现出一系列分散的、具有准确角度和距离的点云数据,通过激光 SLAM 系统对不同时刻的两片点云数据进行匹配与比对,计算激光雷达相对运动的距离和姿态的改变,也就完成了对机器人本身的定位,如图 4-32 所示。

图 4-32　激光 SLAM 技术

而视觉 SLAM 方案目前主要有两种实现路径:一种是基于 RGBD 的深度摄像机,比如 Kinect;另一种就是基于单目、双目或者鱼眼相机。基于深度摄像机的视觉 SLAM 方案,与激光 SLAM 类似,也是通过收集到的点云数据来计算障碍物的距离。基于单目、鱼眼相机的视觉 SLAM 方案,主要是利用多帧图像来估计自身的位姿变化,再通过累计位姿变化来计算距离物体的距离,并进行定位与地图构建,如图4-33所示。

图4-33　视觉SLAM技术实现地图构建

近年来,由于视觉SLAM受环境光线限制较多,无法在暗处工作,目前仍处于研发和应用拓展及产品逐渐落地阶段。而激光SLAM凭借稳定性高、不受光线影响等优势,再加上激光雷达成本的逐渐下降,被认为是目前最具优势的定位导航方案。

4. 人机交互技术

在拥有基础的自主定位导航技术后,机器人想要进一步发挥自身作用,还需要拥有人机交互能力。人机交互技术可让机器人进一步了解人类,了解用户诉求,从而为用户提供个性化的服务。

目前,人机交互技术主要包含语音识别、语义理解、人脸识别、图像识别、体感/手势交互等技术。通过语音识别、合成、理解等技术,实现更精准的营销和专属服务。通过人脸识别,可帮助商家精准地识别用户,并主动与用户打招呼,提升用户体验……这些交互方式的改变将会深层次地影响人们日常生活的应用场景。人机交互设备"势能反应舱"如图4-34所示。

基于语音的人机交互是当前人机交互技术中最为主要的表现形式,语音人机交互过程中包含信息输入和输出的交互、语音处理、语义分析、智能逻辑处理以及知识和内容的整合。结合语音人机交互过程,人机交互的关键技术包含了自然语音处理、语义分析和理解、知识构建和学习体系、语音技术、整合通信技术以及云计算处理技术。

除了语音人机交互,基于视觉的人机交互技术也是目前研究的一大热点,对于一个人来说最为主观的就是看面部表情,未来机器人也需要理解人的感情,这当中就会涉及人脸识别技术,包括特征提取及分类,目前在该技术中,对于人类基本的七种表情识别率可达到80%左右,当然目前还是一些比较明显的表情,如高兴或者发怒,但在人的自然交流过程中,人的表情还是比较平淡的,对于机器人来说,目前还难以达到准确的分辨效果,这些过程需要进行一些更加复杂的特征来提取。

当然,除了对面部表情的理解,手势也是人最为直接的表现形式,通过一些手势也可以发出很多指令,不同的手势形状可以构成不同的动作指令。虽然手势有很多种,但可以找到比较容易记忆的手势,然后进行交互。目前常用的手势识别方法主要包括基于神经网络的识别方法、基于隐马尔可夫模型的识别方法和基于几何特征的识别方法。基于神经网络的手势识别方法,具有抗干扰、自组织、自学习、抗噪声等优点,但训练时需要采集的样本量大,且对时间序列的处理能力不强。基于隐马尔可夫模型的识别方法,能够细致地描述手势信号,但拓扑结构一般,计算量相对较大。基于几何特征的识别方法,根据手的区域及边缘几何特征关系进行手势识别,该方法无须对手势进行时间上的分割,计算量小。

图4-34　人机交互设备"势能反应舱"

随着智能机器人和手势识别的发展,人机交互技术也在不断更新。自微软推出 Kinect 体感外设以来,自然的人机交互成为当前的研究热点,通过 Kinect 外设,可以解除人们受键盘、鼠标等传统交互方式的束缚,具有重要的意义。

4.2.2　智能机器人的应用

随着"工业4.0"和"中国制造2025"的相继提出和不断深化,全球制造业正在向着自动化、集成化、智能化及绿色化方向发展。中国作为全球第一制造大国,智能机器人的应用越来越广泛,下面就来盘点它的主要应用领域。

1. 医学机器人

自1990年以来,简单的神经网络已被用于医学中,以解释心电图、诊断心肌梗死并预测心脏手术后重症监护病房的住院时间等。近年来,人工智能的医学应用激增,如医学诊断、疾病预测、图像分析(放射学、组织学)、文本识别与自然语言处理、药物活性设计和基因突变表达预测、健康管理、医学统计学和人类生物学、治疗效果和预后预测以及近年来快速发展的组学技术等。人工智能在医疗领域的广泛应用,意味着全世界的人都能得到更为普惠的医疗救助,获得更好的诊断、更安全的微创手术、更短的等待时间和更低的感染率,并且还能提高每个人的长期存活率。人工智能在医疗领域从以下两个方面影响人们的生活。

(1)智能诊疗

传统医疗场景中,培养出优秀的医学影像专业医生,所用时间长,投入成本大。有研究统计,医疗数据中有超过90%的数据来自医学影像,但是影像诊断过于依赖人的主观意识,容易发生误判。AI通过大量学习医学影像,可以帮助医生进行病灶区域定位,减少漏诊误诊问题的发生。图4-35所示为智慧医疗影像系统。

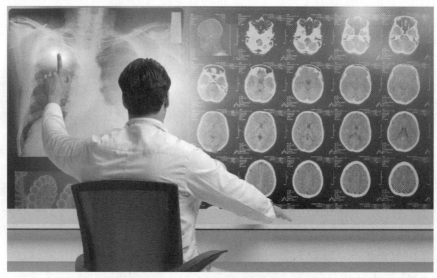

图4-35 智慧医疗影像系统

(2)医疗机器人

机器人在医疗领域的应用非常广泛,比如智能假肢、外骨骼和辅助设备等技术修复人类受损身体,医疗保健机器人辅助医护人员的工作等。目前,关于机器人在医疗界应用的研究主要集中在外科手术机器人、康复机器人、护理机器人和服务机器人方面。国内医疗机器人领域也经历了快速发展,进入了市场应用。医疗机器人如图4-36所示。

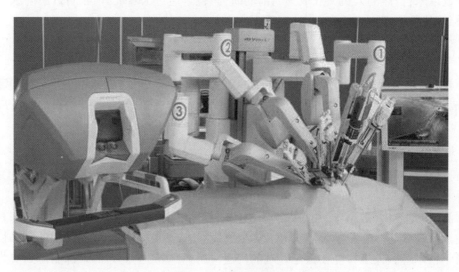

图4-36 医疗机器人

在外科手术领域,凭借先进的控制技术,智能机器人在力度控制和操控精度方面明显优于人类,能够更好地解决医生因疲劳而降低手术精度的问题。通过专业人员的操作,外科手术机器人已能够在骨科、胸外科、心内科、神经内科、腹腔外科、泌尿外科等专业化手术领域获得一定程度的临床应用。在医疗康复领域，日渐兴起的外骨骼机器人通过融合精密的传感及控制技术，为用户提供可穿戴的外部机械设备。

著名的达·芬奇手术机器人由 Intuitive Surgical 公司设计制造。如图 4-37 所示，它使用微创手术方法来协助进行复杂的手术，该系统需要外科医生在控制台操纵。仅 2012 年，达·芬奇手术机器人就在世界各地进行了约 20 万次手术，多数为子宫切除术和前列腺清除。截至 2019 年 2 月，全世界约有 5 000 台达·芬奇手术机器人，每年进行的手术已超过 100 万例。

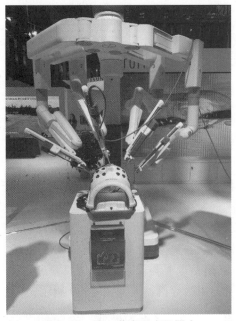

图 4-37　达·芬奇手术机器人

2. 智能陪伴与情感交互机器人

以语音辨识、自然语义理解、视觉识别、情绪识别、场景认知、生理信号检测等功能为基础，智能机器人可以充分分析人类的面部表情和语调方式，并通过手势、表情、触摸等多种交互方式做出反馈，极大提升用户体验效果，满足用户的陪伴与交流诉求。

最近几年，随着人工智能、物联网、无人驾驶、智能交通等新技术的兴起，智能机器人也逐渐开始以各种形式进入人们的日常生活，各种家用机器人、服务机器人层出不穷。家用扫地机器人因为价格适中而最先走进千家万户。家用扫地机器人具有一定的智能，可以自动在房间内完成吸尘拖地等清理工作。情感机器人是近年出现的新类型，以算法技术赋予机器人"情感"，使之具有表达、识别和理解喜怒哀乐，模仿、延伸和扩展人的情感的能力，可以陪伴儿童和老人。著名的有 Sony 的 Aibo 机器狗，还有 So Bank 的 Pepper 机器人。Aibo 在日本大受欢迎，感性的日本人甚至会为退役的 Aibo 机器狗举办葬礼。Pepper 机器人与 Aibo 机器狗如图 4-38 所示。

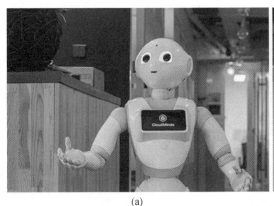

(a)

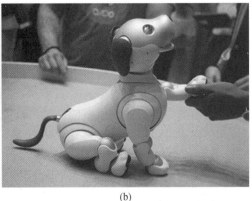

(b)

图 4-38　Pepper 机器人与 Aibo 机器狗

3. 智能公共服务机器人

智能公共服务机器人,顾名思义主要运用于公共服务领域,根据行业需求开发相应功能,如为银行、餐厅、展厅、购物中心、政务中心等领域提供公共系统服务。

目前,我国智能服务机器人典型代表有中智科创智能服务机器人欢欢、沈阳新松餐厅服务机器人、科沃斯商用服务机器人旺宝、哈工大迎宾机器人威尔等。智能公共服务机器人可实现服务机器人替代或辅助人工,降低企业人力成本,提高管理效率。

(1)银行商用服务机器人

在传统金融行业中,人力成本不断攀升,银行业务繁多,流程复杂,人工窗口少,排队时间长,低效率、高重复性业务已经严重影响到了金融业的发展。随着老龄化社会的到来,机器人进入金融服务行业的速度会比想象中快得多。

银行商用服务机器人主要针对银行开发了迎宾、业务引导、业务查询人机互动等多种机器人服务类型,可以回答客户关于银行方面的专业问题咨询,通过自然语言与客户进行交流,包括取号排队、引导服务,并通过身份证+人脸识别等方式查询用户名下账户余额。银行商用服务机器人如图4-39所示。

图4-39 银行商用服务机器人

(2)餐厅送餐服务机器人

当下,想必许多人对餐厅送餐服务机器人并不陌生,其可自动完成点餐、送餐、结账等服务;无须人工干预,即可提供餐厅内控位管理信息、娱乐互动内容、业务推广等多项服务。

目前餐厅中的送餐机器人有两种:一种是带磁条轨道的;另一种是隐形轮自主行走,不需磁条轨道的。不需磁条轨道的送餐机器人应用场合更多,其可自主避障、自主充电,灵活性更高。代表有哈工大、沈阳新松、昆山穿山甲等一些较为知名的品牌。

(3)智能零售机器人

电商的快速发展进一步明确了消费习惯的分流:线上购物大多是以功能性日常购物为目的,而线下购物则逐渐成为一种生活方式。机器人正是踩着这个时间节奏进入了零售行业。

智能零售机器人主要是通过商店地图和GPS导航来帮助客户寻找产品,效率提高了将近 5 倍以上,当用户进店时零售机器人会先咨询有何需求,通过类似于 Siri 的语音助手进行智能交互,并通过摄像头扫描物体告知相对应的货品,最终指引用户到达对应的货架上。智能零售机器人如图 4-40 所示。

图 4-40　智能零售机器人

(4)迎宾机器人

迎宾机器人是集语音识别技术和智能运动技术于一体的高科技展品。该机器人为仿人型,身高、体形、表情等都力争逼真,给人以真切之感,体现人性化。

将迎宾机器人放置会场、宾馆、商场等活动及促销现场,当宾客经过时,机器人会主动打招呼:"您好!欢迎您光临";宾客离开时,机器人会说:"您好,欢迎下次光临",既吸引眼球又博得好感。不仅如此,它们还可以唱歌、讲故事、背诗等,充分展示机器人的娱乐功能。

例如在商场或展厅,通过人机对话,迎宾机器人可把本次活动或庆典的内容充分展示给现场宾客,同时增加宾客的参与性、娱乐性,产生良好的互动效果。世界智能大会迎宾机器人如图 4-41 所示。

图 4-41　世界智能大会迎宾机器人

（5）导购服务机器人

在偌大的商场里苦苦穿梭，一时间找不到目的地，着实让人头疼。如果现场有一台导购机器人，这样的窘况便不再发生。导购服务机器人运用于商场、购物中心、连锁商店等公共场合，可现实查询、导购和交互体验，以此来协作用户，给人们不一样的购物体验。同时有效降低总体导购员的数量，让导购员团队往小而精的方向发展。

此外，进行大数据的积累，导购机器人可将结果反馈给商家，再通过人脸识别，抓取以往存档的用户消费数据，主动将产品或商家智能推送给顾客，提高销售效率。

（6）北京冬奥会智能安全服务机器人

北京冬奥会于2022年2月4日正式拉开序幕。在赛事举办期间，机器人代替人工承担了大量防疫工作。它们分工明确、智慧快捷，堪称最重要的"冬奥志愿者"。在大型体育赛事中，入口处往往需要进行身份核验、安全检查，容易形成人员聚集。为此，国家体育馆专门引入智慧出入管理系统，即一套连接后台管理系统的智能安全服务机器人。

环境消杀机器人一分钟消毒面积可达 36 m²，一般续航时间接近 5 h；移动测温机器人可按规定路线主动寻找人员测温，当发现体温超标人员时，会主动上报给管理人员；紫外线空气消杀机器人可通过 222 nm 波长的光波进行高效消毒，消杀效果非常显著。图 4-42 所示为北京冬奥会环境消杀机器人。

图 4-42　北京冬奥会环境消杀机器人

移动测温和防疫监督机器人，可基于服务机器人平台，按规定路线或主动寻找人员，在公共区域测扫周边人员体温，发现超出标准的人员主动上前交流提示，并报告管理人员。对区域内没有佩戴口罩的人员，机器人则上前提示其佩戴口罩，如图 4-43 所示。

北京冬奥会媒体中心的无人智慧餐厅不仅吸引眼球，更留住了人们的胃口。如图 4-44 所示，在北京冬奥会智慧餐厅中餐区，美食大多"从天而降"。通过上方的机械化轨道自动送达对应的餐桌。

在北京冬奥会期间，厨房里的机器人不仅负责运送饭菜，同时还是真正的厨师，能够烹饪菜肴、制作汉堡和冰激凌，甚至还能制作咖啡和鸡尾酒。图 4-45 所示为北京冬奥会调酒机器人。

图 4-43　移动测温和防疫监督机器人

图 4-44　北京冬奥会送餐机器人

图 4-45　北京冬奥会调酒机器人

智能咖啡设备——大白机器人如图 4-46 所示,其被安置于媒体中心提供服务。大白机器人其实是一个双臂协作机器人。据了解,大白机器人由两条六轴协作式机械臂组成,左右机械臂可以同时开工,能精准执行各种不同的动作,可完成取豆、称重、取水、上水、冲泡等一系列咖啡制作工艺。大白机器人复刻了大师级手冲咖啡的流程,能像咖啡师一样在进行拉花工艺展示的同时,保证每一杯都能达到最好效果。只需 4 min,冲咖啡"大师"大白机器人就可制作出一杯醇香的咖啡。

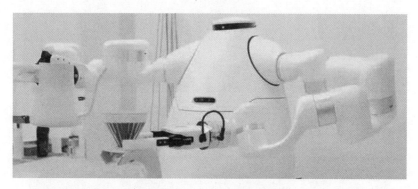

图 4-46　大白机器人

4. 仓储及物流机器人

近年来,机器人相关产品及服务在电商仓库、冷链运输、供应链配送、港口物流等多种仓储和物流场景得到快速推广和频繁应用。仓储类机器人已能够采用人工智能算法及大数据分析技术进行路径规划和任务协同,并搭载超声测距、激光传感、视觉识别等传感器完成定位及避障,最终实现数百台机器人的快速并行推进上架、拣选、补货、退货、盘点等多种任务。

物流仓储是目前智能机器人研究和产品化比较多的领域。在仓储物流领域中的拣货环节,目前主要有两种方案:一个是"货到人",以 Amazon 的 Kiva 机器人、英国 Ocado 的智能仓库技术为代表;另一个是使用移动机器人+机械臂来代替工人完成固定货架的分拣,这也是 Amazon 的机器人分拣挑战大赛(amazon picking challenge)的主要内容,已经有团队使用 FANUC 的 LRMate200 系列轻型机器人搭配 3D 视觉系统来进行货架分拣。这在电商和智能物流仓储方面是一个非常有潜力的市场。物流机器人如图 4-47 所示。

5. 国防与军事机器人

世界各主要发达国家纷纷投入资金和精力,积极研发能够适应现代国防与军事需要的军用机器人。目前,以军用无人机、多足机器人、无人水面艇、无人潜水艇、外骨骼装备为代表的多种军用机器人正在快速涌现,凭借先进传感、新材料、生物仿生、场景识别、全球定位导航系统、数据通信等多种技术,已能够实现"感知—决策—行为—反馈"流程,在战场上自主完成预定任务。

在军事上,美国开发了先进的全球鹰军事侦察无人机,具有从敌方区域昼夜全天候不间断提供数据和反应的能力,可自动完成从起飞到着陆的整个飞行过程。美国全球鹰军事侦察无人机如图 4-48 所示。

图4-47 物流机器人

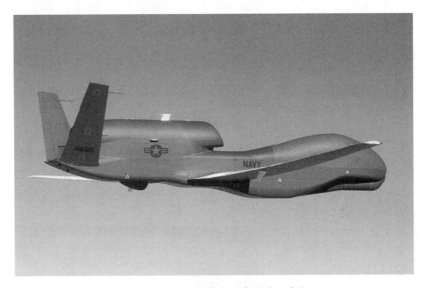

图4-48 美国全球鹰军事侦察无人机

6. 智能制造与工业机器人

工业机器人开始呈现小型化、轻型化的发展趋势,使用成本显著下降,对部署环境的要求明显降低,更加有利于扩展应用场景和开展人机协作。目前,多个工业制造行业已经开始围绕小型化、轻型化的工业机器人推进生产线改造,逐步实现加工制造全流程生命周期的自动化、智能化作业,部分领域的人机协作也取得了一定进展。

机器人是工业智能化发展的产物,它能够模仿人类的动作和思维方式,并通过接收到的人类设定的相关指令来完成各种高难度、高风险、高精度的操作任务,从而提高了人们工作的效率和安全性。随着我国经济的不断发展,机器人应用的范围和领域也在不断扩大。以工业生产为例,工业机器人相比于人类具有以下特点:首先是大脑。它是人类的神经中枢和司令部,发挥着调节和支配身体各项机能的重要作用,对于机器人来讲,它的大脑指的是自动控制程序,并通过设定相关参数和发送具体指令来指示机器人完成任务。其次是身体。机器人的身体指的是其所具有的结构形态,根据行业和功能的不同,机器人所具有的形态结构也会存在很大差异。最后是机器人的动作效率。这也是工业机器人能够进行工作的关键,在现阶段工业领域中,对于机器人应用最多的是机械臂和机械装置,如运输机器人、焊接机器人等。焊接机器人主要应用于汽车制造行业中,其能够高标准地完成人工操作的电弧焊和氩弧焊等,且具有工作效率高和焊接质量好等优点;而运输机器人则主要应用于仓储物流领域,在货物搬运以及分拣等方面有着广泛的应用,也可以被应用到一些偏远以及人工操作困难的工作当中,以代替人类的工作。

工业机器人在我国企业中的应用主要体现在以下两个大的方面:一方面是机器人能够在恶劣环境中正常工作,如真空焊接、高温热处理、锻造冲压等。机器人能够胜任一些精密度要求较高的工作,如微米级或者原子级的加工工艺。另一方面,随着企业数量的不断增加,对于工人的需求量也在不断增加,而相对的人力劳动力是有限的,因此很多生产线上的工作就可以使用机器人来代替,从而大大减少了人力、物力方面的成本。根据相关调查显示,在我国目前智能制造中对于工业机器人的应用依据功能不同可以划分为自动拆捆、自动贴签、自动取样以及无人行车四个角度,并且还在不断扩大,已覆盖了智能制造的大部分领域。接下来介绍智能机器人在不同工业领域的具体应用。

(1)工业机器人在数控机床中的应用

在现代工业生产中,机器人可以应用于各种生产活动,既可以是不同的单品生产线,也可以是不同生产规模的柔性生产线。在这些生产线上广泛应用工业机器人可以提升工作效率,改善工作环境,减少对原材料的浪费,降低工业生产的成本。例如,机器人可以实现与不同类型数控机床的连接,从而可以按照不同要求进行生产,为打造柔性生产线打下良好的基础。在一些制造企业中,加工工件的生产线主要包括卧式加工中心和机器人两大部分。而工业机器人则主要负责工件的搬运任务,通过扫描系统,控制器可以根据机器人的扫描结果来判断何时运输工件。工业机器人还可以使用视觉传感器来进行精确定件,实现工件的运输任务。在整个过程中,不需要人员的参与,实现了完全的智能化制造,体现出工业机器人工作高效率、高精度以及高度一致性的优点。数控机床工业机器人如图4-49所示。

数控机床在对零件进行加工的时候,使用工业机器人可以提高自动化生产的程度。随着科学技术的进步,市场上有很多专门为数控机床设计的机器人,在生产过程中其能自主减速,从而提高生产的精密度和整体效率,最终提高产品的质量。第一,使用精密的生产技术之后,工业机器人在进行批量生产的同时,还能保障生产的稳定性。第二,在一些数控生产线上,

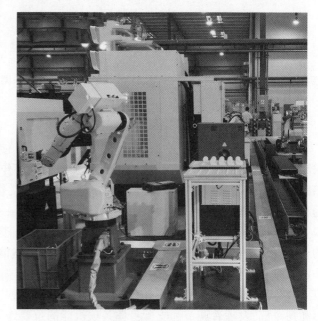

图4-49　数控机床工业机器人

已经为工业机器人配置了专门的夹具,从而为机器人的使用创造了良好的环境。第三,在数控机床生产过程中,如果用机器人来代替人工完成搬运零件、上料、下料等操作,不仅能够在焊接、抛磨等环节实现柔性生产,还能提高生产的整体水平。

(2)工业机器人在汽车制造中的应用

工业机器人在汽车制造业中的应用十分广泛,主要包括搬运、焊接、喷涂及整车装配等方面。首先是搬运,在自动化机床进行工件装卸过程中,机器人可以做到准确、快速地抓取到所需零部件,并在不损坏零部件的情况下进行精准的移动。在汽车生产过程中可以根据工件形态和质量的不同对机器人输入不同的搬运指令,从而保证搬运工作的质量和效率。其次是机器人焊接,在现代汽车制造中应用机器人最多的就是弧焊和点焊,在每台汽车的制造过程中大约有4 000个焊点,而这些焊点中的大部分都是由机器人完成的,点焊机器人在控制精度和作业质量以及效率方面有着巨大的优势。弧焊机器人主要是由液压驱动的,可以通过工作路径以及速度的设定来辅助机器人完成工作。此外还有机器人喷涂,在汽车制造领域喷涂工作一般分为涂胶和喷漆两种。机器人涂胶指的是在车身材料物理和化学特性基础上对所需喷涂部位根据工艺要求进行快速喷涂的工作;而机器人喷漆指的是根据喷漆指令对车身表面进行快速、匀称的喷涂工作。最后是机器人检测,汽车在被生产出来之后要经过各种严格的检测才能够下线进行销售。机器人检测系统包括视觉传感器和测量控制模板两个部分。其工作原理为:通过视觉传感器获取所需的图像信息,然后利用计算机将实际尺寸与标准进行对比,以确定是否存在误差。机器人检测不仅能够准确、快捷地计算出实际误差,还可以为改进生产工艺提供一些思路和方法。汽车制造工业机器人如图4-50所示。

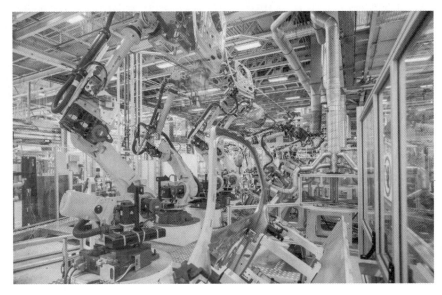

图4-50　汽车制造工业机器人

目前,工业机器人在生产、制造和加工领域有着广泛的应用,由于具有自动化和智能化的特征,其在实际生产过程中取代了部分人工作业。在技术不断发展的今天,工业机器人的功能逐步提升,有巨大的发展潜力。

7. 农业机器人

农用无人机于 2014 年入选全球十大突破性技术,具有多种传感器,以低廉的价格使喷洒农药、巡逻监视,以及对病虫害、农作物、土壤和灌溉情况等的监测成为可能。这一领域的无人机公司包括我国的极飞科技、大疆创新,美国的 3D Robotics、Precision Hawk,日本的 Yamaha 等。

现阶段的民用无人机还不算是机器人,主要是因为其还需要飞手来实时操控,更像是传统意义上的遥控飞机,即使无人机已经具有一些自主功能,如自动悬停、主动避障等。不管怎样,无人机技术是飞行机器人的基础,与机器人技术的关系非常密切。

一般的民用无人机根据飞机的气动布局和推进系统,主要包括固定翼飞机、直升机和近几年得到大量应用的多轴多旋翼飞机。固定翼飞机和直升机通常造价非常高。无人机的动力系统主要有燃油内燃机和电池两种。内燃机动力虽然相比电池有功率大、续航长的优势,但因为系统复杂、维护不易,通常价格也比电池动力的高很多。常见的农用无人机以电池动力的多轴多旋翼无人机作为主要平台,通常搭配多种传感器和作业用具,如高分辨率摄像头、红外热成像镜头、多光谱多频谱传感器、激光雷达、农药喷洒装置等,可以实现水源监测、牲畜监控、农作物营养和健康管理、病虫预警、农场高精度绘图、农药喷洒等任务。多旋翼无人机作为农用飞行平台的技术已经相对成熟,能实现的功能主要受到各种传感器技术的限制。

在民用无人机领域,中国处于国际领先地位,民用无人机领域的领军公司大疆创新科技有限公司占据了全球民用无人机市场超过 70% 的份额。但具体到农用领域,大疆直到 2015 年底才进入该领域。虽然大疆在视觉传感器,即摄像头的低延迟性、远距离高清图传等方面位居行业领先地位,但具体到其他专业传感器,如高光谱传感器、多频谱传感器等,与外国的农用无人机公司(如 Precision Hawk 等)仍有差距。这就造成了在我国农用无人机的应用相对单一,而在国外农用无人机的应用更加多元化,与现代农业技术和管理的结合更紧密。农用无人机技术近几年在我国也得到大力发展,商业上也已经落地。农用植保无人机受到农民合作社、种粮大户等新型农业经营主体的青睐,其中的典型应用是喷洒农药。与传统喷洒方式相比,植保无人机喷洒的效率是人工的 20~30 倍,且飞行速度快,高浓度喷洒节水、节农药,防治效果好。

植保无人机在技术和商业化方面也还有一系列挑战。首先,由于受到电池的限制,现阶段的植保无人机续航飞行时间偏短,载重量偏小,这些都严重影响了作业效率。其次,农用无人机的使用环境相对于消费级或其他行业来说更为恶劣,特别是农药喷洒对飞机的耐腐蚀性有较高的要求。农用无人机一般都是在风吹日晒的状态下长期作业,这对飞机的性能与可靠性等方面提出了非常高的要求。最后,无人机设备的价格仍然偏高,而且目前无人机的操作上手还比较困难,对从业人员本身的素质有较高要求,这些都限制了大规模普及和推广。

具体到应用无人机进行农药喷洒方面,还有以下一些额外的挑战。首先,喷洒对环境的要求高,复杂的作业环境、地形障碍物、风雨曝晒等外在因素都会影响作业效果,在风稍微大的天气条件下不能作业。其次,现阶段植保无人机的喷雾方式比较单一,只能由上往下,仅能对叶片正面进行喷施,作物下方的叶片无法受药,这些导致了无人机喷药对诸如蚜虫等出现在植物叶子背面的病虫害的防治效果不佳,有待进一步提高。另外,作物太小和作物之间的行间距太大也会影响受药的效果。现阶段比较适合无人机作业的作物有水稻、小麦、芹菜等高秆密植作物，而对蔬菜、果树、玉米等都不适合。最后，因为农作物病虫害的发生具有爆发性和突发性，药剂混配也是一个挑战。无人机对农药制剂的颗粒大小、溶剂种类和工艺都有较高的要求。目前，适合飞防超浓缩喷雾的药剂并不多，农药制剂水平还不能满足无人机喷药的技术要求，很多时候面临"有机无药"的状况。农用无人机如图4-51所示。

图4-51　农用无人机

我国是农业大国，政府对农业新技术，特别是农用无人机技术有政策扶持。这些政策会对农用航空器等重点机具做到最大限度的应补尽补，这必将为我国蓬勃兴起的植保无人机市场注入强劲的发展动力，农用无人机技术在我国必将得到飞速发展。

8. 生物机器人

2009年，美国加州大学伯克利分校的Michel Maharbiz教授发明的生物机器技术被评为当年的全球十大突破性技术。这项技术把一个微型机械电子系统移植到昆虫等小型动物身上，让人可以通过电子信号遥控刺激动物的神经系统，从而达到一定程度上控制动物的行为的目的。

生物机器技术可以让小型动物完成控制人指定的各种简单任务，具有很多优点。最重要的一点是这项技术充分利用了小型动物本身的智能，可以自主完成各种高精度移动和通信的特性。例如，控制人只需要下达高层次的命令，比如从A到B，生物本身就能自主执行，不需要担心具体怎么实现的问题。另外，生物本身的能耗低，不受现在的电池技术限制，使长期执行任务成为可能。最后，这项技术构成的主要硬件微型机械电子系统本身的造价相当低廉。

这种生物机器有着非常广阔的应用场景，比如可以通过搭载微型摄影系统探索去一般人或者机器人难以到达的地方进行研究，或者进行军事监控任务等。Michel Maharbiz教授已经设计制造了一套微型机械电子系统，并且将之移植到一只花甲虫上，成功实现了控制甲虫起飞、转弯、降落等动作，如图4-52所示。这套系统包括微型处理器、信号天线、电池、控制电路和植入甲虫神经与肌肉系统的多个电极等。通过无线信号，人可以刺激植入甲虫的电极，从而控制甲虫的飞行行为。这项技术也在老鼠等动物上进行了成功的示范。

生物机器技术属于微型机械电子和生物技术的交叉学科，需要同时精通这些方面的专家进行研究,使得该研究的门槛非常高。其中的一个技术难点在于如何很好地融合微型机械电子系统和生物本身的神经系统,从而对动物给出更加精准的刺激信号。针对这些挑战,Michel Maharbiz 教授现正在研究新型的微型刺激器和微型无线信号接收器。

图 4-52　生物机器人

生物机器技术属于非常前沿的科研领域,在应用层面还处于早期阶段,在公开资料中并没有商业应用的例子。可以想象的是,即使在实验室环境,这项技术也还有非常多的挑战。例如,在动物的生长过程中,其神经和肌肉系统的发育会与原来的微型机械电子系统产生冲突,随着时间的变化,产生的刺激信号可能有着完全不同的效果。具体到把微型机械电子系统移植到动物的过程,会比较费时费力,而且需要具备特殊专长的科研人员和医疗人员进行手术移植,所以大规模地进行肯定是非常困难的,除非移植的流程能自动化。因为微型机械电子系统针对不同动物的生理系统都要独立设计,所以研发成本会很高。而对不同动物的神经系统了解得不够深入,会限制可能发出的命令,使生物机器的功能比较单一。一般的昆虫寿命都很短,这也限制了生物机器的使用寿命,再加上较高的研发成本,这项技术的商业化会面临很多困难。

不管怎样,生物机器这项技术在未来是很有想象空间的。这项技术是机器人技术在生物科技上的延伸,可以看作通过用有机生物本身,包括昆虫等小型动物,来取代传统的无机机器硬件载体,造就新的生物机器虫和生物机器动物。科幻一点来说,可以想象如果未来基因和克隆技术发展成熟,那么甚至能够快速培养特定的生物种类,通过控制系统的手术移植,达到让这种生物为我们工作、服务的目的。从这个角度来说,生物机器这项技术甚至可以说代表了机器人技术的其中一个进化方向,长远来看意义重大。

9. 综合管廊巡检机器人

近年来,综合管廊已经成为各个城市的标配,由于其功能较全以及实用性较大,因此已普遍被人们所接受。综合管廊不仅提供了供电监控照明以及环境监测等设备,同时也具有可燃气体的报警系统、视频安保系统、火灾自动报警系统等。人工的监测综合管廊,不仅效率低下,也得不到很好的收益。为了进一步提升综合管廊的管理水平以及发展的稳定性,取而代之的是机器人对综合管廊的管理。全面推动巡检机器人对综合管廊进行管理,不但可以使管理效率提升,而且会有效地减少因人工干预以及处理不当而产生的问题。巡检机器人如图4-53所示。

将众多机器人集群数字化管理网络以及计算机技术平台组合到一起,共同组成了综合管廊中智能机器人系统。综合管廊是一种具有供电照明以及视频安全防范系统的综合性设备,引用巡检机器人系统不仅可以对日常维护以及数据的采集起到便利的作用,而且对管廊内各种异常问题的实时分析以及应急处理也会更加迅速。机器人管理平台由电源监控硬盘驱动、通信控制任务、监控器所组成。当发生地面异常时,可以就地下达指令并传输故障类型至云端管理,由此大大减少时间成本。

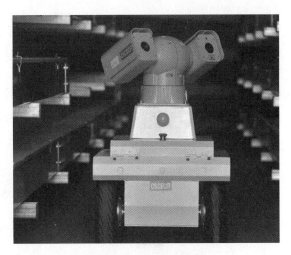

图4-53　巡检机器人

同时,管廊巡检机器人可以数据图像以及信息的形式,将管廊内的实施情况汇报到主控室,并生成报表和日志,对管廊每日的情况进行记录。更为突出的优势是,由于人工智能技术的不断发展,机器人支持随时制定巡检路线、拍摄巡检视频、调整巡检方案。由此大大提升了在综合管廊中巡检的可控性以及灵活性。同时,巡检机器人系统会对不同时间内抓拍的视频以及报表进行保存,方便日后参考使用。

不同种类智能机器人在智能管廊中的功能应用如下:

(1)飞行机器人

第一类巡检机器人也是在综合管廊中最常出现、使用频率最高的飞行机器人,如图4-54所示,其飞行作业的直径达到16 km,可以续航作业50 min,在保持稳定的续航情况下,可以达到对综合管廊全方位的监督与巡查。同时,在飞行机器人上搭配着双向正反相机,可同时执行不同的任务,支持任务的切换与加载。在飞行过程中可以实现实时的图文视频转换。在总监控室,可以实时观察整个管廊的整体情况。同时,一键起飞以及自主降落起飞系统、全球定位系统、指南针都使得飞行机器人可以更好、更加自动化地进行综合管廊的巡查。

图4-54　飞行巡检机器人

（2）轨道机器人

轨道机器人在规定的场所、规定的运行轨迹下能够更好地运行工作,如图 4-55 所示。一般情况下,轨道机器人可以到达飞行机器人到达不了的边角,可以更好地对综合管廊进行监管巡查。轨道机器人是由可控的操作底盘以及无线网络接收信号器两部分组成的。其行驶速度大约为 200 m/min,对于轨道的精密行驶误差可控制在 5 mm 之内。误差值小、巡查范围广以及巡查时间持久都是轨道机器人的优势。

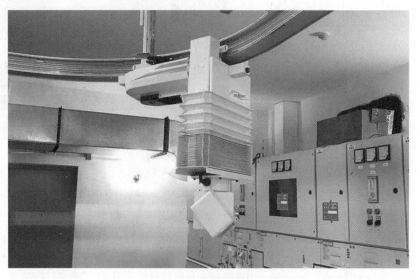

图 4-55　轨道巡检机器人

（3）单兵巡检机器人

单兵巡检机器人支持可持续性充电系统以及云网络平台联动系统,可实现双向无差别交互,将机器人巡检的轨迹重现至云网络平台联动系统中。其拥有着其他机器人难以比拟的功能——可视化地对巡查记录进行保存,如图 4-56 所示。对于单兵巡检机器人,其定位精度可以准确到 5 m 左右,并且可以 360°无死角进行勘察。不论是陆地还是天空的异样,它都会在第一时间进行记录汇报并传输到云端主控室。

（4）多类机器人协调发展

不论是飞行机器人、轨道机器人还是单兵巡检机器人,如果只单一地使用某一类对综合管廊进行巡查,难免会因为功能或者种类的单一而导致巡查监管的不全面,此时就凸显出多类机器人协调配合的重要性。在日常巡检的情况下,三类机器人根据特定的轨道模式巡查,一旦遇到突发情况,可以将三类机器人合理安排,划分为同步配合、自由配合、顺序配合等多种协调合作模式。同时基于互联网+平台,可以远程对机器人下达命令,增加工程维度、叠加任务以及快速计算最优路径。多种多元化的技术相结合使得机器人在综合管廊中的应用如鱼得水。

10. 智能驾驶

智能驾驶软件算法的实现,实际上是基于人工智能技术,叠加云计算的信息互通以及机器人技术的操控进行的技术“大综合”,代表着人工智能技术目前最前沿和应用最广阔的方向。

中国还处在一个高速城镇化发展建设的过程中,城镇化带来的问题是什么?我们这些城市已经为社会交付了巨量面积的建筑,有大量的社区、园区、写字楼等。而这些环境是需要具有服务型能力的人力去运营、管理和服务的,这个时候就可以看到一种产业的需求矛盾:一方面是人力在减少,另一方面是城市对中低端服务的需求依然在上升。因此,无人驾驶就可以在这样的服务领域中去做自己的一些事情,甚至有很多的商机可以利用。

自动驾驶近几年越来越频繁地出现在人们的视野,不论是从一开始的设想到现在各大主流公司纷纷亮出的试运行车辆,都在证明自动驾驶技术逐渐变成现实,是智能交通的一个大趋势,并且随着5G时代的开始,这项智能技术将更加迅猛发展。

图4-56　单兵巡检机器人

无人驾驶汽车应用车载传感器来感知车辆周围环境,并根据感知所获得的道路、车辆位置和路障信息,控制车辆的转向和速度,从而使车辆能够安全、可靠地在道路上行驶。自动驾驶系统是自动控制、体系结构、人工智能应用、机器视觉、视觉计算等众多专业技术的集成化,是计算机科学、模式识别和智能控制技术高度发展的产物。图4-57所示为自动驾驶系统。

图4-57　自动驾驶系统

汽车的自动驾驶系统的优点是防止部分交通事故的发生,提高道路的利用率和驾驶员的便利性,减轻驾驶员的负担,实现车辆的安全和高效行驶。其中,安全报警系统在车身各部位设置的传感器、激光雷达、红外雷达、点眼探测器、超声波传感器、电波雷达等设施具有事故检测功能，由计算机控制、超车、倒车、车道转换，在雨雾天气等容易发生事故的情况下，随时以声音、图像等方式提供给司机。车辆周边及车辆自身的必要信息可以自动或半自动进行车辆控制，对防止事故有效。防止碰撞系统通过车辆前后设置的雷达探测器和激光传感器等，分别探知前后潜在冲突和即将发生的冲突事件，并及时向驾驶员回避操作指令，自动控制车辆加速，保持适当的车辆间隔，防止车辆与其他障碍物的正面碰撞或追尾。车线保持系统主要起到防止车辆错位的作用，当驾驶员疏忽大意时，一边控制车辆一边行驶，警告系统通知司机偏移，必要时启动自动控制装置的自动控制转向。具备了车道保持系统的车，没有司机的操作，可以自动沿着道路行驶。车辆行驶中偏离车道的情况下，如果司机没有反应，系统会自动让车辆回到原来的车道。视野扩展系统也称为视觉增强系统。车辆上装有检查设备、画面显示设备和计算机处理设备，以加强夜间、雨雾天气的视觉感知性，提高行车安全。美国通用汽车开发的夜间电视系统可以像电视那样调整显示器的亮度，不管前灯是否亮起，对向车也不会使系统失明。监视控制系统基于车道保持系统追加了雷达。雷达不断测量与前面车辆的距离，计算两辆车的相对速度，操作传到车上的计算机，操作节气门和控制装置，与前方车辆自动保持安全距离。那样的话，车可以更小的间隔在车道上行驶。紧急警报系统能够缩短事故的响应时间，提高事故的处理效率。使用GPS、GIS、GSM通信技术，在发生事故的情况下，自动发出包含车辆位置的无线信号，为驾驶员提供最佳的行驶路线，避免交通堵塞。环境保护系统在电脑上监视燃料、排放等情况，以获得最佳的环境保护效果。

目前，国内无人驾驶汽车技术一直处于试验阶段，无法做到真实落地。在环卫行业，无人驾驶技术有了新的应用领域。环卫工人一直都是高危职业，我国每年遭遇交通事故的环卫工人有数百人，几乎每天都有环卫工人因交通事故受伤，尤其夜间作业危险性极高。使用无人驾驶环卫车则可以有效降低人员安全风险，让机器替代人在高危、恶劣的环境中进行环卫作业，将环卫工人从这些时段和场景中解放出来。除此之外，无人驾驶环卫车还能缓解环卫服务行业用工难、管理难、人力成本高等难题。在环卫具体场景中，道路清扫是最适合于无人环卫车应用的，其行驶速度低、硬件要求低、行驶路线重复固定、不需过分考虑车辆舒适度、人机交互相对简单。不管是市政道路、背街小巷，还是封闭、半封闭园区内道路，都可以将自动驾驶功能搭载于车辆上实现无人化，如图4-58所示。

环卫车辆本身作业行驶速度低，行驶道路相对固定，周围环境复杂程度相对较低。随着低速无人驾驶技术在环卫行业的落地时机日益成熟，无人驾驶清洁产品线正式涉足环卫领域。现阶段无人环卫项目、车辆多由环卫服务公司和自动驾驶科技公司合作研发及运营，老牌环卫服务公司(如北京环卫、龙马环卫、盈峰环境等)都已经积极开展无人环卫的相关探索。在无人环卫技术研发和实际运营中，科技公司占据非常重要的位置。目前，已经有无人驾驶环卫车辆在公园、广场、园区等封闭道路环境下实际应用，低速无人驾驶环卫车是目前无人驾驶技术落地的最佳途径。

2018年4月24日，酷哇机器人联合环卫工程机械行业龙头企业中联环境共同发布了全球首台具备全路况清扫、智能路径规划的无人驾驶扫地车；烟台海德环卫车联合北京智行者科技以及百度地图发布无人驾驶扫路机；2018年，北京环卫集团联合百度发布多款无人驾驶扫路车；2020年9月15日，于万智驾和龙马环卫在厦门集美大学召开无人驾驶园区运营项目发布会并签署战略合作协议，双方合作开发的无人驾驶扫路机，具备厘米级精确定位、路缘石边缘检测并贴边清扫、遇障碍物停车或绕行、遥控作业、智能语音交互等功能,可根据实际需求提供智能辅助驾驶模式、智能跟随模式、无人驾驶模式、远程接管控制模式,有效解决了环卫行业用工难、效率低、环境差等问题,能够提高作业效率,降低运营成本,使清扫更加规范高效,进而实现环卫服务精细化、智慧化管理。

图4-58 无人驾驶环卫车

无人驾驶车辆落地是有限特定场景,无人驾驶环卫车是大家认为在落地方面最常见的。其次是一些运输类的车辆,包括园区、机场里面的观光车、通勤车、接驳车、物流运输车等,如图4-59所示。

图4-59 物流运输无人驾驶汽车

11. 外骨骼穿戴式助力助行机器人

随着老龄化社会的来临和残疾人群体的扩大,许多患者具有肢体运动障碍,除借助药物治疗外,后期的康复训练也是必不可少的,对于无法治疗的患者则需要通过外力来帮助其恢复肢体功能。外骨骼机器人由于其稳定性好、结构强度高逐渐被应用于医疗领域。

外骨骼机器人可以模仿生物界的外骨骼,是一种新型的机电设备。它是一种人机结合的可穿戴设备,结合了人类智能和机械能,并且它集成了传感、控制、信息融合和移动计算等多种机器人技术。在为使用者提供保护和身体支撑等功能的基础上,还可以在使用者的控制下执行某些功能和任务,如图 4-60 所示。

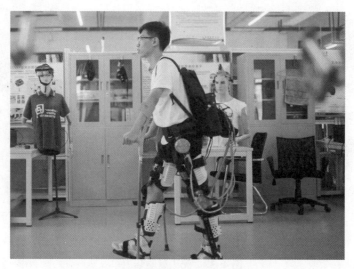

图 4-60 外骨骼穿戴式助力助行机器人

外骨骼机器人按照其功能,可以分为康复外骨骼机器人和负重外骨骼机器人。康复外骨骼机器人主要用于医疗方面,它可以帮助患者进行康复训练,使康复治疗更加自主化和智能化。负重外骨骼机器人已经广泛应用于各个需要增强健康操作者负重能力的领域,并且可以减轻疲劳和身体损伤。

外骨骼机器人可以实现助力和助行两种功能。助力是为使用者提供大于自身所能承受的力,将本该人体承受的力转化到机器人上,以提高人体的负重能力;助行则是帮助使用者克服运动障碍以完成自身不能完成的动作。助力和助行两者往往是协同工作的,外骨骼助力助行机器人被应用于各种行业,如在军事领域,士兵的负载能力和耐久性可以得到提高;在工业领域,应用于工程建设、生产运输和危险工作等;在民用领域,可应用于医疗康复和运输重型材料和设备,如图 4-61 所示。

医疗康复方面,外骨骼机器人可以用于辅助残疾人、老年人以及上下肢无力患者、瘫痪病人等。有了外骨骼机器人,四肢瘫痪的病人有可能重新站立起来自主行走;以往需要几个康复治疗专家的病人,只需要一个康复治疗专家就可以进行康复训练,这将大幅减少对康复治疗师的需求。康复训练将变得更一致,回顾分析也将变得更简单。

其次,外骨骼机器人还应用于户外运动市场。Roam Robotics 公司推出的一款滑雪外骨骼机器人,可以专门减轻滑雪时对膝盖的负担。外骨骼上装有传感器,可以专门检测使用者的意图,并且通过气囊和织物来自动调整膝盖部位的扭矩。

峰湃科技团队研发的外骨骼机器人主要应用于野外徒步、登山等场景,目前公司的第一代样机 T-Xanadu One 已经问世,正处于测试阶段,如图 4-62 所示。如今,该款柔性轻质外骨骼机器人已经可以在野外环境中完成助力行走任务。峰湃第一代原型机 T-Xanadu

One利用了机器学习算法,收集使用者行走时的扭矩、角度数据,模拟人体接下来的步伐幅度,能够帮助徒步运动者省去50%的力气。

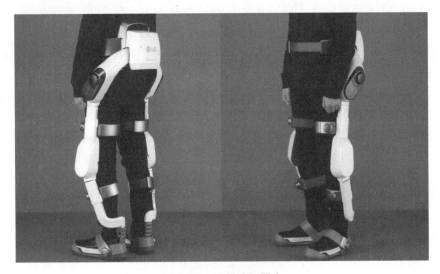

图4-61 外骨骼机器人

图4-62 滑雪外骨骼机器人

目前,外骨骼机器人在国内仍处于起步阶段,随着国内技术与国外技术差距的逐渐缩小,以及技术的逐渐成熟和产品价格的降低,相信外骨骼机器人未来不会仅仅是高大上的军用装备,而会走近普通人的生活,为养老助残及户外运动助力。在未来,许多工作对人体功能的要求会越来越高,甚至超出了身体的极限。外骨骼助力助行机器人将特别重要,并终将成为人机友好合作不可或缺的产品。

12. 核工业机器人

近年来,机器人的发展日新月异,其在各个领域的应用也得到了大范围的普及。国际机器人联合会每年收集全球范围内相关机器人的销售量,从收集到的数据来看,协作机器人在 2018 年的售出数量为 1.4 万台;2019 年,物流机器人在仓储行业内得到了大范围的使用,市场中的占比得到大幅度提升;根据国际机器人联合会对全球范围内相关机器人销售份额的汇总,在 2018 年世界范围内工业机器人销售额为 165 亿美元,全球销量为 42.2 万台。在核工业机器人方面,国内以中国辐射防护研究院辐射探测机器人为代表的特种机器人也越来越先进,各种机器人的广泛应用可以在很大程度上代替人类从事一些重复性和危险性很高的工作。

在广泛使用核能代替传统能源的今天,核燃料泄漏的威胁也在日益增加。核燃料泄漏对人体具有很强的辐射伤害,对环境也会造成不可逆的污染,所以为了应对核燃料泄漏的危害,核环境下作业机器人的研究与开发也迫在眉睫。核工业机器人是一种十分灵活,能做各种姿态运动以及可以操作各种工具的设备,对危险环境有着极好的应变能力。一般核工业机器人需要具有以下特点:

（1）可靠性

机器人在核电站内进行工作时,一般是操作高放射性物质,一旦发生故障,不仅本身将受到放射性污染,还会造成污染范围扩大。所以要保证核工业机器人有很强的环境适应能力和很高的可靠性,需要拥有一定的防辐照能力,使它在工作时不会发生故障。

（2）通用性

核电站内的设备很多,各种管道错综复杂,通道狭窄,工作空间小。核工业机器人要具有良好的越障能力,在辐射较重区域地表环境相对复杂,机器人需要具备可以在复杂的地表环境上行走和工作的能力。

（3）适应性

核工业机器人要有一个鲁棒性很强的控制系统,较强的鲁棒性可以使机器人面对复杂环境时,仍可以稳定运行。

随着核工业和机器人技术的发展,不少国家成功研制出真正的远距离控制的核工业机器人。例如美国的 SAMSIN 型、德国的 EMSM 系列、法国的 MA23-SD 系列等。大多数核工业机器人采用的是车轮或履带,或车轮和履带相结合的行走方式,只有少数机器人采用两足或多足行走方式。为了实现远距离控制,核工业机器人具有各种各样的传感器设备。研制成功的核工业机器人一般都携带有照明灯、摄像机和导航设备,并且通过一根很柔软的电线连接到它的机械手上,这样它就可以顺利地在现场行走并抵达目的地。核工业探测机器人如图 4-63 所示。

英国兰卡斯特大学的工程师开发了一个半自动机器人,如图 4-64 所示,其能够自主进入废弃的核反应堆,自己处理部分任务,比如检测、抓取和切割对象、逐个安全地拆除核反应堆。兰卡斯特大学工程师 James Taylor 介绍道,对于操作员来说,操作核反应堆中的机器人是极其困难的,废弃核反应堆内的任务极其复杂,在近期凭借人类现有的技术,完全自主的解决方案并不安全,所以其团队研发了一个介于两者之间的半自动解决方案。

蛇形臂机器人拥有 12 个关节、24 个自由度,可以平稳、灵活地避开障碍物,并支持远程遥控,如图 4-65 所示。核电领域中,在核燃料的生产阶段,比如辐照环境下设备检修和工艺调整环节,在核电站运行阶段,比如管路检测和维护环节,在核退役阶段,比如未知空间的结构建模和环境探测等工作环节都存在着空间作业狭小、复杂、未知的情况,蛇形臂机器人都是高质量完成该类工作的不二"人"选。

图 4-63　核工业探测机器人

图 4-64　核工业检测机器人

国内辐射环境下作业的机器人投入研究比较晚。在我国 863 计划的支持下,开始了针对可以在核环境下作业和行驶机器人的相关理论研究和开发工作。20 世纪 90 年代初,国内多个科研院所和多个单位机构共同努力,研发了"勇士号"核机器人。近几年国内高校和一些核相关单位投入了大量的资金和人力开展核机器人的开发工作,东南大学、北京航空航天大学和中广核集团等高校和单位加大了特定功能核机器人的研究开发工作。东南大学在核化探测和处置方面的研究取得了巨大进展,并研发了一系列的相关机器人;北京航空航天大学在高放射性区域内的辐射探测和放射性污染物取样等方面的研究取得了巨大的进展,并且开发了一系列的机器人来进行辅助研究;中广核集团对核环境下设备的检测和执行相应的紧急任务进行了深入探索,并开发了一系列的机器人来完成对设备的检测和执行相应的紧急任务;中国辐射防护研究院针对在高放射性区域中的监测任务做出了深入的探索。

图 4-65 蛇形臂机器人

世界上的核工业机器人已经有很多,然而这些机器人大多缺乏感知功能(如视觉、听觉和触觉等),手的灵活性也不够。对付核工业恶劣环境影响的能力还有待提高。这些都是发展新型核工业机器人所要克服的困难。

4.2.3 未来智能机器人的发展趋势

人工智能的概念早在 1956 年就提出了,而今天,在云计算和深度学习技术的推动下,人工智能已不再是故事,它代表了未来人类科技发展最重要的方向。人工智能将赋能于人类文明,成为第四次工业革命最重要、最核心的原动力。人类的第三台计算机就是智能机器人,它是能代替人类去完成很多工作的机器人。

结合人工智能、移动通信和机器人技术的云端机器人将是实现智能机器人的重要架构,是未来 30 年科技创新的制高点。2023 年中国科技界十大重点任务提出,要"加强国家战略科技力量""攻克关键核心技术"。工信部也提出要按照适度超前的原则,尽快完成 5G 地市级及以上城市深度覆盖,共同推进 5G 应用试点示范,推动培育 5G 应用生态。这都为智能机器人的快速发展和普及奠定了最坚实的基础,提供了最强劲的动力。

新兴行业自动化趋势带动上游工业机器人产业增长,随着我国传统工业特别是制造业的迅速发展,国内对于生产劳动力的需求量逐步提升。但是随着人口老龄化的进一步加剧,人口红利逐渐消退,人力成本逐年上升,传统工业尤其是制造业对工业机器人这类劳动力替代产品的需求将始终保持增长态势。加之疫情影响,国外停工停产,而我国因控制得当,承接了大量来自世界各地的生产制造需求订单,促使国内制造业形成了一个小高峰,间接带动了工业机器人行业的增长。据资料显示,2021 年上半年我国工业机器人产量为173 630 套,同比 2020 年上半年增长 69.8%。

向中小企业的渗透推动工业机器人技术革新。目前,工业机器人的应用主要集中于汽车和消费电子等行业。由于造价、使用、维护、安全防护等方面应用门槛比较高,工业机器人很难被中小企业所采用。为了降低使用门槛,适应各种生产环境,在更多的行业得到推广应用,工业机器人技术需要不断发展更新。

工业机器人的轻型化、柔性化和人机协作能力是未来的研发重点。随着研发水平不断提升、工艺设计不断创新以及新材料投入应用,工业机器人正朝着小型化、轻型化、柔性化的方向发展,其精细化操作能力不断增强。同时,随着工业机器人智能水平的提升,其功能从搬运、焊接、装配等操作性任务向加工型任务逐步拓展,人机协作成为工业机器人未来研发的重要方向。人机协作将人的认知能力与机器人的工作效率结合,使工业机器人的操纵更加安全、简便,从而满足更多应用场景的需要。

4.3　智　慧　城　市

智慧城市(smart city)起源于传媒领域,是指利用各种信息技术或创新概念,将城市的系统和服务打通、集成,以提升资源运用的效率,优化城市管理和服务,改善市民生活质量。

智慧城市是一种基于知识社会下一代创新(创新 2.0)的城市信息化高级形态,它将新一代信息技术充分运用在城市各行各业中实现信息化、工业化与城镇化深度融合,有助于缓解"大城市病",提高城镇化质量,实现精细化和动态管理,并提升城市管理成效和改善市民生活质量。

在全面发展智慧化城市过程中,主要通过智能通信的方式,对城市发展过程中相关信息动向和规划等情况进行数学思维的分析。并且在社会安全、人们吃住行以及医疗与安防监控方面,都能通过智能化的通信手段对相关领域发展情况做出全方位的智能反应,不断了解城市化发展过程中所存在的问题和不足。在新时期背景下,城市的快速发展使得城市所存在的问题日益凸显出来,很多问题对城市的全面进步和发展产生不良影响。为更好推动城市与时俱进发展,智慧城市的发展理念被广泛应用于城市改革与创新中,并且通过充分发挥人工智能技术和信息化技术的方式,推动智慧城市的全面发展和进步,不断为人们提供更加高效和便捷的生活模式,进而更好地满足人民群众对于智能化城市的生活需求。智慧城市平台如图 4-66 所示。

4.3.1　人工智能与智慧城市的融合意义

新时期背景下,随着网络技术的不断创新及升级,传统产业和工业发展模式发生了很大改变,科技的快速发展不断刷新人们对于互联网技术和人工智能技术的眼界。在智慧城市理念下,加强人工智能技术与智慧城市的有机结合,可以实现生活智能化、服务智能化、产业发展智能化的时代目标。在互联网+技术不断发展过程中,人工智能与智慧城市的融合发展,具有十分重要的意义和价值。智慧城市在发展过程中所涉及的服务范围非常广,利用人工智能技术,可对智慧城市发展中需要处理的各项信息资源进行有效收集与感知。

图 4-66　智慧城市平台

人工智能技术有助于解决智慧城市中人民群众在吃、穿、住、行等方面的问题,也可以采用完善医疗信息化系统的方式更好地服务人民群众,不断为人们生活带来真正的便利,提升城市发展水平和质量。同时,人工智能与智慧城市的融合发展,可以实现智慧城市发展,以人工智能技术为中心,对各项工作进行智能处理的工作目标,实现城市发展海量数据之间的有机整合,并且通过海量数据观察和人工智能技术分析等方式,不断洞察数据背后城市发展现状和问题,进而更好地通过人工智能技术,为人们营造清新的生活环境和氛围,促进智慧城市发展舒适性提升。人工智能与智慧城市的融合,给政府服务工作带来很大改变。通过人工智能与智慧城市的融合,有助于实现城市基础设施之间的互联互通,政府在决策和服务相关工作过程中,可以结合不同部门数据的整合和共享工作情况,以及城市基础设施之间的使用情况,及时了解数据和业务流程共享层面的问题,并且通过完善数据流通和加强数据安全控制等方式,促进政府部门决策有效性和科学性的提升。人工智能与智慧城市的融合也有助于促进城市运行成本的降低,实现资源的合理分配,全面提升城市运行与发展质量和效益。除交通领域、政府服务领域等方面外,人工智能技术还将全面深入医疗、旅游、城管、环保等行业系统,全面构建基于人工智能技术的移动办事平台,构建一体化的网上政务服务模式,实现对智慧城市相关工作和数据的有效分析,还会通过发展数字平台等方式,不断推动数字平台带动新型城市经济的发展,合理明确城市未来建设和发展方向,推动城市建设的包容性和可持续性。

4.3.2　人工智能在智慧城市的融合策略

当前,随着人工智能的发展,人工智能的高科技产品已经大范围全方位地在各个城市中得到应用落地,并向生活的方方面面渗透,对构建智慧城市具有很大的推动作用。下面从六个方面探讨人工智能在智慧城市的融合策略。

1. 构建完善的智能化融合体系

在人们吃的方面,智慧城市可以结合人工智能系统,在粮食和蔬菜的无人培养基地,采用智能控制温度、水分、养分等方式,实现对相关蔬菜和粮食发展的智能化管理。同时,在蔬菜与粮食智能化管理过程中,还可以通过控制环境的方式,积极结合不同粮食与蔬菜的发展环境和条件,进行智能化的调整以及改良变量参数,从而有效发挥智能技术降低大量资源的优势和作用。在人工智能技术应用的过程中,可以结合人工智能系统,对食材情况、保存环境进行实时监测,提高相关食物的保存效率和质量。此外,在切菜、炒菜等方面也可以应用人工智能机器,不断减轻人们的负担,从而为人们生活提供良好的智能化体验和感受。

在人们住的方面,可以通过人工智能技术,为个人量身定制智能家居,并且通过远程控制家庭智能系统,不断帮助人民群众更好地实现智能化生活,提供主动式的服务工作。比如,在打开空调和放好洗澡水方面,就可以利用远程控制智能系统进行有效的服务。

在人们出行方面,通过构建完善的智能化融合体系,有助于解决城市发展中人与交通以及道路之间的矛盾。相关城市可以结合人工智能技术,完善智慧交通系统,并且通过人工智能系统,对交通道路和实时信息情况进行合理监督与管理,不断调节人、车、路之间的矛盾,最大化地突出人工智能与智慧城市结合的有效性,进而为人们出行带来真正的便利。图 4-67 所示为河北保定智慧交通管理平台。

图 4-67　河北保定智慧交通管理平台

其次,通过道路收费系统、多功能智能交通卡系统、数字化交通智能信息管理系统等多种模式的数据整合,提供基于交通预测的智能交通灯控制、交通疏导、出行提示、应急事件处理管理平台,帮助进行城市路网优化分析,为城市规划决策提供支持。具体应用如下:

(1)智能公交

智能公交系统基于全球定位技术、无线通信技术、地理信息技术等技术的综合运用,实现公交车辆运营调度的智能化,公交车辆运行的信息化和可视化,实现面向公众乘客的完善信息服务,通过建立电脑营运管理系统和连接各停车场站的智能终端信息网络,加强对运营车辆的指挥调度,推动智慧交通与智慧城市的建设。

智能公交系统通过对域内公交车进行统一组织和调度,提供公交车辆的定位、线路跟踪、到站预测、电子站牌信息发布、油耗管理等功能,以及公交线路的调配和服务功能,实现区域人员集中管理、车辆集中停放、计划统一编制、调度统一指挥,人力、运力资源在更大范围内的动态优化和配置,降低公交运营成本,提高调度应变能力和乘客服务水平。

(2)智能红绿灯

通过安装在路口的一个雷达装置,实时监测路口的行车数量、车距以及车速,同时监测行人的数量以及外界天气状况,动态地调控交通灯的信号,提高路口车辆通行率,减少交通信号灯的空放时间,最终提高道路的承载力。

(3)汽车电子标识

汽车电子标识又称电子车牌,通过 RFID 技术,能够自动、非接触地完成车辆的识别与监控,将采集到的信息与交管系统连接,实现车辆的监管以及解决交通肇事、逃逸等问题。

(4)智慧停车

在城市交通出行领域,由于存在停车资源有限、停车效率低下等问题,智慧停车应运而生。智慧停车以停车位资源为基础,通过安装地磁感应、摄像头等装置,实现车牌识别、车位的查找与预定以及自动支付等功能,如图 4-68 所示。

图 4-68　智慧停车

(5)高速无感收费

通过摄像头识别车牌信息,将车牌绑定至微信或者支付宝,根据行驶的里程,自动通过微信或者支付宝收取费用,实现无感收费,提高通行效率、缩短车辆等候时间等。

2. 打造"能源互联网"——国家电网"数字新基建"战略

能源作为人类社会的血脉和基础,处于以人工智能为代表的新一轮工业革命下的能源服务,就是为生产生活提供更加高效、清洁、经济、智慧、舒适、个性的能源解决方案,"互联网+智慧能源"(简称能源互联网)的理念和技术已经成为上述能源服务特征的路线和途径。

"互联网+智慧能源"下的综合能源服务,可称为智慧能源综合服务,其遍及生产生活的方方面面,正体现着"云大物移智链"+5G 等数字技术及互联网技术赋能能源服务的新智慧。从当前国内外智慧能源综合能源服务的生态来看,我国综合能源服务的市场潜力在数万亿元以上,以智慧能源综合服务为代表的能源互联网已经全面进入"实操"阶段。从 2020年国家电网公司发布的"数字新基建"——智慧能源综合服务的重点任务可以看出,国家电网公司的综合能源服务已经比较聚焦和清晰,基本突出了以电为核心、以用户为本的典型场景的能效服务。

国家电网"数字新基建"以新一代信息通信网络为基础,以数字化技术和互联网理念为驱动,适应能源互联网建设需要形成的支撑企业数字转型、电网智能升级、生态融合创新的基础设施和服务,是电网数字化平台、电力物联网、电力大数据应用、电力北斗应用等信息基础设施;是能源大数据中心、能源工业云网、智慧能源综合服务等融合基础设施;是能源互联网5G应用、电力人工智能应用、能源区块链应用等创新基础设施。

2020年6月15日,国家电网公司在京举行"数字新基建"重点建设任务发布会暨云签约仪式,面向社会各界发布"数字新基建"十大重点建设任务,并与华为、阿里、腾讯、百度等合作伙伴签署战略合作协议,如图4-69所示。

图4-69　"数字新基建"重点建设任务发布会暨云签约仪式

大力发展"新基建",是党中央、国务院立足当前、着眼长远做出的重大部署。在2020年全国两会上,"新基建"作为"两新一重"的重要内容,首次被写入政府工作报告。作为关系国民经济命脉和国家能源安全的特大型国有重点骨干企业,国家电网高度重视"新基建",2020年4月,国家电网将年度投资计划由4 186亿元调增至4 600亿元,重点向特高压、新能源汽车充电桩和"数字新基建"等领域倾斜,以实际行动服务党和国家工作大局,得到了社会各界的高度关注和肯定。

国家电网公司联合各方力量,集众智、汇众力、谋共赢,更大力度、更高水平地推进"数字新基建",对于推动数字技术与传统电网产业深度融合发展,加速产业数字化和数字产业化,以电网数字化转型助推经济社会高质量发展,具有十分重要的意义。"数字新基建"十大重点建设任务,聚焦大数据中心、工业互联网、5G、人工智能等"新基建"领域,以信息基础设施、融合基础设施、创新基础设施为重点,带动上下游企业共同发展,如图4-70所示。

这十大重点建设任务包括:

(1)建设以云平台、企业中台、物联平台等为核心的基础平台,打造能源互联网数字化创新服务支撑体系,2020年内初步建成两级电网数字化平台。

(2)建设以电力数据为核心的能源大数据中心,以智慧能源支撑智慧城市建设,2020年内建成7个省级能源大数据中心。

图 4-70 国家电网 5G 建设

（3）建设电力大数据应用体系，2020 年内完成 12 类大数据应用建设。

（4）建设覆盖电力系统各环节的电力物联网，2020 年内建成统一物联管理平台，打造 5 类智慧物联示范应用。

（5）建设技术领先、安全可靠、开放共享的能源工业云网平台，2020 年内实现交易规模 800 亿元。

（6）建设"绿色国网"和省级智慧能源服务平台，2020 年内完成"绿色国网"和 15 家省级平台上线，实现 5 家省级公司全部高压大工业客户和 2.9 万户年用电量 100 万千瓦时以上楼宇客户接入。

（7）加强 5G 关键技术应用、行业定制化产品研制以及电力 5G 标准体系制定，2020 年内打造一批"5G+能源互联网"典型应用。

（8）建设电力人工智能开放平台，2020 年内建成人工智能样本库、模型库和训练平台，探索 13 类典型应用。

（9）建设能源区块链公共服务平台，推动线上产业链金融等典型应用，2020 年内建成"一主两侧"国网链，探索 12 类试点应用。

（10）建设电力北斗地基增强系统和精准时空服务网，2020 年内累计建成北斗地基增强站 1 200 座，推进四大领域典型应用。

根据国家电网公司数字"新基建"战略的部署，2020 年，国内最大规模的新能源汽车智能充电综合服务楼宇在江苏南京江北新区投入运营。

不同于传统充电桩点多面广的布局特点，南京供电公司创新运用新能源汽车智能充电综合服务楼宇模式，将充电桩由平面布局向立体布局转变，大规模集中布置在城市核心地段楼宇内，既节省了土地资源，又发挥了集群效应，如图 4-71 所示。据了解，此次投运的江北新区新能源汽车智能充电综合服务楼宇总建筑面积达 3 万平方米，地下两层、地上 8 层，共配置了 430 个停车位，其中充电车位 390 个，总充电容量达 1.2 万千瓦，243 个快充桩都实现了"即插即充、无感支付"功能。

南京江北新区新能源汽车智能充电综合服务楼宇集大数据、云计算、人工智能、综合能源等诸多新技术于一体，试点运用双向充放电技术（V2G），挖掘新能源汽车移动储能潜力，实现新能源汽车在用电高峰时向电网放电。智能充电综合服务楼宇配置光伏发电、储能系统,在阳光充足的情况下,光伏发电可满足近三分之一充电工位的充电需求,既降低了充电高峰期对电网的冲击风险,又实现了新能源汽车用上新能源发电。

图4-71 南京江北新区新能源汽车智能充电综合服务楼宇

充电桩作为能源网、交通网、信息网"三网融合"的重要载体,对智慧城市建设意义重大。江北新区新能源汽车智能充电综合服务楼宇通过智慧能源协调控制系统,实时掌握光伏发电、储能、充电设施运行状态,精准调控楼宇内的能源流,实现楼宇用能智慧高效。

综上所述,智慧能源与智慧城市的关系可谓是相辅相成,智慧能源综合服务体系作为城市智能化发展的客观需要,是智慧城市的重要基础,也是智慧城市建设的一项重要内容。智慧城市的正常运转离不开智慧能源的建设,换句话说,智慧能源是智慧城市的核心,所以倡导"新基建",打造"能源互联网"对发展智慧城市具有重要意义。

3. 构建"城市大脑",打造新型智慧城市

传统意义上的城市建设和治理通常以单个部门为中心,关注各自孤立的目标而没有把对整个城市的影响进行全盘考虑。智慧城市是一个单一整体,同时又能拆分为许多互通互联的子系统。各子系统发送重要的事件消息给城市指挥中心,指挥中心有能力对这些事件进行协调处理和提供指导性的处理方案。

时任阿里巴巴首席技术官,后成为中国工程院院士、杭州市"城市大脑"总架构师的王坚在2016年4月向杭州市政府提出了"城市大脑"(city brain)的概念,使得"城市大脑"在世界范围内最早出现。顾名思义,"城市大脑"是城市生命体的智能中枢,通过聚合城市重大基础设施、全量大数据、城市级人工智能等多方面的能力,统筹运用数据、算力、算法资源,驱动数据产生智慧,最终实现对城市的精准分析、整体研判、协同指挥,帮助管理城市。

如今,全国各个地区正积极推动各类智慧应用场景加速落地,倾力打造新型智慧城市。以河北石家庄为例,为提升新一代智能化基础设施水平,全市建设统一云平台,整合全市云服务资源,统一提供计算、存储、管理、安全等服务,支撑各部门政务信息系统部署,形成统筹、共享、互联的服务体系;通过建设统一支付中心、统一物流中心、统一通知中心、统一身份认证中心等,构建全市统一标准的能力开放平台;完善统一电子政务外网,建设升级互联无线网络和移动物联网络,打造融合泛在的基础网络体系;统筹部署物联感知设施。形成以"云、网、端"为核心的新一代智能化基础设施,为智慧城市建设运行提供计算存储、网络传输和感知监测等基础支撑。

将构建以"城市大脑"为核心的运行管理体系,建立智慧城市指挥中心作为首要任务。构建完善的政务数据资源共享体系和政务数据资源开放体系,建设人口库、法人库、自然资源和空间地理库、电子证照库等基础数据库,汇聚而成数据资源体系,提供全市统一数据资源开放、共享标准和服务。以城市全量数据资源、时空地理信息、共性支撑平台、运行指挥中心、综合智能门户为基本要素,构建智慧石家庄"城市大脑",形成以数据驱动为特征的城市综合运营管理指挥中枢,支撑城市日常运行、管理、决策和应急指挥。

智慧城市指挥中心是城市实施日常值守、指挥调度、应急处置的重要场所,如图4-72所示。指挥中心的建设目标就是结合指挥中心工作特点,以指挥技术和信息技术为主导,充分运用现代通信技术、网络技术、自动化技术、电子监控等先进技术,构建以数据传输网络为纽带,以计算机信息系统为支撑,以视频会议和卫星定位为辅助手段,集语音、视频、计算机网络、图像监控、三维定位等多种功能于一体的现代化、网络化、智能化指挥决策中枢。

图4-72　智慧城市指挥中心

智慧城市一站式指挥中心主要由指挥中心场所布局、基础支撑系统以及应用基础软件构成。其中场所布局主要由布局设计、基础装修、弱电工程、设备机房构成,主要包括指挥中心的墙面装修、综合布线、门禁系统、闭路监控、防雷接地、UPS供电、精密空调等;基础支撑系统主要由应急通信系统、指挥调度系统、呼叫中心系统、大屏显示系统、视频接入系统、音频扩声系统、计算机网络系统、会议会商系统、集中控制系统以及主机存储系统等组成,是整个指挥中心的基础环境平台;应用基础软件由值班管理系统、信息接报系统和服务保障系统组成。

4. 医疗服务领域融入人工智能技术

在城市"老年化"不断加剧的今天,社区远程医疗照顾系统能有效地节约社会资源,高效地服务于大众。电子健康档案系统和智慧医疗平台的建立能解决目前突出的"看病难,看病贵"的医患矛盾。智慧医疗平台如图4-73所示。

在新时期背景下,人工智能技术可以有效融入医疗与交通的方面,在医疗领域应用人工智能技术的过程中,可以采用构建全方位智能系统的方式,合理处理与收集病人诊疗信息,并且在对相关病人进行治疗和管理的过程中,为有效避免家人与病人之间的直接接触,还可以通过人工智能技术背景下远程探视的方式,杜绝病毒的传播,实现对相关病人的有效管理和治疗。同时,在监督病人病情方面,可以结合人工智能技术,安装智能报警器,实现全面监控病人生理病症的目标,提升医疗领域相关工作质量和效率。此外,人工智能技术也可以对病人的病情做出正确的分析和判断,医生可以结合相关数据的分析结果,为病人提供准确治疗方向,实现医疗领域的智能化发展,加快我国医疗事业发展步伐,进而最大限度地突出人工智能与智慧城市以及医疗领域方面融合的有效性。

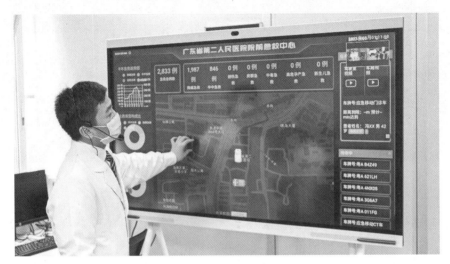

图 4-73 智慧医疗平台

5. 建立城市智能安防监控系统

在人工智能与智慧城市融合发展中,建立城市智能安防监控系统,对协助公安部门破案和收集信息起到积极作用和影响。一方面,智慧城市在利用人工智能技术建立智能安防监控系统中,可以将人工智能应用于城市的各个角落,加强对智慧城市各个地区有用信息的智慧筛选,不断在监控视频和有用信息筛选的过程中,解决智慧城市发展过程中的安防问题,促进公安民警工作效率的提升,也能进一步保障智慧城市发展过程中的稳定、和谐。另一方面,在建立智慧城市智能安防监控系统的过程中,也可以采用将人工智能技术应用到家庭、学校、企业等方式,对城市生活发展的各个领域和情况进行有效监控,进而当发生相关问题时,通过监控视频找出有用的信息,提升相关工作效率,进一步促进人工智能技术与智慧城市之间的有机结合发展。

我国新型城镇化建设、智慧城市以及智慧社区的不断发展,给智能安防产业提供了巨大的市场拓展空间。智能安防系统正在向安全、军事、交通、政府、电力、通信、能源、金融、文博、仓库、别墅、工厂等众多行业领域延伸,涵盖广泛的智能化系列产品及解决方案,主要包括智能安防视频分析系统、智能交通视频监控系统、智慧城市智能监控系统、基于异常行为的定制化系统以及计算机视觉分析的前瞻性技术探索等。

鉴于人们对智能安防系统的需求越来越多,智能安防系统逐渐向指标性能优异、环境适应性强、运行可靠稳定和技术更加兼容的方向发展。常见的智能安防系统一般包含监控、报警、门禁和远程控制四个主要功能,可以单独运行也可统一管理,图 4-74 为智慧公安运营大数据平台。

图 4-74　智慧公安运营大数据平台

6. 智慧环保行业运用人工智能技术

现阶段,人工智能与智慧城市的高效融合,给环保行业的发展带来很大改变和机遇。可以全面将人工智能技术应用至智能环保行业中,这样有利于促进智能环保工作效率的提升和增强。一是结合人工智能技术,构建基于物联网的生态环境监测网络和系统,并且通过生态环境监测网络和系统,实时对城市发展过程中的相关环境数据进行测量、采集、识别等工作,同时,还要有效运用传感技术和视频监控技术,及时了解环保过程中存在的工作问题和不足。二是人工智能与智慧城市融合方面,为有效减少区域生产过程中碳排放量,还可以全面利用人工智能技术,对区块链生产企业进行有效的碳排放情况跟踪,从而避免公司出现违背环境承诺等问题,也能间接地减少数据伪造和欺骗现象发生。另外,在利用人工智能技术的过程中,还可以通过大数据整合的方式,为智慧环保行业的决策工作,提供科学化和精准化的决策数据,充分根据环境数据的特征,了解环保行业未来发展方向和目标,从而实现环保的大数据的高效管理和集成,达到高效环保的目的。三是在智慧城市发展的过程中,人工智能技术可以与空气污染的治理工作相协同,采用大数据技术和人工智能技术,全面分析城市空气污染的作用和优势,还要通过健全大气污染环境预警系统的方式,及时控制城市空气污染总排放量,达到合理监测空气污染浓度的目标。人工智能技术在运用的过程中,还可以有效地与地理信息系统相结合,全面对城市发展过程中的地区污染程度进行有效的反应和管理,进而有针对性地减少环境污染问题,达到改善空气质量的目标。此外,在城市环保行业中,还可以将人工智能技术应用到河流水域环境的智慧管理工作中,通过多元数据融合、环境评价等技术,及时找出流域水质污染问题,提升河流环境的智慧管理效率。智慧环境监测系统如图 4-75 所示。

图 4-75　智慧环境监测系统

4.3.3　新型智慧城市与新型数字孪生

随着国家治理体系和治理能力现代化的不断推进，"创新、协调、绿色、开放、共享"发展理念的不断深入，以及网络强国战略、国家大数据战略、"互联网+"行动计划的实施和"数字中国"建设的不断发展，城市被赋予了新的内涵和新的要求，这不仅推动了传统意义上的智慧城市向新型智慧城市演进，更为新型智慧城市建设带来了前所未有的发展机遇。"新型智慧城市"是以为民服务全程全时、城市治理高效有序、数据开放共融共享、经济发展绿色开源、网络空间安全清朗为主要目标，通过体系规划、信息主导、改革创新，推进新一代信息技术与城市现代化深度融合、迭代演进，实现国家与城市协调发展的新生态。

20 多年来，我国城市信息化的发展经历了数字城市、智慧城市、新型智慧城市三个阶段。目前，虽然这三种表述在不同的场合同时并存，但整体而言，我国正在大力建设新型智慧城市，这更能体现新时代、新目标、新理念、新体系、新标准、新技术、新应用、新模式等多方面的特点。其中，新型智慧城市的核心理念便是新型数字孪生。

当前，以物联网、大数据、人工智能等新技术为代表的数字浪潮席卷全球，物理世界与数字世界正形成两大体系平行发展、相互作用。数字世界为服务物理世界而存在，物理世界因为数字世界变得高效有序，数字孪生技术应运而生，从制造业逐步延伸至城市空间，深刻影响着城市规划、建设与发展。

新型智慧城市的建设离不开将城市物质空间的要素转换为赛博空间（Cyber Space）的数字，从而形成具有映射关系的两个城市：现实城市与虚拟城市。这便是通常意义上的数字孪生。早期的数字孪生，主要关注的是如何借助遥感、卫星导航系统、地理信息系统等多种信息获取与转换技术，将构成城市的自然环境、建设空间、社会经济、历史人文、管理业务等多种要素进行数字化，构建与现实城市对应的虚拟城市。然而，这样的数字孪生往往体现的是偏于单向的、相对静态的映射关系。

随着新型智慧城市发展的需求和新型技术应用的推动，新型数字孪生更加强调现实城市与虚拟城市之间的互动,并突出强调两个方面:双向互动、动态互动。双向互动致力于打破之前从现实城市到虚拟城市的单向映射,更加强调虚拟城市如何针对现实城市所面临的管理问题和发展诉求,在三维仿真、虚拟现实、增强现实、混合现实等技术支持下,通过仿真模拟和分析反作用于现实城市的规划、建设、运营与治理;而动态互动则是借助物联网致力于实时感知现实城市的动态运营状况,并将感知数据通过光纤网络或者 5G 网络输入虚拟城市,通过虚拟城市来随时监测、分析和发现城市运营中存在的问题,诸如城市生态问题、灾害问题、交通问题、治安问题、疫情问题等。

随着新型数字孪生的提出,"数字孪生城市"这一概念也广泛出现在大众视野中。数字孪生城市基于数字化标识、自动化感知、网络化连接、普惠化计算、智能化控制、平台化服务的信息技术体系和城市信息空间模型,在数字空间再造一个与物理城市匹配的数字城市,全息模拟、动态监控、实时诊断、精准预测城市物理实体在现实环境中的状态,推动城市全要素数字化和虚拟化、全状态实时化和可视化、城市运行管理协同智能化,实现物理城市和数字城市协同交互、平行运转,"城市大脑"的构建是数字孪生城市的重要体现,如图 4-76 所示。

图 4-76　杭州"城市大脑"运营指挥中心的展厅

从技术角度看,数字孪生城市涵盖"云-网-端"三大层次,成为数据驱动决策、技术综合集成的智慧城市综合技术支撑体系;从城市发展看,数字孪生城市是未来实体城市的虚拟映射对象和智能操控体,形成虚实对应、相互映射、协同交互的复杂系统;从建设重点看,基于多源数据融合的城市信息模型是核心,城市全域部署的智能设施和感知体系是前提,支撑孪生城市高效运行的智能专网是保障,实现智能操控的"城市大脑"是重点。未来,数字孪生城市可为高效建模、实现虚实空间协同优化、提高城市数字化水平等方面,提供多维智能决策支撑和重要参考。

新型智慧城市建设以提升城市治理和服务水平为目标,以为人民服务为核心,以推动新一代信息技术与城市治理和公共服务深度融合为图形,包括无处不在的惠民服务、透明高效的在线政府、精细准确的城市治理、融合创新的数字经济、自主可控的安全体系五大核心要素,分级分类、标杆引领、标准统筹、改革创新、安全护航,注重城乡一体,打破信息藩篱,如图4-77所示。

图4-77 2021中国国际大数据产业博览会上展出的"城市大脑"政府数据平台

数字孪生城市是在城市积累数据从量变到质变,在感知建模、人工智能等信息技术取得重大突破的背景下,新型智慧城市建设的一条新型技术路径,是城市智能化、运营可持续化的前沿先进模式,也是一个吸引高端智力资源共同参与,从局部应用到全局优化,持续迭代更新的城市级创新平台。其核心价值,在于通过建立基于高度集成的数据闭环赋能新体系,生成城市全域数字虚拟映像空间,并利用数字化技术,通过虚拟化交互、积木式组装拼接,形成软件定义城市,利用数据驱动决策,构建虚实充分融合交织的数字孪生城市体,使得城市运行、管理、服务由实入虚;通过在虚拟空间中建模、仿真、演化、操控,实现由虚入实,优化物理空间中城市资源要素的配置,开辟新型智慧城市的建设和治理新模式。这将极大改变城市面貌,重塑城市基础设施,形成虚实结合、孪生互动的城市发展新形态。

4.3.4 智慧城市未来发展趋势

"新基建"战略的全面开展加速了千行百业的数字化转型,智慧城市则是数字经济的关键载体。随着5G、大数据、人工智能等新技术的成熟以及"新基建"的推进,中国智慧城市发展迎来关键阶段。智慧城市发展将体现出以下四大趋势。

1.5G 网络稳步建设——行业应用从"样板"加速走向规模商用

5G作为变革性网络技术,将智慧城市带入了万物互联的超级链接时代。目前,我国已建成全球最大的5G商用网络,累计建成5G基站318.9万个,5G手机终端连接数达到5.18亿,并依然保持着较快的建设速度,良好的网络环境为5G应用百花齐放奠定了坚实基础。

经过不断的探索与实践,5G城市治理(尤其是疫情防控)、5G智能制造、5G教育、5G医疗、5G传媒等创新场景不断涌现,5G全方位助力数字化转型升级,深度融合并赋能行业作用凸显。2023年工信部部长在5G发展目标和工作重点中指出,保持5G良好的发展系统,具体措施是建、用、研,5G在行业的渗透速度将进一步提升,应用持续势头强劲。尤其是疫情催生出的5G高清视频监控、VR直播、医疗领域的5G远程实时会诊等应用将最先规模化;工业互联网仍将是5G应用的核心领域,可以预期,相较于去年全国建设超1 100个工业互联网项目,2021年项目数量会翻倍,基于5G的机器视觉检测、精准远程操控、智能物流、无人巡检安防等应用将形成复制推广效应。

2. "城市大脑"建设加码——应用逐步深化与规范

"城市大脑"属于地方实践先行的新生事物,概念最早由刘峰博士提出,实践源于杭州,兴起于各地,但在建设内容、路径、运营等方面都各不相同。从 2016 年起,杭州、北京、郑州、长沙、广州、铜陵等全国多个城市都相继开展了"城市大脑"建设,以阿里、华为、腾讯、京东、科大讯飞为代表的行业巨头相继入局。但相比于庞大的城市群体,目前"城市大脑"建设比例较小,普及程度不足,整体仍处于建设应用起步阶段。

目前,经过近几年的建设与发展,"城市大脑"在治理海量数据、优化资源配置、提升治理能力、促进产业发展等方面表现出巨大潜能,已然成为政府推进智慧城市建设的焦点,特别是突如其来的疫情让各级政府意识到数字化的迫切性和重要性,将"城市大脑"的理念提升到全局高度,以"城市大脑"统筹引领全域各系统。进入 2022 年,"城市大脑"建设热潮仍将持续,各个城市都会加码"城市大脑"建设,力争打造具备自身特色的"城市大脑"样板,重点体现出两个方向:一是县域城市将成为"城市大脑"下沉的重要创新场,呈现"地级城市+县域城市"齐头并进的发展态势;二是围绕"城市大脑"的融合场景将不断推陈出新,除了政务(一网通办)、旅游、交通等先行场景外,城市治理(一网统管、生态环保等)、经济产业(经济监测、产融发展等)等更多领域也将成为突破重点。

随着"城市大脑"这一理念的不断渗透,相应的标准规范也会愈发重要,但目前缺乏国家层面的系统性、规范性指导文件。2020 年相关智慧城市标准组织已经成立"城市大脑"研究组,可以预见,未来"城市大脑"标准规范研究将会全面开启,将优先开展"城市大脑"标准体系、参考模型等研究,并率先从行业标准、团体标准取得突破,逐步推向国家标准。

3. "数字孪生城市"加速落地——CIM 多场景应用普及

自 2017 年"数字孪生城市"建设理念问世以来,各地政府和产业各界加紧布局,已将数字孪生城市作为实现智慧城市的必要手段。深圳提出探索"数字孪生城市",上海提出融合应用数字孪生城市推动"规建管用"一体化闭环运转,海南提出打造"数字孪生第一省",南京江北新区提出建设"数字孪生第一城"。作为数字孪生城市核心要素的 CIM(城市信息模型)是智慧城市建设的重要落脚点,为数字孪生城市构建基础底座。同时,以腾讯、51WORLD、数字冰雹等为代表的企业推出各自数字孪生核心平台,并在城市管理、制造、交通、能源、水利、应急等多样化场景应用。

可以看出,数字孪生城市建设虽然处于初期,但发展共识一致。以 CIM 为核心的数字孪生城市建设将进一步加速落地,进入规模实施阶段,一方面微城市生态的数字孪生将成为重要创新场景,如商业综合体、园区、社区、港口等,其小空间、多要素、近场景的特征,更便于数字孪生的价值释放;另一方面,原生数字孪生城市将成为新的重要方向,像雄安新区、三亚崖州湾科技城、南京南部新城等新区新城越来越多,从"一张白纸"起步建设数字孪生城市,实现虚拟城市和物理城市从规划、建设到运营全生命周期的同步生长与迭代更新,将是智慧城市发展的新途径。

4. 智慧城市群雏形初显——区域协同化演进加速

目前全国已规划了 19 个城市群,聚集全国 75%的人口,创造全国 88%的 GDP,其中尤以长三角、珠三角、京津冀、成渝、长江中游五大城市群最具发展潜力。以城市群为典型特征的区域协同发展进入新的历史阶段,智慧城市也由单点、分散发力向智慧城市群建设演进。目前珠三角、长三角作为发展最为成熟的两大城市群,在智慧城市群建设方面也走在前列,率先体现在政务服务方面。2019年,长三角探索异地政务互通,率先实施政务服务"一网通办",推出长三角地区政务服务APP"无感漫游",首批开通51个事项,可在14城异地办理。2020年,广东省在广东政务服务网正式上线泛珠三角区域"跨省通办"专栏,一站式办理广西、海南、湖南、福建等地共470项政务服务事项,享受异地办事"马上办、网上办、就近办、一地办"政务服务。

"组团"建设智慧城市,已经成为城市群高质量发展的重要手段。今后,智慧城市群建设将深入推进,城市群之间的数据打通、接口打通、标准打通进一步落地,政务服务区域协同仍是建设重点,领先的长三角、珠三角"一网通办"优势会持续扩大,政务服务项目范围及便捷性提升,第二梯队的京津冀、成渝、长江中游等地异地政务服务互通将加速发展。此外在智慧交通、智慧教育、智慧医疗、智慧生态环保等重点领域,也将涌现出更多区域协同的创新场景。

我国正在步入"十四五"时期数字化发展新征程,智慧城市建设也将进入深耕新时代。智慧城市将进一步坚持城市数字化转型、智能化升级的发展主线,以融合创新为动力,进一步促进治理数字化、产业数字化与生活数字化发展,开创人民城市人民建、人民城市为人民的美好愿景。

4.4 智 能 家 居

人工智能近十年来在工业领域飞速发展,并逐渐向民用家居生活领域过渡。人工智能通过语言识别、图像识别、自然语言处理系统与一定的物理设备相连接,模拟人类智能方式感应环境、记录环境,并在一定范畴内按照理想人居环境的参数自动调整环境。在当下实际生活中,AI以智能家电系统、智能建筑系统等智能家居生态系统的形式作用于人们的生活。近年来,国内外室内智能家电生态链不断臻于完善和成熟,以物联网为基础的室内智能家居系统通过遥控器、屏幕或语音控制系统、手机APP等人机交互链接装置对安防、照明、暖通、空气检测、定时控制等多项家居系统实行智能化控制。AI通过物体识别、实时捕捉、数据分析等技术近距离或远程实时完成家居环境信息的显示和调整,使之保持在用户需要的舒适状态。

智能家居是在互联网影响之下物联化的体现。智能家居通过物联网技术将家中的各种设备(如音视频设备、照明系统、窗帘控制、空调控制、安防系统、数字影院系统、影音服务器、影柜系统、网络家电等)连接到一起,提供家电控制、照明控制、电话远程控制、室内外遥控、防盗报警、环境监测、暖通控制、红外转发以及可编程定时控制等多种功能和手段。与普通家居相比,智能家居不仅具有传统的居住功能,兼备建筑、网络通信、信息家电、设备自动化,提供全方位的信息交互功能,甚至为各种能源费用节约资金。

智能家居的概念起源很早,但一直未有具体的建筑案例出现,直到1984年美国联合科技公司将建筑设备信息化、整合化概念应用于美国康涅狄格州哈特佛市的City Place Building时,才出现了首栋"智能型建筑",从此揭开了全世界争相建造智能家居派的序幕。

现阶段,智能家居技术着重于解决系统设计、用电规划、家庭物联网与通信、图像与语音识别、室内环境控制、数据安全与隐私保护等问题。目前看来,智能家居技术国内外发展各有特点,国内侧重应用技术,国外侧重基础技术。2018 年,科大讯飞发表了智能物联云"AIoT"技术,并在 2019 年宣布与德国摩根携手深耕智能家居领域。AIoT 的概念是,将物联网产生的庞大繁杂的数据,存储于云端、边缘端,交由人工智能来实现快速的自我学习,提升识别能力,而通过大数据分析以及更高形式的人工智能,也能使得物联网本身实现万物数据化和智联化。与科大讯飞同样处于领先地位的是华为的"全屋智能"技术,依靠鸿蒙系统的标准接口进行智能化互联,实现全场景分布式 OS,带来生态共享。相比之下,国外的智能家居服务商在设备建模和连接以及安防等单一功能的实现方面有更多的实践经验,而对于人工智能和大数据的应用并不普及,目前仅亚马逊在 AI 语音助手(Alexa)方面有所应用。

4.4.1　人工智能家居建设的技术基础

智能家居系统包括感知层、网络层、管理层三个架构。先由感知层对家具环境的各项参数进行感知、记录;然后网络层把感知层采集到的数据传至管理层,待管理层分析完毕后再将指令回传至感知层;管理层对原始数据进行分析、储存、处理,并根据需要重构系统,使家居环境维持在理想状态。这个过程主要涉及以下几项技术:

1. 智能传感技术

在智能家居中,人机交互系统作为不可或缺的重要组成部分,科学应用物联网技术能够保障运行效率。智能家居人机交互表现形式较为多样化,其中人与计算机交互、人与遥控设备交互等都是人机交互系统的具体类型。人机交互是物联网技术衍生发展的产物,因此,在人机交互系统运行发展中,智能家居配备单独的内置网关,客户能够不受空间与时间限制实现与 Web 服务器的连接,为人机交互系统的正常运行提供便利条件,从而为控制智能家居奠定基础。

智能传感技术是智能家居系统的关键技术,也是人机交互的基础。以射频识别(radio frequency identification,RFID)技术为依托的定位与传感技术广泛应用在智能家居系统建设中。它以无线电信号识别特定目标并读写相关数据,无线感应距离可以达到 15 米,具有非接触、自动识别、双向通信等优势,可以感应人、物体的位置、移动状态并进行跟踪。目前智能传感包括温度传感、湿度传感、烟雾传感、位置传感、速度传感、图像传感、光线传感等类别。

2. 远程控制技术

智能家居系统不但能够在家中无线传感、操控,还支持远距离控制,方便用户在外时通过网络调整家居环境参数,对于有老人或孩子的家庭非常适用。只需要将手机或相关智能遥控器与互联网连接,在智能家居系统软件端口登录对接,即可进行远程智能化控制。

3. 物联网

物联网本义是指使物物相联系的互联网。它以互联网为核心并延展至其他网络类型,同时在人与物品、物品与物品之间建立信息交换和通信。在智能家居系统中,物联网通过传感技术、射频识别、普适计算等通信技术实现对家居产品及家庭成员的连接,实时采集传递信息,对家居温度、湿度、光照、空气指数、安防系统等进行管理和操控。简单来说,仿佛是以互联网为基础的智能网络系统生长出许多功能性外设,并可以像人操纵自己的身体一样控制它们。不同的是,其主要控制端依然与用户相联系,并由用户最终决定外设参数的设定。

4. AI 智能云端

如前所述,物联网采集到的信息需要传至网络云端进行处理分析,这里的云处理、云计算、云分析本身就蕴含了人工智能技术。人工智能技术涉及的语音识别、图像识别、深度学习、智能算法需要在云端完成。云端就获取的数据根据用户发出的指令进行自动调整,并不断进行深度学习,分析用户习惯,随时调整算法,以提供智能化的满足用户需求的服务方案。这里的云端已经和 AI 技术相融合成长为智能云端。同时,云计算可以将应用程序提供给多个用户,多用户的共享可以极大提高处理器的效率,实现规模经济。

4.4.2 人工智能在家居环境里的应用模块系统

关于人工智能,前面说了很多。而智能家居的人工智能要求,总结起来就是:机器要"聪明",能根据用户家居的各种需求,自己去识别、记忆、分析、判断、交互、动作。目前智能家居中,人工智能技术主要体现在各种智能系统:

1. 照明环境系统

室内环境中,照明除了一般意义上的功能性作用,还有营造空间氛围的作用。照明灯具的选择要考虑炫光值、色温、照度、均匀度、反光程度等,在不同功能空间中有不同的标准,在外界光环境变化的情况下室内光源也需要做相应调整。传统照明方式由于用户缺乏相对专业的照明知识,控制相对分散,无法有效管理,实时性和自动化程度较低。智能照明系统则将数字控制技术和网络管理技术集合在多种照明控制上,不但可以简化功能性照明控制管理,为室内提供多种艺术照明效果,还可以自动实现绿色照明,保证在最低的能耗基础上实现舒适度更高的照明效果。

2. 智能安防系统

安防系统包括智能门禁以及检测报警两部分。门禁系统是家庭安防的第一道关口。智能门禁支持用户以指纹、语音、密码等方式打开防盗门,也支持用户授权访客开门,安全、高效、快捷。检测报警系统则借助烟雾传感器、温度传感器检测家中可燃气体、有毒气体、异常升温情况,当传感器检测到异常情况时,立即向网络系统和用户手机 APP 发出警报,避免灾害发生。

3. 声音环境系统

家具空间中卧室、书房、客厅、厨房对底噪声的包容度不同,不同时间段对声音的敏感程度也不一样,不同个体对底噪声容纳度也存在差异。要想在这几者之间达成平衡,需要智能家具声音交互系统的调节。声音传感器将实时检测到的音量传至云端,云端分析完自动给出即时最佳声音匹配值,并在超过上限值时发出警报。在睡眠等休息时间段,系统自动关闭电视、音响、家庭影院等底噪声较大的家居电器以获得最佳休息环境。

4. 温湿度环境系统

温湿度环境系统通过设置在不同区域、房间的温度感应器和湿度感应器读取当前温度、湿度数值,自动根据季节变化调整空调、加湿系统,使室内温差和湿度保持在舒适空间值内。温湿度环境系统还可以监测用户在不同空间停留的时间段、时长,自动调节相关温湿度电器的开启时长、强度及关闭时间,以降低能源消耗。

5. 空气循环系统

智能空气监测与循坏系统通过采集每大的室内外空气构成,评估空气质量。当室外空气较好时,自动控制家中窗户放进自然通风。当室外空气质量不佳时,启动新风系统将室内的空气抽出去,再把室外的空气过滤后输送到室内。

4.4.3 智能家居的应用

1. 人工智能技术打造智能家电

通过人工智能技术丰富家用电器的功能,对家电进行智能化,并为各种音乐类智能辅助设备提供智能服务的人工智能应用模式是目前最为智能家居市场所广泛接受的。AI 技术的突破为"万物智能"带来了可能,家居产品加上 AI 技术就会让产品拥有新的"生命力"。随着网络和电子设备在家庭的普及,家电控制自动化表现为智能安全性和舒适性,其解决方案市场需求很大。现代自动控制技术、计算机技术和通信技术等手段,有助于实现家务劳动和家务管理的自动化,大大减轻家庭生活中的操劳,节省时间,提高人们的物质文化生活水平。家庭自动化已是人类社会进步的重要标志之一,可以构建高能效的智能解决方案,为家庭提供满足其需求的特性和性能,有很好的前景。智能控制包括家电的远程控制接口、一点控制多点、多点控制一点、多点控制多点、调光、传感器自动控制(例如安防联动控制)、时间控制、选台控制以及以上控制的组合控制,控制的电器包括灯、车库门、窗帘、排气扇、鱼缸、空调、音响、电视、DVD、VCD、VCR、卫星电视、电饭煲、摄像机、保险柜等。在主人外出前启动安全防范系统的同时,系统可以联动切断某些家用电器的电源,比如:关掉所有的灯光,切断电熨斗、电水壶、电视机等家用电器的插座电源等;进门时玄关的灯是感应点亮的,同时打开电子门锁,安防撤防,开启家中的灯或窗帘;一部遥控器可以遥控家里的一切。智能家电系统示意图如图 4-78 所示。

图 4-78　智能家电系统示意图

这里简单地举几个常见的应用实例:

(1)智能照明

智能照明灯具在物联网设计中占有重要地位,其设计不仅能够适应不同情境,还能营造舒适氛围。在对室内灯具进行设计与搭配时需要考虑诸多因素,如灯具的形状、光亮程度、风格及材质等。光源是灯具选择的核心要素,其色彩强度丰富且占用空间较小、响应速度快,符合中国人的审美需求。而欧式风格灯具大多以树脂、煅打铁艺及纯铜等作为制造灯具的原材料,并在灯具外部粘贴、镶嵌金箔花纹图样,以增强灯具的金属质感。通过物联网智能设备,为业主提供了便捷、智能的照明管理系统。

(2)智能空调

传统的空调需要通过遥控器对它进行调温、控制风向、制冷/制热等,AI 空调将这些控制集中在手机 App 上,更方便、更具人性化。有 AI 大脑的空调更易控制,功能相当强大,它能根据外界气候条件,按照预先设定的指标对温度、湿度、空气清洁度传感器所传来的信号进行分析、判断,及时自动打开制冷、加热、去湿及空气净化等功能。

（3）智能电饭煲

智能电饭煲与普通电饭煲最大的区别在于传统机械煲是利用磁钢受热失磁冷却后恢复磁性的原理,对锅底温度进行自动控制;智能电饭煲则是利用微电脑芯片,控制加热器件的温度,精准地对锅底温度进行自动控制,实时监测温度以灵活调节火力大小,自动完成煮食过程。

（4）智能油烟机

油烟机是一种净化厨房环境的厨房电器,它能将炉灶燃烧的废物和烹饪过程中产生的对人体有害的油烟迅速抽走排出室外,减少污染、净化空气,传统油烟机在清洗方面非常费力。

智能油烟机采用现代工业自动控制技术、互联网技术与多媒体技术的油烟机产品,能够自动感知工作环境空间状态、产品自身状态,能够自动控制及接收用户在住宅内或远程的控制指令;更高级的智能油烟机作为智能家电的组成部分,能够与住宅内其他家电和家居、设施互联组成系统,实现智能家居功能。

（5）智能电视

电视是最常见的电器产品之一,AI 技术的风靡也带来了智能电视的发展。它具有很多传统电视不具备的优势,连接网络后,能提供浏览器、全高清 3D 体感游戏、视频通话、家庭KTV 及教育在线等多种娱乐,还支持专业和业余软件爱好者自主开发、共同分享数以万计的实用功能软件。

（6）智能插座

物联网技术与智能家居融合后,能够全方位实现对家用电器的远程操控。例如智能插座,虽然其体积较小,但也属于智能家具范畴,是物联网技术与智能家居结合的产物。通过在智能插座中设置通信与控制模板,业主可通过操作手机对插座使用开关及运行情况进行远程控制,能够有效减少电力资源的消耗,从而做到绿色、节能生活,为社会生态环境提供保障。

（7）智能窗帘

早上一觉醒来,可以拨动床边的移动控制器或手机,让窗帘慢慢打开,迎接清晨的阳光;晚上睡觉时,刚刚要打个哈欠,准备进入梦乡,您的窗帘也在随后关闭。这些都是智能窗帘的神奇体验,让人感觉省心省事。

（8）智能音箱

音箱本是家居产品中非常普遍的一款产品,主要用于家庭影院、音乐等场景,为消费者提供更动听的声音享受,如图 4-79 所示。拥有 AI 技术的音箱,功能更加强大,它除了基本功能,还是一个上网的入口,如用音箱点歌、网购、了解天气等,还可以对智能家居设备进行控制,如打开窗帘、设置冰箱温度、让热水器升温等。

美国的亚马逊 Echo 音箱及其内配置的 Alexa 虚拟家居助手、Sectorqube 公司的 MAID Oven 智能厨房助手,以及 Sonos 公司的智能流媒体音箱均在 2017 年国际消费电子展（CES2017）上备受好评。韩国 LG 公司的 PJ9 360 度悬浮蓝牙音箱可支持无线充电;三星公司的智能冰箱 Family Hub 内嵌 Tizen 智能系统,整合了诸如音乐播放器、内置拍照监控、日历查看等功能,实现家电产品物联网化。国内的小米、苏宁、美的等企业都进军智能家电产业,积极布局智能空调、智能冰箱等产品,其中美的冰箱携手阿里巴巴 Yun OS 系统推出的

650升双屏新款概念互联网冰箱使用了英特尔实感技术(Intel RealSense)和英特尔 Haswell 高性能处理器,通过图像识别技术记录食材种类和用户日常饮食数据,集合大数据云计算、深度学习技术,分析用户的饮食习惯,并通过对家庭饮食结构营养分析,结合时令、体质特征等多种维度,给出最全面、最营养的健康膳食建议,这也是英特尔软硬件技术应用于智能家电的首个产品。

图 4-79　各类智能音箱

2. 人工智能技术助力家居智能自动化控制平台

通过开发完整的智能家居控制系统或控制器,使得居住者能够智能控制室内的门、窗和各种家用电子设备,此种类型的人工智能应用模式是大型互联网科技公司在智能家居领域角力的主赛场。从全球看,谷歌于2014年收购智能家居控制平台 Nest,其后苹果公司开发的 HomeKit 智能家居平台后来居上,借助 Home Kit,用户可以使用 iOS 设备控制家里所有兼容苹果 HomeKit 的配件,这些配件包括灯、锁、恒温器、智能插头等,最新发布的 Home Kit 已经可以兼容部分房屋建筑厂商的产品和服务。国内相继出现了海尔 U-home、京东微联、华为 Hi link、阿里智能、小米米家等家居智能控制平台,其中我国创业企业物联传感(Wu Lian)携手华为在2017年最新推出的 Wu Lian 智能家居控制平台可实现家居设备联动管理和手势控制,检测和反馈 PM2.5、二氧化碳和噪声强度,同时实现语音播报、城市天气预报等功能。

所谓家庭自动化,就是指利用微处理的电子技术来集成和控制家里的电子产品的系统,如图4-80所示。简单地说,家庭自动化系统就是一个中央处理器,让这个处理器来接受家电的信息。而这样一个处理器,主要是依靠智能家居的智能系统才得以应用的,从而推动了智能家居在这个家庭电子产品的应用。

自动化控制在人们家中有广泛的应用前景。当今计算机和无线网络连接的智能家庭自动化解决方案,将安全、舒适、高效的家居生活提升到了新的水平。施耐德电气为100多个国家的楼宇和住宅市场提供整体解决方案,楼宇自动化和数据中心与网络等市场处于世界领先地位,在住宅应用领域也拥有强大的市场能力,其业务组合位列世界前三;霍尼韦尔集团提供智慧家居网络系统"家庭网关"产品、解决方案及技术支持,原本在纸上描绘的未来数码生活已经在精品零售店里触手可及。

图4-80　家居智能自动化控制平台

在这个快节奏的生活时代,智能家居能够为用户减少烦琐的家务、提高效率、节约时间,让人们有更充足的时间去休息、锻炼、学习,使人们的生活质量大幅提高。

3."碳达峰""碳中和"目标下,人工智能技术助推绿色家居

从概念上来说,所谓碳达峰,是指碳排放量达到峰值之后不再增长,并逐渐下降的过程;而碳中和则是指在特定的时间范围内,每一个对象(可以是全球、国家、企业或某个产品等)未来排放的碳与吸收的碳相等,这里的碳排放狭义上是指二氧化碳排放,广义上则可以是所有温室气体排放。从概念上看,碳达峰与碳中和的核心是节能减排。万物互联背景下的智慧城市、智能建筑、智能家居、智能酒店、智能照明、智慧工厂等领域的解决方案的基础需求就是节能减排。智慧驱动双碳大时代如图4-81所示。

图4-81　智慧驱动双碳大时代

从智慧建筑来看,城市里的建筑是耗能大户,建筑建造过程和运行过程产生的碳排放量占全球总排放量的39%。建筑建造过程中的钢筋水泥、建材等都是高碳排放工业产品,而建筑运行过程中的供暖、空调、照明、插座设备、特殊用能(如实验室、数据中心等)和交通用能(充电桩等)也产生了大量碳排放。因此,实现碳排放,建筑智能化至关重要。

在物联网技术的加持下,建筑从传统的粗犷式管理模式进入精细化管理模式。比如在办公领域,由于能耗费用由公司支付,部分员工没有节能意识,下班不关灯,不关空调,导致能源被白白浪费掉。在智能家居技术的加持下,室内温度、湿度、照明、空气等指标和相关设备都会实现自动化、智能化管理,不仅有效提升企业管理效率,也能有效降低能耗,实现节能减排、节省成本的直接目标。

在智能家居领域,通过全屋智能等全面管理和智能插座、智能家电等设备的精确控制,可以对室内的家电和用电设备进行自动化管理,有效降低能耗。据测算,正常情况下,一个家庭的用电量为每天 10 度[①];对于安装全屋智能的家庭来说,每天可以节约大概 4 度电。每节约 1 度电,就相应节约了 0.4 kg 标准煤,减少污染排放 0.272 kg 碳粉尘、0.997 kg CO_2。这意味着当一个家庭选择智能家居,每天可以减排 3.988 kg CO_2,1.088 kg"碳"。

2021 年 10 月,美的集团首次对外发布绿色战略,该战略以"构建绿色全球供应链,提供绿色产品和服务,共建绿色美好家园"为愿景,以"推动'30·60'战略,即 2030 年前实现碳达峰,2060 年前实现碳中和"为目标,围绕"绿色设计、绿色采购、绿色制造、绿色物流、绿色回收、绿色服务"六大支柱打造全流程绿色产业链,为中国乃至全球的"碳达峰、碳中和"做出贡献,如图 4-82 所示。

图 4-82　碳中和、碳达峰战略

4. 人工智能技术助力家庭安全和监测

通过应用人工智能传感器技术保障用户自身和家庭的安全,对用户自身健康、幼儿和宠物进行监测,此类型的人工智能应用模式数量最多且融资情况相对较好。家庭安全方面,美国 Vivint 公司推出了包括视频监控、远程访问、电子门锁、恶劣天气预警等在内的全套家庭安全解决方案,并通过将太阳能电池板整合进太阳能家庭管理系统来提升能源使用效

①　1 度=1 kW·h。

率;美国 Canary 公司和 August Home 公司则分别推出了智能安防摄像头和智能安保系列产品。家庭成员监测方面,美国 Snoo 公司开发的智能婴儿摇篮通过模拟母体子宫内的低频嗡嗡声哄宝宝入睡,Lully 公司和 Petcube 公司则专门研发用于宠物或婴儿的智能传感监测设备,以方便用户通过智能手机随时查看婴儿和宠物的动态,这两家公司已分别推出了智能睡眠监测仪和智能宠物监测仪。

随着智能家居逐步走进人们的生活,以及社会和科技的发展,特别是对于大户型的业主来说,安全成为人们对智能家居的首要要求,并促使家庭安防系统成为智能家居的重要组成部分。

智能家居安防控制系统可实现小区及户内可视对讲、家庭监控、防盗报警、火灾报警、燃气泄漏报警等功能。集中控制玻璃破碎传感器、燃气传感器、红外光栅、红外双鉴传感器、水浸传感器、红外幕帘传感器、烟雾传感器等设备,并实现各设备之间的联动。

(1)访客身份识别功能

用户可以与访客之间双向可视通话,达到图像、语音双重识别,从而增加身份识别的可靠性。

(2)探测设备之间的联动

门磁开头、红外报警探测器、烟雾探测器、瓦斯报警器等设备与可视对讲系统连接,用户接到报警时可以第一时间用移动设备查看家中监控画面并控制家中家电设置、布防撤防等操作。当系统捕捉到异常信号时,自动开启声光报警,打开照明灯光,启动视频录像。记录异常情况,便于事后分析。

(3)离家模式

离家模式开启后,即进入防盗报警状态,防止非法入侵,管理系统可实时接收报警信号,系统具有紧急呼叫功能,物业部门可以第一时间对住户的紧急求助信号做出回应和救助。

如图 4-83 所示,在私人住宅四周安装红外双鉴智能探测器,在进行滤镜调制后,警戒区域会形成一道报警探测光墙,这样既避免了红外对射的下部盲区,又避免了红外双鉴智能探测器扇形工作面误报多的现象发生。在设防状态下,如果有任何非法进入,报警系统会启动。先进的红外双鉴智能探测器采用人性化的设计,可防止 11 kg 以下的小动物误闯报警现象。完善的防拆、防剪断、防短路、防宠物等功能,大大加强了防误报能力。即使人匍匐穿越,翻越而过,系统绝不漏报。红外双鉴智能探测器设备将为家庭安全站守第一道岗。

图 4-83 智能安防红外双鉴智能探测器

在室内监控、入户安防等场景的应用下,智能猫眼、智能监控这类安防监控产品已经成为智能家居生活必需品。智能猫眼具备移动侦测报警和 PIR 人体侦测报警的功能。

移动侦测报警功能,通常是指监控范围内出现任何不一致画面都会触发报警,如室内光线变暗、风吹动窗帘、有人或动物闯入等。

PIR 人体移动侦测功能更加强大。PIR 人体侦测功能在移动侦测报警功能的基础上又进阶一些。只有带热源的物体,如人或动物进入监控区域才会触发报警功能,有效减少了摄像头的误报,并且更加节能省电。图 4-84 为智能安防猫眼探测。

图 4-84　智能安防猫眼探测

(4)视频监控

如图 4-85 所示,在房子的外围及内部可安装多处视频监控点,这样无论户主在哪里,都可以通过手机监控系统在互联网上看到家中发生的所有情况。在户主长期出门在外时,它可以 30 天 24 小时不间断地记录家中所发生的一切。户主出门在外时,若有不速之客闯入家中,其手机、平板电脑只要处于有网络的地方,智能控制中心将会立刻发出报警呼叫通知户主家中具体哪个区域出现了问题。当按动收看键时,报警监控区域图像会即刻显示在户主的手机上,此时可按动系统键"收看现场直播"。如果需要和误闯者进行沟通时,户主可以直接对误闯者通过扩音装置进行通话。监控系统还可将此时的报警图片发至户主的邮箱,户机通过邮箱发送相关报警图片发送至物业中心对进出小区人员进行辨认处理。

(5)防火

在衣帽间、厨房和餐厅安装烟感探头和煤气探头,当烟雾和煤气泄漏达到预先设定值时,系统会立刻报警。无论是环境传感器还是水侵探测器,在设备的阈值达到报警设置限度时,都会给智能控制中心发送报警指令。

(6)门窗破入感应报警

当家中安防设备都进行布防后,如果门窗被非法破坏后闯入,进入移动探测器范围内的任何移动物体都会被监测到,报警指令通过智能控制中心通过网络向户主的手机、平板电脑、电视上发出报警呼叫信息。此时无论户主手机、平板电脑身在何地,都会收到相应的报警信息及处理预案方法。

图 4-85 智能安防视频监控

(7) 可视对讲

无论是在候机室、咖啡厅、出租车上，还是在家中，都能随时与朋友进行视频通话，或者召开参加工作会议，生活沟通、商务沟通尽在掌握。智能家居控制系统中的可视对讲系统具备高保真、支持远距离语音和视频信息交流；轻松实现电视、平板电脑、智能手机之间的互联互通，并支持在不同终端间同时呈现；集成语音、视频等多种媒体形式，直观地呈现即时消息与状态；支持主流的监控系统、门禁，轻松实现多重功能，可实现智能家居控制系统总控下的各设备之间联动；云端计算服务平台方便了用户的部署、维护和升级，如图 4-86 所示。

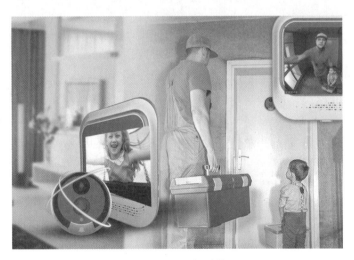

图 4-86 可视对讲

5. 人工智能应用于家居机器人

在智能家居的应用中，机器人也发挥了极大的作用。智慧家庭应用场景当中，新一代智能家居机器人可以提供很多专门的服务，例如陪老人下棋、教育小孩子、清扫地面、安防监控等。有了机器视觉、语音识别以及更多的感知功能,智能家居机器人与人的交互有了更好的体验,那些过去认为不现实的产品变得越来越实用,同时也带给家庭用户更多的欢乐。智能家居机器人主要依靠人工智能、语音交互、大数据分析等主要的技术来为人们提供服务和支持,通过这些技术智能家居机器人开始理解人类行为和思维方式,利用人工智能技术,未来机器人的能力将得到大幅提升。

电器类家用机器人又称应用机器人,它们就像具备智能的家用电器,勤奋的吸尘器机器人是这种机器人的代表,其外形像厚厚的飞碟,超声波监视器能避免其撞坏家具,红外线眼可避免其失足跌下楼梯。除了清洁,另一类家用机器人可用于家庭安全,典型产品有索尼的 AIBO 机器狗。消费者可以通过个人电脑或手机与这类机器人连接,通过互联网指挥这些机器人执行家庭保卫任务。

iRobot 扫地机器人由美国 iRobot 公司在 2002 年推出。iRobot 扫地机器人拥有三段式清扫和 iAdapt 专利技术,可以自动检测房间的布局,并自动规划打扫路径,吸取房间的灰尘微粒,清扫房间的宠物毛发、瓜子壳和食物残渣等房间垃圾,定时清扫。在主人不在家的时候,iRobot 扫地机器人照样可以清扫,并且可以清扫到床下和沙发下的垃圾。

玛纽尔保洁机器人可谓秀外慧中,流畅时尚的造型,配上内置的计算机系统、记忆功能、自动导航系统、无尘袋等尖端科技,可以自行对房间做出测量,做到自动清洁、收集粉尘、记忆路线等智能清扫,可以有效地清扫各种木地板、水泥地板、瓷砖、地板以及油毡、短毛地毯等。针对需要特别护理的木地板,可先用吸尘器的毛刷简单清洁,然后用匙羹将水蜡泼到地板上,重新开动吸尘器,就可以自动将地板进行打蜡。玛纽尔保洁机器人如图 4-87 所示。

图 4-87 玛纽尔保洁机器人

娱乐类家用机器人如图 4-88 所示。娱乐机器人可以为用户解除精神上的疲劳。日本是世界上第一台娱乐类家用机器人的产地。2000 年,本田公司发布了 ASIMO,这是世界上第一台可遥控、有两条腿、会行走的机器人。2003 年,索尼公司推出了 QRIO,它可以漫步、跳舞,甚至可以指挥一个小型乐队。

美国初创公司 Mayfield Robotics 今年发布的家居机器人 Kuri 能通过表情、眨眼、转动头部及声音回应主人,实现家居陪护、聊天的功能。韩国 LG 公司推出了多功能机器人管家

Hub Robot,其使用人体造型设计,采用了亚马逊 Alexa 技术,能与用户房子里其他 LG 设备连接。我国小米公司开发的扫地机器人能够自主探知障碍物和室内地形,实现对室内的自动化清洁。百度于 2017 年推出的智能对话机器人百度小鱼搭载了百度对话式人工智能操作系统 Duer OS,可通过自然语言对话实现播放音乐、播报新闻、搜索、查找信息、设置闹钟、叫外卖、闲聊、唤醒、语音留言等功能,百度小鱼机器人还可以通过 Duer OS 的云端大脑对其功能进行不断学习和优化。

图 4-88　娱乐类家用机器人

6. 智能家居助力北京冬奥会

2022 年,第 24 届冬季奥林匹克运动会在北京开幕,各种智能家居产品的身影层出不穷。本届冬奥会的高科技属性日益彰显,冬奥村里的智能设备、运动员的智能家居生活、赛场上的智慧医疗服务,无不展示了科技奥运、绿色奥运的中国答卷。

2022 年北京冬奥会上,出现了很多智能家居的"科技亮点",比如像创可贴一样大小的"体温贴",能够监测睡眠、自动调节的智能床,面对不同国家、不同习惯住户的个性化智能照明系统,以及无处不在的智能无人化产品。

（1）全屋智能系统

不同于以往任何一届冬奥会,黑科技成为北京冬奥会的一大亮点。国内智能家居行业供应商提供了先进的全屋智能系统服务于冬奥村,为全球运动员提供智能、舒适、便捷、节能的生活体验,向世界展示中国科技力量,如图 4-89 所示。

图 4-89　LifeSmart 云起助力北京冬奥会

北京冬奥村住宅均采用最新无主灯照明系统,使用智能开关和调光调色解决方案,可以完成对全屋灯光的智能化控制,实现灯光亮度、色温柔和渐变的无级调节。

同时,冬奥村内智慧照明解决方案还设计了根据室外自然光的亮度和色温,结合人体生理作息规律,模拟自然光的变化,持续调节室内灯光色温和亮度,让室内照明随着自然光一起变换,打造顺应"日出而作,日落而息"的节律照明。

此外,面对不同国家、不同习惯的住户,智能照明系统可以实现个性化设置。每个居住者都可以根据自己的生活习惯自定义室内光环境,结合手机 App 个性化调节。同时系统会学习记忆用户的使用习惯,比如用户回到房间,系统会自动将灯光调节到用户喜爱的亮度与色温,实现人工智能控制管理。

秉承绿色办奥的理念,国内智能家居供应商为冬奥村提供了全屋能源管理解决方案,对单户能源消耗进行精准检测,通过智能逻辑分析实现多方案的节能控制。在用电低谷时利用储水热水器、冰箱等实现分布式低成本储能,对电网调峰邀约实时处理和响应;基于用户行为节能算法等技术,促进高耗能设备在社区等错峰使用。

(2)科大讯飞语音转换与翻译

赛事成绩多语种呈现,跨国界交流无障碍,让视障人士"听见"文字,让听障人士"看见"文字……作为 2022 年北京冬奥会和冬残奥会官方自动语音转换与翻译独家供应商,科大讯飞为北京冬奥会提供自动翻译和相关的多语种语音转换、语音识别以及语音合成等硬核技术,用技术说话,助力实现赛场内外的沟通交流无障碍,如图 4-90 所示。

图 4-90　科大讯飞智能语音翻译助力北京冬奥会

无障碍交流是人类千百年来的梦想,北京冬奥会和冬残奥会不仅实现了这个梦想,还让奥运精神的落地更有温度、更显人文关怀——科大讯飞面向冬奥会场景的多语种自动语音及语言处理关键技术无处不在,全方位保障了来自不同国家和地区选手、教练、游客及志愿者等人群之间的语言交流。

近年来,科大讯飞已先后研发了面向冬奥场景的多语种智能语音识别与合成、具有冬奥特征的多语种机器翻译和基于交互问答的冬奥多语种信息获取及交互等核心技术,构建了面向冬奥会场景的语音及语言服务平台,提供语音识别、语音合成、机器翻译、自动问答等技术能力,支撑冬奥虚拟志愿者、便携式终端设备、赛事多媒体办公和信息发布系统等产品应用。

(3)米立智能室内终端

作为一家专注于智能家居产品和场景解决方案的提供商,米立在此次北京冬奥会精彩亮相,为冬奥村的奥运健儿们提供便捷、安全、舒适的居住体验,如图4-91所示。

图4-91　北京冬奥村米立智能室内终端

北京冬奥村是一个智慧的冬奥村。在运动员房间的设计上,采用了可视对讲、温度调控、智能红外感应等多种高新技术。奥运村的每间房间均选用了米立室内终端,并根据整体空间设计进行了专属定制。运动员只需通过简单地触摸就可实现可视对讲、安防监控、智能家居、智能召梯等功能。

(4)麒盛科技"智能床"

北京冬奥会"智能床"随着一则美国运动员的短视频迅速火遍全网。北京冬奥村的智能床采用记忆棉材质,在保证舒适性的同时,床的形态可依据个人习惯进行调整。每张床都配有遥控器,可调成睡姿、坐姿等不同场景,不同模式能为不同使用场景下的人体脊柱提供最佳支撑。其创新的"ZERO G 零压力模式"可以通过遥控器将头脚部抬升至特定角度,使运动员的心脏与膝盖处于同一水平线,能够均衡分散身体压力,有效帮助运动员进行睡前放松,从而使其获取更好的睡眠。床垫采用记忆棉材质,内置传感器,可以实现按摩、零压力、闹钟推醒等功能。设置闹钟后,床在设定时间会自动起降;一旦智能床识别到打鼾声,还会调节头部的高度,缓解打鼾,如图4-92所示。

(5)智能垃圾桶

北京冬奥会无愧于"科技冬奥",除了智能床,连小小的垃圾桶也是科技满满。智能垃圾桶分布在主媒体中心的大厅一层,数量多达几十个。当有人靠近并举起手中的垃圾时,机器会自动打开顶盖以方便大家投掷;一旦垃圾桶内已满,智能垃圾桶会按照路线回到指定区域进行倾倒,之后再重返"工作岗位";如果电量不足,还会自行到预设的点位进行充电,如图4-93所示。

图 4-92　北京冬奥村智能床

图 4-93　北京冬奥会智能垃圾桶

4.4.4　未来智能家居的发展趋势

2021 年以来,人工智能应用速度开始快速提升,逐渐成为人民幸福生活的重要组成部分。虽然智能家居整体应用体验还有待大幅度提升,但单个智能产品可应用程度越来越高。智能家居之所以能兴起,不只在于远程遥控的快感、高端科技的酷炫,更因为其能满足客户的应用需求,可以给用户提供一个更安全、健康、舒适、便捷的居家环境,所以不难理解其具有广阔的市场前景。

市场上智能家居厂商很多,越来越多的企业开始进入这个领域。数据显示,中国智能家居企业总数接近 65 万家,其中 2021 年新增约 18 万家,占比近 27.5%。

一些传统家电企业依托自身优势,开始向全屋智能化方向布局。对于企业来说,在现有业务趋于饱和的情况下,更应该寻求新的增长点。对于用户来说,更多企业的进入会带来多种产品和生态,这意味着会有更多成熟和人性化的产品。

随着人脸识别、语音控制、人工智能、5G等技术的发展,日益成熟的智能家居技术已经成为许多家庭日常生活的一部分,而不仅仅是一项新技术。近年来智能家居行业呈稳定增速趋势。相信在不久的将来,就能看到越来越多更加便利的科技产品。

4.5　本章小结

数字化、网络化、智能化是新一轮科技革命的突出特征,也是新一代信息技术的核心。数字化为社会信息化奠定基础,其发展趋势是社会的全面数据化。各行各业应积极顺应第四次工业革命发展趋势,共同把握数字化、网络化、智能化发展机遇,共同探索新技术、新业态、新模式。

随着信息基础设施加速构建,以信息通信、生命、材料科学等交叉融合为特征的集成化创新、跨领域创新渐成主流,围绕"智能+"打造的产业新应用、新业态、新模式不断涌现,人工智能的"头雁"效应得以充分发挥。

当今时代,人工智能已经是主要发展领域之一。人工智能技术的广泛应用已经在深深影响着人们生活工作的方方面面,为生物识别与互动场景的应用、网络安全需求与医疗行业准确性的提升、数据综合方法的使用等提供了更多业务的支撑,人工智能针对不同场景也提供了多种多样的解决方案。通过 AI 应用部署减轻了人工压力,同时提升了工作效率。

近年来,人工智能成为全球科技和产业竞争的焦点。构建自主可控技术体系和软硬件协同创新生态,是培育和发展具有全球竞争力的人工智能产业集群的战略目标,加速发展具有产业赋能能力的新型平台及其主导的产业创新生态,高水平规划和发展新型创新区,建设高度开放的创新系统推动与世界各国的技术合作,推动通用人工智能和专用人工智能的融合,是应对挑战和加快人工智能产业集群国际竞争力提升的战略支撑。

习　题

1. 什么是计算机视觉?

2. 计算机视觉与图像处理有哪些区别?

3. 计算机视觉有哪些典型应用?

4. 计算机视觉的主要技术有哪些?

5. 简述卷积神经网络原理。

6. 简述 R-CNN 与 Fast R-CNN 的区别。

7. 简述全卷积神经网络的特点。

8. 简述双目视觉的原理。

9. 浅谈未来计算机视觉的发展趋势。

10. 智能机器人的主要技术有哪些?

11. 自主定位导航技术主要包括哪些分支?

12. 智能机器人有哪些主要应用哪些领域? 举例说明。

13. 巡检机器人有哪些分类?

14.浅析智能驾驶的发展情况。

15.核工业机器主要有哪些分类？举例说明。

16.浅谈未来智能机器人的发展趋势。

17.浅谈人工智能与智慧城市的融合意义。

18.分部浅谈人工智能与智慧城市的融合策略。

19.如何理解数字新基建？数字新基建与新基建有哪些区别与联系？

20.如何理解"城市大脑"与新型数字孪生？

21.浅谈未来智慧城市的发展趋势。

22.简述智能家居建设的技术基础。

23.人工智能在家居环境里有哪些应用模块系统？

24.智能家居有哪些应用？请分类举例说明。

24.如何理解"碳达峰""碳中和"目标下，人工智能技术助推绿色家居？

25.浅谈北京冬奥会中智能家居的应用。

26.浅谈未来智能家居的发展趋势。

参 考 文 献

[1] 麻省理工科技评论.科技之巅 3《麻省理工科技评论》100 项全球突破性技术深度剖析[M].北京:人民邮电出版社,2019.

[2] 马飒飒,张磊,张瑞,等.人工智能基础[M].北京:电子工业出版社,2020.

[3] 赵小强,李大湘,白本督.DSP 原理及图像处理应用[M].北京:人民邮电出版社,2013.

[4] 赵立新.移动互联网时代的智能硬件安全探析[M].北京:中国财富出版社,2019.

[5] 周金海,印志鸿.新编大学计算机信息技术教程[M].南京:南京大学出版社,2015.

[6] 唐子惠.医学人工智能导论[M].上海:上海科学技术出版社,2020.

[7] 韩九强,杨磊.数字图像处理:基于 XAVIS 组态软件[M].西安:西安交通大学出版社,2018.

[8] 王敏,杨忠.数字图像预处理技术研究[M].北京:科学出版社,2019.

[9] 余建明,牛延涛.CR、DR 成像技术学[M].北京:中国医药科技出版社,2009.

[10] 张可.物联网及其数据处理[M].北京:国防工业出版社,2018.

[11] 张永民.智慧城市总体方案[J].中国信息界,2011(3):12-21.

[12] 高国富,谢少荣,罗均.机器人传感器及其应用[M].北京:国防工业出版社,2005.

[13] 徐文怀,孔凡德,汝斌.信息化学习能力开发导论[M].长春:东北师范大学出版社,2020.

[14] 张倩.人工智能与智慧城市的融合模式思考[J].电脑知识与技术,2021,17(15):180-181.

[15] 朱永蔺.基于 AI 技术下的家居环境建设[J].信息记录材料,2021,22(5):149-150.

[16] 王哲.人工智能在家居领域的应用与启示[J].机器人产业,2018(1):109-114.

[17] 李立芳.浅谈数字图像处理技术及应用[J].中国科技信息,2012(3):78-79.

[18] 傅一平.智慧城市必不可少的五大关键技术[J].计算机与网络,2020,46(11):44-45.

［19］陈凯.无人驾驶技术在环卫行业的应用［J］.专用汽车,2021(7):74-77.

［20］朱景立.数字图像处理概述［J］.河南农业,2014(24):55-56.

［21］朱睿.数字图像处理技术现状与展望［J］.中国科技博览,2011(14):2.

［22］黄马杰.民宅自动化控制应用的思考［J］.科技创业月刊,2013,26(4):37-38.

［23］陈炳权,刘宏立,孟凡斌.数字图像处理技术的现状及其发展方向［J］.吉首大学学报(自然科学版),2009,30(1):63-70.

［24］王晟泽,鲍凯辰,范习健.试论计算机视觉技术在工业领域中的应用［J］.网络安全技术与应用,2021(4):146-147.

［25］吕东生.计算机视觉技术在工业领域中的应用分析［J］.现代信息科技,2018,2(1):103-104.

［26］郑卫刚.简述智能机器人及发展趋势展望［J］.智能机器人,2016(1):41-43.

［27］陈锦柯.人工智能在计算机视觉及网络领域中的应用［J］.电子技术与软件工程,2020(8):140-141.

［28］周丽燕.《机器人十大新兴应用领域(2018—2019年)》研究报告发布［N］.人民政协报,2018-08-22.

［29］王哲.人工智能在家居领域的应用与启示［N］.中国计算机报,2018-07-02.

［30］赛迪智库人工智能产业形势分析课题组.2021年中国人工智能产业发展形势展望［N］.中国计算机报,2021-03-08.

第5章 智能制造

5.1 智能制造概述

每一次工业革命的发起,其根本原因都是人类相对滞后的生产手段与不断扩大的生产需求之间的矛盾,每一次生产力的变革都是对这一矛盾的缓解。工业演进历程如图5-1所示。第一次工业革命是以蒸汽机为代表的"蒸汽时代"。1765年瓦特发明和改进了蒸汽机,并于1769年取得专利,1776年在船舶上采用蒸汽机作为推进动力。第一次工业革命解决了"人力效率低下和动能不足的问题"。第二次工业革命是以发电机为代表的"电力时代"。1831年法拉第发明了世界上第一台发电机。1866年德国人西门子制成世界上第一台工业用发电机,标志着电力开始在工业生产中大规模应用。第二次工业革命解决了"规模化和生产成本之间的矛盾"。第三次工业革命是以计算机为代表的"信息时代"。从1946年美国发明第一台计算机开始,直到当今互联网时代,人类信息化一直在加快,并未结束。第三次工业革命实现了"解放人的体力劳动和替代部分脑力劳动"。第四次工业革命是实虚融合的"数字时代",以2012年美国GE公司发布"工业互联网"、2013年德国提出"工业4.0"、2015年中国提出"中国制造2025"为标志。第四次工业革命的驱动力是从客户个性化需求出发,定制化的生产技术、复杂的流程管理、庞大的数据分析、决策过程的优化。

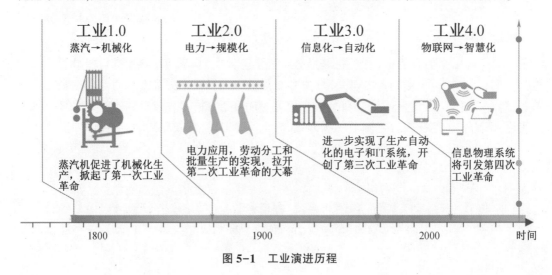

图5-1 工业演进历程

5.1.1 智能制造概念

美国"智能制造创新研究院"对智能制造的定义是:智能制造是先进传感、仪器、监测、控制和过程优化的技术和实践的组合,它们将信息和通信技术与制造环境融合在一起,实现工厂和企业中能量、生产率、成本的实时管理。

国内对智能制造的定义是：基于新一代信息技术，贯穿设计、生产、管理、服务等制造活动各个环节，具有信息深度自感知、智慧优化自决策、精准控制自执行等功能的先进制造过程、系统与模式的总称。具有以智能工厂为载体，以关键制造环节智能化为核心，以端到端数据流为基础、以网络互联为支撑等特征，实现该智能制造可以缩短产品研制周期、降低资源能源消耗、降低运营成本、提高生产效率、提升产品质量。

智能制造是新工业革命的核心，它并不在于进一步提高设备的效率和精度，而是更加合理化和智能化地使用设备，通过智能运维实现制造业的价值最大化，聚焦生产领域，但又是一次全流程、端到端的转型过程，会让研发、生产、产品、渠道、销售、客户管理等一整条生态链为之发生剧变。对工业企业来说，在生产和工厂中，依然以规模化、标准化、自动化为基础，但还需被赋予柔性化、定制化、可视化、低碳化的新特性；在商业模式中，则会出现颠覆性的变化——生产者影响消费者的模式被消费者需求决定产品生产的模式取而代之；在国家层面，则需要建立一张比消费互联网更加安全可靠的工业互联网。智能制造作为广义的概念包含五个方面：产品智能化、装备智能化、生产方式智能化、管理智能化和服务智能化。

1. 产品智能化

产品智能化是把传感器、处理器、存储器、通信模块、传输系统融入各种产品，使得产品具备动态存储、感知和通信能力，实现产品可追溯、可识别、可定位。计算机、智能手机、智能电视、智能机器人、智能穿戴都是物联网的"原住民"，这些产品从生产出来就是网络终端，而传统的空调、冰箱、汽车、机床等都是物联网的"移民"，这些产品都排着队连接到网络世界。

2. 装备智能化

先进制造、信息处理、人工智能等技术的集成与融合，可以形成具有感知、分析、推理、决策、执行、自主学习及维护等自组织、自适应功能的智能生产系统以及网络化、协同化的生产设施，这些都属于智能装备。在工业4.0时代，装备智能化的进程可以在两个维度上进行：单机智能化，以及单机设备的互联而形成的智能生产线、智能车间、智能工厂。需要强调的是，单纯的研发和生产端的改造不是智能制造的全部，基于渠道和消费者洞察的前端改造也是重要的一环。二者相互结合、相辅相成，才能完成端到端的全链条智能制造改造。

3. 生产方式智能化

个性化定制、极少量生产、服务型制造以及云制造等新业态、新模式，其本质是在重组客户、供应商、销售商以及企业内部组织的关系，重构生产体系中信息流、产品流、资金流的运行模式，重建新的产业价值链、生态系统和竞争格局，它带给人们的启示是企业需要不断思考我是谁、我在哪里、我的边界在哪里、我的竞争优势的来源在哪里、我的价值在哪里等一系列基本问题。工业时代，产品价值由企业定义，企业生产什么产品，用户就买什么产品，企业定价多少钱，用户就花多少钱——主动权完全掌握在企业手中。而智能制造能够实现个性化定制，不仅打掉了中间环节，还加快了商业流动，产品价值不再由企业定义，而是由用户来定义——只有用户认可的，用户参与的，用户愿意分享的，用户不说你坏的产品，才具有市场价值。

4. 管理智能化

随着纵向集成、横向集成和端到端集成的不断深入,企业数据的及时性、完整性、准确性不断提高,必然使管理更加准确、更加高效、更加科学。工业 4.0 时代还给我们带来了管理领域的革命。

5. 服务智能化

智能服务是智能制造的核心内容,越来越多的制造型企业已经意识到了从生产型制造向生产服务型制造转型的重要性。今后,将会实现线上与线下并行的 O2O 服务,两股力量在服务智能方面相向而行,一股力量是传统制造业不断拓展服务,另一股力量是从消费互联网进入产业互联网,比如微信未来连接的不仅是人,还包括设备和设备、服务和服务、人和服务。个性化的研发设计、总集成、总承包等新服务产品的全生命周期管理,会伴随着生产方式的变革不断出现。

5.1.2 智能制造特征

与传统的制造相比,智能制造集自动化、柔性化、集成化和智能化于一身,具有实时感知、优化决策、动态执行三个方面的优点。具体来说,智能制造具有自组织和超柔性、自律能力、自我学习与自我维护、人机一体化、网络集成和虚拟现实等鲜明特征。如图 5-2 所示。

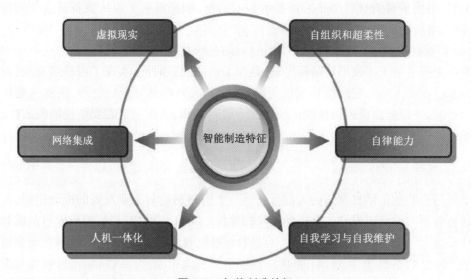

图 5-2　智能制造特征

1. 自组织和超柔性

智能制造中的各组成单元能够根据工作任务需要,快速、可靠地组建新系统,集结成一种超柔性最佳结构,并按照最优方式运行。同时,对于快速变化的市场、变化的制造要求有很强的适应性,其柔性不仅表现在运行方式上,也表现在结构组成上,所以称这种柔性为超柔性。例如,在当前任务完成后,该结构将自行解散,以便在下一任务中能够组成新的结构。

2. 自律能力

智能制造具有收集与理解环境信息、自身信息,并进行分析判断和规划自身行为的能力。智能制造系统能监测周围环境和自身作业状况并进行信息处理,根据处理结果自行调整控制策略,以采用最佳运行方案,从而使整个制造系统具备抗干扰、自适应和容错纠错等能力。强有力的知识库和基于知识的模型是自律能力的基础。具有自律能力的设备称为"智能机器",其在一定程度上表现出独立性、自主性和个性,甚至相互间还能协调运作与竞争。

3. 自我学习与自我维护

智能制造系统以原有的专家知识库为基础,能够在实践中不断地充实、完善知识库,并剔除其中不适用的知识,对知识库进行升级和优化,具有自学习功能。同时,在运行过程中能自行诊断故障,并具备对故障自行排除、自行维护的能力。这种特征使智能制造系统能够自我优化并适应各种复杂的环境。

4. 人机一体化

智能制造不单纯是"人工智能"系统,而是一种人机一体化的智能系统,是一种"混合"智能。从人工智能发展现状来看,基于人工智能的智能机器只能进行机械式的推理、预测、判断,它只能具有逻辑思维(专家系统),最多做到形象思维(神经网络),完全做不到灵感(顿悟)思维,只有人类专家才真正同时具备以上三种思维能力。因此,现阶段想以人工智能全面取代制造过程中人类专家的智能,独立承担起分析、判断、决策等任务是不现实的。但人机一体化一方面突出人在制造系统中的核心地位,同时在智能机器的配合下,更好地发挥出人的潜能,使人机之间表现出一种平等共事、相互"理解"、相互协作的关系,使二者在不同的层次上各显其能,相辅相成。因此,在智能制造系统中,高素质、高智能的人将发挥更好的作用,机器智能和人的智能将真正地集成在一起,互相配合,相得益彰。

5. 网络集成

智能制造系统在强调各个子系统智能化的同时更注重整个制造系统的网络化集成,这是智能制造系统与传统的面向制造过程中特定应用的"智能化孤岛"的根本区别。这种网络集成包括两个层面:一是企业智能生产系统的纵向整合以及网络化。网络化的生产系统利用信息物理系统(CPS)实现工厂对订单需求、库存水平变化以及突发故障的迅速反应,生产资源和产品由网络连接,原料和部件可以在任何时候被送往任何需要它的地点,生产流程中的每个环节都被记录,每个差错也会被系统自动记录,这有利于帮助工厂更快速有效地处理订单的变化、质量的波动、设备停机等事故,工厂的浪费将大大减少。二是价值链横向整合。与生产系统网络化相似,全球或本地的价值链网络通过 CPS 相连接,囊括物流、仓储、生产、市场营销及销售,甚至下游服务。任何产品的历史数据和轨迹都有据可查,仿佛产品拥有了"记忆"功能。这便形成一个透明的价值链——从采购到生产再到销售,或从供应商到企业再到客户。客户定制不仅可以在生产阶段实现,还可以在开发、订单、计划、组装和配送环节实现。

6. 虚拟现实

虚拟现实(virtual reality,VR)技术是以计算机为基础,融合信号处理、动画技术、智能推理、预测、仿真和多媒体技术为一体,借助各种音像和传感装置,虚拟展示现实生活中的各种过程、物件等,是实现高水平人机一体化的关键技术之一。基于虚拟现实技术的人机结合新一代智能界面,可以用虚拟手段智能地表现现实,能拟实制造过程和未来的产品,它是智能制造的一个显著特征。如图 5-3 所示。

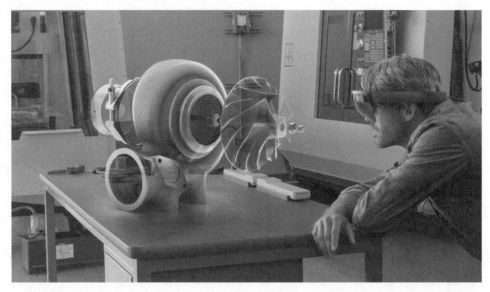

图 5-3　虚拟现实

5.1.3　智能制造发展现状

进入 21 世纪,互联网、新能源、新材料等领域的技术融合形成一个巨大的产业能力和市场,将使整个工业生产体系跃升到一个新的水平,有力地推动着一场新的工业革命。信息技术、新能源、新材料、生物技术等重要领域和前沿方向的革命性突破和交叉融合,正在引发新一轮产业变革,将对全球制造业产生颠覆性的影响,并改变全球制造业的发展格局。为应对这一重大变革,抢占智能制造的最高峰,世界各发达国家都在抢先布局智能制造,纷纷提出各自的发展战略和扶持政策。

1. 美国

美国是智能制造思想的发源地,其"工业互联网"整合着全球工业网络资源,保持全球领先地位。20 世纪 80 年代,美国率先提出智能制造的概念。国际金融危机后为促进制造业复兴,美国从国家层面就智能制造做出了系列战略部署。

2011 年 6 月,美国政府宣布实施《先进制造伙伴计划》(*Advanced Manufacturing Partnership*,*AMP*),该计划的主要目标是把美国的产业界、学界和联邦政府部门联系在一起,通过共同投资新兴技术来创造高水准的美国产品,使美国制造业赢得全球竞争优势。*AMP* 的最大特点就是产、学、政的紧密合作。为有效实现产学政联合,美国专门设立了 *AMP* 指导委员会,成员全部来自学术界和产业界,*AMP* 指导委员会的使命是透过产学政合作,找出先进制造领域的研发投资机会,促进竞争前合作,推动共享设备和基础设施建设。

2012 年,美国发布《先进制造业国家战略计划》,增加先进制造业技术投资,大量培养先进制造业增长所需的技术工人,让培训和教育系统对先进制造业的技术人才的需求做出快速有效的反应。创造并支持国家和区域的政府和私营企业,建立政府-企业-专业机构的伙伴关系,加速投资和开发先进制造业。通过跨机构的组合视角来优化联邦在先进制造业技术的投资并做出相应调整。增加美国公共部门和私有部门在先进制造业的总体研发投资。2012 年,美国通用电气公司提出"工业互联网"概念,由 AT&T、思科、通用电气、IBM 和英特尔成立"工业互联网联盟",提出要将互联网等技术融合在工业的设计、研发、制造、营销、服务等各个阶段中。工业互联网的本质和核心是通过工业互联网平台把设备、生产线、工厂、供应商、产品和客户紧密地连接融合起来。可以帮助制造业拉长产业链,形成跨设备、跨系统、跨厂区、跨地区的互联互通,从而提高效率,推动整个制造服务体系智能化。

制造业创新研究院作为重振美国制造业战略的一部分,通过布局制造业重点领域,聚焦共性关键技术的供给与应用,不断提升美国制造业创新能力,进而维持美国全球制造业领导者地位。美国于 2012 年 8 月成立第一家制造业创新研究所——增材制造业创新研究所。2013 年,奥巴马政府又提出了 10 年内创建 45 个制造业创新研究所、组成国家制造业创新网络、布局未来制造业创新增长点的倡议。第一批制造业创新所有美国制造、电力美国、数字制造和设计技术等制造业创新研究所。

美国制造业创新研究所将各方的资源聚集在一起,采用公私合作的方法来创新和发展先进的制造技术。2012—2020 年,美国已建立了 16 个各有侧重的制造业创新研究所,形成了遍布全国的先进制造创新网络,通过政府牵引、企业主导、高校和科研机构支持,打通了先进制造技术从基础研究到产业化、规模化应用的创新链条。

2014 年,美国国会以法案形式确立了《国家制造业创新网络》,主张各研究所重点各关注 1 个领域,通过项目定制和招标,推动会员之间紧密联系、信息共享和合作研究。

美国一系列战略都强调加强政产学的智能制造创新网络,从国家层面提出加快制造业创新步伐,政府投资重点在先进材料、生产技术平台、先进制造工具与数据基础设施等与先进制造、智能制造相关的领域。目前在智能制造创新体系、智能制造产业体系、智能制造产业化应用领域、制造企业调整业务发展战略等方面都取得了一定成效。其人工智能、控制论、物联网等智能技术长期处于全球主导地位,智能产品研发方面也一直走在全球前列,从早期的数控机床、集成电路、PLC,到如今的智能手机、无人驾驶汽车以及各种先进传感器,大量与智能技术相关的创新产品均来自美国高校的实验室和企业的研发中心。美国利用基础学科、信息技术等领域的综合优势,一方面聚焦创新技术研发应用,突破制造业尖端领域;另一方面利用互联网能力带动工业提升,重塑制造业领先地位。

2018 年 10 月 5 日,美国国家科学与技术委员会发布《美国先进制造领先战略》(Strategy for American Leadership in Advanced Manufacturing,以下简称《战略》)。《战略》计划在接下来的 4 年中采取以下具体行动:通过将大数据分析、先进的传感和控制技术应用于大量制造活动,促进制造业的数字化转型;优先支持生产机器、流程和系统的实时建模和仿真,以预测和改进智能和数字制造的性能和可靠性;挖掘历史设计、生产和性能数据,以发现潜在的产品和工艺技术要点;制定标准,实现智能制造组件和平台之间的无缝集成。同时强调智能制造应连接中小企业并创建生态系统,具体措施包括向中小企业开放生产设施、专用设备及技术咨询援助,以帮助中小企业应对所面临的挑战。同时,各研究所积极创造便利条件以帮助新的创业公司,促进创业公司科技成果的商业化。

美国政府颁布的《2021 年美国创新和竞争法案》将 570 亿美元作为紧急拨款,重点发展芯片和 5G 网络两个领域。同样,《无尽前沿法案》也要求美国国家科学基金会 5 年内在人工智能和机器学习、高性能计算、半导体和先进计算机硬件、量子计算和信息系统、机器人、自动化与先进制造等 10 个关键技术领域投资 1000 亿美元。

另外,美国还围绕再工业化这一经济战略制定了一系列配套政策,形成全方位政策合力,真正推动制造业复苏,包括产业政策、税收政策、能源政策、教育政策和科技创新政策。例如,在制造业的政策支持上,美国选定高端制造业和新兴产业作为其产业政策的主要突破口。在税收政策上,美国政府通过降税以吸引美国制造业回流,能源行业是美国再工业化战略倚重的关键行业之一,美国政府着重关注新能源的发展。鼓励研发和创新,突出美国新技术、新产业和新产品的领先地位,这也是美国推进"制造业复兴"的重要举措之一,美国在工业化计划进程中整顿国内市场,大力发展先进制造业和新兴产业、扶持中小企业发展,加大教育和科研投资力度支持创新,实施智慧地球战略,为制造业智能化的实现提供了强大的技术支持、良好的产业环境和运行平台。

美国集群发展以市场需求为导向,依赖产业与市场的互动,提高集群自身竞争力和内源力,产业布局与区位和资源优势相耦合,企业网络组织在集群治理中起主导作用,产学研协同创新,政府提供积极有效的政策支持和公共服务,营造宽松活跃的金融环境。

在实践中,提出"工业互联网概念"的 GE 公司无疑是先进者之一,GE 公司正在基于它的业务范围,尝试着将智能设备、智能系统、智能决策逐步、分别集成进工业制造与服务中,GE 公司的智能工厂以高端设备、先进工艺、传感器、机器、自动化等领域的先进技术为基础,辅以工业互联网、大数据、虚拟模型及软件,将物理与信息、人与机器合二为一。标准化、个性化、精益化、自动化的工厂生产线将具备完备的数字链、自动监控和自适应功能。全面的工业制造环节的横向(运营、供应链、生产、供销、服务)和纵向信息连接实现产品生命周期(研发、设计、计划、工艺、生产、服务)的信息集成。它在生产环节重新勾画了产品设计、制造及服务的蓝图,提升制造可行性,优化加工产业链及决策评估过程,降低成本,提高生产率,保证质量,推动快速创新。

雷神、罗克韦尔·柯林斯等航空企业正在向基于模型的企业迈进,波音、洛马不仅做了此项工作,还将机器人大量引入先进飞机装配中。国防部预先研究计划局启动的"自适应运载器制造"项目在整个开发过程中,都是自动完成设计方案的对比选择、测试信息的反馈、制造抽象的提取等工作。如图 5-4 所示,F-35 隐形战斗机是由洛马公司负责研制的,在制造过程中,洛马团队实施了基于网络化制造/虚拟企业模式的虚拟产品开发创新工程。该项工程以全球化网络为基础,30 多个国家 50 多家公司参与了研发的数字化协同网络,形成了无缝连接、紧密配合的全球虚拟制造。F-35 项目在制造过程中使用了全数字设计技术,完全数字化的方法大大缩短了研制周期、降低了研制成本,且在研制过程中,形成的所有数据均可以实现即时传送,效率和准确率大大提高。

2. 德国工业 4.0

德国是全球制造业的"众厂之厂",正以"工业 4.0"打造着德国制造业的新名片。德国的制造战略重点侧重利用信息通信技术与网络空间虚拟系统相结合的手段,将制造业向智能化转型。2010 年德国联邦教研部主持制定《2020 高科技战略》。2011 年,德国人工智能研究中心提出用物联网技术来推动第四次工业革命,从而夯实德国在工业技术方面的领先地位和核心竞争力。2013 年,德国电子电气制造商协会等向德国政府提交了《保障德国制造业的未来——关于实施工业 4.0 战略的建议》。在德国工程院、弗劳恩霍费尔协会、西门子公司等德国学术界和产业界的推动下,"工业 4.0"战略在同年举行的汉诺威工业博览会上正式推出,并作为《2020 高科技战略》的重要组成部分。在具体实践"工业 4.0"时,重点利用物联网等技术,依托强大的制造业优势,尤其是装备制造业和生产线自动化方面的优势,从产品的制造端提出智能化转型方案,为抢占未来智能制造装备市场做好充分准备。

图 5-4　F-35 隐形战斗机

2016 年 3 月,德国联邦经济和能源部发布"数字化战略 2025",并制定《数字化行动计划》,提出了相应的实施措施,包括促进数字产业中心发展、加速中小企业数字化、促进能源转换数字化、构建良好的数字化价值链网络、推进汽车领域数字化以及推动分享经济等。

2019 年 2 月,德国公布了《国家工业战略 2030》。该文件旨在通过采取一系列新产业政策,打造龙头企业,壮大关键产业链,提高工业竞争力,从而帮助德国在数字智能时代实现工业转型升级,重新占据世界工业的制高点。

德国有 99.7% 的企业是中小企业,其中不乏相当数量的"隐形冠军"。这些"隐形冠军"心无旁骛地高度专注于某一个领域,专注于专业化,通过大批量、大规模和高质量的生产,使企业在这一产品领域形成强大的竞争力,逐渐获取雄踞全球的行业独尊地位。"隐形冠军"们很少搞多元化,在德国企业眼里,做大市场的唯一途径是全球化,专注于做好一个产品,然后将其推向全球市场,德国人的"工匠精神"在这一点得以充分体现。

小而精是德国中小企业的特点,小是指企业的规模相对于大企业而言从业人数较少,精是指产品的科技含量和单位产值较高。但其实并不是所有的制造业都是以中小企业为主的,这种企业结构主要存在于机器设备制造业以及信息和通信产业,而在金属、钢铁和其他有色金属制造、重型机械和电力机械制造、人造染料、纤维、肥料以及新材料和化学工业等领域,则是以大企业为主导,但也有大量中小企业,与大企业形成了比较和谐的共存和发展关系。

德国在发展先进制造集群方面,建立信息分享平台,高度重视对集群的评估与监测,发挥政府指导作用,完善国家集群战略,组建中立高效的"第三方"机构,构建网络化服务体系。

在"工业 4.0"目标下,各类智能互联制造平台将中小企业整合到新的价值网络中,进一步增强了中小企业的活力,使中小企业成为新一代智能化生产技术的使用者和受益者,同时也成为先进工业生产技术的创造者和供应者,从而带动产业结构整体升级。德国目前基于"工业4.0"已经有多家领先企业,在很多高端领域和环节已经形成了群体性优势,特别是国际化大企业。例如,西门子的"数字化企业平台"系统为数字制造提供了载体;宝马集团的虚拟手势识别系统使得汽车制造再进一步(图5-5);大众用机器人制造汽车,实现了极高的人力替代效率;艾波比集团(Asea Brown Boveri,ABB)强大、精细而全面的机器人产品在世界上有着明显的竞争优势(图5-6);博世力推用于工厂智能化的射频码系统;思爱普公司推动云平台互联万物,实现大数据支撑决策。

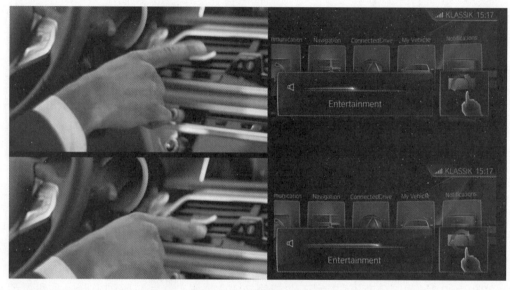

图5-5　宝马手势识别系统

德国作为"工业4.0"概念的提出者,也是第一个实践智能工厂的国家。位于德国巴伐利亚州安贝格的西门子工厂是德国政府、企业、大学以及研究机构全力研发全自动、基于互联网智能工厂的早期案例。在安贝格西门子工厂10万平方米的厂房内,仅有员工1000名,近千个制造单元仅通过互联网进行联络,大多数设备都在无人力操作状态下进行挑选和组装。在安贝格西门子工厂

图5-6　ABB机器人

中,每年可生产约1 500万件Simatic控制设备产品,按每年生产230天计算,平均每秒就能生产出一台控制设备,而且每100万件产品中残次品约为15件,可靠性达到99%,追溯性达

到 100%。在西门子的设计中,"在生产之前,这些产品的使用目的就已预先确定,包括部件生产所需的全部信息,都已经'存在'于虚拟现实中,这些部件有自己的'名称'和'地址',具备各自的身份信息,它们'知道'什么时候、哪条生产线或哪个工艺过程需要它们,通过这种方式,这些部件得以协商确定各自在数字化工厂中的运行路径",设备和工件之间甚至可以直接交流,从而自主决定后续的生产步骤,组成一个分布式、高效和灵活的系统。

博世作为"工业 4.0"的领先实践者,在全球 270 多家工厂积极推行"工业 4.0"项目创新,涌现了一大批成功项目。例如,智能拧紧系统主要应用于汽车、航天制造过程中的螺丝安装作业,这些行业的螺丝扭矩需要十分精准,智能拧紧系统可通过在线平台实时观测拧紧枪在全程作业中的扭矩变化,通过数据采集掌握最精准的扭矩值,分析得出扭矩与安装质量的关系,保证产品质量最优。智能拧紧系统的应用使拧紧枪的停机时间减少 10%,因停机所带来的损失减少 10%,失效反应时间大大降低。在博世德国的液压阀工厂里,博世利用"工业 4.0"互联网信息化手段,实现了多品种、小批量、共线柔性生产。实现 2000 种产品零换型生产,同时库存降低 30%,生产效率增加 10%,每条产线节省的成本达 50 万欧元。

3. 日本工业 4.0

日本是智能制造最早的发起国之一,非常重视技术的自主创新,要求以科学技术立国。2007 年,日本审议并开始实施"创新 25 战略"。这是一项社会体制与科技创新一体化的战略,为日本创新立国制定了具体的政策路线图。其中包括 146 个短期项目和 28 个中长期项目,后者以"智能制造系统"作为核心理念,大力实施技术创新项目。2015 年 1 月发布"新机器人战略",其三大核心目标分别是世界机器人创新基地、世界第一的机器人应用国家及迈向世界领先的机器人新时代。2015 年 6 月,日本机械工程学会启动工业价值链计划,在日本经产省支持下该计划已经构建了"官产学研"一体化合作的重要工业创新网络,成为日本工业智能化升级的新生民间力量。2015 年 10 月,日本设立 IoT 推进组织,推动全国的物联网、大数据、人工智能等技术开发和商业创新。之后,由日本经济贸易产业省(METI)和日本机械工程师协会(JSME-MSD)发起产业价值链计划,基于宽松的标准,支持不同企业间制造协作。

2016 年 12 月 8 日,《日本工业价值链参考框架》(*Industrial Value Chain Reference Architecture*,IVRA)的正式发布,标志着日本智能制造策略正式完成里程碑的落地。IVRA 是日本智能制造独有的顶层框架,相当于美国工业互联网联盟的参考框架(*Industrial Internet Reference Architeture*,IIRA)和德国"工业 4.0"参考框架(*Reference Architecture Model Industrie*,RAMI4.0),这是具有日本制造优势的智能工厂得以互联互通的基本模式。而工业价值链计划,赫然成为"通过民间引领制造业"的重要抓手。事实上,工业价值链计划正在成为日本智能制造的核心布局。

2017 年 3 月,日本正式提出"互联工业"(Connected industry)的概念,发表了"互联工业:日本产业新未来的愿景"。"互联工业"强调"通过各种关联,创造新的附加值的产业社会",包括物与物的连接、人和设备及系统之间的协同、人和技术相互关联、既有经验和知识的传承,以及生产者和消费者之间的关联。

互联工业可以是工厂内部技术、流程、管理等的连接,也可以是同行业公司、合作伙伴、客户或市场等的对接,甚至拓展现有技术创新网络、发展模式在不同产业领域构建新兴产业结构,它在不同行业背景下、不同业态和 IT 化不同阶段中灵活应用着,有效推动日本智能制造的发展。为了推进互联工业的实施,日本致力于物联网、人工智能、机器人等领域的核心技术突破,通过产业升级引领不同行业快速发展,融入人们生活并带来一场深刻的社会变革。

2018年3月,工业价值链计划对工业价值链参考架构进行了优化,提出了新一代工业价值链参考架构,对产业价值链或关联产业的战略实施进行了更进一步、更深层次、更加实用的研究。工业价值链参考架构将执行智能制造的基本单元确定为智能制造单元,是拥有专业管理人员且具备自主决策能力的企业或更小的单元,强调通过动态循环实现生产现场、组织架构、工作流程等方面的改进,通过一系列的循环往复、迭代升级实现主体、物品、信息、数据等要素在不同单元间准确、安全传递。

为强化制造业竞争力,2019年4月11日,日本政府概要发布了2018年度版《制造业白皮书》,指出在生产第一线的数字化方面,中小企业与大企业相比有落后倾向,应充分利用人工智能的发展成果,加快技术传承和节省劳力。与此同时,日本发布了多期《科技发展基本计划》。该计划主要部署多项智能制造领域的技术攻关项目,包括多功能电子设备、信息通信技术、精密加工、嵌入式系统、智能网络、高速数据传输、云计算等基础性技术领域。日本通过这一布局建设覆盖产业链全过程的智能制造系统,重视发展人工智能技术的企业,并给予优惠税制、优惠贷款、减税等多项政策支持。以日本汽车巨头本田公司为典型,该企业通过采取机器人、无人搬运机、无人工厂等智能制造技术,将生产线缩短了40%,建成了世界最短的高端车型生产线。如图5-7所示,在马扎克工厂,加工中心、物流导轨、上下料机器人、自动化工装输送线组成的柔性自动化产线,自动完成零件的机加工过程,实现了720 h无人值守,偌大的车间里,只看到机器人忙碌的身影和物流车在轨道上回来穿梭,却很少看到工人的作业。发那科公司的机加工工厂里由一组机器人、加工中心、在线检测装备、物流装备组成的独立单元完成部分工序的制造或装配,机器人负责上下料、物料定位、物料转运,并且实现了机器间的对话以完成单元内各工序。日本企业制造技术的快速发展和政府制定的一系列战略计划为日本对接"工业4.0"时代奠定了良好的基础。

图5-7 马扎克自动化柔性生产线

4. 中国智能制造

制造业是立国之本、兴国之器、强国之基。装备制造业是制造业的核心和脊梁,是工业化发展的重要标志,是为国民经济和国防建设提供技术装备的基础性、战略性产业。

我国制造业步入新常态下的攻坚阶段,制造强国战略开始推进实施。经过多年迅猛发展,我国已稳居世界制造业第一大国,对全球制造业的影响力不断提升。

2012 年 3 月 27 日,中华人民共和国科学技术部印发《智能制造科技发展"十二五"专项规划》。指出以设计与工艺技术、智能机器人技术和系统控制技术等为代表的高端装备和系统集成技术是智能制造的核心,按储备一代、研发一代、推广一代的原则安排相关研究内容,突破智能制造基础技术与部件、攻克一批智能化装备、研发制造过程自动化生产线,制定相应技术与安全标准,增强产业竞争力,抢占制造业价值链高端,促进制造业结构升级和战略调整,并系统布局创新基地和平台,培养创新创业领军人才和团队。

2015 年 5 月 19 日,李克强总理签批了《中国制造 2025》,部署全面推进实施制造强国战略。这是我国实施制造强国战略第一个十年的行动纲领。《中国制造 2025》提出,坚持"创新驱动、质量为先、绿色发展、结构优化、人才为本"的基本方针,坚持"市场主导、政府引导,立足当前、着眼长远,整体推进、重点突破,自主发展、开放合作"的基本原则。规划则明确了新一代信息技术、高档数控机床和机器人、航空航天装备、海洋工程装备及高技术船舶、先进轨道交通装备、节能与新能源汽车、电力装备、农业装备、新材料、生物医药及高性能医疗器械等十大重点领域。通过"三步走"实现制造强国的战略目标:第一步,到 2025 年迈入世界制造强国行列;第二步,到 2035 年我国制造业整体达到世界制造强国阵营中等水平;第三步,到新中国成立 100 年时,我国制造业大国地位更加巩固,综合实力进入世界制造强国前列。

2016 年 12 月 7 日,工信部在南京世界智能制造大会上正式发布了《智能制造发展规划(2016—2020 年)》。规划中指出,2025 年前,推进智能制造"两步走战略",并明确了加快智能制造装备发展,加强共建共性技术创新,建设智能制造标准体系,构筑工业互联网基础等十大重点任务。

2017 年 1 月,工信部发布《信息产业发展指南》,指出工业互联网是发展智能制造的关键基础设施,主要任务包括充分利用已有创新资源,在工业互联网领域布局建设若干创新中心,开展共建共性技术研发。

2018 年 3 月,《2018 年国务院政府工作报告》中指出实施"中国制造 2025",推进工业强基、智能制造、绿色制造等重大工程,先进制造业加快发展。

2021 年 12 月 3 日,工业和信息化部、国家标准化管理委员会组织编制了《国家智能制造标准体系建设指南(2021 版)》。文件中指出,到 2023 年,制修订 100 项以上国家标准、行业标准,不断完善先进适用的智能制造标准体系。加快制定人机协作系统、工艺装备、检验检测装备等智能装备标准,智能工厂设计、集成优化等智能工厂标准,供应链协同、供应链评估等智慧供应链标准,网络协同制造等智能服务标准,数字孪生、人工智能应用等智能赋能技术标准,工业网络融合等工业网络标准,支撑智能制造发展迈上新台阶。到 2025 年,在数字孪生、数据字典、人机协作、智慧供应链、系统可靠性、网络安全与功能安全等方面形成较为完善的标准簇,逐步构建起适应技术创新趋势、满足产业发展需求、对标国际先进水平的智能制造标准体系。如图 5-8 所示。

2021 年 12 月 28 日,工业和信息化部、国家发展和改革委员会、教育部、科技部、财政部、人力资源和社会保障部、国家市场监督管理总局、国务院国有资产监督管理委员会等八部门联合印发《"十四五"智能制造发展规划》(以下简称《规划》)。

《规划》提出推进智能制造的总体路径是:立足制造本质,紧扣智能特征,以工艺、装备为核心,以数据为基础,依托制造单元、车间、工厂、供应链等载体,构建虚实融合、知识驱动、动态优化、安全高效、绿色低碳的智能制造系统,推动制造业实现数字化转型、网络化协同、智能化变革。未来 15 年通过"两步走",加快推动生产方式变革:一是到 2025 年,规模以上制造业企业大部分实现数字化网络化,重点行业骨干企业初步应用智能化;二是到 2035 年,规模以上制造业企业全面普及数字化网络化,重点行业骨干企业基本实现智能化。《规划》部署了智能制造技术攻关行动、智能制造示范工厂建设行动、行业智能化改造升级行动、智能制造装备创新发展行动、工业软件突破提升行动、智能制造标准领航行动等六个专项行动。

图 5-8　智能制造标准计划

党的十九大报告明确提出,要促进我国产业迈向全球价值链中高端,培育若干世界级先进制造业集群,这表明我国已将建设世界级先进制造业集群提升至国家战略层面。培育世界级先进制造业集群成为当下中国经济转型升级、促进产业向中高端迈进、建设制造强国的重要抉择之一。近几年,我国先进制造业集群建设发展迅速。根据赛迪研究院对我国先进制造业集群空间分布的研究成果,我国已形成以"一带三核两支撑"为特征的先进制造业集群空间分布总体格局。其中"一带"指的是沿海经济带,环渤海核心地区主要包括北京、天津、河北、辽宁和山东等省市,是国内重要的先进制造业研发、设计和制造基地。其中,北京以先进制造业高科技研发为主,天津以航天航空业为主,山东以智能制造装备和海洋工程装备为主,辽宁则以智能制造和轨道交通为主。长三角核心地区以上海为中心,江苏、浙江为两翼,主要在航空制造、海洋工程、智能制造装备领域较突出,形成较完整的研发、设计和制造产业链。珠三角核心地区的先进制造业主要集中在广州、深圳、珠海和江门等地,集群以特种船、轨道交通、航空制造、数控系统技术及机器人为主。中部支撑地区主要由湖南、山西、江西和湖北组成,其航空装备与轨道交通装备产业实力较为突出。西部支撑地区以川陕为中心,主要由陕西、四川和重庆组成,轨道交通和航空航天产业形成了一定规模的产业集群。

由前瞻产业研究院发表数据显示,2014—2015 年中国智能制造行业新成立企业数量骤增,处于上升风口时期,工业巨头、互联网科技等领域企业拓展业务范围,积极转型,进军智能制造行业。2015 年智能制造企业新增数量达到 1273 家之多,新增企业数量达到顶峰。2016 年以后,中国智能制造新增企业数量开始减少,开始纵向拓展和深化智能制造关键技术和应用领域。到 2018 年,新增企业数量为 530 家。根据中研产业研究院《2020—2025 年中国智能制造行业市场前瞻与未来投资战略分析报告》,智能制造业投资金额从 2014 年到 2018 年持续上升,且 2017—2019 年间投资金额均超 300 亿元。

5.1.4　智能制造的目标

"智能制造"概念刚提出时,其预期目标是比较狭义的,即"使智能机器在没有人工干预的情况下进行小批量生产",随着智能制造内涵的扩大,智能制造的目标已变得非常宏大。比如,"工业4.0"指出了八个方面的建设目标,即满足用户个性化需求,提高生产的灵活性,实现决策优化,提高资源生产率和利用效率,通过新的服务创造价值机会,应对工作场所人口的变化,实现工作和生活的平衡,确保高工资仍然具有竞争力。"中国制造2025"指出实施智能制造可给制造业带来"两提升、三降低","两提升"是指生产效率的大幅度提升,资源综合利用率的大幅度提升。"三降低"是指研制周期的大幅度缩短,运营成本的大幅度下降,产品不良品率的大幅度下降。

下面结合不同行业的产品特点和需求,从以下四个方面对智能制造的目标特征做归纳阐述。

1. 满足客户的个性化定制需求

家电、3C(计算机、通信和消费类电子产品)等行业,产品的个性来源于客户多样化与动态变化的定制需求,企业必须具备提供个性化生产能力,才能在激烈的市场竞争中生存下来。智能制造技术可以从多方面为个性化产品的快速推出提供支持,比如,通过智能设计手段缩短产品的研制周期,通过智能制造装备(比如智能柔性生产线、机器人、3D打印设备)提高生产的柔性,从而适应单件小批生产模式等。这样,企业在一次性生产且产量很低的情况下也能获利。以海尔为例,2015年3月,首台用户定制空调成功下线,这离不开背后智能工厂的支持。

2. 实现复杂零件的高品质制造

在航空航天、船舶、汽车等行业,存在许多结构复杂、加工质量要求非常高的零件。以航空发动机的机匣为例,它是典型的薄壳环形复杂零件,最大直径可达3 m,其外表面分布有安装发动机附件的凸台、加强筋、减重型槽及花边等复杂结构,壁厚变化剧烈。用传统方法加工时,加工变形难以控制,质量一致性难以保证,变形量的超差将导致发动机在服役时发生振动,严重时甚至会造成灾难性的事故。对于这类复杂零件,采用智能制造技术,在线检测加工过程中力-热-变形场的分布特点,实时掌握加工中工况的时变规律,并针对工况变化即时决策,使制造装备自律运行,可以显著地提升零件的制造质量。

3. 保证高效率的同时,实现可持续制造

可持续发展定义为:"能满足当代人的需要,又不对后代人满足其需要的能力构成危害的发展"。可持续制造是可持续发展对制造业的必然要求。从环境方面考虑,可持续制造首先要考虑的因素是能源和原材料消耗。这是因为制造业能耗占全球能量消耗的33%,二氧化碳排放的38%。当前许多制造企业通常优先考虑效率、成本和质量,对降低能耗认识不够。然而实际情况是不但化工、钢铁、锻造等流程行业,而且在汽车、电力装备等离散制造行业,对节能降耗都有迫切的需求。以离散机械加工行业为例,我国机床保有量世界第一,有800多万台。若每台机床额定功率按平均5~10 kW计算,我国机床装备总的额定功率为4 000~8 000万kW,相当于三峡电站总装机容量2 250万kW的1.8~3.6倍。智能制造技术能够有力地支持高效可持续制造,首先,通过传感器等手段可以实时掌握能源利用情况;其次,通过能耗和综合智能优化,获得最佳的生产方案并进行能源的综合调度,提高能源的利用效率;最后,通过制造生态环境的一些改变,比如改变生产的地域和组织方式,与电网开展深度合作等,可以进一步从大系统层面实现节能降耗。

4. 提升产品价值,拓展价值链效率

产品的价值体现在"研发–制造–服务"的产品全生命周期的每一个环节,根据"微笑曲线"理论,制造过程的利润空间通常比较低,而研发与服务阶段的利润往往更高,通过智能制造技术,有助于企业拓展价值空间。其一,通过产品智能化升级和产品智能设计技术,实现产品创新,提升产品价值;其二,通过产品个性化定制、产品使用过程的在线实时监测、远程故障诊断等智能服务手段,创造产品新价值,拓展价值链。

5.2 智能制造技术

智能制造技术非常多,下面对增材制造技术、工业机器人技术、物联网、工业大数据、云计算等技术进行简要介绍。

5.2.1 增材制造技术

1. 增材制造技术的定义

增材制造技术,又称"3D 打印技术",是基于"分层切片+逐层堆积"的思想,根据三维模型数据,采用离散材料(液体、粉末、丝、片、板、块)逐层累加原理制造实体零件的技术。增材制造设备通常由高精度机械系统、数控系统、喷射/熔融/沉积系统和成形环境等子系统构成。相对于传统的材料去除技术(如切削等),增材制造是一种自下而上材料累加的制造工艺。如图 5-9 所示。

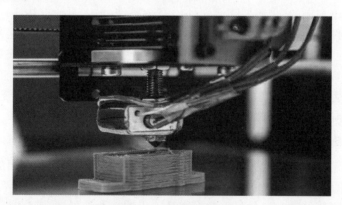

图 5-9 增材制造技术

2. 增材制造技术的分类

增材制造技术的分类方法较多:按原材料的不同,可分为金属、聚合物、复合材料/功能材料增材制造技术;按能量发生源的不同,可分为激光束、电子束、等离子束、电弧增材制造技术(图 5-10);按材料供给方式的不同,可分为预置材料式和同步供给材料式增材制造技术。目前常见的成形方法有激光选区成形(SLS/SLM)、液态光固化成形(SLA)、熔融沉积成形(FDM)、分层实体成形(LOM)等。如图5-11所示。

图5-10 金属增材制造和激光增材制造

图5-11 液态树脂光固化成形和熔融沉积成形

3. 增材制造技术的特点

增材制造技术的出现,开辟了不用刀具、模具而制作各类零部件的新方法,也改变了传统的去除式机械加工方法,采用逐层累积式的加工方法,带来了制造方式的变革。从理论上讲,增材制造方式可以制造任意复杂形状的零部件。与其他先进制造技术相比,增材制造技术具有如下特点:

(1)自由成形

自由成形制造也是增材制造的另一用语。自由成形制造的含义有三个方面:一是指制造过程无须使用工具、刀具、模具而制作原型或零件,由此可以大大缩短新产品的试制周期并节省工具、模具费用;二是指不受零件形状复杂程度的限制,能够制作任意复杂形状与结构的零部件;三是制作原型所使用的材料不受限制,各种金属和非金属材料均可使用。

（2）制作过程快

从 CAD 数据模型或实体反求获得的数据到原型制成,一般仅需数小时或十几小时,速度比传统的成形加工技术快得多。该技术在新产品开发中改善了设计过程的人机交流,缩短了产品设计与开发周期。以增材制造为母模的快速模具技术,能够在几天时间内制作出所需的实际产品。而通过传统的钢制模具制作产品,至少需要几个月的时间。该项技术的应用,极大地降低了新产品的开发成本和企业研制新产品的风险,可将制造费用降低约50%,加工周期缩短70%以上。

随着信息技术、互联网技术的发展,增材制造技术也更加便于制造服务,能使有限的资源得到充分的利用,也可以快速响应用户的需求。

（3）数字化驱动与累加式的成形方式

无论是哪种增材制造工艺,其材料都是由 CAD 数据直接或间接地驱动成形设备通过逐点、逐层的方式累加成形的。这种通过材料累加制造原型的加工方式,是增材制造技术区别于其他制造技术的显著特点,复制性、互换性较高。同时,制造工艺与制造原型的几何形状无关,在加工复杂曲面时更显优势。

（4）技术高度集成

新材料、激光应用技术、精密伺服驱动技术、计算机技术以及数控技术等的高度集成,共同支撑了增材制造技术的实现,也实现了设计制造一体化。

（5）应用领域广泛

增材制造技术除了制作原型外,还特别适合于新产品的开发、单件及小批量零件制造、不规则或复杂形状零件制造、模具设计与制造、产品设计的外观评估和装配检验、快速反求与复制,以及难加工材料的制造等。该技术不仅在制造业有着广泛的应用,在材料科学与工程、医学、文化艺术及建筑工程等领域也有广阔的应用前景。

4. 增材制造的关键技术

（1）软件技术

软件是增材制造技术的基础,主要包括三维建模软件、数据处理软件及控制软件等。

三维建模软件主要完成产品的数字化设计和仿真,并输出 STL 文件。数据处理软件负责进行 STL 文件的接口输入、可视化、编辑、诊断检验及修复、插补、分层切片,完成轮廓数据和填充线的优化,生成扫描路径、支撑及加工参数等。控制软件将数控信息输出到步进电动机,控制喷射频率、扫描速度等参数,从而实现产品的快速制造。

（2）新材料技术

成型材料是增材制造技术发展的核心之一,它实现了产品"点-线-面-体"的快速制作。目前常使用的材料有金属粉末、光敏树脂、热塑性塑料、高分子聚合物、石膏、纸、生物活性高分子等材料,并实现了工程应用。例如,2013 年 7 月,NASA 选用镍铬合金粉末制造了火箭发动机的喷嘴(图 5-12),并顺利通过点火试验;2015 年 7 月,北京大学人民医院完成骶骨肿瘤切除手术后,在患者骨缺损部位安放了 3D 打印骨盆假体(图 5-13),使患者躯干与骨盆重获联系。然而,我国基础性(材料的物理、化学及力学性能等)研究不足,缺乏材料特性数据库;高端成型材料(高性能光敏树脂、金属合金、喷墨黏结剂等)大多依赖进口,缺少规模化材料研发公司且没有相应的标准规范,致使现阶段制造的零件主要用于概念设计、实验测试与模具制造,只有少数功能件实现了产业化。

图 5-12　火箭发动机的喷嘴

(a)　　　　　　　　　　(b)

图 5-13　3D 打印骨盆假体

随着科学技术的进步,增材制造单一材料零件的性能已满足不了实际要求,复合材料、功能梯度材料、智能材料、纳米材料等新型材料产品成了目前研究热点。特别是 4D 打印技术的出现,实现了智能材料产品的自我组装或调整,彻底颠覆了传统装备制造业的发展理念,开辟了增材制造技术发展的新篇章。

（3）再制造技术

再制造技术给予了废旧产品新生命,延伸了产品使役时间,实现了可持续发展,是增材制造技术的发展方向。它以损伤零件为基础,对其失效的部分进行处理,恢复其整体结构和使用功能,并根据需要进行性能提升。与一般制造相比,再制造需要清洗缺损零件,给出详细的修复方案,再通过逆向工程生成缺损零件的标准三维模型,最后按规划的路径完成修复,其成型过程要求更加精确可控。

（4）增材制造装备

增材制造装备是增材制造的关键所在。基于增材制造对工业发展的推动作用,需要将增材制造装备的设计研发和生产提到重要的地位。2014 年度"高档数控机床与基础制造装备"科技重大专项也将增材制造列为重点研究领域,针对航天型号复杂、精密关键金属构件高精度、高质量、一致性、高效率、高柔性化制造的需求,注重对航天难加工材料复杂零部件激光增材制造技术与装备研制。今后应该注重从以下方面针对增材装备的研制开展工作：

①专门化极大极小便携式制造装备的研制、增材制造装备的设备小型化、专业化。

②复杂结构件模型的数字化处理、填充路径规划及成型过程模拟技术研究,构建基于智能的工艺知识库,进行加工工艺的改进完善,开展尺寸精度调控规律研究。

③研究激光增材制造装备自适应精确运动机构控制技术,发现获得高精度的途径和方法。

④研究激光立体成形的高精度同步铺粉及成型系统。

⑤研究制造过程质量一致性控制及其对构件尺寸精度的影响规律研究等。这些方面的成果和突破,将使我国的增材制造装备快速国产化并对国民经济发展起到重要推进

作用。

5.2.2 工业机器人技术

当前,工业机器人已经成为推进实施智能制造的重要抓手。工业机器人的推广应用,可以提升工业制造自动化和智能化水平,降低人力成本上升和人口红利减少的影响,从而提高效率和降低生产成本。

1. 工业机器人的定义

工业机器人是机器人家族中的重要一员,也是目前在技术上发展最成熟、应用最多的一类机器人。世界各国对工业机器人的定义不尽相同。

美国机器人工业协会(RIA)给出的定义:机器人是一种用于移动各种材料、零件、工具或专用装置,通过可编程序动作来执行各种任务并具有编程能力的多功能机械手。

日本工业机器人协会(JIRA)给出的定义:一种带有存储器件和末端操作器的通用机械,它能够通过自动化的动作替代人类劳动。

德国标准(VDI)中的定义:工业机器人是具有多自由度的能进行各种动作的自动机器,它的动作是可以顺序控制的。轴的关节角度或轨迹可以不靠机械调节,而由程序或传感器加以控制。工业机器人具有执行器、工具及制造用的辅助工具,可以完成材料搬运和制造等操作。

国际标准化组织(ISO)对工业机器人的定义:工业机器人是一种能自动控制,可重复编程,多功能、多自由度的操作机,能搬运材料、工件或操持工具,完成各种作业。

我国对工业机器人的定义:工业机器人是广泛用于工业领域的多关节机械手或多自由度的机器装置,具有一定的自动性,可依靠自身的动力能源和控制能力实现各种工业加工制造功能。

2. 工业机器人的组成

工业机器人是集机械工程、控制工程、传感器、人工智能、计算机等技术为一体的自动化设备。其关键组成如下:

(1)机械结构

工业机器人由一些复杂的机械结构组成,包括:末端操纵器,用于抓取物料,如夹钳式取料手、吸附式取料手等,如图5-14所示;腕部用于连接手臂和末端操纵器,负责调整末端操纵器的方位和姿态;臂部由一系列关节和连杆组成,负责支撑腕部和手部,并带动它们在作业环境空间运动;机身与机座用于承载和安装其他部件;此外还有传动机构、行走机构等。

(2)驱动与控制系统

驱动系统的主要任务是按照控制命令,对控制信号进行放大、转换调控等处理,最终将给定指令变成期望的机构运动,常见的驱动系统按动力源可分为电动、气动和液压三类。控制系统的主要任务是在工作中向机器人驱动系统发送指令,包括脉冲信号、电压和电流等,使驱动系统带动机器人各关节的执行机构,从而完成机器人的运动控制。

(3)感知系统

工业机器人的感知系统通常由多种传感器或视觉系统组成,感知系统使得工业机器人能够感受发生在内部或外部的所有信息,并把这类信息转换为机器人可以理解的数据或者信息,为决策系统和控制系统的运作提供支持。如今,构成工业机器人感知系统的传感器种类已经非常繁多,包括传统的位置、速度、加速度传感器、激光传感器、视觉传感器、力传感器等,为工业机器人赋予了视觉、听觉、触觉、力觉和平衡觉等多种感知知觉。

图 5-14　末端操作器

此外,工业机器人的关键组成还包括软件系统、网络通信系统、遥控和监控系统、人机交互系统等。

3. 工业机器人分类

关于机器人的分类,国际上目前没有指定统一的标准。从不同的角度,机器人有不同的分类方法。

(1)按用途可将工业机器人分为移动机器人、焊接机器人、真空机器人、激光加工机器人、洁净机器人。

①移动机器人。移动机器人是工业机器人的一种类型,它由计算机控制,具有移动、自动导航、多传感器控制、网络交互等功能,可广泛应用于机械、电子、医疗、食品、造纸等行业的柔性搬运、传输等功能,同时可在车站、机场、邮局的物品分拣中作为运输工具。如图5-15所示。

图 5-15　移动机器人

②焊接机器人。焊接机器人是一种多用途的、可重复编程的自动控制操作机,是主要从事焊接(包括切割与喷涂)工作的工业机器人。按照机器人作业中所采用的焊接方法,可将焊接机器人分为点焊机器人、弧焊机器人、搅拌摩擦焊机器人、激光焊接机器人等类型。

③真空机器人。真空机器人是一种在真空环境下工作的机器人,主要应用于半导体工业中,实现晶圆在真空腔室内的传输。

④激光加工机器人。激光加工机器人是将机器人技术应用于激光加工中,通过高精度工业机器人实现更加柔性的激光加工作业,可用于工件的激光表面处理、打孔、焊接和模具修复等。如图 5-16 所示。

图 5-16　激光加工机器人

⑤洁净机器人。洁净机器人是一种在洁净环境中使用的工业机器人。随着生产技术水平的不断提高,其对生产环境的要求也日益苛刻,很多现代工业产品生产都要求在洁净环境中进行。洁净机器人是洁净环境下生产需要的关键设备。

(2)按控制方式可将工业机器人分为操作机器人、程序机器人、示教-再现机器人、数控机器人和智能机器人等。

①操作机器人(operating robot)。操作机器人是指人可在一定距离处直接操纵其进行作业的机器人。通常采用主、从方式实现对操作机器人的遥控操作。

②程序机器人(sequence control robot)。程序机器人可按预先给定的程序、条件、位置等信息进行作业,其在工作过程中的动作顺序是固定的。

③示教-再现机器人(playback robot)。示教-再现机器人的工作原理是:由人操纵机器人执行任务,并记录这些动作,机器人进行作业时按照记录的信息重复执行同样的动作。示教-再现机器人的出现标志着工业机器人广泛应用的开始。示教-再现方式目前仍然是工业机器人控制的主流方法。

④数控机器人(numerical control robot)。数控机器人动作的信息由编制的计算机程序提供,数控机器人依据这一信息进行作业。

⑤智能机器人(intelligent robot)。智能机器人具有触觉、力觉或简单的视觉以及能感知和理解外部环境信息的能力,或更进一步增加自适应、自学习功能,即使其工作环境发生变

化,也能够成功地完成作业任务。它能按照人给的"宏指令"自选或自编程序去适应环境并自动完成更为复杂的工作。

(3)按执行机构运动的控制机能可将工业机器人分为点位型和连续轨迹型。点位型只控制执行机构由一点到另一点的准确定位,适用于机床上下料、点焊和一般搬运、装卸等作业;连续轨迹型可控制执行机构按给定轨迹运动,适用于连续焊接和涂装等作业。上下料机器人和喷涂机器人分别如图5-17和图5-18所示。

图5-17　上下料机器人

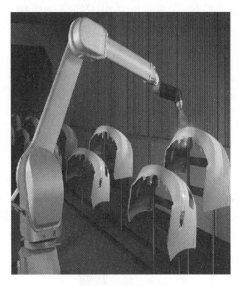

图5-18　喷涂机器人

(4)按工业机器人的自由度数目分类。操作机各运动部件的独立运动只有两种形态:直线运动和旋转运动。工业机器人腕部的任何复杂运动都可由这两种运动来合成。工业机器人的自由度数目一般为2~7,简易型的为2~4,复杂型的为5~7。自由度数目越大,工业机器人的柔性越大,但结构和控制也就越复杂。

4. 工业机器人的特点

(1)可重复编程

生产自动化的进一步发展是柔性自动化。工业机器人可随其工作环境变化的需要而再编程,因此在小批量、多品种、具有均衡高效率的柔性制造过程中能发挥很好的功用,是柔性制造系统中的一个重要组成部分。

(2)拟人化

工业机器人在机械结构上有类似人的行走、腰转、大臂、小臂、手腕、手爪等部分。此外,智能化工业机器人还有许多类似人类的"生物传感器",如皮肤型接触传感器、力传感器、负载传感器、视觉传感器、声觉传感器、语言功能等。传感器提高了工业机器人对周围环境的自适应能力。

(3)通用性

除了专门设计的专用的工业机器人外,工业机器人在执行不同的作业任务时具有较好的通用性。例如,更换工业机器人手部末端操作器(手爪、工具等)便可执行不同的作业任务。

（4）技术先进

工业机器人集精密化、柔性化、智能化、网络化等先进制造技术于一体,过程实施检测、控制、优化、调度、管理和决策,实现增加产量、提高质量、降低成本、减少资源消耗和环境污染,是工业自动化水平的最高体现。

（5）技术升级

工业机器人与自动化成套装备具有精细制造、精细加工及柔性生产等技术特点,是继动力机械、计算机之后出现的全面延伸人的体力和智力的新一代生产工具,是实现生产数字化、自动化、网络化及智能化的重要手段。

（6）应用领域广泛

工业机器人与自动化成套装备是生产过程的关键设备,可用于制造、安装、检测、物流等生产环节,并广泛应用于汽车整车及汽车零部件、工程机械、轨道交通、低压电器、电力、IC 装备、军工、烟草、冶金等行业,应用领域非常广泛。

（7）技术综合性强

工业机器人与自动化成套技术,集中并融合了众多学科,涉及多项技术领域,包括微电子技术、计算机技术、机电一体化技术、工业机器人控制技术、机器人动力学及仿真、机器人构件有限元分析、激光加工技术、模块化程序设计、智能测量、建模加工一体化、工厂自动化及精细物流等先进制造技术。第三代智能机器人不仅具有获取外部环境信息的各种传感器,还具有记忆能力、语言理解能力、图像识别能力、推理判断能力等人工智能,其技术综合性强。

5. 工业机器人关键技术

（1）工业机器人核心零部件

工业机器人核心零部件包括高精度减速机、伺服电动机、驱动器及控制器,它们对整个工业机器人的性能指标起着关键作用,由通用性和模块化的单元构成。我国工业机器人的关键部件,尤其是在高精密减速机方面,与技术发达国家的差距尤为突出,制约了我国工业机器人产业的成熟及国际竞争力的形成。在工业机器人的诸多技术方面仍停留在仿制层面,创新能力不足,制约了工业机器人市场的快速发展;存在重视工业机器人的系统研发,但忽视关键技术突破的问题,使得工业机器人的某些核心技术处于试验阶段,制约了我国机器人产业化进程,致使我国工业机器人的关键部件主要依赖进口。

（2）工业机器人灵巧操作技术

工业机器人机械臂和机械手在制造业应用中需要模仿人手的灵巧操作。通过在高精度、高可靠性,感知、规划和控制性方面开展关键技术研发,使机械手达到人手级别的触觉感知阵列,其动力学性能超过人手,能够进行整只手的握取,并能实现像加工厂工人一样在加工制造过程中灵活的操作。在工业机器人的创新机构和高效率驱动器方面,通过改进机械结构和执行机构可以提高工业机器人的精度、可重复性、分辨率等各项性能。工业机器人驱动器和执行机构的设计、材料的选择,需要考虑工业机器人的驱动安全性。创新机构集中在提高机器人的自重/负载比、降低排放、合理化人与机械之间的交互机构等。

（3）工业机器人自主导航技术

在由静态障碍物、车辆、行人和动物组成的非结构化环境中实现安全的自主导航,在装配生产线上对原材料进行装卸处理的搬运机器人、原材料到成品的高效运输的 AGV 工业机器人,以及类似于入库存储和调配的后勤操作、采矿和建筑业的工业机器人中均为关键技术,要进一步进行深入研发和技术攻关。一个典型的应用为无人驾驶汽车的自主导航,通过研发实现在有清晰照明和路标的任意现代化城镇中行驶,并在安全性方面可以与有人驾驶车辆相提并论。自动驾驶车辆在一些领域甚至能比人类驾驶做得还好,如自主导航通过矿区或者建筑区、倒车入库、并排停车以及紧急情况下的减速和停车等。

(4)工业机器人环境感知与传感技术

未来的工业机器人将大大提高自身的感知系统,以检测机器人及周围设备的任务进展情况,并能够及时检测部件和组件的生产情况、估算出生产人员的情绪和身体状态,需要攻克高精度的触觉、力觉传感器和图像解析算法,重大技术挑战包括非侵入式生物传感器及表达人类行为和情绪的模型。通过高精度传感器构建装配任务和跟踪任务进度的物理模型,可减少自动化生产环节中的不确定性。多品种小批量生产的工业机器人将更加智能、更加灵活,可在非结构化环境中运行,并且这种环境中有人类/生产者参与,从而增加了对非结构化环境感知与自主导航的难度,需要攻克的关键技术主要为 3D 环境感知的自动化,使机器人在非结构环境中也可实现批量生产产品。

(5)工业机器人的人机交互技术

未来工业机器人的研发中越来越强调新型人机合作的重要性,需要研究全侵入式图形化环境、三维全息环境建模,三维虚拟现实装置以及力、温度、振动等多物理作用效应人机交互装置。为了达到机器人与人类生活行为环境以及人类自身和谐共处的目标,需要解决的关键问题包括:机器人本质安全问题,保障机器人与人及环境间的绝对安全共处;任务环境的自主适应问题,自主适应个体差异、任务及生产环境;多样化作业工具的操作问题,灵活使用各种执行器完成复杂操作;人机高效协同问题,准确理解人的需求并主动协助。

在生产环境中,注重人类与机器人之间交互的安全性。根据终端用户的需求设计工业机器人系统以及相关产品和任务,将保证人机交互的自然,不但是安全的,而且效益更高。人机交互操作设计包括自然语言、手势、视觉和触觉技术等,也是未来机器人发展需要考虑的问题。工业机器人必须容易示教,而且人类易于学习如何操作。机器人系统应设立学习辅助功能,以实现机器人的使用、维护、学习和错误诊断/故障恢复等。

(6)基于实时操作系统和高速通信总线的工业机器人开放式控制系统

基于实时操作系统和高速通信总线的工业机器人开放式控制系统,采用基于模块化结构的机器人的分布式软件结构设计,实现机器人系统不同功能之间无缝连接,通过合理划分机器人模块,降低机器人系统集成难度,提高机器人控制系统软件体系实时性;攻克现有机器人开源软件与机器人操作系统兼容性、工业机器人模块化软硬件设计与接口规范及集成平台的软件评估与测试方法、工业机器人控制系统硬件和软件开放性等关键技术;综合考虑总线实时性要求,攻克工业机器人伺服通信总线,针对不同应用和不同性能的工业机器人对总线的要求,攻克总线通信协议,支持总线通信的分布式控制系统体系结构,支持典型多轴工业机器人控制系统及与工厂自动化设备的快速集成。

5.2.3　物联网

智能制造的最大特征就是实现万物互联,工业物联网是工业系统与互联网以及高级计算、分析、传感技术的高度融合,也是工业生产加工过程与物联网技术的高度融合。如图5-19 所示。

图 5-19　物联网

1. 物联网定义

物联网(the Internet of Things,IoT)蓬勃发展至今还没有形成一个完全统一的定义。ITU 互联网报告对物联网给出了以下定义:物联网是通过二维码识读设备、射频识别读写器(radio frequency identification devices,RFID)、红外感应器、全球定位系统和激光扫描器等信息传感设备,按约定的协议,把任何物品与互联网相连接,进行信息交换和通信,以实现智能化识别、定位、跟踪、监控和管理的一种网络。该定义是目前广为接受的一种定义。狭义上的物联网指连接物品到物品的网络,以实现物品的智能化识别和管理;广义上的物联网则可以看作信息空间与物理空间的融合,它将一切事物数字化、网络化,在物品之间、物品与人之间、人与现实环境之间实现高效信息交互,并通过新的服务模式使各种信息技术融入社会行为,是信息化在人类社会综合应用达到的更高境界。

2. 物联网特征

目前,人们所普遍接受的物联网具备三个特征:一是全面感知,即利用条形码、射频识别、摄像头、传感器、卫星、微波等各种感知、捕获和测量的技术手段,实时地对物体进行信息采集和获取;二是互通互联,即通过网络的可靠传递实现物体信息的传输和共享;三是智慧运行,即利用云计算、模糊识别等各种智能计算技术,对海量感知数据和信息进行分析和处理,对物体实施智能化的决策和控制。

3. 物联网架构

物联网作为一个系统网络,其架构由感知层、网络层、应用层三部分组成。如图 5-20 所示。

(1)感知层

感知层位于最底层,由传感器和传感器网络组成,可随时随地获取物体的信息。感知层是物联网的核心,是信息采集的关键部分。感知层由基本的感应器,如 RFID 读写器、二维码标签和识读器、摄像头、GPS、传感器、M2M 终端、传感器网关等,以及感应器所组成的网络,如 RF1D 网络、传感器网络两大部分组成。感知层相当于人的皮肤和五官,用于识别物体和采集信息。感知层所需要的关键技术包括检测技术、短距离无线通信技术、射频识别技术、新兴感知技术、无线网络组网技术、现场总线控制技术等,涉及的核心产品包括传感器、电子标签、传感器节点、无线路由器、无线网关等。

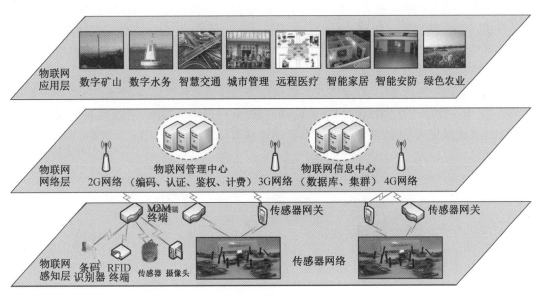

图 5-20 物联网架构

（2）网络层

网络层位于中间层，主要由移动通信网和互联网组成。网络层相当于人的神经中枢系统，负责将感知层获取的信息，实时、安全可靠地传输到应用层。网络层包含接入网和传输网，分别实现接入功能和传输功能。传输网由公网和专网组成。典型的传输网包括电信网（固网、移动通信网）、广电网、互联网、电力通信网、专用网（数字集群），接入网包括光纤接入、无线接入、以太网接入、卫星接入等各类接入方式，实现底层的传感器网络、RFID 网络最后 1 km 的接入。网络层基本综合了已有的全部网络形式，来构建更加广泛的互联。每种网络都有自己的特点和应用场景，互相组合才能发挥出最大的作用，因此在实际应用中，信息往往经由任何一种或者几种网络组合的形式进行传输。对现有网络进行融合和扩展，利用新技术，如 3G/4G 通信网络、IPv6、Wi-Fi、WiMAX、蓝牙、ZigBee 等，以实现更加广泛和高效的互联功能。

（3）应用层

应用层位于最上层，用于对得到的信息进行智能运算和智能处理，实现智能化识别、定位、跟踪、监控和管理等实际应用。其功能为处理，即通过云计算平台进行信息处理。应用层与感知层一起，是物联网的显著特征和核心所在，应用层可以对感知层采集的数据进行计算、处理和知识挖掘，从而实现对物理世界的实时控制、精确管理和科学决策。应用层的核心功能围绕两方面：一是数据，应用层需要完成数据的管理和处理；二是应用，将这些数据与各行业应用相结合。

4. 物联网关键技术

（1）射频识别（RFID）

利用传感器网络采集到的大量数据，可以实现信息交流、自动控制、模型预测、系统优化和安全管理等功能。但要实现以上功能，必须有足够规模的传感器。因此，应广泛使用 RFID 技术和传感器，以获得大量有意义的数据，为进一步的数据传输交换分析和智能应用做好铺垫。

射频识别是一种非接触式的自动识别技术,它通过射频信号自动识别目标对象并获取相关数据,识别过程无须人工干预,可工作于各种恶劣环境。RFID 技术可识别高速运动的物体并可同时识别多个标签,操作快捷方便。RFID 技术与互联网、通信等技术相结合,可实现全球范围内物品跟踪与信息共享。

RFID 由标签、阅读器、天线组成。标签由耦合元件及芯片组成,每个标签具有唯一的电子编码,附着在物体上标识目标对象;阅读器读取(有时还可以写入)标签信息的设备,可设计为手持式或固定式;天线在标签和读取器间传递射频信号。如图 5-21 所示。

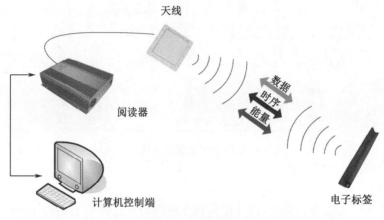

图 5-21　射频识别

RFID 电子标签是一种把天线和 IC 封装到塑料基片上的新型无源电子卡片。具有数据存储量大、无线无源、小巧轻便、使用寿命长、防水、防磁和安全防伪等特点,是近几年发展起来的新型产品,是未来几年代替条码走进"物联网"时代的关键技术之一。阅读器和电子标签之间通过电磁感应进行能量、时序和数据的无线传输。在阅读器天线的可识别范围内,可能会同时出现多张电子标签。如何准确识别每张电子标签,是电子标签的防碰撞(防冲突)技术要解决的关键问题。

(2)传感器网络与检测技术

传感器是机器感知物质世界的"感觉器官",可以感知热、力、光、电、声、位移等信号,为网络系统的处理、传输、分析和反馈提供最原始的信息。随着科学技术的不断发展,传统的传感器正逐步实现微型化、智能化、信息化、网络化,正经历着一个从传统传感器向智能传感器和嵌入式网络传感器不断进化的发展过程。欧姆龙智能传感器和嵌入式网络传感器分别如图 5-22 和图 5-23 所示。

无线传感器网络(wireless sensor network,WSN)是集分布式信息采集、信息传输和信息处理技术于一体的网络信息系统,其以低成本、微型化、低功耗和灵活的组网方式、铺设方式及适合移动目标等特点受到广泛重视,是关系国民经济发展和国家安全的重要技术。物联网正是通过遍布在各个角落和物体上的传感器以及由它们组成的无线传感器网络来最终感知整个物质世界。传感器网络节点的基本组成包括如下基本单元:传感单元(由传感器和模数转换功能模块组成)、处理单元(包括 CPU、存储器、嵌入式操作系统等)、通信单元(由无线通信模块组成)及电源。此外,可以选择的其他功能单元包括定位系统、移动系统及电源自供电系统等。在传感器网络中,节点可以通过飞机布撒或人工布置等方式,大量部署在被感知对象内部或者附近。这些节点通过自组织方式构成无线网络,以协作的方式实时感知、采集和处理网络覆盖区域中的信息,并通过网络将数据经节点(接收发送器)链路将整个区域内的信息传送到远程控制管理中心。另一方面,远程控制管理中心也可以对网络节点进行实时控制和操纵。

图 5-22 欧姆龙智能传感器

图 5-23 嵌入式网络传感器

目前,面向物联网的传感器网络技术研究包括以下方面:

①先进测试技术及网络化测控综合传感器技术、嵌入式计算机技术、分布式信息处理技术等,协作地实时监测、感知和采集各种环境或监测对象的信息,并对其进行处理、传送。开展分布式测量技术与测量算法研究,以应对日益提高的测试和测量需求。

②智能化传感器网络节点。首先,传感器网络节点为一个微型化的嵌入式系统,其构成了无线传感器网络的基础层支持平台。在感知物质世界及其变化时,需要检测的对象很多(如温度、压力、湿度、应变等),因此微型化、低功耗对于传感器网络的应用意义重大,研究采用新的制造技术,并结合新材料的研究,设计符合未来要求的微型传感器是一个重要方向。其次,需要研究智能传感器网络节点的设计理论,使之可识别和配接多种敏感元件并适用于主被动各种检测方法。再次,各节点必须具备足够的抗干扰能力、适应恶劣环境的能力,并能够适合应用场合、尺寸的要求。最后,研究利用传感器网络节点具有的局域信号处理功能,在传感器节点附近局部完成很多信号信息处理工作,将原来由中央处理器实现的串行处理、集中决策的系统,改变为一种并行的分布式信息处理系统。

③传感器网络组织结构及底层协议。网络体系结构是网络的协议分层以及网络协议的集合,是对网络及其部件所应完成功能的定义和描述。对无线传感器网络来说,其网络体系结构不同于传统的计算机网络和通信网络。有学者提出无线传感器网络体系结构可由分层的网络通信协议、传感器网络管理及应用支撑技术三部分组成。分层的网络通信协议结构类似于 TCP/IP 协议体系结构。传感器网络管理技术主要是对传感器节点自身的管理以及用户对传感器网络的管理。在分层协议和网络管理技术的基础上,支持了传感器网络的应用。在实际应用当中,传感器网络中存在大量传感器节点,密度较高,网络拓扑结构在节点发生故障时,有可能发生变化,应考虑网络的自组织能力、自动配置能力及可扩展能

力。在某些条件下,为保证有效的检测时间,传感器要保持良好的低功耗性。传感器网络的目标是检测相关对象的状态,而不仅是实现节点间的通信。因此,在研究传感器网络的底层协议时,要针对以上特点开展相关工作。

④对传感器网络自身的检测与控制。由于传感器网络是整个物联网的底层和信息来源,网络自身的完整性、完好性和效率等参数性能至关重要。对传感器网络的运行状态及信号传输通畅性进行监测,应研究开发硬件节点和设备的诊断技术,实现对网络的控制。

⑤传感器网络的安全。传感器网络除了具有一般无线网络所面临的信息泄露、信息篡改、重放攻击、拒绝服务等多种威胁外,还面临传感节点容易被攻击者物理操纵,并获取存储在传感节点中的所有信息,从而控制部分网络的威胁。必须通过其他技术方案来提高传感器网络的安全性能。例如:在通信前进行节点与节点的身份认证;设计新的密钥协商方案,使得即使有一小部分节点被操纵后,攻击者也不能或很难从获取的节点信息推导出其他节点的密钥信息;对传输信息加密,解决窃听问题;保证网络中的传感信息只有可信实体才可以访问,保证网络的私有性;采用一些跳频和扩频技术减轻网络堵塞问题。

(3)智能技术

智能技术是为了有效地达到某种预期的目的,利用知识所采用的各种方法和手段。通过在物体中植入智能系统,可以使得物体具备一定的智能性,能够主动或被动地实现与用户的沟通,也是物联网的关键技术之一。智能技术的主要研究内容和方向包括:

①人工智能理论研究智能信息获取的形式化方法、海量信息处理的理论和方法、网络环境下信息的开发与利用方法、机器学习。

②先进的人机交互技术与系统声音、图形、图像、文字及语言处理,虚拟现实技术与系统多媒体技术。

③智能控制技术与系统物联网就是要给物体赋予智能,可以实现人与物体的沟通和对话,甚至实现物体与物体间的沟通和对话。为了实现这样的目标,必须对智能控制技术与系统实现进行研究。例如,研究如何控制智能服务机器人完成既定任务(运动轨迹控制、准确的定位和跟踪目标等)。

④智能信号处理信息特征识别和融合技术、地球物理信号处理与识别。

(4)纳米技术

纳米技术主要研究结构尺寸为 0.1~100 nm 材料的性质和应用,包括纳米体系物理学、纳米化学、纳米材料学、纳米生物学、纳米电子学、纳米加工学、纳米力学这七个相对独立又相互渗透的学科,以及纳米材料、纳米元器件、纳米尺度的检测表征这三个研究领域。纳米材料的制备和研究是整个纳米科技的基础。其中,纳米物理学和纳米化学是纳米技术的理论基础,而纳米电子学是纳米技术最重要的内容。使用传感器技术就能探测到物体物理状态,物体中的嵌入式智能能够通过在网络边界转移信息处理能力而增强网络的容量,而纳米技术的优势意味着物联网当中体积越来越小的物体能够进行交互和连接。当前电子技术的趋势要求元器件和系统更小、更快、更冷。更小并非没有限度;更快是指响应速度要快;更冷是指单个元器件的功耗要小。纳米电子学包括基于量子效应的纳米电子元器件、纳米结构的光/电性质、纳米电子材料的表征,以及原子操纵和原子组装等。

(5)软件技术

物联网的软件技术用于控制底层网络分布硬件的工作方式和工作行为,为各种算法、协议的设计提供可靠的操作平台。在此基础上,方便用户有效管理物联网,实现物联网的信息处理、安全进行、服务质量优化等功能,降低物联网面向用户的使用复杂度。

如前所述,物联网硬件技术是嵌入式硬件平台设计的基础。板级支持包相当于硬件抽象层,位于嵌入式硬件平台之上,用于分离硬件,为系统提供统一的硬件接口。系统内核负责进程的调度与分配,设备驱动程序负责对硬件设备进行驱动,它们共同为数据控制层提供接口。数据控制层实现软件支撑技术和通信协议栈,并负责协调数据的发送与接收。应用软件程序需要根据数据控制层提供的接口以及相关全局变量进行设计。物联网软件技术描述整个网络应用的任务和所需要的服务,同时,通过软件设计提供操作平台供用户对网络进行管理,并对评估环境进行验证。

5.2.4 工业大数据

智能制造是工业大数据的载体和产生来源,其各环节信息化、自动化系统所产生的数据构成了工业大数据的主体。另一方面,智能制造又是工业大数据形成的数据产品最终的应用场景和目标。工业大数据描述了智能制造各生产阶段的真实情况,为人类读懂、分析和优化制造提供了宝贵的数据资源,是实现智能制造的智能来源。工业大数据、人工智能模型和机理模型的结合,可有效提升数据的利用价值,是实现更高阶的智能制造的关键技术之一。工业大数据是智能制造的核心,以"大数据+工业互联网"为基础,用云计算、大数据、物联网、人工智能等技术引领工业生产方式的变革,拉动工业经济的创新发展。

1. 工业大数据定义

工业大数据是在工业领域中,围绕典型智能制造模式,从客户需求到销售、订单、计划、研发、设计、工艺、制造、采购、供应、库存、发货和交付、售后服务、运维、报废或回收再制造等产品全生命周期各个环节所产生的各类数据及相关技术和应用的总称。

工业大数据即工业数据的总和,其来源主要包括企业信息化数据、工业物联网数据、"跨界"数据。企业信息系统存储了高价值密度的核心业务数据,积累的产品研发数据、生产制造数据、供应链数据以及客户服务数据存在于企业或产业链内部,是工业领域传统数据资产。近年来,物联网技术快速发展,工业物联网成为工业大数据新的、增长最快的来源之一,它能实时自动采集设备和装备运行状态数据,并对它们实施远程实时监控。互联网也促进了工业与经济社会各个领域的深度融合,人们开始关注气候变化、生态约束、政治事件、自然灾害、市场变化等因素对企业经营产生的影响,因此外部跨界数据已成为工业大数据不可忽视的来源。

人和机器是产生工业大数据的主体。人产生的数据是指由人输入计算机中的数据,例如设计数据、业务数据等;机器数据是指由传感器、仪器仪表和智能终端等采集的数据。近年来,由人产生的数据规模的比重正逐步降低,企业信息化和工业物联网中机器产生的海量时序数据是工业数据规模变大的主要来源,机器数据所占据的比重将越来越大。

2. 工业大数据的特征

工业大数据除具有一般大数据的特征(数据量(volume)大、多样性(variety)、快速性(velocity)和价值(value)密度低)外,还具有时序性(sequence)、强关联性(strong-relevance)、准确性(accuracy)、闭环性(closed-loop)等特征。

(1)数据量大

数据量的大小决定数据的价值和潜在的信息。工业数据体量比较大,大量机器设备的高频数据和互联网数据持续涌入，大型工业企业的数据集将达到 PB 数量级甚至 EB 数量级。

（2）多样性

多样性指数据类型的多样性和来源广泛。工业数据广泛分布于机器设备、工业产品、管理系统、互联网等各个环节；并且结构复杂，既有结构化和半结构化的传感数据，也有非结构化数据。

（3）快速性

快速性指获得和处理数据的速度快。工业数据处理速度需求多样，生产现场要求数据处理分析时间达到毫秒级，管理与决策应用需要支持交互式或批量数据分析。

（4）价值密度低

工业大数据更强调用户价值驱动和数据本身的可用性，包括提升创新能力和生产经营效率及促进个性化定制、服务化转型等智能制造新模式变革。

（5）时序性

工业大数据具有较强的时序性，如订单、设备状态数据等。

（6）强关联性

所谓强关联，一方面是指产品生命周期的设计、制造、服务等不同环节的数据之间需要进行关联，即把设计制造阶段的业务数据正向传递到服务保障阶段，同时将服务保障阶段的数据反馈到设计制造阶段；另一方面，在产品生命周期的统一阶段会涉及不同学科、不同专业的数据。例如，民用飞机预研过程中会涉及总体设计方案数据、总体需求数据、气动设计及气动力学分析数据、声学模型数据及声学分析数据、飞机结构设计数据、零部件及组装体强度分析数据、多电系统模型数据、多电系统设计仿真数据、各个航电系统模型仿真数据、导航系统模型仿真数据、系统及零部件健康模型数据、系统及零部件可靠性分析数据等，这些数据需要进行关联。

（7）准确性

准确性主要指数据的真实性、完整性和可靠性，更加关注数据质量，以及处理、分析技术和方法的可靠性。工业大数据对数据分析的置信度要求较高，仅依靠统计相关性分析不足以支撑故障诊断、预测预警等工业应用，需要将物理模型与数据模型相结合，挖掘因果关系。

（8）闭环性

闭环性包括产品全生命周期横向过程中数据链条的封闭和关联，以及智能制造纵向数据采集和处理过程中，需要支撑状态感知、分析、反馈、控制等闭环场景下的动态持续调整和优化。由于以上特征，工业大数据作为大数据的一个应用行业，在具有广阔应用前景的同时，对传统的数据管理技术与数据分析技术也提出了很大的挑战。

随着对智能制造的需求愈加迫切，工业大数据的技术及应用将成为推动智能制造，提升制造业生产效率与竞争力的关键要素，是实施生产过程智能化、流程管理智能化、制造模式智能化的重要基础，对智能制造的实施具有关键的推动作用。工业大数据技术的研究与突破，其本质目标就是从复杂的数据集中挖掘出有价值的信息，发现新的规律与模式，提高工业生产的效率，从而促进工业生产模式的创新与发展。工业大数据从产品需求获取、产品工艺设计、产品研发、制造、运行甚至到报废的产品全生命周期过程中，在智能化设计、智能化生产、网络协同制造、个性化定制和智能化服务等众多方面都发挥着至关重要的作用。

工业大数据是智能制造的关键技术,是使信息世界逼近物理世界,推动工业生产由生产制造向服务制造转型的重要基础。

3. 工业大数据的架构

当前,工业领域主流的工业大数据架构主要是从智能制造的视角进行设计的,包含三个维度:生命周期与价值流、企业纵向层和IT价值链。

其中,生命周期与价值流维度分为三个阶段,即研发与设计、生产与供应链管理、运维与服务,分别讨论各阶段的数据类型、应用及价值创新;企业纵向层包含信息物理系统(CPS)、管理信息系统(MIS)和互联平台系统(Internet+),分别讨论企业各层为实现工业大数据应用及工业转型所需进行的工作;IT价值链讨论指导工业大数据落地的业务架构、应用架构、信息架构和技术架构,且在技术架构中,针对工业大数据及工业企业的特点对实现工业大数据应用所需的技术组件进行了讨论。

(1)生命周期与价值流

工业大数据架构中的生命周期与价值流维度涵盖了整个产品生命周期的各阶段,即研发与设计、生产、物流、销售、运维与服务五个阶段。其中,生产、物流和销售可进一步归类于生产与供应链管理阶段。

(2)企业纵向层

工业大数据架构的企业纵向层从物理的角度自下而上共五层,分别为设备层、控制层、车间层、企业层和协同层。在设备层、控制层、车间层可利用物联网,基于信息物理系统(CPS)实现智能工厂;在企业层和车间层,企业集成内部各种信息化应用,进行企业内部业务流程整合和改造(BPM),提升企业运行效率;协同层使用工业云等平台技术,实现企业外部协同制造及制造业服务化等创新业务模式。

(3)IT价值链

大数据的价值通过数据的收集、预处理、分析、可视化和访问等活动来实现。在IT价值链维度上,大数据价值通过存放大数据的网络、基础设施、平台、应用工具及其他服务来实现运营效率的提高和业务创新的支撑。

4. 工业大数据技术

(1)工业大数据采集技术

数据采集方面,以传感器为主要采集工具,结合RFID、条码扫描器、生产和监测设备、PDA、人机交互、智能终端等手段采集制造领域多源、异构数据信息,并通过互联网或现场总线等技术实现原始数据的实时准确传输。工业大数据分析往往需要更精细化的数据,对于数据采集能力有着较高的要求。例如高速旋转设备的故障诊断需要分析高达每秒千次采样的数据,要求无损全时采集数据。即使在部分网络、机器故障的情况下,仍保证数据的完整性,杜绝数据丢失。同时还需要在数据采集过程中自动进行数据实时处理,例如:校验数据类型和格式,异常数据分类隔离、提取和告警等。

数据采集是获得有效数据的重要途径,是工业大数据分析和应用的基础。数据采集与治理的目标是从企业内部和外部等数据源获取各种类型的数据,并围绕数据的使用,建立数据标准规范和管理机制流程,保证数据质量,提高数据管控水平。

工业大数据的采集主要是通过PLC、SCADA、DCS等系统从机器设备实时采集数据,也可以通过数据交换接口从实时数据库等系统以透传或批量同步的方式获取物联网数据。

同时还需要从业务系统的关系型数据库、文件系统中采集所需的结构化与非结构化业务数据。针对海量工业设备产生的时序数据,如设备传感器指标数据、自动化控制数据,需要面向高吞吐、7×24 小时持续发送,且可容忍峰值和滞后等波动的高性能时序数据采集系统。针对结构化与非结构化数据,需要同时兼顾可扩展性和处理性能的实时数据同步接口与传输引擎。针对仿真过程数据等非结构化数据具有文件结构不固定、文件数量巨大的特点,需要元数据自动提取与局部性优化存储策略,面向读、写性能优化的非结构化数据采集系统。

(2)工业大数据存储与管理技术

①多源异构数据管理技术

多源异构数据是指数据源不同、数据结构或类型不同的数据集合。各种工业场景中存在大量多源异构数据。例如,在诊断设备故障时,通过时间序列数据可以观测设备的实时运行情况;通过 BOM 图数据可以追溯出设备的制造情况,从而发现是哪些零部件问题导致了异常运行情况;通过非结构化数据可以有效管理设备故障时的现场照片、维修工单等数据;键值对数据作为灵活补充,能方便地记录一些需要快速检索的信息。

数据源不同、数据类型不同,使得这类数据集的使用变得非常复杂,因此大规模多源异构数据管理技术变得十分重要。为使这些多源异构数据各自发挥其价值,不仅需要高效的存储管理优化与异构的存储引擎,在此基础上还需要能够通过数据融合对数据的元数据定义和高效查询与读取进行优化,实现多源异构数据的一体化管理,从而最大限度地榨取数据价值。

针对海量的工业时序数据在查询高效性和接入吞吐量方面的需求,需要构建能够满足数据边缘接入与缓存、高性能读写、高效率存储、查询与分布式分析一体化的时序数据管理系统,配合缓存、分布式计算与存储框架等组件,以满足功能和易用性需求。同时需要提供基于 SQL 标准的数据查询接口给工业用户以降低使用门槛。多源异构数据管理需要从系统角度,针对工业领域涉及的数据在不同阶段、不同流程呈现多种模态(关系、图、键值、时序、非结构化)的特点,研制不同的数据管理引擎致力于对多源异构数据进行高效地采集、存储和管理。

多源异构数据管理技术可有效解决大数据管理系统中由模块耦合紧密、开放性差导致的系统对数据多样性和应用多样性的适应能力差的问题,使大数据管理系统能够更好地适应数据和应用的多样性并能够充分利用开源软件领域强大的技术开发和创新能力。

②多模态数据集成技术

工业大数据来源十分广泛,包括但不限于研发环节的非结构化工程数据、传统的企业信息管理系统、服务维修数据和产品服役过程中产生的机器数据等。这些数据格式异构、语义复杂且版本多变。在工业大数据应用中,希望能够将多模态数据有机地结合在一起,发挥出单一模态数据无法挖掘出的价值。

数据集成是将存储在不同物理存储引擎上的数据连接在一起,并为用户提供统一的数据视图。传统的数据集成领域中认为,由于信息系统的建设是阶段性和分布性的,会导致"信息孤岛"现象的存在。"信息孤岛"造成系统中存在大量冗余数据,无法保证数据的一致性,从而降低信息的利用效率和利用率,因此需要进行数据集成。在工业大数据中,重点不是解决冗余数据问题,而更关心数据之间是否存在某些内在联系,从而使得这些数据能够被协同地用于描述或者解释某些工业制造或者设备使用的现象。

数据集成的核心任务是将互相关联的多模态数据集成到一起,使用户能够以透明的方式访问这些数据源。集成是指维护数据源整体上的数据一致性、提高信息共享利用的效率。透明的方式是指用户无须关心如何实现对异构数据源数据的访问,只关心以何种方式访问何种数据。数据融合是在数据集成的基础上,刻画出不同数据之间的内在联系,并允许用户根据这些内在联系进行数据查询。

在数据生命周期管理中,多模态数据存储分散、关系复杂,在研发、制造周期以 BOM 为主线,在制造、服务周期以设备实例为中心,BOM 和设备的语义贯穿了工业大数据的整个生命周期。因此,以 BOM 和设备为核心建立数据关联,可以使产品生命周期的数据既能正向传递又能反向传递,形成信息闭环,而对这些多模态数据的集成是形成数据生命周期信息闭环的基础。

针对工业领域在研发、制造和服务各个周期产生的多模态数据,如核心工艺参数、检测数据、设备监测数据等,及其存储分散、关系复杂的现状,需要实现统一数据建模,定义数字与物理对象模型,完成底层数据模型到对象模型映射。在多模态数据集成模型的基础上,根据物料、设备及其关联关系,按照分析、管理的业务语义,实现多模态数据的一体化查询、多维分析,构建虚实映射的全生命周期数据融合模型。在多模态数据集成模型基础上,针对多模态数据在语义与数据类型上的复杂性,实现语义模糊匹配技术的异构数据一体化查询。

③工业大数据分析技术

工业数据的分析需要融合工业机理模型,以“数据驱动+机理驱动”的双驱动模式来进行工业大数据的分析,从而建立高精度、高可靠性的模型来真正解决实际的工业问题。因此,工业大数据分析的特征是强调专业领域知识和数据挖掘的深度融合。下面主要对时序模式分析技术、工业知识图谱技术、多源数据融合分析技术这等三种典型的工业大数据分析技术进行介绍。

a. 时序模式分析技术

伴随着工业技术的发展,工业企业的生产加工设备、动力能源设备、运输交通设备、信息保障设备、运维管控设备上都加装了大量的传感器,如温度传感器、振动传感器、压力传感器、位移传感器、重量传感器等,这些传感器不断产生海量的时序数据,提供了设备的温度、压力、位移、速度、湿度、光线、气体等信息。对这些设备传感器时序数据进行分析,可实现设备故障预警和诊断、利用率分析、能耗优化、生产监控等。但传感器数据的很多重要信息是隐藏在时序模式结构中的,只有挖掘出背后的结构模式,才能构建一个效果稳定的数据模型。工业时序数据的时间序列类算法主要分六个方面:时间序列的预测算法,如 ARIMA、GARCH 等;时间序列的异常变动模式检测算法,包含基于统计的方法、基于滑动窗窗口的方法等;时间序列的分类算法,包括 SAX 算法、基于相似度的方法等;时间序列的分解算法,包括时间序列的趋势特征分解、季节特征分解、周期性分解等;时间序列的频繁模式挖掘(基于 motif 的挖掘方法),典型时序模式智能匹配算法(精准匹配、保形匹配、仿射匹配等、MEON 算法等);时间序列的切片算法,包括 AutoPlait 算法、HOD-1D 算法等。工业大数据分析的一个重要应用方向是对机器设备的故障预警和故障诊断,其中设备的振动分析是故障诊断的重要手段。设备的振动分析需要融合设备机理模型和数据挖掘技术,针对旋转设备的振动分析类算法主要分成三类:振动数据的时域分析算法,主要提取设备振动的时域特征,如峭度、斜度、峰度系数等;振动数据的频域分析算法,主要从频域的角度提取设备的振动特征,包括高阶谱算法、全息谱算法、倒谱算法、相干谱算法、特征模式分解等;振动数据的时频分析算法,是综合时域信息和频域信息的一种分析手段,对设备的故障模型有较好的提取效果,主要有短时傅里叶变换、小波分析等。

b. 工业知识图谱技术

工业生产过程中会积累大量的日志文本,如维修工单、工艺流程文件、故障记录等,此类非结构化数据中蕴含着丰富的专家经验,利用文本分析的技术能够实现事件实体和类型提取(故障类型抽取)、事件线索抽取(故障现象、征兆、排查路线、结果分析),通过专家知识的沉淀实现专家知识库(故障排查知识库、运维检修知识库、设备操作知识库)。针对文本类的非结构化数据,数据分析领域已经形成了成熟的通用文本挖掘类算法,包括分词算法(POStagging、实体识别)、关键词提取算法(TD-IDF)、词向量转换算法、词性标注算法(CLAWS、VOLSUNGA)、主题模型算法(如LDA)等。但在工业场景中,这些通用的文本分析算法,由于缺乏行业专有名词(专业术语、厂商、产品型号、量纲等)、语境上下文(包括典型工况描述、故障现象等),分析效果欠佳。这就需要构建特定领域的行业知识图谱(即工业知识图谱),并将工业知识图谱与结构化数据图语义模型融合,实现更加灵活的查询和一定程度上的推理。

c. 多源数据融合分析技术

在企业生产经营、营销推广、采购运输等环节中,会有大量的管理经营数据,其中包含着众多不同来源的结构化和非结构化数据,例如来源于企业内部信息系统(CRM、MES、ERP、SEM)的生产数据、管理数据、销售数据等,来源于企业外部的物流数据、行业数据、政府数据等。利用这些数据可实现市场洞察、价格预测、供应链协同、精准销售、市场调度、产品追溯、能力分析、质量管控等。通过对这些数据的分析,能够极大地提高企业的生产加工能力、质量监控能力、企业运营能力、市场营销能力、风险感知能力等。但多源数据也带来一定的技术挑战,不同数据源的数据质量和可信度存在差异,并且在不同业务场景下的表征能力不同。这就需要采用一些技术手段去有效融合多源数据。针对多源数据分析的技术主要包括统计分析算法、深度学习算法、回归算法、分类算法、聚类算法、关联规则等。可以通过不同的算法对不同的数据源进行独立的分析,并通过对多个分析结果的统计决策或人工辅助决策,实现多源融合分析。也可以从分析方法上实现融合,例如通过非结构化文本数据语义融合构建具有制造语义的知识图谱,完成其他类型数据的实体和语义标注,通过图模型从语义标注中找出跨领域本体相互间的关联性,可以用于识别和发现工业时序数据中时间序列片段对应的文本数据(维修报告)上的故障信息,实现对时间序列的分类决策。

5.2.5 云计算

1. 云计算定义

自云计算的概念被提出以来,许多研究组织和IT企业对云计算从不同视角给出了自己的定义。美国国家标准与技术学院对云计算的定义是目前被广泛认同和支持的:云计算是一种能够通过网络以便利的、按需付费的方式获取计算资源(包括网络、服务器、存储、应用和服务)并提高其可用性的模式,这些资源来自一个共享的、可配置的资源池,并能以最省力和无人干预的方式获取和释放。

云计算不是一种全新的网络技术,而是一种全新的网络应用概念,云计算的核心概念就是将很多的计算机资源协调在一起,以互联网为中心,在网站上提供快速且安全的云计算服务与数据存储,让每一个使用互联网的人都可以使用网络上的庞大计算资源与数据中心,同时获取的资源不受时间和空间的限制。如图5-24所示。

图 5-24　云计算

2. 云计算特点

(1)超大规模

云计算具有相当大的规模,Google 云计算已经拥有 100 多万台服务器,AmazonJBM、微软、Yahoo 等的云计算均拥有几十万台服务器。企业私有云计算一般拥有成百上千台服务器。云计算能赋予用户前所未有的计算能力。

(2)虚拟化

云计算支持用户在任意位置使用各种终端获取应用服务。所请求的资源来自"云",而不是固定的有形的实体。应用在"云"中某处运行,用户无须了解,也不用担心应用运行的具体位置。用户只需要一台笔记本电脑或者一部手机,就可以通过网络服务来得到所需要的,甚至包括完成超级计算这样的任务。

(3)高可靠性

云计算使用了数据多副本容错、计算节点同构可互换等措施来保障服务的高可靠性。使用云计算比使用本地计算机可靠。

(4)通用性

云计算不针对特定的应用,在"云"的支撑下可以构造出千变万化的应用,同一个"云"可以同时支撑不同的应用运行。

(5)高可扩展性

"云"的规模可以动态伸缩,满足应用和用户规模增长的需求。

(6)按需服务

"云"是一个庞大的资源池,可按需购买,可以像水、电、煤气那样计费。

(7)极其廉价

由于云计算的特殊容错措施可以采用极其廉价的节点来实现,其自动化集中式管理使大量企业无须负担日益高昂的数据中心管理成本,其通用性使资源的利用率较之传统系统大幅提升,因此用户可以充分享受其低成本优势,经常只要花费几百美元、几天时间就能完成以前需要数万美元、数月时间才能完成的任务。

(8)潜在的危险性

云计算除了提供计算服务外,还提供存储服务。但是云计算服务当前垄断在私人机构(企业)手中,而它们仅仅能够提供商业信用。政府机构、商业机构(特别像银行这样持有敏感数据的商业机构)选择云计算服务时应保持足够的警惕。一旦商业用户大规模使用私人机构提供的云计算服务,无论其技术优势有多强,都不可避免地会让这些私人机构以"数据(信息)"的重要性挟制整个社会。对于信息社会而言,信息是至关重要的。虽然云计算中的数据对于数据所有者以外的其他用户而言是保密的,但是对于提供云计算的机构而言,确实毫无秘密可言。所有这些潜在的危险,是商业机构和政府机构选择云计算服务,特别是国外机构提供的云计算服务时,不得不考虑的一个重要的前提。

3. 云计算服务模式

云计算的三种服务模式包括 IaaS(Infrastructure as a Service,基础设施即服务)、PaaS(Platform as a Service,平台即服务)、SaaS(Software as a Service,软件即服务)。如图 5-22 所示。在 IaaS 模式下,服务供应商将由多台服务器组成的"云端"基础设施作为计量服务提供给用户,用户按需获取实体或虚拟的计算、存储和网络等资源,在服务过程中,用户需要向 IaaS 服务供应商提供基础设施的配置信息、运行于基础设施的操作系统和应用程序,以及相关的用户数据。在 PaaS 模式下,服务供应商将软件研发的平台作为服务提供给用户,包括开发环境、服务器平台、硬件资源等,用户在平台上使用软件工具和开发语言根据基础框架开发应用程序,而无须关注底层的网络、存储、操作系统的管理问题。Google App Engine 是 Google PaaS 服务的代表产品,用户可以在 Google 的基础架构上开发和运行网络应用程序。SaaS 是云计算应用最为广泛的服务模式,在 SaaS 模式下,服务供应商将应用软件统一部署在自己的服务器上,软件的维护、管理和软件运行所需的硬件支持都由服务供应商完成,用户只需向供应商租赁或订购应用软件服务就可以随时随地在接入网络的终端设备上使用应用软件。

4. 云计算技术

云计算由许多主要的技术组件支撑,这些使能技术互相配合实现了云计算的关键功能。

(1)宽带网络

Internet 架构云用户和云服务供应商通常利用 Internet 进行通信,因而云服务的质量受到云用户和云服务供应商之间的 Internet 连接服务水平的影响,其中网络带宽和延迟又是影响服务水平的主要因素。在实际场景中,云用户和云服务供应商之间的网络路径上可能包含多个不同的网络服务供应商(internet service provider, ISP),多个 ISP 之间服务水平的管理是有难度的,这需要双方的云运营商进行协调,以保证其端到端服务水平能够满足云服务的业务需求。如图 5-25 所示。

(2)数据中心技术

数据中心是一种特殊的 IT 基础设施,用于集中放置 IT 资源,包括服务器、数据库、网络与通信设备以及软件系统,它有利于提高共享 IT 资源使用率,有利于提高 IT 人员的工作效率,有利于提高能源共享水平,方便云服务供应商对资源进行维护和管理。数据中心常见的组成技术与部件包括虚拟化,硬件和架构的标准化与模块化,配置、更新和监控等任务的自动化,远程操作与管理,确保高可靠性的冗余设计等。

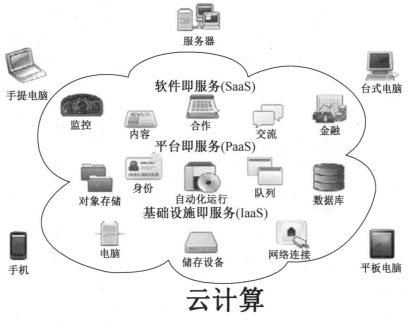

图 5-25 云计算服务模式

（3）虚拟化技术

虚拟化技术是一种计算机体系结构技术,通常指计算机相关模块在虚拟的基础上而不是真实独立的物理硬件基础上运行。比如多个虚拟机共享一个实际物理 PC,通过虚拟机软件在物理 PC 上抽象虚拟出多个可以独立运行各自操作系统的实例。大多数 IT 资源都能够被虚拟化,包括服务器、桌面、存储设备、网络、电源等。虚拟化技术有助于资源分享,实现多用户对数据中心资源的共享;有助于资源定制,用户可以根据需求配置服务器,指定所需要的 CPU 数目、内存容量、磁盘空间等;有助于细粒度资源管理,将物理服务器拆分成多个虚拟机,从而提高服务器的资源利用率,有助于服务器的负载均衡和节能。

（4）分布式技术

分布式系统架构具有传统信息处理架构不可比拟的优势,在分布式系统中,系统拥有多种通用的物理和逻辑资源,可以动态地分配任务,这些分散在各处的物理和逻辑资源可以通过计算机网络实现信息交换,而对于用户而言,并不会意识到多个处理器或存储设备的存在,其所感受到的是一个系统的服务过程。分布式系统架构的构建技术包括以 GFS、HDFS 为代表的分布式文件系统,以 Bigtable、Hbase 为代表的分布式数据库系统,以 MapReduce 为代表的分布式计算技术等。此外,还包括常用作云服务的实现介质和管理接口的 Web 技术,使得多个云用户能够在逻辑上同时访问同一应用的多租户技术,以 Web 服务等为基础的实现和建立云环境的服务技术,以及确保云服务保密性、完整性、真实性、可用性,能够抵御网络威胁、漏洞和风险的云安全技术。

5.3 智能制造应用

我国制造业走过机械化、自动化、数字化等发展阶段,已经搭建起完整的制造业体系和制造业基础设施,在全球产业链中具有重要地位。这让中国具备了实现智能制造、推动全球产业链变革的可能性和基础实力。

5.3.1 智能工厂

智能工厂是利用数字化技术、集成产品设计、制造工艺、生产管理、企业管理、销售和供应链等专业人员的知识、智慧和经验,进行产品设计、生产、管理、销售、服务的现代化工厂模式。智能工厂如图 5-26 所示。这种模式特别依赖泛在网络(互联网、物联网)技术,能实时获取工厂内外相关数据和信息,有效优化生产组织的全部活动,达到生产效率、物流运转效率、资源利用效率最高,对环境影响最小,还能充分发挥从业人员的能动性。智能工厂首先应该是数字化工厂,即在工程技术维度、生产制造维度以及生产供应和销售维度全面实现数字化的基础上,进一步发展为实现工程技术智能化、生产制造智能化以及生产供应和销售智能化的工厂模式。

图 5-26 智能工厂

家电业的工业 4.0 在工业智能化和互联网化的发展大趋势下,传统工业控制系统和工业控制网络面临着转型升级的难题,而海尔不仅建立了互联工厂,还将其向全世界公开透明,代表中国企业走向工业 4.0 迈出了坚定的第一步。海尔互联工厂是顺应全球新工业革命以及互联网时代的潮流,由大规模制造向大规模定制转型,积极探索基于物联网和务联网的智能、智慧工厂。海尔互联工厂如图 5-27 所示。

海尔从 2012 年开始探索互联工厂,在这个探索的过程当中,从一个工序的无人,到一个车间的无人,再到整个工厂的自动化,最后到整个互联工厂的示范,是一个不断的再积累、再沉淀的过程。目前海尔已在四大产业建成工业 4.0 示范工厂,包括沈阳冰箱互联工厂(全球家电业第一个智能互联工厂)、郑州空调互联工厂(全球空调行业最先进的互联工厂)、滚筒洗衣机互联工厂、青岛热水器互联工厂等。除了这些示范工厂,海尔还要在全球的供应链体系当中展开和复制,就是为了实现用户能够在任意时间的全球任何一地,通过其移动终端可以随时定制产品,互联工厂可以随时感知、随时满足用户需求。

图 5-27 海尔互联工厂

海尔互联工厂的前端就是名为"众创汇"的用户交互定制平台,在这个平台上,海尔与用户能够零距离对话,用户可通过多种终端查看产品"诞生"的整个过程,如定制内容、定制下单、订单下线等 10 个关节性节点,根据个人喜好自由选择空调的颜色、款式、性能、结构等定制专属空调,用户提交订单后,订单信息实时传到工厂,智能制造系统自动排产,并将信息自动传递给各个工序生产线及所有模块商、物流商,海尔生产线可以兼容不同模块同时生产。用户通过手机终端可以实时获取整个订单的生产情况,产品生产过程都在用户掌握中。同时,用户还能对产品进行直接评价或提出意见,工厂可视化将用户评价体系由生产完成后提前到生产完成前,实现了用户对产品品质的提前"倒逼",用户不仅仅是产品的"消费者",更是产品的"创造者",海尔开启了一个"人人自造"的时代。在海尔,互联工厂是整个用户交互定制平台的一个系统,目前用户交互定制平台有四种模式:模块定制、众创定制、专属定制,以及未来为了实现整个 u+智慧家庭的全套智慧方案的定制。目前海尔的探索已经实现了模块定制和众创定制。此外,海尔还可以运用 3D 打印来支持专属定制,用户可以把一些个性化的需求、图片传上来,通过 3D 打印的方式打印出来,通过模具注塑技术最终整合在一起,使产品品质更加精细,提升了用户的体验。

5.3.2 制造装备

机床行业素有"工业母机"之称,决定着一个国家装备制造行业的整体水平。自 2007 年开始核心技术研发以来,沈阳机床(集团)有限责任公司连续五年累计投入研发资金 11.5 亿元,I5 数控系统研发团队成功攻克了 CNC 运动控制技术、数字伺服驱动技术、实时数字总线技术等运动控制领域的核心底层技术,彻底突破和掌握了运动控制底层技术,并于 2012 年诞生了世界上首台具有网络智能功能的 I5 数控系统。I5 是指工业化(industrialization)、信息化(informatization)、网络化(internet)、智能化(intelligent)和集成化(integrated)的有效集成。该系统误差补偿技术领先,控制精度达到纳米级,产品精度在不用光栅尺测量的情况下达到 3 μm。如图 5-28 所示。在此基础上推出的智能机床作为基于互联网的智能终端,实现了智能补偿、智能诊断、智能控制、智能管理。智能补偿可以智能校正,误差可以智能补偿;智能诊断能够实现故障及时报警,防止停机;智能控制能够实现主动控制,完成高效、低耗和精准控制;智能管理能够实现"指尖上的工厂",实时传递和交换机床加工信息。

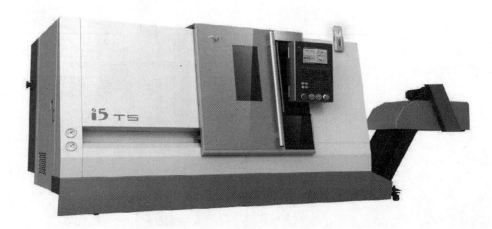

图 5-28 沈阳机床(集团)有限责任公司 I5 系列智能机床

I5 数控系统的技术开发,不仅攻克了数字伺服驱动技术、实时数字总线技术等运动控制领域的底层核心技术,同时融汇了移动互联、大数据中心等时尚技术,使得特征编程、加工仿真、实时监控、智能诊断、远程控制等网络智能制造以及工厂分布式、分级式布局得以实现。原来 70 min 的数控机床加工准备时间被缩短到 5 min。管理人员凭借一部手机就可以在千里之外实现管理。I5 数控系统使工业机床"能说话、能思考",满足了用户个性化需求,工业效率提升 20%。

5.3.3 工程装备

三一重工 SR155-C10 旋挖钻机是三一重工股份有限公司(简称三一重工)推出的全新旋挖钻机型,主要用于土层地质,工民建小型灌注桩成孔施工。该机采用全新设计,采用动力优化控制技术,实时调整动力分配,具有人机工学驾驶舱、故障自动诊断、施工数据自动记录、360°全方位视频监控等功能,同时具有主卷扬速度快、成孔垂直度高、操纵灵活、相比同类机型效率高 15%、操作方便、高效节能等优点。三一重工 SR155-C10 旋挖钻如图 5-29所示。

5.3.4 智能 AGV

在中国推进智能制造大背景下,智能物流已成为制造企业迈向无人化、智能化转型的有效途径之一。无人叉车作为工业自动化物流的主要实现方式,被广泛应用在重复性搬运、搬运工作强度大、工作环境恶劣、环境要求高的领域。

无人叉车又称叉车 AGV,是一种智能工业车辆机器人。无人叉车作为现代物流自动化和柔性制造的关键设备,是智能物流的应用热点。无人叉车融合了叉车技术和 AGV 技术,通过加载各种先进导引技术、构图算法、嵌入式车体软件、安全避让技术等,能够实现车辆的自动导引、搬运与堆垛功能,进而实现叉车的无人化作业。未来,智能 AGV 将不再是简单地把货物搬运到指定的位置,而是要把 5G 技术、大数据、物联网、云计算等贯穿于产品的设计中,让智能 AGV 成为一种实时感应、安全识别、多重避障、智能决策、自动执行等多功能的新型智能工业设备。智能 AGV 如图 5-30 所示。

图 5-29 三一重工 SR155-C10 旋挖钻机

图 5-30 智能 AGV

5.3.5 智慧餐厅

2022 年冬奥会的智慧餐厅采用了全自动化技术,烹饪、盛饭、上菜等一系列操作都由机器人完成,中餐、西餐、快餐信手拈来。用餐者只需在柜台下单,按号入座,便可以享受周到的服务。菜品做好后会通过餐厅上方的云轨系统和下菜机实现传菜。如图 5-31 所示。

图 5-31 智慧餐厅

5.3.6 机器人

世界首款模仿人投掷冰壶的六足机器人于 2022 年 2 月 18 日亮相"冰立方"进行冬奥会首秀。这款机器人由上海交大机械与动力工程学院领衔,上海交大与上海智能制造功能平台有限公司共同研发,获得"科技冬奥"重点专项支持。冰壶比赛不仅是一次体能竞赛,也是一场智力博弈。在投掷冰壶过程中,六足机器人前部双腿转化为人手的功能,实现抱壶和旋转壶的运动;中部双腿的膝盖和前部双腿的肘关节复合成四点接触冰面,形成人支撑腿的功能;后部双腿蹬踏起踏器,实现推动机器人加速滑行的功能。另外,在前部双腿具有在机器人滑行运动过程中二次掷壶来控制冰壶运动的方向、速度和角速度,实现精准投壶和击打的功能。冰壶六足机器人如图 5-32 所示。

5.3.7 无人机

无人机是无人驾驶飞机的简称,是指利用无线电遥控设备和自备的程序控制装置操纵,或者由车载计算机完全地或间歇地自主操作的不载人飞机。无人机技术是一项涉及多个技术领域的综合技术,无人机对通信、传感器、人工智能和发动机技术有比较高的要求。无人机与所需的控制、储存、发射、回收、信息接收处理装置统称为无人机系统。目前广泛应用在航拍、农用植保、石油管道巡检、防恐救灾、警用安防、快递运输、观察野生动物、监控传染病、新闻报道、影视拍摄等领域,潜在市场空间极大。物流无人机和航拍无人机分别如图 5-33 和图 5-34 所示。

图 5-32　冰壶六足机器人

图 5-33　物流无人机

图 5-34　航拍无人机

5.3.8　交通行业

1. 智能汽车

智能汽车,也被称为智能车辆,是在普通汽车上增加了先进的传感器、控制器、执行器等装置,通过车载传感系统和信息终端实现人、车、路之间的智能信息交换,使车辆具备智能的环境感知能力,能够自动分析车辆行驶的安全及危险状态,并使车辆按照人的意愿到达目的地,最终实现替代人来操作的目的。2017 年长安 CS55 完成高度自动驾驶技术APA6.0 的首测。与此同时,长安汽车成为国内外唯一一家获得自动驾驶路测牌照的汽车企业,如图 5-35 所示。2019 年比亚迪第一台智能大巴在深圳面世。这些都是我国在智能汽车发展道路上取得的丰硕成果。

图 5-35　长安 CS55 自动驾驶

2. 氢燃料电池汽车

2022 年北京冬奥会大规模使用氢燃料电池汽车,如氢能大巴车代步、氢能无人机电力巡检、氢能物流车配送等,诸多氢能元素收获了世界的关注与认可。

氢燃料电池汽车综合了汽油车续航里程长,燃料补充快与电动车安静、低速扭矩大等诸多优点,可以真正实现零排放,同时相比纯电动汽车与燃油车,氢能源汽车不但补能快,而且一罐氢的质量只有几千克,比油箱和电池更小更轻,在长续航、大运力商用车以及部分公共交通方面有着更为明显的优势。氢燃料大巴车如图 5-36 所示。

图 5-36　氢燃料大巴车

3. 复兴号智能动车组

2022 年北京冬奥会上使用大量国内的最新科技,其中高铁作为中国制造的名片也登上冬奥舞台,奥运版的复兴号智能动车组,在全球首次实现 350 km 时速下自动驾驶。对于自动驾驶系统来说,控制稳、停得准,是重要的检验指标。350 km 时速的奥运列车最后的停车

误差被控制在 $10\sim20$ cm 左右，精准度非常高。复兴号智能动车组如图 5-37 所示。

图 5-37　复兴号智能动车组

5.3.9　核工业

1. 拧螺丝机器人

拧螺丝机器人用于核工业场景下拆装螺丝，凭借人机协作拆螺丝机器人系统，可完成竖直平面内的螺丝定位与螺丝拆装工作。拧螺丝机器人如图 5-38 所示。

2. 去污机器人

去污机器人用于核工业待清洗区域，可自主对墙面、地面残留的液体或粉末污渍进行视觉识别并采用合适方法进行去污作业。去污机器人如图 5-39 所示。

图 5-38　拧螺丝机器人

图 5-39　去污机器人

3. 核化工自动化系统

核化工自动化系统是一类具有智能控制功能的过程自动化设备系统，主要包括溶解、萃取、调价、过滤、离子交换等核化工工艺设备,可用于乏燃料后处理、三废处理等化工过程。核化工自动化系统如图 5-40 所示。

图 5-40　核化工自动化系统

4. 放射性物料转运装备

放射性物料转运装备是一种带智能控制、辐射防护的物料自动转运智能装备产品,具有寿命长、定位精度高的特点,主要用于箱室内外、运输通道等环境下的放射性物料安全可靠转运。放射性物料转运装备如图 5-41 所示。

图 5-41　放射性物料转运装备

5. 电随动机械手

电随动机械手是一种通过电信号控制主从机械手实现远程操作的机器人产品,具有力反馈功能,且操作直观、灵活,广泛应用于核工业热室、手套箱等环境下的各种工艺操作、设备检维修、事故应急处置等。电随动机械手由主手、从手和控制系统构成。电随动机械手如图 5-42 所示。

图 5-42　电随动机械手

6. 核电探测器组件拆除智能装置

探测器组件拆除智能装置是核动力院自主研发用于"华龙一号"堆顶探测器组件的拆除、缩容及存放的全新设备,填补了国内三代核电该领域空白,属国内首创,其技术水平国际领先,可高效、智能、自动地完成"华龙一号"堆型全部探测器组件的定期更换。核电探测器组件拆除智能装置如图 5-43 所示。

图 5-43　核电探测器组件拆除智能装置

7. 中核北方核燃料智能生产车间

中核北方核燃料智能生产车间项目为核燃料芯块制备提供了一套完整的智能化生产设备,主要包含中央控制系统、生坯码垛下料系统、烧结炉上下料系统、磨削清洗上下料系统、AGV 转运系统、自动化仓储系统等。实现芯块生产存储整个过程的自动化和信息化,通过中央控制系统自动调度 AGV、存储库及自动化工作站,实现整个生产车间无人化;中央控制系统的数据库管理功能实现了物料信息的自动监控和统计,并形成电子报表,使生产管理者能够实时监控车间内设备状态及生产线作业状态,保证生产过程安全可控。

新松公司将数字化无人车间技术应用于核工业领域,极大减少了核燃料制备过程中人员的参与,减少了放射性核燃料对操作者个体的危害,降低了核辐射防护的成本,为更好地利用和开发核能提供工业基础,具有极大的社会效益和经济效益。在工业 4.0 和中国核电走出去的大背景下,该项目完成后可产生示范工程效应,未来作为核燃料元件制造的核心技术,可在行业内广泛推广和应用。

8. 核燃料元件生产线

中核建中核燃料元件有限公司(简称中核建中)核燃料元件生产线主要包括化工转化、芯块制备、零部件加工、燃料棒制造及组件组装五大工序,既有流程型生产特点的 UO_2 粉末化工转化车间,又有离散型生产特点的零部件加工车间。主厂房从设计理念到工程建设融入了当前世界核燃料元件产业发展的最新成果。

(1) UO_2 粉末生产的干法工艺铀化工生产线,犹如一个超级大脑,通过 DCS 控制系统、SIS 安全控制系统等实现了数千个控制点的自动控制。3 位操作人员在中控室实时监控,就可以全盘指挥生产线自动生产加工,工序完成后,产品会被自动传送到指定位置。原来年产 200 t 铀需要 20 个操作工,现在新型干法工艺自动线只需要 3 个人操作就可以完成。

(2)芯块专用容器是钼舟,每个钼舟上都有一个二维码标签,系统自动扫描读取钼舟上的二维码,即可实现舟库物料存储和 AGV 物料转运的信息采集和跟踪。AGV 机器人有序来回,将芯块成型、高温烧结、芯块磨削等工序间制成品转运至各条生产线,每次可搬运近100 kg 的两舟芯块。

(3)核燃料元件零部件制造具有工序繁多、劳动强度大、质量管控风险高等特点,是典型的离散型生产制造模式。除确保及时送料外,还需保证生产制造的成套性。零部件卧式加工中心柔性加工线(LPS),能实现加工程序、加工信息、设备状态信息的相互实时传递,在单元内完成零部件的高效加工,实现柔性化生产。由于智能化程度高,兼容性好,可适应多种类型的精密零部件快速切换和缩短新产品导入周期,并具备自动对刀、自动找正、刀具测量、加工完成后自动工件清洗的功能。以前用的数控机床,每台加工中心都需要专人操作,现在只需 1 人就可控制 4 台设备。

(4)燃料棒生产线更是智能制造的集大成者。整个智能化的燃料棒生产线上的自动化设备和数字化仓库,都是由上位数据管理系统统一调度和指挥,通过每道工序的固定式条形读码器,实现了数据信息的采集跟踪,通过燃料棒传输线上的上位管理系统与公司核燃料制造信息系统数据通信,燃料棒生产数据的信息跟踪统计和质量管控让一切尽在掌握中。

(5)AI 人工智能燃料棒外观辅助检测技术,将操作人员从海量燃料棒外观检测的疲劳中解脱出来。通过自动图像获取、AI 自动评判和标识、提示,实现核燃料棒外观缺陷精度达微米级的自动检测,使检验精确度和效率得到极大提高,同时确保了燃料棒外观检验质量和堆内运行的高可靠性。

5.4　数字孪生

5.4.1　数字孪生的概念

最近几年,数字孪生炙手可热,正成为人类解构、描述和认识真实世界和虚拟世界的新型工具。从发展态势来看,数字孪生不仅是信息技术发展的新焦点,还是众多工业企业业务布局的新方向。作为改变未来世界的热门技术之一,数字孪生正从概念阶段走向实际应用阶段,驱动制造企业进入数字化和智能化时代。

数字孪生英文名为 digital twin(数字双胞胎),也被称为数字映射、数字镜像。

数字孪生是指利用数字技术对物理实体对象的特征、行为、形成过程和性能等进行描述和建模的过程和方法,也称为数字孪生技术。数字孪生体是指与现实世界中的物理实体完全对应和一致的虚拟模型,可实时模拟自身在现实环境中的行为和性能,也称为数字孪生模型。可以说,数字孪生是技术、过程和方法,数字孪生体是对象、模型和数据。数字孪生技术不仅可利用人类已有理论和知识建立虚拟模型,还可利用虚拟模型的仿真技术探讨和预测未知世界,发现和寻找更好的方法和途径,不断激发人类的创新思维,不断追求优化进步,因此,数字孪生技术为当前制造业的创新和发展提供了新的理念和工具。未来在虚拟空间将存在一个与物理空间中的物理实体对象完全一样的数字孪生体。例如,物理工厂在虚拟空间有对应的工厂数字孪生体,物理生产线在虚拟空间有对应的生产线数字孪生体等。数字孪生体如图 5-44 所示。

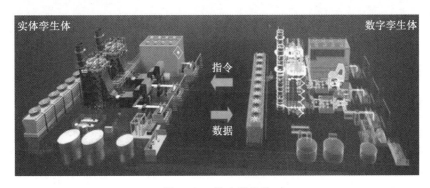

图5-44　数字孪生体

数字孪生的核心是通过虚拟场景实时地反映和预测物理场景,从而优化和改善现实中的生产制造,数字孪生主要是由物理空间的物理实体和虚拟空间的虚拟实体组成,通过虚实之间的数据进行动态连接。从制造业方面来讲,人们可以通过生产设备的虚拟实体清楚地观测所制造的产品在当前阶段所处的状态,并通过虚拟实体对物理实体进行实时智能控制,进一步实现物理实体和虚拟实体之间的控制与反馈。

5.4.2 数字孪生的特征

数字孪生特征如图 5-45 所示,数字孪生具备以下几个典型特征。

1. 数化保真

"数化"指数字孪生体是对物理实体进行数字化而构建的模型。"保真"指数字孪生体需要具备与物理实体高度的接近性,即物理实体的各项指标能够真实地呈现在数字孪生体中,而数字孪生体的变化也能够真实反映物理实体的变化。

2. 实时交互

"实时"指数字孪生体所处状态是物理实体状态的实时虚拟映射。"交互"指在实时性的前提下,数字孪生体与物理实体之间存在数据及指令相互流动的管道。

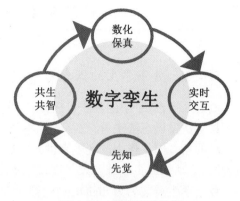

图 5-45 数字孪生特征

3. 先知先觉

"先知"指在根据物理实体的各项真实数据,通过数字孪生体进行仿真,实现对物理实体未来状态的预测,预先知晓未来状态能够辅助用户做出更合理的决策。"先觉"指根据物理实体的实时运行状态,通过数字孪生体进行监测,实现对系统不稳定状态的预测,预先觉察即将可能发生的不稳定状态,使用户更从容地处理该问题。

4. 共生共智

"共生"指数字孪生体与物理实体是同步构建的,且二者在系统的全生命周期中相互依存。"共智"一方面指单个数字孪生系统内部各构成之间共享智慧(即数据、算法等),另一方面指多个数字孪生系统构成的高层次数字孪生系统内部各构成之间同样共享智慧。

5.4.3 数字孪生的发展现状

1. 从政策层面来看,数字孪生成为各国推进经济社会数字化进程的重要抓手

国外主要发达经济体从国家层面制定相关政策、成立组织联盟、合作开展研究,加速数字孪生发展,美国将数字孪生作为工业互联网落地的核心载体,侧重军工和大型装备领域应用;德国在工业 4.0 架构下推广资产管理壳(AAS),侧重制造业和城市管理数字化;英国成立数字建造英国中心,瞄准数字孪生城市,打造国家级孪生体。2020 年,美国工业互联网联盟(IIC)和德国工业 4.0 平台联合发布数字孪生白皮书,将数字孪生纳入工业物联网技术体系。自 2019 年以来,中国政府陆续出台相关文件,推动数字孪生技术发展,我国又将数字孪生写入《"十四五"规划》,作为建设数字中国的重要发展方向。工业互联网联盟(AII)也增设数字孪生特设组,开展数字孪生技术产业研究,推进相关标准制定,加速行业应用推广。

2. 从行业应用层面来看,数字孪生成为垂直行业数字化转型的重要使能技术

数字孪生加速与 DICT 领域最新技术融合,逐渐成为一种基础性、普适性、综合性的理论和技术体系,在经济社会各领域的渗透率不断提升,行业应用持续走深向实。工业领域中,在石化、冶金等流程制造业中,数字孪生聚焦工艺流程管控和重大设备管理等场景,赋能生产过程优化;在装备制造、汽车制造等离散制造业中,聚焦产品数字化设计和智能运维等场景,赋能产品全生命周期管理。智慧城市领域中,数字孪生赋能城市规划、建设、治理、优化等全生命周期环节,实现城市全要素数字化、全状态可视化、管理决策智能化。另外,数字孪生在自动驾驶、站场规划、车队管理、智慧地铁等交通领域中,在基于建筑信息模型(BIM)的建筑智能设计与性能评估、智慧工地管理、智能运营维护、安全应急协同等建筑领域中,在农作物监测、智慧农机、智慧农场等农业领域中,在人的身体机能监测、智慧医院、手术模拟等健康医疗领域中也有不同程度的应用。

3. 从市场前景层面来看,数字孪生是热度最高的数字化技术之一,存在巨大的发展空间

Gartner 连续三年将数字孪生列入年度(2017—2019)十大战略性技术趋势,认为它在未来 5 年将产生颠覆性创新,同时预测到 2021 年,半数的大型工业企业将使用数字孪生,从而使这些企业的效率提高 10%;到 2024 年,超过 25%的全新数字孪生将作为新 IoT 原生业务应用的绑定功能被采用。根据 Markets and Markets 预测,数字孪生市场规模将由 2020 年的 31 亿美元增长到 2026 年的 482 亿美元,年复合增长率达到 58%。

4. 从企业主体层面来看,数字孪生被纳入众多科技企业战略大方向,成为数字领域技术和市场竞争主航道

数字孪生技术价值高、市场规模大,典型的 IT、OT 和制造业龙头企业已开始布局,微软与仿真巨头 Ansys 合作,在 Azure 物联网平台上扩展数字孪生功能模块;西门子基于工业互联网平台构建了完整的数字孪生解决方案体系,并将既有主流产品及系统纳入其中;Ansys 依托数字孪生技术对复杂产品对象全生命周期建模,结合仿真分析,打通从产品设计研发到生产的数据流;阿里聚合城市多维数据,构建"城市大脑"智能孪生平台,提供智慧园区一体化方案,已在杭州萧山区落地;华为发布沃土数字孪生平台,打造 5G+AI 赋能下的城市场景、业务数字化创新模式。

5. 从标准化层面来看,数字孪生标准体系初步建立,关键领域标准制/修订进入快车道

ISO、IEC、IEEE 和 ITU 等国际标准化组织推动数字孪生分技术委员会和工作组的成立,推进标准建设、启动测试床等概念验证项目。例如:2018 年起,ISO/TC 184/SC 4 的 WG15 工作组推动了《面向制造的数字孪生系统框架》系列标准(ISO 23247)的研制和验证工作。2020 年 11 月,ISO/IEC JTC 1 的 SC41 更名为物联网和数字孪生分技术委员会,并成立 WG6 数字孪生工作组,负责统筹推进数字孪生国际标准化工作。

5.4.4　数字孪生技术

1. 多领域、多尺度融合建模

当前,大部分建模方法是在特定领域进行模型开发和熟化,然后在后期采用集成和数据融合的方法将来自不同领域的独立的模型融合为一个综合的系统级模型,但这种方法的融合深度不够且缺乏合理解释,限制了将来自不同领域的模型进行深度融合的能力。

多领域建模是指在正常和非正常情况下从最初的概念设计阶段开始实施,从不同领域、深层次的机理层面对物理系统进行跨领域的设计理解和建模。

多领域建模的难点在于多种特性的融合会导致系统方程具有很大的自由度,同时传感器为确保基于高精度传感测量的模型动态更新,采集的数据要与实际的系统数据保持高度一致。总体来说,其难点同时体现在长度、时间尺度及耦合范围三个方面,克服这些难点有助于建立更加精准的数字孪生系统。

2. 数据驱动与物理模型融合的状态评估

对于机理结构复杂的数字孪生目标系统,往往难以建立精确可靠的系统级物理模型,因而单独采用目标系统的解析物理模型对其进行状态评估无法获得最佳的评估效果。相比较而言,采用数据驱动的方法则能利用系统的历史和实时运行数据,对物理模型进行更新、修正、连接和补充,充分融合系统机理特性和运行数据特性,能够更好地结合系统的实时运行状态,获得动态实时跟随目标系统状态的评估系统。

目前将数据驱动与物理模型相融合的方法主要有以下两种:

(1)以解析物理模型为主,采用数据驱动的方法对解析物理模型的参数进行修正;

(2)将解析物理模型和数据驱动并行使用,最后依据两者输出的可靠度进行加权,得到最后的评估结果。

但以上两种方法都缺少更深层次的融合和优化,对系统机理和数据特性的认知不够充分,融合时应对系统特性有更深入的理解和考虑。目前,数据与模型融合的难点在于两者在原理层面的融合与互补,如何将高精度的传感数据统计特性与系统的机理模型合理、有效地结合起来,获得更好的状态评估与监测效果,是亟待考虑和解决的问题。

无法有效实现物理模型与数据驱动模型的结合,还体现在现有的工业复杂系统和装备复杂系统全生命周期状态无法共享、全生命周期内的多源异构数据无法有效融合、现有的对数字孪生的乐观前景大都建立在对诸如机器学习、深度学习等高复杂度及高性能的算法基础上。将有越来越多的工业状态监测数据或数学模型替代难以构建的物理模型,但同时会带来对象系统过程或机理难于刻画、所构建的数字孪生系统表征性能受限等问题。

因此,有效提升或融合复杂装备或工业复杂系统前期的数字化设计及仿真、虚拟建模、过程仿真等,进一步强化考虑复杂系统构成和运行机理、信号流程及接口耦合等因素的仿真建模,是构建数字孪生系统必须突破的瓶颈。

3. 数据采集和传输

高精度传感器数据的采集和快速传输是整个数字孪生系统的基础,各个类型的传感器性能,包括温度、压力、振动等都要达到最优状态,以复现实体目标系统的运行状态。传感器的分布和传感器网络的构建以快速、安全、准确为原则,通过分布式传感器采集系统的各类物理量信息表征系统的状态。同时,搭建快速可靠的信息传输网络,将系统状态信息安全、实时地传输至上位机供其应用,具有十分重要的意义。

数字孪生系统是物理实体系统的实时动态超现实映射,数据的实时采集传输和更新对数字孪生具有至关重要的作用。大量分布的各类型高精度传感器在整个孪生系统的前线工作,起着最基础的感官作用。

目前,数字孪生系统数据采集的难点在于传感器的种类、精度、可靠性、工作环境等各个方面都受到当前技术发展水平的限制,导致采集数据的方式也受到局限。数据传输的关键在于实时性和安全性,网络传输设备和网络结构受限于当前的技术水平无法满足更高级别的传输速率,网络安全性保障在实际应用中同样应予以重视。随着传感器水平的快速提升,很多微机电系统(micro-electro-mechanical system,MEMS)传感器日趋低成本化和高集成度,而如 IoT(Internet of Things,物联网)这些高带宽和低成本的无线传输等许多技术的应用推广,能够为获取更多用于表征和评价对象系统运行状态的异常、故障、退化等复杂状态提供前提保障,尤其对于旧有复杂装备或工业系统,其感知能力较弱,距离构建信息物理系统(cyber physical system,CPS)的智能体系尚有较大差距。

许多新型的传感手段或模块可在现有对象系统体系内或兼容于现有系统,构建集传感、数据采集和数据传输于一体的低成本体系或平台,这也是支撑数字孪生体系的关键部分。

4. 全生命周期数据管理

复杂系统的全生命周期数据存储和管理是数字孪生系统的重要支撑。采用云服务器对系统的海量运行数据进行分布式管理,实现数据的高速读取和安全冗余备份,为数据智能解析算法提供充分可靠的数据来源,对维持整个数字孪生系统的运行起着重要作用。存储系统的全生命周期数据可以为数据分析和展示提供更充分的信息,使系统具备历史状态回放、结构健康退化分析及任意历史时刻的智能解析功能。

海量的历史运行数据还为数据挖掘提供了丰富的样本信息,通过提取数据中的有效特征、分析数据间的关联关系,可以获得很多未知但却具有潜在利用价值的信息,加深对系统机理和数据特性的理解和认知,实现数字孪生体的超现实属性。随着研究的不断推进,全生命周期数据将持续提供可靠的数据来源和支撑。

全生命周期数据存储和管理的实现需要借助服务器的分布式和冗余存储,由于数字 孪生系统对数据的实时性要求很高,如何优化数据的分布架构、存储方式和检索方法,获得实时可靠的数据读取性能,是其应用于数字孪生系统面临的挑战。尤其应考虑工业企业的数据安全及装备领域的信息保护,构建以安全私有云为核心的数据中心或数据管理体系,这是目前较为可行的技术解决方案。

5. 虚拟现实呈现

虚拟现实(VR)技术可以将系统的制造、运行、维修状态呈现出超现实的形式,对复杂系统的各个子系统进行多领域、多尺度的状态监测和评估,将智能监测和分析结果附加到系统的各个子系统、部件中,在完美复现实体系统的同时将数字分析结果以虚拟映射的方式叠加到所创造的孪生系统中,从视觉、声觉、触觉等多个方面提供沉浸式的虚拟现实体验,实现实时、连续的人机互动。VR 技术能够帮助使用者通过数字孪生系统迅速地了解和学习目标系统的原理、构造、特性、变化趋势、健康状态等各种信息,并能够启发其改进目标系统的设计和制造,为优化和创新提供灵感。通过简单地点击和触摸,不同层级的系统结构和状态会呈现在使用者面前,对于监控和指导复杂装备的生产制造、安全运行及视情维修具有十分重要的意义,提供了比实物系统更加丰富的信息和选择。

复杂系统的 VR 技术难点在于需要大量的高精度传感器采集系统的运行数据来为 VR 技术提供必要的数据来源和支撑。同时,VR 技术本身的技术瓶颈也亟待突破和提升,以提供更真实的 VR 系统体验。

此外,在现有的工业数据分析中,往往忽视数据呈现的研究和应用,随着日趋复杂的数据分析任务以及高维、高实时数据建模和分析需求,需要强化对数据呈现技术的关注,这是支撑构建数字孪生系统的一个重要环节。

目前很多互联网企业都在不断推出或升级数据呈现的空间或软件包,工业数据分析可以在借鉴或借用这些数据呈现技术的基础上,加强数据分析可视化的性能和效果。

6. 高性能计算

数字孪生系统复杂功能的实现在很大程度上依赖其背后的计算平台,实时性是衡量数字孪生系统性能的重要指标。因此,基于分布式计算的云服务器平台是系统的重要保障,优化数据结构、算法结构等提高系统的任务执行速度是保障系统实时性的重要手段。如何综合考量系统搭载的计算平台的性能、数据传输网络的时间延迟及云计算平台的计算能力,设计最优的系统计算架构,满足系统的实时性分析和计算要求,是应用数字孪生的重要内容。平台计算能力的高低直接决定系统的整体性能,作为整个系统的计算基础,其重要性毋庸置疑。

数字孪生系统的实时性要求系统具有极高的运算性能,这有赖于计算平台的提升和计算结构的优化。但是就目前来说,系统的运算性能还受限于计算机发展水平和算法设计优化水平,因此,应在这两方面努力实现突破,从而更好地促进数字孪生技术的发展。

高性能数据分析算法的云化及异构加速的计算体系(如 CPU+GPU、CPU+FPGA)在现有的云计算基础上是可以考虑的,其能够满足工业实时场景下高性能计算的两个方面。

5.4.5 数字孪生的应用

1. 智能工厂

工厂的数字孪生应用也分为三个方面:在新工厂建设之前,可以通过数字化工厂仿真技术来构建工厂的数字孪生模型,并对自动化控制系统和产线进行虚拟调试;在工厂建设期间,数字孪生模型可以作为现场施工的指南,还可以应用 AR 等技术在施工现场指导施工;而在工厂建成之后正式运行期间,可以通过其数字孪生模型对实体工厂的生产设备、物流设备、检测与试验设备、产线和仪表的运行状态与绩效,以及生产质量、产量、能耗、工业安全等关键数据进行可视化,在此基础上进行分析与优化,从而帮助工厂提高产能、提升质量、降低能耗,并消除安全隐患,避免安全事故。数字孪生工厂如图 5-46 所示。

图 5-46　数字孪生工厂

（1）工厂运行状态的实时模拟和远程监控

对于正在运行的工厂，通过其数字孪生模型可以实现工厂运行的可视化，包括生产设备目前的状态，在加工什么订单，设备和产线的 OEE、产量、质量与能耗等，还可以定位每一台物流装备的位置和状态。对于出现故障的设备，可以显示出具体的故障类型。数字孪生设备可视化如图 5-47 所示。华龙讯达应用数字孪生技术，在烟草行业进行了工厂运行状态的实时模拟和远程监控实践，中烟集团在北京就可以实现对分布在各地的工厂进行远程监控。海尔、美的在工厂的数字孪生应用方面也开展了卓有成效的实践。

图 5-47　数字孪生设备可视化

（2）生产线虚拟调试

在虚拟调试领域，西门子公司及上海智参、广州明珞等合作伙伴已开展了很多实践。虚拟调试技术在数字化环境中建立生产线的三维布局，包括工业机器人、自动化设备、PLC和传感器等设备。数字孪生生产线如图 5-48 所示。在现场调试之前，可以直接在虚拟环境下，对生产线的数字孪生模型进行机械运动、工艺仿真和电气调试，让设备在未安装之前已经完成调试。

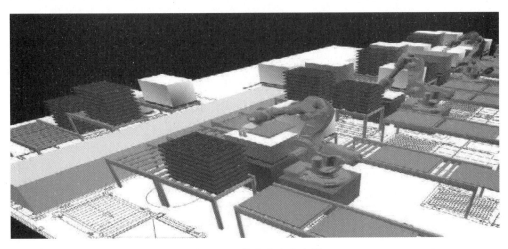

图 5-48　数字孪生生产线

应用虚拟调试技术,在虚拟调试阶段,将控制设备连接到虚拟站、线;完成虚拟调试后,控制设备可以快速切换到实际生产线;可随时切换到虚拟环境,分析、修正和验证正在运行的生产线上的问题,避免长时间且昂贵的生产停顿。

2. 船舶领域

由于船舶设计建造涉及复杂系统耦合,具有多专业、多学科、多物理场的特征,因此利用数字孪生技术构建与船舶几何形状、物理属性、规律规则相似的虚拟模型,实现了船舶协同设计与建造,缩短设计建造周期及成本。在船舶运营过程中,通过数字孪生技术实现了对船舶数据的实时处理、船体状况的实时监测,帮助船舶进行辅助决策。

国家能源集团天津港务自主研发的全球首个基于船岸数字孪生的智能装船系统累计完成整船全周期单线作业3艘,17.2万吨,船舶首尾吃水差在30~45 cm范围内,全程左右偏差度在0.3°以内。智能装船系统涵盖了船岸设备数字孪生建模、实时姿态监测、综合防碰撞及精准舱内布料等功能。该系统具备"一大亮点",即:以基于船图分解和激光扫描的双重船舶建模技术为亮点,在线自动生成船体精确模型,自动冗余校验,船体、船舱、异物全盘在线监控。国家能源集团天津港务装船作业现场如图5-49所示。

图5-49 国家能源集团天津港务装船作业现场

3. 航空航天领域

在航空航天领域,数字孪生可用于飞行器的设计研发。通过建立飞行器的数字孪生体,可以在各部件被实际加工出来之前,对其进行虚拟数字测试与验证,及时发现设计缺陷并加以修改,避免反复迭代设计所带来的高昂成本和漫长周期。在进行飞行器各部件的实际生产制造时,建立飞行器及其相应生产线的数字孪生体,可以跟踪其加工状态,并通过合理配置资源减少停机时间,从而提高生产效率,降低生产成本。在飞行器的运行维护中,利用飞行器的数字孪生体,可以实时监测结构的损伤状态,并结合智能算法实现模型的动态更新,提高剩余寿命的预测能力,进而指导更改任务计划、优化维护调度、提高管理效能。

长征五号运载火箭被人们亲切地称为"胖五",是中国最大推力的运载火箭,标志着中国运载火箭实现升级换代,是由航天大国迈向航天强国的关键一步!长征五号如图5-50所示。利用数字孪生技术对长征五号运载火箭进行数字孪生三维仿真,并可以通过加载遥测数据,实现航天器工作状态监测、点云数据监测、多维遥测数据可视化分析等功能,可实时掌握月表采集情况,为开展月表形貌探测和地质背景勘察任务提供有力支持。

图 5-50　长征五号

通过数字孪生可视化可以从全版图、指定区域再到指定的关键设备,全面、集中、动态地展示火箭升空的监控管理、路线管理、运行数据与设备状态等智能化管控,做到全方位、全周期地监控"数字孪生体"的运行状态,为航天工程的运营运维、风险排查提供精准、实时的信息数据。

4. 电力系统

变电站数字孪生技术以数字化方式为物理对象创建虚拟模型,模拟变电站在不同运行环境下的状态。"孪生"的两个变电站,一个是存在于现实中的实体变电站,负责实际供配电;另一个则存在于虚拟世界中,实时监测实体变电站的运行情况,并通过各类智能技术实现对设备的评估和诊断。数字孪生电网如图 5-51 所示。

图 5-51　数字孪生电网

2019 年,在"中国硅谷"张江,国网上海市电力公司以 35 kV 蔡伦站为试点,率先打造国内首个"会思考"的电网设备数字孪生系统,利用传感器采集的高密度实时数据,建立真实设备在虚拟空间中的映射,准确把控设备的实时状态变化,利用环形验证、专家知识以及人工智能技术,提供设备远程运维、设备异常趋势预警、检修策略精准决策、设备缺陷精确处置等智慧决策支撑。

5. 汽车行业

数字孪生在汽车行业的应用非常广泛,涉及汽车及零部件研发、生产制造和运营等多个环节。通过数字孪生技术,可以打破固有的新车型设计导入的传统,快速设计一个数字孪生模型,并在各种应用场景下对虚拟数字孪生进行测试。制造过程中优化厂房、生产线、产品的配置,优化成本。产品和生产设备上的传感器可以将采集的数据同步到数字孪生模型上,通过模型来监控设备及制造工艺状态。数字孪生在汽车的运营阶段,可以监控车辆实时状态、支持车辆诊断甚至预测车辆故障等。数字孪生汽车如图 5-52 所示。

图 5-52　数字孪生汽车

F1 的迈凯伦车队为赛车建立了数字孪生模型。除了赛车的数字孪生,车队还利用天气、场地、泥土情况等数据建立数字赛道,让数字赛车可以在上面虚拟比赛。这有利于车队和车手的赛前分析和策略部署,同样也能在比赛过程中实时帮助决策,诸如什么时候换胎等。数字孪生赛车如图 5-53 所示。

6. 物流领域

在智能物流领域,数字孪生大屏、自动分拣机器人等"快递黑科技"基本实现了信息化与智能化,基本实现在 24 小时内到达全国的很多地方。很多快递企业引进诸多"黑科技"助力自身服务能力的提升,例如数字孪生中心、大件分拣系统、车载称重、AR 量方、无人驾驶货车等。

德邦快递已搭建起全行业最先进的数字孪生中心平台,通过数字孪生技术,把全国一万多个转运场和一万多辆车以及所有网点的各项业务数字化,借助大数据验算技术,可以实现对每个环节的货量预测、智能配载,辅助管理者管控各环节,实现效率和成本的最优。

如图5-54所示。在对快递员的减负增效方面,德邦快递首推"AR量方"技术,快递员拍张照片就可以实现快件体积的量取和系统录入,节省30%的时间,辅助一系列信息系统的优化,取件时长由过去14 min缩短至1 min,方方面面都为用户体验和服务效率带来了天差地别的改善。同时,在AI技术的应用上,德邦快递联合华为公司,上线了AI防暴力分拣的应用,将分拣行为通过影像识别分析,自动生成暴力指数,真正杜绝暴力分拣行为的发生。

图5-53　数字孪生赛车

图5-54　德邦快递数字孪生平台

7. 医疗行业

利用数字孪生技术,医生可以依托数字病历、疾病登记库、穿戴式传感器等获取数据信息,进而构建虚拟的患者、虚拟的解剖环境以及医院环境,搭建一个基于真实数据的虚拟模型,然后获取该模型对药物以及治疗方案的反馈。数字孪生医疗如图5-55所示。数字孪生技术使医疗健康行业的工作变得更加高效,更具科学性、预测性和前瞻性。

图 5-55　数字孪生医疗

2019 年 7 月 17 日,位于湖北武汉的华中科技大学协和医院叶哲伟教授团队,通过采集患者相关部位软硬组织的数字化信息构建数字孪生模型,指导 600 km 外的恩施咸丰县人民医院的医生成功完成骨科手术。

8. 建筑行业

对于建筑行业,尤其是复杂建筑领域,数字孪生技术将会成为其最核心的全过程应用技术。但数字孪生在建筑领域的应用与其他领域的应用有部分区别,数字孪生在建筑行业所采用的是反向技术,也就是说建筑设计师先设计好虚拟的建筑体,然后借助数字孪生技术,即通过数字化扫描实时监测物理实体空间的施工,并将数据实时镜像到数字孪生空间进行验证。

简单的理解就是先有虚拟空间,再借助扫描技术实时监测物理实体空间的施工技术、工艺、进度等,通过数字孪生镜像校验物理实体空间的施工是否符合设施要求,是否产生了偏差,是否能够有效、实时管控建筑实施的全过程,而不是施工后的事后验收,借助数字孪生技术能够从根本上有效防范施工偏差,保障工程全过程的有效性。可以说,建筑行业将会是数字孪生技术的一个重要应用领域。

在 2015 年达索系统公司与巴黎市政府合作的"数字巴黎"项目中,其通过数字化建模、仿真,完整地还原了巴黎古城的建造过程,真实还原了巴黎圣母院的原貌和几百年的建造过程,在数字世界中再现了一块砖、一扇门、一扇窗的安装过程,同时也完美地构建了巴黎圣母院的数字孪生体。巴黎圣母院建造过程的复原示例如图 5-56 所示。

"数字巴黎"项目把这座城市从零开始的历史时空连续地在数字孪生虚拟世界呈现出来,重现了巴黎城市和文明的历史,人们可以在孪生虚拟世界中实现时空穿越和体验,通过沉浸式的体验来学习和传承人类的历史与文明。

9. 核电站

随着核电站运行管理的信息化水平越来越高,在核电站的运行过程中产生大量的数据,具有明显大数据的特征。这些数据既包括核电设备运行实时产生的数据,也包括设备的内在特性。传统开展核电设备管理对于设备自身的内在特性没有充分关注和重视,而核电设备的内在特性实际上隐藏着复杂的逻辑关系和算法模型,很难通过物理手段直接获取。现有核电运行数据不完整会导致各种基于数据的决策的可信度和可行性不足。在数字技术的驱动下,核电站可通过传感器实时感知核电站运行过程中产生的各种状态数据,数字孪生模型通过虚实映射分析、解析各种状态,结合智能算法或策略对设备及系统运行状态进行实时监测、数据处理、性能分析,并在出现异常情况时,具有更好的异常解决能力。

图 5-56　巴黎圣母院建造过程的复原示例

为保障核电站的运行安全,相关设备设施需要定期进行人工检修。一旦发生意外事故,泄漏的核辐射将严重危害检修人员的生命安全。而数字孪生核电站能大大减少这种悲剧发生的可能性,如图 5-57 所示。首先,技术人员可以通过核电站中相关设备设施的数字孪生体,远程了解其性能退化的具体情况,从而及时替换相关设备零部件;其次,考虑到肉眼无法识别一些异变的细节,故障预测服务还能基于设备运行数据进行故障预测,从而在故障发生之前及时对相关设备进行维护和保养;最后,在进行人工维修之前,技术人员可以在核电站的数字孪生模型上进行多次演练,做到心中有数,从而大幅降低人工误操作的可能性。

图 5-57　数字孪生核电站

5.4.6　数字孪生赋能智能制造

1. 数字孪生与智能制造的关系

在智能制造浪潮下,数字孪生成了最为关键和基础性技术之一。数字孪生作为连接物理世界和信息世界虚实交互的闭环优化技术,已成为推动制造业数字化转型,促进数字经济发展的重要抓手,以数据和模型为驱动,打通业务和管理层面的数据流,实时、连接、映射、分析、反馈物理世界行为,使工业全要素、全产业链、全价值链达到最大限度闭环优化,助力企业提升资源优化配置,有助于加快制造工艺数字化、生产系统模型化、服务能力生态化。

数字孪生技术是智能制造深入发展的必然阶段,是智能制造的推进抓手和运行体现。数字孪生的核心是分析推理决策,与当前制造业智能化提升的本质内涵是直接呼应的。智能制造是感知、分析、推理、决策和控制的闭环过程,与数字孪生所强调的充分利用物理模型、传感器更新、运行历史等数据,集成多学科、多物理量、多尺度、多概率的仿真过程,在虚拟空间中完成映射,从而反映相对应的实体装备的全生命周期过程的理念一脉相承。以CPS 模式为核心的智能制造是面向产品、装备、系统的,目前数字孪生技术的应用也已经从传统的产品孪生向产线、车间、工厂的系统级孪生方向发展,已经从传统的基于三维可视化模型向直指本质的决策推理模型转变。数字孪生是当前智能制造理念的物化落实的具体体现。

2. 数字孪生在制造业的发展现状

制造业数字孪生应用发展前景广阔。在智能制造领域,数字孪生被认为是一种实现制造信息世界与物理世界交互融合的有效手段,使用数字孪生技术将大幅推动产品在设计、生产、维护及维修等环节的变革。基于模型、数据、服务方面的优势,数字孪生正成为制造业数字化转型的核心驱动力。

制造业数字孪生基础和关键技术待提升。数字孪生作为综合性集成融合技术,涉及跨学科知识综合应用,其核心是模型和数据。特别是在制造业领域,各行业间原料、工艺、机理、流程等差异较大,模型通用性较差,面临多源异构数据采集协调集成难、多领域多学科角度模型建设融合难和应用软件跨平台集成难等问题。基于高效数据采集和传输、多领域多尺度融合建模、数据驱动与物理模型融合、动态连接与实时交互、数字孪生人机交互技术呈现等数字孪生基础支撑核心技术,有助于探索基于数字孪生的数据和模型驱动型工艺系统变革新路径,促进集成共享,实现数字孪生跨企业、跨领域、跨产业的广泛互联互通,实现生产资源和服务资源更大范围、更高效率、更加精准的优化。

随着企业数字化转型需求的提升,数字孪生技术将持续在制造业领域发挥作用,在制造业各个领域形成更深层次应用场景,通过跨设备、跨系统、跨厂区、跨地区的全面互联互通,实现全要素、全产业链、全价值链的全面连接,为制造领域带来巨大转型变革。

3. 数字孪生在智能制造中的应用

(1)数字孪生在工艺仿真及参数调优的应用

工艺优化是流程行业提升生产效率的最佳举措,但由于流程行业化学反应机理复杂,在生产现场进行工艺调参面临安全风险,所以工艺优化一直是流程行业的重点和难点。基于数字孪生的工艺仿真为处理上述问题提供了解决方案,通过在虚拟空间进行工艺调参验证工艺变更的合理性,以及产生的经济效益。

艾默生数字双胞胎技术的核心为 Mimic 工艺仿真。Mimic 提供的实时动态的工艺仿真实现了工厂设备和制造工艺的虚拟呈现。Mimic 内置的设备模型模块以及多种工具包为操作员培训和改善工厂过程控制提供了更高效全面的用途。大型项目的数字仿真模型开发逐渐趋于复杂。如果沿着单个过程流,手动地调试工厂资产仿真模型中每个过程组分的温度、压力和流量因素,那么变更仿真模型会很耗时。而且,更改模型中收集的工艺参数的格式过去常常需要停止工艺模型的运行来进行修改。Mimic 提供在线过程流势图,可显著提高工程的变更速度。用户可在单个表格中快速查看所有过程要素,以及可在线更改模型参数,实现从前端到后端查看并调试整个过程仿真,同时保持仿真模型在线运行。

(2)数字孪生在产品设计中的应用

产品设计是产品全生命周期中的重要环节,也是数字孪生技术应用于智能制造的第一步。大规模、个性化的产品设计目前已成为企业追求的理想设计目标。传统设计方法普遍存在需求不精准、设计协作难等问题,且样机的试制周期长、成本高,无法及时对其性能进行反馈和验证,严重影响企业的产品创新和市场开发。为此,数字孪生技术被逐渐引入其中。数字孪生技术使设计人员能够比较虚拟产品在不同环境下的性能,以确保将生产产品的实际行为与期望实际值之间的不一致性降至最低。同时,数字孪生可以避免因评估虚拟产品而进行的冗长测试,从而加快设计周期。

法国的飞机制造商达索公司利用用户交互反馈的信息不断改进信息世界中的产品设计模型,并反馈到物理实体产品当中,使得战斗机降低浪费 25%,质量改进提升 15%。其主要的数字孪生应用方式是推动社交协作,并通过三维建模、虚拟仿真、智能信息处理,使用户达到实时体验的效果。

(3)数字孪生在工业生产中的应用

工业生产过程是一个非常复杂的系统工程,数字孪生技术能够将物理世界中的实体设备与信息世界中的虚拟设备连接在一起,虚拟设备可以实时反映实体设备的生产情况并对实际生产过程进行控制,从而增加生产系统的灵活性,提高生产效率和产品质量,降低能耗和物耗。

空客通过在关键工装、物料和零部件上安装 RFID,生成了 A350XWB 总装线的数字孪生体,使工业流程更加透明化,并能够预测车间瓶颈、优化运行绩效。

AFRL 与 NASA 合作构建 F-15 数字孪生体,基于战斗机试飞、生产、检修全生命数据修正仿真过程机理模型,提高了机体维护预警准确度。

(4)数字孪生在制造服务中的应用

产品的生产过程中会产生海量的多源、异构数据,数字孪生技术能够对其进行实时分析和处理,从而获得更全面、更有价值的信息,为生产设备提供故障预测和健康管理服务,同时,为工作人员提供技术指导和管理决策服务。

PTC 公司将数字孪生作为智能互联产品的重要环节,通过建立物理设备与虚拟模型的实时连接,实现产品的预测性维修。

通用电气公司(GE)收集了大量资产设备(如航空发动机)的数据,通过数据挖掘分析,能够预测可能发生的故障和时间,但无法确定故障发生的具体原因,为解决这一问题,GE利用数字孪生技术,推出了全球第一个专为工业数据分析和开发的云服务平台 Predix。该平台可连接工业设备,获得设备全生命周期数据,同时将设备机理模型与数据挖掘分析相结合,提供实时服务支持。截至 2018 年已经拥有 120 万个数字孪生体,可以处理 30 万种不同的设备资产问题。

5.5 本 章 小 结

智能制造是第四次工业革命的核心技术,是世界各国制造业转型升级、高质量发展的主要技术路径。智能制造是个通用概念,是数字化、网络化和智能化等新技术在制造领域的具体应用,融合了制造业企业所掌握的生产诀窍与客观规律,引发制造业在发展理念、制造模式等各个方面革命性的变化。

发展智能制造装备是世界各国提升国家实力的重要体现,深度融合了工业化与信息化技术,不仅可以高效提升制造行业的技术水平与产品质量,符合高端制造装备业的发展方向,还能促进制造业的转型升级,有效减少资源和能源的消耗,在保证制造业智能化生产的基础上,实现绿色化发展。

构建一个完整的智能制造系统需要运用各种先进技术,包括传感器技术、大数据、物联网、CPS 技术、云制造、生产调度技术等,在产品生产制造的整个过程中通过感知、预测、人机交互等来最终实现制造业的智能化。

本章介绍了国内外研究发展现状,归纳了智能制造的定义及理念研究进展,分析了智能制造的关键技术,介绍了智能制造的应用。加快发展智能制造解决方案是推动中国制造迈向高质量发展、形成国际竞争新优势的必由之路。中国制造企业必须通过数字化转型提升产品创新与管理能力,提质增效,从而赢得竞争优势。

习 题

1. 什么是智能制造?为什么发展智能制造?

2. 美国、德国、日本、中国关于智能制造布局有何异同?

3. 智能制造包括哪些关键技术?请选择其中一个谈谈自己理解。

4. 智能制造对我们生活产生哪些影响?

5. 简述增材制造工作原理及应用。

6. 工业机器人由哪几部分组成?各有什么功能?

7. 简述工业机器人的分类及应用。

8. 简述射频识别技术原理。

9. 物联网有哪些关键技术?

10. 工业大数据的来源包括哪些?

11. 简述工业大数据分析技术。

12. 简述工业大数据在智能制造中的应用。

13. 简述云计算的概念。

14. 云计算有哪些关键特征?

15. 什么是数字孪生?请谈谈自己的理解。

16.数字孪生有哪些关键技术？

17.数字孪生在生活中有哪些应用？

18.简述数字孪生与智能制造的关系。

参 考 文 献

[1] 王巍,刘永生,廖军,等.数字孪生关键技术及体系架构[J].邮电设计技术,2021(8)：10-14.

[2] 刘玉书,王文.中国智能制造发展现状和未来挑战[J].人民论坛・学术前沿,2021(23)：64-77.

[3] 房珊杉,金永花.德国制造业发展近况、政策举措及启示[J].中国经贸导刊(理论版),2018(2)：40-41.

[4] 赵传武.智能制造研究热点及趋势分析[J].内燃机与配件,2020(7)：232-234.

[5] 欧阳生,杜品圣,顾建党,等.中国制造2025工业控制与智能制造丛书[M].北京：机械工业出版社,2019.

[6] 陶飞,刘蔚然,刘检华,等.数字孪生及其应用探索[J].计算机集成制造系统,2018,24(1)：1-18.

[7] 国家制造强国建设战略咨询委员会,中国工程院战略咨询中心.智能制造[M].北京：电子工业出版社,2016.

[8] 刘乐.日本"工业4.0"与职业教育发展对我国的启示[J].天津中德应用技术大学学报,2018(2)：27-30.

[9] 张鹏.不能忽略的日本"工业4.0"[N].中国证券报,2016-03-19(A10).

[10] 胡梦岩,孔繁丽,余大利,等.数字孪生在先进核能领域中的关键技术与应用前瞻[J].电网技术,2021,45(7)：2514-2522.

[11] 丁露,汪烁,王玉敏.智能制造国际标准化发展综述[J].仪器仪表标准化与计量,2021(1)：1-4+12.

[12] 郑力,莫莉.智能制造：技术前沿与探索应用[M].北京：清华大学出版社,2021.

[13] 沈立.德国国家工业战略2030及其对中国的启示[J].中国经贸导刊(中),2021(3)：51-53.

[14] 张小红,秦威.智能制造导论[M].上海：上海交通大学出版社,2019.

[15] 范君艳,樊江玲.智能制造技术概论[M].武汉：华中科技大学出版社,2019.

[16] 李晓雪.智能制造导论[M].北京：机械工业出版社,2019.

[17] 张衡,杨可.增材制造的现状与应用综述[J].包装工程,2021,42(16)：9-15.

[18] 高飞,于济菘,赵相禹.增材制造技术在航天领域的应用与前景[J].卫星应用,2020(5)：59-64.

[19] 何文韬,邵诚.工业大数据分析技术的发展及其面临的挑战[J].信息与控制,2018,47(4)：398-410.

[20] 中国移动通信有限公司研究院,中移物联网有限公司,深圳华龙讯达信息技术股份有限公司,等.数字孪生技术应用白皮书[R],2021.

［21］中国电子技术标准化研究院,全国信息技术标准化技术委员会大数据标准工作组,工业大数据产业应用联盟.工业大数据白皮书［R］,2019.

［22］陈根.数字孪生［M］.北京:电子工业出版社,2020.

［23］黄海松,陈启鹏,李宜汀,等.数字孪生技术在智能制造中的发展与应用研究综述［J］.贵州大学学报(自然科学版),2020,37(05):1-8.

［24］工业互联网产业联盟.中国信息通信研究院.工业数字孪生白皮书［R］,2021.

第6章　人工智能在核工业中的应用

当前互联网、云计算、大数据、人工智能等技术正处在高速发展时期,全世界的数据量出现前所未有的指数级爆发。各个行业和领域都在致力于研究如何利用大数据、人工智能技术来优化流程,监测发展趋势,从而更好地做出决策。如何在大数据的浪潮中抓住机遇,提升电力行业的竞争优势,成为当下社会讨论的热点。核工业是第三次科技革命的产物,是一个国家在能源、科技、国土安全等领域的重要组成部分,也是国家综合实力的象征。当前我国已建立了铀矿地质勘测、铀矿采集冶炼、铀浓缩、核燃料元件制造、核工程设计建造、核电运行、放射性废物处理等环节的一整套核工业体系,核工业已成为军民融合产业的标志。

在核电厂设备运行维护上,人工智能表现出色。随着智能仪表的广泛应用,大量设备状态信号被监测,形成核电运行大数据,配合智能算法,能够对设备状态进行快速预测和诊断。目前,国内相关设计院和业主都加大了核电智能运维方面的研发投入,并取得了一定进展。在核电关键设备故障诊断与预测方面,中国核动力研究设计院研发的反应堆远程智能诊断平台 PRID,使用自主开发的智能诊断分析算法,对关键设备准确、及时开展智能诊断分析,提出了运维策略,开创了信息化、一体化、智能化的核电关键设备运维新模式,可实现群堆状态下的反应堆关键设备智能诊断的可视化展示,对于关键设备诊断分析的质量和效率具有显著提高作用。

6.1　人工智能与核燃料探测

"数字矿山"是对现实矿山和整体环境的数字化展示,是国家战略资源安全保障体系的重要组成部分。利用信息化技术建立铀矿管理系统,利用大数据、人工智能、概率技术建立铀矿专家系统,使铀矿在勘探、开采设计、矿山生产等环节有机结合、相互衔接,从而提高勘探效率、减少采矿时间、化解采矿过程中的高危险和高危害元素。1978 年美国斯坦福国际研究所研发的人工智能"矿藏勘探和评价专家系统""PROSPECTOR"因发现一个钼矿而闻名于世,在矿业界引起一阵狂热。中国也有 MORPAS、MRAS 等人工智能系统。

核燃料元件既是核电站的能量源泉,又是保护核电安全的第一道屏障。智能制造可以有效避免和消除人因对产品质量造成的直接和间接影响,保证了产品质量稳定性。例如,仅生产线端塞焊岗位中的上管、焊接、再上管动作,工人一天下来要重复 3000 多次,劳动强度大,极易出现失误。而智能制造不仅节省大量人力,更保证了产品质量可靠性。中核集团原子能公司通过引进国外先进装备和技术,在消化吸收基础上坚持自主创新,实现了芯块制备、燃料棒制造及组件生产线主要工序的自动化生产、物料的自动化转运和数据采集,正在重点推进智能化核燃料产业建设。

核燃料体积小、能量大,运输与储存都很方便,对环境的污染少,是目前唯一达到工业应用标准、可以大规模替代化石燃料的能源,然而核辐射对人类身体的危害是致命的,反应器内的大量的核放射性物质以及带有放射性的操作,时刻威胁着操作工的生命。在核工业早期,核辐射方面的事故不断发生,大多都是由于在操作过程中操作人员的操作不当或者是对放射性剂量的错误判断。尽管核环境的放射性对人体的危害是致命的,但是能源的短缺和人类对能源的巨大需求使人类不得不部分依靠核能发电来满足,因此机器人尤其是智能机器人是核工业不可缺少的工具。由于核电站是高辐射且有一定危险系数的复杂环境,因此要求机器人具有很高的自主能力和智能化水平。近年来,放射性污染物给全球安全和全球生态环境带来的严重影响以及对被污染老化设备的急需处理引起了各个国家核工业界的高度关注,并且得到了大力发展核智能机器人的共识。在这种共识的推动下,核电站探测机器人的研究在国内外都有了新的发展。

6.1.1　核燃料循环简介

在核裂变的反应堆中,发生裂变反应的核燃料中的易裂变核素在受到中子撞击后会发生反应,并且随着裂变反应的进行不断发生反应,从而使其含量逐渐降低,核燃料的反应性也逐渐降低,与此同时,核素裂变产生的裂变碎片也在逐渐增加、累积,这些裂变碎片也会吸收一部分中子,使得反应堆的反应性进一步降低。通过调整控制棒的位置,可以减少控制棒吸收的中子数,从而可以一定程度上提高反应性,从而维持反应堆内的总反应性保持基本稳定,但是当控制棒也不足以补偿反应性的时候,就需要将燃料元件从堆内卸出,更换为新的燃料元件,卸出的燃料就变成了乏燃料。但是乏燃料并不是废燃料,以裂变反应的压水堆来说,^{235}U 在压水堆中的乏燃料里占比 0.8%~1.3%,比自然界中铀矿的 ^{235}U 的含量(0.71%)还要高。乏燃料中含量最多的可以转化的核素为 ^{238}U,超过 90%,部分 ^{238}U 在反应堆内受到中子照射可以转变为易裂变的核素 ^{239}Pu。除此之外,在辐照过程中核燃料中也会生成一些超铀元素,比如 ^{237}Np、^{241}Am、^{242}C,这些超铀元素如果回收得当也可以发挥很大的作用,并且在裂变过程中还会产生一些有用的裂变碎片,比如 ^{137}Cs、^{90}Sr 等。随着核能行业的发展,核反应堆的数量也在不断增长,同时,乏燃料也在不断累积,总量也在不断增长。图 6-1 所示为反应堆装核燃料。统计数据表明,一台 100 万 kW 的反应堆,每年会产生 20~30 t 的乏燃料,但是刚从反应堆中卸出的乏燃料却因为受到高放射性和高衰变余热的影响,无法进行直接处理的,需要将其储存,静置一段时间,再进行处理。但是我国目前还不具有处理乏燃料的能力,我国核反应堆所产生的乏燃料目前仍在储存当中。

截至去年,我国累积了大约 6 000 t 的乏燃料,根据核电站的规划,预计在 2030 年,我国乏燃料的年产量会达到 2 000 t。大量的乏燃料终将超过储存极限,造成环境污染,另一方面,乏燃料中也含有大量的未反应的裂变核素与可转变核素,如果不能再次循环利用,也会造成很大的资源浪费。相关研究表明,单次使用

图 6-1　反应堆装核燃料

的核燃料中铀元素的利用率仅为0.6%,如果反应堆燃料中的核素可以进行多次增殖利用,那么铀资源的利用率可以提高100倍。因此,提高核燃料利用率的一个重要措施就是提取乏燃料中的核素进行循环再利用。图6-2所示为核燃料循环示意图。

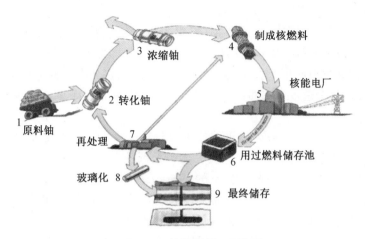

图6-2 核燃料循环示意图

核燃料循环指的就是从铀矿石的开采,到铀纯化以及燃料的制造,再到反应堆的运行、乏燃料的后处理以及最终核废物处置的整个过程,以反应堆为界,可以分为前端和后端。根据乏燃料是否进行后处理,可以把核燃料循环分为两种模式:开路循环模式和闭路循环模式。两种循环模式的前端流程基本一致,都包含铀矿石的开采与冶炼,铀的纯化以及浓缩和燃料制造。但是在循环后端,两种方式有着比较大的差异。其中开路循环模式又叫作"一次通过式"燃料循环,因为在这种循环模式下,铀和钚等易裂变核素只通过一次反应堆。但是闭路循环模式则不同,它还包含着对乏燃料的一系列后处理措施,可以回收乏燃料中的铀和钚等核素资源,同时也能减少放射性废物的排放。图6-3所示为核电乏燃料储罐。

开路循环模式步骤简单,也有助于防止核扩散,但是它也具有几项缺点。首先,这种方式对于核能资源的利用率非常低,燃料中的大多数铀和钚核素都被当作废弃物直接进行掩埋处理,对核能资源造成了很大的浪费;其次,这种方式处理后的乏燃料体积比较大,并且在进行掩埋处理时也会对土地资源造成很大的浪费;除此之外,这种方式处理后的乏燃料里还含有高放射性废物,对环境的危害极大。反观闭路循环模式,它不仅可以回收乏燃料中的铀、钚等核素,还能有效处

图6-3 核电乏燃料储罐

理高放射性废物,同时减小乏燃料的体积。因此从核能的可持续发展以及环境保护的角度分析,闭路循环模式无疑是一种更加先进、更加值得探索研究的核燃料循环模式。

闭路循环模式又可以根据乏燃料的处理方式分为两种模式,包括以 Purex 为代表的有限回收方式以及以分离嬗变为代表的连续回收方式。其中 Purex 后处理的流程为:首先,将乏燃料剪切脱去包壳;加入硝酸溶解,去除其中的不溶解杂质,通过调节料液的 pH 值,制得料液;其次,利用磷酸三丁酯将料液中的钚和铀萃取到有机相中;在还原剂的作用下,将钚还原,此时铀仍然留在有机相中;最后,将有机相中的铀反萃取到水相中,最终可以提纯铀和钚。这种方式可以大大减少废水的体积,并且整个流程的费用相对也不高。但是这种方式最大的弊端是在流程中使用了大量的溶剂,虽然可以回收其中的部分试剂,但是最终产生的废水量依旧很大,会造成二次污染。这种方法并没有从根本上解决乏燃料中的放射性核素问题。

分离嬗变(P&T)则是一种最为先进的技术。分离嬗变的对象主要是次锕系核素和长寿命的裂变产物,这些产物可能潜在对人类有着很长远的影响。分离嬗变这一概念最初是20 世纪 60 年代由美国的科学家提出的,它的目的就是将次锕系核素以及长寿命裂变产物转化为中短寿命核素甚至是稳定核素。如果使用这种策略可以将次锕系核素的含量降低至原来的百分之一,那么只需要大约 400 年的时间高放射性废料就可以达到天然放射水平。目前可进行嬗变放射性物质的装置主要包括快中子反应堆以及加速器驱动的次临界系统(ADS)。

快中子反应堆属于第四代先进核能系统里的备选堆型,如图 6-4 所示。与现有一般的压水堆相比,快中子反应堆主要以^{239}Pu 作为燃料并且一般不含有慢化剂,^{239}Pu 裂变产生的中子可以不经过慢化直接被反应区周围的^{238}U 吸收,并且转化为^{239}U。而^{239}U 经过两次衰变后又会转化为^{239}Pu。也就是说快中子反应堆在消耗^{239}Pu 的同时也在生成新的^{239}Pu,并且新生成的^{239}Pu 比消耗的^{239}Pu 还要多,这就在很大程度上可以提高核能资源的利用率。快中子反应堆里中子具有大约 300 keV 的平均能量,因此快中子反应堆可以嬗变次锕系核素。此外,快中子反应堆还具有较高的中子注量,因此长寿命的裂变产物也可以在快中子反应堆的增殖层中嬗变。

快中子反应堆在嬗变次锕系核素的同时,堆内的^{239}Pu 也会俘获中子生成新的次锕系核素,因此在快中子反应堆中存在着次锕系核素的一种平衡,但是总体来说,嬗变的次锕系核素的量要大于产生的次锕系核素的量。以镅(Am)的嬗变来说,用快中子反应堆来嬗变 Am时,快中子反应堆中 Am 的消耗量为 116 kg/GWa,而生产量为 42~83 kg/GWa,由此可得其中的净消耗量为 33~74 kg/GWa。一座轻水堆中 Am 的产生量约为 16 kg/GWa,因此简单计算就可以知道一座快中子反应堆嬗变 Am 时的消耗量为 2~4 座同等功率轻水堆所产生的Am 的量。次临界嬗变系统则是另外一种可以用来嬗变放射性废物的装置,它主要是由高能质子加速器、中子散裂靶以及次临界反应堆三部分组成。它的工作原理:首先通过高能质子加速器对质子进行加速,使质子束流的能量和强度升高;然后高能质子束流被注入散射靶中,与靶内的原子核产生散裂反应,生成散裂中子;最后生成的散裂中子进入次临界反应堆中,将反应堆内部的次锕系核素以及长寿命裂变物质嬗变为低放射性的中短寿命核素或者嬗变为稳定核素,同时也有一定的能量释放出来。

ADS 嬗变系统与快中子反应堆嬗变系统相比具有以下几个优点:首先,ADS 嬗变系统中的反应堆是次临界反应堆,堆内的中子产生量低于消耗量,因此可以避免发生超临界事故,可以大大提升安全性;其次,快中子反应堆嬗变系统在运行过程中,会生成新的次锕系核素,但是 ADS 嬗变系统在嬗变过程中,由于其裂变的份额非常高,几乎不会生成新的次锕系核素;除此之外,因为 ADS 嬗变系统具有更宽更硬的中子能谱,所以 ADS 嬗变系统几乎可以用来嬗变所有的长寿命裂变产物;还有很重要的一点是一个 ADS 嬗变系统可以用来处理压水堆核电站所生成的放射性废物,与快中子反应堆嬗变系统相比,ADS 嬗变系统拥有更高的嬗变效率。

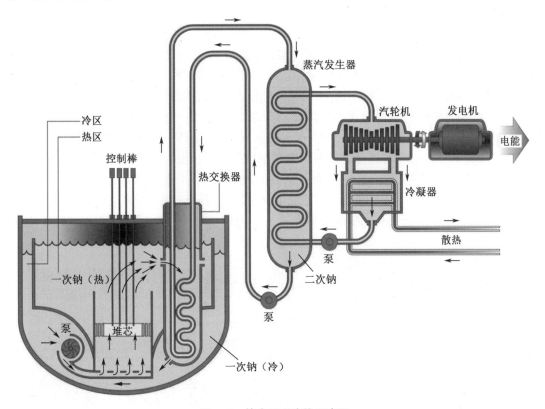

图 6-4 快中子反应堆示意图

1. 核燃料的类型和特点

(1) 金属型核燃料

金属型核燃料主要是指包含易裂变核素的金属或者合金,其中主要是指铀金属以及铀的合金,除此之外还有包含钚等的金属及其合金。图 6-5 所示为金属核燃料。金属型核燃料的历史非常悠久,第一代反应堆和第一代气冷堆使用的核燃料都是金属型核燃料。金属型核燃料的优点很明显:易裂变原子密度高,导热率非常高,容易加工,等等。但是金属型核燃料的缺点也很明显:首先,金属型核燃料具有非常差的抗辐照性能,在反应堆内照射一段时间后,很容易发生辐照生长以及产生裂变气体引起辐照肿胀;此外,金属型核燃料的熔点也相对较低,在高温时容易发生相变,相变后的金属型核燃料的化学性质很活泼,在高温时很容

图 6-5 金属核燃料

易与水或者其他包壳材料发生反应。所以金属型核燃料一般只适用于低功率、低燃耗以及低温反应堆。一般在易裂变的核素金属中加入合金元素使它们形成合金，用以提高金属型核燃料的抗辐照性能和抗腐蚀性能。一般对于常见的易裂变核素铀金属，常见的合金元素包括锆、铝、硅等。与铀金属相比较，铀锆合金、铀铝合金、铀硅合金都具有更好的抗辐照性能和抗腐蚀性能。

（2）陶瓷型核燃料

陶瓷型核燃料主要是指易裂变核素与非金属元素形成的化合物以及由这些化合物形成的互溶体混合物。其中非金属元素主要包括氧、碳、氮这三种元素，它们与易裂变核素形成的核燃料称为氧化物陶瓷核燃料，碳化物陶瓷核燃料和氮化物陶瓷核燃料。

氧化物陶瓷核燃料是目前应用最广泛的陶瓷型核燃料。主要是指二氧化铀陶瓷核燃料。二氧化铀具有非常高的熔点（2 800 ℃以上），在高温条件下稳定性也很好。在辐照条件下，二氧化铀燃料芯块内部可以保留大量的裂变气体，因此氧化物陶瓷核燃料的尺寸比较稳定，即使燃耗达到百分之十也不会有明显的改变。还有很重要的一点是，它与包壳材料之间有着很好的相容性，与水也一般不发生化学反应，具有较好的稳定性，因此一般可以在轻水堆中应用。但是二氧化铀的导热率较低，并且材料的密度也较低，限制了反应堆参数的进一步提升。图6-6所示为二氧化铀陶瓷核燃料。

相比较氧化物核燃料，碳化物核燃料主要以碳化铀（UC）为主，碳化铀的热导率很高，约为二氧化铀的8倍，密度也很高。高的热导率可以使堆芯的热量更好地传递到外侧，使堆芯具有更好的温度梯度，使反应堆具有较高的功率密度。另外，UC的高密度使得它具有更高的易裂变核素密度，也使得单位体积内部可以有更多的易裂变核素，使得反应堆的参数可以进一步提升。但是UC的缺点也很明显，UC的化

图6-6　二氧化铀陶瓷核燃料

学性质不稳定，即使常温条件下也非常容易与水蒸气以及大气中的氧气等发生反应。除此之外，UC对于裂变气体的包容能力也不及二氧化铀燃料，在高温条件下也更容易发生辐照肿胀。但是与二氧化铀燃料相比，碳化铀核燃料的性能相对更优异，也是一种更为先进的陶瓷型核燃料。

氮化物核燃料与碳化物核燃料的物理性质较为接近。将UN和UC这两种核燃料进行对比，他们都具有较高的密度和较高的导热率，实际上UN的密度要比UC的密度更高。除此之外，UN燃料在空气中被氧化形成的氧化层会在材料表面形成一层保护膜，保护其内部的燃料不被进一步氧化，所以在大气环境中UN材料是一种相对可以稳定存在的材料。UN燃料的抗辐照能力也比UC燃料的好。但UN燃料也有一个很大的缺点，与C相比，N的同位素^{14}N对快中子的俘获截面很大，其相对丰度也很高，达到99.6%。在实际应用中，需要对^{15}N进行浓缩，尽量减少^{14}N的存在，而这两种同位素之间的分离本就是一项巨大而亟待解决的课题，需要巨大的成本。

（3）弥散型核燃料

弥散型核燃料是指将含有可裂变核素的燃料颗粒均匀地弥散在非裂变材料基体中形成的核燃料。其中将含有可裂变核素的燃料颗粒称作燃料相，非裂变材料称作基体相。

常见的燃料相包括各种燃料颗粒，例如铀与铝、铍等金属间的化合物，以及铀的氧化物、碳化物、氮化物等。一般作为基体相的材料需要具有以下性质：中子的吸收截面要低，还需要较好的抗辐照能力；在反应堆的运行温度内具有足够的韧性以及蠕变强度；有较高的导热率；基体相材料的热膨胀系数需要与燃料相当；基体相在反应堆运行的条件下不会产生析出相。鉴于以上几种特点，常见的基体相材料主要有钼、锆、铝等金属基体材料，以及碳化硅、石墨等非金属基体材料。图6-7所示为弥散型核燃料。

弥散型核燃料里面的每个燃料颗粒都可以被当作一个微型燃料元件，而基体可以看作这些燃料元件的包壳。在裂变反应进行中，辐照损伤主要集中在燃料相上，而其他大部分基体相则不会被辐照损伤。由于基体材料一般都具有较高的塑性和强度，所以在一定程度上可以限制燃料相的辐照肿胀，也能承受一部分裂变气体的压力。另外，金属基体还具有很高的高热率，还可以有效地提升燃料的导热率。因此弥散型核燃料的抗辐照稳定性好，又具有好的导热性、抗腐蚀性，可以承受较强的应力，

图6-7 弥散型核燃料

使用寿命长，燃耗深度可达80%～90%的原子能耗。以金属基质构成的弥散型燃料有着最优异的性能，但是在事故条件下，金属材料会与水蒸气反应产生氢气，大大降低了核燃料芯块的安全性能。

6.1.2 核燃料探测技术的应用

核探测技术属于核技术的一种，核探测主要是研究射线、荷能粒子束与物质之间的相互作用的技术。核探测技术如今在各个重要的领域都有着广泛的应用，如地下资源的勘探、环境监测、爆炸物毒品的检测、水文工作、测井、无损探测、医学成像、治癌、地学研究等，在核物理实验研究方面核探测技术是其必不可少的基石，同时，在核技术方面是不可或缺的技术研究手段，也是高能物理研究的重要基础。

1. 地下水资源的勘探

人的生活离不开水，虽然地球上水的储量非常大，但是可供人类直接使用的淡水资源却相当有限，尤其在我国西北部干旱地区水资源更是严重匮乏，所以，寻找洁净的地下水资源任务日益紧迫。而核探测技术就是一种找地下水的有力手段。在核探测技术中，勘查地下水资源的方法主要是对氡及其子体的放射性测量进行检测，其原理是：因为氡的水溶性较强，而氡是天然放射性核素铀系、钍系衰变产物，这些天然的氡溶解于水中之后会随着地下水的移动而移动，所以，有放射性异常反应的话，尤其是氡异常显著的地方往往可能就是地下水富集的地方，这时再用相关的检测分析手段（如^{218}Po法配合电探测方法等）可以推断出地下水的空间位置。但是以往传统的方法都是间接找水法，现在有一种新的勘探地下水资源的方法可以直接找水，即核磁共振（NMR）技术，该方法的原理是利用将拉摩尔频率的

交变电流施加在线圈中,使得地下水氢核受激形成宏观磁矩,并在地磁场中以其特有的频率旋进,再通过该线圈拾取脉冲矩激发的 NMR 信号来判断地下水的空间存在。它是目前全球唯一可以直接勘探地下水的方法,它更高效、经济、快速,且信息数据量丰富,可以绘出地下水资源的三维分布情况。较之以往的方法有更大的发展前景。图 6-8 所示为地下水资源勘探。

2. 矿产资源的勘探

人们常说:"石油是工业的血液,煤炭是工业的粮食。"能源是现代社会主义经济发展的重要支撑,随着社会主义经济的快速发展,人们也面临着日益严峻的能源需求问题。尤其是像石油、天然气、铁、铜、煤等关乎国家经济命脉的矿产资源的勘探开发必须跟上国家发展的脚步。矿产资源勘探方法很多,核法勘探属于地球物理勘探方法中的一种。以前的方法主要是利用岩石矿产中的天然放射性元素自发释放出的 α、β、γ 射线,通过测量分析可以确定放射性元素含量,估算矿体大小,对铀、钍、钾等矿床进行开采有指导性意义。现在核法勘探主要是利用检测不同的放射性异常或者利用射线源与地层岩石相互作用后的核反应,再通过研究射线场强度与能量变化的分布规律,来寻找相关的矿产资源,核法勘探的方法很多,其中:X 射线荧光法,对于寻找金矿、锑矿、锶矿、钨矿、铁矿、铜矿、锡矿效果非常理想;选择性 γ-γ 法,主要应用于勘查铅、钨、汞、锑、铜等矿床;γ 射线共振法,它是利用 γ 射线产生共振吸收现象(即穆斯堡尔效应)来勘查锡、锑、铁等矿产资源;此外,关于油气田勘探方法还有核测井技术(如自然 γ 测井、自然 γ 能谱测井、密度测井、中子测井、放射性同位素示踪测井)、瞬时测氡和累积测氡法、中子活化法、热释光法、^{210}Po 测量、^{218}Po 液闪法等核探测方法,这里不一一枚举。时至今日,资源的勘探不再以单一的探测为主要手段,还要对地质进行调查研究分析,多学科综合,科学合理地开发资源,不断攻克难关,提高仪器设备,才能为国家的资源可持续利用战略服务。图 6-9 所示为矿产资源勘探。

图 6-8 地下水资源勘探

图 6-9 矿产资源勘探

3. 爆炸物毒品的检测

近年来,随着国际形势愈加复杂化,恐怖犯罪渐有抬头之势,因此,为了保证人民生命财产的安全,必须将恐怖事件扼杀于萌芽之中。比如,在大型公众场所、海关、物流站等地设置安全检测站检测爆炸物和毒品,对制止走私、偷运、恐怖犯罪起到很大的作用。早期的探测手段,如金属探测仪、X射线成像、化学分析法等,都有一定程度上的不足与局限性。现在的核探测技术较之以往效率更高,更加安全可靠。由于炸药和毒品主要都是由C、H、O、N等组成的,所以检测的重点也就是检测这几种元素含量是否异常。核探测技术就是利用爆炸物的不同化学元素与探测辐射(比如中子、γ射线)产生的特定反应来检测是否存在违禁物品的,比如,中子技术、γ射线技术、核磁共振检测等。

目前中子检测爆炸物技术应用相对广泛,其特点是穿透力强,容易探测判断目标元素的含量。中子质询技术主要有:热中子分析(TNA)法,可以检测N、Cl、H元素含量是否异常;快中子分析(FNA)法,可以检测C、O、N的含量是否异常;脉冲快/热中子分析(PF/TNA)法则可以检测N、C、H、C、O元素含量是否异常;脉冲快中子分析(PFNA)法还能测定C、O、N含量的空间信息等。γ射线技术属于非本征型探测技术,一般适用于检查相对均匀物体的夹带情况,在γ射线技术中,因为γ射线属于高能电磁波,当它射向被测物体上时会产生透射或散射或被吸收现象,根据这些信息可以探测被测物是否含有违禁物品。γ射线技术的特点是穿透力很强,强度大,成像容易,不但可以对几乎所有元素进行辨认,还可以借用共振γ技术分辨单一的同位素核;γ射线对氢不灵敏,对氢核的吸收或者散射都很弱,不过正好可以利用这一点来探测含氢材质的货运箱,正好弥补中子探测的不足(因为中子容易被氢慢化吸收)。还有核磁共振和核四极矩共振法(NMR和NQR),其中核四极矩共振是一种新兴的探测手段,只要原子核电四极矩不为零,且周围电场梯度也不为零,这时对它施加合适频率的电磁场便可以探测到被测物的核电四极矩的本征超精细结构,可以说是能对相应的材料进行"分子结构指纹"辨认,进而达到检测的目的。图6-10所示为便携式爆炸物探测器。

图6-10　便携式爆炸物探测器

目前,国外兴起了一种新的探测扫描技术——μ介子断层扫描技术,它主要是应用在核材料的探测上；μ介子是一种带负单位电荷的基本粒子，所以，它能更容易接近原子核，又因为质量大（是电子的206.6倍），速度快，因此，它的能量大，具有很高的穿透力。该技术具有很多优点，如检测速度快，能三维成像，不会造成任何的辐射污染等。虽然目前该技术还大都处在研制阶段，但是相信随着理论技术的进一步提高，该技术将会在更多领域发挥更大的作用。

4. 工程地质的勘探

勘查有无隐伏的断裂构造，对水坝选址、港口等大型地质工程的建设都具有极其重要的意义。由于断裂带天然镭的含量相对其围岩较高，而镭经过α衰变后会释放出大量的氡气，这时候检测氡气浓度情况，配合相关的核探测分析方法，比如，^{218}Po法测量、射气探测技术等，则可以探测出有无隐伏的断裂构造。图6-11所示为测氡仪。

5. 煤质分析

煤炭是工业的粮食，煤的用途十分广泛，比如，燃烧煤，它不仅用于电力生产，也广泛应用于一些工业过程中，便如钢铁生产、水泥制造和化工行业中；炼焦煤，它是农药、医药、合成橡胶、塑料、香料、合成纤维、油漆、染料的主要来源。煤的不同用途对它的煤质也要求各异，所以，化验分析煤炭性质成分对煤炭的综合利用有很大的意义。传统的化学分析手段不但成本高，耗时很长，而且误差较大，精度也不尽如人意；而采用核探测技术，比如，中子技术，则有着传统方法无可比拟的优势。在20世纪80年代，基本只是对煤质的灰分和含硫量进行分析，主要的技术手段是利用热中子的[n,γ]反应，该方法很难测量煤中的C、O元素。而脉冲快中子活化分析可以直接测量煤炭的组成元素，当然也包括测量C、O元素，脉冲快中子活化分析可以降低测量成本，速度快，而这两项指标对煤炭工业来说有十分重要的意义。图6-12所示为煤质分析仪器。

图6-11　测氡仪

图6-12　煤质分析仪器

6. 核医学领域的应用

一种核探测技术手段不仅局限于应用在某一方面，在其他领域同样有建树，比如，前面在勘探地下水资源、检测爆炸物的应用中提到过的核磁共振法。其实该方法很早便已经在医学成像上得到了应用，其实应用在医学成像上的核探测技术手段还有很多，如图6-13所示。除了上述核磁共振成像之外，还有单光子发射断层成像（SPECT）和正电子湮灭发射型CT系统（PECT或PET）等。单光子发射断层成像的原理类似于放射性示踪，即利用人体吸

(注)入放射性同位素后观测其释放出的 γ 射线,再辅以计算机设备便可获得人体医学扫描图像,正电子湮灭发射型 CT 系统是利用核探测技术中的符合测量法与飞行时间测量法再借助计算机处理获得断层扫描图像,这两种方法的优点是早期诊断效果好,速度快,成像质量较高,但是成本偏高,并且难以定位病理与周围组织的相互关系。此外,还有同步辐射成像技术,主要的两大特点是能谱范围广、辐射光强度大,因此,更适用于医学成像。

7. 在科学研究领域的应用

在物理实验研究以及高能核物理方面,核探测技术是其必不可少的基石。说起核探测技术就不得不提起核探测器,其实核探测器本质上就是将物理量进行转换的仪器,将射线、荷能粒子束转换成电信号再经由相关辅助电子设备仪器进行记录并加以分析。核探测器主要分为“径迹型”探测器和“信号型”探测器两大类,也可分为气体探测器、闪烁体探测器和半导体探测器等。它们除了主要应用在高能粒子物理研究领域之外,还应用于工业、核医学等领域。此外,由诺贝尔物理学奖获得者华裔科学家丁肇中教授领导的大型国际合作项目——α 磁谱仪(AMS)以及后来总投入高达 20 亿美元的 α 磁谱仪-2,它是一种高灵敏度的核探测仪器,它的科学使命就是寻找宇宙中的反物质和暗物质,以及记录分析各种宇宙粒子,借以揭开更多的宇宙之谜。图 6-14 所示为核资源与环境国家重点实验室。

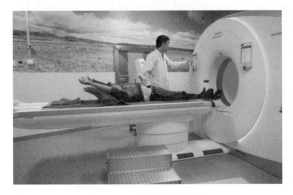

图 6-13　医疗仪器设备

图 6-14　核资源与环境国家重点实验室

8. 其他领域的应用

核探测技术在其他领域的应用有:环境监测(包括环境中放射性污染物的辐射监测以及非放射性污染物的监测);加速器质谱测年技术;放射性示踪技术,比如,应用在海洋科学中,可以了解各大洋的洋流循环模式,在生物学中,则可以了解目标化合物在体内代谢的情况等。图 6-15 所示为移动式水中放射性检测仪。

图 6-15　移动式水中放射性检测仪

6.1.3 机器视觉与核燃料探测的结合

核能作为清洁、安全、高效的新能源,已成为全球携手推进低碳可持续发展的重要能源。随着我国逐步完成三代核电技术的国产化和标准化,核能在我国已经进入规模化发展的新时期。核电发展可以带动核电关联产业同步发展,进一步丰富并增强我国核工业体系和核产业链良性发展。核电关联产业包括科研院所、基建安装工程、核电装备制造业、核燃料产业等产业。随着科学技术的进步以及对核能安全性和经济性要求的不断提高,越来越多的先进科学技术运用到核能领域。机器视觉作为一种先进的人工智能技术,在核能领域发挥着越来越重要的作用。

1. 机器视觉技术

机器视觉的研究是从 20 世纪 60 年代中期美国学者 L. R. 罗伯兹关于理解多面体组成的积木世界研究开始的。在 20 世纪 70 年代末,他从信息处理角度,首次提出计算视觉系统及理论框架,该理论框架虽然在细节上甚至在主导思想上还存在不完备的方面,但至今仍是目前计算机视觉研究的基本框架。机器视觉是一项综合技术,包括图像处理、机械工程技术、控制、电光源照明、光学成像、传感器、模拟与数字视频技术、计算机软硬件技术(图像增强和分析算法、图像卡、I/O 卡等)。如图 6-16 所示,一个典型的机器视觉应用系统是以计算机为中心的,包括视觉传感器、高速图像采集系统、图像处理系统。由计算机对视觉传感器采集到的信息进行运算,根据运算结果发出各种指令。机器视觉系统最基本的特点就是提高生产的灵活性和自动化程度。在一些不适于人工作业的危险工作环境或者人工视觉难以满足要求的场合,常用机器视觉来替代人工视觉。同时,在大批量重复性工业生产过程中,用机器视觉检测方法可以大大提高生产的效率和自动化程度。

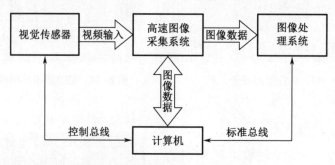

图 6-16　机器视觉系统基本组成

2. 机器视觉与核燃料棒组装的结合

在核电方面,核燃料棒组件是核反应堆的核心反应部件,同时,燃料棒组装工作具有高辐射性的特点,因此世界上各核燃料生产厂家都非常注重核燃料棒组件的生产效率以及质量的提高。智能化机械臂不仅能够实现核燃料棒组装的高效率和高质量,同时还能降低工作人员的辐射剂量。智能化机械臂要求具备外界环境的感知能力,机械臂智能化的重要方向就是基于视觉的位姿识别方法,准确地识别核燃料棒和栅格板的位姿,将其反馈到机械臂控制系统完成核燃料棒的有效组装。图 6-17 所示为核燃料棒组装流程图,根据核燃料棒、栅板的结构特点及组装过程,初步将核燃料棒的组装过程分为两个阶段:搜索定位阶段和插入组装阶段。搜索定位阶段的主要任务是将核燃料棒的开槽口对准栅板,插入组装阶段是指把核燃料棒沿预定轨迹插入对应的目标位置。首先,利用CCD摄像机分别检测出栅板的位姿和核燃料棒下端塞位姿;然后,计算这两个位姿在笛卡儿空间内的偏差;最后,以该位姿偏差作为控制量来控制机械臂的各个关节做出相应的运动使核燃料棒的下端塞的开槽口对准栅板后进行插入组装。

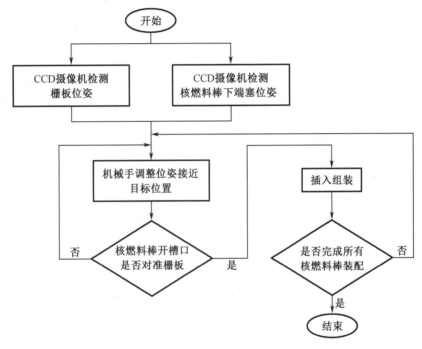

图6-17　核燃料棒组装流程图

　　深度图像识别技术(如人脸识别、智能安防等)在本轮人工智能热潮中取得了较大突破,已趋于成熟并得到广泛认可和应用。核领域也开展了一系列与深度图像识别技术相关的交叉研究。在医疗影像诊断方面,我国科研团队研发了核磁共振医学影像智能分析系统"阿尔法医生",取得了比拟人类医生的诊断准确率,并大幅提升了诊断速度。在工业影像诊断领域,使用智能算法可以实现全天候、快速、高于人类准确率的核级焊缝X射线探伤识别应用。美国普渡大学采用深度图像智能识别技术,开发了堆内金属构件裂缝图像识别模块,能够对照相机拍摄的堆内构件照片进行分析、自动寻找裂缝,可有效减少检测人员的工作量,避免人因失误,保证核反应堆安全运行。

6.2　人工智能与核电站

　　如今,核能已经成为世界上应用最广泛的能源之一,其凭借清洁无污染、能量密度高、综合成本低、无供电间隙等优势,在各国的电力系统中充当着重要的动力来源。改革开放以来,我国也积极投身到核电站的建设之中,在经历了2015年新一轮的核电建设高峰期之后,如今我国核电站数量已达40余座,核电发电量维持在世界前列。在核能发电获得广泛应用的同时,核电安全问题也一直牵动着各国的神经。从 20 世纪的切尔诺贝利核泄漏事件开始,多起大型核泄漏事件的发生,对各国的核电安全提出了愈加迫切的发展需求。因此,为确保核电建设和使用中的安全,提高核电站应急救灾能力,眼下各国都在寻找有效预防手段。随着时代的发展,利用机器人技术解决核电发展中的各种问题,正在逐渐成为普遍做法,核电机器人正日渐出现在大众视野之中,成为行业发展的有力推动者。

目前,全球已有 450 多座核电站,随着化石能源产生的温室效应不断加剧,未来核电站的数量和装机容量还将不断上升,在这样的趋势下,各国核电站对机器人的需求将日益迫切。首先,在核工业应用领域,如果继续采用传统的人工形式,一方面随着核电装机容量的不断提高,人工数量需求会不断上升,人力成本会不断增长;另一方面人们劳动强度的增加,也会导致其所受到的辐射剂量的增多。因此,机器人对人工的替代需求将持续放大。其次,在核电站应急领域,辐射环境下的作业监测采用人工很难进行,需要一种快速响应和监测的工具,此外,一旦事故发生,人类也很难进入高辐射的环境中进行应急救援,这就需要一种能在高危环境中进行救援的工具,而机器人显然具备以上两种工具所需的功能。最后,在核电知识科普领域,核电知识本就枯燥乏味,很少有人愿意从事底层宣传工作,如果找形象代言人成本巨大,因此,利用机器人助力核电知识科普不失为一种好办法。目前,中广核已经推出了我国首款核电科普机器人,为我国在核能沟通领域的发展开了先河。

6.2.1　核电站系统及典型故障

核电安全一直都是世人瞩目的焦点,怎样保障核电站的安全运行已经成为一个亟待解决的重大问题。一方面世界各国积极开展新一代核电技术研究工作;另一方面对在役和在建的核电站的安全性进行认真审查,增加安全措施,提高其可靠性。当前运行和建造的各种堆型的核电站中,压水堆占 60% 左右,是目前最受关注的核反应堆堆型。压水堆核电站的核动力系统通常由一回路系统、二回路系统及其他一些辅助系统组成。故障样本是从以秦山一期为对象的仿真机上获得的,因此介绍的系统和分析的故障都以秦山一期运行手册为准。故障只涉及一回路系统和二回路系统,所以只对这两个系统进行介绍。

一回路主系统,又称为反应堆冷却剂系统(reactor coolant pump,RCP),由反应堆和若干条并联闭合环路组成。不同压水堆的环路数目不同,每条环路有一台蒸汽发生器,一或两台主冷却剂泵,并用主管道把这些设备与反应堆连接起来,构成密闭回路。冷却剂首先流过堆芯把核裂变产生的热能吸收,然后流入蒸汽发生器的传热管内,通过导热把热量传给管外侧的水,将其变为饱和蒸汽,而被冷却后的冷却剂再通过主泵打回反应堆内重新吸收热能,如此循环往复,形成一个封闭的吸热和放热的循环过程回路。反应堆冷却剂系统是核电站最重要最基本的系统,核裂变能量的导出、交换和转化在该系统内发生。该系统的各部分均要承受高压,构成了所谓的"压力边界"。该系统是核电站的三道"安全屏障"之一。实际上,该系统功能的正常发挥,不住具有重要的经济意义,而且维护了核电站的安全,避免了放射性物质向环境中释放。

二回路系统由蒸汽发生器的二次侧、汽轮机、给水泵、冷凝器和给水预热器等设备以及它们之间的管路和相应的仪表、阀门等组成。二回路系统流程与常规热电站的动力系统基本相同。给水在蒸汽发生器中带走一回路从堆芯带来的热量,形成饱和蒸汽,推动汽轮机做功,从而带动发电机运转发电。选择主蒸汽管道破裂、完全失去蒸汽发生器正常给水、冷却剂丧失事故(loss of coolant accident,LOCA)、给水管道破裂和蒸汽发生器 U 形管破裂五种故障作为诊断对象,下面对这五种故障的发生过程和故障特征进行分析。

1. 主蒸汽管道破裂

蒸汽管道破裂故障包括蒸汽回路的一根管道破裂产生的故障和蒸汽回路的阀门意外打开所导致的故障两种,它们所造成的参数的特征变化是相同的。蒸汽管道破裂,将导致二回路蒸汽从破口大量流出,由于蒸汽流量突然增大,使得二回路系统导出的热量大于反应堆的发热量,一、二回路之间的功率无法匹配。因此导致蒸汽发生器出口冷却剂的温度下降,由物理上的反馈效应可知,反应堆的功率会自动上升来维持一、二回路之间的热量平衡。在二回路蒸汽流出的同时,稳压器内压力和水位随着一回路冷却剂平均温度的下降而下降,保护系统在系统参数达到保护整定值时开始动作,使反应堆超功率紧急停堆、稳压器低压停堆,汽轮发电机组也将紧急停机。停堆以后,在蒸汽管道隔离之前,蒸汽继续从破口流失,蒸汽管道出现低压,一回路平均温度不断下降。如果在停堆时有一束具有最大反应性价值的控制棒组件卡在它完全抽出的位置上,就会增加堆芯重返临界和重返功率的可能性。图 6-18 所示为主蒸汽管道。主蒸汽管道破裂之后,重返功率可能是一个潜在的重要问题,因为假设一束具有最大反应性价值的控制棒组件卡在它完全抽出的位置上,会产生一个高的功率峰值因子。堆芯最终将由安全注射系统注入硼酸溶液而重新进入次临界状态。

图 6-18 主蒸汽管道

2. 完全失去蒸汽发生器正常给水

完全失去蒸汽发生器正常给水故障是指故障一开始就完全失去了蒸汽发生器的正常给水,在瞬态过程中发生的一系列紧急停堆信号没有被考虑,而假设依然出现汽轮机脱扣和按温度调节方式旁通阀打开到 50%的开度。在瞬态期间,由于失去正常给水,蒸汽发生器内水的装量减少。最初,一回路与二回路之间传热效率没有明显下降,因而一回路的温度基本保持不变。接着,汽轮机脱扣导致蒸汽流量暂时下降,从而导致蒸汽发生器所吸收的功率下降,这就引起了蒸汽发生器出口的一回路水温上升,因此堆芯出口水温上升。考虑到慢化剂的负温度系数,堆芯水温上升就引起核功率下降、一回路压力上升,随后稳压器安全阀打开、蒸汽发生器安全阀打开,通过蒸汽发生器导出的功率回升,从而出现一回路温度和核功率的准稳态。图 6-19 所示为蒸汽发生器。

当堆芯产生的核动率与蒸汽发生器吸收的功率之差达到最大值时,出现一回路压力峰值。于是稳压器内充满了水,并且有大量的汽-水混合物或水通过安全阀排出。核动率稳定在额定功率的 8%左右,相当于辅助给水系统中水汽化所需要的功率。由于一回路温度上升,反应性逐渐下降,在多普勒效应的影响和慢化剂温度系数的影响相互抵消之前,反应性变为正值。实际上,失去蒸汽发生器正常给水会使一回路平均温度开始上升,功率下降也会使平均温度下降。最后,由于失去蒸汽发生器正常给水和主泵停运的联合影响,一回路温度上升,它将稳定在 330 ℃左右。一回路的流量将稳定在额定流量的 8% 左右。稳压器内水位的变化过程是水位上升直至充满,当一回路平均温度开始下降时,稳压器恢复正常水位。

图 6-19　蒸汽发生器

3. 冷却剂丧失故障

冷却剂丧失故障是指反应堆主回路压力边界产生破口或发生破裂,一部分或大部分冷却剂泄漏的故障。对压水堆来说,就是失水故障。根据破口大小的不同,冷却剂丧失故障可分为大破口失水故障和小破口失水故障。大破口失水故障可以分为个三阶段:喷放阶段、再灌水阶段和再淹没阶段。破口发生后,在破口处出现冷却剂欠热喷放,系统压力迅速下降。当压力下降到冷却剂饱和压力后,系统就开始产生大量蒸汽。蒸汽导致的副反应性足以使反应堆在控制棒没有落下的情况下停堆。之后,安注箱和安注泵注入堆芯的含硼水保证反应堆处于次临界状态。当破口流量为零时,喷放阶段结束,进入再灌水阶段。在灌水阶段,应急冷却水首先到达压力容器下腔室,使水位开始回升。在再灌水阶段,堆芯完全裸露,安注水要在充满下腔室后才能上升至活性区底部。一旦安注水进入活性区,水位到达堆芯底端,再灌水阶段结束,进入再淹没阶段。在再淹没阶段,压力壳下降段水位是再淹没堆芯的驱动力。进入堆芯的部分水由于燃料棒传热而转变成蒸汽,气流夹带着相当数量的水滴,为堆芯水位以上部分提供了初始的冷却,其余进入堆芯的安注水使堆芯水位上升。图 6-20 所示为冷却剂。

如果安全壳高压力信号触动,安全壳喷淋系

图 6-20　冷却剂

统动作,喷淋将降低安全壳压力和温度,保证安全壳完整,减少放射性物质向大气释放。喷淋系统的化学添加物还能使放射性碘容易溶解于喷淋液中。安注水和喷淋水先由换料水箱提供,当换料水箱水位下降到其整定值时,系统自动切换到再循环状态。此后,安注水系统以地坑为水源,一直运行到堆芯冷却下来为止。小破口失水故障与大破口失水故障不同,其喷放时间较长。因此,小破口失水故障只存在缓慢的喷放(水位下降)、堆芯再淹没和长时间再循环,而没有再灌水阶段。

由于破口位置不同,小破口失水故障可分为冷管段小破口失水故障、热管段小破口失水故障和汽腔小破口失水故障,一般冷管段小破口失水故障最为严重。小破口失水故障分析中除对不同破口位置的情况需要区别外,对不同破口的尺寸也要进行分析,以确定故障的严重程度。

4. 给水管道破裂

所有蒸汽发生器上游的任一给水管道破裂,导致给水流量突然下降,并且至少有一个蒸汽发生器水室的水被排空的现象,称为给水管道破裂。给水管道破裂后,受影响的蒸汽发生器的给水突然中断,压力降低,导致不受影响的蒸汽发生器的蒸汽通过管道流向受影响的蒸汽发生器,使不受影响的蒸汽发生器压力也下降。降低的给水流量和增大的蒸汽流量之间的不平衡,导致不受影响的蒸汽发生器逐渐排空。紧急停堆引起的汽轮机脱扣,会导致蒸汽发生器内压回升。当将蒸汽隔离时,不受影响的蒸汽发生器不再通过其他蒸汽发生器向破口排气,它们的压力上升,直到安全阀(或旁路阀)开启阈值。反之,受影响的蒸汽发生器不再有蒸汽供应,其压力急剧下降并稳定在等于安全壳内的压力。

5. 蒸汽发生器 U 形管破裂

蒸汽发生器 U 形管破裂故障(SGTR)是指蒸汽发生器中的一根或多根传热管发生破裂导致的故障。它使核电站第二道屏障(一回路压力边界)失去完整性,并导致一回路与二回路连通,使二回路被具有放射性的一回路的水污染。另外,蒸汽发生器 U 形管破裂故障可能导致放射性物质绕过核电站的第三道屏障(安全壳)而进入大气或凝汽器。图 6-21 所示为蒸汽发生器 U 形管。

图 6-21　蒸汽发生器 U 形管

导致该管道断裂的原因主要有两方面:一是回路内管板处的沉积物使管壁局部变薄甚至导致传热管发生裂纹,一回路冷却剂也会对管壁产生腐蚀;二是传热管承受机械应力和热应力,使得传热管成为一回路压力边界中的薄弱环节之一。发生故障时主要出现如下现象:

在故障发生的第一阶段,破口的流体流动不是音速的,所以泄漏流量的大小只与一、二回路的压力差有关。一回路压力随着一回路冷却剂从破口的流失而下降,在压力下降的初始瞬间,被化学与容积控制系统上充流量的增加所补偿,并且以后通过稳压器水位低引起的下泄回路的隔离来补偿。但是最大上充流量不足以补偿泄漏流量,接着是一回路压力降低。当压力下降到稳压器低压阈值时,它引起反应堆紧急停闭,并使汽轮机脱扣。由于核功率不再增长致使一回路急速降温,因而一回路水收缩,加速了一回路压力下降。当一回路压力低于稳压器的压力极低阈值时,将启动安全注射系统,它将化学与容积控制系统隔离,并趋于补偿一回路水的流失,因此趋于保持破口的泄漏流量。

高压安注泵的流量一旦大于破口流量,一回路压力回升,并稳定在由剩余功率水平以及同时通过破口和与二回路间的热交换导出的能量所决定的一个值上。然后,由于启动蒸汽发生器辅助给水系统,这个压力水平缓慢减小。辅助给水系统以较冷的水充满量稍微增大。至于稳压器,在故障的第一阶段,它的水位降低,因为化容系统回路仅部分补偿一回路水的损失。紧急停堆后,由于一回路水收缩,它迅速地向外排水。在安全注射系统投入工作后,一回路中的水量趋于稳定,稳压器中的水位很可能超出测量范围。在没有任何人为干预的情况下,一回路压力值稳定并高于二回路压力值,这个值使破口处的流量被安全注射系统所补偿,于是剩余功率通过破口和蒸汽发生器管束中的热交换输送到二回路。

故障发生后,由于有来自一回路的水和能量,致使二回路被放射性污染。在紧急停堆以前,如果调节系统处于工作状态,三个蒸汽发生器中的水位将保持不变。可以观察到,发生断裂时,出现故障的蒸汽发生器的水位瞬时升高。当没有水位调节时,由于提取的蒸汽总量与进入的水量之间不平衡,故障蒸汽发生器中的水位将连续增长。同时,故障蒸汽发生器产生的蒸汽流量增加,引起从另外两个蒸汽发生器提取的蒸汽流量有所减少,由此导致在水和蒸汽流量之间的不平衡影响下,这两个蒸汽发生器的水位稍有增加。

6.2.2　核电站中的防辐射方法

对于人类而言,人工智能仍有很多需要探索的领域。由于安全是核工业的生命线,核领域通常会采用成熟可靠的技术,并且需要严格管理,这在一定程度上限制了人工智能在核领域的深度应用,更无法替代人类。但人工智能能够起到良好的辅助、支持作用,减少人因失误。随着人工智能研究的深入,相信核领域的智能化程度会越来越高,核工业的安全将更加有保障。21 世纪以来,由于世界人口和经济增长迅速,人类对于能源的需求也日益加剧。核能作为能够大规模取代化石燃料的清洁能源,在全球许多国家得到广泛使用。我国大陆地区现在有 16 座核电站投入使用,总装机容量约 4 900 万千瓦,位居世界第三。

人类在享有核能所带来的巨大便利的同时,也深受核物质带来的潜在威胁。核电站使用的原料具有很强的放射性,如果这些原料在核事故中泄漏,就会给社会带来不可估计的灾难。过去发生的多次核电站事故,如苏联切尔诺贝利核电站、美国三哩岛核电站、日本福岛核电站,造成了大量人员伤亡和严重的环境灾难,也使经济蒙受巨大损失。引发核事故后,大量放射性物质泄漏到空气中,释放出多种有害射线,核电站内部也存在着高温、湿热、

强酸碱腐蚀等恶劣环境,并且爆炸和火灾带来的废墟和障碍物使环境变得复杂化。高辐射

和高危险性环境极其不适合人工作业,而机器人能够灵活、高效地代替救援人员完成基本的救灾任务,避免人受高强度辐射或二次爆炸的风险。近年来特种机器人在核工业领域得到了越来越广泛的应用,核电站应急处置机器人需要执行的任务包括:探测事故后核电站的内部环境,处理泄漏的放射源以及清理障碍物、开关阀门等,机器人对未知环境要有较强的适应能力和运动协调能力。图6-22所示为核辐射警告标志标识。

图6-22　核辐射警告标志标识

　　放射性物质泄漏水平是衡量核事故等级的一个重要指标,因此高强度的辐射场是核事故区别于一般应急事故最显著的特征。图6-23所示为短时大剂量辐射的医疗反映。IAEA在1990年颁布的国际核事件分级标准(INES)中规定等效放射性超过1 016 Bq I-131的属于7级特大事故(切尔诺贝利核电厂事故、福岛第一核电厂事故),切尔诺贝利事故厂区部分地方辐射剂量率达到100 Gy/h,而人的半致死辐射剂量为5 Sv。高精密机器、机械对辐射更为敏感,辐射会激发半导体器件内部的原子,使之产生空穴,严重干扰半导体器件工作,直至瘫痪。在核事故中也发生过多次机器人因辐射失效的案例,例如切尔诺贝利事故中,STR-1在执行清理放射性废物任务时,仅7 min就失去了行动能力;福岛核事故处理中,Shape Shifiting-2在探查1号机组反应堆底座时,由于辐射剂量率过高(4.1 Gy/h)无法返回;TOKYO(AP)在探查2号机组反应堆底座时,高辐射剂量率(约80 Gy/h)导致摄像机无法正常工作而返回;Scorpion在探测2号机组反应堆底座内部时,高辐射剂量率(70 Gy/h)导致履带无法移动。核事故场景下的辐射种类有很多,由于α、β射线可以被机器外壳轻易阻挡,影响机器人设备的主要是中子和γ射线。高辐射场强要求机器人具有较好的辐射防护能力,这也是核事故机器人区别于一般机器人最显著的特征。以往对于电离辐射防护,加屏蔽层是其首选方法,但对于核事故机器人来讲,厚重的铅层会极大地增加机器人质量,限制其运动能力和稳定性,必须在材料的屏蔽效果和密度之间适当选择,目前其技术难点在于新型防辐射材料的研究。

　　核辐射是原子核从一种结构或一种能量状态转变为另一种结构或另一种能量状态的过程中所释放出来的微观粒子流。核辐射可以使物质引起电离或激发,故称为电离辐射。电离辐射又分为直接致电离辐射和间接致电离辐射。直接致电离辐射包括质子等带电粒子,间接致电离辐射包括光子、中子等不带电粒子。核事故现场射线和波种类主要包括四种:α射线、β射线、γ射线(光子)和中子,其中对材料威胁最大的是快中子流(指能量大于0.5 MeV的中子)和γ射线(能量在1 MeV左右)。

　　核事故的辐射主要来自爆炸和燃烧放出的核素,主要裂变产物见表6-1,放射性微粒主要是^{14}C、^{51}Cr、^{56}Mn、^{60}Co和^{59}Fe等。关于活化产物,反应堆内一切材料(钢、镍、铁等)在中子照射下都会活化而带有放射性,包括燃料组件、控制棒、冷却剂、慢化剂等会带出堆外,主要活化产物见表6-2。γ射线具有很强的穿透能力,能使有机材料发生交联、降解、电子器件发生电离,导致器件性能瞬间失效。由于β粒子射程较短,一张薄铝板即可将其屏蔽,因此设计核电站机器人及核设施时,主要应该考虑γ射线的影响,而核事故后的核素种类繁多,

射线半衰期和能量大小分布各不相同。射线能量范围为 0.081~1.48 MeV。

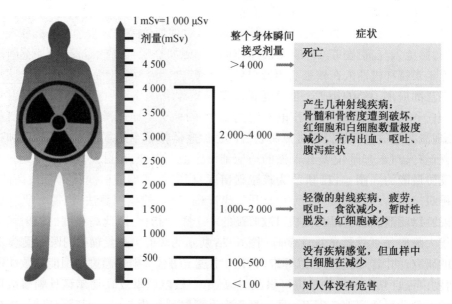

图 6-23　短时大剂量辐射的医疗反应

表 6-1　核事故主要裂变产物

核素	半衰期	能量/MeV
^{85}K	10.8 a	0.514
^{90}Sr	28 a	0.235,0.722
^{95}Zr	55.5 d	0.754
^{131}I	8.05 d	0.365
^{133}Xe	5.3 d	0.081
^{137}Cs	30 a	0.662
^{144}Ce	285 d	0.134
^{135}Xe	9.1 h	0.250

表 6-2　核事故主要活化产物

核素	半衰期	能量/MeV
^{56}Mn	2.6 h	0.85,1.81,2.113 1
^{51}Cr	27 d	0.32
^{59}Fe	44.5 d	1.099,1.29
^{60}Co	5.27 a	1.17,1.33
^{65}Ni	2.56 h	1.48,1.12
^{64}Cu	12.7 h	1.345 7
^{58}Co	70 d	0.81

1. 核辐射敏感元件

对核救灾机器人来说,核辐射敏感的元件可归为以下三类:半导体电子元件、传感器和光学器件。最易损伤结构如下:

(1)双极晶体管

在辐射中,对双极型器件危害最大的是 γ 射线。γ 射线辐射主要使器件材料产生电离效应,使器件引入表面缺陷,在反偏 PN 结中形成瞬时光电流。快中子流辐射引起的位移效应和 γ 射线辐射引起的电离效应都会引起双极晶体管电流放大系数的下降和漏电流的增大,从而对电路性能造成严重甚至是致命的损伤;对于功率晶体管,衬底电阻率的增加和电流增益的降低会导致饱和深度减小,使其饱和压降明显增大;对于开关晶体管,少数载流子寿命的降低和电阻率的增加,会使其上升时间增加,存储时间和下降时间减少。实验证实,因 Si/SiO$_2$ 退化而使器件失效的 γ 总剂量约为体内位移损伤失效的总剂量的 1/50。可见,对于双极器件的电离辐射而言,表面损伤是主要的。一般来说,当总剂量超过 10^4 Gy 时,SiO$_2$ 覆盖下的基区 P 型(对于 NPN 器件)硅开始反型。除了总剂量外,高剂量率也会改变晶体管的参数值,当剂量率高达 10^6 Gy/s 时,初始光电流与 γ 剂量率的线性关系将被改变;而当剂量率高达 8.5×10^8 Gy/s 时,一些晶体管可能被烧毁。

(2)晶体振荡器

晶体振荡器用于各种电路中,产生振荡频率。受到辐射时,晶体振荡器的串联谐振频率会发生变化,由此给电路产生影响,相较于总剂量辐射,晶体振荡器对瞬间辐射较为敏感。实验证明:即使总剂量达 10^4 Gy,这种晶体的振荡频率几乎没有变化。如果晶体的硅氧化物共价电子因瞬时辐射而损失,则硅—氧键就断裂,自由电子迁移到缺陷位置就不俘获,于是电子就不再能恢复断裂的共价键,晶体的剪切刚性度是共价键数的函数,晶体频率正比于剪切刚性度的平方根,因此,共价键的断裂就减少了晶振频率。

(3)MOS 数字集成电路

MOS 是指金属氧化物半导体,MOS 技术建立的基础是 MOS 场效应晶体管,这些器件主要用在数字电路中,因为 MOS 场效晶体管可以用作十分完善的开关。未加固的 MOS 设备对辐射极为敏感,大部分 MOS 设备的抗辐射能力不超过 100 Gy,但 MOS 元件对中子辐射具有很强的天然耐辐射能力,经中子辐射后,其电参数变化很小,受 γ 总剂量辐射后变化则较大。最重要的辐射损伤因素是电离效应,在 10^2~10^3 Gy 时,其栅阈值电压常有几伏的漂移,将使性能严重退化。其退化机理主要是氧化层内俘获电荷的积累和 Si/SiO$_2$ 界面引入了表面态。在大剂量(大于 10^4 Gy)γ 辐射时,MOS 晶体管的退化趋于饱和。

(4)微处理器 CPU

CPU 是一种功能复杂的大规模集成电路。20 世纪 80 年代初至 21 世纪初,国内外对 CPU 做了大量辐射效应试验,加固水平也逐步得到提高,抗总剂量辐射水平从最初 NMOS 工艺的几 Gy 到目前 CMOS 工艺的大于 10^4 Gy;γ 瞬时辐射扰动水平从 5×10^3~5×10^5 Gy/s 到现在的大于 10^8 Gy/s;耐中子水平最高达 10^{15}/cm^2。γ 总剂量对微处理器的影响主要是下线频率的增大、上限频率的减小。γ 剂量率辐射可以使处于工作状态的微处理机产生扰动和闭锁,甚至可因光电流过大而烧毁,它是由 γ 电离衬底反偏 PN 结产生光电离引起的。CPU 接口状态对 γ 脉冲辐射很灵敏。

2. 其他元件的耐辐射性能

除电子元件外,机器人中还有一些元件也会受到辐射的巨大影响。比如机器人的伺服电机,虽然电机大部分由耐辐射强度较高的金属制成,但由于其还包含润滑油、焊缝、弹性元件等部分,在核事故的极端环境下其本身性质会发生改变,并最终导致电机无法工作,使机器人失去能量供给。表 6-3 列出了部分非电子元件辐射效应。

表 6-3 部分非电子元件的辐射效应

材料		最大耐辐射强度 /Gy	辐射效应
陶瓷	云母陶瓷	5×10^{7}	尺寸增大以及密度减小
	氧化铝陶瓷	5×10^{10}	
塑料	聚四氟乙烯	100	开裂、气泡
	铝板上的乙烯	2.1×10^{6}	断裂、起泡和表面脱落
涂层	钢铁上的苯乙烯	8.7×10^{6}	
	氯丁橡胶酚醛树脂	1×10^{6}	损害黏着剂的化学物质,减少黏结键
黏着剂	环氧树脂	5×10^{6}	变黑
玻璃	石英	1×10^{7}	
磁体	软磁体	1×10^{6}	磁性减弱
电阻	碳膜	$10^{4}\sim10^{7}$	化学降解导致电阻能力减小

虽然核事故发生过多次,但是真正在核事故环境中执行任务的机器人屈指可数。在切尔诺贝利核事故之前,还没有类似机器人出现。核事故救灾机器人的发展普遍落后于其他类型的机器人。下面选取其中两个机器人对其相关元件及其耐辐射性能进行分析。

1. PackBot

iRobot 公司设计的军用机器人如图 6-24 所示。由于其高耐辐射性,福岛事故中它前期就被送入爆炸后的楼里,并测量了现场的核辐射剂量。虽然目前无法得知 PackBot 具体能耐多大剂量的辐射,但从现场获得的数据来看,其在福岛核电站接收的辐射总剂量大于 100 Gy。

2. Quince

由于 PackBot 没有上下楼的能力,所以改装了本土机器人 Quince。Quince原本是个搜救机器人,可以在不平整的

图 6-24 PackBot 机器人

路面行进,但由于其没有耐辐射性,经改装后,它于 2011 年 7 月被送入福岛核电站。改装后的 Quince 增加了有线电缆,因为无线通信一旦进入反应堆建筑里就会失去信号。表 6-4 是改装 Quince 过程中对其进行的辐射测试。图 6-25 所示为 Quince 救援机器人。

表 6-4　Quince 关键元件所接收的总剂量及最终情况

设备	总剂量/Gy	最终状态
CPU 主板,POE 设备	206.0	正常工作
电机驱动板	206.0	正常工作
激光扫描仪 UXM-30LN	229.0	正常工作
激光扫描仪 UTM-30LX	—	正常工作
激光扫描仪 Eco-scanFX8	225.0	正常工作
摄像机 Axis212	219.5	正常工作
激光扫描仪 URG-04LN	124.2	在 124.2 Gy 后损坏
摄像机 CY-RC51KD	169.0	在 169.0 Gy 后损坏

现在很多核救灾机器人通常都是用一个普通但本身性能较为优越的机器人改造而成的。因此这类机器人里本来就有一套电路系统,但为了达到耐辐射要求必须进行必要的改造。改造包括两种方法:第一种是找出设计里对辐射最为敏感的元件(比如 Quince),对电路里每一个元件做测试,以此判断每个元件是否能被采用或换个加固过的元件。这种方法需要大范围、长时间地测量。另一个缺点就是忽略了元件

图 6-25　Quince 救援机器人

之间存在的相互影响,一个重要参数的改变并不一定意味着失效,失效主要取决于整个系统的耐辐射强度,这种方法成本高又耗时。第二种方法是辐照原本的电路板(需要事先按系统分类)。当辐照过程中失效现象出现时就停止实验,然后检测这个电路板里失效的来源以及主要失效元件。之后替换该元件继续进行辐照,整个过程可以一直持续到满足对机器人的耐辐射性要求。这种方法可以找出对辐射最敏感的元件并避免了对其他元件的反复测试,也可以减省人力、设备以及辐照设备。缺点是当辐照过程中出现问题,等到检测这块板时,设备有可能已经完成了退火过程,从而导致对设备失效的误判。唯一能解决这个问题的方法就是建立实时监测程序。但这通常无法实现,因为需要同时监测的参数太多且难度较大。

屏蔽抗辐射的机理为减缓一次粒子的能量产生并吸收次级辐射,从而使得被屏蔽的元器件不受或少受辐射损伤。屏蔽能显著改善总辐射剂量效应。在工程应用中不可能用无限的屏蔽厚度来解决高能粒子,因此屏蔽只能在一定程度上缓解单粒子效应和位移损伤。而且大面积屏蔽将显著增加机器人的质量,降低其灵活性,因此可根据器件的耐辐射性能和需要的耐辐射指标,在器件表面的管壳上进行局部屏蔽,以弥补耐辐射能力差额。原子序数不同的金属对不同粒子的屏蔽效果不同,一般性的结论为:对 γ 射线来说,含有越高原子序数的物质,其屏蔽效果就越好。含稀土元素的高分子复合材料由于具有体积小、质量轻、密度大、氢含量高、屏蔽效果好、制备工艺简单等优点,而成为目前屏蔽材料最热门的研

究方向,对 γ 射线和中子均有良好的屏蔽效果。这种屏蔽材料也是未来研究发展的重点。

核救灾机器人的电子器件极易受到核辐射而失效,可通过屏蔽或辐射加固提升核环境下电子器件的工作能力,但是电子器件辐射加固的研究周期长、成本高。局部屏蔽和电子器件封装是较合适的方法,用于制作屏蔽结构和封装材料的屏蔽材料成为研究热点。研究多种典型金属材料及合金材料对 γ 射线的屏蔽效果,可筛选出屏蔽性能较好的材料。而金属通常存在弱吸收区,通过 MCNP 可模拟研究不同稀土元素对金属的弱吸收区的弥补性能,从而找到提升材料整体屏蔽性能的方法。复合材料具有质量轻、易成型等特点,可以结合重金属材料的优点实现综合性能的提升。重金属防护颗粒具有很好的 γ 射线屏蔽能力,由于重金属导电,所以无法直接用于芯片的封装防护,可制备重金属–有机材料用于封装防护,采用 MCNP 软件可模拟不同金属粒径大小和金属粒子分布方式对复合材料屏蔽性能的影响情况,优化制备方法,为制备材料提供理论支撑。

对人而言,辐射源包括人工辐射源和天然辐射源。人工辐射源又包括放射性同位素、密闭源(密封在包壳内或紧固在覆盖层内并呈固体形式的放射性物质,比如 β 源,如图 6-26 所示)、非密闭源(没有密封,或使用时需要打开密封的放射性物质,比如放射性药物)、射线装置(比如医用 CT)、核设施(比如反应堆)。天然辐射源包括宇宙射线、宇宙放射性核素、原生放射性核素。

图 6-26　常见 β 源

辐射作用于人体的方式包括外照射、内照射和放射性核素的体表沾染。外照射是指辐射源位于人体外对人体造成的辐射照射,包括均匀全身照射、局部受照。内照射是存在于人体内的放射性核素对人体造成的辐射照射。放射性核素的体表沾染是指放射性核素沾染于人体表面(皮肤或黏膜),沾染的放射性核素对沾染局部构成外照射源,同时尚可经过体表吸收进入血液构成体内照射。

辐射效应分为随机性效应和确定性效应两种。随机性效应(stochastic effect)是指辐射效应的发生概率(而非其严重程度)与剂量相关的效应,不存在剂量的阈值,主要指致癌效应和遗传效应。确定性效应(deterministic effect)是指辐射效应的严重程度,取决于所受剂量的大小,这种效应有一个明确的剂量阈值,在阈值以下不会见到有害效应,如放射性皮肤损伤和生育障碍。

常见的 DNA 损伤有碱基脱落、碱基破坏、嘧啶二聚体形成、单链和双链断裂、DNA 链内交联和链间交联、DNA 蛋白质交联等。在引起 DNA 多种损伤的同时,也启动了细胞的修复系统:如果辐射造成的 DNA 损伤得到正确的修复,细胞功能恢复正常;如果修复不成功、不完全或不精确,则细胞可能死亡,或者虽然存活,但遗传信息变更引起突变、染色体畸变甚至癌变。

外照射防护的方法一般分为三种:

(1)时间防护,即尽量减少或避免射线从外部对人体的照射,使之所受照射不超过国家规定的剂量限值。

(2)距离防护,远距离操作,任何辐射源不能直接用手操作。

(3)屏蔽防护,即根据辐射源的类型、射线能量、活度设置屏蔽体。

6.2.3　核电技术的发展趋势

在当今社会,所有国家都面对着一个非常严峻的问题,即资源有效供应和环境清洁。在这种背景之下,核能是一种全新的清洁能源,已经开始受到人们的关注。对于我国来讲,核电事业在最近几年中取得了非常显著的成就。

1. 第四代核电技术概念的提出

20 世纪五六十年代建造的验证性核电站称为第一代;七八十年代标准化、系列化、批量建设的核电站称为第二代;第三代是指 90 年代开发研究的先进轻水堆,该项技术指的是将要开发的核电技术,其显著特点是避免扩散,有较高的经济性,而且较为安全,不会产生过多的废气。美国政府之所以对前一代核电科技存在异议,主要在于两个方面:首先是没有考虑到核扩散问题,其次是成本较高。就是在这种背景下,全新的发展技术才被提到议事日程中。如今的关键活动是积极探索并且明确全新核电的特性规定,不断地从原则规定,落实到具体的细节内容,在这个前提下进行堆型探索,之后再对其扩张发展。在 2001 年到 2030 年这段时间内,将建造一批第三代的先进轻水堆核电机组。现阶段,这个活动还处在最初始的时期,目前是由一些高等院校的教授以及科研机构的工作者共同开展探索工作的。其论述的性能规定只是原则层次上的,要细致深化的内容还有很多,要经由多方面的审定才可以获取,目前还无法开展具体的堆型选取工作,若将一个堆型当作第四代堆型显然是不合理的。

2. 国际上核电技术的发展方向

对于核电市场来讲,一种机型要想在维持稳固发展的同时不被市场所抛弃,就要既保证安全,又节省费用。近期很多关键性的文件资料都是围绕这一点展开论述的,也就是说,在当前时代要想保证核电市场的稳固发展,就要切实提升安全以及稳定性能,与此同时还要尽量节省费用,如堆芯熔化概率。

从其花费的资金上来看,延长使用时间比建设一个新的核电站更加节省费用。从其可行性上看,采取迅速更换反应堆的部件等措施、延长反应堆寿期在技术上和经济上已得到了验证。很多在最初设计的时候打算使用 40 年的目前都可以使用到 60 年。如今外国很多国家,比如英美日等都在积极地探索如何增加其使用时间。

目前为了节约资金,不断地朝着大规模发展,很多国家都开展了相关的探索工作。比如俄罗斯提出建造 150 万 kW 的压水堆机组的概念;日本三菱公司提出建造 150 万至 170 万 kW 的压水堆机组;日本的东芝、日立提出了建造 170 万 kW 的 ABWR-II 的概念来提高安全性。通过分析得知,目前国际上最先进的设计思想,通常都是在之前的设计前提下设置了非能动安全系统,以此来替代之前的体系,并不是说要整体都使用非能动的体系,而根据技术成熟程度和对机组的安全、经济性能的改进程度确定采用哪几个非能动安全系统,即非能动与能动混合型的安全系统。

3. 世界范围内的发展给国内核电事业带来的影响

(1)我国要想发展好核电事业,就要将重点放到安全节约的层次上。目前提升安全能力、节省费用是国际上的统一思想。由三哩岛事故和切尔诺贝利核电事故诱发的核能发展的公众接受问题,已成为世界核电发展的最大障碍,若无法设计出更为安全的核电设备,核电事业将无法稳固前进,更不要提获取效益了。

（2）要着眼于压水堆技术。20世纪中后期,由原国家计委、国家科委联合召开的我国发展核电的技术政策论证会确定了发展压水堆为主的技术路线,后报经国务院批准颁布实施,发展压水堆核电技术路线。图6-27为压水堆核电厂原理图。我国最近几十年的发展情况证明了开展压水堆工艺研究是正确的,而且在这方面也已经取得了非常显著的成就,并建立了较好的科技工业技术基础,培养了一支较强的、专业配套的科研设计队伍。在今后的发展过程中,要将压水堆科技当作发展的前提,积极探索全新的发展道路。

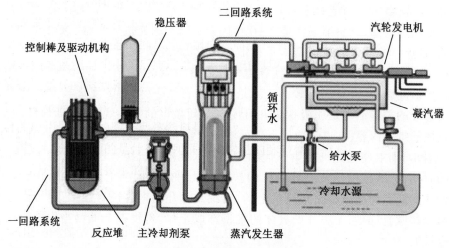

图6-27　压水堆核电厂原理图

（3）国家全新的核电设备类型要合乎国际文件规定。我国在研发全新的核电设备时,要保证其与当前国际上的总体发展线路一致,要合乎相关的国际条例。不过这并不是说发展要完全按照国外的路线来进行,而是要将这些条例内容与我国的具体情况结合到一起,得到我国发展情况的具体资料,然后在这个背景下积极开展研究探索工作。要在确保设计内容合乎安全稳定性能的前提下,尽量将费用降到最低。

（4）发展新机型的时候要将重点放到系统精简、仪表数字化等方面。结合当前国际发展方向可知,我国在发展时要切实地将重点放到精简设计、提升安全等方面来。采用模块化技术可缩短建设周期,提高经济性。数字化仪表控制系统是提高核电安全性、运行可靠性和经济性的重要措施。

（5）积极开展全新设备类型研发工作,争取同国际领先科技接轨。

6.2.4　人工智能在核电领域的应用

根据技术背景调研可知,国内目前并无可直接满足核电站结构数字化、智能化设计需求的成熟的软件平台。考虑到新兴技术的成熟度、普及度均不够高,对于以安全为主的核电站建设,智能化设计在核电项目结构设计中的应用主要分两步开展:第一步,在核电站设计企业现有条件上增强、完善人工智能融合应用的基础,为智能化设计提供"数据"支持;第二步,在应用基础之上进一步开发新的功能,为设计需求服务,在实现技术支持的基础上打造核电工程建设结构设计的数字化、智能化。经分析探讨,核电站的智能化结构设计应用,可向人工智能知识体系库、智能建模、智能算法、专家系统、仿真及智能诊断几个方向开展。

1. 搭建核电设计的人工智能知识体系库

（1）电子标准体系库。利用企业现有的"电子图书标准馆"或其他搜索平台、科研库，分专业梳理相关规范标准、企业项目科研报告及期刊论文，搭建核电建设企业结构专业自己的电子标准/知识体系库。完善企业现有经验反馈平台，严控其平台内"经验"的有效性；同时使其内容更"数据化"，提炼关键词、关键信息、知识点等标签，搭建企业自身经验反馈系统的数据知识库。

（2）智能搜索引擎。在电子标准体系库的基础上开发智能搜索引擎，除了传统的检索、排序功能外，同时提供用户角色登录，增加角色自动识别、大数据下的兴趣推送、相关知识的解释引申、智能信息分类过滤等功能同时，引擎数据库也可与企业质保平台的经验反馈系统的数据库相连接，纳入相关知识/数据的引申内容，构建属于企业自身的核电站建设智能搜索引擎，为核电站结构设计人员提供强有力且智能的知识扶持。图6-28所示为面部识别技术。

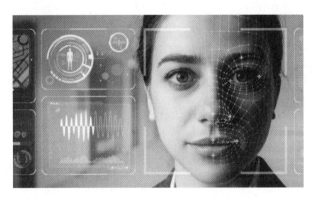

图6-28 面部识别技术

（3）数据协同治理。利用前两步完善的电子标准体系库及智能搜索引擎，与其他各专业或核工业集团内其他行业搭接，搭建核科技知识体系，构建核科技领域知识图谱，推进经验数据的知识转化和共享，达到知识的开放融合。

2. 智能建模

（1）数据工程建设——大数据中心。通过梳理目前核电站全过程、全范围的结构设计业务流程及数据，进一步完善填充建筑结构设计平台的数据库，同时搭建标准化的数据架构及一体化平台数据库，以形成能实现各专业间设计、管理流程协作与数据共享、调用。

（2）参数化设计平台。依托上一步的"大数据中心"及企业现有三维协同建模平台，利用结构专业设计过程中的关键数据信息，归纳总结并进一步开发，筛选特征构件，自定义对象属性，将结构构件视为基本设计单元，从而实现参数化创建构件、智能化关联构件，且具有可视化设计过程的参数化设计平台。考虑核电站厂房的多样性、复杂性，可针对厂房布置特点，选取典型厂房模型，构建针对厂房的"特征构件"，先简后难，逐步完善核电厂房的"特征构件库"。

厂房的"结构图"不是简单的二维线条图面，而是由包含"数据信息"的构件搭建组成的，可实现二维图形与三维模型的联动，同时做到系统界面人性化、模型参数信息的输入和读取路径流畅。平台开发难点在于核电站构型复杂，尤其是反应堆厂房存在大量异形构件及特殊工艺需求,可考虑先开发周边较规整厂房,在技术成熟后再进一步克服难点,攻关反应堆厂房的参数化设计。

3. 智能算法

(1)数字化集成平台。企业目前已根据核电站厂房大型结构模型的计算需要,推出基于大型服务器计算的超算中心平台(如 ANSYS 等有限元计算软件),相比设计人员在个人电脑上的模型计算,其效率得到大幅提高。在超算中心现有条件基础上,目前需要改进两个方面:一是增加服务器硬件能力,拓宽平台使用人数,减少排队时间,提高效率;二是更全面地引入厂房结构设计过程中所需的计算/设计软件。下一步将结构设计过程中所需的软件(超算中心体系)集成到核电结构设计数字化平台中,构建基于电站厂房结构设计标准化业务的设计软件工具包,以实现设计工作的全过程智能化。

(2)智能算法库。面向具体的核电站厂房结构、构件的建模需求,打造通用人工智能算法库,实现统一的模型设计、模型计算、模型训练、成品发布等功能。提高结构设计智能算法及模型的设计效率,降低成本。

4. 专家系统

(1)人工智能计算程序。依托前述人工智能知识体系库、大数据中心、数字化集成平台及智能算法库,并利用筛选有效的企业经验反馈平台数据库,设计一套可应用于核电站厂房结构设计的人工智能计算程序,能在特定的问题场景中利用大量的"经验""专家知识"和"推理的方法"给出解决方案。一般人工智能计算程序即智能模拟结构设计专家的思维方式及过程,并将其在这一领域的"知识"和"经验"存入系统,进行规则下的计算处理、判断和决策。此人工智能计算程序可以说是一种基础的专家系统,程序库梳理归纳了核电结构设计领域内的专家知识,使设计人员、使用和管理人员也可以做出像专家一样的决策。

(2)引入神经网络技术的专家系统。相比较仅模仿专家规则处理问题而不能自行推理的人工智能计算程序,随着技术发展而逐步兴起的神经网络技术将更加智能化,更像人的思维方式。图 6-29 所示为人工神经网络。神经网络利用对以往案例的"学习",总结出一套较好的权重系数,其具有较强的学习能力,利用神经网络的判断属于一种大数据环境下的智能判断,其对下一步或者未来

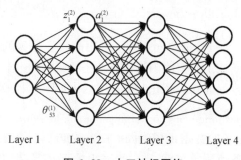

图 6-29 人工神经网络

的预测是具有一定可信度的。核电站厂房结构设计的智能化除了要求计算的高效性外,最重要的是要满足设计结果的准确性和合理性,保障核电站的结构安全和结构功能。若能将人工神经网络引入核电厂房设计中,面对厂房复杂结构(如堆坑等)设计过程中遇到的那些复杂的或者未被"人类专家"规定的问题,其解决能力相比"人脑"应该是更胜一筹的,从而保障核电厂结构设计的准确性和功能性。

综合人工智能知识体系库、参数化设计平台、智能计算平台以及专家系统,进而实现在核电站厂房结构设计中,将设计参数,如构件类型、环境条件、结构信息、荷载条件等信息数据录入计算平台,平台服务器进行智能化的设计计算,按规则直接输出符合需求的最终设计结果。

5. 仿真及智能诊断

利用人工智能实现建筑结构的仿真及智能诊断,更好地实现核电项目建筑结构控制与结构健康预测,也是一个可研究的方向。

(1)运行电厂结构监测数据库搭建

比如利用现有电站安全壳打压试验传感器数据、反应堆建筑物筏基上的三轴向加速度计、构筑物上的位移传感器、沉降观测、环境条件观测等数据资料,同时引入验收、评审等的人工判断数据,搭建运行电厂的结构监测数据库,积累经验数据。

(2)结构仿真及智能诊断

以一种基于人工神经网络的结构系统辨识方法来实现智能结构仿真模型的建立。该方法通过神经网络技术所具有的学习及非线性映射能力,以前述"运行电厂结构监测数据库"中积累的沉降、位移、应变等结构响应数据建立结构的响应模型。神经网络技术能够对核电站厂房结构在任意荷载情况下的动力响应进行提前判断和预测,从而可在核电厂结构设计仿真中进行结构控制与健康诊断。

后续还可在上述基础上根据实际需要加入一些附加判断规则进行扩展性应用。在结构仿真模型中引入智能材料的参数化及数据积累信息,利用"运行电厂结构监测数据库"中的经验数据推算控制器的算法及决策,通过神经网络预测的结构响应去选择有利的智能材料,自适应地改变工程结构状态,自动做出荷载下的主动控制反应。而将智能材料应用于工程结构响应控制系统将是实现其智能化的关键环节之一。

6.3　人工智能与粒子加速器

粒子加速器是人类研究微观世界的一种重要手段。其原理是利用电磁场将带电粒子(包括电子、质子和离子等)加速至几千千米/秒、几万千米/秒,甚至接近光速。粒子加速器从初期的规划和建设,到后期的运行和维护,涉及众多学科,包括物理、化学、生物、电子、光学、控制、准直、机械、真空等。其社会应用可辐射至诸多领域,如在医疗领域中利用加速器开展癌症等重大疾病的治疗研究,促进新型药物的快速研发;在工业领域中使用加速器对食品、药材、各种化工原材料等进行辐射加工,对大型集装箱进行无损检测,以及用离子注入技术制作半导体元器件和对金属材料改性等;在环境治理方面,对燃煤烟气和污水进行辐照处理;在农业领域中,利用加速器技术进行灭虫杀菌和作物育种等。

每年来自世界各地的很多科学家都会访问美国斯坦福线性加速器中心(Stanford Linear Accelerator Center,SLAC),在直线加速器相干光源(LCLS)X射线激光器上进行数百项化学、材料科学、生物和能源研究的实验。图6-30所示为SLAC国家加速器实验室。

在每次轮班开始时,操作员必须调整加速器的性能,为下一次实验准备X射线束。有时,在轮班期间也需要额外的调整。在过去,操作员每年都要花费数百个小时来完成这项任务,称为加速器调谐。现在,SLAC国家加速器实验室的研究人员,开发了一种使用人工智能机器学习的新工具,与以前的方法相比,它可能会使部分调优过程快5倍,其研究成果发表在《物理评论快报》上。

图 6-30 美国斯坦福线性加速器中心

6.3.1 粒子加速器介绍

粒子加速器准直测量是精密工程测量的一大分支,其任务包括控制网的布设、设备的准直安装和运行阶段的变形监测。粒子加速器准直测量往往是在工程测量领域的大尺度基准下达到计量学的高精度要求。作为工程测量学的一个重要部分,精密工程测量代表着工程测量学的先进技术,其采集数据的方式和传统工程测量没有很大区别,但对数据的精度要求更高。例如,在粒子加速器领域,对磁铁等元部件的测量精度要求通常达到亚毫米量级,甚至数十微米量级。因此,满足特定的工程需求,该研究领域需不断地研制新型仪器,推进传统数据处理方法和理论的发展,并对现有的测量技术和实施方案加以改进。

近年来,在粒子加速器准直测量领域,由于激光跟踪仪具有绝对的点位测量精度优势,在日常准直工作中占主导地位,但随着粒子加速器的规模更大,不断有新的仪器出现,且测量场景更加复杂,准直测量需要多种仪器组合使用,共同完成测量任务。图 6-31 所示为粒子加速器。

图 6-31 粒子加速器

1. 传统加速器的工作原理和应用

传统加速器在加速之前,需要先有粒子源存在,即将满足一定条件的粒子源注入加速器装置后再实现最终的加速过程。不同加速器对带电粒子源的能散度、发射度和亮度等参数都是有要求的。带电粒子的运动状态用相空间来描述,所谓的相空间是坐标和动量构成的多维空间束流发射度可以衡量粒子束沿主方向的发散程度,常用相空间面积来描述。亮度是束流在相空间的密度,通过单位粒子束截面、单位立体角的束流强度称为亮度,如果束流是旋转对称的,不仅与流强有关,还与粒子的状态有关,即与发射度有关。一般情况下,要求粒子源能散度和发射度小,而亮度高。传统加速器根据其工作原理的不同,可分为高压型加速器、回旋加速器、同步加速器和直线加速器等。

（1）高压加速器

高压型加速器是利用高压加速带电粒子的装置,满足原理公式:

$$\Delta W = qV$$

因此,要想提高加速粒子能量,只能提高电压 V 或采用高粒子电荷态 q 的离子源,之后出现了串级加速器,$\Delta W = (1+q)V$,进一步提高了粒子束能量。高压型加速器一般由高压电源、加速管、离子源或电子枪、高压电极、绝缘支柱和其他附属设备所组成,高压电源将高电压施加于高压电极上,高压电极由绝缘支柱支撑。加速管一端与高压电极相连,另一端处于地电位,离子源或电子枪将被加速粒子射入加速管,实现加速。按高压电源类型的不同,它可进一步分为倍压加速器、静电加速器、高频高压加速器、绝缘磁芯变压器型加速器和强脉冲加速器等类型。此类加速器加速具有电流波动小,发生器的高压自然稳定度高等优点,可获得稳定、较高功率的束流。但由于受到高压技术的限制,20 世纪 80 年代之后,最高电压一直停留在 20 MV 左右,而对应能加速的粒子能量也停留在了 keV 量级,很难达到MeV 量级。图 6-32 所示为高压加速器。

（2）回旋加速器

回旋加速器是利用磁场使带电粒子做回旋运动,在运动中经高频电场反复加速的装置,是高能物理中的重要仪器。当磁感应强度 B 满足共振条件时,离子的回旋运动完全与电场的周期变化同步,在加速的相位下注入电隙的离子,每穿越一次电场都可得到一次加速,即实现共振加速,在这种状态下,离子每转一圈加速两次,直至达到终能量为止。图 6-33 所示为回旋粒子加速器。

图 6-32　高压加速器

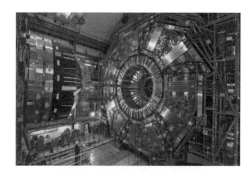

图 6-33　回旋粒子加速器

与高压型加速器相比,回旋加速器能获得更高能的粒子。但是,为了将电子加速到更高的能量,它需要建造体型庞大的仪器来提高其半径。而在实际中,随着回旋加速器的磁极直径的加大,B 随半径的增加而减少,而当带电粒子被加速到高能时,由于存在相对论效应,质量 m 也会随粒子的加速而增加,使得不再满足共振条件,即 $f_D \neq f_c$,因此导致加速粒子的动能不再增加,也是存在能量极限的。同时,共振失谐后,还会导致粒子每次加速时的相位发生移动,甚至在加速到一定次数后粒子进入 D 形盒的间隙时不再位于加速相位区,而是到达减速相位区,粒子的回旋半径缩小,甚至导致一些粒子无法被引出进行进一步使用。近年来建立了磁场随方位角调变(不是旋转对称)的回旋加速器,即等时性回旋加速器,消除了相移现象,使得回旋加速器也能获得较高能量的粒子。

(3)同步加速器

同步加速器是一种利用一定的环形轨道上,维持半径 ρ 不变,通过同步地调节主导磁场 B 和加速电场的频率以维持粒子在一曲率半径不变的轨道上谐振加速。可获得 MeV 至 GeV 量级的带电粒子,而且其加速得到的高能粒子天然准直性比较好,发散度一般较低,因其可以提供高能、连续、稳定脉冲等高品质的粒子束流而在航天、生物、材料及粒子治疗等领域广泛使用。McMilla 等成功于 1949 年利用电子同步加速器获得了高达 320 MeV 的电子能量。图 6-34 所示为同步粒子加速器。1954 年英国格拉斯哥大学的电子同步加速器获得性能稳定的 350 MeV 电子,50 年代末,数台 1 GeV 左右的加速器建造成功。但由于这种加速器在加速时会沿着切线方向辐射出强电磁波,且能量越高,这种辐射就越强,所以同步加速器在进一步提高能量方面会有困难。想要克服这种困难必须加大加速器的半径,这就导致加速

图 6-34　同步粒子加速器

器所占真空室尺寸大、造价高、耗电多,影响了建造更高能量的质子同步加速器。基于电子同步加速器的同步辐射光因辐射功率高(大于常规光源 10 万倍)而稳定,光谱范围宽阔,高度的偏振和准直性以及高的时间分辨率,不但在原子、分子物理、固体和表面物理以及化学、生物物理等基础领域,而且在微电子光刻、计量、全息照相等许多技术领域得到广泛的应用。

(4)直线加速器

直线加速器通常是指利用高频电磁场进行加速,同时被加速粒子的运动轨迹为直线的加速器。其具体实现过程需要满足三大条件,即谐振的实现、加速的实现和聚焦的实现。直线加速器加速粒子采用的射频电场可分为驻波场和行波场两种。离子直线加速器通常采用驻波场,而电子直线加速器早期多数采用的是行波场。驻波加速则可视为两列行波叠加,加速原理类似。考虑使用一平面电磁波来加速相对论电子($\beta=1$),由于电磁波是横波,电场 $E_z=0$,粒子在横向被加速,而 z 方向速度 ν_z 不变,是无加速的,故不能用自由空间中的平面波,为实现加速,必须使波矢的方向与粒子运动方向有一夹角,实现加速。一般情况下,可以加速粒子的射频场在横向是散焦的,多数情况下需要外加磁聚焦元件(四极透镜、螺线管透镜),也有用电聚焦(RFQ)来实现聚焦的,提高其能散度和发散度。图 6-35 所示为直线加速器。

直线加速器作为离子加速器,具有束流的注入及引出方便、束流强、传输效率高、束品质较好等优点,可以方便地根据需要增接加速结构,提高能量。同时由于加速器不存在偏转束的同步辐射限制,可将电子束加速到很高能量。现代发展起来的一些短加速结构与计

算机控制技术结合起来,可以适应在很宽范围内加速不同种类和能量的粒子,具有较大的灵活性。这些优点使直线加速器成了应用最广泛的加速器之一,现在它已不仅是核物理研究的重要设备,而且在其他学科,以及工业辐照、离子注入、治癌、同位素生产、武器研究等领域得到了广泛的应用。由于大功率射频源价格较高,电功率消耗较大,使直线加速器的费用较高。但随着超导材料的应用和超导直线加速器的发展,不仅这些缺点可以得到克服,束流品质还可得到进一步提高,这将使直线加速器进入一个新的发展时期。但是,直线加速器是单程的,不论多少能量都是在一次直线加速运动中完成,没有办法反复加速以累积能量,虽然没有什么同步辐射损失,但一次直线运动总共能吸收的能量也是有限的,而为了提高加速粒子的能量,也需要建造庞大的实验装置来实现,且用于实现聚焦的磁聚焦元件(四极透镜、螺线管透镜)或电聚焦(RFQ)的,都是庞然大物,造价极高。

图 6-35　直线加速器

2. 新型台式激光粒子加速器

传统加速器产生的粒子束有着能量高、流强高、稳定性好等特点,受到人们的青睐,但是,随着人们对粒子束品质要求的不断提高,传统加速器的弊端也逐渐显现出来。由于传统加速器的电器件存在材料击穿阈值,所以加速器对极限电压有着明确的要求,相应加速电压梯度高达 $10 \sim 100$ MV/m。在这样的加速电压下,要获得 Gev 至 TeV 量级的高能带电粒子,加速器的长度必须达到几百米至几千米。SLAC 取得了 50 GeV 的高能电子束,其直线加速长度高达 3 km。国际直线对撞机(ILC)取得了最高能量 1:5 TeV 的高能电子束,其加速长度约 33 km。

随着超短超强激光装置的发展,运用激光入射等离子体进行粒子加速的方法逐渐被人们所熟知。所谓等离子体是指电子、离子和中性原子共同构成的第四物质状态。利用激光入射等离子体所产生的尾波场、电荷分离场及其他非线性过程进行电子、离子加速,或直接利用高能激光的光压来进行电子和离子加速等。由于等离子体不存在材料击穿等损坏机制,而且等离子体可以拥有极高的能量密度,这就使得激光粒子加速器的加速电压可以达到 TV/m(MV/μm)量级以上。极高的加速电压可以在很大尺度上缩短加速长度。激光粒子加速的长度一般只需要微米至毫米量级,就可快速将电子加速到 Mev 至 Gev 量级,这极大地缩小了加速器的尺寸,使得在实验室建造台面高品质粒子加速器成为可能。图 6-36 所示为激光等离子体尾波加速器的发展和展望。

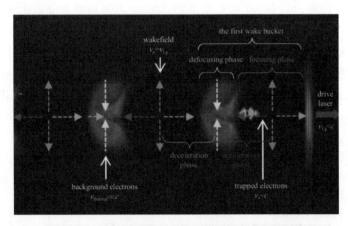

图 6-36　激光等离子体尾波加速器的发展和展望

　　现今,激光驱动尾波场电子加速所实现的电子束最高能量达到了 4.2 GeV。激光驱动质子加速所实现的质子束最高能量达到了 85 MeV。激光加速产生的高品质质子束拥有高能量、高粒子数和小发散角等优势,被越来越多地应用在不同领域的研究工作中,如离子束快点火、质子照相、中子束产生、医学肿瘤治疗等。其中,离子束快点火是惯性约束聚变的一种重要实现方法,被人们作为激光质子加速的主要研究背景之一。使用质子束进行超快质子照相的技术已作为一种重要的实验方法被广泛应用。质子照相是利用一束高能质子束入射并穿过被照相物。被照相物的密度变化使穿过它的质子束截面密度分布发生改变,从而在探测器上反映出被照相物的特征。而在传统加速器上进行的质子照相实验最早可追溯到 20 世纪 60 年代,随后质子照相技术被逐渐应用于武器物理、等离子体物理等领域的研究中。图 6-37 所示为激光粒子加速器。

　　随着对惯性约束聚变物理和激光等离子体物理研究的逐渐深入,传统加速器产生的质子束已不能满足这些研究对照相分辨率的高要求。而新型台式加速器可利用激光加速的高能质子束对物体或电磁场结构进行超快照相。随后这项技术逐渐发展,成为重要的激光等离子体实验诊断手段之一。新型的台式加速器驱动的质子照相的空间分辨率可以达到微米量级,动态照相时间最长可以达到几十皮秒,时间分辨率可以达到数百飞秒。此外,由于台式加

图 6-37　激光粒子加速器

速器的造价相对于传统加速器低,体型小很多,结合新型加速器和其他医学仪器,将激光加速的质子束应用在医学肿瘤治疗、生物学和材料学辐照研究等成为较为远期的研究方向。

6.3.2 机器学习在粒子加速器中的应用

随着加速器复杂程度的大幅提升,现代加速器对加速器技术(包括各个子系统的物理设计、控制精度、响应速度等)的要求也越来越高。例如在现代高能对撞机中,不断提升的对撞能量需要越来越高的磁铁强度,如何在有限预算的前提下实现超强的磁场,这对磁铁和电源工艺都提出了新的挑战。加速器的一类重要设备工作在射频模式,例如,射频加速腔、射频电子枪、射频四极铁等,其频率等性能参数的稳定是加速器高性能稳定运行的基础性要求之一。除了硬件设备以外,控制系统也是加速器技术中的重要一环。现代加速器需要控制程序在较短的时间内将控制参数改变到设定值。例如,在射频信号与激光脉冲之间实现亚飞秒量级的同步,对控制系统的控制精度、稳定性和响应时间等都有极高的要求。为了满足对控制系统的高要求,既需要开发出准确、稳定的控制算法,也需要研制更为高效、精准的可编程控制元件用于执行控制程序。

现代大型粒子加速器的束流物理研究包括束流的产生、输运、加速、操纵、测量和应用等方面的研究。随着加速器设计日益复杂化以及束流能量、流强等关键性能参数的不断提升,高密度束流自作用和束流阻抗等引起的束流不稳定性、低发射度储存环中非线性效应引起的动力学孔径大幅度减小等一些物理现象和机制变得更为显著,甚至会对相关科学研究和实验产生显著的影响。这为现代加速器束流物理的研究带来了新的挑战。

以单粒子动力学中的动力学孔径优化为例,在三代光源以及更早期的储存环加速器中,动力学孔径往往很容易就被优化到大于真空盒所决定的物理孔径。而在以新一代的光源和以对撞机为主的低发射度储存环中,由六极磁铁等非线性元件引入的非线性力导致动力学孔径急剧减小,有时甚至已经不满足加速器正常运行的需求,这促使动力学孔径的相关研究变成现代储存环束流物理研究的重要前沿课题。目前大部分储存环动力学孔径的优化普遍依赖于粒子跟踪模拟软件和一些随机优化算法(如多目标遗传算法、多目标粒子群算法等)。这些算法虽然可靠,但却比较耗时。欧洲核子研究组织(European Organization for Nuclear Research,CNER)的专家提出可以用机器学习方法快速判定出动力学孔径较小的磁聚焦结构(lattice)。他们用 DBSCAN 算法将粒子跟踪模拟的结果聚类,并且从中挑选出运动状态异常的类,帮助他们快速判别粒子是否已经接近共振线,从而提前排除掉一些动力学孔径较小的 lattice。聚类方法也被用于改进智能优化算法,提高动力学孔径等参数的优化效率。为了优化衍射极限储存环光源的 lattice,使光源在尽可能高的辐射亮度下拥有尽量大的动力学孔径,美国布鲁克海文国家实验室(BNL)和中国高能物理研究所(IHEP)的专家提出将多目标遗传算法的优化历史数据进行聚类,并挑选出适应度最高的聚类作为最优类,可以从中产生潜在优质解替代原本的优化解。该方法通过牺牲少量优化种群的多样性,可以获得比普通多目标遗传算法更快的收敛速度,在动力学孔径优化这一费时的优化中能更快地找到优化解。

除了无监督学习方法,能更为准确提取数据特征的有监督学习方法也开始在动力学孔径等加速器非线性动力学参数优化中得到应用。通过大量数据训练出的有监督学习模型能直接预期一个新样本的优化目标值,而不需要复杂的物理软件模拟计算。用一个训练好的神经网络作为替代模型代替原本的粒子跟踪模拟过程,可以在优化效率上获得几个数量级上的提升。除了直接使用机器学习模型作为替代模型,还有一种方案是用机器学习模型来对优化候选解进行筛选,在优化算法每次迭代前先挑选出具有较高概率拥有高优化目标值的解,将其用于优化算法的演化。这种方法除了能明显提高优化效率,还能提高最终优化种群的多样性,并且没有引导优化进入错误演化方向的风险。IHEP 的专家成功用该算法优化高能同步辐射光源(HEPS)的非线性动力学参数,相比于无机器学习的遗传算法,该算法能在保持动力学孔径几乎不变的情况下将 HEPS 的托歇克寿命提高约 10%,如图 6-38 所示,其在五种被测试的优化算法中表现出了最佳的性能。

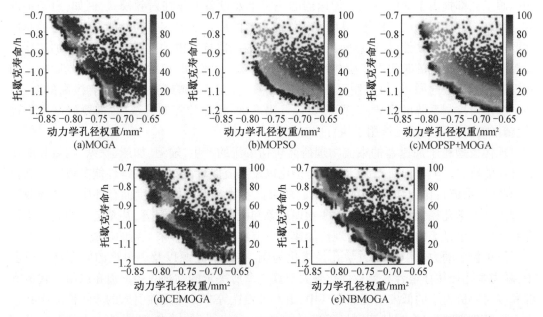

图 6-38　用不同的优化算法对 HEPS 的动力学孔径和托歇克寿命进行优化的示意图

在高能对撞机与强流电子加速器等高束流强的加速器中,由束流之间的相互作用等过程引起的束流集体效应十分显著,这些效应会造成束流发射度增长、束流寿命下降等,破坏束流的稳定性,甚至导致束流丢失。虽然已经发展出了多种针对这些集体效应的数值模拟方法,但仍然不够全面。例如针对高密度束流中相干同步辐射(CSR)效应及其物理现象的研究,目前还没有一种能准确可靠地对三维 CSR 效应进行模拟的程序。较强的 CSR 效应会使束流的纵向相空间分布出现复杂的微结构,并且这种微结构难以直接测量、观察。CSR 效应导致的束团相空间微结构对高亮度电子能量回收循环加速器或高能离子对撞机电子冷却环效能影响很大。在卡尔斯鲁厄研究加速器(KARA)中,加速器专家们发现 K-MEANS 聚类方法可以从束流纵向轮廓中分辨出这些微结构。这项研究可以对有效抑制 CSR 效应的影响提供有益的借鉴。

机器学习方法还可用于探索加速器中复杂的物理关系。CERN 的专家尝试用神经网络训练有监督模型,以建立紧凑型直线对撞机(CLIC)最终聚焦系统中的六极磁铁中心偏差与对撞亮度、束团尺寸之间的映射关系。该模型有助于研究人员理解对撞机中一些复杂参数之间的关系,从而为在线参数优化提供指导。针对目前自由电子激光的饱和边带不稳定性,SLAC 的专家尝试利用 K-MEANS 聚类方法分析直线加速器相干光源(LCLS)自由电子激光装置所收集到的即时频谱影像,过滤非相干同步辐射背景,试图验证并建立更完整的饱和边带不稳定性动力学模型。为了更好地理解加速器中的束流动力学,DESY 的专家提出了一种专门用于拟合加速器中束流动力学参数的多项式神经网络。该网络不仅能较好地拟合基于模拟数据的束流动力学关系,还能通过调整多项式网络系数的方法方便地从模拟场景迁移至实验场景,并用于轨道校正、线性光学校正等场景中。

　　虽然目前在加速器束流物理中的机器学习相关研究已经取得了不少成果,加速器专家们认为机器学习解决复杂束流物理问题的潜力远远未得到充分挖掘。为了"一劳永逸"地解决众多的加速器束流物理问题,加速器物理专家们正在尝试将束流物理知识、数学分析方法以及机器学习技术集成在一起,搭建"虚拟加速器",对粒子加速器进行从头到尾的建模。与真实机器相比,研究人员可以更方便、更高效地在"虚拟加速器"中对加速器及束流参数进行调试,快速获得数据,从而应用各种机器学习算法对这些数据进行处理。

　　粒子加速器是一种利用电磁场将带电粒子加速(可接近光速),使其获得能量的装置。粒子加速器不仅是进行粒子物理、原子核物理、生命科学、材料科学等多领域基础科学研究的重要实验装置,而且在工农业生产、医疗卫生、国防航天等领域也有着重要应用。

　　随着相关基础科学及应用研究的进步,现代科学实验对粒子加速器性能的需求不断提高。为了满足这些科学研究需求,需设计建造性能更高、性能参数更趋极限的加速器装置,并不断发展更先进的粒子加速物理与技术。新一代加速器,例如,以自由电子激光和衍射极限储存环光源为主的第四代加速器光源等先进加速器正在世界多国的加速器实验室中逐步投入建设。作为用户装置,加速器除了要能实现设计目标参数,还需要保持很高的运行稳定性。这要求对机器运行参数进行实时监测,进而进行实时反馈控制,动态调节机器参数,以保持运行状态的稳定。作为一个包含磁铁、电源、真空、机械、束流诊断、射频加速腔、计算机控制等子系统的集合体,大型粒子加速器具有数以千计的控制变量,许多变量之间相互耦合,它们与加速器整体性能之间的关联非常复杂且往往呈非线性关系。依靠传统手段对如此复杂的系统进行研究越来越困难。现代粒子加速器研究,包括前沿加速器物理与技术的研究以及加速器整体性能的优化等,存在诸多极具挑战性的问题。

　　针对粒子加速器前沿研究中的众多挑战和困难,机器学习提供了全新的解决问题的手段。2017年围棋世界冠军中国棋手柯洁与围棋机器 AlphaGO 的对弈(图 6-39),引发一时轰动,让以机器学习为核心的人工智能技术逐步走进了大众视野。机器学习是实现人工智能概念的核心方法,是通过对数据进行学习从而总结其中的特征和规律的一类方法的统称。AlphaGO 是众多机器学习技术的集大成者。在 AlphaGO 出现之前的十几年间,机器学习技术就已经开始得到广泛应用,发展势头极其迅猛。近年来,随着计算机计算能力的大幅提高和大数据技术的发展,机器学习已经在物理学、高分子科学、材料科学、生物学等学术领域和自动驾驶、模式识别、智能生产和机器翻译等工业领域产生了巨大而深远的影响。

　　自20世纪80年代开始,机器学习技术就已经被应用在粒子加速器领域中。不过,由于当时算法尚不成熟及计算能力受限等诸多原因,限制了机器学习在加速器上应用的进一步拓展。而近年来,随着机器学习本身热度的不断升温且日渐成熟,加速器专家们开始大量地使用机器学习方法解决粒子加速器中的问题,这促进了机器学习相关研究在加速器领域中的快速发展。机器学习被认为具有从加速器研究中产生的复杂、海量数据里揭示隐藏的物理关系,甚至发现新的物理规律的潜力。与基于物理模型的传统研究方法相比,机器学习的优势主要在于强大的泛用性和高计算效率。与传统物理模型相比,机器学习模型的训练和使用对先验物理知识的依赖大幅降低,能较容易地从一个问题拓展到另一个问题。并且机器学习模型的计算时间只由数据的数量、变量的维度以及机器学习模型本身的复杂度决定,而与其所学习的问题的复杂度无关。图 6-40 所示为机器学习与人类学习对比。

图 6-39　AlphaGO 对柯洁首战即胜

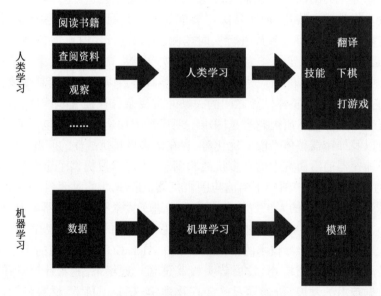

图 6-40　机器学习与人类学习对比

通常利用一个训练好的机器学习模型对一个新的数据进行预测样本所花的时间,将远远小于使用物理软件模拟或是直接进行实验获取结果所需的时间。迄今为止,机器学习已经在加速器设计、束流调试、束流诊断、设备控制等众多研究方向取得了大量的成果。加速器界也日益意识到将机器学习与传统方法和技术相结合的重要性,以及机器学习在发展新原理、新技术和提升机器性能方面的巨大潜力。一些大型国际粒子加速器会议,如 IPAC、PCaPAC 和 ICALEPCS 等,专门设置了机器学习分会场,供全球科研人员讨论机器学习在加速器设计、建造及运行中应用的相关课题。各国的大型加速器实验室,如美国 SLAC 国家加速器实验室、欧洲核子研究中心(CERN)、德国电子同步加速器研究所(DESY)等都开始积极探索机器学习在加速器中的不同应用,整个领域呈现出一片欣欣向荣之势。

尽管机器学习在加速器领域中的应用研究有了良好的开端，并取得了一定的成果，不过该方向的整体发展水平仍处于初期，很多研究还处于原理验证或测试阶段，机器学习在日常机器运行优化中的应用还非常有限。在目前加速器领域中的机器学习应用研究课题中，所应用的机器学习算法以一些基础的算法为主，与人工智能界机器学习算法的快速发展相比有一定的滞后。不同机器学习算法在不同场景下的效果和局限性也缺乏系统性的对比研究。另外，目前的研究更倾向于使用小数据集，很少有研究能充分利用大型加速器天然大数据库的优势。数据库管理不完善或是数据处理困难等原因，很容易导致没有足够数量的高质量数据用于机器学习训练，从而造成一些研究结果不甚理想，方法推广也受到限制。为了解决以上问题，将机器学习发展为真正能解决大型加速器中诸多问题的通用方法，需要更多研究人员投入精力、通力合作，进行更细致、更全面的机器学习研究，不断推动领域前沿发展。

加速器整体性能的优化依赖于各物理子系统的共同合作，往往会涉及众多相关物理参数。例如，作为用户装置的加速器光源，其两个核心的要求是保持机器状态的稳定性和实现机器状态调节的灵活性。相对而言，储存环光源更侧重前者，例如，在各种动态误差、机器状态微调情况下保持电子轨道及同步辐射光的稳定，保持流强稳定等；自由电子激光装置更关注后者，因为其基于单脉冲应用的特性，要求模式可灵活切换、电子和光脉冲参数可调控。这些物理参数的控制往往并不能由一个或几个加速器控制参数线性决定，而是多个加速器控制参数相互耦合，呈现出较强的非线性。想要实现对这些物理参数的精确控制，需要加速器专家对这些参数之间的物理关系具有深刻的理解。而有的时候由于参数过多或是参数相互之间的关系过于复杂，想要直接理解它们之间的物理关系比较困难。为了实现机器性能的自动调控优化，国际上发展了很多适用于在线优化的随机优化算法。在此基础上，机器学习被用于进一步优化束流性能乃至加速器整体性能，在轨道校正、束流稳定、纵向相空间操纵等加速器性能优化场景都有较好的应用。

1. 在储存环加速器中，束流轨道校正是加速器运行中的基础调控手段之一。传统的轨道校正方法需要耗费大量时间测量 BPM 信号和用于校正的冲击磁铁（校正子）之间的响应矩阵，利用 SVD 计算校正子强度，并且当加速器状态改变时，响应矩阵需要重新测量。利用机器学习进行更高效的轨道校正的想法从 20 世纪 90 年代就已经开始萌芽，但受限于当时的计算机性能和机器学习本身的发展，研究人员并没有做更进一步的尝试。直到近十年才又有不少相关成果出现。为了实现在连续动作空间中的智能控制，加速器专家们采用了一种策略梯度型强化学习算法，即"演员-批评家网络"（AC），用于储存环束流轨道的校正。图 6-41 所示为强化学习示意图。他们在一个拥有 42 块横向校正子和 98 个 BPM 的储存环同步辐射光源中挑选出 3 块校正子和 3 个 BPM 进行模拟测试，发现 AC 能在迭代了大约 350 步之后将束流位置校正至设置轨道。尽管目前该方法只在变量较少的情况下进行测试，与实际的多变量轨道校正相比还有不小差距，但该工作也显示出强化学习用于加速器智能控制的可能性。

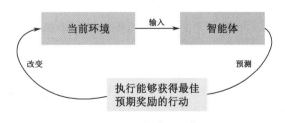

图 6-41 强化学习示意图

2. 除了强化学习以外,有监督学习算法也被认为具有帮助校正束流轨道的潜力。德国多特蒙德大学的加速器专家尝试使用神经网络校正由超导线圈磁场变化引起的束流轨道漂移。由于受到束流损失辐射的影响,超导不对称扭摆磁铁中的磁场强度会随时间逐渐减小,导致束流水平轨道出现明显的漂移。通过数种不同的神经网络来学习这些磁场和轨道的数据,可以得到相对误差小于 10^{-6} 的高精度模型。将这些模型直接用于轨道校正,效率会远高于传统的 SVD 方法。不过这些方法目前还处于早期模拟阶段,想要将这些神经网络应用于真实加速器的轨道校正中,还需要通过大量的测试和探索,以将模拟方法与实际机器的运行相结合。

3. 为了给加速器用户提供稳定的实验条件,加速器操作人员需要通过参数调整克服许多束团参数的抖动,如束长、能量、流强等,使这些参数保持稳定。SLAC 的专家注意到,在较高的束流重复频率下,直线加速器中束流的能量和束长都会发生较明显的变化,而用传统的控制算法(如 PI 控制方法)在高频情况下进行实时控制的效果较差。于是他们提出用神经网络来学习束测参数和响应控制参数的映射关系。利用加速器运行产生的历史数据训练出的模型,他们发展出了基于神经网络模型而不依赖物理模型的控制方法,该方法被先后应用到澳大利亚同步辐射光源的直线加速器以及 LCLS 加速器的能量、束长抖动控制中,并在高频情况表现出比 PI 方法更高的控制精度。

类似的案例还有储存环加速器的辐射源抖动控制。例如美国劳伦斯伯克利国家实验室(LBNL)的专家使用类似方法来控制插入件设置参数,从而使束团尺寸保持稳定。图 6-42 所示为美国劳伦斯伯克利国家实验室。他们利用神经网络学习插入件参数和束团尺寸波动的映射关系,在当前参数空间内进行网格扫描,寻找到一组束团尺寸抖动最小的参数设置用于稳定束流。该方法在美国先进光源(ALS)中表现出远强于一般反馈算法的控制精度,可以将同步辐射光源点处的波动控制在 0.2 μm 以下,成功将束流尺寸的抖动减小到

图 6-42　美国劳伦斯伯克利国家实验室

实验噪声量级。强化学习作为机器学习中典型的控制方法也被用于加速器束流参数的稳定控制中。德国卡尔斯鲁厄理工学院(KIT)的科学家提出可以用强化学习操控 KARA 加速器高频腔的参数,该强化学习方法能根据测得的束流纵向电荷分布信息给出合理的高频设置参数用于反馈控制,从而减小 CSR 效应引起的微束团不稳定性,以保持稳定的太赫兹辐射。

4. 许多先进加速器相关应用的实现都要求束团具有一些特殊的纵向分布形状,例如自由电子激光、尾场加速器和稳态微聚束加速器等。为了实现所需的特殊纵向分布形状,一般都需要对电子束团的纵向相空间分布进行调制,这个过程称为纵向相空间操纵。而一些

传统的控制方法在面对众多复杂集体效应同时起作用的场景下效果往往不佳。美国 SLAC 的专家提出一种不依赖模型的极值搜索控制方法用于控制一个束团压缩段中的束流纵向相空间。

6.3.3 粒子加速器的发展趋势

机器学习已经在加速器的应用研究中展现出其强大的潜力。将机器学习与加速器研究领域已有的成熟方法和手段结合,可以进一步提升这些传统方法的效果或执行速度。机器学习在海量数据的实时处理及大量控制变量的同时调整等方面具有强大的应用潜力。这为机器、束流状态的实时分析及预测提供了可能。此外,在一些由于当前技术、理论、认知限制导致的"无人区",例如超高重频、多维相空间的束流信息提取等方面,机器学习可以提供重要的实现路径。总而言之,机器学习正在成为加速器物理研究、在线调试优化以及技术研究等众多加速器研究领域中全新的强有力研究工具。虽然加速器领域的机器学习相关研究已取得了一定进展,但整体发展水平仍处于初期阶段,尚有很大的发展空间。即使在目前开展较为充分的机器学习应用研究课题中,所应用的算法相比人工智能界最先进的、最综合的机器学习算法仍有较大差距。此外,目前加速器领域对多种机器算法的系统对比研究较为缺乏,对不同机器学习算法在不同加速器中的适用范围和局限性尚无系统性的研究。另外,很多研究仍处于原理验证或测试阶段,将机器学习用于日常机器运行优化还有不小限制。为达到该目标,既需要在提升算法的稳定性和鲁棒性等方面做大量的工作,也需要发展数据库、快速存储等技术为机器学习提供可用的高质量数据,还需要发展相关调束软件为机器学习算法提供接口、适配,以及发展高性能硬件设备用于部署机器学习算法等。在加速器数据获取与大数据交叉分析方面,也需要有总体的规划设计与系统集成。这些工作对加速器中的机器学习研究既是挑战,也是机遇。相信加速器专家们可以充分挖掘机器学习在提升加速器性能方面的潜力,拓展机器学习在加速器中的应用前景,获得更多振奋人心的研究成果。

6.4 本章小结

本章主要介绍了人工智能在核工业中的应用。人工智能已成为势不可挡的科技潮流,核工业作为我国高科技战略产业,正积极迎接新一轮科技变革,我们应抓住人工智能向工业渗透融合的战略机遇期,积极推进智能化技术的研究和创新应用。人工智能概念的提出和基础理论研究已有半个多世纪。近年来,随着大数据、互联网、物联网等信息技术的发展,人工智能进入蓬勃发展阶段,特别是以深度神经网络为代表的人工智能技术跨越了科学与应用的鸿沟,在图像分类、语音识别、人机对弈、无人驾驶等领域表现优异。

核工业作为战略基石行业,拥有大量顶尖科学家和实力雄厚的国家级实验室。在此轮人工智能热潮中,各大核相关实验室凭借其人才、计算资源、实验设施的优势,已经开展了很多人工智能方面的研究。例如美国的阿贡、橡树岭、爱达荷等核领域国家实验室,正在使用人工智能方法开展新型核材料研发、分子尺度物理现象模拟等工作。国内清华大学在核电厂状态智能诊断算法方面,也已经开展了多年研究。除基础研究外,国内核工业界也开展了一些智能应用研发工作,部分产品已基本成熟,具备工程应用的能力。

习 题

1. 简述核燃料循环的全过程。

2. 核燃料循环一共有几种模式？

3. 开路循环模式和闭路循环模式有何异同？

4. 分离嬗变的目的是什么？

5. 次临界嬗变系统装置由哪几部分组成？简述其工作原理。

6. ADS 嬗变系统与快中子反应堆嬗变系统相比具有哪些优点？

7. 简述核燃料的类型和特点。

8. 什么是金属核燃料？金属核燃料有哪些特点？

9. 目前应用最广泛的陶瓷型核燃料是什么？

10. 弥散性核燃料指的是什么？列举几种常见的弥散性核燃料。

11. 简述核燃料探测技术的应用。

12. 简述机器视觉技术。

13. 机器视觉系统最基本的特点是什么？

14. 核电站的典型故障有哪些？

15. 核电站应急处置机器人需要执行的任务有哪些？

16. 什么是核辐射？核辐射有哪些危害？

17. 核事故中的辐射主要来源于哪里？

18. 核辐射敏感的元件主要有哪几类？最易损伤的结构是什么？

19. 可以用什么方法将本身性能较为优越的机器人改造为核救灾机器人？

20. 核救灾机器人的电子器件极易受到核辐射而失效，可通过什么方法提升核环境下电子器件的工作能力？

21. 对人而言，辐射源包括哪几种？

22. 辐射效应分为哪几种？分别指的是什么？

23. 常见的 DNA 损伤有哪几种？

24. 试列举外照射防护的三种方法。

25. 传统加速器根据其工作原理的不同，可分为哪几种加速器？

参 考 文 献

[1] 孙霖. 携带机械臂的履带救援机器人设计与仿真实验研究[D]. 哈尔滨:哈尔滨工业大学,2020.

[2] 魏国栋. 面向灾害场景下的救援机器人集约化设计[D]. 济南:山东大学,2020.

[3] 彭朔. 基于神经网络的核电站检修机器人的智能控制研究[D]. 北京:华北电力大学,2010.

[4] 崔尧,张向阳,何高魁. 核燃料组件无损检测探测系统设计[J]. 同位素,2015,28(3):

167-170.

［5］夏科睿.面向核电救灾作业的机械臂虚拟分解和模态切换控制研究［D］.哈尔滨:哈尔滨工业大学,2017.

［6］黄鑫.核电站应急处置机器人辐射探测及其运动控制研究［D］.济南:山东大学,2020.

［7］陈丹,刘岳君.智能化结构设计在核电站建设的应用前景探讨［J］.2020 年工业建筑学术交流会论文集(下册),2020.

［8］张勤.用原创的 DUCG 人工智能技术提高核电站的安全性和可用度［J］.中国核电,2018,11(1):59-68.

［9］佚名,聚焦人工智能,成都在硬核产业领域又有新动作［J］.产城,2021(7):20.

［10］万金宇,孙正,张相,等.机器学习在大型粒子加速器中的应用回顾与展望［J］.强激光与粒子束,2021,33(9):96-110.

［11］武晓龙,石绍柱,夏良斌.人工智能技术对核武器的影响［J］.飞航导弹,2020(6):1-5.

［12］LUO X F,ZHANG J G,TAO J B,et al. Solar-powered "pump" for uranium recovery from seawater［J］. Chemical Engineering Journal,2021,416:416:129486.

［13］XU J P,LIU C Z,WU J P,et al. Three-dimensional microstructure and texture evolution of Ti35 alloy applied in nuclear industry during plastic deformation at various temperatures［J］. Materials Science & Engineering A,2021:819:141508.

［14］ZHANG Z,YONG F,ZHANG L,et al. High performance task-specific ionic liquid in uranium extraction endowed with negatively charged effect［J］. Journal of Molecular Liquids,2021:336:116601.

［15］GUAN Y Y,LI Y T,ZHOU J L,et al. Defect Engineering of Nanoscale Hf-Based Metal-Organic Frameworks for Highly Efficient Iodine Capture［J］. Inorganic chemistry,2021,60(13):9848-9856.

［16］GRAY J. The return of the lost leader［J］. New Statesman,2021,150(5622).

［17］GAO X,RAMAN A A A,HIZADDIN H F,et al. Review on the inherently safer design for chemical processes: past, present and future［J］. Journal of Cleaner Production,2021,305:127154.

［18］GANGYNA Z,XIANKE P,XIAOZHEN L,et al. Research on the standardization strategy of China's nuclear industry［J］. Energy Policy,2021,155:112314.

［19］KUZNETSOV V V,CHOTKOWSKI M,POINEAU F,et al. Technetium electrochemistry at the turn of the century［J］. Journal of Electroanalytical Chemistry,2021,893:115284.

［20］GROVES K,HERNADEZ E,WEST A,et al. Robotic exploration of an unknown nuclear environment using radiation informed autonomous navigation［J］. Robotics,2021,10(2):78.

［21］KASHKAROV E,AFORNU B,SIDELEV D,et al. Recent advances in protective coatings for accident tolerant Zr-based fuel claddings［J］. Coatings,2021,11(5):557.

［22］MALATESTA T. The environmental,economic,and social performance of nuclear technology in Australia［J］. Journal of Nuclear Engineering and Radiation Science,2021,7(4):041202.

［23］XING J,ZNEN T,YU H,et al. Technology and management innovation of the first-of-akind （ FOAK ） demonstration project—HPR1000 ［ J ］. Frontiers of Engineering Management,2021,8:471-475.

［24］ WANG Z J, LI Y W, ZHANG W N, et al. Microstructural evolution and mechanical properties of titanium-alloying high borated steel sheets fabricated by twin-roll strip casting ［J］. Materials Science and Engineering: A,2021,811:141067.

［25］ YANEZ J, CLASS A G. Analysis of the accuracy of residual heat removal and natural convection transients in reactor pools ［J］. Nuclear Engineering and Design, 2021, 378:111151.

［26］ HAMER R, WATERSON P, JUN G T. Human factors and nuclear safety since 1970-A critical review of the past,present and future［J］. Safety Science,2021,133:105021.

［27］ YEOM H,SRIDHARAN K. Cold spray technology in nuclear energy applications:A review of recent advances［J］. Annals of Nuclear Energy,2021,150:107835.

［28］ LESLIE M. Nuclear energy seeks revival with advanced fuel options［J］. Higher Education, 1921,2095:8099.

［29］ PEMBERTON B C, NG W. Corporate governance paradigms of hazardous industries: Enduring challenges of Britain's civil nuclear industry［J］. Journal of general management, 2021,46(2):156-167.

［30］ SUNNY A I,ZHAO A,LI L,et al. Low-cost IoT-based sensor system: A case study on harsh environmental monitoring［J］. Sensors,2020,21(1):214.

［31］ XU Z D, YANG Y, MIAO A N. Dynamic analysis and parameter optimization of pipelines with multidimensional vibration isolation and mitigation device ［ J ］. Journal of Pipeline Systems Engineering and Practice,2021,12(1):04020058.

［32］ ZHANG J,ZHOU L,JIA Z,et al. Construction of covalent organic framework with unique double-ring pore for size-matching adsorption of uranium［J］. Nanoscale,2020,12(47): 24044-24053.

［33］ WU J,ZHAO J,QIAO H,et al. Research on the technical principle and typical applications of laser shock processing［J］. Materials Today: Proceedings,2021,44:722-731.

［34］ MIKHAILOVA A F, TASHLYKOV O L. The ways of implementation of the optimization principle in the personnel radiological protection［J］. Physics of Atomic Nuclei,2020,83: 1718-1726.

［35］ KOVESDI C R,BLANC K L. Enabling business-driven innovation through human factors engineering in nuclear power plants ［ C ］//Proceedings of the Human Factors and Ergonomics Society Annual Meeting. Sage CA:Los Angeles,CA:SAGE Publications,2020, 64(1):1790-1794.

［36］ SMITH R, CUCCO E, FAIRBAIRN C. Robotic development for the nuclear environment: Challenges and strategy［J］. Robotics,2020,9(4):94.

［37］ CIOBANU R. New way of learning in the nuclear industry: space simulation as a tool for vocational knowledge and work practices acquisition［J］. Journal of Workplace Learning, 2021,33(1):45-61.

［38］ ANASTASI C. Who needs nuclear power［M］. London: Taylor and Francis,2020.

第7章　智能机器人在核工业中的应用

机器人与智能装备是核工业智能化的重要方向。核电机器人可替代人潜入核电站拍摄与传递图像,让人们更真切地了解核电站内部的真实状况,也可在高辐射区域代替人工开展一些特殊操作。例如,中国科学院自行研制的多功能水下智能检查机器人已先后为中核、中广核等多家单位提供支持。

加速推进人工智能与核科技产业的融合应用,开展人工智能战略规划,聚焦人工智能与核科技全产业链融合应用的发展基础、应用场景和潜在需求,规划人工智能与核科技产业融合应用的顶层架构、技术路线和实施路径,对推动核工业产业优化升级、生产力整体跃升具有重要意义。

7.1　智能机器人与核电站

核工业机器人在核工业及信息科学技术特别是计算机技术与自动化技术蓬勃发展的带动下向着通用机器人的方向发展,这是一个高技术综合机器人体系。在不远的将来,核工业通用机器人应该是一种具有自主性的智能机器人,它可以靠感觉识别功能来控制自己的行为。人工智能在核领域的一个新技术方向,是基础物理现象建模。核反应堆工程涉及多个学科,其中一些物理现象比较复杂,难以通过理论推导得到准确的通用基础模型,由此导致新型反应堆或换热器的设计仍然离不开热工实验,需要花费大量资金搭建实验装置。随着实验技术的进步,目前对于沸腾、流动等复杂现象能够开展更加精细的测量,得到大量数据。美国的科研团队正研究采用深度神经网络的技术分析海量实验数据,以建立适用性更广的热工水力学基础模型,从而减少新设计对于大型实验设施的依赖。

核反应堆的少人或无人值守智能运行很有前景。目前,通过使用智能化技术,一些常规发电厂已经实现了少人值守,并在探索无人值守,这将有利于避免人因失误。与火电厂相比,核电厂的安全标准和要求非常高,进一步研究打造以无人监测、少人值守为目标的智慧核电运营模式,可有效提升核电运行安全水平。此外,对于未来太空、深海区域的核反应堆,因环境特殊性,需要实现无人智能运行。目前,美国正在开发适用于火星等太空环境的核反应堆,智能运行是其中的关键技术。

7.1.1　核电站机器人的主要技术

核电站机器人发展至今,已经由早期较简单的遥控式机械手,发展为融合了先进的传感技术、视觉处理技术、驱动技术和远程控制技术的自动化、智能化产品。核电站机器人技术发展现状和发展水平主要表现在以下几个方面:

1. 先进的驱动机构

它不仅是实现核电站机器人行走、翻越障碍物、水下运动必不可少的系统,往往还起到支撑机器人机身和末端执行机构的作用,所以驱动机构设计的合理性和控制系统的性能直接决定着核电站机器人的运动速度、灵活性、定位精度、跨越障碍能力、路径搜索效率等关键性能指标。针对不同的工作环境，核电站机器人在设计过程中也采取了不同的驱动机构。例如，爬行机器人一般采用轮式、履带式、吸盘式或四足式驱动机构，不仅可以灵活地前进、后退、转弯，有些还可以跳跃、爬梯、跨越障碍物等。水下核电站机器人驱动机构多采用螺旋桨式和仿生鱼结构，可以实现在水中自由前进、后退、上浮、下潜、转弯和在水中任意位置的悬浮，有些水下视频检查机器人驱动机构的定位精度可达 2 mm 左右。而用于空中辐射环境侦测和异物搜索的核电站机器人驱动机构则大多是旋翼式，能够获得较短的着陆滑跑距离和较高的飞行稳定性。就驱动技术而言，为减小驱动机构体积，使其结构尽量紧凑，核电站机器人多采用直流电机驱动，对于大负载核电站机器人，则一般采用高密度液压驱动技术。图 7-1 所示为履带式机器人。

图 7-1　履带式机器人

2. 电子元件抗辐照技术

核电站专用机器人区别于其他工业机器人的最显著特征就是能适应核辐射特殊服役环境，特别是其视频检查系统、传感系统和信号传输系统能够在较高的辐射环境下保持正常工作。为提高核电站机器人的耐辐射能力，在材料选择、结构设计、辐射防护加固和控制算法等方面进行了大量的研究工作。其中最具代表性的是对摄像头耐辐射技术的研究，目前美国 Mirion 公司专门针对核电站开发了 IST 系列摄像头，其耐辐射能力可达 106 rad/h，能够满足核电站正常工况和一般事故工况下视频检查的需要，但若想适应某些严重事故下特殊的高辐射环境，还有一定差距。国内所研发摄像头的耐辐射能力可达 104 rad/h，部分科研院所已经展开更高耐辐射能力摄像头的研发，以期达到国际先进水平。光线中主要包含三种颜色信息，即红（R）、绿（G）、蓝（B）。但是由于像素只能感应光的亮度，不能感应光的颜色，同时为了减小硬件和资源的消耗，必须使用一个滤光层，使得每个像素点只能感应到一种颜色的光。目前主要应用的滤光层是 bayer GRBG 格式。图 7-2 所示为耐辐射材料器件。

图 7-2　耐辐射材料器件

3. 灵巧的末端执行机构

世界上第一台用于核工业的简单机器人便是可遥控的机械手,由此可见末端执行机构对于核电站机器人完成特定任务的重要性。现在,核电站机器人末端执行机构已经发展得多种多样。图 7-3 所示为人工智能仿生手,有用于抓取物体、开关设备的多关节机械手,有用于反应堆水池、乏燃料水池异物打捞的微型真空泵、打捞网,有用于水下焊接的自动焊接机等。虽然这些末端执行机构的结构形式各不相同,但都具备定位精度高、可靠性高、专用性强,并且具备一定耐辐射能力等特点。例如,核电站

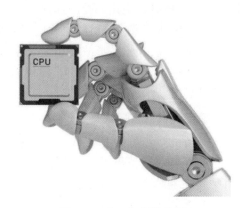

图 7-3　人工智能仿生手

水下自动焊接机器人的末端执行机构已具备自动进丝、引弧、再启动、自动解除粘丝、自动控制焊接轨迹、调整焊枪姿态、控制焊接参数的功能。总之,随着制造业和控制技术的发展,核电站机器人末端执行机构已能满足越来越多正常检修场合的需要。但由于核事故发生后情况的不确定性,各国针对核事故后应急维修所开发的末端执行机构还较少,这也直接导致日本福岛核事故后,很多机器人不能直接用于紧急抢修。所以,根据核事故的经验反馈,对末端执行机构进行适应性研究,是今后核电站机器人研究的一个重要内容。

4. 远距离实时控制

由于核电站中设备、管道布置复杂,操作空间狭小,为保证核电站机器人在运动、操作过程中不损伤目标设备,提高其工作的可靠性,核电站很少采用自主决策的智能化机器人,而多采用远程线缆操控的方式,控制机器人完成指定任务。所以基于嵌入式控制技术的实时视频、控制信号传输技术在核电站机器人的研究中得到大量应用。此外,核电站电磁环境较为复杂,且某些场合不允许进行无线信号传输,除部分巡检、视频检查机器人外,核心设备检修机器人一般采用有缆控制的方式。为了使人员尽量远离高辐射区域,现场总线等新一代有线传输技术在核电站机器人产品中也得到了广泛的应用。

5. 关键系统耐辐射技术

核电站在运行时会释放大量的 α、β、γ 射线和中子,容易导致核电站机器人传感器、电子器件、信号传输系统瞬间失灵,也会加速绝缘材料、滑润剂、黏合剂、密封部件的老化,其中受影响最大的是摄像头。由于使用了光电传感器,摄像头内部元件同时受到光脉冲干扰和强电离辐射干扰,极易损坏。关键部件、系统的耐辐射性能是核电站机器人需要攻克的核心技术之一。各国的研究人员在耐辐射材料选择、材料加工工艺等方面做了大量的研究工作。例如,韩国对核电站高压管检测机器人的辐射硬化技术进行了深入的研究,在辐射硬化工艺步骤、硬化策略以及材料选择等方面获得了较理想的结果。此外,各国在进行结构设计时,对关键部件都采取了辐照加固,以增强核电站机器人的耐辐射能力。

6. 核电站机器人高可靠性技术

核电站机器人在工作时,大多面对高放射性。核心设备一旦发生故障,不仅本身无法完成任务,还会成为新的事故源,带来更棘手的事故处理问题。所以高可靠性一直是各国核电站机器人产品所追求的主要性能指标之一。核电站机器人高可靠性技术主要包括结

构优化设计、控制系统冗余设计、模块化设计技术、机电一体化集成技术和三维运动仿真技术。欧美等发达国家还针对核电站机器人全寿命过程中发生故障的原因、类型、概率、发展规律进行了研究，并建立了故障模型。在设计阶段充分考虑故障发生的可能性，并进行故障模拟，使机器人具备故障模式下自我诊断和自我处理的能力，可以进一步提高核电站机器人的可靠性。

7. 核电站机器人应用鉴定技术

核电站机器人虽然本身不属于核安全相关设备，但是它的工作领域和工作对象却往往是核安全相关设备，例如反应堆堆芯、反应堆压力容器、蒸汽发生器、反应堆冷却剂系统主泵等，所以核电站机器人在实际应用前必须经过严格的鉴定。鉴定必须就核电站机器人应用相关设计数据、运行需求和事故状况进行精确模拟和试验验证。核电站机器人鉴定技术主要包括三维动态仿真技术和样机鉴定技术两个方面。三维动态仿真技术主要是指在研发过程中建立核电站相关设备和机器人三维模型。图 7-4 所示为核设备的三维仿真模型，该模型利用动态仿真软件实时验证机器人与环境的适应性和结构、控制系统的合理性。样机鉴定技术主要针对所研发核电站机器人的功能及技术指标，进行耐辐照测试、电磁兼容性测试、高温或低温环境下性能测试、综合性能测试等鉴定性试验。

图 7-4 核设备的三维仿真模型

除上述关键技术外，核电站复杂环境、狭小空间自适应和精确定位技术，防污、去污技术，核辐射和硼酸环境中的水下动静密封技术、应用标准与规范制定技术同样是核电站机器人在研发和使用过程中必须解决的主要技术。

7.1.2 核电站机器人的应用

核电站机器人主要用于放射性不可接近环境现场，可以对其核设施中的设备装置进行检查、维修和事故处理等工作，有如下应用需求。

1. 燃料水池水下检修

核电站燃料厂房的水池由不锈钢覆面焊接构成，这些不锈钢覆面在建造初期需要进行液体渗透检查和真空检查，确保结构的完整性后才投入使用。同时意外的高空坠落物体也可能会击穿不锈钢覆面，造成不锈钢覆面漏水，需要紧急修复。目前国内外的做法是由经过训练的潜水员穿上防护服下去进行检测与水下焊接。由于辐照剂量大，为了人员安全，操作人员不能长时间工作，同时由于该区域空间狭小、设备密布，作业人员操作时要格外小心，稍不留意就可能会划破防护衣，从而造成自身体表和吸入性损伤，并且由于有的作业空间非常狭小，作业人员在其中活动受限。所以，核电站迫切需要使用相应的专用机器人从事恶劣环境下的水下工作。图 7-5 所示为水下核机器人。

2. 水下异物清理

核电站内放射性水池面积较大又没有绝对可靠的异物防范措施，在大修期间由于参与的人员多，常常都是许多工种交叉作业，因此，异物落入水池的事件也时有发生。特别是异物若落入反应堆底部或堆芯狭窄的环境中,普通的异物打捞工具往往束手无策,通常需要吊出反应堆堆芯组件进行彻底检查和异物打捞,这种情况将造成大修关键路径的延迟和重大的经济损失,而且,堆芯大件的吊装往往面临一些不可知风险,如操作不当,会对电站内的维修人员造成极大的辐照危害。因此,核电站有必要开发一些多自由度的机器人及智能系统,用于反应堆堆芯及构件池等水下环境中精确打捞。图7-6 所示为水下异物清理核电站机器人在水下工作时的照片。

图7-5 水下核机器人

图7-6 水下异物清理核电站机器人

3. 反应堆控制棒驱动机构焊缝缺陷修复

核电站运行期间,反应堆控制棒驱动机构由于运行工况较恶劣,并且受高温、高压、高辐照、震动等影响,控制棒驱动机构的上、中、下三条密封焊缝有可能出现裂纹等缺陷,从而导致出现密封泄漏。外部经验反馈表明,控制棒驱动机构的密封焊缝泄漏事件在国外核电站时有发生,一旦出现此类故障,必须进行紧急缺陷处理。控制棒驱动机构在反应堆顶盖上部密集分布,其焊缝附近环境辐射较强,三道密封焊缝的返修位置相当苛刻,操作空间狭小,而且对此密封焊缝的焊接质量要求很高,对焊接设备的运行精度、稳定性、焊接工艺要求极为严格,靠人工维修无法实现。

目前国际上针对这类缺陷的应急处理方案是:整体更换有缺陷的控制棒驱动机构或对缺陷部位进行自动焊接堆焊修复,无论应用哪种技术,都需要使用半自动化的特殊打磨、切割以及焊接机器人。目前,这种技术被国外少数大公司掌握,我国出现此类故障基本只能依赖国外的公司带着设备和技术人员来核电厂进行紧急修复,实施费用高,且往往耽误大修关键路径检修时间。一个百万千瓦的核电机组,若耽误一天关键路径检修时间,将造成约1 000万元的发电损失。因此,这些核心设备一旦出现缺陷故障,如果不及时处理将对核电站业主造成重大经济损失。图7-7 所示为小型自动焊接机器人。

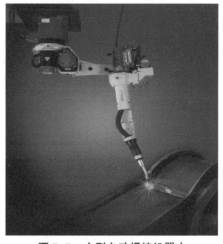

图7-7 小型自动焊接机器人

4. 反应堆冷却剂管道在线修复

反应堆冷却剂管道是一回路边界的组成部分,起着包容放射性物质的作用。与压力容器相连的这些管道长期处在高温高压流体下,运行多年后,会因为磨损和应力腐蚀,造成局部管道变薄或潜在缺陷。如果不及时发现和修复,会对电厂造成重大经济损失。目前一般做法是更换管道或者对缺陷管道进行补焊处理,但是由于管道布置错综复杂,通道狭窄,工作空间小,因此维修工期较长,人工维修可靠性也较差。因此,需要研发出能够较好地完成压力容器相连管道的应急在线修复处理的小型自动焊接机器人。

5. 燃料事故处理机器人技术

核电站运行或乏燃料处置过程中,偶尔会发生燃料组件变形或卡涩的异常事故,在处理此类高放射性燃料相关设备过程中,往往采取的保守方案是应用水下切割机器人对燃料卡涩部位进行水下切割处理,释放事故燃料外在作用力,达到事故安全处理的一个状态。另外,由于核电站燃料组件放射性剂量较高,一旦发生燃料相关故障事故,处理会非常棘手,将面临核电站安全性及经济性的双重巨大压力,因此,针对这些事故工况进行预防性应急准备,跟踪国内外经验反馈,针对可能出现的故障现象进行适应性开发相关机器人装备,有着重要的现实意义。

6. 堆芯重要设备应急修复

在核电站运行过程中,堆芯重要设备也可能出现局部缺陷,这些设备缺陷若不及时发现和处理,也会对反应堆的安全造成危害。核电站堆芯重要设备一旦出现重大缺陷,通常都是应急处理,由于涉及堆芯核心设备,处理技术及实施方案需要紧急充分论证安全性及可行性才能实施。目前,这方面的技术我国还处在技术跟踪阶段,基本上都由美国、法国等西方发达国家所掌握,因此有必要应用机器人技术对反应堆堆芯重要设备的应急维修技术进行预防性研究及实施方案准备,为核电机组持续安全运行提供强有力的技术支持。

7. 严重事故下的救灾工作

严重事故是指核电站发生如堆芯熔化这样的超设计基准事故。1987 年发生的苏联切尔诺贝利核事故和 2011 年发生的日本福岛核事故都属于严重事故。发生这样的事故,迫切需要以下三类机器人从事严重事故下的救灾工作。第一类是强辐射环境侦测机器人,如核事故后用于环境侦测的地面爬行机器人、低空旋翼机器人,这类机器人需搭载多种传感器,能快速、准确地测量核事故环境下的辐射剂量率、温度、压力、氧气浓度、有害气体浓度等关键参数,为制定事故处理对策和措施提供依据。第二类是应急通道路障清除机器人。这类机器人一般具有较强的驱动能力、较完备的末端执行机构和目标自动识别功能。核事故后的路障清除机器人除必须具备普通路障清除机器人的特征外,还必须具备一些独有的特点,如高辐射污染源清除技术,高辐射环境末端执行机构的控制技术及结构优化,高负荷搭载技术等。这类机器人能够自主对应急通道上的杂物进行清除,以方便为应急人员或其他维修机器人提供应急通道。第三类是严重事故现场应急操作及维修机器人。针对不同的核事故状态和不同的设备损伤状况,需要功能、结构各不相同的现场应急操作及维修机器人。这类机器人种类繁多,将分别完成一些确定的任务,同时都具有一些共同特征,包括高辐射环境下驱动机构和执行机构的适应技术、复杂环境下的搜索路径规划技术、末端执行机构的精确定位技术、水下仿生技术、水下动静密封技术、实时视频传输技术、机器人防辐射污染技术和狭小空间的适应性等。图 7-8 所示为强辐射环境侦测机器人。

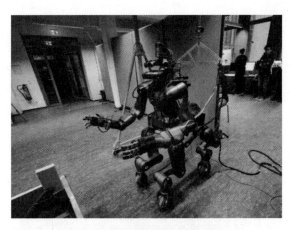

图7-8　强辐射环境侦测机器人

7.1.3　核电站机器人的发展趋势

目前大多数核电站机器人执行具有明确路径的半自主式任务,主要代替工作人员进行一些辐射环境下的检修活动。随着美国三哩岛、苏联切尔诺贝利核事故的相继发生,包括美、法、德、日在内的一些国家纷纷加大核电站机器人的开发力度。核电站机器人不仅用于核电站的检修,越来越多的机器人还将用于核电站事故后的救灾工作。随着传感技术、信息技术、自动化技术的不断发展和制造工艺水平的提高,以及人们对核安全和核事故后处理重视程度的提高,各国已经开始投入大量人力、物力开展核电站严重事故后应急机器人的研发,高智能化、高可靠性、高恶劣环境适应性和功能多样性等将成为核电站机器人应用的发展趋势。

1. 采取智能化设计

由于核电站内通道狭窄,工作空间狭小,加之高辐射环境下的设备往往是核电站的核心设备,在检修过程中不允许对相关设备造成新的损坏。限于技术发展,当前核电站机器人多采用人员远程控制的方式。核电站机器人在复杂环境下进行智能避让、自动搜索,在无人工干预的情况下,快速确定搜索路径,顺利通过各种障碍物和狭窄的通道,精确定位到须检查或修复部位的技术是一个重要的研究方向。这就对核电站机器人的行走机构、传感系统和控制系统都提出了很高的要求。核电站机器人还需要实现对缺陷的自动判断、自动识别,这需要核电现场数据的数据库支持和高端传感系统、控制系统支持。在部分维修过程中,还需要具备自主修复功能,对机器人本身的故障能够做出自主判断和处理,以保证维修工作的正常进行。图7-9所示为人工蜂群算法三维路径规划图。

2. 加强核辐射防护

由于核电应用环境的特殊性,所以对机器人应用在核电站的可靠性要求很高,通常不允许核电机器人在现场使用过程中出现故障,以免成为新的辐射污染产物。核电站机器人的机械执行机构、传感系统特别是控制系统的性能必须满足核电站对检修时间、应急事故处理时效和高安全性的要求。核电站机器人核辐射防护的关键在于结构的可靠性设计,材料的合理选择,试验和鉴定技术研究,传感系统、控制系统的冗余设计以及故障自主处理技术等。

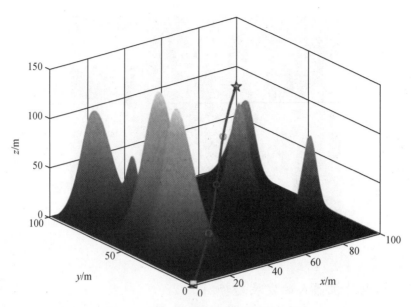

图 7-9　人工蜂群算法三维路径规划图

3. 提高恶劣环境下的稳定操作

用于检修的机器人一般在核电站停机或正常运行状态下工作,环境条件相对来说不是很恶劣。但对于事故抢修或者严重事故下的救灾,机器人需要在高温蒸汽、高压力、极高放射性,较低可视度的恶劣条件下工作。为适用这些条件,需要对机器人所用材料,特别是传感控制系统进行研究和攻关。传感控制系统类似于人的"五官"感知系统,是整个核电机器人的"灵魂",同时,经验表明这些元器件也最"脆弱",很容易受到恶劣环境的影响。因此一方面需要采用性能好的元器件,另一方面需要采用一定的防护技术使传感元器件处在相对温和的环境下工作。

4. 功能多样性

由于核电站内很多区域属于高辐照不可接近环境,或者因为部件布置密集,很多区域人员不可到达,所以需要针对核电站高放射性设备的检查、维修、缺陷修复和应急处理等工作专门开发种类繁多,功能、结构各不相同的现场维修及应急操作机器人。这些专用机器人的开发,既可以大大提高检修质量,也可以缩短检修时间。

我国的机器人技术是在其他国家的基础上发展而来的,技术相对落后,而且在核电站机器人领域,更是才刚起步,核心技术仍被国外所掌握。随着核电产业的快速发展和核安全保障的需要,特别是日本福岛核电站严重事故发生后救灾不力的情况,开发出更多功能的机器人代替人在核电站运行、维修和救灾中进行工作愈发显得重要和迫切。机器人技术是一个多学科综合发展的领域,近年来,随着我国机器人相关技术的快速发展,特别是在精密机械加工、电子元器件与材料、计算机技术、自动化控制、光学等方面取得的长足进步,开发出针对核电站特殊环境的系列化、规模化机器人装置已经可以实现,核电站机器人技术的应用必将迎来一个快速发展期。

7.2　智能机器人与核检测

核工业中的很多环境是人工不能现场操作的,目前已经研制出并投入使用的核电站检修机器人都是通过远程操控来应用于核电站,完成对设备的维修检测和救援处理等各种操作,因而考核机器人的两个主要指标是其操作的可靠性和灵活性。机器人具体担负的使命不同,它们的结构和研究的侧重点也各不相同,用于核设备检测、视察的机器人以传感系统与无线远程控制为研究重点,而用于核设备维修、处理、救援的机器人以操纵机构和灵活控制为研究重点。

中国国家高技术研究发展计划("863"计划)中就已经列入了恶劣环境智能机器人的研究项目,并已规划了发展我国核工业机器人的基本目标。从1987年开始,经过选型论证、总体概念设计、总体方案设计等阶段后,确定把移动式作业机器人和壁面爬行式检查机器人这两种型号的核工业机器人作为开发目标,并已取得了可喜的成果。中国核工业总公司科技司与"863"计划机器人专家组于1989年签订了《关于研制核工业恶劣环境机器人的协议》。目前,SGR-I、PRR-1型检测机器人已经用于大亚湾核电站蒸发器水室内表面和稳压器内表面的闭路电视检查。同时,中科院沈阳自动化所、哈尔滨工业大学、北京航空航天大学、清华大学、中科院自动化所、上海大学等一些高校以及科研单位也在做这方面的研究,并取得了很多成果。

7.2.1　核检测机器人的主要技术

当前,核工业领域的安全问题包括两个方面:日常巡检和应急处理。正常情况下,铀转化车间、核电厂、核废料处理厂等场所需要人员携带射线测量仪、气溶胶取样器、空气检测仪等仪器不定时检测。图7-10所示为核电站的工作流程,在应急情况下,则需要对关键阀门开关、路障清除、泄漏的放射性物质进行处理等。但核工业领域,由于设备本身和运行环境具有放射性,作业空间狭小、湿热,同时还兼具水下高温、高压的特点,人员巡检和应急操作存在辐射照射风险或操作受限等问题,而采用机器人巡检与应急处理,一方面可降低人员防辐射成本、受辐照剂量、工作强度;另一方面,可实现提前预警,及时控制事故源,减轻事故后果,为后续救援提供相关数据支持的功能。因此,对核设施内核辐射安全情况采用机器人监测是十分必要的。

核电站应急响应机器人系统通常工作在危险区域,由于这些系统失效很难维修,导致维修时间较长,所以需要确保系统的高可靠性。目前,远程控制机器人的先进技术在核工业领域应用比较慢,其中一个原因就是新技术缺乏相应的可靠性验证。系统的可靠性更多地取决于设计可靠性、远程通信和人机交互使用的可靠性。

从机器人控制系统可靠性设计的角度,通常将控制系统划分为三个层次的结构,即从控制器、主控制器和监控单元。从控制器设计为冷备份的双处理器和双CAN通信机构,确保高可靠性,放置在最危险区域,用于现场信息反馈和执行机构动作。主控制器采用实时操作系统,放置在现场区域,与从控制器一同构成反馈控制闭环。主控制器通过以太网线将机器人状态信息传输到监控单元。监控单元放置在安全区域,向主控制器发送命令。为了实现可靠的远程系统,需要高可信的视频、可靠且连续的通信。机器人依赖于操作人员的连续、低层次命令输入,而对通信故障的应对很有限。操作人员有可能会因此失去对车辆的控制,所以机器人需要配备看门狗系统,用于监控通信连接的状态。David J. Bruemmer等人对远程操作任务中的人机动态交互和主从策略进行了分析,提出了新的混合控制结构,将人机交互分为四种模式,从基本的远程指令操作、机器人的局部自治到全自治行为,在不同的运行状况下可以采用不同的人机交互模式,这样就有可能实现在失去通信的情况下通过机器人的自主行为来恢复通信连接。

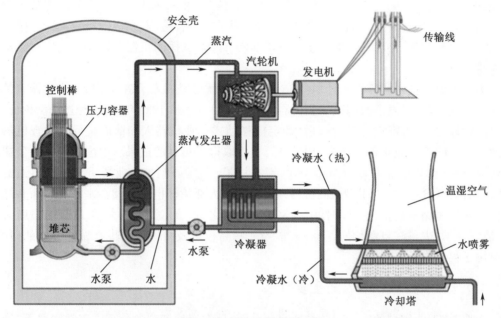

图 7-10　核电站的工作流程

此外,操作人员必须和机器人控制器之间进行精确的三维的任务定量数据交互。远程操作控制的关键一点,就是操作人员能够准确、可靠地就后续操作进行必要的判断。通用方法是,操作人员应根据远程现场和机器人或机械手臂的模型,使用本地计算机进行远端现场的整体建模。图 7-11 所示为机械手臂模型,其一旦得到了足够的模型信息,就可以将预期指令传递给控制计算机进行演练。

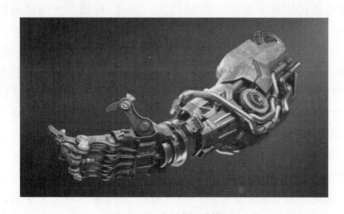

图 7-11　机械手臂模型

即使不是对机器人进行实际操作,操作人员也可以操作远程系统的 3D 定量模型,这就使得操作人员可以尝试在非实时状态下进行动作演练,在确认预定操作安全有效后才将轨迹点和控制信号传递给远端现场。

无人机巡检技术主要依托遥感航测技术、红外热成像技术和高分辨相机,通常应用于需要特巡特维的输电线路,通常此类输电线路运检难度大、质量要求高,人工巡检难以完成。在巡检过程中当发现有异常情况,需要详细分析可疑目标时,无人机上的摄像机进行工作状态的变换,视角会大大缩小,局部画面会变得非常清晰,这样就可以对发现的异常情况有一个准确的观察和判断。

地面移动巡检技术广泛应用于变电站巡检,随着导航定位技术的发展,巡检技术由轨道式向无轨化方向发展,巡检机器人进行设备区域覆盖巡视,并搭载多种传感器采集数据,能够分析设备状态进行缺陷预警,保障运行安全;能够定点、定时、定路径巡检,采用可见光视频监控、红外测温、温湿度检测、数据分析和自主充电,能够智能识别指针、数字、位置、颜色和状态等。

目前已有多个国家进行了机器人远程交互仿真技术的研发。法国 Laurent Chodorge 等人研发了 CHAVIR 软件仿真工具,帮助核电站用户对人工操作进行模拟,该软件可以读入 CAD 实际模型,对剂量率进行评估,也可以执行纯机械模拟,模拟实际场景并确认位置可达性。Sandia 国家实验室使用商用仿真工具及扩展模块,结合图形编程接口进行环境建模编程,将系统配置、环境需求和操作集成到系统窗口,完成交互过程的物理仿真。

巡检与核应急机器人主要技术内容包括驱动机构、传感检测系统、运动控制系统、核防护、执行机构等。

1. 驱动机构

驱动机构是巡检与核应急机器人的重要部分,是传感检测系统、控制系统、动作执行机构的载体,同时决定了核应急机器人在非结构环境中的作业性能。不同的工作环境及要实现的功能不同,其行走机构也不同。目前研发的核环境机器人按应用环境可分为三类:陆上机器人、空中机器人、水下机器人。陆上机器人多为轮式、履带式、多足式遥控机器人,如图 7-12 所示。

(a) 轮式机器人　　　　　(b) 履带式机器人　　　　　(c) 多足式机器人

图 7-12　陆上机器人

中国辐射防护研究院研制了一种六轮式辐射探测机器人,如图 7-13 所示。该机器人最大速度 50 m/min,载重 60 kg,最大爬坡 25°,运动机构简单且灵活,移动速度快,可爬一定高度的楼梯。较一般轮式机器人灵活,具有一定的越障能力,但载重方面仍不及履带式结构。东南大学与原南京军区某部共同研制了一款小型核化探测机器人,如图 7-14 所示。

该机器人采用履带式结构,外加双前摇臂,配有机械手和探测仪器;可爬 60°斜坡、40°楼梯,越过 30 cm 的障碍物,最大载重 80 kg;相较轮式而言,通过性强,承载能力大,但速度不及一般轮式结构。2011 年日本东芝公司发布了一款四足机器人,名为"福岛探索者",该款机器人被用于探索福岛 1 号核电站,"福岛探索者"高 1 m,其四足可以轻松通过崎岖的地形,平均行走速度为 1 km/h,越障能力突出。但多足式遥控机器人重心高,稳定性较差。用于空中辐射环境巡检大多采用无人机,无人机具有较短的着陆滑跑距离及较高的飞行稳定性。2014 年俄罗斯为气象环境检测局研制了一款用于辐射环境监测的无人机系统,采用"超级卡姆"S-350(Supercam S-350)无人机平台,相关参数如下:升限 3 600 m,速度 65~120 km/h;飞行环境为:风速 15 m/s,-30~30 ℃,中雨和中雪;发射起飞方式为弹射,可实现对半径 90 km 以内的区域进行监测。该无人机系统监测范围大,能有效提供现场整体画面,但受无人机结构、体积所限,不能携带更多的检测仪器,提供更多的现场数据。用于水下巡检的机器人多采用螺旋桨式结构,能够在水下活动自如。中广核集团阳江核电有限公司针对核电站取水口海生物检测采用 LBF-150 型水下机器人。该水下机器人配有 4 个大功率无刷推进器驱动螺旋桨,前进速度 3 节以上,可潜至水下 150 m,实现自动悬浮、前进、后退、上升、下潜,运动灵活,能将水下实时景象传输至控制箱显示屏上。

图 7-13　辐射探测机器人　　　　　　图 7-14　核化探测机器人

2. 传感检测系统

传感检测系统是巡检与核应急机器人实现检测任务的主要承担者,通常,机器人携带各种各样的传感器、仪器探头组成的检测系统完成监测任务,比如携带 CCD 相机、辐射探测仪、氢气浓度探测仪、温湿度计、红外测距仪、红外探测仪、气溶胶取样仪等,然后经过多传感器信息融合技术、数据处理技术实现机器人对核环境多信息采集、异常温度、异常气味、管道泄漏的检测。

钱夔等设计了一种嵌入式核探测仪,如图 7-15 所示。该探测仪用于监测 X 射线和 γ 射线,采用了计数前时间(count-to-time)测量技术,拓宽了计数管的测量范围,延长了使用寿命,但不具备检测多种射线的功能。中国辐射防护研究院研制的 CAM-2 型气溶胶连续监测仪,如图 7-16 所示。CAM-2 型气溶胶连续监测仪能同时给出空气中 α、β 放射性气溶胶的活度浓度,采用了能量甄别法和改进的 α/β 比值法,实现对空气中气溶胶值连续、自动测量,具有较高的灵敏度,同时避免了空气采样再送实验室分析这一常规方式所带来的延时性问题。目前尚无相关文献介绍将该仪器集成至巡检机器人上,但该仪器在中核 404 厂得到广泛应用,且效果良好。2003 年东南大学与原南京军区防化研究所共同研制了一款小型核化探测机器人。该机器人配备 4 个摄像头、红外测距传感器、超声波测距传感器、核辐射探测仪,应用无线传送装置实现传感信息与远程控制台的通信,可进入辐射高危区域进行辐射监测、现场景象传输、并执行应急任务。

图 7-15　嵌入式核探测仪

图 7-16　CAM-2 型气溶胶连续监测仪

3. 控制系统

检测与核应急机器人运动控制系统一般采用上位机与下位机方式实现。下位机在机器人内,主要用于与上位机信息交互,控制机器人行动。上位机的主要功能是在遥控端通过人机界面采集各种信号,并进行控制算法运算,再向下位机发送命令和接收采集的信息。由于核环境的特殊性,要求控制系统灵敏度高、稳定性好、可操作性强,其中运动控制系统涉及机器人定位导航、自主避障等技术。目前常用的定位导航技术有利用传感器、GPS、RFID、SLAM 环境三维立体化建模技术等。而神经网络算法、遗传算法、模糊逻辑算法、混合算法等技术多用于机器人智能避障研究。如图 7-17 所示为神经元图示。熊鹏文等设计了一种核电站检测与应急机器人的控制系统,系统分为通信传输级、控制级和装置级三级,并采用 CAN 总线将各模块连接起来,各层级之间实现模块化及系统松散耦合,提高了系统的层次性和可靠性。同时采用混合算法提出了二维运动控制机制,实现对机器人运动的精准控制。吴玉等为核电站环境监测机器人设计了一套控制系统。该机器人配有超声波传感器、航姿仪、视觉传感器,实现对前进、后退、爬楼梯等运动的控制,车体控制计算机采用RTD 公司的 PCI-104 计算机,集成了 CPU 主板、CAN 总线扩展卡等,各传感器采集的数据通过卡尔曼滤波算法对数据进行处理,误差小,实现了对控制系统模块化设计并提高了控制精度。Jilek 的团队研发了具备完全自主性的 Orpheus-X4 辐射探测检测机器人,可自主规划探测路径,通过 RTKGNSS 传感器实现精确定位,能对长 90 m、宽 15 m 的室外矩形区域进行探测点均匀分布的覆盖式扫描,并构建辐射检测云图。

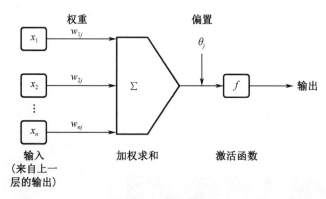

图 7-17　神经元图示

4. 通信系统

当前,检测与核应急机器人采用有线通信和无线通信两种方式。由于机器人和远程控制端存在大量图像数据和信息的传输,这就需要这两种方式的通信系统有足够的通信带宽和稳定性。但这两种方式在强辐射环境下都存在弊端。有线通信方式在复杂的现场环境下容易引起通信线缆缠绕,制约了机器人的行动;而高辐射作业区,其墙体多为大厚度混凝土结构,对无线通信信号有强屏蔽性,无线通信的电磁波对核设备也有可能产生影响。针对这一问题目前有三种解决措施:线缆防缠绕设计、开发高频通信、增加通信中继。日本研发的 Quince2 机器人通过光纤连接和增加中继器控制距离可达 2 km。该机器人在福岛核事故中得到良好应用。美国 Packbot 机器人采用有线加无线混合式通信方式,在无线通信方式失效的情况下采用有线通信。其线缆卷轴器采用防线缆缠绕设计,并且该机器人可以根据实际情况配备 4.9 GHz 频段全向天线,以增强信号穿透力,而目前我国核环境机器人通信通常在 2.4 GHz 以下。

5. 核防护

应用于核环境的机器人与一般的工业机器人最大的区别在于前者需要核防护处理。检测与核应急机器人是机电一体化系统,其携带的各种传感器、探头、集成电路易被带电粒子、高能射线损伤,导致机器人故障或报废,因此机器人核防护至关重要。目前核防护主要采用屏蔽加固防护、电路抗辐射加固、新型材料防护等方式。

（1）屏蔽加固防护

方式一:在辐射源和关键部位之间放置铅、铝、钨、硼-铝合金、混凝土、硅胶、聚乙烯等屏蔽材料。将屏蔽带覆盖在上盖与机器人车体中间的空隙中,防射线效果明显。

方式二:在传感器、探头、信号通信单元等敏感元件或部位涂覆抗辐射材料。实验证明,通过抗辐射加固的半导体器件耐辐射能力可达 10 kSv,但由于屏蔽材料密度较大,在机器人整体质量限制的情况下,所携带的屏蔽材料有限,故只能抵御部分辐射粒子冲击。

（2）电路抗辐射加固

电路抗辐射加固方式有多种,其中一种为硬件冗余设计——在设计机器人硬件电路过程中,针对易被损坏的电路采用多通道冗余设计,当某一通道受到辐射粒子击坏后,其他通道能够代替击坏通道,确保硬件系统仍能正常工作。此种方式在不增加机器人质量的前提下提高了耐辐射能力,但在高辐射环境下,抗辐射能力仍不够。

（3）新型材料防护

机器人底盘常用到橡胶，但普通橡胶在接受一定辐射剂量后往往会失效，影响到机器人的正常工作。目前常采用的一种解决方式是：如尹强等介绍的一种普通橡胶中加入稀土改性聚合物三元乙丙和氧化铋方式，抗辐射性能将大幅提高，但目前相关介绍较少，并未普及。姜懿峰等采用蒙特卡罗 MCNP 程序完成了新型耐高温环氧树脂基中子屏蔽复合材料的制备，该材料对 0~2 MeV 范围内的中子射线有着较好的屏蔽性能，但制备较大面积的材料时，板材将产生裂纹。

6. 执行机构

检测与核应急机器人在应急情况下需要执行对关键阀门开关、障碍物清除、管道堵漏等动作，这就需要机器人根据不同需求配置不同的执行机构。东南大学设计了一款小型四自由度机器手臂。手臂前端手抓最大可抓取直径 $\phi 85$ mm，最大抓取质量 5 kg。该机器手臂为扩大适用性，前端手抓可替换成铲斗。但由于手臂自身结构和大小的原因，只适用于抓取或铲起质量较轻、体积略小的物体。在清除大型障碍物方面，瑞典的 Brokk 机器人性能较为优越。图 7-18 所示为 Brokk 机器人本体，各种执行机构为液压驱动，效率高，针对性强，不仅用于核应急处理，还

图 7-18　Brokk 机器人

在抢险救援、水泥、冶金行业得到广泛应用，但由于价格高，离普及还有一段距离。

7.2.2　核检测机器人的应用

由于核电站设备结构复杂，设备本身或其运行环境具有放射性，同时还兼具水下、高温、高压等特点，简单的机械手往往不能完成相关操作，利用机器人进行设备检修、乏燃料转运、放射性废物处置和核事故应急处理等工作，可以大幅提高核电站的检修水平或事故处理效率，降低工作人员受照剂量和劳动强度。致力于开发出适应核辐射环境，性能先进、可靠的核电站机器人一直是核工业界追求的目标。随着我国《核电中长期发展规划（2005—2020 年）》的出台，核电产业将得到重点发展，为提高核电站运行的安全性及经济性，开发核电站机器人已成为核工业界的期盼和共识。日本福岛核事故发生后，在事故处理和救灾方面所面临的巨大困难，使人们更加清楚地认识到核电站机器人在事故后环境剂量率水平监测、关键阀门开关、放射性污水和其他放射性废物处理、路障清除、自动注水、应急焊接等方面所应发挥的重大作用。

目前在世界上有超过 450 个核电站，其中 210 个在欧洲。欧洲约 1/3 的电力供应，美国约 20% 的电力，日本约 25% 的电力供应均来源于核电。由于化石能源产生的温室效应，核电站的总装机容量呈持续上升趋势。

在核工业应用领域，由于设备本身或其运行环境具有放射性，人员操作存在安全风险或操作受限等情况，而采用机器人进行设备检修、放射性废物处理、应急响应等工作，一方

面降低了用于人工防护设备的成本及管理成本,另一方面降低了工作人员受辐照剂量和劳动强度。随着核电站装机容量的不断扩大,对机器人应用的需求将日益迫切。

对核电站应急情况而言,在辐射环境下发生事故是个潜在的危险,需要研发一个快速响应应急监测的工具,用于对现场剂量率进行监测,尽快确认现场状况及故障起因,为尽可能快地进行救援提供参考信息。无论是日本的JCO临界事故还是福岛核事故,都暴露了应对紧急情况时的措施乏力,其中一个原因就是对现场状况不明,影响了执行救援的及时性。一直以来,研发人员都在根据新的设计需求不断地研发核电站特定环境下的机器人系统,以满足更加严苛的现场需求。

核电站检修机器人包括机器人本体结构、行走机构及其驱动、传感检测系统、控制系统和核防护等方面。其中机器人本体结构是根据操作对象的要求,采用特定的机械结构来灵活可靠地操作对象;由于核设施要求现场无人操作,只能远程控制,因此要求控制系统必须采用无线远程遥控的方式进行控制;由于普通工业机器人的某些辐射敏感部件在核环境下将很快被损坏,影响机器人正常工作,甚至导致机器人无法再运行,因此对核电站检修机器人的核防护研究同样至关重要。目前检测机器人在核工业中的应用已经非常广泛,其中在核电站中以下几个方面应用比较普遍。

1. 蒸汽发生器保养检修

蒸汽发生器保养检修包括蒸汽发生器的检查、蒸汽发生器管嘴堵板远距离安装、蒸汽发生器传热管的激光焊接、蒸汽发生器管的除垢清洗等。截至目前,许多高校及科研机构也在对耐核辐射机器人进行研发,但中国科学院光电技术研究所(简称光电所)研发的水下高耐辐射机器人,仍是国内唯一在核电站现场使用过的机器人。核辐射环境纵然听起来有些吓人,但离普通人的生活还是太远。几年前,很少会有人将耐辐射的机器人与核辐射环境救援联系起来,而发生在2011年的日本福岛核事故,让"机器人敢死队"走进了人们的视野。

2. 反应堆容器检修

反应堆容器检修包括反应堆容器探伤检查、反应堆容器开盖维修作业、反应堆容器保养和维修作业、反应堆容器的焊接作业等。我国具备国内这一领域最领先技术的光电所,从2014年起与大亚湾核电站开始联合研发"核电应急机器人"。该项目2016年已经在成都完成了初步研发工作,并成功做出第一套共4个应急机器人,目前已运至大亚湾核电站。这是国内目前诞生的第一套用于核电应急的耐核辐射机器人。

3. 反应堆退役的远距离操作系统

后处理厂关键区域是指布置和容纳接触放射性料液的工艺系统所在的厂房内。该区域在厂房布置上分两类区域:一类在带有窥视窗、照明、工业摄像和机械手的热室等箱室类设备中,另一类则是在带有屏蔽防护墙且密闭的钢筋混凝土围成的设备室中。第一类箱室区域由于本身具有观察和操作手段,设施现有条件基础上经扩展后可支持退役远距离操作功能要求。第二类设备室在早期和当前新建的乏燃料后处理工程以及种类众多的核设施与辐射设施之中当属难度大且集中的。

针对早期遗留后处理厂退役的典型难点——涉及远距离拆除可能性较大的厂房区域,应在剂量负担和技术经济代价同时满足要求的前提下,采取合理可行的去污措施以达到降低源强进而降低辐射场强的目的,最终实现减小或避免导致远距离操作复杂程度过高的对

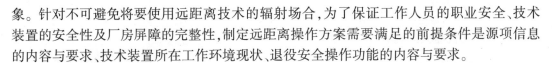

象。针对不可避免将要使用远距离技术的辐射场合,为了保证工作人员的职业安全、技术装置的安全性及厂房屏障的完整性,制定远距离操作方案需要满足的前提条件是源项信息的内容与要求、技术装置所在工作环境现状、退役安全操作功能的内容与要求。

4. 放射性废物远距离处理系统

放射性废物远距离处理包括地下贮罐的遥控检查、放射性废物贮罐中废物清除作业、放射性容器管嘴清洗作业等。

目前,国外人工智能和大数据在核电领域的应用方面已经拥有较多的典型案例。美国西屋公司所研发的部件监测应用是一个可扩展的开放技术平台,利用大数据技术实现故障预测与策略制定;2020 年初,法国能源公司 Total 和 EDF 共同建立了一个实验室,研究如何使用人工智能技术解决能源领域出现的问题。日本在机器人研究领域一直处于世界前列,在福岛核事故中,日本派遣紧凑型双臂重型清洁机器人 ASTACO-SoRa 成功移除核电站上带有辐射的碎石。

目前,国内人工智能也已在诸多核电站落地结果。例如,秦山核电站启动大数据咨询项目;田湾核电站开展主数据治理和大数据应用策划工作;苏州热工研究院开展群厂监测分析、预警与智能管理支持;中广核集团实现对核电站重要设备开展智能监测和监测预警;中国核动力研究设计院利用人工智能算法建立了远程诊断分析系统,实现对多台核电机组提供远程分析诊断技术服务等。

7.2.3 核检测机器人的发展趋势

随着核工业和其他科学技术特别是计算机和自动化技术的高速发展,核电站机器人已经向着通用智能机器人方面发展。未来的核电站检修机器人,是具备多种高级传感器并能够很好地自主运行的智能机器人。在核工业环境中,很多场合不适合人工现场操作,通过远程控制的核电站检修机器人已经研制出来,并且投入了使用,它能够完成一些救援工作以及对一些设备的维修和检测工作,目前可靠性和灵活性是考核检修机器人的两个重要标准。核电站检修机器人在核工业环境中的工作目的不同,因而它们具有不同的结构以及研究的重点内容。基于传感器系统进行无线远程控制是研究重点,目前已经广泛应用于核设备的检测、视察型机器人,而以操作机构与灵活控制为研究重点则更加广泛地应用在核设备处理、维修。近年来世界各国为实现这一目标做了多方面的大量技术开发工作,包括综合的系统开发与单元技术开发,特别是对那些与实现智能化有关的各单元技术和高可靠性技术(机械手、行走技术、信息技术、传感器技术、小型化技术、耐恶劣环境性等)加强了攻关。

随着人工智能、机器人、传感器技术的不断发展,机器人已经由传统的在线示教工作模式向智能工作模式方向发展,视觉技术的进步使得机器人可以实现对作业对象的位置识别、姿态识别,甚至获得作业对象的三维特征;力控制技术的发展使得机器人对作业对象有了更精准的触觉反馈,实现更精细的操作;人工智能的发展使得机器人可以在动态环境下具有更好的规划与决策功能,并可以支持多个机器人协同作业,完成特定任务;人机交互技术的进步使得机器人和操作者之间能够以语音等方式进行更自然的交互;网络技术的发展使得机器人成为智慧工厂的智能设备,将企业生产数据实时传输到各种远程控制终端,并实现远程故障诊断与设备维护,这些技术的发展为核电站机器人设计提供了技术和物质基础。

1. 核电站机器人的高智能化

核电站里有许多狭窄的通道,工作空间有限,而且有核心设备的地方都有很高的辐射,要保证核电站机器人在无人操作的情况下能够在复杂的环境中进行自动搜索、自动避让、快速搜索目标并精确定位,根据用途的不同还需要实现对缺陷的自动判断、自动识别甚至自主修复功能,这就需要对驱动技术、传感系统和控制系统进行深层次研究,这是一个重要的研究方向。

2. 恶劣环境适应性

机器人在检修工作时,环境不是很恶劣,一旦遇到突发事故,对现场的抢修和救灾需要在高蒸汽、高压力、放射性强的环境作业,而且可视度较低,这些恶劣的环境都会影响机器人的工作效率。在机器人设计工作中,要对材料的选择、传感系统进行深入的研究,因此应采用优质的元器件,设置一定的防护措施。

3. 核电站机器人的多功能性

核电站的工作环境恶劣,对人的辐射性强,在一些管道密集的地方,工作人员无法进入。这就需要多功能性的机器人替代工作人员进行设备检查、修复、应急处理等工作,这些机器人的研发,不仅能提高工作效率、缩短检修时间,更重要的是能保证工作人员的身体健康。

4. 高稳定性

核电站机器人的可靠性关键在于可靠的结构设计,材料的选择是否合理,实验和研究技术是否科学,对于系统稳定性有直接影响。一旦核环境作业机器人在反应堆执行任务时出现严重的故障甚至是死机,会成为新的辐射源和障碍物,严重影响后续救灾工作的进行。这就对机器人的驱动结构、通信系统以及控制系统有着较高的可靠性要求,其关键在于整机的抗辐射能力。此外,投入运行前要经过反复的测试,对可能出现的故障都要有相应的处理技术。

5. 高智能化

高辐射环境下核岛工作和高温高压下的常规岛工作会对长时间工作的操作人员带来较高危害。图7-19所示为高智能化核电站机器人。只有提高机器人智能化程度,减少现场人员参与度,才能有效包装工作质量和应用效率。由于核反应堆内部空间比较有限,用于核环境作业机器人工作的区域更是比较狭小,加之处于强辐射环境下的设备大多是关键设施,因此机器人工作过程是不允许对这些关键设备造成损坏的,否则会引发严重的核事故。

目前核环境作业机器人主要采用后方操作人员通过有线或者无线的方式进行控制,由于通信的稳定性会受到各种突发状况的影响,使得机器人与后方终端连接出现断开的情况,该情况需要核环境作业机器人能够根据当前的环境进行自主决策,如智能避让、自动规划路径等,这些也是未来的核环境作业机器人研究的重要方向之一。同时,智能化技术也对机器人的各种传感器提出更严格的要求,使得机器人能够通过周围环境信息实现部件等的高精度检查,并能够对自身出现的故障进行自我修复,以保障任务的顺利开展。

图 7-19 高智能化核电站机器人

6. 高通用化

目前,世界上发生的核事故次数比较少,历史上发生的较大核事故间隔时间比较长,进而核环境作业机器人的研发工作始终围绕着核事故需求进行,这就使得大部分核环境作业机器人的零部件均为专用定制的,难以批量化生产以及通用标准制造,进而使得不同核环境作业机器人的零部件难以互换和匹配。如日本福岛核事故救援过程中,日本 JCO 研发的核环境作业机器人由于年久失修,无法通过更换关键零部件快速投入核事故的应急工作。因此,各国核环境作业机器人的关键零部件通用化、模块化也成为一个发展趋势,要降低核环境作业机器人研发的难度和周期,使得未来有更广阔的发展空间。

7.3 智能机器人与核救援

目前,我国在建核电机组装机容量居世界首位。核电安全问题一直是国际关注的重大问题。为确保核电建设、使用过程中的安全,提高核电站紧急救灾能力,核电救灾装备研发具有迫切需求。开发核电站紧急救灾机器人已成为核电救灾领域的发展前沿,但由于救灾机器人设计面临着重载操作与狭小空间内灵巧运动的行为冲突、多自由度冗余驱动导致的机构和结构过约束冲突两大挑战,已成为世界性难题。上海交通大学高峰教授主持的 973 计划项目“核电站紧急救灾机器人的基础科学问题”,根据核救灾机器人“功能—构型—结构”创新设计要求,建立了 3 类 26 种 GF 过约束子集,筛选出 3 类 9 种实用步行机器人 GF 子集,形成了核电救灾机器人整机构型设计方法。在此基础上,提出了机液耦合原理,形成了电机-液压复合驱动技术,发明了抗污染能力强、功率密度高的新型电机-液压复合驱动器,共创新研发出消防救援、灵巧操作、重载装运、灵巧探测等功能的 8 款核电救灾机器人。

核工业现场是复杂的非结构环境,其中障碍物的形状、大小、位置均无法预测。自主机器人是一种利用携带的传感器获得自身状况和外部环境的智能系统。其本身具有完备的感知、分析、决策和执行等功能,可以像人类一样独立完成环境中障碍物和目标的检测,并且自主规划从当前位置到目标位置路径,涉及自动控制、信息融合、图像处理、模式识别等领域,跨计算机、自动化、通信、机械、电子等多门学科,展示了科学技术的发展程度。随着社会发展和科技进步,自主机器人在当前生产和生活中得到越来越广泛的应用,开始在灾难救援、军事侦察、家庭服务、海洋勘探、月球探测等领域研究和应用,并展现出无法估量的前景。

自主机器人在灾难救援领域的应用,即自主式救援机器人,是一种为了在地震、火灾、核辐射或人为恐怖活动等灾难环境中实施救援而设计研发的机器人。可是灾难现场通常复杂多变,存在很多不定状况,这极大地阻碍了灾后救援工作的开展。使用机器人代替人类进行救援,一方面可以代替救援人员在危险的灾难现场定位被困人员,减少在救援过程中的二次伤亡;另一方面可以不分昼夜地连续工作,缓解了救援人员在高风险、高压力下的精神疲劳。

1995 年日本神户—大阪的大地震及其之后发生在美国俄克拉何马州的阿尔弗德联邦大楼爆炸案揭开了救援机器人技术研究的序幕,这在救援机器人技术发展史上具有里程碑式的重要意义。日本福岛核事故给救援机器人提供了实战机遇。这些救援机器人拥有多自由度的机械臂和丰富的传感器,可以快速移动并清理废墟障碍物,检测周围环境空气质量,而且能实时传送图像信息和环境地图,显著加快了灾后废墟的清理工作进度,降低了对救援工作者的二次伤害。但在救援过程中也出现很多突发事故,例如视野狭窄、与机器人失联等。为了提高救援的稳定性,减少搜救时间,要求机器人能独立完成作业任务,而不是依赖于远程手动操控,因此具有感知能力、自主行为能力及智能决策和规划能力的自主式机器人成为救援机器人未来发展的趋势。

7.3.1 核救援机器人的主要技术

机器人实现自主救援的关键是能获取周围的环境信息。可用的传感器种类很多,姿航仪、激光测距仪是自主机器人研究中常见的传感器,而视觉传感器则是其中的重要一员。调查显示,人类从外界获取的数据中,约有 80% 来源于视觉。如果救援机器人利用视觉传感器获取周围状况,并且理解这些环境信息,那么即使丢失了一部分数据,依然可以提取出所需的消息。基于机器视觉感知周围环境的机器人,不仅能获得丰富的信息,而且在系统精度、鲁棒性和灵活性等方面更有优势。

机器视觉技术是救援机器人领域中一个重要的研究方向,涉及的内容比较广泛,主要包括目标检测、目标跟踪、自主避障等。目标检测技术主要包括图像处理和特征提取,这些可以借鉴目前计算机视觉领域中较为成熟的技术,目标跟踪技术则更加侧重于研究实时性较高的跟踪算法,而自主避障技术主要针对比赛环境选择适合救援机器人的方法。

1. 目标检测技术

目标检测是模式识别方向的研究热点,它的任务是找出图像中所有感兴趣的目标(物体),确定它们的类别和位置,是计算机视觉领域的核心问题之一。目前目标检测已经被应用到很多实际任务,例如智能视频监控、基于内容的图像检索、机器人导航和增强现实等。目标检测对计算机视觉领域和实际应用具有重要意义,在过去几十年里激励大批研究人员密切关注并投入研究。而且随着强劲的机器学习理论和特征分析技术的发展,近几年目标检测课题相关的研究活动有增无减,每年都有最新的研究成果和实际应用发表和公布。尽管如此,当前方法的检测准确率仍然较低,不能应用于实际通用的检测任务,只能针对某个任务采用特定的目标检测方案。因此,目标检测还远未被完美解决,研究者们仍然在寻求突破,完善目标检测。

一般来说,由于目标的成像环境不同,即便一模一样,其在不同时刻中展现出的几何特性和光学特性都会产生很大差别。要是再加上噪点的影响,会让目标检测变得更加复杂。目前业界主流的目标检测方法主要有基于灰度的检测方法、基于特征的检测方法和基于模型的检测方法。

众所周知,图像是由像素灰度值信息组成的,基于图像灰度值的检测方法是最基本的匹配思想。这种方法实际上是建立在整个图像的总体特征上,通过模板和含有目标图像的像素灰度值作为基础,建立两者之间的相似性度量,如协方差或相关系数等,最后根据选定的阈值判定是否检测到目标。

目前采用最多的是基于特征的检测方法。该方法通过计算样本特征和待检图像特征之间的匹配度来确定是否检测到目标。其主要优点是它将丰富的图片像素信息转换为图像特征,使得计算量大大降低,提高了目标检测速度;另一方面,它对目标变化具有鲁棒性,即使目标发生一定的形变和旋转也可以检测到。

基于模型的检测方法融合了近几年发展强劲的机器学习方法,通过学习大量的正负样本建立目标的模型。检测的时候通过不断变换窗口,将图像区域送入模型中进行检测,判断是否存在目标。该方法检测的准确率与样本的选择和数量有很大的关联,并且建立目标模型的时间消耗比较大,对计算机性能要求也比较高。表 7-1 对以上三种目标检测方法进行了比较总结。

表 7-1 三种目标检测算法的优缺点比较

目标检测算法	优点	缺点
基于灰度的检测方法	算法简单,容易实现	计算量大,对形变旋转很敏感
基于特征的检测方法	计算量相对较小,对旋转和形变有较好的鲁棒性	检测准确率取决于特征的选择和提取质量
基于模型的检测方法	通用性高,鲁棒性强	计算量大,检测准确率取决于样本的选择

2. 目标跟踪技术

目标跟踪技术是计算机视觉领域的重要研究课题,它通过对视频流进行分析,预测出目标在下一帧中的确切位置。目标跟踪计算在民用、军事和科研等很多方面都有广泛的应用,如视频监控、导弹引航、无人驾驶等。

目前目标跟踪领域出现许多算法,主流的有 Meanshift 跟踪算法、基于 Kalman 滤波的跟踪算法、基于粒子滤波的跟踪算法以及 TLD(tracking-learning detection)目标跟踪算法。下面对这些算法进行简要介绍,最后以表格形式总结它们的优缺点。

Meanshift 跟踪算法是一种利用概率密度的梯度来寻找局部最优的算法。该算法首先计算当前点的均值偏移,然后以此均值为新的起点继续移动,不断迭代,直到满足一定条件才结束。其缺点是缺乏必要的模板更新,对目标的尺度、形状和方向等比较敏感。

基于 Kalman 滤波的跟踪算法有一个重要前提,就是假设目标的运动模型服从高斯分布。在此基础上比较观察到的状态和预估的目标运动状态,根据两者的误差进行更新。因为高斯运动模型的条件在实际情况下得不到满足,所以该算法的精度不高,对杂乱的背景也很敏感。

基于粒子滤波的跟踪算法通过当前的跟踪结果重采样粒子的分布,然后根据粒子的分布对粒子进行扩散,再通过扩散的结果重新观察目标的状态,最后归一化更新目标的状态。此算法的特点是跟踪速度特别快,而且能解决目标的部分遮挡问题,在实际工程应用过程中越来越多地被使用。

TLD 目标跟踪算法有些不同。它将目标跟踪简化为对背景和目标进行分离的分类问题,同时采用了在线学习方式进行自更新,更好地适应了目标外形上面的变化,让跟踪效果变得稳定可靠。以上目标跟踪算法的优缺点如表 7-2 所示。

表 7-2　目标跟踪算法的优缺点比较

目标跟踪算法	优点	缺点
Meanshift 跟踪算法	实时性较好,对目标的旋转、变形都不敏感	缺乏必要的模板更新,目标尺度有所变化时,跟踪就会失败
基于 Kalman 滤波的跟踪算法	简单直观,所需数据储存量小,便于计算机实时处理	满足高斯运动模型的条件在实际情况中很难满足,精度不高
基于粒子滤波的跟踪算法	跟踪速度快,且能解决目标的部分遮挡问题	面临的环境越复杂,描述后检验概率分布所需要的样本数量就越多,算法的时间复杂度就越高
TLD 目标跟踪算法	能不断更新样本,对形变和部分遮挡效果较好,稳定可靠	在跟踪遮挡后的目标时会出现跟踪不准确的情况

3. 自主避障技术

自主避障主要利用传感器数据检测附近障碍物信息,从而避免机器人在行进过程中与其发生碰撞。传统的自主避障技术,如基于激光测距仪的自主避障以及基于超声波的自主避障,是靠非接触式测量来判断与障碍物的距离。其缺点是可能会被其他信号干涉,同时对一些吸收信号强的材质无法准确判断距离。相比之下,利用视觉信息检测障碍物则没有这些缺点。

通过视觉信息提取机器人周围的障碍物,是一个比较棘手的问题。目前研究较深、应用比较广泛的主要有三个:基于颜色信息的障碍物提取、基于边缘检测的障碍物提取和基于光流场的障碍物提取。图 7-20 所示为全局路径规划示意图。

基于颜色信息的障碍物提取的前提是可行区域要与障碍物有一定的颜色差异,利用它们之间的这种差别提取出障碍物信息。此方法目前在全自主足球机器人、无人驾驶、割草机器人等方面应用较多。

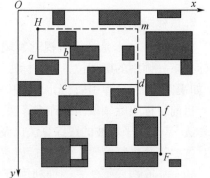

图 7-20　全局路径规划示意图

基于边缘检测的障碍物提取通过提取图像中的突变信息检测障碍物,前提要求图像中有丰富的纹理信息,这样机器人才能实现自主避障。但是边缘检测在某些情况下也会发生误判,比如将一些物体表面正常的纹理信息提取成障碍物边缘。物体带光学特征部位的移动投影到图像平面上形成光流,光流表达了图像的变化,包含了物体的运动信息。基于光流场的障碍物提取依据仿生学原理,通过模拟蜜蜂的视觉行为,从而实现机器人自主避障。在未知环境中,移动机器人在运动过程中通过携带的摄像头获取周围环境的时变图像序列,利用该时变序列计算不同时刻的光流场,然后根据光流场的分布信息检测到障碍物,即可实现自主避障行为。

表7-3对以下四种自主避障算法的优缺点进行了比较。

表7-3　四种自主避障算法的优缺点比较

自主避障算法	优点	缺点
基于激光测距仪的自主避障	算法简单,易于实现	无法识别吸收信号较强的材质
基于颜色信息的自主避障	应用广泛,算法成熟	需要分割的区域有一点颜色特征差异
基于边缘检测的自主避障	对点噪声不敏感,鲁棒性较高	会将一些物体表面正常的纹理提取为障碍物边缘
基于光流场的自主避障	携带了有关障碍物三维结构的信息,不需要摄像头校准	当障碍物与背景的对比度太小时,光流的计算会不准确

4. 抗辐射技术

抗辐射能力对核环境作业机器人至关重要,在日本福岛核事故中,前期进入的大多数应急机器人都是由于强辐射环境导致瘫痪在反应堆厂房而无法返回。核反应堆在运行过程中会释放诸如 α、β、γ 射线和中子,这些很容易导致机器人的电子元器件以及传感器失灵,同样也会加速内部的绝缘材料和连接处的老化,特别是机器人上面的摄像模块,内部的光电传感器极易受到强辐射的干扰而导致损坏。此外,对于采用无线遥控方式的核环境作业机器人,其都需要携带可充电的电池,由于锂电池相比镍镉电池、镍氢电池在能量密度和使用寿命上有明显优势,故使用较为广泛,但锂电池在强辐射环境下会存在容量降低等问题,安全性也较差,故在选择电池时应考虑这个因素,或者对电池进行一些抗辐射设计以保障其性能。核环境作业机器人关键部件的抗辐射设计一直都是机器人设计中需要攻克的关键技术。目前各国研究人员都在抗辐射材料的研究上进行了大量工作,以保障核环境作业机器人能在强辐射环境下平稳运行。光电所在核环境作业机器人电子系统抗辐射加固技术方面取得了实质进展,根据器件核辐射损伤物理机理,采用特种材料作为感知器件,研究视频感知器件及系统集成的抗辐射防护方法;采用主动屏蔽与被动隔离相结合的安全防护策略,研究光学敏感器件与控制电子器件分离防护方法;建立机器人感知系统耐辐照性能评价和实验方法,实现高耐辐照的传感器,进而保障核环境作业机器人在高辐照环境下的信息采集及系统防护,形成了系列耐辐照核环境作业机器人,并成功应用至核电站陆地巡检、核电站水下作业、核电站水下检查等涉核场景。

5. 可靠通信技术

由于核设施内部结构非常复杂,且发生核事故后结构会发生一定的损坏,机器人与后端远程控制终端通信的可靠性就变得十分重要,在现场探测到的有用信息和突发情况如何稳定地传送到后方是急需解决的关键问题。目前,核环境作业机器人采用的通信方式一般为有线和无线两种方式。对于无线通信,由于核设施内的混凝土墙和强辐射环境对信号的干扰,制约了其通信距离和稳定性;对于有线通信,复杂的核环境很容易导致线缆缠绕的发生。目前,解决方法是采用线缆防缠绕设计和增加中继通信等措施进行解决,二者相结合的通信方式能够增强通信的稳定性,同时,根据实际情况在二者之间进行切换。光电所的陆地巡检机器人就采用该通信方式设计实现。

6. 辐射探测技术

核环境作业机器人对未知的核事故环境下的辐射探测能力是其关键的性能指标,通过与摄像模块的视频探测相结合,从而可以构建出机器人周围的三维辐射强度图像,为后方工作人员提供核事故现场辐射分布情况,为后续的决策提供参考依据。常用的辐射探测技术主要有 GM 管剂量率和 γ 相机辐射三维探测两种。γ 相机由于内部光电传感器和成像元件较多,需要很多的辐射屏蔽材料进行保护,导致其体积相对较大。而 GM 管则只能探测 γ 射线的剂量率,无法得到整个环境的辐射分布情况,但若是配合视频模块再加上机器学习算法支持,可有望实现 γ 放射性分布情况的快速探测。

7. 智能控制技术

随着智能技术和机器人技术的不断发展,核环境作业机器人也逐渐由以前单一遥控机器人逐渐向具有自主决策的智能机器人的方向发展。目前,核环境作业机器人上配备的摄像模块、雷达、红外、陀螺仪以及超声波等各种传感器增强了机器人对周围环境的感知能力,通过对这些信息的融合处理再搭配上机器学习算法,对周围环境情况进行判断,从而实现自主控制。同时,机器人平台上搭载的机械手臂和辐射探测器等,使得操作者也能根据传感器信息和任务需求对机器人进行控制,"人-机-环"的高效融合技术以及多机器人之间协同配合的智能控制技术也是未来核环境作业机器人的关键技术。

7.3.2 核救援机器人的应用

2017 年 2 月,战士"蝎子"只身前往日本福岛核泄漏的核心区域。在那片禁地中,"蝎子"要执行一系列调查取样的任务。能承受强辐射的它,在执行任务的过程中,还是以"牺牲"告终。

核工业用机器人的目的是最大限度地代替人类去操作带有放射性的物质或对具有放射性的设备或装置进行检查、维修、正常操作及事故发生后的处理。随着远距离遥控技术的发展,机器人性能得到逐步提高和完善,应用范围也在不断扩大,估计到 21 世纪末有可能完全代替人类在放射性环境中直接作业。目前,核救援机器人已能较好地应用在下列几个方面:

1. 核工业远距离操作

各种核工厂都广泛应用机器人(遥控操作技术)完成必要的操作,其内容是多方面的,如核电站中的远距离操作;核燃料元件的物理检查操作;核燃料后处理厂工艺过程中取样和送样操作;热室中各种阀门、焊封机、切削机、分装机的操作;乏燃料自储存器中转运到再循环首端操作;三废处理整个流程的远距离操作;等等。迄今为止,在核化工中最普遍采用的遥控操作技术是各种主从机械手,在核电站大多为专用遥控操作装置,也有试用移动式机器人进行作业的,但现在基本属于简单作业。

但人类在探索适应核辐射环境下的特种机器人的道路才刚刚开始。光电所有一支专门研发耐辐射装备和机器人的团队。20世纪90年代,光电所成为国内最早涉足这一领域的科研团队。如今,中国几乎所有的核电站都在使用光电所研发的耐辐射机器人设备,它们会代替人类进入核反应堆内部,完成一系列的特殊任务。

2017年,由光电所、西南科技大学及中物院联合主持的项目"强辐射环境强适应型机器人关键技术及其应用"获得了四川省科技进步一等奖。光电所特种光电智能化装备研发团队从2014年起就开始与大亚湾核电站开展对"核环境下应急机器人"的联合研发,一套能应用于高辐射区域侦查救援的"应急机器人"已于2016年底正式亮相。

2. 核工业的远距离维修

在核工业中,已被放射性质污染的设备、仪表、装备等的维修是一项无法避免的、困难极大的、耗资巨大的工作,直接影响到核工厂的运行安全性、开工率和人员所受照射剂量,所以核设备的安全维修问题一向为各核国家所充分重视。各核国家应用电随动机械手、动力机械手等遥控技术设备对各种核工厂实施维修操作,如核电站的蒸汽发生器的检查维修、压力容器的检查、核燃料后处理厂设备室内设备的维修,乃至这些设备的拆卸和更换等。

这些应急机器人体型不大,一只灵巧的机械手臂高高悬起,可以上下左右灵活摆动。眼睛大而萌,那是摄像镜头的所在。它的脚可以是几只小巧的圆轮,也可以是两条霸气的履带,随时听候主人的吩咐。不过它的大脑不同于任何机器人的族群,它的大脑在身子的后方,因为那里最需要被保护。除去机器人主体身躯,其他的功能模块大多可拆可卸可拼接。比如只用"眼睛",就可以不安装"手臂"。

最重要的是它所有的"器官"都能在超强辐射的环境下正常工作。图7-21所示为水下多功能智能化机器人。

图7-21　水下多功能智能化机器人

3. 核工业的遥控在役检查

遥控在役检查(in service inspection, ISI)是确保核工厂的安全运行,及时发现故障以便及时排除的重要方法,也是机器人在核工业中应用的重要领域。各核国家已经采用了一些遥控技术设备,如法国的MIS装置对轻水堆压力容器进行在役检查,完成焊缝外观检查、超声波探伤、γ射线探伤。同样在核燃料后处理厂也采用了远距离操作设备进行在役检查,以便及时发现和确定有缺陷的设备,并采取预防性维修措施。

核电站通常每运行 18 个月后会停堆大修,但很多环境,人进不去,例如核反应堆水池、乏燃料水池以及许多设备旁。但机器人可以代替人进去完成相应任务。可是,没有好的耐辐射技术,机器人进入强辐射区很快就会停止工作,2011 年福岛核事故中很多机器人就是因不能耐强辐射而很快瘫痪。高耐辐射技术正是光电所的核心技术之一。在核电站中,光电所研制的机器人可以承受高达 65° 的高温,同时抵御 100 Sv/h 的核辐射。而机器人携带的相机等传感器,甚至可以抵御高达 10 000 Sv/h 的核辐射。公开资料显示,在平时生活中,做一次胸部 CT 扫描的辐射量在 6~18 mSv,当人类一次性遭受 4 000 mSv 会导致死亡。

4. 核工业的事故遥控处理

核工厂运行中的事故不论大小,都必须得到及时迅速处理,然而各种事故处理的操作动作往往是非预计性的,也不允许人员直接进行接触操作,所以各种遥控技术装备发挥了特有的作用。各核国家通常采用机器人进行遥控处理核电站重大事故,如疏通堵塞的管子,排掉淹没在地上的污水和沉淀物,运走放射性物料。各种遥控技术设备用来探测和处理乏燃料后处理厂事故。据报道,由于机器人遥控作业技术的不完善,三哩岛核电站二号堆的事故处理至今尚未完结。

核电现场的机器人有很多不同的功能,主要分为三类:一类负责摄像,将现场的情况实时传输,"直播"到操作人员手中;一类负责水下任务执行,进行水下异物的打捞;还有一类是"特种作业"机器人,比如给现场机械零件做切割、打磨之类的检修。这些看似不难的举动,在强烈的核辐射环境中,若要人亲自来完成,就成了大难题。机器人责任重大,它们成为深入"禁地"的"孤胆英雄"。

比如在反应堆内部,反应堆水池里是不允许有异物的。但是偶尔会掉落一些细小部件。人们曾经使用长杆打捞,像鱼竿,前面吊着摄像机镜头,伸进水里四处捞,或者再吊个小重锤,外面包上一圈胶布,通过胶粘的方式打捞异物。结果很容易想象,刚粘起来一不留神又掉下去,掉到水底死角里,再要打捞难上加难。

5. 核设施的退役工作

核设施运行到达寿命期之后,必须关闭并进行退役处理。各核国家一般采用机器人对需退役的核设施进行去污处理,对放射性设备和器材的拆除、减容、包装和搬运,对大型设备(如管道)进行切割。此外,核工业机器人还可用于其他险恶环境,如太空、水下、地下或有特殊要求的环境(真空、清洁等环境)中操作。因此,核工业机器人在其他行业中也将得到广泛的使用,其前景要比一般工业机器人更为乐观。

不过水下异物打捞机器人就聪明多了,不仅耐辐射、防水和耐高温,它进入水池后,通过自身视觉等传感器,能迅速定位到异物,"眼神机敏"。随后它会通过机械臂的爪手将异物夹取,并打捞出来,"手臂灵活"。若是打捞很小的异物,它还可以把机械手换成类似吸尘器的吸盘,轻松将异物吸出来。图 7-22 所示为水下异物打捞机器人。

在核电站里,一个反应堆一小时的发电量约 100 万度(100 万千瓦时),价值 40 万人民币,一天就是 1 000 万左右。核电站每 18 个月一次的"体检",通常需要 20~30 天。通过机器人代替人进行某些特种作业,能大大提高工作效率,同时也能更好地保护人免遭辐射。

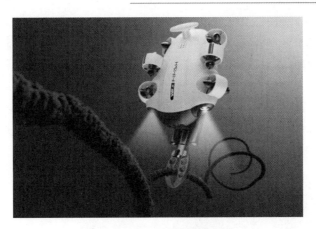

图 7-22 水下异物打捞机器人

从几乎没什么防核辐射能力的救援机器人进入泄漏区瞬间被"秒杀";到后来加载了核辐射抵御指数的机器人"勇士们"逐一前往,有的坚持了几分钟,有的坚持了一个小时再"牺牲"。这些"英雄"般的机器人,让人们意识到一切都应未雨绸缪。也正是福岛核事故这一案例,让一些技术领先的国家开始了对核辐射应急救援类机器人技术的重视,从而开始了相关的研发工作。

当然,我国在役的有近 40 个核反应堆,每一个都具备极高的安全系数。在日本福岛核事故之前,包括日本在内,几乎各国都没有系统研究过核辐射环境下的救援问题。但是福岛核事故的影响一直延续到现在,各国都开始未雨绸缪,再安全的环境,也需要对应急有所准备,所以我国也开始开展相关的自主研发工作。我国所研发的一套应急机器人随时可以使用,一共 4 个机器人,平时装在一个大集装箱里,如果遇到需要使用的情况,可以随整个集装箱立刻拉走。

应急机器人的造型,就像是普通核电站用的机器人的升级版。这一套 4 个型号的机器人,就像一支小小的特种部队。它们主要分为水上工作和水下工作两类,分工各有不同。水下工作的机器人,一个在水底工作,一个如"潜艇"般停在水中工作。它们将进入反应堆水池、燃料水池等存在强核辐射的环境中执行任务。陆上工作的机器人通常在距离控制器操作人员一二百米的范围内,接受操作人员的指挥调度。但是在应急状态下,操作人员必须在远离辐射区几千米外的安全区域,这时候的机器人就像一个孤独的战士,必须独自前进几千米深入核心辐射区域去执行严峻的任务。

与其他的救援现场不同,其他救援现场的设备可以通过吊车、电梯等输送到现场。而在辐射区中,机器人只能靠自己。因此,要完成这样的现实要求,它首先被赋予了强大的行进能力。它的爬坡、越障的能力超强,有复杂的履带和轮轴设计,对它而言,上个台阶轻而易举。

另一方面,为了能够时刻跟操作人员保持联络,保证信号不中断,它们还承担一个额外任务,就是每走一段路,就在沿途自行安装一个"中继器"。通过这个"中继器",它才能随时将信息传递给操作人员。试想一下,一个沿路越过重重障碍的"孤胆英雄",深入无人险境,沿途安装信号器来跟组织保持联络,代替人类完成种种艰难任务,何其英勇。图 7-23 所示为一款陆地应急巡检机器人。

机器人进入辐射区域后,有几项重要的任务需要完成。首先,现场的情况要能实时传递到外面去,让人们看到现场情形。同时,它们要在现场采集各类信息,比如湿度、温度、核辐射的剂量率等,传输给几千米外的操作人员。

再有,它们还需要采集现场"样本",带出辐射区,交给操作人员。除此之外,它们甚至还具备一些救援操作的能力,比如开关、阀门的处理,比如在应急现场开关安全门,这些都是比较艰巨的任务。这一系列的任务,都是应急救援的一线工作,也是一切应急的开端。

没有第一手现场信息的掌握,所有的后续应急方案就无法科学制定,也就无法"对症下药"。而核电应急机器人,就是那可以第一时间深入前线的"敢死队"。图 7-24 所示为光电所核电站机器人。

图 7-23 陆地应急巡检机器人

图 7-24 光电所核电站机器人

韩国科技先进研究院(KAIST)研制了机器人 DRC-HuBo。图 7-25 所示为 DRC-HuBo 进行拧阀门实验。该机器人曾在 DARPA 机器人挑战赛中夺冠。DRC-HuBo 能够在双腿行走模式和轮式移动模式之间自如切换,搭载 7 自由度机械臂使其具备更灵活的任务执行能力。机器人能完成开门和拧阀门等基本应急任务,装有立体视觉摄像头以及用于扫射周围环境的激光雷达。但该机器人还需要对传感器制定抗辐射策略,以更好地满足辐射环境的作业需求。

日本 Kawada 公司与 Schaft 公司合作开发了 HRP-2 机器人。图 7-26 所示为 HRP-2 走楼梯实验。该机器人能够独立完成搜寻、攀爬等工作。因动力学技术先进,该机器人在爬楼梯、行走和搬运障碍物等功能上表现出色。

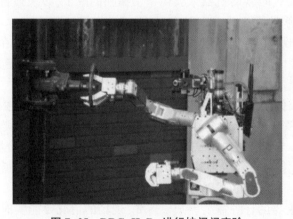

图 7-25 DRC-HuBo 进行拧阀门实验

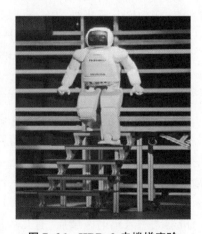

图 7-26 HRP-2 走楼梯实验

机器人技术是我国自动化领域的重要研究方向,核事故爆发后,我国政府非常重视相关核电站应急的机器人的研究,部分高校和研究单位针对面向复杂、危险环境的核应急机器人展开了研究。

东南大学与原南京军区防化研究所合作于2003年率先开发了一款小型核化侦察与应急处理机器人,这也是中国首个防化机器人。图7-27所示为核应急与侦察机器人,该机器人自重约27 kg,可负载60 kg,能够攀爬40°的斜坡和楼梯,耐辐射性强,可在辐射剂量率为10 Gy/h的环境下连续工作。机器人经过十几年的更新换代,性能逐渐完善,后续产品顺利完成了北京奥运会与上海世博会的安保任务,并多次参加核事故应急处置的演习,进行了多次核搜寻试验。

图7-27　核应急与侦察机器人

北京航空航天大学机器人研究所开发的特种机器人PARTOR-EOD,用于各种危险环境的侦察、处置任务。主要应用领域有核工业等危险环境的应急处置任务,化学工业的搬运任务,特警的排爆任务等。该机器人外形紧凑,长约0.9 m,宽约0.4 m,重约50 kg,配有3台CCD摄像机,运动灵活,能进入狭小空间执行任务。

7.3.3　核救援机器人的发展趋势

救援机器人技术融合众多科学成果,将人类从危险的岗位解放,引起了各领域研究者的兴趣。许多国家都将其列入本国高新技术发展蓝图中,如美国的"国家关键技术"和"商业部新兴技术"计划,欧盟的"信息技术研究发展战略计划"和"尤里卡计划",日本的"机器人革命"计划等。在此推动下,救援机器人技术得到快速发展。

1. 朝着高智能化方向发展

核电站机器人技术在未来朝着更加智能化的方向发展成为大势所趋。首先,未来核电站机器人的行动肯定会更加智能,将会通过更加有效的科技手段来完成对机器人活动的远程控制,并会逐步走向核电站机器人人工智能化趋势。再者,未来的核电站机器人将会实现智能避让、自动搜索、自动控制等全面智能化,并且还将会对相关复杂工况环境进行自动判断,从而自动进行和完成相关工作任务。

2. 向着高可靠性的趋势发展

由于核电站环境比较特殊,未来的核电站机器人将会朝着更高可靠性的趋势发展。首先,未来的机器人将不能在投入使用过程中出现故障,能够非常可靠地完成相关工作任务;其次,未来的核电站机器人性能必须满足核电站对维修时间、应急事故处理时效和安全性能等可靠性的要求。而要达到这些可靠性要求,关键是对机器人的结构进行设计,以及通过相关科技手段来提升机器人的技术性能等。

3. 能够越来越适应更加恶劣的环境

核电站一旦出现一丁点纰漏,都有可能造成非常严重的事故,而严重的事故一旦发生,将会造成非常恶劣的环境影响。因此,对于恶劣维修环境,更大的适应能力将会成为核电站机器人未来发展的又一个趋势。提升机器人对恶劣环境的适应能力,通常都是通过对构成机器人元件的强度的研究,以及对机器人传感技术的强化的研究来实现的。

4. 机器人的功能会越来越多样化

未来核电站的很多工作,基本上都会脱离人工完成,这也说明核电站机器人将朝着功能越来越多样化的趋势发展。核电站机器人将实现在高辐射环境下,针对高放射性机械设备的检查、缺陷维护以及应急处理等各种形式的工作内容,而通过对功能多样化的核电站机器人的开发,也能够实现对维修质量的提升,并有效缩短维修时间,减少事故造成的进一步伤害。

7.4 本 章 小 结

本章主要介绍了智能机器人在核工业中的应用。从工业领域来看,自动化机器人在不断取代人去完成各种工作,其中机械臂的研发技术已经达到较为成熟阶段,例如在工件的拾取、运输、装配、焊接、喷漆等相关工作中广泛应用。然而,确定目标工件的位置并传达给机器人是实现智能机器人工作的前提条件,只有目标物体与机器人的相对位置关系确定后,机器人才能完成对工件的拾取等一系列工作。传统机器人的定位方式分为三类:第一类是人工遥控操作,目测工件能被机器人抓取,凭借的是工人的工作经验,具有很高的不确定性;第二类是人工辅助,给定机器人与工件位置,通过示教方式指导机器人完成工作,达到重复工作目的,缺点是对未知位置物件无法工作;第三类则是通过视觉辅助机器人实现对目标物体定位,直接获取工作环境以及目标物体的外表和位置信息,解决了第一、二类定位方法存在的问题。

习 题

1. 核电站机器人的主要技术表现在哪几个方面?

2. 核电站机器人有哪些应用?

3. 核电站机器人目前有何发展趋势?

4. 对于核工业领域的安全问题有哪几个方面?

5. 无人机巡检技术主要依托哪些技术? 主要应用于哪些方面?

6. 简述巡检与核应急机器人的主要技术内容。

7. 目前核防护主要采用什么方式?

8. 核检测机器人主要应用于哪些方面?

9. 核检测机器人目前有何发展趋势?

10. 核救援机器人有哪些主要技术?

11. 核救援机器人有哪些应用?

12. 核救援机器人有何发展趋势?

参 考 文 献

[1] 杨笑千,郭捷,唐华,等. 大数据、人工智能在核工业领域的应用前景分析[J]. 信息通信,2020,33(2):266-268.

[2] 易鑫文,谢芬,冯荣健. 核工程中人工智能技术的应用展望[J]. 当代化工研究,2020(8):11-12.

[3] 周法清,邬国伟. 核工程中人工智能技术的应用与进展[J]. 原子能科学技术,1993,27(5):475-480.

[4] 汪昭义. 粒子加速器准直测量中的数据融合研究[D]. 合肥:中国科学技术大学,2021.

[5] 王静. 粒子加速器中 RFQ 加速结构的多物理场耦合研究[D]. 兰州:兰州理工大学,2016.

[6] 吴之望. 基于深度学习的核燃料组件缺陷检测[D]. 北京:华北电力大学,2020.

[7] 俞强强. 基于视觉伺服的核燃料棒组装机器人位姿精确识别研究[D]. 哈尔滨:哈尔滨工业大学,2015.

[8] 李芝炳. 基于视觉伺服的核燃料棒组装机器人控制技术研究[D]. 哈尔滨:哈尔滨工业大学,2017.

[9] 王平平. UO_2/Mo 弥散型核燃料的制备研究[D]. 合肥:中国科学技术大学,2020.

[10] 陈效友. 基于 Linux 的 USB OT GIP 核设备驱动开发技术[D]. 成都:电子科技大学,2010.

[11] 宋文豪. 基于机器视觉的核燃料芯块表面裂纹检测方法研究[D]. 郑州:郑州大学,2019.

[12] 陈巧敏. 专家系统在核电站智能机器人中的应用研究[D]. 北京:华北电力大学,2011.

[13] FAUQUET - ALEKHINE P, BAUER M W, LAHLOU S. Correction to: Introspective interviewing for work activities:applying subjective digital ethnography in a nuclear industry case study[J]. Cognition,Technology & Work,2022,24(1):211.

[14] POMPONI F, HART J. The greenhouse gas emissions of nuclear energy - Life cycle assessment of a European pressurised reactor[J]. Applied Energy,2021,290:116743.

[15] AZZOUZ-RACHED A,BABU M M H,RACHED H,et al. Prediction of a new Sn-based MAX phases for nuclear industry applications:DFT calculations [J]. Materials Today Communications,2021,27:102233.

[16] BANSAL S, SELVIK J T. Investigating the implementation of the safety - diagnosability principle to support defence - in - depth in the nuclear industry:A Fukushima Daiichi accident case study[J]. Engineering Failure Analysis,2021,123:105315.

[17] HU G,MA Y,ZHANG H,et al. A mini-review on population balance model for gas-liquid subcooled boiling flow in nuclear industry [J]. Annals of Nuclear Energy,2021,157:108174.

[18] ŠPIRIT Z,KAUFMAN J,CHOCHOLOUŠEK M,et al. Mechanical tests results of laser shock

peening-treated austenitic steel[J]. Journal of Nuclear Engineering and Radiation Science, 2021, 7(2):024506.

[19] GARDNER L J, CORKHILL C L, WALLING S A, et al. Early age hydration and application of blended magnesium potassium phosphate cements for reduced corrosion of reactive metals [J]. Cement and Concrete Research, 2021, 143:106375.

[20] WRIGLEY P A, WOOD P, O'NEILL S, et al. Off-site modular construction and design in nuclear power: A systematic literature review [J]. Progress in Nuclear Energy, 2021, 134:103664.

[21] POTTS A, BUTCHER E, CANN G, et al. Long term effects of gamma irradiation on in-service concrete structures[J]. Journal of Nuclear Materials, 2021, 548:152868.

[22] MARTIN R P, PETRUZZI A. Progress in international best estimate plus uncertainty analysis methodologies[J]. Nuclear Engineering and Design, 2021, 374:111033.

[23] FLOREZ R, LOAIZA A, GIRALDO C H C, et al. Calcium silicate phosphate cement with samarium oxide additions for neutron shielding applications in nuclear industry[J]. Progress in Nuclear Energy, 2021, 133:103650.

[24] BINGHAM M W. Lessons Learned from the EU Referendum to Better Promote Nuclear Energy[J]. Journal of Nuclear Engineering and Radiation Science, 2021.

[25] KOLESNIK M, ALIEV T, LIKHANSKII V. Modeling of size, aspect ratio, and orientation of flattened precipitates in the context of Zr-H system under external stress[J]. Computational Materials Science, 2021, 189:110260.

[26] ZHELTONOZHSKY V A, MYZNIKOV D E, SLISENKO V I, et al. Determination of the long-lived 10Be in construction materials of nuclear power plants using photoactivation method[J]. Journal of Environmental Radioactivity, 2021, 227:106509.

[27] XU T T, WANG S Z, LI Y H, et al. Optimization and mechanism study on destruction of the simulated waste ion-exchange resin from the nuclear industry in supercritical water[J]. Industrial & Engineering Chemistry Research, 2020, 59(40):18269-18279.

[28] LI N, YANG L, JI X Y, et al. Bioinspired succinyl-beta-cyclodextrin membranes for enhanced uranium extraction and reclamation[J]. Environmental Science-nano, 2020, 7 (10).

[29] SMIRNOVA L S. Economic effects of the implementation in the company of the innovative models of management based on the stakeholder approach and network forms of the business organisation[J]. International Journal of Nuclear Governance, Economy and Ecology, 2019, 4(4):273.

[30] Corrosion Working Party on Nuclear European Federation. A Working Party Report on Corrosion in the Nuclear Industry EFC 1[M]. Boca Raton:CRC Press, 2020.

[31] FILATOVA O, KHOROSHAVINA G, GORDEEV M, et al. Innovative potential of "digital methodology" in the training of personnel of nuclear industry enterprises[J]. E3S Web of Conferences, 2020, 210:22005.

[32] DIAZ M, SOLER E, LLOPIS L, TRILLO J. Integrating Blockchain in Safety-Critical Systems: An Application to the Nuclear Industry[J]. IEEE ACCESS, 2020, 8:190605-190619.

[33] VILLANUEVA A,GODDARD B. Loss of tld signal due to high temperature environmental conditions[J]. Radiation protection dosimetry,2019,187(1).

[34] SARKAR A. Nuclear power and uranium mining:current global perspectives and emerging public health risks[J]. Journal of public health policy,2019,40(4):383-392.

[35] PENSOFT PUBLISHERS. Russia's nuclear industry set to fight the climate crisis by exporting education[J]. NewsRx Health & Science,2019.

[36] KUDIYARASAN S,SIVAKUMAR P,UMAPATHI S,et al. Challenges and safety in erection and commissioning of 280/85 tons single failure proof EOT crane at PFBR[J]. American Journal of Science,Engineering and Technology,2019,4(4):66.

[37] GACA P,READING D,WARWICK P. Application of multiple quench parameters for confirmation of radionuclide identity in radioanalytical quality control [J]. Journal of Radioanalytical and Nuclear Chemistry,2019,322(3):1383-1390.

[38] LI J H,WANG Z Y,CHENG Y,et al. Effect of hydride precipitation on the fatigue cracking behavior in a zirconium alloy cladding tube[J]. International Journal of Fatigue,2019,129:105230.

[39] KUZMINA N S, LAPTEVA N S, RUSINOVA G G, et al. Dose dependence of hypermethylation of gene promoters in blood leukocytes in humans occupationally exposed to external γ-radiation[J]. Biology Bulletin,2019,46(11).

[40] KOŁACIŃSKA K,DEVOL T A,SELIMAN A F,et al. Application of new covalently-bound diglycolamide sorbent in sequential injection analysis flow system for sample pretreatment in ICP-MS determination of ^{239}Pu at ppt level[J]. Talanta,2019,205:120099.

[41] YOSHITOMI H,KOWATARI M,HAGIWARA M,et al. Quantitative estimation of exposure inhomogeneity in terms of eye lens and extremity monitoring for radiation workers in the nuclear industry[J]. Adiat Prot Dosimetry,2019,184(2):179-188.

第8章 核工业与人工智能发展现状

当前互联网、云计算、大数据、人工智能等技术正处在高速发展时期,全世界的数据量出现前所未有的指数级别的爆发,全球知名的分析机构(IDC)预计,到2024年全世界数据量将增加至1 450亿TB。目前世界大国已迈入以大数据、人工智能等一系列尖端技术为核心的工业4.0时代,我国也于2015年5月颁布《中国制造2025》,全面推进实施制造强国的战略,身为国之重器的核工业应抓住历史机遇,实现核工业信息化向智能化的转变。

8.1 核工业与人工智能发展方向

8.1.1 人工智能在核电发展方向

随着现代信息技术的发展,信息化建设模式发生重大转变,以人工智能、大数据、云计算、物联网等新兴技术为代表,正引导信息化发展进入一个新时代。人工智能、大数据的到来,让"数据驱动"智能应用成为新的全球大趋势,特别是挖掘大数据隐含的战略价值已引起发达国家的高度重视,许多国家相继出台国家战略,推动人工智能和大数据在互联网、工业制造、军事装备以及专业工程等领域的应用发展。近年来工业制造、互联网等领域都在积极推广人工智能和大数据应用,国内外已经有许多企业和科研机构在积极促进大数据、人工智能等技术在工业领域的创新应用,产生了大量优秀的案例和解决方案,为人工智能、大数据在核电领域的应用提供了参考。同时,核电发展也是人工智能和大数据的重要应用领域,具有重大的经济效益和社会效益。利用人工智能和大数据技术与核电业务的结合,发掘出具有稀缺性和差异性的数据价值,实现以数据驱动创新发展,将促进核电发展进入第四次工业革命的新格局。以核电领域的人工智能和大数据应用为研究对象,从顶层设计角度,从核电业务、关键技术以及典型应用三个方面,探索人工智能和大数据在核电领域的应用方案,以促进核电行业向数字化、网络化、智能化发展,提升中国核电企业的核心竞争力。

我国政府高度重视人工智能和大数据的发展与应用。2015年以来,我国从国家层面制定了《促进大数据发展行动纲要》《新一代人工智能发展规划》等,并在《中华人民共和国国民经济和社会发展第十三个五年规划纲要》中单独列出一章"实施国家大数据战略",提出把大数据作为基础性战略资源,全面实施促进大数据发展行动,加快推动数据资源共享开放和开发应用,抢抓人工智能发展的重大战略机遇,助力产业转型升级和社会治理创新。此外,"两化融合""互联网+""核电走出去"等国家政策,对核电行业信息化支撑主营业务的能力提出了要求,为信息化工作提出了明确的目标。中核集团在"十三五"重点战略任务中提出"数字核工业"计划,以研发设计数字化、装备制造智能化、经营管理现代化为建设重点,向大数据转型,支持集团公司全产业链科研、设计、建造、生产、运营等业务创新和管理创效,积极推动人工智能和大数据在核电全体系的应用。

《中国核能发展报告》(2023)蓝皮书提及,中国工程建造技术水平保持国际先进行列,具备同时建造40余台核电机组的工程施工能力。2022年,我国核电总装机容量占全国电力装机总量的2.2%,发电量为4177.8亿千瓦时,同比增加2.5%,约占全国总发电量的4.7%,核能发电量跃居世界第二。2022年以来,我国新核准核电机组10台,新投入商运核电机组3台,新开工核电机组6台。截至目前,我国在建核电机组24台,总装机容量2681万千瓦,继续保持全球第一;商运核电机组54台,总装机容量5682万千瓦,位列全球第三。2022年,我国核电发电相当于减少燃烧标准煤近1.2亿吨,减少排放二氧化碳近3.1亿吨。我国核电发电量持续增长,为保障电力供应安全和推动降碳减排做出了重要贡献。

中国核能行业协会秘书长张廷克指出:"华龙一号"2023年共有5台建成投产,9台机组正在建设。截至2023年底,我国在建核电机组为24台,总容量2681万千瓦,国内所有在建核电工程整体上在稳步推进。我国三代自主核电综合国产化率达到了88%以上,形成了每年8~10台套核电主设备供货能力,建设施工能力全球领先。

近年来,我国核电运行装机规模持续增长,核能发电量持续提高。蓝皮书公布的数据显示,2023年,我国核能发电量为4177.8亿千瓦时,同比增加2.5%,约占全国总发电量的4.7%,如图8-1所示。

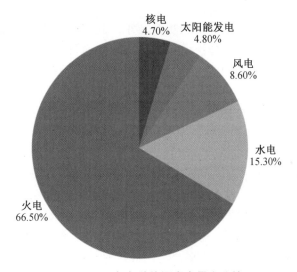

图8-1 2022年各种能源发电量占比情况

截至2020年12月底,我国大陆地区商运核电机组达到48台,总装机容量为4988万千瓦,仅次于美国、法国,位列全球第三。其中,有28台机组在世界核电运营者协会的综合指数达到满分,占世界满分机组的三分之一。

要实现《电力发展"十三五"规划》提出的宏伟目标,实现中国核能的阶跃性发展,在核能产业引入智能技术的支持,极大地提升核能产业的效能与安全性,成为一项必须进行而又紧迫的任务。2017年7月20日,国务院正式印发《新一代人工智能战略规划》,为我国的人工智能技术和产业发展设立了目标和蓝图,人工智能的发展已经上升到国家战略层面,也预示着在中国智能时代即将来临,智能技术会在各个方面和层面上对社会经济和产业进行冲击和改变,核电工业也不例外。

在国内,我国核电行业各主要单位相继开展了不同业务领域的人数据应用研究和实践。2016年,中国核工业集团有限公司所属单位中国核动力研究设计院研发反应堆远程智能诊断平台,该平台运用大数据技术实现了核电站关键设备的故障识别,主要对松脱件进行远程监控和故障诊断分析,并取得了良好的效果,为全国多个核电机组提供服务。该项目采用大数据技术大大提高了系统诊断分析的质量和效率,包括基于随机森林算法和机器学习的松脱部件触发信号性质智能分类程序,基于符号学派人工智能的诊断分析专家系统。2016年,中国广核集团与清华大学在深圳签署了《核电大数据治理体系框架合作协议》。该协议内容涵盖了核电领域的统一信息模型框架和实施标准研究,核电设施全过程数据分析的标准,核电大数据关键技术的研究。该协议的签署将为提升中广核数据资产的治理和利用水平,尽快形成核电全生命周期数据的模型化、标准化和智能化,打通核电数据链,为未来大数据分析与应用奠定基础,提升中广核数据应用能力和经营决策能力。中广核所属单位苏州热工研究院目前已建立了核电设备大数据应用与安全实验室,正在推广核电设备大数据技术研发。已经建设完成、实现了不同核电基地在运机组的数据接入至在线监测和智能诊断的中心,可以实现核电机组开展群厂监测分析、预警与智能管理支持。2019年5月9日,中核集团的人工智能与核科技产业融合战略规划项目开始运作,该项目是推动中核集团人工智能由理念到落地生根的关键一步。当前,中国核工业迎来战略发展机遇期,核工业在维护国家安全和能源安全中的地位更加突出,核电大发展、安全发展和"核电走出去"战略实施对核电发展提出更高要求。我国核电产业历经30余年的发展,经历了各种堆型设计、施工和运行阶段,也积累了丰富的运行经验和数据,随着数据的积累、信息系统的复杂化,逐渐面临工作效率降低、人工成本增加、数据资产浪费以及决策依据不全面等诸多问题。为了促进核电产业优质高效地可持续发展,只有增强自主创新能力,积极探讨和研究新兴信息化技术手段,通过使用人工智能和大数据技术与传统业务的结合优化增值,才能带来效益迭代递进和创新发展。

以美国、法国为代表的核电国家,通过长达几十年的数据积累和大数据分析应用,在核电检修、在线检测、远程诊断、安全保障等方面有了长足发展。美国西屋公司所研发的部件监测应用是一个可扩展的开放技术平台,通过传感器用于小到单个部件,大到多个核电机组的监测,最后将数据传输到数据服务器上,利用大数据技术实现故障预测与策略制定。美国电力科学研究院采用"故障预测与健康管理系统",实现对欧洲核电站的在线监测功能;美国通用电气开发的"GE Predix"平台实现将各种工业资产设备和供应商相互连接并接入云端,并提供资产性能管理和运营优化服务。法国电力集团(EDF)实施"利用永久性状态监测实现状态检修"计划,实现为核电站关键部件的实时故障检测、利用专家系统对故障的评估、向国内分析中心实时推送监测数据等功能。这些案例持续长达几十年的积累和迭代,取得了显著的应用效果。

8.1.2 人工智能在机器人领域的发展现状

1. 水下核电机器人发展现状

核电站的数量和装机容量呈现不断上升的趋势,为确保核电建设和运行安全,提高核电站应急救灾能力,各国核电站对机器人的需求日益迫切。在核工业应用领域中,特别是水下作业时,由于核电设备复杂且环境具有放射性,采用水下机器人可进行设备检修、水下异物清理、水下监测等工作,不仅节约了成本,提高了工作效率,还能有效解决人工操作受限或人员安全风险等问题。针对核电发展中水下操作的各种问题,为满足更加严苛的现场需求,利用机器人解决逐渐成为普遍做法。我国《核电中长期发展规划(2005—2020年)》的出台,对核电产业在运行安全性和经济性方面进行了全面规划,进一步说明开发核电机器人已成为核工业界的共识。下文描述了水下核电机器人的应用现状,并对其性能特点和技术发展趋势进行了分析,为相关科研人员提供科研和发展方向。

(1)水下检测机器人

核电厂的装机运行需要进行役前检查和在役检查。役前检查是保障核电设备安装后能安全可靠运行,并将检查结果作为在役检查的参考点;在役检查是核电厂运行期间定期对相关设备进行全方位检查,来检测设备是否存在缺陷。法国 ECA 公司的 Light-Weight Arm 5E 四自由度轻重型机械手和美国 WESTINGHOUSE 公司生产的 SUPREEM 六自由度机械手均可搭载端部效应器进行反应堆压力容器的超声检测工作。Sea Botix 公司的 LBV150-4ROV 通过涡轮吸入装置产生 28 kgf[①] 的吸附力,并通过防滑履带实现 12 kgf 的牵引力,可固定于池底表面,搭载检测装置进行在役检测,现已在全球多个核电站进行水池检测工作。北京航空航天大学研制的吸附式机器人 Sky Cleaner 采用仿生结构设计,利用磁吸附、负压吸附等方式沿反应堆池壁进行前进作业;天津深之蓝的"河豚Ⅳ"便携式观察级工业水下机器人适合手动布放,可根据需求搭载机械手、声呐和辅助摄像头,能够在水中保持姿态、航向和位置悬停,如图 8-2 所示。上海交通大学水下工程研究所研制的核反应堆内构件无损检测机器人,通过垂直推进器和水平推进器实现位置和姿态自由调节,并搭载旋转云台、摄像头等观测设备将堆内信息反馈给操作台,实现最大深度 50 m 的水下检测。光电所研制的多功能兼水下智能检查机器人如图 8-3 所示,其可实现多传感器的信号融合,完成视频图像采集识别、水下姿态检测,并保障水下密封性能,可在水下高辐射环境中从事水下探测、管道检测等工作,目前在秦山核电有限公司、广东核电集团、中国核动力设计研究院等多家单位已开始使用。

图 8-2　"河豚Ⅳ"水下机器人

图 8-3　水下智能检查机器人

(2)水下监控探测机器人

水下监控探测往往需要定点、长期、连续地工作,测量当前水域的辐射剂量、温度、环境噪声、水底结构等环境参数,并将监测数据实时地传回壳外操作室的信息处理中心,同时,水下监控探测机器人可实现核事故后的核废料探测任务和水底结构重绘制,通过搭载探测设备完成各种任务。东芝公司也在 2012 年福岛核电站事故后推出多种核电机器人,包括用以探测核电站反应堆的放射性残留的水下机器人,可进行福岛 1 号反应堆狭小的水下环境

---

① 　1 kgf=9.8 N。

工作,应用专门的运动算法,可轻松穿越复杂水下环境。加拿大 Shark marine 公司研制的 Sea-Wolf 2 和 stealth 水下机器人可搭载摄像头机械手、超声测厚仪和水下定位系统完成水下潜标探测任务;Mirion 公司开发的 IST 系列摄像头,其耐辐射能力可达 10^6 rad/h,抗辐射能力强,可满足核电站正常工况和一般事故工况下的视频监测需求。2017 年日本团队开始使用绰号"迷你翻车鱼"的海洋机器人,如图 8-4 所示。机器人配有灯光,依靠尾桨转动产生推动力,使用两台摄像机和一个辐射剂量仪器来收集日本福岛核电站内部图像数据,并获得了其他的相关数据,于 2018 年 1 月 19 日探测到控制棒驱动安全系统和熔融的核燃料散落在福岛反应堆堆芯燃料结构的下面。

图 8-4 "迷你翻车鱼"海洋机器人

北京华亚科创科技有限公司研发的"小水星"水下机器人如图 8-5 所示,其体积小,质量轻,运动灵活,通过手持移动终端控制便可实现深潜水下 50 m 的环境监测,并将图像信号实时上传,具备低辐射环境下摄像、数据收集、标本采集等多种功能。北京航空航天大学主导开发的核电站微小型作业潜艇可实现核电站反应堆水池、堆芯、乏燃料水池或一回路管道等水下巡检和视觉检查;中国航天科工三院 33 所开发的核电站环境监测机器人及光电所研制的水下智能检查机器人交付多家核电运营的业主公司使用,大亚湾核电站以及国家电投在秦山核电站已使用相关核电机器人。

图 8-5 "小水星"水下机器人

(3)水下异物清理机器人

设备运行环境的清洁工作在核电站反应堆水池和堆芯中尤为重要,其可避免核电站日常运行和大修期间水下作业时留下的螺栓、螺母等异物对堆芯回路和燃料组件造成不可逆的影响,从而避免出现大修时间长和安全隐患的问题。水下异物清理机器人可有效替代人工进行异物拾取,减少对操作人员的辐射伤害等问题,保障核电站运行顺畅安全。英国 Saab Seaeye 公司的 Falcon 和 Falcon DR 型水下机器人集成高清摄像头、激光扫描器、声学成像原理,如图 8-6 所示,可实时检测水下目标成像状态和特性,通过抓取、切割、采用工具等手段,进行水底沉积物采样、障碍物提取和水下目标物搜寻等操作。日本千叶大学研制的水陆两用核电机器人"樱花 2 号"由履带式移动平台和四轴机械手组成,可进行核废料清理工作,并在东京电力福岛第一核电站进行实际应用,如图 8-7 所示。ICM 公

图 8-6　英国 Saab Seaeye 公司的 Falcon 和 Falcon DR 型水下机器人

司开发的 Underwater Climber 机器人通过外接水泵,利用其尾部悬挂多种检测装置进行壁面作业。

图 8-7　"樱花 2 号"水陆两用核电机器人

　　中科院沈阳自动化所、清华大学等高校和科研院所也相继推出水下爬行机器人,具备高清凸显处理和存储功能,可搭载机械手、除污机构等操作设备,主要用于完成反应堆水池的清洁工作。2013 年底,福建海图智能科技有限公司联合国内各大高校成立课题组研究小型水下机器人,实现"小河神"是微小型作业潜艇,可实现水下前进后退、悬停、左拐右拐等各种姿态,能在反应堆水池等狭小环境下完成异物搜索、视频监控等任务,并将视频信号图形实时传输至上位机操作平台。光电所研究出水下异物打捞机器人,如图 8-8 所示。该机器人与国外同类产品相比具有以下特点:体积小,运动灵活;爬坡能力为 30°,行驶速度 0~9 m/min,连续可调;六轮驱动,运载能力强;针对异物种类机械手可轻松拆换,其中夹取型

机械手有四个自由度,清扫型机械手、水下吸泵有两个自由度,打捞范围可以覆盖水池底部任意位置;运动小车自带异物筐,可方便装取、卸载打捞异物。

(4)水下焊接机器人

为减少手工焊中核辐射对操作人员的健康影响,提升修复质量和自动化程度,核电站许多内部设备的检查和检修往往需要在水中进行。核电机器人水下环境焊接作业除了需要考虑常规环境下的水下压力、焊接工艺、水下机

图8-8 水下异物打捞机器人

器人焊接运动、跟踪等问题外,还需要考虑高温、高压、高辐照、震动的核电环境以及核辐射对水下焊接机器人远程控制和通信的影响,且对于焊接工艺精度等要求极为严格的设备依靠人工维修无法实现,如反应堆控制棒驱动机构焊缝缺陷修复、反应堆冷却剂管道在线修复和堆芯重要设备应急修复。Chang和Donghoon Son等人通过对视觉传感器图像的特征点检测,实现了便携式弧焊水下机器人的焊缝跟踪;英国Cranfield大学海洋技术研究中心利用ASEAIRBL6/2机器人和Workspace软件建立了一套水下焊接的遥控仿真系统,并进行了

水下环境模拟、远程遥控、避障等研究。东南大学智能机器人研究所在研制出"昆山一号机器人"的基础上完成了一套动态路径跟踪算法,并于2011年实现"弧焊机器人成套装置",如图8-9所示。南昌大学完成了水下磁吸附式轮履焊接机器人虚拟样机制造,并在对水下焊接机器人磁块单元进行优化设计后,成功研制出磁吸附式轮履焊接机器人;中广核研发的水下焊接机器人,可在核电站乏燃料水池硼酸水等高辐射环境下作业,并对多种形式焊缝的钢覆面进行水下焊接。

图8-9 东南大学"弧焊机器人"

2. 核电巡检机器人发展现状

核电站巡检工作是核电安全的一部分,对核电站运行状态、压力和温度监控以及外观检查等都是核电巡检的工作内容,在核电系统中巡检工作往往由人工完成,然而由于人的局限性,巡检时依赖人的经验易出现漏检、误检、疲劳、反馈不及时等问题,而且人工巡检频次会受到人为因素的影响,很多事故都是人因造成的,所以人工巡检方式具有较多缺点。随着科学技术的发展,利用先进的监测技术实现在线实时的核电站系统运行状态的监测与预报,当出现问题时立即进行故障预警、定位和诊断是解决核电安全问题的发展趋势,机器人巡检的优势在于,在完成同样目标的情况下,机器人相对于人工方式更加智能,对于重复性操作机器人具有更高稳定性,不受人类健康状态的影响,可以提高巡检频次,提升巡检质量和可靠性,所以发展使用机器人巡检来替代人工巡检的方式来实现对核电系统的在线监

测必将成为趋势。

从 20 世纪中期开始,国外就开始对应用核工业领域的机器人进行了研究。20 世纪 40 年代,美国阿贡实验室研制出机械手 M1,在此基础上,美国 Odetics Incorporated 公司研制出一款六足移动机器人 ODEX,如图 8-10 所示。该机器人可以在核电站内执行简单的维修操作。80 年代,美国 Savannah River Laboratory 实验室与 Odetics Incorporated 公司合作改进了 ODEX 机器人,研制出 ROBIN 核电站机器人。ROBIN 机器人功能与 ODEX 类似,体积庞大,机械臂抓取重物能力强,移动灵活,其六足结构可沿任意方向移动。

图 8-10 美国 Odetics Incorporated 公司的六足移动机器人 ODEX

1987 年美国 Remotec 公司成功研制出用于核电站维护和巡检的机器人 SURBOT。该机器人能够灵活移动,转弯半径小。机器人安装七自由度的机械臂能够执行多种任务,如操作阀门、清洁异物等。SURBOT 能够在核电站 54 个独立的辐射控制室进行远程监控,高质量的彩色视频、音频和其他数据是通过车载计算机进行数字化收集的,并通过电缆传输到控制台,以便实时显示和录像。机器人采用带缆控制,其内部带有线缆收放机构能够较好地收放线缆,但还是不能解决工作空间限定问题,有时也会被线缆绞绊。

1990 年美国加州理工学院喷气推进实验室研制出紧急事务响应机器人 HAZBOT。该机器人能够应用于执行危险物品紧急响应任务,包括事故定位和特性描述、危险物识别分类、现场监视和监测,并最终减轻事故后果。HAZBOT 机器人采用履带行走方式,设计一对前后铰接的履带可以使机器人上升和下降,以改变车辆的轨迹,使其具有爬楼梯和越障功能,并且增加了机器人垂直方向的可操作空间,机器人的移动平台上搭载的操作机械手能够执行抓取任务和阀门操作。

1998 年美国航空航天局和能源局针对切尔诺贝利核事故组织和资助机器人专家团队研制出 Pioneer 机器人。Pioneer 机器人是一种特种带缆式的类似推土机形状的机器人,机器人配备了实时 3D 立体视觉、钻孔和取样设备以及一系列远程控制的辐射传感器和其他传感器。Pioneer 机器人的空间尺寸约为 l.2 m×0.9 m×0.9 m,质量约为 500 kg,携带一个 3 英尺(约 0.914 4 m)高、150 磅(约 68 kg)重的钻头,钻头将钻入反应堆的墙壁和熔岩沉积物,并取回样本。机器人在发生核事故后能够采集安全壳内的样品来判断里面情况,达到远程监控的目的。目前已研制出 Pioneer 3-AT 机器人,如图 8-11 所示。它是一种小型四轮、四马达滑移机器人,适用于全地形操作或

图 8-11 pioneer 机器人

实验室实验。

1985 年以来英国朴次茅斯大学的移动机器人团队和 Portech 公司,德国的凯泽斯劳滕大学,比利时的布鲁斯特大学等多个研究团队专家联合设计了一系列紧凑而强大的遥控气动机器人,ROBUG Ⅲ 已经是第三代机器人,机器人能进入辐射环境执行多项任务,回收辐照物质样品和抢救事故受害者,主要用于退役的核反应环境中。机器人结构是基于昆虫仿生学,该机器人是蜘蛛仿生机器人,由一个低悬挂的中心身体组成,为了内在的稳定性,尺寸为 0.8 m×0.6 m×0.6 m,有 8 个铰接腿模块,每个长 1 m,这样可以进行内部和外部传输(最低的冗余水平),每个腿部模块都有自己的微处理器,由 1 300 kPa 的气动驱动系统驱动,在每只脚的末端有一个真空夹持脚,设计的三连杆腿可用于攀登、越障和平面过渡。

2011 年福岛核事故发生后,各国对核电站巡检与应急处理有了更加急迫的需求,纷纷投入大量资金进行相关产品研发。福岛核电站发生氢气爆炸后,需要对反应堆建筑进行内部观察,然而由于内部情况有太多未知因素,操作人员进入里面危险性非常大。来自 iROBOT 公司的两个 PackBOT 机器人被计划用于反应堆建筑内部的初步观察,在 Mark1 型 BWR 反应堆进行了模拟测试和培训,手动打开第一扇门后,两个 PackBOT 机器人用手臂转动第二扇门的把手,然后 PackBOT 进入反应堆室内,根据 PackBOT 获取的图像、剂量水平、温度等数据通过数百米长光纤传回现场图像和环境数据,指示操作人员是否可以进入反应堆建筑,虽然 PackBOT 功能强大,但是 PackBOT 爬楼梯的能力还需加强。PackBOT 机器人如图 8-12 所示。

来自 QinetiQ 公司的 TALON 机器人被交付给东京电力公司,操作人员的培训是在距福岛第一核电站 50 英里(约 80.47 km)的地方进行的,TALON 被运送到 JAEA 设施上,并配备了与 JAEA 控制单元一起的机器人控制车辆(RC-1),同时配备了屏蔽操作箱、伽马射线成像仪、网络摄像机、远程探测器和发电机,如图 8-13 所示。RC-1 还配备了激光 3D 成像仪和热像仪,利用搭载的 GPS 全球定位系统绘制事故现场的放射线量分布图。装载 RC-1 的 TALON 机器人于 2011 年 5 月 1 日部署到福岛第一核电站。

图 8-12　PackBOT 机器人

图 8-13　TALON 机器人

日本东北大学千叶理工学院和国际救援系统研究所共同研发的一款救援机器人

Quince 如图 8-14 所示。Quince 机器人具有很强的越障能力，能跑过碎石或楼梯，Quince 最初并不是为核电系统研发，但是 2011 年 6 月经过改良之后被部署在福岛第一核电站 1 号 3 单元的反应堆建筑内进行侦察。Quince 主要应用在 PackBOT 无法到达的反应堆建筑的上层进行侦察。

2017 年 2 月，"蝎子"号机器人被派往福岛核电站泄漏的核心区域用于拍摄反应堆压力容器情况，并收集和取出核燃料的数据。在强辐射环境中驱动装置开始失灵，完全不能动弹，蝎子机器人只能被弃于核电站之中，如图 8-15 所示。

图 8-14 quince 救援机器人

图 8-15 "蝎子"号机器人

2017 年 12 月，英国工程和自然科学研究理事会近期向伦敦玛丽王后大学高级机器人中心提供资助用于建设国家核机器人中心。该中心在核工业领域开展先进机器人和人工智能技术研究，参与者还包括伯明翰大学、布里斯托大学、林肯大学、爱丁堡大学、埃塞克斯大学、兰卡斯特大学和西英格兰大学等高校。核机器人中心汇聚各方面专家，重点解决核工业放射性废物的管理和处置问题。核机器人中心除了研究核设施退役所需技术外，还研制用于核电站运行维护以及新反应堆建设和人工智能的机器人。

国内核电巡检机器人研究领域的起步较之国外较晚，在 20 世纪 90 年代才开始进行相关领域的研究，但发展速度较快。1994 年中国科学院沈阳自动化研究所和上海交通大学牵头联合多家国内单位研制了"勇士号"遥控移动作业机器人，这是我国自主研发的第一款以核工业实际应用为背景，可以对核设施中的设备装置进行监测、检查和简单事故处理的机器人。"勇士号"机器人尺寸为 710 mm×1 500 mm×1 600 mm，重 420 kg，支持有线和无线通信两种控制方式，其中无线通信控制距离可达 100 m，可以爬 40°楼梯，翻越 25 cm 高度障碍。2014 年由光电所与中广核核电运营公司联合研发的一系列核电应急机器人在广东大亚湾核电站服役，机器人有陆地工作和水下工作两种系列，陆地机器人主要是陆地应急巡检机器人（图 8-16），水下机器人在前文已叙述过。

图 8-16 陆地应急巡检机器人

陆地应急巡检机器人平常操作距离为 100 多米，在应急状态下，操作人员在远离辐射区的几千米外的安全区域对机器进行操作，机器人能自行放置中继器用于信号的传输，机器人能够实现高清数字化无线传输，传输像素达 200 万～500 万，传输半径可达到 4～5 km，同时机器人采集各类现场信息，如湿度、温度、核辐射的剂量率等，机器人亦可利用装载的机械臂完成异物夹取、样本采集和简单阀门操作等应急处置任务。陆地应急巡检机器人具有很强的越障能力，特别设计的复杂履带和轮轴能够使机器人轻松跨越不同障碍，如爬坡、上台阶等。

自 2003 年东南大学与原南京军区防化研究所合作研制一种用于危险环境下的侦察与探测的机器人以来，目前已经发展了六代机器人。图 8-17 所示为东南大学研制的第六代机器人。

图 8-17 东南大学研制的第六代机器人

机器人自重 27 kg，最大负载 60 kg，搭载的机械臂可伸展最大长度 1 m，机器人攀爬物体的能力小于 45°，可进入 10 Gy/h 的放射性环境中工作，执行完任务后可自行洗消。第五代机器人应用在钍基熔盐核反应堆工程与秦山核电站第三核电站等，分别在核反应堆与核电站多个舱室内执行巡检与应急处理任务，第六代机器人已经用于多次核搜寻试验。

2019 年南华大学核设施应急安全作业技术与装备湖南省重点实验室自主研发的核设施应急抢险与作业机器人，在第十三届中国国际核电工业展览会上大放异彩。这个机器人有一个响亮的名字——"葫芦娃"，如图 8-18 所示。

"葫芦娃"机器人具备人工驾驶与无人驾驶两种模式。在人工驾驶模式下，机器人具备辐射屏蔽驾驶舱、放射性气溶胶过滤系统，保障驾驶人员人身安全；在无人驾驶模式下，操作人员通过遥控器与多路视频监控信号进行远程遥控，通信距离可达 1 000 m。南华大学核设施应急安全作业技术与装备湖南省重点实验室相关负责人邹树梁教授介绍，葫芦娃机器人解决放射性环境下的远程操作、辐射屏蔽和电子元器件抗辐射加固等技术难题，已成功应用于不同核设施退役和核事故应急等复杂放射性工作环境，在核设施应急救援与抢险、核设施退役拆除等领域具有广泛的应用前景。

3. 核事故辐射侦察机器人发展现状

核事故环境复杂，辐射对人危害大，探测任务主要由机器人承担，包括图像侦察和辐射侦察。工作在核心区的辐射侦察机器人的性能要求最高，其获得的事故信息对于事故的缓解、处理具有至关重要的作用。核事故辐射侦察机器人的发展可以总结为三个时期：

(1)三哩岛事故时期：此阶段核事故机器人刚刚起步，以 ROV-ER、LOUIE I 为代表的机器人只具有基本的辐射监测、视频传输等功能,并不具备较好的耐辐射能力。

(2)切尔诺贝利事故时期:三哩岛事故后,人们针对机器人的辐射防护性能进行了研究,以 Pioneer 为代表的机器人在耐辐照和核环境探测方面的能力有了较大提高。

(3)福岛核事故时期:此阶段发展较为迅速,涌现出大量的核事故机器人,福岛核电厂现役机器的功能更加齐全,呈现小型化、智能化、协同作业的特点。其中典型机器人有 Small Investigation Device、Shape - changing Robot、Quadruped。

图 8-18　"葫芦娃"机器人

最早在三哩岛核事故中应用的探测机器人有 ROVER、LOUIEI,以轮式和履带式为主要运动方式。ROVER 是一辆六轮遥控侦察车,具有环境监测、视频传输、采样、去污洗消的功能。有两台 ROVER 部署在辐射水平为 25 mSv/h~10 Sv/h 的 2 号机组地下室,完成了绘制总辐射图、污泥取样的任务。LOUIE I是一辆双履带侦察车,能够传输图像及辐射数据,其主要任务是到达角落进行辐射探测,与 ROVER 互为补充。这一时期也研究了多足式机器人 ODEX-I、涉水机器人 SURVEYOR、小型环境监测机器人 SURBOT、样品采集探测机器人 ROCOMP 等。

切尔诺贝利核事故处理期间,机器人也发挥了重要的作用,其中的探测机器人有 PP 系列轮式、履带式探测机器人(PP-Γ1、PP-Γ2)和"先锋号"(Pioneer)。PP 系列轮式探测机器人主要有 PP-1、PP-2、PP-3、PP-4。PP-1 轮式探测机器人由苏联中央机器人技术和技术控制论科学研究所(RTC)研制,重 39 kg,平均移动速度 0.2 m/s,携带有摄像机、辐射剂量强度测量仪,以外接电缆的方式供电,完成了 3 号机组区域汽轮机大厅(500 m²)、4 号机组通道、装卸口下厂房(200 m²)的调查任务。PP-2 轮式探测机器人完成了 3 号机组房顶(800 m²)的调查,PP-1 轮式探测机器人如图 8-19 所示,PP-2 轮式探测机器人如图 8-20 所示。

图 8-19　PP-1 轮式探测机器人

图 8-20　PP-2 轮式探测机器人

PP-Γ1、PP-Γ2 为履带式探测机器人。PP-Γ1 履带式探测机器人重 65 kg,移动速度

0.3 m/s,用于探测楼梯、通道等,如图 8-21 所示。PP-Г1 履带式探测机器人用于探测汽轮机大厅顶部区域的通道,PP-Г2 履带式探测机器人用于 4 号机组塌陷区域和 3 号机组顶部的环境侦察。"先锋号"(Pioneer-1)由美国能源部、美国宇航局、卡内基梅隆大学等单位联合设计,主要用于调查石棺内部情况。"先锋号"重 500 kg,尺寸为 1 219 mm×914 mm×914 mm,携带有视频系统、取样工具、机械手臂、γ/中子剂量传感器、温湿度传感器等,可以收集到堆内温度、湿度、标记放射性热点的数据,实时测绘石棺内部 3D 地图,进而评估石棺结构损坏程度。先锋号的核心部件处于工作区外并通过线缆与车体连接,车载控制电路采用屏蔽盒进行防护,摄像机采用约 1.25 cm 的薄铅层进行屏蔽,机器人系统可在剂量率 5~10 Sv/h 的场合下工作并承受高达 10 kSv 的累计剂量。

在乌克兰普里皮亚季附近的切尔诺贝利核电站,发现了美国波士顿动力开发的狗型机器人"Spot"。这款机器人受英国布里斯托尔大学工程师的控制,让其在切尔诺贝利核电站的遗址内,在一些辐射量超标的"禁区条件下"调查人类无法靠近区域的具体情况。这款机器人是四足仿生机器人,移动非常敏捷,而且可以在各种地形以非常高的速度和灵活度进行移动,能够让人安全、准确而且频繁地执行一些日常检查和数据的捕获任务。切尔诺贝利核电站抓拍到的"Spot"机器人如图 8-22 所示。

图 8-21　PP-Г1 履带式探测机器人　　　图 8-22　切尔诺贝利核电站抓拍到的"Spot"机器人

2011 年 3 月福岛核电站发生了七级核事故。厂房航测任务由美国公司研制的 Honeywell 机器人完成,它是一种小型无人机,适用于运送背包和单人操作,是福岛核事故发生后第一时间投入使用的机器人。Honeywell 主要进行空中拍摄和环境测量,并对福岛核电站燃料池附近的辐射水平进行监测和检查。它拍摄的福岛核电站 1-4 号机组照片为评估事故进展,采取有效救灾措施,提供了重要的参考资料。厂房内的探测任务由美国 PackBot、英国 TALON、日本 Quince 和 JAEA-3 机器人完成。前三种机器人前文已经介绍过,JAEA-3 是在 JCO 临界事故后,由机器人 RESQ-A 改装而来的,配备了伽马射线成像仪,以一根 50 m 长的电缆进行电力和信号传输,于 2011 年 7 月 2 日投入福岛第一核电站工作,进行 2 号机组的伽马辐射成像工作。

目前福岛核电站的处理工作还在继续,探测机器人的种类更多,作业区域更加广泛,更靠近堆芯区域,且增加多种针对具体区域的特种侦察机器人。其中主安全壳内部的侦察工作主要由 Small Investigation Device(SID)、Shape-changing、Scorpion 完成。Small Investigation Device 由东京电力公司开发,双履带式行进,可越过 5 cm 的障碍,其外壳用 3D 打印机制造而成,如图 8-23 所示。该设备使用可 180°旋转的智能手机进行拍摄,以无线方式进行数据传送,其任务为 3 号机组主安全壳(PCV)设备舱口的侦察工作。

Shape-changing 机器人是日立 GE 公司开发的一个主安全壳内部检查设备,它的形状可根据工作的场景进行改变,可以管状的形式穿过狭窄的管道,并在工作时膨胀成 U 形以稳定自身,如图 8-24 所示。2015 年 4 月,该机器人投入到 1 号机组主安全壳内部栅格表面进行探测。自行式蝎子机器人 Scorpion 用于探测基座内部结构和落在控制棒驱动装置上的燃料碎屑,它可以通过贯穿口进入安全壳内部进行工作。

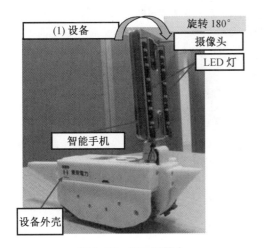

图 8-23　SID 机器人

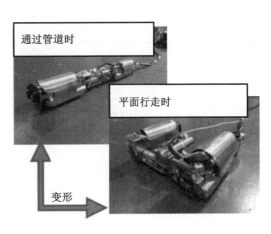

图 8-24　Shape-changing 机器人

反应堆厂房各层的探测任务由 Kanicrane、Rosemary、Sakura、High-access Investigation Robot(HIR)和 FRIGO-MA 完成。Kanicrane 机器人由日立通用公司开发,重 1 250 kg,最高移动速度 1.5 km/h。配备有一个可水平旋转 345°的伽马相机,数据通过中继器以无线方式传输,用于反应堆厂房一楼 4 m 高处的辐射侦察。Rosemary(65 kg,尺寸为 700 mm×500 mm)和 Sakura(35 kg,尺寸为 500 mm×390 mm)由日立 GE 千叶理工学院开发,用于探测 1~3 号反应堆建筑的第二层和第三层。Rosemary 和 Sakura 协同进行工作,可自行前往充电台进行充电,无须人员更换电池。High-access Investigation Robot(简称 HIR)主要用于反应堆建筑的上层、狭小空间的探测。该机器人可以对最高 7 m 处的顶部、反应堆上层的管道口和通风口表面进行辐射测量。FRIGO-MA(38 kg,尺寸为 650 mm×490 mm×750 mm)适用于反应堆厂房内小房间的探测,实际工作中主要对主安全壳的气体控制系统管道进行检测,如图 8-25 所示。

图 8-25　FRIGO-MA 机器人

反应堆地下抑压室中有 Swimming、Crawling、Telescopic Arm Runner(1~2)、Lake Fisher、VT-ROV、DL-ROV、SC-ROV、Water Boat 等机器人进行探测工作。Swimming Robot、Crawling Robot 和 Water Boat 负责抑压室环壁的检测工作。Swimming 机器人由日立 GE 公司开发,重

22 kg,尺寸为 480 mm× 420 mm×375 mm,具有可±45°调整的数码相机、浮力调整和推进装置,如图 8-26 所示。Crawling 机器人由日立 GE 公司开发,重 40 kg,尺寸为 650 mm×480 mm×350 mm,上方和后方各有一个相机,上部相机可在 10°~90°范围内进行调整,可针对水中管壁进行侦察。Water Boat 是日立通用公司开发的船式机器人,能够漂浮在抑压室内部水面上,主要从内部检测环壁有无泄漏点,如图 8-27 所示。抑压室上部的探测工作由 Telescopic Arm Runner(1-2)、Lake Fisher 完成。

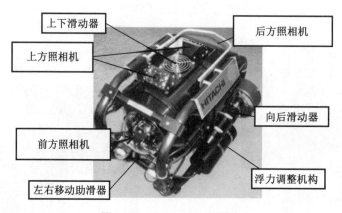

图 8-26　Swimming 机器人

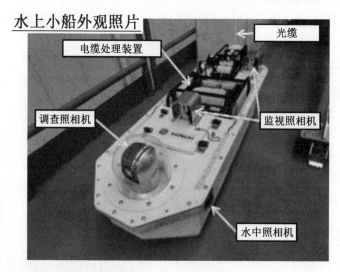

图 8-27　Water Boat 机器人

Telescopic Arm Runner(重 70 kg,尺寸为 550 mm×509 mm×826 mm)是日立 GE 公司开发的一款升降机器人,其升降桅杆可达 3 826mm 高,用于对抑压室顶部进行侦察,如图 8-28 所示。另一个抑压室侦测装备(Tele-scopic Arm Runner-2)重 100 kg,尺寸为 550 mm×509 mm×1 161 mm,其采取自上而下吊挂相机的方式对抑压室上部进行探测,吊挂长度可达 1 461 mm,同时配有一个声呐,对水中障碍物进行探测,如图 8-29 所示。Lake Fisher(重 180 kg、尺寸为 1 038 mm×658 mm×1 016 mm)是履带式机器人。相机装在向下升降的桅杆头部,可对抑压室外侧狭窄处进行侦测,如图 8-30 所示。

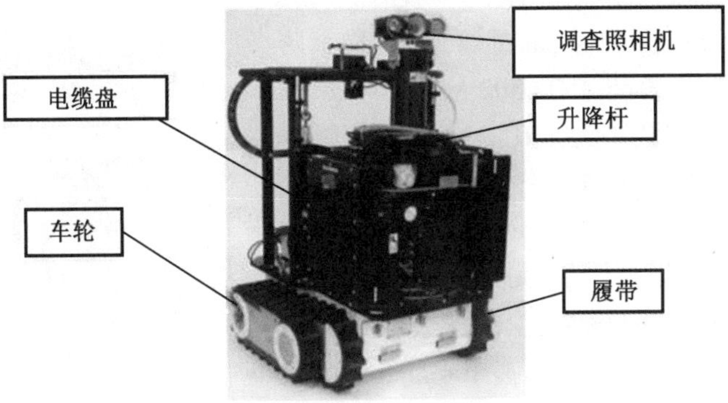

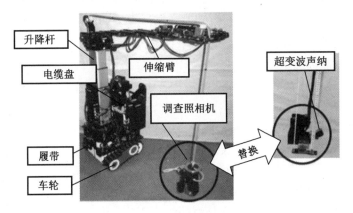

图 8-28 Telescopic Arm Runner 机器人

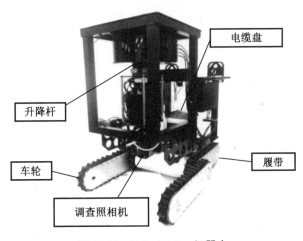

图 8-29 Tele-scopic Arm Runner-2 机器人

图 8-30 Lake Fisher 机器人

抑压室室外下表面探测装置由三款东芝公司开发的机器人 VT-ROV、DL-ROV、SC-ROV 组成。其中,D/W 弯管结合部探测装置(VT-ROV)尺寸为 300 mm×280 mm× 90 mm,主要用于探测 D/W 外壳和膨润管结合部的泄漏水。排水管探测装置(DL-ROV)主要通过释放示踪器的方式检测排水管出水流泄漏情况。其主要性能有：可进入直径 350 mm 的管道内；最大防水深度为 10 m；具有最高 400~500 mSv/h 和累积 200 Gy 耐辐射性；工作范围为 150~2 000 m；探测光源可视距离为 600 mm。SC-ROV 主要用于抑制室外侧下表面探测工作，如图 8-31 所示。

图 8-31　SC-ROV 机器人

地下环形室的探测工作由 Quadruped 和 Survey Runner 完成。Quadruped 机器人由东芝公司设计的子母机器人组合，母体重约 65 kg，高 106 mm，最大速度 1 km/h，可释放子机器人（重约 2 kg）用于狭小空间探测，能完成地下环形室内排气管周围的探测。Survey Runner 机器人重 45 kg，尺寸为 505 mm×510 mm×830 mm，用于 2 号机组环形室的探测工作。其主要性能有：设计了一个长约 165 mm 的爬行式履带，可通过最高 235 mm 的障碍，最大爬升角度为 45°，行驶速度最高为 2 km/h。

4. 核电厂退役机器人发展现状

核电站的全生命周期包括选址、设计、建设、运行和退役。退役作为核电全寿期的最后一个阶段，是核电站运行的重要环节。由于其具有周期长、风险大、费用高等特点，核电安全退役是核电可持续发展的重要保障，关系到国家的能源结构安全和环境安全。

核电退役一般有三种策略，立即拆除、延缓拆除和封固埋葬。封固掩埋或者延缓拆除会长期占用厂址不能再利用，维护核废料的费用十分高昂，往往会超出退役的预算，经济性不佳。同时，随着时间的推移，封固材料和安全系统会有老化失效的风险，对当地环境会产生长远核安全隐患。因此，目前世界上核电退役策略以立即拆除为主。然而，设备立即拆除需要面临高放射性环境，若由工作人员直接进入工作，由于会受到大量的辐射，需要几个人协助穿上防护服，并且只能进行几个小时的作业，核电站的退役进程十分缓慢，同时还会产生大量的二次核废物进行处理。根据已退役核电站经验，拆除核设施和移除乏燃料需要几十年的时间完成，而在此过程中产生的二次核废物呈数十倍的增长。而核能机器人技术发展十分缓慢，沿用的仍是 20 世纪 60 年代的产品，通过远程操纵机械臂完成一些简单的任务。现代机器人的快速发展，将其应用到核电退役的过程中，代替人进入高辐射的环境完成复杂的任务，可大大加快核电的退役进度，进而降低了核电退役过程的不确定性和总成本。因此，利用机器人进行核电站的退役工作，具有广阔的应用前景，是当今世界研究的热点问题。

捷克斯洛伐克共和国第一台核电站为 A-1 核电站，电功率为 150 MW，1972 年开始发电。该机组在运行的 5 年间，接连发生了 2 次事故，该国政府最终决定将该机组退役。当时并没有关于核电退役的法律法规，直到 1992 年制定出核退役的标准和 A-1 核电站退役时间表。2007 年，A-1 核电站的退役工作全部完成。在 A-1 核电站退役过程中，辐射和有毒有害物质限制了人员进入核电站内部设施，VUJE 公司为此研发出多种先进机器人技术，实现更安全和更低成本的核电站退役。MT-15 是一种可以在放射性环境中进行采样、测量和净化的移动遥控机器人。MT-15 是模块化系统，主要包含遥控车辆模块、机械手模块和工作模块，可根据不同工作任务选择工作模块。工作电源可由自身携带的蓄电池供电，也可以通过电缆连接外部电缆供电。机械手有 4 个自由度，具有很强的灵活性。MT-15 还配备了两个摄像头：一个用于远程操作，一个用于探测采集。MT-80 型退役机器人适用于高辐射环境内执行较重的退役任务,主要包括拆卸设备、切割管道、回收废物等。其机械手包含了6个自由度,满足了大多数任务对灵活度的要求。机械臂由液压驱动,由特殊钛合金制成,可以执行重达80 kg的载荷任务。另外,MT-80是防水设计,表面有一层特殊的可拆卸保护涂层,可以保障退役机器人在辐射环境下的正常工作。MT-80的运行由位于控制面板的主控制器和位于机械臂上不锈钢盒中的副控制器控制。所有控制任务都可以在控制面板上操作,控制面板距离机械臂距离可达3 km,避免了操作员处于强辐射环境。A-1核电站退役需要对地下存储罐进行净化处理。DENAR-41长臂机器人应用于存储罐尺寸大,但是口径小,常规机器人无法进入的环境,如图8-32所示。DENAR-41是一种长臂液压机器人,有7个自由度,固定在一个轴承结构上。机械手本身由一个带有旋转柱的垂直装置和三个倾斜臂组成。垂直单元固定在轴承结构上,可以围绕垂直轴旋转的柱子被插入存储罐中,倾斜臂附在柱的底部,这样的设计可以到达存储罐内部的任何点。DENAR-41型机器人

图8-32　DENAR-41长臂机器人

配有视频监控系统,方便操纵员了解罐内情况,方便进行切割、净化、清淤等工作任务。

　　我国的核电站退役研究还处于初期,核退役机器人还未形成产业化发展,未来必将具有广阔的发展前景。在对核退役机器人的应用进行分析的基础上,总结出未来我国核退役机器人的技术需求:耐辐射机器人的模块化、标准化的制定;以虚拟现实技术、3D扫描技术等为基础的核退役机器人试验训练系统;在辐射环境下的无线通信技术。

8.2　核工业与人工智能发展前景

8.2.1　人工智能发展历程及主要特征

　　自1956年人工智能概念确立以来,人工智能发展至今已近80年,随着所处信息环境和数据基础的深刻变革,开始迈进新一轮发展阶段。新阶段呈现出大数据、跨媒体、群体性、自主化、人机融合的发展新特征,从学术牵引式发展迅速转变为需求牵引式发展。我国正值工业化、城镇化、信息化、农业现代化的攻坚阶段,迫切需要加快推动人工智能在国民经济社会各行业、各领域的创新应用,促进产业提质增效,改善人民生活水平,切实解决经济运行的重大结构性失衡。对此,需明确人工智能的发展历程和在新时期、新形势下人工智能的主要特征,为推动人工智能关键技术进步和产业化应用推广提供措施建议,进一步推动我国智能相关的前沿新兴产业持续健康快速发展,有力支撑我国信息化和工业化深度融合迈上新台阶。

1. 人工智能发展历程

人工智能发轫于 1956 年在美国达特茅斯(Dartmouth)学院举行的"人工智能夏季研讨会"。在 20 世纪 50 年代末和 80 年代初先后步入两次发展高峰,但因为技术瓶颈、应用成本等局限性而均落入低谷。当前,在新一代信息技术的引领下,数据快速积累,运算能力大幅提升,算法模型持续演进,行业应用快速兴起,人工智能发展环境发生了深刻变化,跨媒体智能、群体智能、自主智能系统、混合型智能成为新的发展方向,人工智能第三次站在了科技发展的浪潮之巅。

从诞生至今,人工智能已有 60 余年的发展历史,大致经历了三次浪潮。第一次浪潮为 20 世纪 50 年代末至 20 世纪 80 年代初;第二次浪潮为 20 世纪 80 年代初至 20 世纪末;第三次浪潮为 21 世纪初至今,发展历程如图 8-33 所示。在人工智能的前两次浪潮当中,由于技术未能实现突破性进展,相关应用始终难以达到预期效果,无法支撑起大规模商业化应用,最终在经历过两次高潮与低谷之后,人工智能归于沉寂。随着信息技术快速发展和互联网快速普及,以 2006 年深度学习模型的提出为标志,人工智能迎来第三次高速成长。

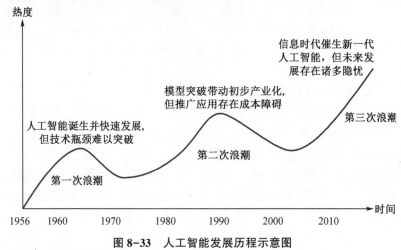

图 8-33　人工智能发展历程示意图

(1)第一次浪潮:人工智能诞生并快速发展,但技术瓶颈难以突破

符号主义盛行,人工智能快速发展。1956—1974 年是人工智能发展的第一个黄金时期。科学家将符号方法引入统计方法中进行语义处理,出现了基于知识的方法,人机交互开始成为可能。科学家发明了多种具有重大影响的算法,如深度学习模型的雏形贝尔曼公式。除了在算法和方法论方面取得了新进展,科学家们还制作出具有初步智能的机器。如能证明应用题的机器 STUDENT(1964),可以实现简单人机对话的机器 ELIZA(1966),图 8-34 为人与 ELIZA 机器人对话。人工智能发展速度迅猛,以至于研究者普遍认为人工智能代替人类只是时间问题。

模型存在局限,人工智能步入低谷。1974—1980 年,人工智能的瓶颈逐渐显现,逻辑证明器、感知器、增强学习只能完成指定的工作,对于超出范围的任务则无法应对,智能水平较为低级,局限性较为突出。造成这种局限的原因主要体现在两个方面:一是人工智能所基于的数学模型和数学手段被发现具有一定的缺陷;二是很多计算的复杂度呈指数级增长,依据现有算法无法完成计算任务。先天的缺陷是人工智能在早期发展过程中遇到的瓶颈,研发机构对人工智能的热情逐渐冷却,对人工智能的资助也相应被缩减或取消,人工智能第一次步入低谷。

（2）第二次浪潮：模型突破带动初步产业化，但推广应用存在成本障碍

```
Human:Men are all alike.
Eliza: In what way?
Human: They're always bugging us about something specific or
other.
Eliza: Can you think of a specific example?
Human: Well, my boyfriend made me come here.
Eliza:Your boyfriend made you come here?
Human: He says I'm depressed much of the time.
Eliza: I am sorry to hear you are depressed.
Human: It's true. I'm unhappy.
Eliza: Do you think coming here will help you not to be unhappy?
Human: I need some help, that much seems certain.
Eliza:What would it mean to you if you got some help?
Human: Perhaps I could learn to get along with my mother.
Eliza:Tell me more about your family.
```

图 8-34 人与 ELIZA 机器人对话

数学模型实现重大突破，专家系统得以应用。进入 20 世纪 80 年代，人工智能再次回到公众的视野当中。人工智能相关的数学模型取得了一系列重大发明成果，其中包括著名的多层神经网络（1986）和 BP 反向传播算法（1986）等，这进一步催生了能与人类下象棋的高度智能机器（1989）。其他成果包括通过人工智能网络来实现能自动识别信封上邮政编码的机器，精度可达 99% 以上，已经超过普通人的水平。与此同时，卡耐基·梅隆大学为 DEC 公司制造出了专家系统（1980），这个专家系统可帮助 DEC 公司每年节约 4 000 万美元左右的费用，特别是在决策方面能提供有价值的内容。受此鼓励，很多国家包括日本、美国都再次投入巨资开发所谓第 5 代计算机（1982），当时叫作人工智能计算机，成本高且难维护，人工智能再次步入低谷。为推动人工智能的发展，研究者设计了 LISP 语言，并针对该语言研制了 Lisp 计算机。该机型指令执行效率比通用型计算机更高，但价格高且难以维护，始终难以大范围推广普及。1987—1993 年，苹果和 IBM 公司开始推广第一代台式机，随着性能不断提升和销售价格的不断降低，这些个人电脑逐渐在消费市场上占据了优势，越来越多的计算机走入个人家庭，昂贵的 Lisp 计算机由于古老陈旧且难以维护逐渐被市场淘汰，专家系统也逐渐淡出人们的视野，人工智能硬件市场出现明显萎缩。同时，政府经费开始下降，人工智能又一次步入低谷。

（3）第三次浪潮：信息时代催生新一代人工智能，但未来发展存在诸多隐忧

新兴技术快速涌现，人工智能发展进入新阶段。随着互联网的普及、传感器的泛在、大数据的涌现、电子商务的发展、信息社区的兴起，数据和知识在人类社会、物理空间和信息空间之间交叉融合、相互作用，人工智能发展所处信息环境和数据基础发生了巨大而深刻的变化，这些变化构成了驱动人工智能走向新阶段的外在动力。同时，人工智能的目标和理念出现重要调整，科学基础和实现载体取得新的突破，类脑计算、深度学习、强化学习等一系列的技术萌芽也预示着内在动力的成长，人工智能的发展已经进入一个新的阶段。

人工智能水平快速提升，人类面临潜在隐患。得益于数据量的快速增长、计算能力的大幅提升以及机器学习算法的持续优化，新一代人工智能在某些给定任务中已经展现出达

到或超越人类的工作能力,并逐渐从专用型智能向通用型智能过渡,有望发展为抽象型智能。随着应用范围的不断拓展,人工智能与人类生产生活联系得愈发紧密,一方面给人们带来诸多便利,另一方面也产生了一些潜在问题:一是加速机器换人,结构性失业可能更为严重;二是隐私保护成为难点,数据拥有权、隐私权、许可权等界定存在困难。

2. 新一代人工智能主要发展特征

在数据、运算能力、算法模型、多元应用的共同驱动下,人工智能的定义正从用计算机模拟人类智能演进到协助引导提升人类智能,通过推动机器、人与网络相互连接融合,更为密切地融入人类生产生活,从辅助性设备和工具进化为协同互动的助手和伙伴。新一代人工智能主要发展特征如下:(图8-35)

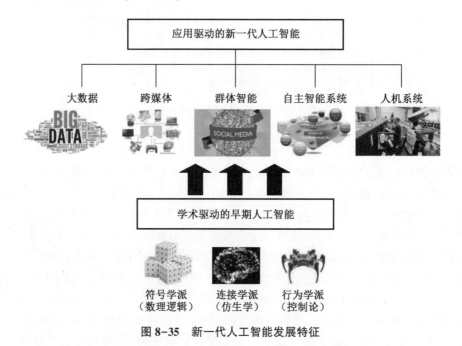

图8-35 新一代人工智能发展特征

(1)大数据成为人工智能持续快速发展的基石

随着新一代信息技术的快速发展,计算能力、数据处理能力和处理速度实现了大幅提升,机器学习算法快速演进,大数据的价值得以展现。与早期基于推理的人工智能不同,新一代人工智能是由大数据驱动的,通过给定的学习框架,不断根据当前设置及环境信息修改、更新参数,具有高度的自主性。例如,在输入30万张人类对弈棋谱并经过3 000万次的自我对弈后,人工智能Alpha Go具备了媲美顶尖棋手的棋力,如图8-36所示。随着智能终端和传感器的快速普及,海量数据快速累积,基于大数据的人工智能也因此获得了持续快速发展的动力来源。

(2)文本、图像、语音等信息实现跨媒体交互

当前,计算机图像识别、语音识别和自然语言处理等技术在准确率及效率方面取得了明显进步,并成功应用在无人驾驶、智能搜索等垂直行业。与此同时,随着互联网、智能终端的不断发展,多媒体数据呈现爆炸式增长,并以网络为载体在用户之间实时、动态传播,文本、图像、语音、视频等信息突破了各自属性的局限,实现跨媒体交互,智能化搜索、个性

化推荐的需求进一步释放。未来人工智能将逐步向人类智能靠近,模仿人类综合利用视觉、语言、听觉等感知信息,实现识别、推理、设计、创作、预测等功能。

图 8-36 Alpha Go

(3)基于网络的群体智能技术开始萌芽

随着互联网、云计算等新一代信息技术的快速应用及普及,大数据不断累积,深度学习及强化学习等算法不断优化,人工智能研究的焦点已经从打造具有感知智能及认知智能的单个智能体向打造多智能体协同的群体智能转变。群体智能充分体现了"通盘考虑、统筹优化"的思想,具有去中心化、自愈性强和信息共享高效等优点,相关的群体智能技术已经开始萌芽并成为研究热点。例如,2020 年 9 月,中国大漠大智控技术有限公司在珠海市北京理工大学珠海学院,成功地组织了 3 051 架无人机同时集群飞行,从而创下了新的世界纪录。在这次飞行中,3 000 多架无人机按照指令编排出多种多样的队形,空中浮现出天宫一号、中国空间站和卫星系统的画面,如图 8-37 所示,整个过程十分流畅,3 000 多架无人机的配合极为默契,没有出现掉无人机的情况,这显示出此次集群飞行不仅规模巨大,整个流程也非常顺利。

图 8-37 无人机集群飞行队形

(4)自主智能系统成为新兴发展方向

在长期以来的人工智能发展历程中,对仿生学的结合和关注始终是其研究的重要方向,如美国军方曾经研制的机器骡以及各国科研机构研制的一系列人形机器人等,但均受技术水平的制约和应用场景的局限,没有在大规模应用推广方面获得显著突破。当前,随着生产制造智能化改造升级的需求日益凸显,通过嵌入智能系统对现有的机械设备进行改造升级成为更加务实的选择,也是中国制造 2025、德国工业 4.0、美国工业互联网等国家战略的核心举措。在此引导下,自主智能系统正成为人工智能的重要发展及应用方向。例如,沈阳机床集团以 i5 智能机床为核心,打造了若干智能工厂,实现了"设备互联、数据互换、过程互动、产业互融"的智能制造模式。

(5)人机协同正在催生新型混合智能形态

人类智能在感知、推理、归纳和学习等方面具有机器智能无法比拟的优势,机器智能在搜索、计算、存储、优化等方面领先于人类智能,两种智能具有很强的互补性。人与计算机协同、取长补短将形成一种新的"1+1>2"的增强型智能,也就是混合智能,这种智能是一种双向闭环系统,既包含人,又包含机器组件。其中人可以接受机器的信息,机器也可以读取人的信号,两者相互作用,相互促进。在此背景下,人工智能的根本目标已经演进为提高人类智力活动能力,更智能地陪伴人类完成复杂多变的任务。

3. 全球产业智能化升级的主要表现

新一代人工智能与产业各领域、各环节深度融合,加速推动数据和知识成为经济增长的第一要素,人机协同成为主流生产和服务方式,跨界融合成为重要发展模式,共创分享成为经济生态的基本特征,持续引领产业向价值链高端迈进,加快推进产业智能化升级。

(1)全面提升经营效益

新一代人工智能加速渗透融入设计、生产、管理、物流和营销等核心环节,重构产业组织结构和运营方式,助力产业降本增效,成为产业经营效益提升的新动力。在降低成本方面,随着深度学习和自主智能系统对分析、控制协调等人力工作的有效取代,员工创客化趋势加速凸显,组织架构由集中化层级化模式向去中心化扁平化模式转变,管理层级的精简极大缩减了管理费用,降低了产业运营成本。在提升效率方面,通过人机协同重构产业链的价值创造方式,大幅提升劳动生产率,有效支撑产业实现基于智能化决策的创新链、供应链、价值链的最优运筹,促进产业核心竞争优势的重塑、巩固和提升,释放产业的效率红利。

(2)加速推动结构优化

通过群体智能、混合智能以及人机交互等新一代人工智能关键技术的链接协同,以及跨行业、跨地域、跨时空的资源快速汇聚,产业创新成本持续降低,成果转化更为迅捷,日益从资源禀赋驱动的规模式扩张向依靠知识积累、技术进步、素质提升的内涵式发展转变,渐次形成数据驱动、人机协同、跨界融合、共创分享的新形态。同时,海量的规模数据提供和强大的计算能力支撑,使产业从被动式需求分析转化为主动式需求管理,能借助前端智能化的工具和手段进一步探知和洞察用户需求,带动经营主体实时调整经营决策和机制,从单一、固定的有限供给向多样化、精细化、定制化的有效供给加速迈进,推动实现高质量发展。

(3)逐步带动需求升级

各类基于新一代人工智能的终端和平台加快成熟,信息处理能力显著加强,各具特色竞争力的生态系统日益完善,带动新品类、新模式、新服务大量涌现,形成了持续引领、激发和拓展市场需求的新引擎。在生产资料需求方面,发展出具有感知、分析、决策、执行、维护等功能的自组织自适应生产设备和生产系统,并正在向以其为基础的智能生产线、智能车间、智能工厂等转变,催生大规模个性化定制、网络化协同制造、服务型造、智能化生产等新模式新业态。在生活资料需求方面,发展出具备复杂环境感知、智能人机交互、灵活精准控制、群体实时协同等特征的智能控制产品,以及具备模式识别、智能语义理解、能分析决策等特征的智能理解产品。

(4)有效促进模式创新

通过强化创新链和产业链的深度融合,以及技术供给和市场需求的匹配演进,新一代人工智能为企业精准定位目标客户、充分挖掘价值需求、实时迭代业务系统、持续保持经营和管理的创新动力提供重要支撑。在创造价值层面,通过深度学习和跨媒体智能技术,激活产业沉淀大数据资产的利用价值,驱动以用户为中心的产业价值链体系重构,实现跨层级、跨地域、跨系统的协同运营,聚焦用户个性化需求,提供智能推荐和精准服务。在传递价值层面,依托涵盖技术研发和商业运营全过程的群智空间,发展出基于群体开发的软件创新、基于众筹众智的协同决策、基于众包众创的共享经济等创新模式,提高产业稀缺和高质量资源的利用率及共享度,推动产业向价值链高端迈进。

(5)深度激发资本活力

从生产方式的智能化改造,到生活水平的智能化提升,再到社会治理的智能化升级,新一代人工智能的应用驱动特征愈加明显,大量新兴应用场景持续培育形成。快速丰富的数据储备,逐渐清晰的业务逻辑,以及即将落地的商业价值,新一轮资本热潮方兴未艾。亚马逊、谷歌、微软等科技巨头持续布局面向行业纵深发展的成熟技术,从2014年至2019年,累计主导了达35亿美元的新一代人工智能领域的并购与投资。与此同时,在新技术应用相对活跃的产业领域,面向智能化升级的投资金额也居高不下,其中金融产业智能化升级以72.3亿美元位居榜首,交通产业和医疗产业智能化升级分别以58.1亿美元和49亿美元紧随其后。

8.2.2　中国核工程发展历程及发展前景

核科技产业是国家战略性、基础性和关键性领域,推动人工智能和核科技产业链融合应用是中核集团贯彻落实国家部署、立足集团未来发展做出的重要决策。2019年5月9日,中核集团人工智能与核科技产业融合战略规划项目正式启动。该项目凝聚了15万中核人推进人工智能与核科技产业融合发展的信心与合力,是推动集团公司人工智能由概念倡导走向科学规划,最终走向落地实施的关键。现阶段中核集团要立足长远、强化引领,抓住人工智能发展的重要机遇,大力推进人工智能与核科技产业融合的落地。在实施层面,以集团业务发展为牵引,以存在的问题为导向,从整个核产业链出发,针对核工业重要领域和环节的突出问题与制约瓶颈,探索人工智能融合应用的需求和场景。通过打造智能化铀资源勘探和开采,智能化核燃料生产制造,智能化核装备制造和智能化工厂管理,智能化核电设计、建造和运营,同时研究人工智能在核环保、核动力等领域的融合应用,推动人工智能在全产业链的深度融合、创新应用和转型驱动,助力中核集团实现业务发展的优化布局,实现国际核科技发展引领者的愿景。

中核集团高度重视人工智能的发展,在"创新2030工程"中已明确提出到2030年要初步建成智慧核工业的目标。中核集团2018年第30次党组会上强调,要深刻认识大数据、人工智能等新一代信息技术是推动集团公司创新发展的重要驱动力量,要加强人工智能与核科技产业融合发展,为高质量发展、创新发展提供动能。

1. 国内核电发展历程

20 世纪 60 年代以来,国内曾经以很慢的速度发展核电,出现了近 20 年的徘徊慢行局面。首先是对发展核电的必要性认识不统一,围绕如何实现我国核电的自主设计、自主制造等问题行业之间产生了不同看法,表现在发电堆型选择上的"轻(水堆)重(水堆)之争",在单堆单机容量选择上的"大小之争";在发展路径选择上,是坚持"以我为主、中外合作",还是引进设备技术、逐步实现本土化的"土洋之争";以及谁来主管核电的"姓电还是姓核"之争。长时间的争论,延误了核电发展的大好时机。其次从管理体制上来说,由计划经济转到市场经济,由军工部门主管转到政府综合部门协调,以及如何既发挥政府主导作用,又能尊重企业的主体地位,我国经历了痛苦的磨难。

1955 年至 1972 年的 10 多年中,通过研究摸索了熔盐堆、石墨水冷堆、石墨气冷堆、重水堆、压水堆等用于发电的多种堆型,为中国大陆核电发展做了一些准备工作。1972 年,中央对发展核电做出了新的部署,由电力、机械、核工业三个部门组成了代表团,出访日本、加拿大、瑞士、西德和意大利等国,重点考察压水堆、沸水堆和重水堆核电厂的发展,了解国内发展大机组核电厂的可行性以及核电发展方向和发展战略。代表团 1972 年底出发,历时 3 个月,这次出访,开阔了眼界,掌握了核电发展动向,进一步坚定了发展核电的信心。但在采用何种发电堆型问题上意见不统一,核工业部的同志主张发展重水堆核电厂,认为安全可靠、经济性好,又可采用天然铀作燃料,平战都可用;水电部和机械部的同志认为压水堆比重水堆运行年多,技术更成熟,其设备制造技术易于消化掌握,便于实现国产化,还可用于舰艇动力。这一争论一直持续了 10 年,直到 1983 年 1 月,北京"回龙观会议"才基本上统一了采用压水堆核电厂的技术产业政策。1973 年初,代表团出国考察回来,水电部责成华东电力设计院选择单机容量为百万千瓦级的核电厂厂址。

1976 年起,原水电部根据中央的部署,制定了《1977—1986 年电力科学技术发展规划纲要》,提出改善能源结构,发展原子能电厂的规划意见,于 1977 年 11 月成立核电局,组织了苏南核电厂的对外引进谈判,开展了与法国法马通公司合作建造核电厂的谈判。原国家计委支持水电部建设苏南核电厂并列入国家"六五"计划,作为重点工程建设项目。1978 年底,完成技术谈判,1979 年 1 月,完成商务谈判。但在当时的形势下,有部分著名专家写联信,反对国际合作,反对技术引进,反对建设大型压水堆核电厂。迫于种种压力,使中国大陆核电厂建设丧失了第一次跨越良机。1971 年,二机部从干校召回部分科技人员,支持上海核电工程;1972 年,原国家计委发文,提出了 10 万至 30 万千瓦的压水堆原型示范电站;"七二八"工程几经磨难,在科研人员的努力下,搞出了设计,并借鉴美国西屋公司的压水堆机组设计,提出了 30 万千瓦压水堆电站的方案设计论证。1974 年 3 月 31 日,周恩来总理主持会议,审查并原则性批准了《关于七二八核电工程建设方案报告》和《七二八核电工程设计任务书》,国家计委将该项目列入国家重点工程基本建设计划,并组织了全国性的技术攻关和设备研制的会战。1980 年 1 月,"七二八"工程研究设计院正式成立;1982 年 11 月 2 日,国家正式发文,明确"七二八"工程厂址,定在浙江省海盐县秦山,所以取名秦山核电站。秦山一期核电厂在前期准备工作的基础上,在大亚湾核电站工程立项的拉动下,于 1985 年 3 月 21 日,秦山核电站反应堆主厂房浇注第一罐混凝土,主体工程正式开工,1991 年 12 月 15 日成功并网发电,这是中国大陆自主设计、建造和运营管理的第一座压水堆核电站(图 8-38),结束了中国大陆无核电的历史,象征着我国核工业的发展上了一个新台阶,使中国成为继美国、英国、法国、苏联、加拿大、瑞典之后世界上第七个能够自行设计、建造核电站的国家。

图 8-38　秦山核电站

1994 年大亚湾核电站的投用,成功实现了中国大陆大型商用核电站的起步,实现了中国核电建设跨越式发展、后发追赶国际先进水平的目标,如图 8-39 所示。目前,中国已成为世界上少数几个拥有比较完整的核工业体系的国家之一。

图 8-39　中国大亚湾核电站

随着秦山二期及三期、广东大亚湾、广东岭澳等一座又一座核电站的顺利建成,经过近 20 年核电建设实践的磨炼和考验,如今我国核电设计、建造、运行和管理水平得到了很大提高,建立起一套比较完整、科学、有效的核工程质量和安全保证体系,从而保证了我国核电站建造和运行的核安全,为我国核电加快发展奠定了良好的基础。目前,我国核电的整体技术水平处于第二代改进型向第三代核电技术过渡阶段。2018 年 6 月,运用第三代核电 EPR 技术路线的台山核电站及 AP1000 技术路线的三门核电站实现首次并网发电。国内核电企业及研究机构在推广我国自主研发的第三代核电技术实现大规模、商业化应用的基础上,也在持续推进快堆及先进模块化小型堆的示范工程建设,并在超高温气冷堆、熔盐堆等新一代先进堆型关键技术设备材料研发方面大力投入。

2020 年 9 月 28 日,中国国家电力投资集团宣布,中国具有完全自主知识产权的三代核电技术"国和一号"完成研发,如图 8-40 所示。

图 8-40　国和一号

"国和一号"是中国 16 个重大科技专项之一,代表着当今世界三代核电技术的先进水平,是中核电技术研发和产业创新的最新成果,采用"非能动"安全设计理念,单机功率达到 150 万千瓦,是中国自主设计的最大功率(截至 2020 年)的核电机组。"国和一号"核电机组设计寿命达 60 年,发生严重事故的概率约为二代核电机组的百分之一。单台机组年发电量可满足超过 2 200 万居民的用电需求,每年可减少二氧化碳等温室气体排放超过 900 万吨。"国和一号"能够为社会提供强大的电力。比如它每小时可以为电网提供 150 万度电,那么每年的话基本上能够提供将近 130 亿度电,在冬天的时候也能够为社会提供供热。

中国核工业集团公司和中国广核集团研究开发了具有自主知识产权的三代核电技术"华龙一号"。"华龙一号"是中国拥有完全自主知识产权的第三代压水堆技术,采用"能动与非能动"相结合的安全设计理念,"华龙一号"的自主研发为中国的核电发展奠定了技术基础。防城港 3、4 号机组是"华龙一号"核电技术的示范项目,已分别于 2015 年 12 月 24 日、2016 年 12 月 23 日开工建设,目前两台机组建设进展总体正常。惠州 1、2 号机组和苍南 1 号机组也使用"华龙一号"核电技术,分别于 2019 年 12 月 26 日、2020 年 10 月 1 日和 2020 年 12 月 31 日开工建设。

"华龙一号"是中国在 30 余年核电科研、设计、制造、建设和运行经验基础上,研发设计的具有完全自主知识产权的三代核电技术。2021 年 1 月 30 日,全球第一台"华龙一号"核电机组——中核集团福建福清核电 5 号机组投入商业运行,如图 8-41 所示,标志着中国核电技术水平和综合实力已跻身世界第一方阵。

图8-41　华龙一号

2. 中国大陆核电发展前景

中国大陆核电发展与世界核电发展一样,也是采用"热中子堆—快中子增殖堆—聚变堆"三步走的核电发展方针,其发展前景包括以下方面。

(1)发展热中子堆

当前世界上所运行的核电反应堆,绝大多数是热中子堆。第一代核电站,主要指20世纪50—60年代开发的原型堆和试验堆,如秦山一期31万千瓦的原型堆。第二代核电站,主要指20世纪70年代至今正在运行的大部分商业核电站基本堆型,它们大部分已实现标准化、系列化和批量化建设,中国大陆大部分核电站都可列入第二代核电站范围之内。第三代核电站,指符合美国"电站业主要文件"(URD)或"欧洲用户要求文件"(EUR)的先进核电反应堆,如AP1000、EPR及"华龙一号"等先进压水堆,这些都是中国大陆要建设的热中子堆主力堆型。

(2)发展快中子增殖堆

快中子增殖堆以液态钠作冷却剂,没有慢化剂,是主要以平均中子能量$0.08\sim0.1$ MeV的快中子引起裂变链式反应的反应堆。世界上所运行的核反应堆绝大多数是热中子堆,热中子堆利用的只是^{235}U。天然铀中将近99.3%是难裂变的^{238}U,^{238}U可以在快中子增殖堆中通过核反应转换成易裂变的^{239}Pu。快中子增殖堆所生成的易裂变材料(^{239}Pu)比消耗的易裂变材料(^{235}U)快得多,所以称为快中子增殖堆。快中子增殖堆裂变可使铀资源的利用率提高$60\sim70$倍。快中子增殖堆还可消耗热中子堆所产生的长寿命锕系元素,减轻了地质处置核废料的负担。

由中国核工业集团公司组织,中国原子能科学研究院具体实施,中国第一个快中子引起核裂变反应的中国实验快中子增殖堆,于2011年7月21日成功实现并网发电,如图8-42所示。该堆采用先进的池式结构,热功率6.5万千瓦,电功率2万千瓦,中国实验快中子增殖堆的建设,标志着中国在核能发展战略方面取得了重大突破,也标志着中国在核电技术研发方面进入了国际先进行列。

图 8-42　中国实验快堆

福建三明核电站厂址规模为 4 台百万千瓦级核电机组,一次规划,分期建设,其中一期工程将以"中外合作,以我为主"模式建设,规划建设 1×120 万千瓦级钠冷快中子反应堆。三明快堆核电站的建设,为福建省创建生态文明先行示范区和内陆经济发展提供源源不断的绿色能源保证。

为减少工程发展中的技术经济风险,中国原则上采取实验快中子堆、原型快中子堆和示范快中子堆三步走的发展模式。在示范快中子堆基础上可以一址多堆推广应用,并扩大功率规模,采用高增殖的金属燃料,实现高增殖快中子堆的应用。争取 2030 年批量运行快中子堆商用核电站,协助压水堆继续增加核电容量,为解决电力供需矛盾做出贡献。

(3)发展热核反应堆(聚变反应堆)。

核聚变是 2 个氢原子结合组成 1 个较重原子的过程。而核裂变是一个很重的原子分裂成 2 个或更多碎片,聚变和裂变都能释放出能量。

聚变反应堆是利用氢的同位素氘和氚的原子核实现核聚变的核反应堆。与目前核电站利用核裂变发电相比,用受控核聚变释放的能量来发电具有能量释放大、资源丰富、成本低、安全可靠等优点。如世界建成聚变试验反应堆后,再花 20 多年时间,将其转化为商用聚变反应堆发电。

为加快核聚变发电的进度,20 世纪 90 年代以来,磁约束聚变工程技术和等离子体物理学取得了重大进展。以国际热核实验堆(ITER)计划的启动为标志,磁约束核聚变研究已经完成科学可行性验证,进入能源开发的工程实验阶段。ITER 计划将验证"先进托卡马克运行模式"和稳态燃烧等离子体的科学规律,还将部分验证示范堆(DEMO)工程技术问题。中国作为 ITER 计划成员国,应通过全面参与该项目,掌握设计、制造的关键技术,分享研究成果。同时加强国内磁约束聚变研究基地建设,积极储备人才,开展 DEMO 战略研究和 DEMO 关键技术研究,独立发展中国的磁约束核聚变能源。

大功率激光技术是惯性约束核聚变研究的核心技术。美国、法国等国家正在建 MJ 级大型激光装置,进行热班点火实验。中国将快点火作为点火方案之一,快点火关键技术(超强、超短激光装置)研制处于国际领先地位。10 万 J 级的神光Ⅲ装置正在建造之中,2020 年前后可验证和实现快点火。

中国著名的实验物理学家、两弹元勋王淦昌先生是世界激光惯性约束核聚变研究的奠基人之一,他生前十分支持和关注磁约束核聚变的发展,在他的倡导和推动下,经过几十年的努力,中国核聚变科学队伍不断壮大,国际合作与交流也在不断加强,实现了由原理探索到大型装置实验的跨越。

核工业西南物理研究院是中国聚变能研究的重要力量,也是中国参与国际热核聚变实验堆研究计划的重要技术支撑单位之一。该院先后承担并完成国家"四五"重大科学工程项目中国环流器一号(HL-1)装置研制及"十五"中国环流器二号A(HL-2A)装置工程建设项目建设任务,实现了中国核聚变研究由原理探索到大规模装置实验的两次跨越发展,同时为中国核聚变能源开发事业做出了贡献。

地球上最容易实现的核聚变反应是氘氚(氢的同位素)反应,一次氘氚反应生成一个氦核(α粒子)和一个中子,并释放出 17.6 MeV 的能量。除了反应过程中不产生高放射性、长寿命废物外,氘氚反应释放的能量也比等量裂变燃料释放的裂变能高出 4~5 倍。聚变燃料氘大量存在于海水之中,且提取费用很低,而氚则可以通过中子照射金属锂来制造。计算表明,仅仅氘氚核聚变,海水中的氘和全球的锂储量就可供人类使用 3 000 万年。如果实现了氘氘核聚变(比氘氚核聚变反应的条件更苛刻),则可以满足人类 100 亿年的能源需求。核聚变能既是无污染、无放射性核废料,又是资源无限的理想能源,人们一旦掌握了核聚变能,便最终解决了人类面临的能源问题。地球上核聚变的主要原料氘的含量达 40 万亿吨,而中国具有广阔的海域,氘资源也很丰富,核聚变在中国具有广阔的发展前景。

8.2.3 人工智能在核工业发展应用前景

中国核能工业需要在国家能源安全与经济命脉和保持核电工业技术在世界上的竞争力的层面上努力,进一步加强人工智能在核工业上的应用。

1. 核燃料勘探采集

当前,以"数字矿山、智能制造、数字(智能)核电、智慧经营"为主线的行业科技发展路径已清晰显现。这将在未来几年拉动核能行业全产业链上建设并逐步实现铀矿勘察开采的全数字化、可视化平台,核燃料智能生产与元件智能制造平台,核电设计与建造一体化、数字化、全寿期平台,从集团到各级单位应用大数据、云计算技术的智慧经营平台。在多个平台建设需求牵引下,新型人工智能技术将大有用武之地,大显身手。在数字矿山平台建设中,可以通过研究与应用"不确定性推理与决策",特别是应用主观 Bayes 方法,在地矿勘探应用中建立专家系统,实现快速、数字化矿脉勘探,节约大量探矿时间成本与费用。

2. 核装备制造

核装备制造是核工业领域的重要环节,将大数据、人工智能技术融入核装备制造系统的全过程,建立非结构化存储数据库,扩大现场信息收集范围和效率,提升建设项目管理全面性、准确性和安全性,利用大数据、AI 技术逐步形成对大量结构化和非结构化数据的分析处理能力,基于此能力,通过专家系统和神经网络等最优化技术,为核装备制造在设计、生产、运行等方面提供最优的、自动化的智能分析和决策系统。

在核燃料智能制造平台建设中,既有以流程型为主的制造业态,又有以离散加工为主的制造业态。可以在核燃料智能制造平台建设初期,充分利用云服务平台,加强网络化协同设计制造,并结合虚拟现实(virtual reality,VR)技术、增强现实(augmented reality,AR)技术实现设计—制造—质量管控一体化的基于模型的企业（MBE）形态。在核燃料智能制造平台建设中期,要对燃料的纯化转化、浓缩、元件制造等关键技术装备配置高可靠性智能传感器,实现大规模物联网应用,通过同步捕捉制造过程中高速产生的海量数据,实现对这些数据进行分析和管理,做到对机器设备的实时监测、调整和优化,从而提升生产运营效率、提高制造产品的性能和质量。在核燃料智能制造平台建设远期,要聚焦开发出具有自主知识产权的专用工业数据以及分析底层操作系统软件与核心支撑软件,保障民用与军工生产任务的全智能制造过程技术处于领先地位,并保障生产和信息安全。

3. 核电工程

核电工程设计建造过程存在施工周期长、涉及专业广、参与人员多、项目难度大、安全要求高等问题,核反应堆设备结构设计、核反应堆辐射屏蔽设计等也是核电工程设计的难点。整个核电工程的数据主要包括工程项目数据、工程进度数据、安全数据、监控数据、人员数据、奖惩记录数据等,将收集到的数据存入数据仓库,利用大数据技术对数据进行预处理、过滤、分布式存储,然后使用模式匹配、无监督学习等算法对数据进行建模分析,研究当前影响工作效率、工作质量的原因,及时采用智能决策系统制定管控措施、解决方案等。

在核电设计与建造一体化、数字化、全寿期平台建设过程中,在核电站设计阶段,特别是反应堆设计方面,可以建立专用大规模超级智能计算中心,以支撑构建多物理量、多因素耦合、参数化数字反应堆设计套件;在核电站建造阶段,可以结合建筑信息模型（BIM）技术与虚拟现实技术实现智能建模,将工程建设项目的工期、成本、质量控制做到最优;在核电站运营阶段,可以在高放射人员不可达区域,大量使用专用工业机器人,来完成诸如环境检测、水下焊接、筒体内壁爬行视频检测、应急救援等操作。

在智慧经营平台建设中,大数据分析与云计算技术将被广泛采用。在采集海量的生产数据、经营数据、外部数据、预测数据的基础上,通过无监督学习、综合深度推理等技术,建立数据驱动的决策分析体系,辅助企业决策人员进行智慧经营。企业运营是众多人员共同参与的有机运行的综合动态过程,在人员越来越多地以互联网形式组成群组结构的情景下,依据群体智能理论实现汇聚和管理大规模参与者,并以竞争和合作等多种自主协同方式来共同应对挑战性任务,从而涌现出来的超越个体智力的群体智能形态,也将推动企业的经营管理水平日新月异快速发展。

4. 核电安全运营

核电厂有数十个系统,囊括上百个专业,设备众多,传统运行维护及检修需要耗费大量人力、物力。将大数据、人工智能与核安全控制系统结合,实现部分场景下的自动化控制,提高核电厂的自动控制水平,并且对于整个核电运行情况让人工智能去评估系统状况,辅助操作员做出合适的决策。收集核电运行过程中产生的生产数据、经营数据、安全数据,通过聚类、深度推理等技术,建立数据驱动的决策分析体系,对设备状态进行快速预测和诊断,辅助企业决策人员进行核电安全运行。

一般情况下,核电站可以连续运行18个月而无须添加核燃料,大部分的运行成本都在于运营、调试、检查、安全等方面,因此通过大数据、人工智能等技术手段达到降本增效的目的。核电运营产生的数据主要包括生产管理数据、核电运行专业数据、设备可靠性管理数据等,利用大数据技术对此类数据管理与分析。如可利用人工智能化学诊断技术实现一回路水化学的自动化监测,并对二回路设备是否故障做出较为精准的判断,以此来指导检查设备运行的实时状况、老化情况,也可为设备的大修计划做出智能决策,保证核电设备的"安、稳、长、满、优"安全运行。

《新一代人工智能发展规划》中明确提出要建立混合增强智能支撑平台,建立"支撑核电安全运营的智能保障平台"。安全是核电的生命线,核安全是核电运营企业的立身之本、发展之基,同时核电行业又具有全球核电运营单位高度关联、相互影响的特点,历史上国外几次核电事故至今还在深刻影响全球各国的核电发展。

由此可见,在管理上,核电安全运营不是一厂一家单位的事情,也不是只影响一个核电企业集团的事情,而是全行业共同的事情,要集中全行业多家央企集团的资源做好全行业的顶层规划,统一体系、统一方向、统筹安排。

在技术上,建立核电安全运营的智能保障平台,需要有大规模超级智能计算中心作为支撑环境,需要创立"人在回路"的复杂性分析与风险评估平台,需要建立以物联网为基础的多维人、机、物协同与互操作的网络结构。要完成这些平台建设,就需要构建一个由全行业各个专项业务顶级专家构成的多专业、跨学科、综合性的科研技术攻关团队,团队成员可以来自央企核电集团、科研院所、高等院校,发挥核工业"大力协同,联合攻关"的光荣传统,鼎力协作,攻坚克难,以期在较短时间内建立并运行核电安全运营智能保障平台。

党的十九大报告提出,创新是引领发展的第一动力。所以在建设核电安全运营智能保障平台过程中要鼓励引领性、原创性创新,要敢于突破、敢于构想、敢于尝试。可以基于高动态、高维度、多模式、分布式大场景感知体系建立整体核电运营的实时态势感知平台;基于高性能计算与量子算法混合模型,建立高效精确自主的量子人工智能系统架构,高效精确处理来自核电运营企业百万量级的实时智能传感器数据。可以构想,通过未来20年的努力与创新,建立由"量子人工智能大脑"统一协调管控的"无人核电运营"状态是有望实现的,这会使核电运营安全指标在现在基础上实现几个数量级的安全提升。

5. 核技术服务与应用

辐射诱变育种是人为控制中子、质子或者射线等物理辐射诱变因素对植物种子进行辐照,使其产生基因变异,再从变异群体中选择符合人们想要的个体,进而培育成新的品种或种质的育种方法。但现有方法有很大的随机性,在传统田间无法大规模的实验。利用人工神经网络模型可在计算机中对模拟种子基因组 DNA 序列进行虚拟诱变,并建立模型预测变异的后果,再选择预期的变异序列进行现实实验验证,继而实现低成本、可控制的定点定向辐射育种。

核医学以放射性核素及其标记化合物为基础,将核技术应用于疾病诊断、治疗和医学科学研究的新型医疗领域。利用大数据、人工智能技术将实验数据、临床数据分析挖掘潜在的规律,或者利用深度学习算法动态模拟核射线杀害细胞的过程。

6. 核电机器人

前文已做介绍,这里不再赘述。

7. 核退役

核设施退役是一项周期长、涉及面广、投资高、潜在危险大的系统工程,延续时间可能要几十年甚至上百年。基于安全性、经济性、实用性的考虑,在进行各项核设施退役工作前,利用大数据、人工智能技术结合外部环境数据建立退役仿真模型,对退役技术方案和关键步骤进行评估、模拟和验证,优化拆除方法和路径,模拟预测辐射扩散的剂量和方向,辅助专家对退役实施计划及过程的及时调整,以减少或消除对人员和环境的危害,并降低核设施拆解成本。

8.3 本章小结

本章主要介绍了核工业与人工智能的发展方向与前景,从人工智能的发展现状和核工业的发展现状讲起,详细地描述了人工智能在核电工程和机器人工程中的发展现状,阐述了核电工程中人工智能的重要性,以及各种不同的机器人在核生产、核检测和核退役方面的应用,叙述了核工业与人工智能的发展历程与前景。

习 题

1. 国内是如何推进人工智能在核电领域发展的?
2. 水下核电机器人在水下哪些方面可进行工作,有什么优点?
3. 核电巡检机器人有什么优点?
4. 福岛核事故发生后,日本是如何发展核电站巡检与应急工作的?
5. 简述国外核电厂退役机器人发展现状。
6. 简述人工智能的发展历程。
7. 未来人工智能的可能性突破有哪些方面?
8. 简述新一代人工智能的主要发展特征。
9. 简述中国核工业的发展历程。
10. 简述中国大陆核电发展前景。
11. "国和一号"和"华龙一号"的区别是什么?
12. 简述人工智能在核工业的发展前景。

参 考 文 献

[1] 杨笑千,郭捷,唐华,等.大数据、人工智能在核工业领域的应用前景分析[J].信息通信,2020,33(2):266-268.

[2] 赵海江,唐华,肖波,等.人工智能和大数据在核电领域的应用研究[J].中国核电,2019,12(3):247-251.

[3] 张廷克,李闽榕,潘启龙,等.中国核能发展报告(2020)[M].北京:社会科学文献出版社,2020.

[4] 王飞跃,孙奇,江国进,等.核能5.0:智能时代的核电工业新形态与体系架构[J].自动化学报,2018,44(5):922-934.

[5] 刘呈则,严智,邓景珊.核电厂用机器人应用现状与性能分析[J].核安全,2012(4):72-75,76,79.

［6］谭界雄,田金章,王秘学.水下机器人技术现状及在水利行业的应用前景［J］.中国水利,2018(12):33-36.

［7］赵琛,沈杰,李思颖.水下核电机器人应用现状与技术发展分析［J］.自动化技术与应用,2019,38(11):94-98.

［8］杨恩程.核电巡检机器人结构设计及控制系统研究［D］.哈尔滨:哈尔滨工程大学,2019.

［9］王振宇,黄伟奇,孙健,等.核电厂事故机器人应用研究［J］.核安全,2021,20(2):73-78.

［10］周全之.中国大陆核电发展历程及前景［J］.大众用电,2019,34(7):21-23.

［11］中国数字经济百人会,北京旷视科技有限公司.《新一代人工智能产业白皮书(2019年)》发布［J］.工业控制计算机,2020,33(1):36.

［12］中国电子学会,中国数字经济百人会,商汤智能产业研究院.《新一代人工智能白皮书(2020年)——产业智能化升级》发布［R］,2020.

写在后面的话

随着科学技术的高速发展，人工智能正逐渐掀起新一轮的浪潮。该书立足于新一代人工智能这个前沿性的课题，灵活运用大量图表、举例等形式，详细介绍了人工智能与核工业领域的相关知识。该书内容编排简明扼要、视角独到，以人工智能学科的基础理论知识为铺垫，对其在计算机视觉、机器人、智能制造等诸多领域中的应用进行了详细阐述。并在此基础上，紧密结合当前我国核工业亟需与智能化技术融合发展的现状，展示了行业发展的部分成果。该书体系新颖，既有普适性，又有针对性，既展示了人工智能如何赋能各行各业的发展，又针对性诠释了人工智能如何驱动核能行业快速变革，具有重要参考价值。

王乃彦

该书是作者长期以来对人工智能学科的理论基础与关键技术进行深入研究和大量调研的结晶。从全书内容来看，作者的思维异常敏捷，不仅将人工智能学科的理论基础进行了详略得当的编排，呈现出简洁、完整的知识体系架构，还密切跟踪国内外核工业发展的最新动态，善于及时捕捉相关领域的前沿信息，通过反复考量，取其精华，去其糟粕，创造性地形成了该书的内容体系。从书中采用的图表资料来看，该书既抓住了当下的热点问题，又立足于实际应用，条理清晰，结构合理，较好地呈现出人工智能领域与核工业的最新研究成果，具有广泛的使用价值。

孙晓刚

十年前，我们就着手组织编写《核工业与人工智能》一书。十年间，人工智能快速发展，人工智能如何赋能核工业发展成为一个热门研究方向。该书作者长期从事人工智能学科的基础研究与核工业的工程实践，具有丰富的理论基础和实践经验。作者几经易稿，编定此书，为行业内外相关技术人员打开人工智能研究及其赋能核能行业发展的大门。

该书首先系统地阐述了人工智能的基本原理、自然语言、机器学习等基础知识，其次详细地诠释了人工智能的应用技术与智能制造技术，最后探讨了人工智能技术在核工业特别是核电站、核机器人中的应用以及人工智能在核工业研究领域的发展前景。

本书强调先进性、实用性和可读性，可作为高等工科院校计算机、人工智能、核技术等相关专业的研究生教材，也适合人工智能、核工业相关领域及对该领域感兴趣的读者阅读，亦可供相关高校计算机与核工业专业教师、研究生和技术人员参考。